Springer Collected Works in Mathematics

More information about this series at http://www.springer.com/series/11104

Dr. Johann Hahn

Hans Hahn

Gesammelte Abhandlungen II – Collected Works II

Editors
Leopold Schmetterer
Karl Sigmund

Reprint of the 1996 Edition

Springer

Author
Hans Hahn (1879 – 1934)
Universität Wien
Wien
Germany

Editors
Leopold Schmetterer (1919 – 2004)
Universität Wien
Vienna
Austria

Karl Sigmund
Universität Wien
Vienna
Austria

ISSN 2194-9875
Springer Collected Works in Mathematics
ISBN 978-3-7091-4865-5 (Softcover)

Library of Congress Control Number: 2012954381

Printed on acid-free paper

This Springer imprint is published by Springer Nature
The registered company is Springer-Verlag GmbH Austria
The registered company address is: Prinz-Eugen-Strasse 8-10, 1040 Wien, Austria

Hans Hahn
Gesammelte Abhandlungen
Band 2

L. Schmetterer und K. Sigmund (Hrsg.)

Springer-Verlag Wien GmbH

em. Univ.-Prof. Dr. Leopold Schmetterer
Univ.-Prof. Dr. Karl Sigmund
Institut für Mathematik, Universität Wien
Strudlhofgasse 4, A-1090 Wien

Gedruckt mit Unterstützung des Fonds zur
Förderung der wissenschaftlichen Forschung

Satz: Vogel Medien GmbH, A-2100 Korneuburg

Graphisches Konzept: Ecke Bonk
Gedruckt auf säurefreiem, chlorfrei gebleichtem Papier – TCF

ISBN 978-3-211-82750-5

Vorwort

Die gesammelten mathematischen und philosophischen Werke von Hans Hahn erscheinen hier in einer dreibändigen Ausgabe. Sie enthält sämtliche Veröffentlichungen von Hahn, mit Ausnahme jener, die ursprünglich in Buchform erschienen – dazu gehören neben dem zweibändigen Werk über *Reelle Funktionen* auch die *Einführung in die Elemente der höheren Mathematik,* die er gemeinsam mit Heinrich Tietze schrieb, seine Anmerkungen zu Bolzanos *Paradoxien des Unendlichen* und mehrere Kapitel für E. Pascals *Repertorium der höheren Mathematik.* Nicht aufgenommen wurden auch die Buchbesprechungen von Hahn, bis auf seine Besprechung von Pringsheims *Vorlesungen über Zahlen- und Funktionslehre,* die einen eigenen Aufsatz über die Grundlagen des Zahlbegriffs darstellt.

Hahn war nicht nur einer der hervorragendsten Mathematiker dieses Jahrhunderts: Sein Einfluß auf die Philosophie war auch höchst bedeutsam. Das kommt in der Einleitung, die sein ehemaliger Schüler Sir Karl Popper für diese Gesamtausgabe geschrieben hat, deutlich zum Ausdruck. (Diese Einleitung ist der letzte Essay, den Sir Karl Popper verfaßte.)

Hahn schrieb ausschließlich auf deutsch. Wir haben seine Arbeiten in Teilgebiete zusammengefaßt (was auch auf andere Art geschehen hätte können) und ihnen jeweils einen englischsprachigen Kommentar vorangestellt. Diese Kommentare, die von hervorragenden Experten stammen, beschreiben Hahns Arbeiten und ihre Wirkung. Die Teilgebiete sind *Theorie der Kurven* (Kommentar von Hans Sagan), *Funktionalanalysis* (Harro Heuser), *Geordnete Gruppen* (Laszlo Fuchs), *Variationsrechnung* (Wilhelm Frank), *Reelle Funktionen* (David Preiss), *Strömungslehre* (Alfred Kluwick), *Maß- und Integrationstheorie* (Heinz Bauer), *Harmonische Analysis* (Jean-Pierre Kahane), *Funktionentheorie* (Ludger Kaup) und *Philosophie* (Christian Thiel). Die Einleitung von Sir Karl Popper und die Kurzbiographie Hahns sind in deutscher und englischer Sprache abgedruckt.

Wir danken den Professoren Olga Taussky-Todd, Georg Nöbeling, Leopold Vietoris, Fritz Haslinger, Harald Rindler und Walter Schachermayer für ihre Unterstützung und dem österreichischen Fonds zur Förderung der Wissenschaftlichen Forschung für Druckkostenbeiträge.

L. S.
K. S.

Preface

This three-volume edition contains the collected mathematical and philosophical writings of Hans Hahn. It covers all publications of Hahn, with the exception of those which appeared originally in book form – i. e. the two-volume treatise of real functions, a joint work (with Heinrich Tietze) on elementary mathematics, Hahn's annotated edition of Bolzano's *Paradoxien des Unendlichen* and several chapters of the *Repertorium der höheren Mathematik* edited by E. Pascal. We also did not include Hahn's book reviews, with the exception of his review of Pringsheim's *Vorlesungen über Zahlen- und Funktionslehre,* which is, in fact, a self-contained essay on the foundations of the concept of number.

Hahn was not only one of the leading mathematicians of the twentieth century: his influence in philosophy was also most remarkable. This is underscored by the introduction written by Hahn's former student, Sir Karl Popper, for this comprehensive edition. (Incidentally, this is the last essay that was written by Sir Karl.)

Hahn published exclusively in German. We have grouped his papers according to subject matter (a task with a non-unique solution); each group of papers is preceded by an English commentary resuming Hahn's results and discussing their place in the history of ideas. The subject areas are *curve theory* (commented by Hans Sagan), *functional analysis* (Harro Heuser), *ordered groups* (Laszlo Fuchs), *calculus of variations* (Wilhelm Frank), *real functions* (David Preiss), *hydrodynamics* (Alfred Kluwick), *measure and integration* (Heinz Bauer), *harmonic analysis* (Jean-Pierre Kahane), *complex functions* (Ludger Kaup) and *philosophical writings* (Christian Thiel). Sir Karl's introduction and the short biography of Hans Hahn are presented both in English and in German.

We are grateful to Professors Olga Taussky-Todd, Georg Nöbeling, Leopold Vietoris, Fritz Haslinger, Harald Rindler and Walter Schachermayer for their help, and to the Austrian Fonds zur Förderung der Wissenschaftlichen Forschung for financial support.

L. S.
K. S.

Inhaltsverzeichnis
Table of Contents

Hahn's Work in Real Analysis / Hahns Arbeiten zur reellen Analysis

Hahn's Work in Hydrodynamics / Hahns Arbeit zur Hydrodynamik

Comments to Hans Hahn's contributions to the calculus of variations

Wilhelm Frank
Wien

Under the decisive influence of his teacher Gustav von Escherich, Hans Hahn developed a life-long interest in the calculus of variations. Beginning with his Ph.D. thesis, he contributed actively to this field for more than a quarter of a century. At the time when Hahn began to get involved with the subject, this branch of mathematics enjoyed a great amount of attention within the mathematical community, not least because of David Hilbert's celebrated lecture at the International Congress of Mathematicians in Paris in the year 1900, which stressed the need for a further development of the techniques of the calculus of variations. Among others, Hilbert's own pioneering contributions in the first years of this century instigated a phase of great creativity.

Hans Hahn's publications in this field found wide-spread attention among experts. They were very positively reviewed in the contemporary journals and often constituted important steps in the development and the simplification of the methods of the calculus of variations. Hahn did not obtain definitive results, however, not even concerning those problems which, from today's viewpoint, are seen as ‚classical'. This accounts for the fact that his papers are no longer quoted in the more recent monographies on the field. This does not diminish Hans Hahn's merits in preparing some of the groundwork which led to more comprehensive results.

The contributions of Hans Hahn to the relevant problems of the calculus of variations are reproduced in this volume in chronological order. They treat exclusively the case of one independent variable, with two exceptions: article [7], which Hahn co-authored with Ernst Zermelo for the *Enzyklopädie der Mathematischen Wissenschaften,* and Hahn's last publication in the field, which appeared under the title *Variationsréchnung* (1).[1] This last paper, which gives an updated survey of the whole field and therefore became widely quoted, has not been included in Hahn's Collected Works, because it has appeared in book-form and was only meant as a review [62].

A brief sketch of the problems and methods in the calculus of variations

In order to describe Hahn's papers in relation to the overall development of the calculus of variations, we have to present a rough outline of the problems he was concerned with. In the following we attempt to do this without using formulas and without entering into details, which are well displayed and carefully explained in Hahn's writings.

For the development of the calculus of variations itself, we refer to the literature devoted to its history (2). Let us state categorically that few other fields in mathematics have been influenced to a similar degree by ideological arguments and preferences and by the personal touch of its leading practioners. This accounts for the particular fascination of the subject, over and above its objective importance, but it necessitates occasional shifts in perspective in order to do justice to the multifaceted aspects displayed by its methods, reflecting their origins and unbroken vitality.

In short, variational problems originate in the determination of those functions which yield extreme values for some functionals. These functions are called distinguished. In the cases encountered here, the functional is always given by a simple integral over an interval. The integration variable is also called the independent variable. The integrand, whose form is specified in advance, contains (apart from, possibly, the independent variable in explicit form) some n ($n \geq 1$) unknowns, i.e. not yet determined functions of the independent variable, and possibly their first derivatives. Functions which are contained in the integrand, but whose derivatives are not, are called parametric functions.

When dealing with a mathematical problem, one may ask for the consequences implied by the assumption that the problem has a solution. This leads to necessary conditions. One may also ask for the prerequisites which guarantee that the problem has a solution. These are sufficient con-

1 Numbers in round brackets refer to the references at the end of this article, numbers in square brackets to the list of publications of Hans Hahn at the end of this volume.

ditions for the existence of a solution. In problems dealing with the extreme values of functionals, necessary and sufficient conditions do not coincide, and the difference between them is of the utmost importance. This has to be emphasised because in the following very brief treatement, these differences cannot always be fully illuminated.

In principle, one has only to assume that the functional exists whenever one replaces the unknowns by at least piecewise continuously differentiable functions. But so far, it has only been possible to find the distinguished functions under additional assumptions concerning the integrand and the unknowns. In particular, the analytical manipulations leading to the determination of the distinguished functions usually entail serious restrictions in the original scope of the problem.

The following concept of admissible variations and the corresponding characterization of extreme values of functionals are, however, independent of these supplementary assumptions. Admissible variations are those functions which belong to a neighborhood of the distinguished functions (but are distinct from it) and which can be used as arguments of the functional. The distinguished functions yield a relative extremum if the corresponding value of the functional is always larger (or always smaller) than its values for the admissible variations. The extreme value, in that case, is a relative maximum resp. minimum. If the neighborhood is defined by a bound on the difference of the values between the distinguished functions and the admissible variations, one speaks of a strong relative extremum. If the neighborhood is defined by bounds on the differences between the values of the functions and between the values of their derivatives, one speaks of a weak relative extremum.

One method for obtaining the admissible variations consists (for instance) in adding to each of the n distinguished functions the product of a continuously varying parameter with a largely arbitrary function which is only constrained by the assumptions that it satisfies the differentiability conditions needed for the problem and that it vanishes at the boundaries of the interval. If the parameters of the admissible variations are all chosen to be equal and near zero, then all corresponding functions belong to a neighbourhood of the distinguished functions, since the latter correspond to the parameter value zero for any such family. Each of these one-parameter families makes the functional a function of the parameter which attains its extreme value at zero. This suggests to apply, as far as the given problem allows, the usual methods of the differential calculus for the determination of the distinguished functions yielding extreme values of the functional.

Whenever this approach is feasible, it implies that the first derivative of the value of the functional (as a function of the parameter) has to vanish for the parameter value zero, over the whole interval of the independent variable, for any given set of arbitrary functions that vanish at the boundary points. One says that the first variation of the functional has to vanish. If this is the case, one also says that the functional assumes a stationary value.

Whether this is also an extreme value can be seen from the sign of the first non-vanishing derivative of the functional (as a function of the parameter) at zero. The order of this derivative is the order of the corresponding non-vanishing higher-order variation. Usually one assumes – as we shall do in the following pages – that the second variation does not identically vanish and that it allows to decide whether an extreme value obtains for the functional, and to specify its nature. We know from differential calculus that for functions, the conditions that the second derivative is negative or positive, in conjunction with the vanishing of the first derivative, are also sufficient. For functionals, however, they are not.

Here, the phenomenon of conjugate points makes its appearance. The conjugate points are the limiting points of the segments of the independent variables within which the second variation (for the functions for which the first variation is vanishing) retains its sign.

For the full applicability of the differential calculus to variational problems, two prerequisites have to hold: the domains of all functions which are to be differentiated must be open, and all the necessary differentiability conditions must be satisfied. One can obtain this by restricting both the range of problems and the set of solutions, allowing only for integrands which are twice continuously differentiable in their arguments and looking only for distinguished functions which are almost everywhere twice differentiable. This allows to reduce, to a large extent, variational problems to differential equations. The distinguished functions have to satisfy a certain system of ordinary differential equations, the Euler-Lagrange equations (E.L.-equations). This system of equations is obtained from the vanishing of the first variation by applying a particular differential operator (called Lagrange-operator) for each of the unknowns upon the integrand, and setting the results of these operations equal to zero. For those unknowns whose derivative occurs in a non-linear form in the integrand, the E.L.-equations are quasilinear of second order. If the integrand contains no parametric functions, and if all derivatives occur non-linearly, then the integrand is said to be in standard form and the corresponding E.L.-system for the n unknowns is a system of n quasi-linear differential equations of second order.

It is always possible to transform a system of second-order differential equations into a (correspondingly larger) system of first-order differential equations. Using a transformation dating back to Legendre, the E.L.-equation then yields a system with a high degree of formal symmetry which – if the integrand is in standard form – is called the canonical system. One can also obtain this system by directly transforming the integrand (given, for instance, in standard form) in such a way that the canonical system results as the E.L.-equation for it. The problem corresponding to this transformed integrand is said to be the variational problem in canonical form. For a long time, the historical derivation of the canonical system as the result of a transformation into a system of differential equations of the first order has been obscuring the fact that the canonical form is not only an equally valid, but an independent and sometimes even superior approach to variational problems. During the period of Hahn's active contribution to variational calculus, the orthodox approach was still through the E.L.-equations of an integrand in standard form.

The solutions of the E.L.-equations are denoted as extremals. In the standard case, the general solution contains $2n$ constants. The values of these parameters are determined by the boundary conditions imposed on the solution. If the boundary values are not specified, the so-called ‚free boundary conditions' derive from the fact that the first variation of the functional has to vanish for the distinguished functions.

If the value of the functional for the distinguished functions is to be not just stationary, but extreme, then consistency with the boundary conditions is only a first step in singling out the distinguished functions among the extremals. One has also to study the sign of the second variation in the whole interval of integration. To start with, one can use the Taylor expansion of the integrand for the difference between the potentially distinguished functions and the unknown functions, as well as their derivatives. The difference between the integrand and the first term of its Taylor series is called the excess function. If the extreme value is to be a minimum, this excess function has to be positive semidefinite over the whole domain of integration. Similarly, the excess function has to be negative semidefinite for a maximal value of the functional. This condition is the (necessary) condition of Weierstrass for extreme values. Furthermore, the second terms in the Taylor-expansion of the increments (i.e. the differences between the derivatives of the potentially distinguished and the unknown functions) define a quadratic form. Upon replacing the increments by arbitrary non-vanishing constants, this form must always be positive definite for a minimum of the functional, resp. negative definite for a maximum. If this is the case, the extremals satisfy the necessary condition of Clebsch-Legendre (in its strenghtened form).

Both necessary conditions offer no guarantee that no conjugate points are present. The so-called Jacobi condition allows to decide whether such points occur in the integration interval. It is essentially based on the theory of second-order linear differential equations. Sometimes it is computationally easier to derive this condition from the properties of a secondary variational problem (also called accessory variational problem) which is associated with the given problem. But again, the absence of conjugate points in the integration interval is only a necessary condition for extremality.

Let us consider an n–parameter family of extremals without conjugate points. If in addition the value of a certain integral named after Hilbert depends, for every curve that lies in the space that is covered by this family, only on its boundary points, whenever the integrand is evaluated for the lineal elements of the family, then this family is said to be a ‚field'. Let us assume that the potentially distinguished functions are imbedded in such a field. If the excess function vanishes only for the lineal elements of the potentially distinguished functions and is otherwise always of the same sign, then the Weierstrass condition, applied to this field, is sufficient for the potentially distinguished functions to yield a strong relative extremum. If the potentially distinguished functions are imbedded in a field and if the strenghtened form of the Clebsch-Legendre condition is satisfied for all lineal elements of the field, this constitutes a sufficient condition for the distinguished functions to yield a weak extreme value. For the construction of fields, the non-appearance of conjugate points in the interval of integration is of the utmost importance.

Since the derivatives of the distinguished functions are allowed to jump in the interval of integration, additional conditions that are derived from the given variational problem – the so-called Weierstrass-Erdman-conditions – have to be satisfied for the position and angle of tangents of such jump discontinuities.

One can require that the functions yielding stationary or extreme values of the functional satisfy a certain number m ($m < n$) of supplementary conditions or constraints. This yields a corresponding restriction for the range of the unknowns (and therefore also for the distinguished functions).

During the time period considered here – and even much later – one considered essentially only three types of constraints. The first type was given by equations, i.e. certain functional relations between the unknowns.

The second type was given by first-order differential equations for the unknowns. The third was expressed by given values of definite integrals whose integrand was of the same class as that of the functional which was being optimized. These latter constraints are called isoperimetric.

The first and the third type of constraints can be reduced to the second type, provided that the requirements for the corresponding operations are met. For the transformation of the first into the second type, it is enough to differentiate. The transformation of the third type into the second type is obtained by setting the integrand of the isoperimetric integral equal to the derivative of a new unknown function whose boundary values are given by zero at the beginning point and by the value of the integral at the end point of the interval of integration. This yields a unified approach to the problem of finding stationary or extreme values under constraints. Nevertheless, each type of constraints has also been dealt with separately, since each had a specific character. Problems with constraints are also called Lagrange problems (at the time, they were occasionally also referred to as ‚the most general problems of the calculus of variations'). In its stricter sense, a Lagrange problem is a problem where all constraints are given by differential equations.

The same method used in transforming the isoperimetric constraint also yields an integral-free formulation of the Lagrange problem. The resulting form of the Lagrange problem, which is a special boundary value problem for a system of differential equations, is also known as the Mayer problem. Here, the terminal ordinate of the newly introduced unknown has to be made an extremum.

Already Lagrange used, for solving the Lagrange problem, an approach which is formally analoguous to that which proved useful in dealing with extreme values of functions depending on n variables which satisfy m equations ($m < n$). One multiplies each equation with a corresponding, initially unspecified quantity and adds all these products to the function in question. This yields a new function of $n + m$ variables: the n original variables and the m multipliers. For finding the stationary resp. extreme values of this new function, which is no longer subject to constraints, one can use differential calculus (as far as it applies) and solve the resulting system of equations in these variables. Essentially, Lagrange's method replaces a problem with n variables and m constraints by a problem having $n + m$ variables, but no constraints.

The multiplier method for determining stationary or extreme values under constraints had been in use for almost hundred years before Lagrange's derivation was more closely scrutinized and found to be lacking. It turned out to be extremely difficult to place Lagrange's multiplier method on a solid basis. It was only towards the end of last century that the method (including the possibility to find out if and where the resulting extremals had conjugate points) could be considered to be safe, at least in the absence of anormal solutions. A solution of a problem of Lagrange is called anormal if the solutions of the constraints are already the extremals of the problem. It took almost another thirty years before it became also possible to decide, in the ‚exceptional' case of anormal arcs, if they have conjugate points in the integration interval.

Indeed, Johann Radon remarked in (3,4) that the failure of the Jacobi condition in the ‚exceptional case' is due to its derivation from an E.L.-system for integrands in standard form. For investigating the relevant situation concerning the second variation, one has to use a tool which is independent of this approach, i.e. of the required results on second-order differential equations. Radon, starting out with the Lagrange problem in canonical form instead, was successful. We have sketched this exceptional case because, as will be seen later, it played an important role, both directly and indirectly, for Hahn's work.

Today, the Lagrange problem may be viewed as a special case within the theory of optimal control. But this theory, which has become essential for dealing with many problems of great economic importance, is doubtlessly deeply rooted in what we now call the ‚classical' Lagrange problem.

If one boundary point and the corresponding boundary values of the distinguished functions are kept fixed while the other boundary values can be freely chosen, then the stationary value of the functional from the fixed beginning point to the variable end point becomes a function of the $n + 1$ end coordinates. This function has different names in different fields of applications. A fairly neutral name is ‚characteristic function'. It satisfies a first-order partial differential equation in $n + 1$ variables which can be derived from the integrand, the so-called Hamilton-Jacobi equation, H.J.-equation for short. With an integrand in standard form, the complete integral of the H.J.-equation contains n free, non-additive parameters.

An implicit representation of the extremals is given by the system of n ordinary equations obtained if each of the partial derivatives of the complete integral with respect to a parameter is set to a new, arbitrary constant. The converse also holds: if one eliminates n of the $2n$ integration constants of the general solution of the E.L.-equations, one obtains the complete integral of the H.J.-equation. The relation obtained thereby between the system of the E.L.-equations and the H.J.-equation is the fundamental theorem of the Hamilton-Jacobi theory.

The characteristic function also yields a natural approach to the above mentioned (path-independent) integral of Hilbert. If one replaces, in the total differential of the characteristic function, the partial derivatives (with respect to the $n + 1$ variables) by terms obtained by their derivation from the integrand, then the resulting differential expression is exact, i.e. the resulting integral depends (for every sub-interval) only on the values at the boundary points, but not on the path between.

Constantin Caratheodory has used the H.J.-equation and the canonical equations to great advantage in his investigations (5), but Hahn never utilized them. Only the path-independent integral occurs occasionally. Sometimes Hahn uses the homogeneous representation of a variational problem. This representation is based on the fact that the independent variable can, in its turn, be viewed as an arbitrary monotonic and differentiable function of a parameter. This parameter is now the new independent variable. In this way, the new problem has one additional unknown, but the parameter itself does not occur explicitly in the integrand. For the integral to be independent of the choice of parameter, the integrand has to be positively homogeneous of the first degree with respect to the derivatives of the unknowns.

The birth of functional analysis has influenced the calculus of variations in two ways. First, by its generalization of the concepts and methods of calculus: for instance, the usual notion of derivative was supplemented by the differentials of Gateaux and Fréchet. Secondly, by enabling one to obtain the existence of the extreme value without having to revert to techniques from the theory of differential equations (provided that the functional has appropriate properties). This is the case, in particular, if the functional has a bounded range and is semi-continuous. In many cases, this also yields advantageous methods for an approximate computation of the extreme value and of the corresponding functions. The extreme value of the functional, in such a case, is absolute and not relative; one need not compare the value of the functional for the distinguished function with that for the neighbouring admissible variations. Whereas the existence proofs are frequently based on transfinite set-theoretic arguments, the approximation methods are obviously constructive in nature and consist essentially in specifying algorithms to generate sequences of functions converging to the function with the required distinct features yielding the extreme value of the functional.

In spite of the variety of approaches that present themselves, they can justifiably be subsumed under the heading of ‚direct methods in the calculus of variations'. Indeed, they all are based on the explicit use of the functional as a map from a function space to the real line. It was only in this century that this notion was fully developed and utilized. Hans Hahn was one of the main contributors to this development, as can be seen in the commentary of H. Heuser to Hahn's functional analytical papers, which can be found in the first volume of his collected works. Here, we only include those papers of Hahn which apply functional analytical methods to the calculus of variations.

Comments on Hahn's contributions to the calculus of variation

Fourteen of the seventeen papers of Hahn on the calculus of variations have been carefully analysed in Lecat's extensive survey (11). We refer to this survey as an important source for the evaluation of Hahn's impact on the historical development of the calculus of variation. We shall in the following discuss Hahn's papers in their chronological order, describe the problem which they address and occasionally add some biographical comments.

[1] This is Hahn's doctoral thesis. In previous memoirs, Hahn's major Professor, G. v. Escherich, had dealt with the Lagrange problem in the strict sense (where all constraints appear as differential equations), and proved, among other results, that except for the case of anormal arcs, Jacobi's condition can be used to determine whether conjugate points can occur. Von Escherich asked Hahn to investigate the case where some of the constraints are given in the form of equations, without reducing them to differential equations first.

Hahn solved the problem (again, up to the exceptional case that was mentioned above) so successfully that his thesis was published and he obtained a grant for spending a postdoctoral semester in Göttingen. In a curriculum vitae dating from June 21, 1921, occasioned by his nomination as a corresponding member of the Austrian Academy of Science, Hahn wrote that von Escherich's suggestion ‚to deal with the calculus of variations . . . influenced my scientific activity for a number of years . . . I spent the winter semester 1903/04 in Göttingen, where I was, in particular, stimulated and influenced by the lectures and seminars of D. Hilbert'. In this document, Hahn does not mention other events or personalities related to his stay in Göttingen. In this context we refer to [3] and [7].

[2] In this paper Hahn successfully pursues two aims. First, he shows that the theorem ensuring the existence of the second derivative of the distinguished function whenever its first derivative exists and the integrand admits a non-vanishing second derivative with respect to the derivative of the unknown, a theorem which was known to hold for the simplest variational problems in one unknown, could also be extended to the Lagrange problem. Secondly, Hahn proved that the analyticity of the integrand and the constraints, which was hitherto required for a proof of the multiplier theorem, was too strict and that it suffices to assume that all functions occuring in the problem satisfy the obvious differentiability conditions.

Let us mention again in this context that for the simplest problem, one assumes that the second derivative of the integrand with respect to the derivative of the unknown is non-vanishing. In the Lagrange problem, this is replaced by the requirement that a certain determinant with $n + m$ rows does not vanish. The matrix of this determinant is built up from the $n \times n$ matrix of the second derivatives of the extended integrand (obtained by the addition of the multiplied constraints to the given integrand) with respect to the derivatives of the unknowns; the $n \times m$ resp. $m \times n$ matrices of the derivatives of the constraints with respect to the derivatives of the unknowns; and finally the $m \times m$ zero matrix. An extremal for which this Jacobian does not vanish is said to be regular.

[3] In this paper Hahn deals with the variational problem with isoperimetric constraints. In this case, the multipliers are not functions of the independent variables, but have constant values. Hahn shows that the case of isoperimetric constraints can be transformed into a Lagrange problem and completely solved with the methods developed for this case, except for the case of anormal arcs.

For this ‚special case' Hahn considers a simple example: to find the minimal value of a functional whose extremals are straight lines, under an isoperimetric constraint with an integrand which (as an integrand of a variational problem), also admits only straight lines as extremals. Because Hahn looked only for regular extremals, i.e. only for straight lines joining smoothly two fixed points, he concluded that this problem has no solution.

It is probable that Hahn, in a lecture to the Mathematical Society in Göttingen in December 1903 dealing with von Escherich's contributions to the theory of the second variation for the Lagrange problem, also described his own, above-mentioned example.

Indeed, C. Carathéodory, who was in the audience, writes in an autobiographical note (6): ‚We were all very surprised by the fact that the theory admits exceptional cases for which apparently the variational problem has no solution. I tried to find a simple, geometrically understandable example and found after a few days the following . . .' Carathéodory looked at a problem which, in principle, was similar to that treated by Hahn, but he allowed for extremals with corners! In this way, Hahn's example admitted a solution. This then inspired Carathéodory to his famous thesis (7).

[7] Although this article is essentially a review, and was written jointly with a co-author, we include it in this volume because its origin is of a certain interest for the history of the field, and because it appears to have influenced Hahn's academic career. This article made Hahn, who was only twenty five years old at the time, known to a wide circle of mathematicians.

We can infer the following from the few pertaining documents which could be found in the archives of the Austrian Academy of Sciences (responsible, together with the academies in Göttingen and Munich, for the publication of the *Enzyklopädie der Mathematischen Wissenschaften)*:

On September 28 and 29, 1903, the delegates of the three academies met in Göttingen. The delegates were L. Boltzmann (replacing G. von Escherich) for Vienna, F. Klein for Göttingen and W. von Dyck for Munich. In the minutes of the meeting (8), one finds under the heading ‚Agreements concerning the different volumes' the short statement: ‚Volume II/l. A supplement to article 8 (calculus of variations, A. Kneser) taking account of the recent developments appears to be needed.' We do not learn who criticised the contribution of the well-known A. Kneser, or who was going to be responsible for bringing forth the needed supplement. We further find in the minutes under the heading ‚Overview concerning the planned publications up to August 1, 1904 (addendum 1 to the minutes)' the following remark: ‚Vol. II/1. One part (5) containing . . . article 8 (calculus of variations) by A. Kneser, with supplements . . .'

When the same delegates met during the next conference in Vienna, in April 1904, the minutes (9) contain the following remarks: ‚in part 5 of the first half of volume II, the article by Kneser (calculus of variations) has been printed some time ago. The article Zermelo-Hahn (Supplements to the calculus of variations) is in proof.'

During the intervening six months, a decision concerning the authors of the supplement had been reached and their work was put to press. The adresses of the authors make it seem probable that it was F. Klein who had initiated this decision. The fact that he chose Hahn, who had just obtained his doctorate, doubtlessly shows that Hahn made a good impression in Göttingen with his knowledge on the calculus of variations.

[9] This paper contains a new proof for a theorem originally due to W. F. Osgood concerning the extreme values of a functional whose value is given by simple integrals. In Hahn's version, the theorem states essentially the following (in its correct but simplified form of [24]):

Let us assume that an extremal joining two given points has no multiple points, that it admits no conjugate points in the interval of integration and that it satisfies both the necessary conditions of Weierstrass and of Clebsch-Legendre. In this case, there exists for any neighborhood of the extremal a lower bound for the absolute value of the difference between the values of the functional evaluated for the extremal and the functional evaluated for any function joining the two given points which is *not* entirely contained in the neighborhood. Furthermore, Hahn showed that this also holds for the simplest variational problems with constraints (no matter whether isoperimetric or in form of differential equations).

When O. Bolza wrote what became the standard textbook of its time on the calculus of variations, he included Hahn's version of this theorem ((10), p.280).

[10] Hahn applies a method due to A. Mayer (who used to investigate under which conditions multiplier methods could be applied for the Lagrange problem). Without using the second variation, Hahn derives the necessary Weierstrass condition in a form which also implies the necessary Clebsch-Legendre condition. This derivation is considered only valid if the distinguished function is not anormal.

[12] This memoir continues the investigation started in [2]: to what extent can one weaken the hypotheses concerning the unknown functions without jeopardizing the applicability of the methods of differential calculus?

Dubois-Reymond was able to show, for the simplest variational problem, that if the distinguished function yielding the stationary value is continuously differentiable, then it is even twice differentiable at all points where the second derivative of the integrand with respect to the derivative of the unknown does not vanish. In [2], the validity of this result for the Lagrange problem was dealt with.

In [12], Hahn shows first that one only has to assume that the distinguished function is rectifiable and admits a tangent everywhere. If the tangent does not exist at finitely many points, then the distinguished function is an extremal with corners; if the tangent exists everywhere, then the extremal is regular (cf. the comment on [2]), according to the result of Dubois-Reymond.

Hahn furthermore investigates a simple Lagrange problem formulated in the form of a Mayer problem. In order to derive the E.L.-equations for this problem, Hilbert, a short while ago, had been obliged to assume that the unknown is twice differentiable. Hahn shows that it suffices to assume that it is differentiable.

[15] In his investigations concerning necessary conditions for the existence of an extreme value for a functional, O. Bolza noticed that aside from the usual four conditions (the E.L.-equation, the conditions of Weierstrass and Clebsch-Legendre and admitting no conjugate points), a further condition, which was independent of the four above-mentioned, had to be satisfied. Bolza was unable to decide whether this so-called fifth condition, in conjunction with the other four, was sufficient.

In this paper Hahn first derives the fifth condition and then shows that it is only necessary. He displays an example where all five necessary conditions are fulfilled, but the functional yields no extreme value.

[16] For the case of the simplest variational problem, A. Kneser established a connection between the occurence of a point conjugate to, say, the starting point and the occurence of an envelope for the family of extremals issued from the starting point. From the point on where this envelope makes the first contact with a member of that family, these extremals lose their unicity (i.e. the property that, except for the starting point, at most one extremal of the family passes through every point in the plane spanned by the independent variable and the ordinate of the unknown). This determines the point which is conjugate to the starting point. Kneser used this to deal with the question whether a functional can admit a strong extreme value even if the boundary points of the interval of integration are conjugate – a question left unanswered by the Jacobi condition. Kneser's answer is generically negative. But it turned out that the functional can admit a strong minimum or maximum value if the envelope has a cusp at the endpoint, which is directed towards the integration interval resp. away from it. The original proof, however, depended on certain supplementary assumptions.

In this memoir. Hahn presented a proof without these assumptions.

[17] This paper treats the Lagrange problem. It is an extension of [10] in the sense that it deals with sufficient conditions which are based on the embeddability of the potentially distinguished function in families of extremals.

From the $2n$ dimensional manifold of extremals, one selects n–dimensional families, forming fields, such that Hilbert's integral is independent of the path. Hahn and other authors call them Mayer fields. After thoroughly discussing the properties of these fields, Hahn uses them to form the differences between the values of the integrals along the extremals of the field, and curves that lie in the field. This yields an integral with an integrand corresponding to the excess function. This, in turn, leads to the sufficient condition of Clebsch-Legendre. Again, the derivation is only valid if the extremal is normal.

[20] Hahn deals here with an apparently very simple problem with only two unknowns and fixed end points, in order to investigate the consequences of the appearance of conjugate points in the integration interval. In particular, Hahn analyses what happens if the point which is conjugate to the starting point is situated after the point in the interval which is conjugate to the endpoint.

In his investigation, Hahn also used techniques which he developed in the preceding papers [12] and [16].

[21] If the boundary conditions are not fixed, the determination of the free boundary condition can cause difficulties whenever one looks for a strong extreme value. Hahn showed that these difficulties can be overcome by the following theorem: if the excess function is definite in a neighborhood of an extremal yielding a weak extreme value, then this extremal yields a strong extreme value for the same boundary conditions.

[23] Hahn shows first that the theorem of Osgood also holds for those extremal arcs for which a weak extreme value of the functional and the definiteness of the excess function imply a strong extreme value (see also comments to [21]). Furthermore, he extends his proof of the theorem of Osgood [9] to the case of the problem of Lagrange.

[24] Hahn shows that the assumption which he used for the proof and the statement of the theorem of Osgood in [9] can be simplified. Only one neighborhood of the extremal suffices.

[27] Instead of the sufficient condition of Weierstrass for the existence of a strong extreme value, E. E. Levi stated another condition in the belief that it is also sufficient. In this paper, Hahn shows that Levi's proof is not binding and gives a counterexample.

[51] By using recent techniques from functional analysis, like the representation theorem of F. Riesz and E. Helly's linear functional operators, Hahn treats the problem of determining extreme values of linear functionals under constraints that are also given in terms of functionals. The use of the multiplier rule, which turns out to be valid, frees the problem from the constraints and incorporates its use for the classical problems of the calculus of variations, subordinating the latter to a unifying concept.

[57] This memoir was first announced in the *Anzeiger der Akademie der Wissenschaften in Wien,* **22** (1925), p.233.

Hahn succeeded, in this paper, to derive from a unifying viewpoint a number of Tonelli's existence theorems for functionals having certain properties, which heretofore had been viewed as independent. Among other results, he gives an example for a functional for which the extreme value, which can be explicitly given, cannot be attained by a member of the class of competing functions. Under these conditions on the competing functions, the functional has a limiting value but no extreme value.

References

1. Hahn H. (1927) Variationsrechnung. Kap. XIV des Bandes I.2 von Pascals E.: Repetitorium der höheren Mathematik. B. G. Teubner, Leipzig
2. Hildebrandt S., Tromba A. (1987) Panoptimum. Mathematische Grundmuster des Vollkommenen. Spektrum Verlag, Heidelberg (Übersetzung von Tromba A.: Mathematics and optimal form. Scientific American Books Inc, 1985; see in particular the references pp 196–201).
3. Radon J. (1927) Über die Oszillationstheoreme der konjugierten Punkte beim Problem von Langrange. Sitz Ber Bayr Akad Wissenschaften, München 57: 243 ff
4. Radon J. (1928) Zum Problem von Langrange. Hamburger Math Einzelschriften, 6. Heft. B. G. Teubner, Leipzig
5. Carathéodory C. (1935) Variationsrechnung und partielle Differentialgleichungen erster Ordnung. B. G. Teubner, Leipzig
6. Carathéodory C. (1957) Autobiographische Notizen. Gesammelte Mathemat Schriften, Bd V. C. H. Beck, München, S 405
7. Carathéodory C. (1953) Über diskontinuierliche Lösungen in der Variationsrechnung. Gesammelte Mathemat Schriften, Bd I. C. H. Beck, München, S 3–79
8. Akte der Kais. Akademie der Wissenschaften in Wien Nr. 945 Präs vom 27. Nov. 1903
9. Akte der Kais. Akademie der Wissenschaften in Wien Nr. 556 Präs vom 21. Mai 1904
10. Bolza O. (1909) Vorlesungen über Variationsrechnung. B. G. Teubner, Leipzig (reprinted 1949)
11. Lecat M. (1914) Calcul des Variations. Encyclopédie des Sciences Mathématiques Pures et Appliquées II 6

Hahn's Work on the Calculus of Variation
Hahns Arbeiten zur Variationsrechnung

Zur Theorie der zweiten Variation einfacher Integrale.

Von **Hans Hahn** in Wien.

Die schon seit längerer Zeit für den einfachsten Fall der Variationsrechnung bekannten nothwendigen Bedingungen versuchte zuerst Scheeffer (Math. Ann. Bd. 25) auf den allgemeinsten Fall der Variationsrechnung für einfache Integrale auszudehnen. Die von ihm angewandte interessante Methode, die ihrem Wesen nach der von Weierstraß in seinen Vorlesungen vorgetragenen verwandt ist, ergab aber nur für den Fall, dass keine Bedingungsgleichungen vorhanden sind, exacte Beweise für seine Behauptungen. Weierstraß beschäftigte sich in seinen Vorlesungen sehr eingehend mit den nothwendigen Bedingungen, speciell mit dem sogenannten Jacobi'schen Kriterium der conjugierten Punkte, für das er im einfachsten Falle einen vollkommen strengen Beweis erbrachte. Indem er nun versuchte, ähnliche Schlüsse auf den nächst einfachen Fall, das einfachste isoperimetrische Problem, anzuwenden, stieß er bereits auf bedeutende Schwierigkeiten und konnte, selbst abgesehen von dem Specialfalle, auf den sein Beweis für die isoperimetrische Constante nicht anwendbar ist, ein allgemein giltiges Resultat nicht aussprechen. Auch Kneser, der in neuester Zeit (Math. Ann. Bd. 55) diese Untersuchungen wieder aufnahm, brachte den von Weierstraß unerledigt gelassenen Fall nicht zur Entscheidung.

Unter Voraussetzung der Anwendbarkeit von Lagrange's Multiplicatorenmethode und der Ersetzbarkeit der Bedingungsgleichungen durch das erste Glied ihrer Taylor'schen Entwicklung hat G. v. Escherich[1]), für den Fall, dass unter den Bedingung-

[1]) G. v. Escherich. Die zweite Variation der einfachen Integrale. Mitth. I, II, III Sitzungsber. der k. Akademie der Wissenschaften in Wien. Bd. CVII. Abth. IIa; Mitth. IV ebenda Bd. CVIII. Abth. IIa; zusammengefasst und erweitert in Mitth. V ebenda Bd. CX. Abth. IIa. Sie werden hier kurz als Mitth. I etc. citiert.

gleichungen keine endlichen vorkommen und den Differentialgleichungen der ersten Variation ein reguläres Curvenstück[1]) genügt, das Problem in seiner vollen Allgemeinheit untersucht. Ausgehend von den Eigenschaften eines gewissen linearen Differentialgleichungssystemes gelang es, die Richtigkeit von Jacobis Kriterium in der That in großer Allgemeinheit nachzuweisen, und die Fälle, für die ein solcher Beweis nicht erbracht wurde, genau abzugrenzen. Außerdem gestattet diese Methode in sehr einfacher Weise die von Clebsch angegebene reducierte Form der zweiten Variation herzuleiten, die zur Ableitung einer weiteren nothwendigen Bedingung führt.

Der Zweck der vorliegenden Arbeit ist, die von G. v. Escherich gefundenen Resultate auf den Fall auszudehnen, dass unter den Bedingungsgleichungen des Problems auch endliche Gleichungen vorkommen. Man kann zwar stets auch dieses allgemeinere Problem auf die in den genannten Mittheilungen vorausgesetzte Form bringen, doch bietet die hier durchgeführte directe Methode gewisse leicht zu erkennende Vortheile. In Gedankengang und Bezeichnungsweise habe ich mich aufs Engste an diese Abhandlungen, insbesondere an Mitth. V angeschlossen. In einem Anhange behandle ich die allgemeinste Form der conjugierten Systeme.

§ 1.

Die meisten in der Variationsrechnung für eine unabhängige Variable auftretenden Probleme sind in dem folgenden, sehr allgemeinen, enthalten:

„Es sind $n+1$ Functionen $y_0, y_1, \ldots, y_n$ von t so zu bestimmen, dass sie

A) für $t=t_0$ und $t=t_1$ vorgegebene Werte annehmen;

B) für $t_0 \leqq t \leqq t_1$ die m Gleichungen befriedigen (wo $m<n$):

$$\varphi_1(y_0, y_1, \ldots, y_n)=0; \ldots \varphi_\mu(y_0, y_1, \ldots, y_n)=0$$
$$\varphi_{\mu+1}(y_0 \ldots y_n; y'_0 \ldots y'_n)=0 \ldots \varphi_m(y_0 \ldots y_n; y'_0 \ldots y'_n)=0$$

worin y'_i die Ableitung von y_i nach t bedeutet, und $0 \leqq \mu \leqq m$ ist.[2])

C) Das bestimmte Integral

---

[1]) Im Sinne, in dem Osgood in Math. Encykl. II B_1 pag. 9 diesen Ausdruck gebraucht.

[2]) Für $\mu=0$ reduciert sich dieses Problem auf das von G. v. Escherich ausführlich behandelte.

$$J=\int_{t_0}^{t_1} f(y_0, y_1, \ldots, y_n; y_0', y_1', \ldots, y_n')\, dt$$

zu einem Maximum oder Minimum machen."

Von den Functionen φ und f setzen wir voraus:

I. dass sie in einem Bereiche der y und y', der alle für unser Problem in Betracht kommenden Punkte enthalten muss, eindeutig, endlich und stetig sind, und daselbst ebensolche Differentialquotienten der ersten drei Ordnungen nach den y und y' besitzen.

II. Dass f und $\varphi_{\mu+1} \ldots \varphi_m$ nach den y' homogen vom ersten Grade sind.

Auf Grund des Lagrange'schen Multiplicatorenverfahrens betrachten wir nun an Stelle des vorgelegten Integrales das folgende:

$$(1) \qquad J=\int_{t_0}^{t_1} F\, dt$$

wo

$$F=f+\lambda_1 \varphi_1+\lambda_2 \varphi_2+\cdots+\lambda_m \varphi_m$$

und die λ gewisse Functionen von t allein bedeuten, und setzen schließlich noch voraus, dass in der Determinante:

$$(2) \qquad \Delta = \begin{vmatrix} \frac{\partial^2 F}{\partial y_0' \partial y_0'} \ldots \frac{\partial^2 F}{\partial y_0' \partial y_n'}; & \frac{\partial \varphi_1}{\partial y_0} \ldots \frac{\partial \varphi_\mu}{\partial y_0}; & \frac{\partial \varphi_{\mu+1}}{\partial y_0'} \ldots \frac{\partial \varphi_m}{\partial y_0'} \\ \cdot \quad \ldots \quad \cdot & \cdot \quad \ldots \quad \cdot & \cdot \quad \ldots \quad \cdot \\ \cdot \quad \ldots \quad \cdot & \cdot \quad \ldots \quad \cdot & \cdot \quad \ldots \quad \cdot \\ \frac{\partial^2 F}{\partial y_n' \partial y_0'} \ldots \frac{\partial^2 F}{\partial y_n' \partial y_n'}; & \frac{\partial \varphi_1}{\partial y_n} \ldots \frac{\partial \varphi_\mu}{\partial y_n}; & \frac{\partial \varphi_{\mu+1}}{\partial y_n'} \ldots \frac{\partial \varphi_m}{\partial y_n'} \\ \frac{\partial \varphi_1}{\partial y_0} \ldots \frac{\partial \varphi_1}{\partial y_n}; & 0 \ldots 0; & 0 \ldots 0 \\ \cdot \quad \ldots \quad \cdot & \cdot \quad \ldots \quad \cdot & \cdot \quad \ldots \quad \cdot \\ \cdot \quad \ldots \quad \cdot & \cdot \quad \ldots \quad \cdot & \cdot \quad \ldots \quad \cdot \\ \frac{\partial \varphi_\mu}{\partial y_0} \ldots \frac{\partial \varphi_\mu}{\partial y_n}; & 0 \ldots 0; & 0 \ldots 0 \\ \frac{\partial \varphi_{\mu+1}}{\partial y_0'} \ldots \frac{\partial \varphi_{\mu+1}}{\partial y_n'}; & 0 \ldots 0; & 0 \ldots 0 \\ \cdot \quad \ldots \quad \cdot & \cdot \quad \ldots \quad \cdot & \cdot \quad \ldots \quad \cdot \\ \cdot \quad \ldots \quad \cdot & \cdot \quad \ldots \quad \cdot & \cdot \quad \ldots \quad \cdot \\ \frac{\partial \varphi_m}{\partial y_0'} \ldots \frac{\partial \varphi_m}{\partial y_n'}; & 0 \ldots 0; & 0 \ldots 0 \end{vmatrix}$$

nicht sämmtliche Unterdeterminanten Δ_{ii} der Elemente $\frac{\partial^2 F}{\partial y'_i \partial y'_i}$ als Functionen der y und y' betrachtet identisch verschwinden.

Aus der Betrachtung der ersten Variation von (1) ergibt sich als nothwendige Bedingung für das Eintreten eines Extremums, dass die $n+m+1$ Functionen $y_0, y_1, \ldots, y_n; \lambda_1 \ldots \lambda_m$ überall dort, wo sie regulär sind, dem Gleichungssysteme genügen müssen

$$(3) \quad \left\{ \begin{array}{ll} G_i = \frac{\partial F}{\partial y_i} - \frac{d}{dt}\frac{\partial F}{\partial y'_i} = 0 & (i = 0, 1, \ldots, n) \\ \varphi_i = 0 & (i = 1, 2, \ldots, m) \end{array} \right. .$$

Unser Ziel ist nun, durch Verfolgung der von G. v. Escherich für den Fall $\mu = 0$ abgeleiteten Methoden weitere nothwendige Bedingungen aus der Betrachtung der zweiten Variation zu gewinnen. Wir nehmen also an, es sei ein System von Functionen y, λ gegeben, das für $t_0 \leqq t \leqq t_1$ den Gleichungen (3) genügt (womit auch gesagt ist, dass nicht nur die y, sondern auch die y' stetig sein müssen), und die Bedingung (A) unseres Problems erfüllt. Wir setzen von diesem Systeme weiter voraus, dass für keinen Wert von t alle y' verschwinden, und dass bei Einsetzen desselben in die Determinante Δ nirgends sämmtliche Unterdeterminanten $\Delta_{ii} (i = 0, 1, \ldots, n)$ Null werden.[1])

Es gilt der Satz: „Die Unterdeterminante Δ_{ii} und y'_i sind immer gleichzeitig Null oder davon verschieden.“ Denn man erhält mit Berücksichtigung von Anmerkung (1) leicht die beiden Relationen (wenn $y'_k \neq 0$):

$$\Delta_{ii} y'_k = \Delta_{ik} y'_i \qquad \Delta_{kk} y'_i = \Delta_{ik} y'_k$$

aus denen der Satz folgt. Wo y'_i nicht verschwindet, muss also mindestens eine Determinante m^{ten} Grades der Matrix

$$\left\| \frac{\partial \varphi_1}{\partial y_k} \cdots \frac{\partial \varphi_\mu}{\partial y_k}; \frac{\partial \varphi_{\mu+1}}{\partial y'_k} \cdots \frac{\partial \varphi_m}{\partial y'_k} \right\|_{(k=0,1,\ldots,i-1,i+1,\ldots,n)}$$

und daher auch mindestens eine Determinante μ^{ten} Grades der Matrix:

---

[1]) Die Determinante Δ verschwindet für ein solches System identisch; denn es ist (wegen Voraussetzung (II) und der Gleichungen (3))

$$\sum_{i=0}^{n} \frac{\partial^2 F}{\partial y'_k \partial y'_i} y'_i = 0; \quad \sum_{i=0}^{n} \frac{\partial \varphi_k}{\partial y_i} y'_i = \frac{d\varphi_k}{dt} = 0; \quad \sum_{i=0}^{n} \frac{\partial \varphi_k}{\partial y'_i} y'_i = \varphi_k = 0$$
$$(k = 0, 1, \ldots, n) \qquad (k = 1, 2, \ldots, \mu) \qquad (k = \mu + 1 \ldots m)$$

$$\left\| \frac{\partial \varphi_1}{\partial y_k} \cdots \frac{\partial \varphi_\mu}{\partial y_k} \right\|_{(k = a_1, a_2, \ldots, a_m)}$$

von Null verschieden sein, wenn

$$\frac{\partial (\varphi_1 \ldots \varphi_\mu ; \varphi_{\mu+1} \ldots \varphi_m)}{\partial \left(y_{a_1} \ldots y_{a_\mu} ; y'_{a_{\mu+1}} \ldots y'_{a_m}\right)}$$

eine nicht verschwindende Determinante aus der ersten Matrix ist.

Zwischen den Gleichungen (3) besteht die identische Relation:

$$\sum_{i=0}^{n} G_i y'_i + \sum_{i=\mu+1}^{m} \varphi_i \lambda'_i = 0$$

die sich ergibt, wenn man die Relationen berücksichtigt:

$$\frac{\partial F}{\partial y_i} = \sum_{k=0}^{n} \frac{\partial^2 F}{\partial y_i \, \partial y_k} y'_k ;$$

$$\frac{d}{dt} \frac{\partial F}{\partial y'_i} = \sum_{k=0}^{n} \left(\frac{\partial^2 F}{\partial y'_i \, \partial y_k} y'_k + \frac{\partial^2 F}{\partial y'_i \, \partial y'_k} y''_k \right) + \sum_{k=\mu+1}^{m} \frac{\partial \varphi_k}{\partial y'_i} \lambda'_k .$$

Für alle den Gleichungen $\varphi_k = 0 \, (k = \mu + 1 \ldots m)$ genügenden y ist also, da mindestens ein y' nicht Null ist, überall eine der $n+1$ Gleichungen $G_i = 0 \, (i = 0, 1, \ldots, n)$ eine Folge der n übrigen.

§ 2.

Das System $y_0, y_1, \ldots, y_n, \lambda_1, \ldots, \lambda_m$, das die Gleichungen (3) löste, genügt nun offenbar auch den Gleichungen:

$$\text{(3a)} \qquad G_i = 0 \qquad \frac{d^2 \varphi_i}{d t^2} = 0 \qquad \frac{d \varphi_i}{d t} = 0$$

$$(i = 0, 1, \ldots, n) \quad (i = 1, 2, \ldots, \mu) \quad (i = \mu + 1, \ldots, m).$$

Sei nun in irgend einem Punkte τ etwa $y'_k \neq 0$. Dann können wir in der Umgebung dieses Punktes y_k für den Parameter t wählen. Da daselbst auch $\Delta_{kk} \neq 0$ ist, so genügen die y und λ auch dem aus:

$$\left.\begin{aligned}&G_i = \frac{\partial F}{\partial y_i} - \frac{d}{d y_k}\frac{\partial F}{\partial y'_i} = 0 \quad (i = 0, 1, \ldots, k-1, k+1, \ldots, n)\\ &\frac{d^2 \varphi_i}{d y_k^2} = 0 \quad (i = 1, 2, \ldots, \mu); \quad \frac{d \varphi_i}{d y_k} = 0 \quad (i = \mu + 1 \ldots m)\end{aligned}\right\}$$

durch Auflösung nach y''_i $(i = 0, 1, \ldots, k-1, k+1, \ldots, n)$, λ'_i $(i = \mu + 1 \ldots m)$ und λ_i $(i = 1, 2, \ldots, \mu)$ entstehenden Systeme $(3b)$. Dieses letztere besteht nun aber, wenn man die n Gleichungen $\frac{d y_i}{d y_k} = y'_i$ $(i = 0, 1, \ldots, k-1, k+1, \ldots, n)$ dazu nimmt, aus einem Normalsysteme von $2n + m - \mu$ Differentialgleichungen für die Größen y_i, y'_i $(i = 0, 1, \ldots, k-1, k+1, \ldots, n)$ und λ_i $(i = \mu + 1, \ldots, m)$ und μ endlichen Gleichungen, die je eines der λ_i $(i = 1, 2, \ldots, \mu)$ durch die y, y' und die übrigen λ ausdrücken.

Als Lösungen eines Normalsystemes müssen nun aber in der Umgebung des Punktes τ die y und λ die Form haben

$$\begin{aligned}y_i &= f_i\left(y_k \,\middle|\, y_1^0, \ldots, y_{k-1}^0, y_{k+1}^0, \ldots, y_n^0; (y_1^0)', \ldots, (y_{k-1}^0)', (y_{k+1}^0)' \ldots\right.\\ &\qquad \left.\ldots (y_n^0)'; \lambda_{\mu+1}^0 \ldots \lambda_m^0\right) \quad (i = 0, 1, \ldots, k-1, k+1, \ldots, n)\\ y'_i &= g_i\left(y_k \,\middle|\, y_1^0, \ldots, y_{k-1}^0, y_{k+1}^0, \ldots, y_n^0; (y_1^0)', \ldots, (y_{k-1}^0)', (y_{k+1}^0)' \ldots\right.\\ &\qquad \left.\ldots (y_n^0)'; \lambda_{\mu+1}^0 \ldots \lambda_m^0\right) \quad (i = 0, 1, \ldots, k-1, k+1, \ldots, n)\\ \lambda_i &= h_i\left(y_k \,\middle|\, y_1^0, \ldots, y_{k-1}^0, y_{k+1}^0, \ldots, y_n^0; (y_1^0)', \ldots, (y_{k-1}^0)', (y_{k+1}^0)' \ldots\right.\\ &\qquad \left.\ldots (y_n^0)'; \lambda_{\mu+1}^0 \ldots \lambda_m^0\right) \quad (i = 1, 2, \ldots, m),\end{aligned}$$

worin $y^0, (y^0)', \lambda^0$ den Wert des betreffenden y, y', λ im Punkte τ bedeutet.

Setzen wir statt dieser Anfangswerte andere ein, so bekommen wir andere Lösungen des Systemes $(3b)$. Wegen der Stetigkeit der Functionen f_i, g_i, h_i werden sich die neuen Anfangswerte immer so wenig verschieden von den $y^0, (y^0)', \lambda^0$ wählen lassen, dass auch für die neuen Lösungen die Determinante Δ_{kk} in einer Umgebung von τ nicht verschwindet; dann werden diese Lösungen auch dem Systeme $(3a)$ genügen.

Damit sie aber auch dem Systeme (3) genügen, **müssen die Anfangswerte** entsprechend den $m + \mu$ Gleichungen

$$\varphi_i = 0 \qquad \frac{d\varphi_i}{d y_k} = 0$$
$$(i = 1, 2, \ldots, m) \qquad (i = 1, 2, \ldots, \mu)$$

gewählt werden. Aus denselben ergeben sich auf Grund bekannter Sätze über die Existenz der impliciten Functionen, da mindestens je eine der in § 1 angeführten Functionaldeterminanten von Null verschieden ist, μ Größen y^0 und m Größen $(y^0)'$ als stetige differenzierbare Functionen der übrigen.[1])

Es bleiben also in den f_i, g_i, h_i $2(n-\mu)$ Anfangswerte willkürlich, die wir mit $c_1, c_2, \ldots, c_{2(n-\mu)}$ bezeichnen.

Somit bilden:

$$\left.\begin{aligned} y_i &= f_i(y_k; c_1, c_2, \ldots, c_{2(n-\mu)}) \\ y_i &= g_i(y_k; c_1, c_2, \ldots, c_{2(n-\mu)}) \end{aligned}\right\} (i = 0, 1, \ldots, k-1, k+1, \ldots, n)$$
$$\lambda_i = h_i(y_k; c_1, c_2, \ldots, c_{2(n-\mu)}) \quad (i = 1, 2, \ldots, \mu)$$

eine Schaar von Lösungen des Systemes (3).

Man sieht nun sofort, dass diese Functionen nach den Anfangswerten c differenziert werden dürfen. Denn die Functionen f_i, g_i, h_i dürfen nach den Anfangswerten $y^0, (y^0)', \lambda^0$ differenziert werden,[2]) und die nicht willkürlich bleibenden y^0 und $(y^0)'$ ergeben sich als differenzierbare Functionen der c, so dass man hat:

$$\frac{\partial y_i}{\partial c_\nu} = \sum_{\gamma=0}^{n}{}' \frac{\partial f_i}{\partial y_\gamma^0}\frac{\partial y_\gamma^0}{\partial c_\nu} + \frac{\partial f_i}{\partial (y_\gamma^0)'}\frac{\partial (y_\gamma^0)'}{\partial c_\nu} + \sum_{\gamma=\mu+1}^{m} \frac{\partial f_i}{\partial \lambda_\gamma^0}\frac{\partial \lambda_\gamma^0}{\partial c_\nu} \quad \text{etc.}$$

Der Accent am Summenzeichen bedeutet, dass bei der Summierung der Wert k auszulassen ist.

Durch ein nur eine endliche Anzahl von Operationen erforderndes Fortsetzungsverfahren[3]) lässt sich nun zeigen, dass das hier für eine Umgebung von τ Gezeigte für die ganze Ausdehnung der Curve gilt, wenn man dieselbe wieder in einheitlicher Weise mit Hilfe eines Parameters t darstellt.

Wählt man noch speciell für τ den Anfangspunkt t_0, so hat man den Satz:

Die den Gleichungen (3) genügenden Functionen y, y', λ sind für $t_0 \leqq t \leqq t_1$ nach den $2(n-\mu)$ willkürlich bleibenden Anfangswerten differenzierbar.

---

[1]) Siehe I. Mittheilung, pag. 24 ff. (Die Seitenzahlen beziehen sich immer auf die Separatabdrücke.)

[2]) Als Lösungen eines Normalsystemes von Differentialgleichungen; siehe G. v. Escherich, Sitzungsberichte der Wiener Akademie. Bd. CVIII.

[3]) V. Mitth. pag. 10 ff.

§. 3.

1. Die Gleichungen (3) sind nun, wenn man die Lösung y, y', λ einsetzt, bezüglich dieser $2(n-\mu)$ Anfangswerte identisch erfüllt. Die Differentiation nach einem dieser Anfangswerte führt auf das lineare Gleichungssystem:

$$
(4) \quad \left\{
\begin{aligned}
&\psi_i(z,r) = \sum_{k=0}^{n}\left[\frac{\partial^2 F}{\partial y_i \partial y_k} z_k + \frac{\partial^2 F}{\partial y_i \partial y_k'} z_k' - \frac{d}{dt}\left(\frac{\partial^2 F}{\partial y_i' \partial y_k} z_k + \right.\right. \\
&\qquad \left.\left. + \frac{\partial^2 F}{\partial y_i' \partial y_k'} z_k'\right)\right] + \sum_{k=1}^{m} \frac{\partial \varphi_k}{\partial y_i} r_k - \frac{d}{dt} \sum_{k=\mu+1}^{m}\left(\frac{\partial \varphi_k}{\partial y_i'} r_k\right) = 0 \\
&z_i' = \frac{d z_i}{dt} \qquad (i = 0, 1, \ldots, n) \\
&\omega_i(z) = \sum_{k=0}^{n} \frac{\partial \varphi_i}{\partial y_k} z_k = 0 \quad (i = 1, 2, \ldots, \mu) \\
&\omega_i(z) = \sum_{k=0}^{n}\left(\frac{\partial \varphi_i}{\partial y_k} z_k + \frac{\partial \varphi_i}{\partial y_k'} z_k'\right) = 0 \quad (i = \mu+1 \ldots m)
\end{aligned}
\right.
$$

das wir „das zum System (3) gehörige accessorische Gleichungssystem" nennen wollen. Seine Coefficienten sind bei geeigneter Wahl von t stetige Functionen (Mitth. V. § 3).

Die Gleichungen (4) sind nicht von einander unabhängig; denn unter Berücksichtigung der Identitäten[1]:

$$
\sum_{k=0}^{n}\left[\frac{\partial^2 F}{\partial y_i \partial y_k} - \frac{d}{dt}\frac{\partial^2 F}{\partial y_i \partial y_k'}\right] y_k' + \sum_{k=1}^{m} \frac{\partial \varphi_k}{\partial y_i} \lambda_k' = 0
$$

$$
\sum_{k=0}^{n}\left[\left(\frac{\partial^2 F}{\partial y_i \partial y_k'} - \frac{\partial^2 F}{\partial y_i' \partial y_k}\right)' y_k' - \frac{\partial^2 F}{\partial y_i' \partial y_k'} y_k''\right] - \sum_{k=\mu+1}^{m} \frac{\partial \varphi_k}{\partial y_i'} \lambda_k' = 0
$$

erhält man die weitere Identität:

$$
(5) \qquad \sum_{i=0}^{n} y_i' \psi_i(z,r) + \sum_{i=1}^{m} \lambda_i' \omega_i(z) = 0.
$$

2. Schreibt man $\psi_i(z,r)$ in der Form:

$$
\psi_i(z,r) = \sum_{k=0}^{n}\left\{\left(\frac{\partial^2 F}{\partial y_i \partial y_k} - \frac{d}{dt}\frac{\partial^2 F}{\partial y_i \partial y_k'}\right) z_k - \frac{d}{dt}\left[\left(\frac{\partial^2 F}{\partial y_i' \partial y_k} - \frac{\partial^2 F}{\partial y_i \partial y_k'}\right) z_k + \right.\right.
$$

$$
\left.\left. + \frac{\partial^2 F}{\partial y_i' \partial y_k'} z_k'\right]\right\} + \sum_{k=1}^{m} \frac{\partial \varphi_k}{\partial y_i} r_k - \frac{d}{dt} \sum_{k=\mu+1}^{m}\left(\frac{\partial \varphi_k}{\partial y_i'} r_k\right)
$$

[1]) V. Mitth. pag. 14.

so sieht man sofort, dass das System (4) befriedigt wird durch:

$$z_k = \rho\, y_k' \ (k = 0, 1, \ldots, n); \quad r_k = \rho\, \lambda_k' \ (k = 1, 2, \ldots, m)$$

wo ρ eine ganz beliebige zweimal differenzierbare Function von t bedeutet. Eine Lösung von dieser Form soll eine **besondere Lösung** genannt werden.

Offenbar genügt jede Lösung von (4) auch dem Systeme:

$$(4a)\begin{cases} \psi_i(z, r) = 0 \quad (i = 0, 1, \ldots, n) \\ \dfrac{d^2\omega_i}{dt^2} = 0 \ (i = 1, 2, \ldots, \mu); \quad \dfrac{d\omega_i}{dt} = 0 \ (i = \mu + 1, \ldots, m). \end{cases}$$

Wir setzen nun in der Umgebung eines Punktes τ, in dem $y_k' \neq 0$ ist, $z_k = 0$, lassen in $(4a)$ die Gleichung $\psi_k(z, r) = 0$, die wegen (5) aus den übrigen folgt, weg, und lösen die übrigbleibenden $n + m$ Gleichungen nach den z_k'' $(i = 0, 1, \ldots, k-1, k+1, \ldots, n)$, $r_i' = (i = \mu + 1, \ldots, m)$, r_i $(i = 1, 2, \ldots, \mu)$ auf, was immer möglich ist, da $\Delta_{kk} \neq 0$ ist. Das so erhaltene System $(4b)$ besteht, wenn wir noch die Gleichungen $\dfrac{dz_i}{dt} = z_i'$ $(i = 0, 1, \ldots, k-1, k+1, \ldots, n)$ dazunehmen, aus einem Normalsystem von $2n + m - \mu$ linearen Differentialgleichungen für z_i, z_i' $(i = 0, 1, \ldots, k-1, k+1, \ldots, n)$ und r_i $(i = \mu + 1, \ldots, m)$, und μ endlichen Gleichungen, durch die $r_1, r_2, \ldots, r_\mu$ als lineare Functionen der z_i, z_i' und der übrigen r_i ausgedrückt werden.

Bezeichnen wir mit Z_i $(i = 0, 1, \ldots, k-1, k+1, \ldots, n)$, R_i $(i = 1, 2, \ldots, \mu)$ eine Lösung von $(4b)$, so löst:

$$z_i = Z_i + \frac{z_k}{y_k'}\, y_i' \ (i = 0, 1, \ldots, k-1, k+1, \ldots, n)$$

$$r_i = R_i + \frac{z_k}{y_k'}\, \lambda_i' \ (i = 1, 2, \ldots, m)$$

das System $(4a)$, wobei z_k eine willkürliche, aber zweimal differenzierbare Function von t ist.

Umgekehrt: Ist z_i $(i = 0, 1, \ldots, n)$, r_i $(i = 1, 2, \ldots, m)$ irgend eine Lösung von $(4a)$, so ist:

$$Z_i = z_i - \frac{z_k}{y_k'}\, y_i' \ (i = 0, 1, \ldots, k-1, k+1, \ldots, n)$$

$$Z_k = 0; \quad R_i = r_i - \frac{z_k}{y_k'}\, \lambda_i' \ (i = 1, 2, \ldots, m)$$

eine Lösung von $(4b)$. Da nun aus $Z_i = 0$ $(i = 0, 1, \ldots, n)$, $R_i = 0$ $(i = \mu + 1, \ldots, m)$ immer auch $R_i = 0$ $(i = 1, 2, \ldots, \mu)$ folgt, so folgt aus $z_i = \rho y'_i$ $(i = 0, 1, \ldots, n)$, $r_i = \rho \lambda'_i$ $(i = = \mu + 1, \ldots, m)$ auch $r_i = \rho \lambda'_i$ $(i = 1, 2, \ldots, \mu)$.

Bestehen zwischen ν Lösungen von $(4b)$ Relationen von der Form:

$$\sum_{\gamma=1}^{\nu} \alpha_\gamma Z_i^\gamma = 0 \quad (i = 0, 1, \ldots, k-1, k+1, \ldots, n)$$

$$\sum_{\gamma=1}^{\nu} \alpha_\gamma R_i^\gamma = 0 \quad (i = \mu + 1, \ldots, m)\,^{1)}$$

wo die α_γ Constante bedeuten, so bestehen zwischen den zugehörigen Lösungen von $(4a)$ Relationen von der Form:

$$\sum_{\gamma=1}^{\nu} \alpha_\gamma z_i^\gamma = \rho y'_i \quad (i = 0, 1, \ldots, n)$$

$$\sum_{\gamma=1}^{\nu} \alpha_\gamma r_i^\gamma = \rho \lambda'_i \quad (i = \mu + 1, \ldots, m)\,^{1)}$$

und umgekehrt. Solche Lösungen von $(4a)$ sollen linear abhängig heißen.

Man sieht leicht, wie die hier für eine Umgebung von τ angegebenen Sätze sich auf das ganze Intervall $t_0 \leqq t \leqq t_1$ ausdehnen lassen.

3. Ein System von $2n + m - \mu$ Lösungen von $(4b)$ ist dann und nur dann linear unabhängig (im gewöhnlichen Sinne), wenn die Determinante:

$$\left| (Z_0^i)' \ldots (Z_{k-1}^i)', (Z_{k+1}^i)' \ldots (Z_n^i)'; Z_0^i \ldots Z_{k-1}^i, Z_{k+1}^i \ldots Z_n^i; R_{\mu+1}^i \ldots R_m^i \right|_{(i=1,2,\ldots,2n+m-\mu)}$$

nicht verschwindet. Es sind also $2n + m - \mu$ Lösungen von $(4a)$, die wir kurz mit $(z^1, r^1), \ldots, (z^{2n+m-\mu}, r^{2n+m-\mu})$ bezeichnen, dann und nur dann linear unabhängig (in dem oben definierten Sinne), wenn die Determinante:

$$(6)\quad \overline{D} = \begin{vmatrix} y'_0, & y'_1, \ldots, & y'_n; & 0, 0, \ldots, 0; & 0, & 0, \ldots, 0 \\ y''_0, & y''_1, \ldots, & y''_n; & y'_0, y'_1, \ldots, y'_n; & \lambda'_{\mu+1}, & \lambda'_{\mu+2}, \ldots, \lambda'_m \\ (z_0^i)', & (z_1^i)', \ldots, & (z_n^i)'; & z_0^i, z_1^i, \ldots, z_n^i; & r_{\mu+1}^i, & r_{\mu+2}^i, \ldots, r_m^i \end{vmatrix}_{(i=1,2,\ldots,2n+m-\mu)}$$

---

[1]) Daraus folgt auch das Bestehen dieser Relationen für $(i = 1, 2, \ldots, \mu)$.

nicht verschwindet. Aus den Lösungen eines solchen Systems — wir wollen es ein Fundamentallösungssystem von ($4a$) nennen — und aus den besonderen Lösungen setzen sich alle übrigen Lösungen von ($4a$) linear mit constanten Coefficienten zusammen.

Für eine Lösung (z^i, r^i) von ($4a$) wird nun:

$$\omega_k(z^i) = a^i_k\, t + b^i_k \quad (k = 1, 2, \ldots, \mu)$$
$$\omega_k(z^i) = c^i_k \quad (k = \mu + 1, \ldots, m)$$

wo die a^i_k, b^i_k, c^i_k Constante sind. Die Lösungen von (4) sind alle diejenigen von ($4a$), für die diese Constanten sämmtlich verschwinden.

Setzt man:

$$\Phi = \frac{\partial(\varphi_1, \varphi_2, \ldots, \varphi_\mu)}{\partial(y_0, y_1, \ldots, y_{\mu-1})} \cdot \frac{\partial(\varphi_1, \ldots, \varphi_\mu, \varphi_{\mu+1}, \ldots, \varphi_m)}{\partial(y_0, \ldots, y_{\mu-1}, y'_\mu, \ldots, y'_{m-1})},$$

so lässt sich das Product $\Phi . \overline{D}$ auf die Gestalt bringen:[1])

$$\mathfrak{D} = \begin{vmatrix} 0 \ldots 0; & 0 \ldots 0; & 0 \ldots 0; & y'_m \ldots y'_n; & 0 \ldots 0; & 0 \ldots 0 \\ 0 \ldots 0; & 0 \ldots 0; & 0 \ldots 0; & y''_m \ldots y''_n; & y'_\mu \ldots y'_n; & \lambda'_{\mu+1} \ldots \lambda'_m \\ a^i_1 \ldots a^i_\mu; & c^i_{\mu+1} \ldots c^i_m; & a^i_1 t + b^i_1 \ldots a^i_\mu t + b^i_\mu; & (z^i_m)' \ldots (z^i_n)'; & z^i_\mu \ldots z^i_n; & r^i_{\mu+1} \ldots r^i_m \end{vmatrix}_{(i=1,2,\ldots,2n+m-\mu)}$$

Da man durch andere Auswahl der y und y' im ganzen $\binom{n+1}{m}\binom{n+1}{\mu}$ Ausdrücke Φ bilden kann, so erhält man ebensoviele Determinanten $\mathfrak{D}$. An jeder Stelle des Integrationsintervalles ist aber mindestens ein Ausdruck Φ von Null verschieden. Soll also unser Lösungssystem linear unabhängig sein, so muss auch überall mindestens ein $\mathfrak{D}$ von Null verschieden sein.

Daraus folgt sofort der Satz: **Ein Fundamentallösungssystem von ($4a$) kann höchstens $2(n-\mu)$ Lösungen von (4) enthalten.**

Wählt man nun für (z^i, r^i) $(i = 1, 2, \ldots, 2(n-\mu))$ Lösungen von (4), und nimmt die übrigen Lösungen so an, dass die Determinante:

$$C = \left| a^i_1 \ldots a^i_\mu; c^i_{\mu+1} \ldots c^i_m; a^i_1 t + b^i_1 \ldots a^i_\mu t + b^i_\mu \right|_{(i=2(n-\mu)+1,\ldots,2n+m-\mu)}$$

[1]) II. Mitth. pag. 12 ff.

deren Wert von t unanbhängig ist, nicht verschindet, so reduciert sich $\overline{D}$ auf das Product von C in die Determinante:

$$(7)\ D = \begin{vmatrix} y'_m & \dots & y'_n\,; & 0 & \dots & 0\,; & 0 & \dots & 0 \\ y''_m & \dots & y''_n\,; & y'_\mu & \dots & y'_n\,; & \lambda'_{\mu+1} & \dots & \lambda'_m \\ (z^i_m)' & \dots & (z^i_n)'; & z^i_\mu & \dots & z^i_n\,; & r^i_{\mu+1} & \dots & r^i_m \end{vmatrix}_{(i=1,2,\dots,2(n-\mu))}$$

und man hat den Satz:

Ist an irgend einer Stelle eine einzige unter den $\binom{n+1}{\mu}\binom{n+1}{m}$ Determinanten D von Null verschieden, so sind die $2(n-\mu)$ Lösungen von (4) linear unabhängig.

Ist nun aber eine Determinante D gleich Null, ohne dass das zugehörige Φ verschwindet, so ist auch $\overline{D}$ gleich Null und es bestehen Relationen:

$$\left.\begin{aligned} &\sum_{\nu=1}^{2n+m-\mu} \alpha_\nu z^\nu_k = \rho\, y'_k \\ &\sum_{\nu=1}^{2n+m-\mu} \alpha_\nu (z^\nu_k)' = \rho\, y''_k + \rho'\, y'_k \end{aligned}\right\} \quad (k = 0, 1, \dots, n).$$

Aus denselben folgt:

$$\sum_{\nu=1}^{2(n-\mu)} \alpha_\nu \sum_{k=0}^{n} \frac{\partial \varphi_i}{\partial y_k} z^\nu_k = -\sum_{\nu=2(n-\mu)+1}^{2n+m-\mu} \alpha_\nu \sum_{k=0}^{n} \frac{\partial \varphi_i}{\partial y_k} z^\nu_k = 0 \quad (i = 1, 2, \dots \mu)$$

$$\sum_{\nu=1}^{2(n-\mu)} \alpha_\nu \frac{d}{dt} \sum_{k=0}^{n} \frac{\partial \varphi_i}{\partial y_k} z^\nu_k = -\sum_{\nu=2(n-\mu)+1}^{2n+m-\mu} \alpha_\nu \frac{d}{dt} \sum_{k=0}^{n} \frac{\partial \varphi_i}{\partial y_k} z^\nu_k = 0 \quad (i = 1, 2, \dots, \mu)$$

$$\sum_{\nu=1}^{2(n-\mu)} \alpha_\nu \sum_{k=0}^{n} \frac{\partial \varphi_i}{\partial y_k} z^\nu_k + \frac{\partial \varphi_i}{\partial y'_k} (z^\nu_k)' = -\sum_{\nu=2(n-\mu)+1}^{2n+m-\mu} \alpha_\nu \sum_{k=0}^{n} \frac{\partial \varphi_i}{\partial y_k} z^\nu_k + \frac{\partial \varphi_i}{\partial y'_k} (z^\nu_k)' = 0$$
$$(i = \mu + 1, \dots, m).$$

Die Determinante dieses linear-homogenen Gleichungssystems für $\alpha_{2(n-\mu)+1} \dots \alpha_{2n+m-\mu}$ ist nichts anderes als die von Null verschieden vorausgesetzte Determinante C. Daher ist: $\alpha_{2(n-\mu)+1} = \dots = \alpha_{2n+m-\mu} = 0$.

Das gibt den Satz: Verschwindet an irgend einer Stelle eine der Determinanten D, ohne dass das zugehörige Φ verschwindet, so sind die $2(n-\mu)$ Lösungen von (4) linear abhängig.

Und demnach:

Verschwinden an irgend einer Stelle sämmtliche $\binom{n+1}{m}\binom{n+1}{\mu}$ Determinanten D, so sind die Lösungen von (4) linear abhängig.

Ein System von $2(n-\mu)$ linear-unabhängigen Lösungen von (4) wollen wir ein Fundamentalsystem der Gleichungen (4) nennen. Es lässt sich nun leicht der Satz beweisen:

Jede Lösung von (4) kann linear mit constanten Coefficienten durch $2(n-\mu)$ Lösungen eines Fundamentalsystemes und die besonderen Lösungen ausgedrückt werden.

Hieraus folgt unmittelbar: Zwischen $2(n-\mu)+1$ oder mehr Lösungen von (4) besteht immer eine lineare Abhängigkeit.

4. Aus der Bildungsweise des Systemes (4) geht hervor, dass es befriedigt wird durch:

$$\frac{\partial y_i}{\partial c_k} = z_i^k \ (i = 0, 1, \ldots, n); \ \frac{\partial \lambda_i}{\partial c_k} = r_i^k \ (i = 1, 2, \ldots, \mu)$$
$$(k = 1, 2, \ldots, 2(n-\mu))$$

wo die y, λ die bekannte Lösung von (3), und die c die in derselben auftretenden Integrationsconstanten sind.

Ist nun für $t = t_0$ etwa $y'_0 \neq 0$, so können wir y_0 als unabhängige Variable für t einführen. Ist daselbst weiter

$$\frac{\partial(\varphi_1 \ldots \varphi_\mu)}{\partial(y_1 \ldots y_\mu)} \cdot \frac{\partial(\varphi_1 \ldots \varphi_\mu, \varphi_{\mu+1} \ldots \varphi_m)}{\partial(y_1 \ldots y_\mu, y'_{\mu+1} \ldots y'_m)} \neq 0,$$

so können wir für die Constanten $c_1, c_2, \ldots, c_{2(n-\mu)}$ der Reihe nach die Anfangswerte von $y_{\mu+1} \ldots y_n, y'_{m+1} \ldots y'_n, \lambda_{\mu+1} \ldots \lambda_m$ wählen. Dann haben für $t = t_0$ die $z^i_{\mu+i}$ $(i = 1, 2, \ldots, n-\mu)$, $(z^{n-\mu+i}_{m+i})'$ $(i = 1, 2, \ldots, n-m)$; $r^{2n-m-\mu+i}_{\mu+i}$ $(i = 1, 2, \ldots, m-\mu)$ den Wert 1, während die übrigen $z_i^k, (z_i^k)', r_i^k$ daselbst verschwinden.[1]) Bildet man für dieses Lösungssystem die Determinante, die aus (7) entsteht, indem man in ihrer ersten Verticalreihe den unteren Index m durch 0, und in ihrer $(n-m+2)^{\text{ten}}$ Verticalreihe den unteren Index μ durch 0 ersetzt, so sieht man, dass sie für $t = t_0$ den Wert ± 1 annimmt. Unser Lösungssystem ist also ein Fundamentalsystem des zugehörigen Gleichungssystemes (4).

---

[1]) Es folgt dies für $i \neq 0$ aus der Darstellung dieser Größen als Lösungen eines Normalsystemes von Differentialgleichungen, etwa mit Hilfe von Picard's Methode der successiven Approximationen. Vgl. Mitth. I, pag. 10. Für die z_0 und z'_0 ist es evident, da y_0 als unabhängige Variable auch von den Integrationsconstanten nicht abhängt.

Gehen wir nun wieder zurück auf die Darstellung mit Hilfe des Parameters t, so wird y_0 eine in der Umgebung von t_0 monotone Function von t, die im allgemeinen die Integrationsconstanten enthalten wird. Es ist:

$$y'_k = \frac{d y_k}{d y_0} \cdot \frac{d y_0}{d t}; \quad y''_k = \frac{d^2 y_k}{d y_0^2} \left(\frac{d y_0}{d t}\right)^2 + \frac{d y_k}{d y_0} \frac{d^2 y_0}{d t^2}$$

$$\frac{\partial y_k}{\partial c_i} = \left(\frac{\partial y_k}{\partial c_i}\right) + \frac{d y_k}{d y_0} \frac{\partial y_0}{\partial c_i}; \quad \frac{\partial \lambda_k}{\partial c_i} = \left(\frac{\partial \lambda_k}{\partial c_i}\right) + \frac{d \lambda_k}{d y_0} \frac{\partial y_0}{\partial c_i}$$

$$\frac{\partial y'_k}{\partial c_i} = \left(\frac{\partial \frac{d y_k}{d y_0}}{\partial c_i}\right) \frac{d y_0}{d t} + \frac{d^2 y_k}{d y_0^2} \cdot \frac{d y_0}{d t} \cdot \frac{\partial y_0}{\partial c_i} + \frac{d y_k}{d y_0} \frac{\partial}{\partial c_i} \left(\frac{d y_0}{d t}\right),$$

wobei $\left(\frac{\partial y_k}{\partial c_i}\right)$ etc. bedeutet, dass nach c_i nur insoweit es explicit vorkommt, differenziert werden soll.

Bildet man nun aus diesen Größen die der obigen entsprechende Determinante, so findet man, dass sie gleich wird [1]) $\pm (y'_0)^{n-m+2}$. Sie verschwindet also nicht und mithin bilden auch die so erhaltenen Lösungen ein Fundamentalsystem des zugehörigen Systems (4).

Durch die Integration des Systemes (3) ist also auch die des Systemes (4) geleistet.

§ 4.

Wir setzen nun der Kürze halber:

$$\frac{\partial^2 F}{\partial y'_i \partial y'_k} = a_{ik}; \quad \frac{\partial^2 F}{\partial y_i \partial y'_k} = b_{ik}; \quad \frac{\partial^2 F}{\partial y_i \partial y_k} = c_{ik}.$$

Führt man weiter ein:

$$\Omega(z, z') = \sum_{i,k=0}^{n} (a_{ik} z'_i z'_k + 2 b_{ik} z_i z'_k + c_{ik} z_i z_k) \tag{8}$$

so wird

$$\psi_i(z, r) = \frac{1}{2}\left[\frac{\partial \Omega(z, z')}{\partial z_i} - \frac{d}{dt} \frac{\partial \Omega(z, z')}{\partial z'_i}\right] + \sum_{k=1}^{m} \frac{\partial \varphi_k}{\partial y_i} r_k - \frac{d}{dt} \sum_{k=\mu+1}^{m} \frac{\partial \varphi_k}{\partial y'_i} r_k \tag{9}$$

und es ergibt sich: [2])

---

[1]) Der Unterschied zwischen dieser Formel und der in Mitth. V, § 6 angegebenen, rührt von der verschiedenen Wahl der Anfangswerte her.

[2]) Mitth. I, §. 10, Mitth. V, § 7.

$$
(10)\quad \sum_{i=0}^{n} \psi_i(z,r)\,u_i + \sum_{i=1}^{m} \omega_i(z)\,\rho_i - \sum_{i=0}^{n} \psi_i(u,\rho)\,z_i - \sum_{i=1}^{m} \omega_i(u)\,r_i = \\ = \frac{d}{dt}\,\psi(z,r;u,\rho),
$$

wenn

$$
(11)\quad \psi(z,r;u,\rho) = \sum_{i=0}^{n}\sum_{k=0}^{n} \left[a_{ik}(z_i u'_k - u_i z'_k) + b_{ik}(z_i u_k - u_i z_k)\right] - \\ - \sum_{i=0}^{n}\sum_{k=\mu+1}^{m} \frac{\partial \varphi_k}{\partial y'_i}(r_k u_i - \rho_k z_i)
$$

gesetzt wird.

Man sieht nun unmittelbar

$$
\psi(z,r;u,\rho) = -\psi(u,\rho;z,r)
$$
$$
\psi(z,r;z,r) = 0
$$
$$
\psi\left(\sum_{\lambda=1}^{\nu} \alpha_\lambda z^\lambda, \sum_{\lambda=1}^{\nu} \alpha_\lambda r^\lambda; u,\rho\right) = \sum_{\lambda=1}^{\nu} \alpha_\lambda \psi(z^\lambda, r^\lambda; u,\rho).
$$

Bezeichnet (z^0, r^0) eine besondere Lösung von (4), so ist:

$$
\psi(z,r;z^0,r^0) = 0
$$

Für zwei beliebige Lösungen von (4): (u,ρ) und (z,r) ist

$$
\psi(z,r;u,\rho) = \text{constans}.
$$

Zwei linear unabhängige Lösungen von (4), von denen keine eine besondere ist, und für die diese Constante den Wert Null hat, heißen c o n j u g i e r t e L ö s u n g e n.

2. Führt man die Bezeichnung ein:

$$
\sum_{k=0}^{n}(a_{ik}u'_k + b_{ki}u_k) + \sum_{k=\mu+1}^{m} \frac{\partial \varphi_k}{\partial y'_i}\rho_k = P_i(u)
$$

so wird

$$
\psi(z,r;u,\rho) = \sum_{i=0}^{n}\left[z_i P_i(u) - u_i P_i(z)\right].
$$

Nach § 1 muss an jeder Stelle des Integrationsintervalles mindestens eine Determinante $\frac{\partial(\varphi_1, \varphi_2, \ldots, \varphi_\mu)}{\partial(y_{\alpha_1}, y_{\alpha_2}, \ldots, y_{\alpha_\mu})}$ von Null verschieden sein. Sei an der betrachteten Stelle etwa

$$
\Phi = \frac{\partial(\varphi_1, \varphi_2, \ldots, \varphi_\mu)}{\partial(y_0, y_1, \ldots, y_{\mu-1})} \neq 0.
$$

Dann bestehen daselbst zwischen den Gliedern z einer Lösung von (4), wegen der Gleichungen

$$\omega_i(z) = 0 \quad (i = 1, 2, \ldots, \mu)$$

die Relationen:

$$z_i = -\frac{\Phi_\mu^{i+1}}{\Phi} z_\mu - \frac{\Phi_{\mu+1}^{i+1}}{\Phi} z_{\mu+1} - \cdots - \frac{\Phi_n^{i+1}}{\Phi} z_n \quad (i = 0, 1, \ldots, \mu - 1)$$

worin Φ_λ^i die Determinante bedeutet, die man erhält, wenn man n Φ die i^{te} Verticalreihe durch die Elemente $\frac{\partial \varphi_k}{\partial y_\lambda}$ $(k = 1, 2, \ldots, \mu)$ ersetzt. Vermöge dieser Relationen kann man dem Ausdruck $\psi(z, r; u, \rho)$ auch die Gestalt geben:

$$\psi(z, r; u, \rho) = \sum_{i=\mu}^{n} [z_i Q_i(u) - u_i Q_i(z)]$$

wo

$$Q_i(u) = P_i(u) - \sum_{\lambda=0}^{\mu-1} \frac{\Phi_i^{\lambda+1}}{\Phi} P_\lambda(u) \quad (i = \mu, \mu + 1, \ldots, n).$$

Wir multiplicieren nun die Determinante (siehe (6))

$$\pm \overline{D}\, \Phi^{\mu-1} = \begin{vmatrix} y_0', & y_1', & \ldots, & y_n'; & 0 & \ldots & 0; & 0 & \ldots & 0; & 0 & \ldots & 0 \\ (z_0^i)', & (z_1^i)', & \ldots, & (z_n^i)'; & 0 & \ldots & 0; & r_{\mu+1}^i & \ldots & r_m^i; & z_0^i & \ldots & z_n^i \\ 0, & 0, & \ldots, & 0; & \varphi_{1k} & \ldots & \varphi_{\mu k} & 0 & \ldots & 0; & 0 & \ldots & 0 \end{vmatrix}$$
$$(i = 0, 1, \ldots, 2n + m - \mu;\ k = 0, 1, \ldots, \mu - 1)$$

in der unter z_i^0 und r_i^0 die Größen y_i' und λ_i' zu verstehen sind und φ_{ik} die Subdeterminante des Elementes $\frac{\partial \varphi_i}{\partial y_k}$ in Φ bedeutet, zeilenweise mit der Determinante $(2n + m + 2)^{\text{ten}}$ Grades:

$$\pm \Delta_{nn} = \begin{vmatrix} 0, & 0 & \ldots, & 1; & 0 & \ldots & 0; & 0 & \ldots & 0; & 0 & \ldots & 0 \\ a_{i0}, & a_{i1}, & \ldots, & a_{in}; & \frac{\partial \varphi_1}{\partial y_i} & \ldots & \frac{\partial \varphi_\mu}{\partial y_i}; & \frac{\partial \varphi_{\mu+1}}{\partial y_i'} & \ldots & \frac{\partial \varphi_m}{\partial y_i'}; & 0 & \ldots & 0 \\ \frac{\partial \varphi_k}{\partial y_0}, & \frac{\partial \varphi_k}{\partial y_1}, & \ldots, & \frac{\partial \varphi_k}{\partial y_n}; & 0 & \ldots & 0; & 0 & \ldots & 0; & 0 & \ldots & 0 \\ \frac{\partial \varphi_\lambda}{\partial y_0'}, & \frac{\partial \varphi_\lambda}{\partial y_1'}, & \ldots, & \frac{\partial \varphi_\lambda}{\partial y_n'}; & 0 & \ldots & 0; & 0 & \ldots & 0; & 0 & \ldots & 0 \\ 0, & 0, & \ldots, & 0; & 0 & \ldots & 0; & 0 & \ldots & 0; & 1 & \ldots & 0 \\ \cdot & \cdot & \cdots & \cdot & \cdot & \cdots & \cdot & \cdot & \cdots & \cdot & \cdot & \cdots & \cdot \\ \cdot & \cdot & \cdots & \cdot & \cdot & \cdots & \cdot & \cdot & \cdots & \cdot & \cdot & \cdots & \cdot \\ 0, & 0, & \ldots, & 0; & 0 & \ldots & 0; & 0 & \ldots & 0; & 0 & \ldots & 1 \end{vmatrix}$$
$$(i = 0, 1, \ldots, n - 1;\ k = 1, 2, \ldots, \mu;\ \lambda = \mu + 1, \ldots, m).$$

In der Productdeterminante besteht die erste Zeile aus den Elementen

$$y'_n, 0, \ldots, 0;$$

die folgenden $2n+m-\mu+1$ Zeilen haben die Gestalt

$$\left| (z^i_n)'; \sum_{k=0}^{n} a_{0k}(z^i_k)' + \sum_{k=\mu+1}^{m} \frac{\partial \varphi_k}{\partial y'_0} r^i_k, \ldots, \sum_{k=0}^{n} a_{n-1\,k}(z^i_k)' + \sum_{k=\mu+1}^{m} \frac{\partial \varphi_k}{\partial y'_{n-1}} r^i_k; \right.$$

$$\left. \sum_{k=0}^{n} \frac{\partial \varphi_1}{\partial y_k}(z^i_k)' \ldots \sum_{k=0}^{n} \frac{\partial \varphi_\mu}{\partial y_k}(z^i_k)'; \sum_{k=0}^{n} \frac{\partial \varphi_{\mu+1}}{\partial y'_k}(z^i_k)' \ldots \sum_{k=0}^{n} \frac{\partial \varphi_m}{\partial y'_k}(z^i_k)'; z^i_0 \ldots z^i_n \right|$$

$$(i = 0, 1, \ldots, 2n+m-\mu)$$

während die letzten μ durch die Matrix gebildet werden:

$$\left| \begin{matrix} 0; \Phi, 0, \ldots, 0; \Phi^1_\mu, \ldots, \Phi^1_{n-1}; 0, \ldots, 0 \\ 0; 0, \Phi, \ldots, 0; \Phi^2_\mu, \ldots, \Phi^2_{n-1}; 0, \ldots, 0 \\ \cdot \quad \cdot \quad \cdots \quad \cdot \quad \cdots \quad \cdot \quad \cdots \\ \cdot \quad \cdot \quad \cdots \quad \cdot \quad \cdots \quad \cdot \quad \cdots \\ 0; 0, 0, \ldots, \Phi; \Phi^\mu_\mu, \ldots, \Phi^\mu_{n-1}; 0, \ldots, 0 \end{matrix} \right|.$$

Mit Hilfe der letzten $n+1$ Verticalreihen kann man nun diese Determinante so transformieren, dass die erste und die μ letzten Zeilen ungeändert bleiben, die dazwischen liegenden aber übergehen in:

$$\left| (z^i_n)'; \sum_{k=0}^{n} [a_{0k}(z^i_k)' + b_{k0} z^i_k] + \sum_{k=\mu+1}^{m} \frac{\partial \varphi_k}{\partial y'_0} r^i_k, \ldots \right.$$

$$\ldots, \sum_{k=0}^{n} [a_{n-1\,k}(z^i_k)' + b_{k\,n-1} z^i_k] + \sum_{k=\mu+1}^{m} \frac{\partial \varphi_k}{\partial y'_{n-1}} r^i_k;$$

$$\sum_{k=0}^{n} \left[\frac{\partial \varphi_1}{\partial y_k}(z^i_k)' + \left(\frac{\partial \varphi_1}{\partial y_k}\right)' z^i_k \right] \ldots \sum_{k=0}^{n} \left[\frac{\partial \varphi_\mu}{\partial y_k}(z^i_k)' + \left(\frac{\partial \varphi_\mu}{\partial y_k}\right)' z^i_k \right];$$

$$\sum_{k=0}^{n} \left[\frac{\partial \varphi_{\mu+1}}{\partial y'_k}(z^i_k)' + \frac{\partial \varphi_{\mu+1}}{\partial y_k} z^i_k \right] \ldots \sum_{k=0}^{n} \left[\frac{\partial \varphi_m}{\partial y'_k}(z^i_k)' + \frac{\partial \varphi_m}{\partial y_k} z^i_k \right];$$

$$\left. z^i_0 + \sum_{k=\mu}^{n} \frac{\Phi^1_k}{\Phi} z^i_k \ldots z^i_{\mu-1} + \sum_{k=\mu}^{n} \frac{\Phi^\mu_k}{\Phi} z^i_k; z^i_\mu \ldots z^i_n \right|$$

$$(i = 0, 1, \ldots, 2n+m-\mu).$$

Das ist nun nichts anderes als:

$$|(z^i_n)'; P_0(z^i) \ldots P_{n-1}(z^i); \frac{d}{dt}\omega_1(z^i) \ldots \frac{d}{dt}\omega_\mu(z^i); \omega_{\mu+1}(z^i) \ldots$$

2*

$$\ldots\, \omega_m(z^i);\, z_0^i + \sum_{k=\mu}^{n} \frac{\Phi_k^1}{\Phi} z_k^i \ldots z_{\mu-1}^i + \sum_{k=\mu}^{n} \frac{\Phi_k^\mu}{\Phi} z_k^i;\, z_\mu^i \ldots z_n^i \Bigg| \quad (i = 0, 1, \ldots, 2n+m-\mu).$$

Sind nun (z^i, r^i) $(i = 1, 2, \ldots, 2n+m-\mu)$ Lösungen von (4a), von denen die $2(n-\mu)$ ersten auch dem System (4) genügen, so gehen von diesen Zeilen die $2(n-\mu)+1$ ersten über in:

$$\left| (z_n^i)';\, P_0(z^i) \ldots P_{n-1}(z^i);\, 0 \ldots 0;\, 0 \ldots 0;\, 0 \ldots 0;\, z_\mu^i \ldots z_n^i \right| \quad (i = 0, 1, \ldots, 2(n-\mu)).$$

Bezeichnen wir also mit C die Determinante:

$$\left| \frac{d}{dt}\omega_1(z^i) \ldots \frac{d}{dt}\omega_\mu(z^i);\, \omega_{\mu+1}(z^i) \ldots \omega_m(z^i); \right.$$

$$\left. z_0^i + \sum_{k=\mu}^{n} \frac{\Phi_k^1}{\Phi} z_k^i \ldots z_{\mu-1}^i + \sum_{k=\mu}^{n} \frac{\Phi_k^\mu}{\Phi} z_k^i \right|_{(i = 2(n-\mu)+1 \ldots 2n+m-\mu)}$$

so geht unsere Productdeterminante über in:

$$\pm \overline{D} \Delta_{nn} \Phi^{\mu-1} =$$

$$= C y_n' \begin{vmatrix} P_0(z^i) \ldots P_{\mu-1}(z^i); & P_\mu(z^i) \ldots P_{n-1}(z^i); & z_\mu^i \ldots z_n^i \\ \Phi \quad \ldots \quad 0 \quad; & \Phi_\mu^1 \quad \ldots \quad \Phi_{n-1}^1 \quad; & 0 \ldots 0 \\ \cdot \quad \ldots \quad \cdot & \cdot \quad \ldots \quad \cdot & \cdot \ldots \cdot \\ \cdot \quad \ldots \quad \cdot & \cdot \quad \ldots \quad \cdot & \cdot \ldots \cdot \\ 0 \quad \ldots \quad \Phi \quad; & \Phi_\mu^\mu \quad \ldots \quad \Phi_{n-1}^\mu \quad; & 0 \ldots 0 \end{vmatrix} \quad (i = 0, 1, \ldots, 2(n-\mu))$$

Durch eine leichte Umformung sieht man, dass die rechts stehende Determinante, abgesehen vom Vorzeichen, gleich ist der folgenden:

$$\Phi^\mu \left| Q_\mu(z^i) \ldots Q_{n-1}(z^i);\, z_\mu^i \ldots z_n^i \right|_{(i = 0, 1, \ldots, 2(n-\mu))}.$$

Das Product der beiden Determinanten

$$\begin{vmatrix} 0 \quad \ldots \quad 0, & y_n'; & 0 \ldots 0 \\ Q_\mu(z^i) \ldots Q_{n-1}(z^i), & Q_n(z^i); & z_\mu^i \ldots z_n^i \end{vmatrix}_{(i = 0, 1, \ldots, 2(n-\mu))}$$

und

$$\begin{vmatrix} 0 \ldots 0; & 0 \quad , \ldots \quad 0 \quad , & -y_n' \\ z_\mu^i \ldots z_n^i; & -Q_\mu(z^i), \ldots - Q_{n-1}(z^i), & -Q_n(z^i) \end{vmatrix}_{(i = 0, 1, \ldots, 2(n-\mu))}$$

ist, wenn man berücksichtigt, dass $z_n^0 = y_n'$ und dass $\psi(z^i, r^i; z^0, r^0) = 0$, genau gleich

$$y_n'^4 \left| \psi(z^i, r^i; z^k, r^k) \right|_{(i, k = 1, 2 \ldots, 2(n-\mu))}.$$

Setzen wir noch

(12) $$|\psi(z^i, r^i; z^k, r^k)|_{(i,\,k=1,2\ldots 2(n-\mu))} = \Psi,$$

so haben wir die Relation

$$\frac{\overline{D}^2 \Delta_{nn}^2}{\Phi^2} = y_n'^4\, C^2\, \Psi.$$

Da wir denselben Schluss für jede andere Δ_{ii} durchführen können, in der mindestens eine Determinante von der Art der Φ nicht Null ist, unter diesen Δ_{ii} aber nach § 1 mindestens eine von Null verschieden sein muss, so sehen wir:

Die Determinante Ψ kann nicht verschwinden, wenn das System von Lösungen (z^i, r^i) $(i = 1, 2, \ldots, 2(n-\mu))$ linear unabhängig ist.

Da aus dem Bestehen der Relationen[1])

$$\sum_{\lambda=1}^{2(n-\mu)} \alpha_\lambda z_i^\lambda = \rho y_i' \qquad \sum_{\lambda=1}^{2(n-\mu)} \alpha_\lambda r_i^\lambda = \rho \lambda_i'$$
$$(i = 0, 1, \ldots, n) \qquad (i = \mu+1, \ldots, m)$$

auch die Gleichung

$$\sum_{\lambda=1}^{2(n-\mu)} \alpha_\lambda \psi(z^\lambda, r^\lambda; z, r) = 0$$

folgt, so sieht man leicht, dass umgekehrt immer wenn die Lösungen linear abhängig sind, die Determinante Ψ verschwindet.

Wir haben also den Satz:

Die $2(n-\mu)$ Lösungen (z^i, r^i) $(i = 1, 2 \ldots 2(n-\mu))$ sind dann und nur dann linear unabhängig, wenn die aus ihnen gebildete Determinante Ψ nicht verschwindet.

Es gilt weiter der Satz: Stellt man aus unserem Fundamentalsystem durch lineare Substitution mit der nicht verschwindenden Determinante A ein neues her, so multipliciert sich die Constante Ψ mit dem Quadrat der Substitutionsdeterminante.

---

[1]) Es sei ein für allemal bemerkt, dass es genügt, solche Relationen für $i = \alpha_0, \alpha_1 \ldots \alpha_{n-\mu}$ anzuschreiben, wenn die bei Streichung der $\alpha_0$ten, $\alpha_1$ten ... ...$\alpha_{n-\mu}$ten Verticalreihe aus der Matrix $\left\|\frac{\partial \varphi_i}{\partial y_0} \cdots \frac{\partial \varphi_i}{\partial y_n}\right\|_{(i=1,2\ldots\mu)}$ übrigbleibende Functionaldeterminante nicht verschwindet, da sich dann alle z_k durch $z_{\alpha_0} \ldots z_{\alpha_{n-\mu}}$ linear gerade so ausdrücken, wie die y_k' durch $y_{\alpha_0}' \ldots y_{\alpha_{n-\mu}}'$, somit aus dem Bestehen der $n-\mu+1$ angeschriebenen Relationen, das aller $n+1$ Relationen folgt.

§ 5.

1. Aus einem beliebig gegebenen Fundamentalsysteme der Gleichungen (4) lässt sich stets durch lineare Transformation ein anderes ableiten, in dem jede Lösung zu allen übrigen mit Ausnahme einer einzigen — wir wollen sie die der ersteren zugeordnete nennen — conjugiert ist. Diese Zuordnung ist eine paarweise. Ein solches Fundamentalsystem heiße ein involutorisches.

Der Beweis dieses Satzes ist wörtlich derselbe wie der für den analogen Satz in Mitth. V, § 9, für $\mu = 0$ geführte: man hat darin nur überall $n - \mu$ für n zu setzen.

Wir denken uns die Reihenfolge der Lösungen in einem involutorischen Fundamentalsysteme immer so gewählt, dass der Lösung (z^i, r^i) die Lösung $(z^{2(n-\mu)-i+1}, r^{2(n-\mu)-i+1})$ zugeordnet ist. Die Determinante Ψ eines solchen Systemes reduciert sich auf:

$$\psi(z^1, r^1; z^{2(n-\mu)}, r^{2(n-\mu)})^2 \, \psi(z^2, r^2; z^{2(n-\mu)-1}, r^{2(n-\mu)-1})^2 \ldots$$
$$\ldots \psi(z^{n-\mu}, r^{n-\mu}; z^{n-\mu+1}, r^{n-\mu+1})^2.$$

Ein involutorisches Fundamentalsystem enthält Systeme von $n - \mu$ Lösungen, deren jede zu allen $n - \mu - 1$ übrigen conjugiert ist. Jedes aus unserem Fundamentalsystem herausgegriffene System von $n - \mu$ Lösungen, dass nicht zwei Lösungen von der Form (z^i, r^i) und $(z^{2(n-\mu)-i+1}, r^{2(n-\mu)-i+1})$ enthält, ist ein solches.

2. Wir definieren allgemein: Jedes System von $n - \mu$ linear unabhängigen Lösungen, von denen keine eine besondere ist, und die sämmtlich zu einander conjugiert sind, heißt ein conjugiertes Lösungssystem und soll im Folgenden mit $((z, r))$ bezeichnet werden.

An Stelle der im Falle $\mu = 0$ auftretenden Determinante[1]) tritt hier die Matrix des conjugierten Systems:

$$\| z_k^i \|_{(k=0,1\ldots n)}^{(i=0,1\ldots n-\mu)}$$

worin $z_k^0 = y_k'$ zu setzen ist. Zwischen den Determinanten $(n - \mu + 1)$-ten Grades aus dieser Matrix bestehen einfache Relationen, die wir nun ableiten wollen. Wir nehmen irgend eine dieser Determinanten, der Einfachheit halber etwa $| z_k^i |_{(k=\mu,\mu+1\ldots n)}^{(i=0,1\ldots n-\mu)}$ und setzen voraus, dass $\Phi = \dfrac{\partial(\varphi_1, \varphi_2 \ldots \varphi_\mu)}{\partial(y_0, y_1 \ldots y_{\mu-1})}$ eine der nichtverschwindenden Determinanten der Matrix $\left\| \dfrac{\partial \varphi_i}{\partial y_k} \right\|_{(k=0,1\ldots n)}^{(i=1,2\ldots\mu)}$ sei. Und nun untersuchen wir die Determinante:

[1]) Mitth. V. § 10.

$$\left| z_k^i \right|_{(k=0,1\ldots\nu-1,\mu+\nu\ldots n)}^{(i=0,1\ldots n-\mu)}$$

wo $1 \overline{\overline{<}} \nu \overline{\overline{<}} \mu$. Jede andere ließe sich genau so behandeln wie diese, nur ist das Anschreiben umständlicher.

Wie wir gesehen haben (S. 18), ist:

$$z_k^i = -\sum_{\lambda=\mu}^{n} \frac{\Phi_\lambda^{k+1}}{\Phi} z_\lambda^i \quad (i = 0, 1 \ldots n - \mu; k = 0, 1 \ldots \nu - 1);$$

daher:

$$(-1)^\nu \Phi^\nu \left| z_k^i \right|_{(k=0,1\ldots\nu-1,\mu+\nu\ldots n)}^{(i=0,1\ldots n-\mu)} = \left| z_k^i \right|_{(k=\mu,\mu+1\ldots n)}^{(i=0,1\ldots n-\mu)}.$$

$$\begin{vmatrix} \Phi_\mu^k \ldots \Phi_{\mu+\nu-1}^k ; \Phi_{\mu+\nu}^k \ldots \Phi_n^k \\ 0 \ldots 0 \;;\; 1 \ldots 0 \\ \ldots \;\; . \;\;\; \ldots \\ 0 \ldots 0 \;;\; 0 \ldots 1 \end{vmatrix}_{(k=1,2\ldots\nu)} =$$

$$= \left| z_k^i \right|_{(k=\mu,\mu+1\ldots n)}^{(i=0,1\ldots n-\mu)} \cdot \left| \Phi_k^i \right|_{(k=\mu,\mu+1\ldots\mu+\nu-1)}^{(i=1,2\ldots\nu)}.$$

Nun ist aber:

$$\Phi_k^i = \sum_{\lambda=1}^{\mu} \frac{\partial \varphi_\lambda}{\partial y_k} \varphi_{\lambda, i-1},$$

wo $\varphi_{\lambda,\nu}$ die Subdeterminante des Elementes $\frac{\partial \varphi_\lambda}{\partial y_\nu}$ in Φ bedeutet. Daher ist unsere Determinante $\left| \Phi_k^i \right|_{(k=\mu,\mu+1\ldots\mu+\nu-1)}^{(i=1,2\ldots\nu)}$ das Product der beiden Matrices:

$$\left\| \frac{\partial \varphi_1}{\partial y_k} \cdots \frac{\partial \varphi_\mu}{\partial y_k} \right\|_{(k=\mu,\mu+1\ldots\mu+\nu-1)} \quad \text{und} \quad \left\| \varphi_{1,i-1} \ldots \varphi_{\mu,i-1} \right\|_{(i=1,2\ldots\nu)}.$$

In der letzteren hat jede Determinante

$$\left| \varphi_{\alpha_1,i-1} \ldots \varphi_{\alpha_\nu,i-1} \right|_{(i=1,2\ldots\nu)}$$

den Wert:

$$\Phi^{\nu-1} \varphi_{0,\,1\ldots\nu-1}^{\alpha_1,\alpha_2\ldots\alpha_\nu},$$

wo $\varphi_{0,\,1\ldots\nu-1}^{\alpha_1,\alpha_2\ldots\alpha_\nu}$ die adjungierte Subdeterminante von $\left| \frac{\partial \varphi_i}{\partial y_k} \right|_{(k=0,\,1\ldots\nu-1)}^{(i=\alpha_1,\alpha_2\ldots\alpha_\nu)}$ in Φ bedeutet. Das Product unserer beiden Matrices ist daher nichts anderes als:

$$\Phi^{\nu-1} \frac{\partial(\varphi_1 \ldots \varphi_\nu, \quad \varphi_{\nu+1} \ldots \varphi_\mu)}{\partial(y_\mu \ldots y_{\mu+\nu-1}, y_\nu \quad \ldots y_{\mu-1})}.$$

Wir haben also schließlich das Resultat:

$$(-1)^\nu \,|\, z_k^i \,|_{(k=0,1\ldots\nu-1,\mu+\nu\ldots n)}^{(i=0,1\ldots n-\mu)} =$$

$$= \frac{1}{\Phi} \frac{\partial(\varphi_1 \ldots \varphi_\nu, \quad \varphi_{\nu+1} \ldots \varphi_\mu)}{\partial(y_\mu \ldots y_{\mu+\nu-1}, y_\nu \quad \ldots y_{\mu-1})} \,|\, z_k^i \,|_{(k=\mu,\mu+1\ldots n)}^{(i=0,1\ldots n-\mu)}.$$

Nun können wir wieder allgemein schreiben:

$$(13) \quad \begin{aligned} &(-1)^\nu \frac{\partial(\varphi_1 \ldots \varphi_\mu)}{\partial(y_{\alpha_0} \ldots y_{\alpha_{\mu-1}})} \,|\, z_k^i \,|_{(k=\beta_\mu, \beta_{\mu+1}, \ldots, \beta_n)}^{(i=0,1,\ldots,n-\mu)} = \\ &= \pm \frac{\partial(\varphi_1 \ldots \varphi_\mu)}{\partial(y_{\beta_0} \ldots y_{\beta_{\mu-1}})} \,|\, z_k^i \,|_{(k=\alpha_\mu, \alpha_{\mu+1}, \ldots, \alpha_n)}^{(i=0,1,\ldots,n-\mu)}, \end{aligned}$$

worin sowohl $(\alpha_0 \ldots \alpha_n)$ als $(\beta_0 \ldots \beta_n)$ eine Anordnung der Zahlenreihe $(0, 1, \ldots n)$ bilden.[1])

Auch hier gilt der Satz: Ist eine Lösung (z, r), die keine besondere ist, zu allen Gliedern eines conjugierten Systems conjugiert, so hängt sie von ihnen linear ab. Den Beweis siehe Mitth. V., § 10, wo, um die Ansätze auf unseren Fall anwendbar zu machen, überall $n - \mu$ für n zu setzen ist.

3. Ebenso bleiben die in Mitth. V, § 11 bewiesenen Sätze bestehen: Bilden im Fundamentalsysteme $(z^1, r^1) \ldots (z^{n-\mu}, r^{n-\mu})$; $(z^{n-\mu+1}, r^{n-\mu+1}) \ldots (z^{2(n-\mu)}, r^{2(n-\mu)})$ die $n - \mu$ ersten Lösungen ein conjugiertes System, so lässt es sich ohne Änderung der $n - \mu$ ersten Glieder linear so transformieren, dass auch die übrigen $n - \mu$ Glieder ein conjugiertes System bilden.

Bilden zwei conjugierte Systeme ein Fundamentalsystem, so kann man dasselbe durch lineare Transformation des einen, ohne das andere zu ändern, in ein involutorisches Fundamentalsystem überführen.

---

[1]) Das Vorzeichen in Formel (13) bestimmt sich durch nachstehende Regel: Man ordne die Elemente $(0, 1, \ldots, n)$ in folgender Weise an: Diejenigen Elemente, die sowohl in $(\alpha_\mu, \alpha_{\mu+1}, \ldots, \alpha_n)$ als auch in $(\beta_\mu, \beta_{\mu+1}, \ldots, \beta_n)$ stehen, sowie die, die sowohl in $(\beta_0, \beta_1, \ldots, \beta_{\mu-1})$ als in $(\alpha_0, \alpha_1, \ldots, \alpha_{\mu-1})$ stehen, mögen an derselben Stelle bleiben, wie in $(\alpha_0, \alpha_1, \ldots, \alpha_n)$. Die freigebliebenen Stellen fülle man der Reihe nach aus mit den noch übrigen Elementen von $(\alpha_\mu, \alpha_{\mu+1}, \ldots, \alpha_n)$ unter Beibehaltung der Reihenfolge, daran anschließend den noch übrigen Elementen von $(\alpha_0, \alpha_1, \ldots, \alpha_{\mu-1})$, ebenfalls unter Beibehaltung der Reihenfolge. In (13) steht rechts das positive oder negative Zeichen, je nachdem die gegebene Reihenfolge der β durch eine gerade oder ungerade Zahl von Transpositionen in die so bestimmte Anordnung übergeführt wird.

§ 6.

1. Sei an einer Stelle τ der Ausdruck:

$$\frac{\partial(\varphi_1, \varphi_2, \ldots, \varphi_\mu)}{\partial(y_{\alpha_0}, y_{\alpha_1}, \ldots, y_{\alpha_{\mu-1}})} \cdot \frac{\partial(\varphi_1 \ldots \varphi_\mu, \quad \varphi_{\mu+1}, \ldots \varphi_m)}{\partial(y_{\alpha_0} \ldots y_{\alpha_{\mu-1}}, y'_{\alpha_\mu}, \quad \ldots y'_{\alpha_{m-1}})}$$

von Null verschieden. Bilden die Lösungen (z^i, r^i) $(i = 1, 2, \ldots, 2(n-\mu))$ ein Fundamentalsystem, so kann für $t = \tau$ die entsprechend modificierte Determinante D (§ 3, 7) nicht verschwinden.

Durch eine leichte Umformung derselben sieht man, dass dann auch nicht alle Determinanten: $| z_k^i |_{k = \alpha_\mu, \alpha_{\mu+1}, \ldots, \alpha_n}^{i = 0, i_1, \ldots, i_{n-\mu}}$ verschwinden können. Hierin ist $z^0 = y'$ und $(i_1 \ldots i_{n-\mu})$ bedeuten irgend welche der Zahlen $(1, 2, \ldots, 2(n-\mu))$.

Ist etwa $| z_k^i |_{k = \alpha_\mu \ldots \alpha_n}^{i = 0, 1, \ldots, n-\mu}$ eine solche Determinante, so kann man Größen α_k^i gemäß den Gleichungen

$$\sum_{\lambda=0}^{n-\mu} \alpha_\lambda^i (z_k^\lambda)_\tau = - \sum_{\lambda=1}^{n-\mu} \alpha_{n-\mu+\lambda}^i (z_k^{n-\mu+\lambda})_\tau \quad (k = \alpha_\mu, \alpha_{\mu+1}, \ldots, \alpha_n)$$

bestimmen, wobei die $\alpha_{n-\mu+\lambda}^i$ $(\lambda = 1, 2, \ldots, n-\mu)$ ganz willkürlich bleiben. Aus dem Bestehen dieser Gleichungen folgt auch das für $(k = \alpha_0, \alpha_1, \ldots, \alpha_{\mu-1})$.

Wählen wir nun ein System von Größen $\alpha_{n-\mu+\lambda}^i$ $(i, \lambda = 1, 2 \ldots \ldots n-\mu)$, dessen Determinante nicht verschwindet, und bestimmen aus den angeschriebenen Gleichungen die $\alpha_{\lambda\,(\lambda = 0, 1, \ldots, n-\mu)}^{i\,(i = 1, 2, \ldots, n-\mu)}$, so sind die Lösungen:

$$u^i = \sigma_i z^0 + \sum_{\lambda=1}^{2(n-\mu)} \alpha_\lambda^i z^\lambda, \quad \rho^i = \sigma_i r^0 + \sum_{\lambda=1}^{2(n-\mu)} \alpha_\lambda^i r^\lambda \quad (i = 1, 2, \ldots, n-\mu),$$

wo σ_i für $t = \tau$ den Wert α_0^i annimmt, sonst aber willkürlich ist, linear unabhängig, und bilden, da $(u_k^i)_\tau = 0$ für $(i = 1, 2, \ldots, n-\mu;$ $k = 0, 1, \ldots, n)$, ein conjugiertes System.

Jedes System von $n-\mu$ linear unabhängigen Lösungen, deren sämmtliche Glieder u_k^i $(i = 1, \ldots, n-\mu; k = 0, 1, \ldots, n)$ für $t = \tau$ verschwinden, heißt ein der Stelle τ conjugiertes System.

Jede andere Lösung, deren sämmtliche u_k in τ verschwinden, hängt von den Lösungen jedes der Stelle τ conjugierten Systems linear ab. Daher sind alle demselben Punkte conjugierten Systeme lineare Substitutionen von einander, und entsprechende Determinanten ihrer Matrices unterscheiden sich nur um constante Factoren. Denn: sei auch

$$v_k^i = \rho_i u_k^0 + \sum_{\lambda=1}^{n-\mu} \beta_\lambda^i u_k^\lambda \quad \binom{i=1,2,\ldots,n-\mu}{k=0,1,\ldots,n}$$

ein der Stelle τ conjugiertes System (die ρ_i müssen für $t = \tau$ verschwinden, sind aber sonst willkürlich), so geht jede Determinante der Matrix des Systems der v aus der entsprechenden der Matrix der u hervor durch Multiplication mit der Determinante:

$$\begin{vmatrix} 1, & 0, & \ldots & 0 \\ \rho_i, & \beta_1^i, & \ldots & \beta_{n-\mu}^i \end{vmatrix}_{(i=1,2,\ldots,n-\mu)} = | \beta_k^i |_{(i,k=1\ldots n-\mu)}$$

2. Durch ganz analoge Überlegungen wie im Falle $\mu = 0$ (Mitth. V, § 12, 2) gelangt man zu dem Satze: Zu jeder Stelle an der $\dfrac{\partial(\varphi_1 \ldots \varphi_\mu)}{\partial(y_{\alpha_0} \ldots y_{\alpha_{\mu-1}})}$ nicht verschwindet, gibt es conjugierte Systeme, in deren Matrix die Determinante $| u_k^i |_{k=\alpha_\mu, \alpha_{\mu+1}, \ldots, \alpha_n}^{i=0,1,\ldots,n-\mu}$ nicht verschwindet.

Wie aus (13) § 5 unmittelbar folgt, müssen an einer Stelle, an der $| u_k^i |_{k=\alpha_\mu, \alpha_{\mu+1}, \ldots, \alpha_n}^{i=0,1,\ldots,n-\mu}$ verschwindet, nicht aber die zugehörige $\dfrac{\partial(\varphi_1 \ldots \varphi_\mu)}{\partial(y_{\alpha_0} \ldots y_{\alpha_{\mu-1}})}$, sämmtliche Determinanten aus der Matrix des conjugierten Systems verschwinden, während umgekehrt, wenn eine Determinante, deren zugehörige Functionaldeterminante nicht verschwindet, von Null verschieden ist, dasselbe von allen übrigen Determinanten dieser Matrix gilt, deren zugehörige Functionaldeterminanten nicht verschwinden.

3. Sei (z^i, r^i) $(i = 1, 2, \ldots, 2(n-\mu))$ ein beliebiges Fundamentalsystem und:

$$u_k^i = \sum_{\lambda=0}^{2(n-\mu)} \alpha_\lambda^i z_k^\lambda \quad (i = 1, 2, \ldots n-\mu;\ k = 0, 1, \ldots, n)$$

ein der Stelle τ conjugiertes System. Hierin sind die Bezeichnungen dieselben wie in (1) dieses Paragraphen. Also: $\sum \pm \alpha_{n-\mu+1}^1, \alpha_{n-\mu+2}^2, \ldots, \alpha_{2(n-\mu)}^{n-\mu} \neq 0$ und $| z_k^i |_{(k=\alpha_0, \alpha_1, \ldots, \alpha_{n-\mu})}^{(i=0, 1, \ldots, n-\mu)}$ an der Stelle τ von Null verschieden.

Man findet:

$$\begin{vmatrix} z_{\beta_0}^0 \ldots z_{\beta_{n-\mu}}^0; & 0 & \ldots & 0 \\ z_{\beta_0}^i \ldots z_{\beta_{n-\mu}}^i; & (z_{\alpha_0}^i)_\tau & \ldots & (z_{\alpha_{n-\mu}}^i)_\tau \end{vmatrix}_{(i=0,1,\ldots 2(n-\ ))}.$$

$$\cdot\begin{vmatrix} 1; 0 \dots 0; & 0 & \dots 0 \\ 0; \overset{i}{\alpha}_0 \dots \overset{i}{\alpha}_{n-\mu}; & \overset{i}{\alpha}_{n-\mu+1} & \dots \overset{i}{\alpha}_{2(n-\mu)} \\ 0; 1 \dots 0; & 0 & \dots 0 \\ \cdot \quad \cdot \cdot \cdot \cdot & \cdot & \cdot \cdot \quad \cdot \\ 0; 0 \dots 1; & 0 & \dots 0 \end{vmatrix}_{(i=1,2,\dots,n-\mu)} =$$

$$= \left| \overset{i}{u}_k \right|^{(i=0,\ 1,\ \dots,\ n-\mu)}_{(k=\beta_0, \beta_1, \dots, \beta_{n-\mu})} \cdot \left| (\overset{i}{z}_k)_\tau \right|^{(i=0,\ 1,\ \dots,\ n-\mu)}_{(k=\alpha_0, \alpha_1, \dots, \alpha_{n-\mu})},$$

worin $\overset{0}{u}_k = y'_k$ und $(\overset{i}{z}_k)_\tau$ den Wert von $\overset{i}{z}_k$ im Punkte τ bedeutet.

Wendet man nun auf die $(n-\mu+1)$-reihigen Determinanten aus den Matrices

$$\left\| \overset{\lambda}{z}_k \right\|^{(\lambda=0,1,\dots,2(n-\mu))}_{(k=\beta_0,\beta_1,\dots,\beta_{n-\mu})} \text{ und } \left\| (\overset{\lambda}{z}_k)_\tau \right\|^{(\lambda=0,1,\dots,2(n-\mu))}_{(k=\alpha_0,\alpha_1,\dots,\alpha_{n-\mu})}$$

die Formel (13) an, so ergibt sich, dass zwischen je zwei Determinanten $(2(n-\mu)+2)$ten Grades aus der Matrix:

$$\left\| \begin{matrix} \overset{0}{z}_0 \dots \overset{0}{z}_n; & 0 \dots 0 \\ \overset{i}{z}_0 \dots \overset{i}{z}_n; & (\overset{i}{z}_0)_\tau \dots (\overset{i}{z}_n)_\tau \end{matrix} \right\|_{(i=0,1,\dots,2(n-\mu))}$$

die der Determinante:

$$\begin{vmatrix} \overset{0}{z}_{\beta_0} \dots \overset{0}{z}_{\beta_{n-\mu}}; & 0 \quad \dots \quad 0 \\ \overset{i}{z}_{\beta_0} \dots \overset{i}{z}_{\beta_{n-\mu}}; & (\overset{i}{z}_{\alpha_0})_\tau \dots (\overset{i}{z}_{\alpha_{n-\mu}})_\tau \end{vmatrix}_{(i=0,1,\dots,2(n-\mu))}$$

analog gebaut sind, die Relationen bestehen:

$$\left(\frac{\partial(\varphi_1, \quad \dots, \varphi_\mu)}{\partial(y_{\alpha_{n-\mu+1}}, \dots, y_{\alpha_n})}\right)_\tau \cdot \frac{\partial(\varphi_1, \quad \dots, \varphi_\mu)}{\partial(y_{\beta_{n-\mu+1}}, \dots, y_{\beta_n})} \cdot$$

$$\cdot \begin{vmatrix} \overset{0}{z}_{\beta'_0} \dots \overset{0}{z}_{\beta'_{n-\mu}}; & 0 \quad \dots \quad 0 \\ \overset{i}{z}_{\beta'_0} \dots \overset{i}{z}_{\beta'_{n-\mu}}; & (\overset{i}{z}_{\alpha'_0})_\tau \dots (\overset{i}{z}_{\alpha'_{n-\mu}})_\tau \end{vmatrix}_{(i=0,1,\dots,2(n-\mu))} =$$

$$= \pm \left(\frac{\partial(\varphi_1, \quad \dots, \varphi_\mu)}{\partial(y_{\alpha'_{n-\mu+1}}, \dots, y_{\alpha'_n})}\right)_\tau \cdot \frac{\partial(\varphi_1, \quad \dots, \varphi_\mu)}{\partial(y_{\beta'_{n-\mu+1}}, \dots, y_{\beta'_n})} \cdot$$

$$\cdot \begin{vmatrix} \overset{0}{z}_{\beta_0} \dots \overset{0}{z}_{\beta_{n-\mu}}; & 0 \quad \dots \quad 0 \\ \overset{i}{z}_{\beta_0} \dots \overset{i}{z}_{\beta_{n-\mu}}; & (\overset{i}{z}_{\alpha_0})_\tau \dots (\overset{i}{z}_{\alpha_{n-\mu}})_\tau \end{vmatrix}_{(i=0,1,\dots,2(n-\mu))}$$

Beachtet man nun weiter, dass sich entsprechende Determinanten aus den Matrices der demselben Punkte conjugierten Systeme nur um constante, nicht verschwindende Factoren unterscheiden, so kann man auf Grund der Bemerkungen in Abschnitt (2) dieses Paragraphen den Satz aussprechen: I n d e n M a t r i c e s d e r d e m P u n k t e τ c o n j u g i e r t e n S y s t e m e v e rschwinden an einer Stelle t sämmtliche Determinanten $(n-\mu+1)$ten Grades dann und nur dann, wenn daselbst der Ausdruck verschwindet:

$$\frac{1}{\left(\frac{\partial(\varphi_1, \ldots, \varphi_\mu)}{\partial(y_{\alpha_{n-\mu+1}}, \ldots, y_{\alpha_n})}\right)_\tau} \cdot \frac{1}{\frac{\partial(\varphi_1, \ldots, \varphi_\mu)}{\partial(y_{\beta_{n-\mu+1}}, \ldots, y_{\beta_n})}} \cdot \begin{vmatrix} z^0_{\beta_0} \ldots z^0_{\beta_{n-\mu}}; & 0 \ldots 0 \\ z^i_{\beta_0} \ldots z^i_{\beta_{n-\mu}}; & (z^i_{\alpha_0})_\tau \ldots (z^i_{\alpha_{n-\mu}})_\tau \end{vmatrix}, \quad (i=0,1,\ldots,2(n-\mu))$$

dessen absoluter Wert — wenn keine der im Nenner stehenden Functionaldeterminanten Null ist — von der Wahl der α und β unabhängig ist.

§ 7.

1. Seien z^k_i $(k=0,1,\ldots,n-\mu;\ i=0,1,\ldots,n)$ und ρ_k $(k= =0,1,\ldots,n-\mu)$ irgendwelche einmal differenzierbare Functionen. Wir setzen:

$$(a) \qquad z_i = \sum_{k=0}^{n-\mu} \rho_k z^k_i \quad (i=0,1,\ldots,n)$$

Es ergibt sich, wenn man mit r und r^λ $(\lambda=\mu+1\ldots m)$ willkürliche Functionen bezeichnet [1]):

$$\psi(z,r;z^\lambda,r^\lambda) = \sum_{\gamma=0}^{n-\mu} \rho_\gamma \psi(z^\gamma, r^\gamma; z^\lambda, r^\lambda) - \sum_{i,k=0}^{n} a_{ik} z^\lambda_k \zeta_i + \\ + \sum_{i=\mu+1}^{m} \left(\sum_{\gamma=0}^{n-\mu} \rho_\gamma r^\gamma_i - r_i\right) \sum_{k=0}^{n} \frac{\partial \varphi_i}{\partial y'_k} z^\lambda_k,$$

worin:

$$(b) \qquad \zeta_i = \sum_{\gamma=0}^{n-\mu} \rho'_\gamma z^\gamma_i \quad (i=0,1,\ldots,n)$$

so dass, wenn zwischen den z^γ_i die Relationen:

$$\omega_k(z^\gamma) = 0 \quad (k=1,2,\ldots,\mu;\ \gamma=0,1,\ldots,n-\mu)$$

bestehen, [2]) auch für die ζ_λ die Relationen gelten:

$$\omega_i(\zeta) = \sum_{\lambda=0}^{n} \frac{\partial \varphi_i}{\partial y_\lambda} \zeta_\lambda = 0 \quad (i=1,2,\ldots,\mu).$$

[1]) Mitth. V., § 13.
[2]) Aus dem Bestehen dieser Relationen folgt wegen (a) unmittelbar: $\omega_\lambda(z) = 0$ $(\lambda = 1, 2, \ldots, \mu)$.

Ist nun auch $\omega_k(z) = 0 \quad (k = \mu + 1, \ldots, m)$ so wird

$$\sum_{\lambda=0}^{n-\mu} \rho'_\lambda \sum_{k=0}^{n} \frac{\partial \varphi_i}{\partial y'_k} z^\lambda_k = 0 \ (i = \mu + 1, \ldots, m)$$

und:

$$(14) \sum_{\lambda=0}^{n-\mu} \rho'_\lambda \psi(z, r; z^\lambda, r^\lambda) = - \sum_{i,k=0}^{n} a_{ik} \zeta_i \zeta_k + \sum_{\lambda,\gamma=0}^{n-\mu} \rho'_\lambda \rho_\gamma \psi(z^\gamma, r^\gamma; z^\lambda, r^\lambda),$$

welche Gleichung, wenn die (z^i, r^i) $(i = 1, 2, \ldots, n - \mu)$ ein $((z, r))$ bilden, die Form annimmt:

$$(15) \qquad \sum_{\lambda=0}^{n-\mu} \rho'_\lambda \psi(z, r; z^\lambda, r^\lambda) = - \sum_{i,k=0}^{n} a_{ik} \zeta_i \zeta_k .$$

Ist nun an einer Stelle $\frac{\partial(\varphi_1 \ldots \varphi_\mu)}{\partial(y_{\alpha_0} \ldots y_{\alpha_{\mu-1}})} \neq 0$ und ist daselbst

$$| z^i_k |^{(i = 0, 1, \ldots, n-\mu)}_{(k \neq \alpha_\mu, \alpha_{\mu+1}, \ldots, \alpha_n)} = \Delta(z^0, z^1, \ldots, z^{n-\mu})$$

nicht Null, so folgt aus den Gleichungen (a) mit den Indices $(i = \alpha_\mu, \alpha_{\mu+1}, \ldots, \alpha_n)$:

$$\rho_\lambda = \frac{\Delta(z^0, \ldots, z^{\lambda-1}, z, z^{\lambda+1}, \ldots, z^{n-\mu})}{\Delta(z^0, z^1, \ldots, z^{n-\mu})} \quad (\lambda = 0, 1, \ldots, n - \mu).$$

Die übrigen Gleichungen (a) werden dann durch diese Werte der ρ von selbst befriedigt.

Aus den Gleichungen (b) folgt nun aber:

$$\zeta_i = z'_i - \sum_{k=0}^{n-\mu} \rho_k (z^k_i)' \quad (i = 0, 1, \ldots, n)$$

und indem man die eben gefundenen Werte für die ρ einführt:

$$(16) \quad \zeta_i = \frac{1}{\Delta(z^0 \ldots z^{n-\mu})} \begin{vmatrix} z'_i; & z_{\alpha_\mu}, z_{\alpha_{\mu+1}}, \ldots, z_{\alpha_n} \\ (z^k_i)'; & z^k_{\alpha_\mu}, z^k_{\alpha_{\mu+1}}, \ldots, z^k_{\alpha_n} \end{vmatrix}_{(k = 0, 1, \ldots, n-\mu)} = \frac{\chi_i(z)}{\Delta(z^0 \ldots z^{n-\mu})} \quad (i = 0, 1, \ldots, n).$$

Da nun $\omega_k(\zeta) = 0$ $(k = 1, 2, \ldots, \mu)$, so ist also offenbar auch $(\omega_k(\chi(z))) = 0$ $(k = 1, 2, \ldots, \mu)$.

Andererseits ist aber:

$$\sum_{\lambda=0}^{n} \frac{\partial \varphi_k}{\partial y'_\lambda} \chi_\lambda(z) = \left| \begin{matrix} \sum_{\lambda=0}^{n} \frac{\partial \varphi_k}{\partial y'_\lambda} z'_\lambda; & z_{\alpha_\mu} \ldots z_{\alpha_n} \\ \sum_{\lambda=0}^{n} \frac{\partial \varphi_k}{\partial y'_\lambda} (z^i_\lambda)'; & z^i_{\alpha_\mu} \ldots z^i_{\alpha_n} \end{matrix} \right|_{(i=0,1,\ldots,n-\mu)} =$$

$$= \left| \begin{matrix} \sum_{\lambda=0}^{n} \left[\frac{\partial \varphi_k}{\partial y'_\lambda} z'_\lambda + \frac{\partial \varphi_k}{\partial y_\lambda} z_\lambda\right]; & z_{\alpha_\mu} \ldots z_{\alpha_n} \\ \sum_{\lambda=0}^{n} \left[\frac{\partial \varphi_k}{\partial y'_\lambda} (z^i_\lambda)' + \frac{\partial \varphi_k}{\partial y_\lambda} z^i_\lambda\right]; & z^i_{\alpha_\mu} \ldots z^i_{\alpha_n} \end{matrix} \right|_{(i=0,1,\ldots,n-\mu)} = 0,$$

woraus folgt, dass für die ζ die Relationen bestehen:

$$\sum_{\lambda=0}^{n} \frac{\partial \varphi_k}{\partial y'_\lambda} \zeta_\lambda = 0 \quad (k = \mu + 1 \ldots n),$$

Wir haben also aus (15):

$$(17) \quad \sum_{\lambda=0}^{n-\mu} \psi(z^\lambda, r^\lambda; z, r) \cdot \frac{d}{dt} \frac{\Delta(z^0 \ldots z^{\lambda-1}, z, z^{\lambda+1} \ldots z^{n-\mu})}{\Delta(z^0, z^1, \ldots, z^{n-\mu})} = \sum_{i,k=0}^{n} a_{ik} \zeta_i \zeta_k.$$

Hierin sind die ζ_i die Ausdrücke aus (16) und genügen den Gleichungen:

$$(18) \qquad \sum_{k=0}^{n} \frac{\partial \varphi_i}{\partial y_k} \zeta_k = 0; \quad \sum_{k=0}^{n} \frac{\partial \varphi_i}{\partial y'_k} \zeta_k = 0.$$
$$(i = 1, 2, \ldots, \mu) \qquad (i = \mu + 1 \ldots m)$$

Ist (z, r) eine Lösung von (4), die zu allen (z^i, r^i) mit Ausnahme von (z^λ, r^λ) conjugiert ist, so vereinfacht sich (17) zu:

$$(17^*) \quad \frac{d}{dt} \frac{\Delta(z^0 \ldots z^{\lambda-1}, z, z^{\lambda+1} \ldots z^{n-\mu})}{\Delta(z^0, z^1 \ldots z^{n-\mu})} = \frac{1}{\psi(z^\lambda, r^\lambda; z, r)} \sum_{i,k=0}^{n} a_{ik} \zeta_i \zeta_k.$$

2. Um im Folgenden nicht die Existenz zweiter Derivierter der z voraussetzen zu müssen, trennen wir in $\psi_i(z, r)$ den Ausdruck ab:

$$(19) \quad \begin{aligned} \chi_i(z, r) = \sum_{k=0}^{n} (c_{ik} - b'_{ki}) z_k + (b_{ik} - b_{ki}) z'_k + \\ + \sum_{k=1}^{m} \frac{\partial \varphi_k}{\partial y_i} r_k - \sum_{k=\mu+1}^{m} \frac{d}{dt}\left(\frac{\partial \varphi_k}{\partial y'_i} r_k\right) \quad (i = 0, 1, \ldots, n). \end{aligned}$$

Dabei gilt für Größen z_ν, die auch zweite Derivierte haben:

$$\chi_i(z, r) = \psi_i(z, r) + \frac{d}{dt} \sum_{k=0}^{n} a_{ik} z'_k,$$

somit für jede Lösung von (4):

$$\chi_i(z^\lambda, r^\lambda) = \frac{d}{dt} \sum_{k=0}^{n} a_{ik} (z^\lambda_k)'. \tag{19*}$$

Ferner ist für beliebige Größensysteme (z, r) und (u, ρ), in denen z und u erste Derivierte haben und den Gleichungen

$$\omega_k(z) = \omega_k(u) = 0 \quad (k = 1, 2, \ldots, m)$$

genügen:

$$\sum_{i=0}^{n} [u_i \chi_i(z, r) - z_i \chi_i(u, \rho)] = \frac{d}{dt} \chi(z, r; u, \rho), \tag{20}$$

wo:

$$\chi(z, r; u, \rho) = \psi(z, r; u, \rho) + \sum_{i,k=0}^{n} a_{ik} (u_i z'_k - z_i u'_k). \tag{21}$$

Speciell für zwei zu einander conjugierte Lösungen von (4):

$$\chi(z^\lambda, r^\lambda; z^\nu, r^\nu) = \sum_{i,k=0}^{n} a_{ik} (z^\nu_i (z^\lambda_k)' - z^\lambda_i (z^\nu_k)'). \tag{21*}$$

Setzen wir der Einfachheit halber: $(\alpha_0, \alpha_1, \ldots, \alpha_{\mu-1}) = (0, 1, \ldots, \mu - 1)$ und wenden wir die Formel (21) auf (17) an, so erhalten wir:

$$\sum_{i,k=0}^{n} a_{ik} \zeta_i \zeta_k = \sum_{\lambda=0}^{n-\mu} \left\{ \left[\sum_{i,k=0}^{n} a_{ik} (z^\lambda_i z'_k - (z^\lambda_k)' z_i) + \chi(z^\lambda, r^\lambda; z, r) \right] \cdot \frac{d}{dt} \sum_{\nu=\mu}^{n} \frac{Z^\lambda_\nu}{Z} z_\nu \right\}$$

wo Z^λ_ν die Subdeterminante des Elementes z^λ_ν in $Z = | z^i_k |_{(k = \mu, \mu+1, \ldots, n)}^{(i = 0, 1, \ldots, n-\mu)}$ bedeutet.

Wir transformieren weiter:

$$\sum_{i,k=0}^{n} a_{ik} \zeta_i \zeta_k = \sum_{i,k=0}^{n} \sum_{\lambda=0}^{n-\mu} \sum_{\nu=\mu}^{n} a_{ik} (z^\lambda_i z'_k - (z^\lambda_k)' z_i) \left(\frac{Z^\lambda_\nu}{Z} z_\nu \right)' +$$

$$+ \frac{d}{dt} \sum_{\lambda=0}^{n-\mu} \sum_{\nu=\mu}^{n} \frac{Z^\lambda_\nu}{Z} z_\nu \chi(z^\lambda, r^\lambda; z, r) - \sum_{\lambda=0}^{n-\mu} \sum_{\nu=\mu}^{n} \frac{Z^\lambda_\nu}{Z} z_\nu \frac{d}{dt} \chi(z^\lambda, r^\lambda; z, r).$$

Wegen (20) ist nun aber:

$$\sum_{\lambda=0}^{n-\mu}\sum_{\nu=\mu}^{n}\frac{Z_\nu^\lambda}{Z}z_\nu\frac{d}{dt}\chi(z^\lambda,r^\lambda;z,r)=\sum_{i=0}^{n}\sum_{\lambda=0}^{n-\mu}\sum_{\nu=\mu}^{n}\chi_i(z^\lambda,r^\lambda)\frac{Z_\nu^\lambda}{Z}z_\nu z_i-$$

$$-\sum_{i=0}^{n}\sum_{\lambda=0}^{n-\mu}\sum_{\nu=\mu}^{n}\chi_i(z,r)\frac{Z_\nu^\lambda}{Z}z_\nu z_i^\lambda.$$

Hierin ist:

$$\sum_{\nu=\mu}^{n}z_\nu\sum_{\lambda=0}^{n-\mu}\frac{Z_\nu^\lambda}{Z}z_i^\lambda=z_i\quad(i=\mu,\mu+1,\ldots,n),$$

wie unmittelbar ersichtlich; doch gilt dieselbe Formel auch für $(i=0,1,\ldots,\mu-1)$. Denn:

$$\sum_{\lambda=0}^{n-\mu}Z_\nu^\lambda z_i^\lambda=|\,z_\mu^\lambda\ldots z_{\nu-1}^\lambda,z_i^\lambda,z_{\nu+1}^\lambda\ldots z_n^\lambda\,|_{(\lambda=0,1,\ldots,n-\mu)}=$$

(nach (13))

$$=-\frac{\dfrac{\partial(\varphi_1\ldots\varphi_i,\varphi_{i+1},\varphi_{i+2}\ldots\varphi_\mu)}{\partial(y_0\ldots y_{i-1},y_\nu,y_{i+1}\ldots y_{\mu-1})}}{\dfrac{\partial(\varphi_1\ldots\varphi_\mu)}{\partial(y_0\ldots y_{\mu-1})}}\,|\,z_\mu^\lambda,z_{\mu+1}^\lambda\ldots z_n^\lambda|_{(\lambda=0,1,\ldots,n-\mu)}.$$

Daher:

$$\sum_{\nu=\mu}^{n}z_\nu\sum_{\lambda=0}^{n-\mu}\frac{Z_\nu^\lambda}{Z}z_i^\lambda=-\sum_{\nu=\mu}^{n}\frac{\dfrac{\partial(\varphi_1\ldots\varphi_i,\varphi_{i+1},\varphi_{i+2}\ldots\varphi_\mu)}{\partial(y_0\ldots y_{i-1},y_\nu,y_{i+1}\ldots y_{\mu-1})}}{\dfrac{\partial(\varphi_1\ldots\varphi_\mu)}{\partial(y_0\ldots y_{\mu-1})}}z_\nu=z_i(i=0,1..n).$$

Wir haben also:

$$\sum_{i,k=0}^{n}a_{ik}\zeta_i\zeta_k=\sum_{i=0}^{n}\chi_i(z,r)z_i-\sum_{i=0}^{n}\sum_{\lambda=0}^{n-\mu}\sum_{\nu=\mu}^{n}\chi_i(z^\lambda,r^\lambda)\frac{Z_\nu^\lambda}{Z}z_\nu z_i+$$

$$+\sum_{i,k=0}^{n}\sum_{\lambda=0}^{n-\mu}\sum_{\nu=\mu}^{n}a_{ik}z_k^\lambda z_i'\left(\frac{Z_\nu^\lambda}{Z}z_\nu\right)'-\sum_{i,k=0}^{n}\sum_{\lambda=0}^{n-\mu}\sum_{\nu=\mu}^{n}a_{ik}(z_k^\lambda)'z_i\left(\frac{Z_\nu^\lambda}{Z}z_\nu\right)'+$$

$$+\frac{d}{dt}\sum_{\lambda=0}^{n-\mu}\sum_{\nu=\mu}^{n}\chi(z^\lambda,r^\lambda;z,r)\frac{Z_\nu^\lambda}{Z}z_\nu.$$

Dabei ist nach (19*):

$$\sum_{i=0}^{n}\sum_{\lambda=0}^{n-\mu}\sum_{\nu=\mu}^{n}\chi_i(z^\lambda, r^\lambda)\frac{Z_\nu^\lambda}{Z}z_i z_\nu = \sum_{i=0}^{n}\sum_{k=0}^{n}\sum_{\lambda=0}^{n-\mu}\sum_{\nu=\mu}^{n}\frac{Z_\nu^\lambda}{Z}z_i z_\nu \frac{d}{dt}(a_{ik}(z_k^\lambda)') =$$

$$= \sum_{i,k=0}^{n}\sum_{\lambda=0}^{n-\mu}\sum_{\nu=\mu}^{n}\frac{Z_\nu^\lambda}{Z}z_\nu\frac{d}{dt}(a_{ik}(z_k^\lambda)' z_i) - \sum_{i,k=0}^{n}\sum_{\lambda=0}^{n-\mu}\sum_{\nu=\mu}^{n} a_{ik}\frac{Z_\nu^\lambda}{Z}z_\nu z_i'(z_k^\lambda)'$$

und somit:

$$\sum_{i,k=0}^{n} a_{ik}\zeta_i\zeta_k = \sum_{i=0}^{n}\chi_i(z,r)z_i - \frac{d}{dt}\sum_{i,k=0}^{n}\sum_{\lambda=0}^{n-\mu}\sum_{\nu=\mu}^{n} a_{ik}(z_k^\lambda)'\frac{Z_\nu^\lambda}{Z}z_\nu z_i +$$

$$+\frac{d}{dt}\sum_{\lambda=0}^{n-\mu}\sum_{\nu=\mu}^{n}\chi(z^\lambda, r^\lambda; z, r)\frac{Z_\nu^\lambda}{Z}z_\nu + \sum_{i,k=0}^{n} a_{ik}z_i'\frac{d}{dt}\sum_{\lambda=0}^{n-\mu}\sum_{\nu=\mu}^{n}\frac{Z_\nu^\lambda}{Z}z_k^\lambda z_\nu.$$

Also schließlich

$$\begin{aligned}\sum_{i,k=0}^{n} a_{ik}\zeta_i\zeta_k &= \sum_{i=0}^{n}\chi_i(z,r)z_i + \sum_{i,k=0}^{n} a_{ik}z_i'z_k' + \\ &+\frac{d}{dt}\sum_{\lambda=0}^{n-\mu}\left[\chi(z^\lambda, r^\lambda; z, r) - \sum_{i,k=0}^{n} a_{ik}z_i(z_k^\lambda)'\right]\frac{\Delta(z^0,\ldots,z^{\lambda-1},z,z^{\lambda+1},\ldots,z^{n-\mu})}{\Delta(z^0\ldots z^{n-\mu})},\end{aligned} \tag{22}$$

wo $\Delta(z^0\ldots z^{n-\mu}) = \left| z_k^i \right|_{k=\mu,\mu+1,\ldots,n}^{i=0,1,\ldots,n-\mu}$.

Genau dieselbe Formel gilt, wenn man annimmt, dass $\frac{\partial(\varphi_1\ldots\varphi_\mu)}{\partial(y_{a_0}\ldots y_{a_{\mu-1}})}$ nicht Null ist; nur ist dann:

$$\Delta(z^0, z^1, \ldots, z^{n-\mu}) = \left| z_k^i \right|_{k=a_\mu, a_{\mu+1},\ldots,a_n}^{i=0,1,\ldots,n-\mu}$$

und

$$\zeta_i = \frac{1}{\Delta(z^0, z^1, \ldots, z^{n-\mu})}\begin{vmatrix} z_i'; & z_{a_\mu} & \ldots & z_{a_n} \\ (z_i^k)'; & z_{a_\mu}^k & \ldots & z_{a_n}^k\end{vmatrix}_{k=0,1,\ldots,n-\mu} = \frac{\chi_i(z)}{\Delta(z^0\ldots z^{n-\mu})}.$$

Da aber auch für die Determinanten $\chi_i(z)$ die Formel (13) gilt, so behält ζ_i denselben Wert bei, wie man auch die α auswählt.

§ 8.

Wir verwenden nun die im vorhergehenden Paragraphen erhaltenen Formeln zur Transformation der zweiten Variation auf die von Clebsch angegebene reducierte Form.

Als Vergleichscurven lassen wir alle Curven zu, die den Bedingungsgleichungen genügen[1]) und aus der durch die gegebene

[1]) Die Existenz solcher Curven setzen wir voraus.

Lösung von (3) definierten Curve durch Variationen η_i gewonnen werden, die sammt ihren ersten Differentialquotienten — die Existenz zweiter Derivierter wird nicht verlangt — endlich und stetig sind.

Die Variationen sollen den Gleichungen genügen:

$$\sum_{k=0}^{n} \frac{\partial \varphi_i}{\partial y_k} \eta_k = 0 \quad (i = 1, 2, \ldots, \mu)$$

$$\sum_{k=0}^{n} \frac{\partial \varphi_i}{\partial y'_k} \eta'_k + \frac{\partial \varphi_i}{\partial y_k} \eta_k = 0 \ (i = \mu + 1 \ldots m).^{1)}$$

Die zweite Variation ist gegeben durch:

$$\delta^2 J = \int_{\tau_0}^{\tau_1} \Omega(\eta, \eta')\, dt$$

wenn unsere Curve nur im Intervalle $(\tau_0\, \tau_1)$ variiert wird $(t_0 \leqq \tau_0 < \tau_1 \leqq t_1)$. Dabei bedeutet Ω die quadratische Form (§ 4, 8).

Sie lässt sich durch eine Umformung[2]) auf die Gestalt bringen:

$$\delta^2 J = \int_{\tau_0}^{\tau_1} \Bigg\{ \sum_{i,k=0}^{n} a_{ik}\, \eta'_i\, \eta'_k + \sum_{i=0}^{n} \chi_i(\eta, r)\, \eta_i - \sum_{i=1}^{m} \omega_i(\eta)\, r_i +$$

$$(23) \qquad + \frac{d}{dt} \sum_{i=0}^{n} \left[\sum_{k=\mu+1}^{m} \frac{\partial \varphi_k}{\partial y'_i} r_k + \frac{1}{2} \sum_{k=0}^{n} \frac{\partial^2 \Omega}{\partial \eta_i \partial \eta'_k} \eta_k \right] \eta_i \Bigg\} dt =$$

$$= \int_{\tau_0}^{\tau_1} \left[\sum_{i,k=0}^{n} a_{ik}\, \eta'_i\, \eta'_k + \sum_{i=0}^{n} \chi_i(\eta, r)\, \eta_i \right] dt,$$

da ja die η den Gleichungen $\omega_i(\eta) = 0$ genügen und in τ_0 und τ_1 verschwinden.

Für Größen η_i, die auch zweite Derivierte besitzen, vereinfacht sich dieser Ausdruck zu:

$$(23^*) \qquad \delta^2 J = \int_{\tau_0}^{\tau_1} \sum_{i=0}^{n} \psi_i(\eta, r)\, \eta_i\, dt.$$

In allen diesen Ausdrücken heben sich die Größen r identisch heraus, und sind daher vollkommen willkürlich.

Ist nun im ganzen Intervall $(\tau_0\ \tau_1)$ die Determinante $\frac{\partial(\varphi_1 \ldots \varphi_\mu)}{\partial(y_{a_0} \ldots y_{a_{\mu-1}})}$ von Null verschieden, und gibt es ein conju-

[1]) Wir setzen also voraus, dass die Bedingungsgleichungen durch das erste Glied ihrer Taylorschen Entwicklung ersetzt werden können.

[2]) V. Mitth. § 15.

giertes System $((z, r))$, für das die Determinante $\Delta(z^0, \ldots, z^{n-\mu}) = \left| z_k^i \right|_{k=a_\mu, a_{\mu+1}, \ldots, a_n}^{i=0, 1, \ldots, n-\mu}$ in diesem ganzen Intervalle nicht verschwindet, so hat man auf Grund von (22):

$$\delta^2 J = \int_{\tau_0}^{\tau_1} \sum_{i, k=0}^{n} a_{ik} \zeta_i \zeta_k \, dt, \tag{24}$$

wo ζ_i und ζ_k die Ausdrücke (16) sind, und den Gleichungen (18) genügen.

Gibt es nun aber keine Functionaldeterminante $\dfrac{\partial(\varphi_1 \ldots \varphi_\mu)}{\partial(y_{a_0} \ldots y_{a_{\mu-1}})}$, die im ganzen Intervalle nicht Null wird, so haben wir folgendermaßen vorzugehen. Wir wissen aus § 1, dass in jedem Punkte mindestens eine solche Determinante nicht verschwindet. Da aber diese Determinanten nach Voraussetzung stetige Functionen von t sind, so lässt sich das Intervall $(t_0\ t_1)$, und somit auch jedes Intervall $(\tau_0\ \tau_1)$ in eine endliche Anzahl Theilintervalle $(\tau_0\ \tau_2)$, $(\tau_2\ \tau_3)$ $\ldots$ $(\tau_\nu\ \tau_1)$ so zerlegen, dass in jedem dieser Intervalle, die Grenzen eingeschlossen, eine unserer Functionaldeterminanten nicht verschwindet. Auf jedes dieser Theilintervalle können wir die Formel (22) anwenden, vorausgesetzt, dass ein conjugiertes System von der Art existiert, dass in jedem Theilintervalle die der nicht verschwindenden Functionaldeterminante entsprechende Determinante seiner Matrix nirgends verschwindet. Dazu ist nothwendig und hinreichend, dass in keinem Punkte des ganzen Intervalles $(\tau_0\ \tau_1)$ sämmtliche Determinanten seiner Matrix verschwinden (§ 6, 2). Da nunmehr an den Grenzen der Theilintervalle die Variationen η nicht mehr verschwinden, so ist nach obigem in der Theilstrecke $(\tau_{\nu-1}\ \tau_\nu)$:

$$\delta^2 J = \int_{\tau_{\nu-1}}^{\tau_\nu} \sum_{i, k=0}^{n} a_{ik} \zeta_i \zeta_k \, dt + \left\{ \sum_{i=0}^{n} \left[\sum_{k=\mu+1}^{m} \frac{\partial \varphi_k}{\partial y_i'} r_k + \frac{1}{2} \sum_{k=0}^{n} \frac{\partial^2 \Omega}{\partial \eta_i \partial \eta_k'} \eta_k \right] \eta_i - \right.$$
$$\left. - \sum_{\lambda=0}^{n-\mu} \left[\chi(z^\lambda, r^\lambda; \eta, r) - \sum_{i, k=0}^{n} a_{ik} \eta_i (z_k^\lambda)' \right] \frac{\Delta(z^0, \ldots, z^{\lambda-1}, \eta, z^{\lambda+1}, \ldots, z^{n-\mu})}{\Delta(z^0, z^1, \ldots, z^{n-\mu})} \right\}_{\tau_{\nu-1}}^{\tau_\nu}.$$

Die zweite Variation für die gesammte Curvenstrecke $(\tau_0\ \tau_1$. erhalten wir, wenn wir die der einzelnen Theilintervalle addieren Dabei heben sich die Zusatzglieder alle weg; denn die Werte der η, η' und r schließen sich an den Grenzen der Theilintervalle stetig aneinander. Die Bedeutung von $\Delta(z^0, \ldots, z^{\lambda-1}, \eta, z^{\lambda+1}, \ldots, z^{n-\mu})$ und $\Delta(z^0, z^1, \ldots, z^{n-\mu})$ ist zwar in den verschiedenen Theilinter-

3*

vallen eine verschiedene, aber sie multiplicieren sich auf Grund von Formel (13), die, da die η ebenfalls den Gleichungen $\omega_i(\eta) = 0$ $(i = 1, 2, \ldots, \mu)$ genügen, auch auf $\Delta(z^0, \ldots, z^{\lambda-1}, \eta, z^{\lambda+1}, \ldots, z^{n-\mu})$ anwendbar ist beim Übergang aus einem Theilintervall ins andere beide mit demselben Factor, so dass ihr Quotient ungeändert bleibt.

Wir sehen also: Ist $\tau_0 - \tau_2 - \tau_3 \ldots \tau_{\nu-1} - \tau_\nu - \tau_1$ eine der stets möglichen Theilungen des Intervalles $(\tau_0\, \tau_1)$ von der Art, dass in jedem der so gebildeten Theilintervalle, die Grenzen eingeschlossen, mindestens eine Functionaldeterminante $\frac{\partial(\varphi_1 \ldots \varphi_\mu)}{\partial(y_{\alpha_0} \ldots y_{\alpha_{\mu-1}})}$ nirgends verschwindet, und gibt es ein conjugiertes System $((z, r))$ in dessen Matrix nirgends in $(\tau_0\, \tau_1)$, die Grenzen eingeschlossen, sämmtliche Determinanten verschwinden, so gilt immer die Formel:

$$\delta^2 J = \int_{\tau_0}^{\tau_2} \sum_{i,k=0}^{n} a_{ik}\, \zeta_i\, \zeta_k\, dt + \int_{\tau_2}^{\tau_3} \sum_{i,k=0}^{n} a_{ik}\, \zeta_i\, \zeta_k\, dt + \cdots + \int_{\tau_\nu}^{\tau_1} \sum_{i,k=0}^{n} a_{ik}\, \zeta_i\, \zeta_k\, dt. \tag{24*}$$

Die ζ_i sind dabei in den verschiedenen Theilintervallen verschieden definiert, doch schließen sich ihre Werte nach der Schlussbemerkung in § 7 beim Übergang aus einem Theilintervalle ins andere stetig aneinander an.

Gibt es speciell eine Determinante $\frac{\partial(\varphi_1 \ldots \varphi_\mu)}{\partial(y_{\alpha_0} \ldots y_{\alpha_{\mu-1}})}$, die in keinem noch so kleinen Intervalle von $(\tau_0\, \tau_1)$ identisch verschwindet, so kann man sich wieder der einfacheren Schreibweise (24) bedienen.

§ 9.

Damit es nicht verschieden bezeichnete zweite Variationen gebe, ist nothwendig, dass die quadratische Form $\sum_{i,k=0}^{n} a_{ik}\, x_i\, x_k$ weder in ein und demselben, noch in verschiedenen Punkten des Integrationsintervalles verschiedener Vorzeichen fähig sei für Größen x, die den Gleichungen genügen:

$$\sum_{k=0}^{n} \frac{\partial \varphi_i}{\partial y_k} x_k = 0 \quad (i = 1, 2, \ldots, \mu) \qquad \sum_{k=0}^{n} \frac{\partial \varphi_i}{\partial y'_k} x_k = 0. \quad (i = \mu + 1, \ldots, m)$$

In einem Punkte sei $\frac{\partial(\varphi_1 \ldots \varphi_\mu)}{\partial(y_{\alpha_0} \ldots y_{\alpha_{\mu-1}})}$ nicht Null, und $\sum_{, k=0}^{n} a_{ik} x_i^0 x_k^0$ verschwinde daselbst nicht.

Dann gibt es immer eine Umgebung des Punktes, in der die drei Bedingungen erfüllt sind: 1. $\frac{\partial(\varphi_1 \ldots \varphi_\mu)}{\partial(y_{\alpha_0} \ldots y_{\alpha_{\mu-1}})}$ verschwindet darin nicht; 2. es gibt conjugierte Systeme, in deren Matrix die zu $\frac{\partial(\varphi_1 \ldots \varphi_\mu)}{\partial(y_{\alpha_0} \ldots y_{\alpha_{\mu-1}})}$ gehörige Determinante darin nicht verschwindet (§ 6,2); 3. der Ausdruck $\sum_{i,k=0}^{n} a_{ik} x_i^0 x_k^0$ wechselt darin sein Zeichen nicht (x_i^0 und x_k^0 bedeuten Constante).

Die Constanten x_i^0 und x_k^0 mögen nun in diesem Punkte unseren m Bedingungsgleichungen genügen. Mit $v_0, v_1, \ldots, v_{n-\mu+1}$ bezeichnen wir $n-\mu+2$ willkürliche Functionen von t, zwischen denen in der Umgebung unseres Punktes keine lineare Abhängigkeit bestehe; mit $\alpha_0, \alpha_1, \ldots, \alpha_{n-\mu+1}$ willkürliche Constante, und setzen: $\zeta_i = \sum_{k=0}^{n-\mu+1} \alpha_k v_k . x_i^0$. Dann hat $\sum_{i,k=0}^{n} a_{ik} \zeta_i \zeta_k$ in der genannten Umgebung des Punktes das Zeichen von $\sum_{i,k=0}^{n} a_{ik} x_i^0 x_k^0$.

Nun bestimmen wir Größen $\eta_{\alpha_\mu}, \eta_{\alpha_{\mu+1}}, \ldots, \eta_{\alpha_n}$ aus den $n-\mu+1$ Differentialgleichungen:

$$\left|\begin{matrix} \eta_\nu'; & \eta_{\alpha_\mu}, \eta_{\alpha_{\mu+1}}, \ldots, \eta_{\alpha_n} \\ (u_\nu^i)'; & u_{\alpha_\mu}^i, u_{\alpha_{\mu+1}}^i, \ldots, u_{\alpha_n}^i \end{matrix}\right|_{i=0,1,\ldots,n-\mu} = \left| u_k^i \right|_{k=\alpha_\mu, \alpha_{\mu+1}, \ldots, \alpha_n}^{i=0,1,\ldots,n-\mu} . \zeta_\nu$$

$$(\nu = \alpha_\mu, \alpha_{\mu+1}, \ldots, \alpha_n)$$

worin die u Glieder eines der genannten conjugierten Systeme seien. Diesen Differentialgleichungen wird genügt durch[1])

$$\eta_\nu = \sum_{k=0}^{n-\mu} \sum_{i=\mu}^{n} u_\nu^k \int_{\tau_0}^{t} \frac{U_{\alpha_i}^k}{U} \zeta_{\alpha_i} \, dt \quad (\nu = \alpha_\mu, \alpha_{\mu+1}, \ldots, \alpha_n)$$

wo $U_{\alpha_i}^k$ die Subdeterminante von $u_{\alpha_i}^k$ in $U = \left| u_k^i \right|_{k=\alpha_\mu, \ldots, \alpha_n}^{i=0,1,\ldots,n-\mu}$ bedeutet, und τ_0 irgend ein Punkt des oben angegebenen Intervalles ist.

Bestimmt man nun zu den so gefundenen $n-\mu+1$ Größen η weitere μ Größen η_ν $(\nu = \alpha_0, \ldots, \alpha_{\mu-1})$ aus den Gleichungen

---

[1]) III. Mitth. § 17, Seite 6 ff.

$\omega_k(\eta) = 0$ $(k = 1, 2, \ldots, \mu)$, so genügen diese von selbst den oben angeschriebenen Differentialgleichungen für $(\nu = \alpha_0, \alpha_1, \ldots, \alpha_{\mu-1})$.

Denn bezeichnet man die linken Seiten derselben mit $\chi_\nu(\eta)$ $(\nu = \alpha_0, \alpha_1, \ldots, \alpha_n)$, so gelten die Relationen: $\omega_k(\chi(\eta)) = 0$ $(k = 1, 2, \ldots, \mu)$ (vgl. Seite 29). Da nun für die ζ_ν dieselben Relationen gelten, so folgt aus der Gleichheit der Ausdrücke für $(\nu = \alpha_\mu, \ldots, \alpha_n)$ auch die für $(\nu = \alpha_0, \ldots, \alpha_{\mu-1})$.

Man erhält so auch für $(\nu = \alpha_0, \alpha_1, \ldots, \alpha_{\mu-1})$:

$$\eta_\nu = \sum_{k=0}^{n-\mu} u_\nu^k \sum_{i=\mu}^{n} \int_{\tau_0}^{t} \frac{U_{\alpha_i}^k}{U} \zeta_{\alpha_i}\, dt.$$

Denn aus dem Bestehen von Relationen:

$$\eta_\nu = \sum_{k=0}^{n-\mu} r_k u_\nu^k \quad (\nu = \alpha_\mu, \alpha_{\mu+1}, \ldots, \alpha_n)$$

wo die r_k irgend welche Functionen von t bedeuten, folgt, wenn sowohl die η als die u den Gleichungen $\omega_k(z) = 0$ $(k = 1, 2, \ldots, \mu)$ genügen, und $\dfrac{\partial(\varphi_1 \ldots \varphi_\mu)}{\partial(y_{\alpha_0} \ldots y_{\alpha_{\mu-1}})} \neq 0$ ist, immer auch das derselben Relationen für $(\nu = \alpha_0, \alpha_1, \ldots, \alpha_{\mu-1})$.

Die sämmtlichen so erhaltenen η_ν verschwinden für $t = \tau_0$; über die in den ζ_ν und somit auch in den η_ν linear enthaltenen $2(n-\mu)+2$ Constanten α kann man immer so verfügen, dass sie nicht sämmtlich verschwinden, und in einem zweiten Punkt τ_1 unserer Umgebung $\eta_{\alpha_\mu} = \eta_{\alpha_{\mu+1}} = \cdots = \eta_{\alpha_n} = 0$ wird, was auch das Verschwinden der übrigen η nach sich zieht. Diese Functionen η können für $\tau_0 \leqq t \leqq \tau_1$ nicht identisch verschwinden, da sonst die Functionen v nicht linear unabhängig wären. Sie befriedigen aber auch die Gleichungen $\omega_k(\eta) = 0$ $(k = \mu+1, \ldots, m)$. Denn aus

$$\sum_{i=0}^{n} \frac{\partial \varphi_k}{\partial y_i'} \zeta_i = 0 \ (k = \mu+1, \ldots, m)$$

folgen wegen[1]):

$$\zeta_i = \sum_{\lambda=0}^{n-\mu} \sum_{\nu=\mu}^{n} \frac{U_{\alpha_\nu}^\lambda}{U} u_i^\lambda \zeta_{\alpha_\nu} \quad (i = 0, 1, \ldots, n)$$

[1]) Siehe § 7, Seite 32.

die Relationen:

$$\sum_{i=0}^{n} \frac{\partial \varphi_k}{\partial y_i'} \sum_{\lambda=0}^{n-\mu} u_i^\lambda \sum_{\nu=\mu}^{n} \frac{U_{\alpha_\nu}^\lambda}{U} \zeta_{\alpha_\nu} = 0.$$

Wegen $\omega_k(u^\lambda) = 0$ $(k = \mu + 1, \ldots, m; \lambda = 0, 1, \ldots, n - \mu)$ ist aber auch:

$$\sum_{\lambda=0}^{n-\mu} \left\{ \left(\sum_{\nu=\mu}^{n} \int_{\tau_0}^{t} \frac{U_{\alpha_\nu}^\lambda}{U} \zeta_{\alpha_\nu} \, dt \right) \sum_{k=0}^{n} \left(\frac{\partial \varphi_i}{\partial y_k} u_k^\lambda + \frac{\partial \varphi_i}{\partial y_k'} (u_k^\lambda)' \right) \right\} = 0 \ (i = \mu + 1, \ldots, m)$$

und daher auch:

$$\sum_{k=0}^{n} \left[\frac{\partial \varphi_i}{\partial y_k'} \left\{ \sum_{\lambda=0}^{n-\mu} u_k^\lambda \sum_{\nu=\mu}^{n} \frac{U_{\alpha_\nu}^\lambda}{U} \zeta_{\alpha_\nu} + \sum_{\lambda=0}^{n-\mu} (u_k^\lambda)' \sum_{\nu=\mu}^{n} \int_{\tau_0}^{t} \frac{U_{\alpha_\nu}^\lambda}{U} \zeta_{\alpha_\nu} \, dt \right\} + \right.$$

$$\left. + \frac{\partial \varphi_i}{\partial y_k} \sum_{\lambda=0}^{n-\mu} u_k^\lambda \sum_{\nu=\mu}^{n} \int_{\tau_0}^{t} \frac{U_{\alpha_\nu}^\lambda}{U} \zeta_{\alpha_\nu} \, dt \right] = 0 \ \ (i = \mu + 1, \ldots, m).$$

Das ist aber nichts anderes als:

$$\omega_i(\eta) = 0 \quad (i = \mu + 1, \ldots, m).$$

Die Größen η genügen also allen Bedingungen, die von Variationen erfüllt werden müssen. Benützen wir sie als solche, so wird die zugehörige zweite Variation:

$$\delta^2 J = \int_{\tau_0}^{\tau_1} \sum_{i,k=0}^{n} a_{ik} \zeta_i \zeta_k \, dt$$

hat also das Zeichen von $\sum_{i,k=0}^{n} a_{ik} x_i^0 x_k^0$ im betrachteten Punkte. Die zu Beginn des Paragraphen angeführte Bedingung ist also thatsächlich nothwendig. Wir setzen sie von nun an als erfüllt voraus.

§ 10.

1. Ganz wie im Falle $\mu = 0$ (V. Mitth. § 17) ergibt sich auch hier, dass die quadratische Form $\sum_{i,k=0}^{n} a_{ik} \zeta_i \zeta_k$ mit den Nebenbedingungen:

$$\sum_{k=0}^{n} \frac{\partial \varphi_i}{\partial y_k} \zeta_k = 0 \quad (i = 1, 2, \ldots, \mu);$$

$$\sum_{k=0}^{n} \frac{\partial \varphi_i}{\partial y'_k} \zeta_k = 0 \quad (i = \mu + 1, \ldots, m),$$

wenn sie nicht verschiedener Vorzeichen fähig ist, nur verschwinden kann für $\zeta_i = \rho y'_i$ $(i = 0, 1, \ldots, n)$.

Ist also in einem Intervalle eine Determinante $\Delta(z^0, z^1, \ldots, z^{n-\mu})$ aus der Matrix eines conjugierten Systems $((z, r))$ nirgends Null, so verschwindet für eine sich nur auf dieses Intervall erstreckende Variation unserer Curve die zugehörige zweite Variation dann und nur dann, wenn:

$$\zeta_\nu = \frac{1}{\Delta(z^0, \ldots, z^{n-\mu})} \begin{vmatrix} \eta'_\nu; & \eta_{\alpha_\mu} & \ldots & \eta_{\alpha_n} \\ (z^i_\nu)'; & z^i_{\alpha_\mu} & \ldots & z^i_{\alpha_n} \end{vmatrix}_{(i=0,1,\ldots,n-\mu)} = \rho y'_\nu \quad (\nu = \alpha_\mu, \ldots, \alpha_n),$$

woraus $\zeta_\nu = \rho y'_\nu$ $(\nu = \alpha_0 \ldots \alpha_{\mu-1})$ von selbst folgt.

Diese Gleichungen können aber nur erfüllt werden durch

$$\eta_\nu = \sigma y'_\nu, \quad \text{worin } \sigma = \int_{\tau_0}^{t} \rho \, dt.$$

Nennen wir jede Lösung von (4), für die $z_\nu = \rho y'_\nu$ ist, ohne dass auch $r_\nu = \rho \lambda'_\nu$ $(\nu = \mu + 1, \ldots, m)$ wird, eine anormale[1]), so haben wir den Satz:

Die reducierte Form der zweiten Variation verschwindet nur für Variationen η_ν, die gleich sind den entsprechenden Gliedern u_ν von besonderen oder anormalen Lösungen von (4).

2. Gibt es nun eine Lösung von (4), die weder eine besondere, noch eine anormale ist, und deren sämmtliche Glieder u_ν in zwei Punkten des Intervalles $(t_0\, t_1)$ verschwinden, so kann man die u_ν als Variationen η_ν benützen. Aus (23*) folgt aber, dass das zugehörige $\delta^2 J$ verschwindet.

Eine solche zweite Variation kann also nie auf die reducierte Form gebracht werden. Das gibt den Satz:

Verschwinden sämmtliche Glieder u_ν einer Lösung von (4), die keine besondere oder anormale ist, in zwei Punkten τ_0 und τ_1 von $(t_0\, t_1)$, so müssen in der Matrix eines jeden conjugierten Systemes in mindestens einem Punkte der Strecke $(\tau_0\, \tau_1)$ (die Grenzen eingeschlossen) sämmtliche Determinanten verschwinden.

---

[1]) Da bekanntlich eine in irgend einem Intervalle zwischen Lösungen einer Differentialgleichung bestehende lineare Abhängigkeit im ganzen Regularitätsgebiet der Gleichung gilt, kann eine anormale Lösung nicht in eine besondere übergehen, oder umgekehrt.

Hieraus folgt: Die einer nicht verschwindenden $\frac{\partial(\varphi_1, \ldots, \varphi_\mu)}{\partial(y_{\alpha_0}, \ldots, y_{\alpha_{\mu-1}})}$ — entsprechenden Determinanten der Matrix eines einem Punkte conjugierten Systemes haben dann und nur dann in ihm eine nicht isolierte Nullstelle, wenn unter den Lösungen, deren sämmtliche Glieder u_ν im betreffenden Punkte verschwinden, sich auch anormale befinden.

Denn haben diese Determinanten einen Punkt als nicht isolierte Nullstelle, so lassen sich zu jedem diesem Punkte noch so benachbarten Punkte Lösungen von (4), die keine besonderen sind, construieren, deren sämmtliche u_ν in beiden Punkten verschwinden; da es aber conjugierte Systeme gibt, deren Determinanten in einer Umgebung unsers Punktes nicht sämmtlich verschwinden (§ 6, 2), müssen nach dem obigen Satze diese Lösungen anormale sein, womit der zweite Theil unseres Satzes bewiesen ist; der erste Theil ist unmittelbar evident.

Endlich: Verschwinden sämmtliche Determinanten aus der Matrix eines einem Punkte τ_0 conjugierten Systemes noch in einem zweiten Punkte τ_1, aber dazwischen nicht überall identisch, so verschwinden in der Matrix jedes conjugierten Systemes in mindestens einem Punkte der Strecke $(\tau_0 \tau_1)$ (die Grenzen eingeschlossen) sämmtliche Determinanten.

3. Es gilt der Satz: Ist (u, ρ) eine Lösung von (4) die zu mindestens einer Lösung des conjugierten Systemes $((z, r))$, etwa zu $(z^{n-\mu}, r^{n-\mu})$, nicht conjugiert ist, so lassen sich aus $((z, r))$ durch lineare Substitution immer andere conjugierte Systeme $((u, \rho))$ ableiten, in denen nur eine Lösung, etwa $(u^{n-\mu}, \rho^{n-\mu})$, nicht zu (u, ρ) conjugiert ist.

Man hat, was immer möglich ist, die $(n-\mu)^2$ Constanten α_k^i aus den Gleichungen:

$$\sum_{k=1}^{n-\mu} \alpha_k^i \psi(u, \rho; z^k, r^k) = 0 \quad (i = 1, 2, \ldots, n-\mu-1)$$

$$\sum_{k=1}^{n-\mu} \alpha_k^{n-\mu} \psi(u, \rho; z^k, r^k) = c \neq 0$$

so zu bestimmen, dass ihre Determinante A nicht verschwindet. Dann bilden

$$u_\nu^k = \sigma_k y'_\nu + \sum_{\lambda=1}^{n-\mu} \alpha_\lambda^k z_\nu^\lambda; \; \rho_\nu^k = \sigma_k \lambda'_\nu + \sum_{\lambda=1}^{n-\mu} \alpha_\lambda^k r_\nu^\lambda \; (k = 1, 2, \ldots, n-\mu)$$

ein $((u, \rho))$ von der gewünschten Eigenschaft.

Irgend eine Determinante $\Delta(u^0, \ldots, u^{n-\mu-1}, u)$ aus der Matrix $\left\| \begin{matrix} u_k^i \\ u_k \end{matrix} \right\|_{k=0,1,\ldots,n}^{i=0,1,\ldots,n-\mu-1}$ ist darstellbar als Product zweier Matrices:

$$\Delta(u^0, u^1, \ldots, u^{n-\mu-1}, u) =$$

$$= \left\| z_i^0, z_i^1, \ldots, z_i^{n-\mu}, u_i \right\|_{i=\alpha_\mu, \alpha_\mu+1, \ldots, \alpha_n} \cdot \left\| \begin{matrix} 1, & 0, & \ldots, & 0, & 0 \\ \sigma, & \alpha_1^i, & \ldots, & \alpha_{n-\mu}^i, & 0 \\ 0, & 0, & \ldots, & 0, & 1 \end{matrix} \right\|_{(i=1,2,\ldots,n-\mu-1)} =$$

$$= \sum_{k=1}^{n-\mu} A_k^{n-\mu} \Delta(z^0, \ldots, z^{k-1}, u, z^{k+1}, \ldots, z^{n-\mu})$$

worin $A_k^{n-\mu}$ die Subdeterminante von $\alpha_k^{n-\mu}$ in A ist. Aus dieser Formel folgt für ein Intervall, in dem $\Delta(u^0, \ldots, u^{n-\mu})$ nirgends verschwindet, mit Hilfe von:

$$A\,\psi(u, \rho; z^k, r^k) = A_k^{n-\mu}\,\psi(u, \rho; u^{n-\mu}, \rho^{n-\mu}) \qquad (k = 1, 2, \ldots, n-\mu)$$

die weitere:

$$(25) \qquad \frac{\Delta(u^0, \ldots u^{n-\mu-1}, u)}{\Delta(u^0, \ldots, u^{n-\mu-1}, u^{n-\mu})} = \frac{1}{\psi(u, \rho; u^{n-\mu}, \rho^{n-\mu})} \cdot \\ \cdot \sum_{k=1}^{n-\mu} \frac{\Delta(z^0, \ldots, z^{k-1}, u, z^{k+1}, \ldots, z^{n-\mu})}{\Delta(z^0, z^1, \ldots, z^{n-\mu})} \psi(u, \rho; z^k r^k).$$

Hierin kann man, da $\psi(u, \rho; z^0, r^0) = 0$ ist, die Summation auch von 0 bis $n - \mu$ erstrecken.

Auf Grund von (17*) haben wir weiter:

$$(17^*) \qquad \frac{d}{dt} \frac{\Delta(u^0, \ldots, u^{n-\mu-1}, u)}{\Delta(u^0, \ldots, u^{n-\mu-1}, u^{n-\mu})} = \\ = \frac{1}{\psi(u^{n-\mu}, \rho^{n-\mu}; u, \rho)} \frac{\sum_{i,k=0}^{n} a_{ik} \chi_i(u) \chi_k(u)}{\Delta(u^0, \ldots, u^{n-\mu})^2}.$$

Diese Formel gilt, soweit weder $\Delta(u^0, \ldots, u^{n-\mu})$ noch $\dfrac{\partial(\varphi_1 \ldots \varphi_\mu)}{\partial(y_{\alpha_0} \ldots y_{\alpha_{\mu-1}})}$ verschwinden.[1])

[1]) Mit Hilfe des bei der Transformation der zweiten Variation angewendeten Verfahrens kann man zeigen, dass analoge Formeln gelten für jedes Intervall, in dem nicht sämmtliche Determinanten aus der Matrix von $((u, \rho))$ gleichzeitig verschwinden.

Hierin kann die quadratische Form nur verschwinden für:

$$u_\nu = \rho y'_\nu + \sum_{k=1}^{n-\mu} \alpha_k u^k_\nu.$$

Verschwinden an einer Stelle unseres Intervalles alle u_ν, so müssen auch alle α verschwinden, und die Lösung ist, da sie keine besondere sein kann, eine anormale.

§ 11.[1])

Nach den vorbereitenden Sätzen des vorigen Paragraphen gehen wir daran, die Permanenz des Vorzeichens der zweiten Variation zu untersuchen.

1. In der Matrix eines dem Anfangspunkte der Integration ($t = t_0$) conjugierten Systeme $((u, \rho))$ mögen außer im Anfangspunkte selbst nirgends im Integrationsintervalle (den Endpunkt t_1 eingeschlossen) sämmtliche Determinanten verschwinden. Dann lassen sich immer conjugierte Systeme herstellen, in deren Matrix nirgends im Integrationsgebiete (beide Endpunkte eingeschlossen) sämmtliche Determinanten verschwinden.

Zunächst ist ersichtlich, dass dann auch in der Matrix jedes dem Endpunkte t_1 conjugierten Systemes $((v, r))$ nicht sämmtliche Determinanten in t_0 verschwinden können.

Denn wäre dies der Fall, so müsste bei geeigneter Wahl der α und β die Determinante (§ 6, 3):

$$\begin{vmatrix} (z^0_{\beta_0})_{t_0} \ldots (z^0_{\beta_{n-\mu}})_{t_0}; & 0 \ldots 0 \\ (z^i_{\beta_0})_{t_0} \ldots (z^i_{\beta_{n-\mu}})_{t_0}; & (z^i_{\alpha_0})_{t_1} \ldots (z^i_{\alpha_{n-\mu}})_{t_1} \end{vmatrix}_{(i=0,1,\ldots,2(n-\mu))}$$

verschwinden. Diese Determinante ist aber gleich der folgenden:

$$\begin{vmatrix} 0 \ldots 0 & ; -(z^0_{\alpha_0})_{t_1} \ldots -(z^0_{\alpha_{n-\mu}})_{t_1} \\ (z^i_{\beta_0})_{t_0} \ldots (z^i_{\beta_{n-\mu}})_{t_0}; & (z^i_{\alpha_0})_{t_1} \ldots (z^i_{\alpha_{n-\mu}})_{t_1} \end{vmatrix},$$

die man aus ihr erhält, indem man die zweite Zeile von der ersten subtrahiert. Das Verschwinden derselben würde aber nach (§ 6, 3) besagen, dass für $t = t_1$ sämmtliche Determinanten aus der Matrix der t_0 conjugierten Systeme verschwinden, entgegen der Voraussetzung. Hieraus folgt nach (§ 3, 7) unmittelbar, dass die beiden Systeme $((u, \rho))$ und $((v, r))$ ein Fundamentalsystem bilden.

Nach (§ 5, 3) und (§ 6, 1) kann man $((v, r))$ immer so wählen, dass es mit $((u, \rho))$ ein involutorisches Fundamentalsystem bildet.

Im conjugierten Systeme $(c_1 v^1 + u^{n-\mu}, c_1 r^1 + \rho^{n-\mu})$ (v^2, r^2), $\ldots, (v^{n-\mu}, r^{n-\mu})$ ist die erste Lösung zu allen Lösungen von $((v, r))$

[1]) Mitth. V. § 21.

mit Ausnahme von (v^1, r^1) conjugiert. Nach (17*) gilt daher in jedem Theile des Integrationsintervalles, außer im Punkte t_1 eine Formel:

$$\frac{d}{dt}\frac{\Delta(v^0, c_1 v^1 + u^{n-\mu}, v^2, \ldots, v^{n-\mu})}{\Delta(v^0, v^1, \ldots, v^{n-\mu})} =$$

$$= \frac{1}{\psi(u^{n-\mu}, \rho^{n-\mu}; v^1, r^1)} \frac{\sum\limits_{i,k=0}^{n} a_{ik}\chi_i(u^{n-\mu})\chi_k(u^{n-\mu})}{\Delta(v^0, v^1, \ldots, v^{n-\mu})^2}$$

wo die Δ und χ entsprechend der im betreffenden Theilintervalle nicht verschwindenden Functionaldeterminante $\frac{\partial(\varphi_1 \ldots \varphi_\mu)}{\partial(y_{\alpha_0} \ldots y_{\alpha_{\mu-1}})}$ zu wählen sind. Wie man sieht, komm die Constante c_1 rechts nicht vor.

Hieraus folgt, da die rechte Seite im ganzen Integrationsintervalle nicht verschiedener Vorzeichen fähig ist: In sämmtlichen Theilintervallen kann der links stehende Bruch nur entweder wachsen oder abnehmen. Da er nun aber trotz der in verschiedenen Theilintervallen verschiedenen Bedeutung, seinen Wert beim Übergang aus dem einen ins andere stetig ändert, so kann er in keinem einzigen verschwinden, wenn wir die Constante c_1 so wählen, dass er für $t = t_0$ positives oder negatives Zeichen hat, je nachdem er wächst oder abnimmt. Aus der Matrix unseres conjugierten Systemes ist daher in jedem Punkte von $(t_0\, t_1 - 0)$ sicher eine Determinante nicht Null.

Indem wir so weiter schließen, sehen wir, dass dasselbe vom conjugierten Systeme gilt:

$$(c_1 v^1 + u^{n-\mu}, c_1 r^1 + \rho^{n-\mu}) \ldots (c_{n-\mu} v^{n-\mu} + u^1, c_{n-\mu} r^{n-\mu} + \rho^1)$$

in dessen Matrix die Determinanten im Punkte t_1 bis aufs Vorzeichen denselben Wert haben, wie die entsprechenden aus der Matrix von $((u, \rho))$, also auch in t_1 nicht sämmtlich verschwinden. Es ist also eines von den gesuchten.

Mit Hilfe dieses conjugierten Systemes können wir nun für alle den Bedingungen in § 8 genügenden Variationen η die zugehörige zweite Variation in die reducierte Form überführen.

Wir sehen also: Verschwinden in der Matrix der dem Anfangspunkte t_0 conjugierten Systeme nirgends im Integrationsintervalle außer im Punkte t_0 selbst sämmtliche Determinanten, so haben die zweiten Variationen für alle von uns zugelassenen Vergleichscurven einerlei Vorzeichen, abgesehen von den durch solche Variationen gewonnenen, die gleich den entsprechenden Gliedern u_ν von besonderen oder anormalen Lösungen von (4) sind, und für die dann $\delta^2 J$ immer verschwindet.[1])

---

[2]) Es lässt sich zeigen, dass das Verschwinden dieser speciellen $\delta^2 J$ die Permanenz des Zeichens der Gesammtvariation ΔJ nicht beeinträchtigt.

§ 12.

1. Verschwinden sämmtliche Determinanten aus der Matrix eines dem Anfangspunkte conjugierten Systems im Endpunkte, aber nirgends dazwischen, so können wir Variationen angeben, die keine besonderen oder anormalen Lösungen von (4) sind, und deren zugehörige zweite Variationen verschwinden.

Denn sei $((u, \rho))$ ein dem Anfangspunkte t_0 conjugiertes System, und sei im Endpunkte t_1 etwa $\frac{\partial (\varphi_1 \ldots \varphi_\mu)}{\partial (y_{\alpha_1} \ldots y_{\alpha_{\mu-1}})} \neq 0$. Dann lassen sich aus

$$\sum_{k=0}^{n-\mu} \beta_k (u_i^k)_{t_1} = 0 \quad (i = \alpha_\mu, \alpha_{\mu+1}, \ldots, \alpha_n)$$

Constante β_k bestimmen, die nicht alle verschwinden.

Versteht man nun unter ρ eine Function, die für $t = t_0$ verschwindet und für $t = t_1$ den Wert β_0 annimmt, so ist

$$z_i = \rho y_i' + \sum_{k=1}^{n-\mu} \beta_k u_i^k \qquad r_i = \rho \lambda_i' + \sum_{k=1}^{n-\mu} \beta_k \rho_i^k$$
$$(i = 0, 1, \ldots, n) \qquad (i = \mu + 1, \ldots, n)$$

eine Lösung von (4), die offenbar keine besondere oder anormale ist (§ 10, 2), und deren sämmtliche Glieder z sowohl in t_0 als auch in t_1 verschwinden. Benützt man diese als Variationen, so verschwindet die zugehörige zweite Variation nach Formel (23*).

2. Genau dasselbe gilt, wenn in der Matrix irgend eines einem Punkte des Integrationsintervalles conjugierten Systemes sämmtliche Determinanten noch in einem zweiten Punkte des Integrationsintervalles verschwinden, ohne dazwischen überall Null zu sein. Unter gewissen einschränkenden Bedingungen lässt sich dann auch zeigen, dass es verschieden bezeichnete zweite Variationen gibt. Es hat keine Schwierigkeiten, dies auf dem in § 23 der V. Mittheilung eingeschlagenen Wege auch hier zu zeigen; ich will mich aber darauf beschränken, durch die Überlegungen der §§ 24 und 25 dieses Ziel zu erreichen.

§ 13.

1. Ertheilen wir unserer Curve in der Strecke $(\tau_0 \tau)$ Variationen η, in der Strecke $(\tau \tau_1)$ Variationen $\overline{\eta}$, so dass sich in τ wohl die η und $\overline{\eta}$, nicht aber die η' und $\overline{\eta}'$ stetig aneinander schließen, so ist — vorausgesetzt dass die η und $\overline{\eta}$ alle in § 8 genannten Bedin-

gungen erfüllen und außerdem zweite Derivierte besitzen — die zweite Variation gegeben durch:

$$\delta^2 J = \int_{\tau_0}^{\tau} \Omega(\eta, \eta') \, dt + \int_{\tau}^{\tau_1} \Omega(\overline{\eta}, \overline{\eta}') \, dt =$$

$$= \int_{\tau_0}^{\tau} \psi_i(\eta, r) \, dt + \int_{\tau}^{\tau_1} \psi_i(\overline{\eta}, \overline{r}) \, dt + \psi(\overline{\eta}, \overline{r}; \eta, r)$$

worin die r zunächst ganz beliebig sind.

Sind speciell (η, r) und $(\overline{\eta}, \overline{r})$ Lösungen von (4), so wird:

$$\delta^2 J = \psi(\overline{\eta}, \overline{r}; \eta, r). \tag{26}$$

Aus den Lösungen eines $((z, r))$, aus dessen Matrix im Punkte τ nicht sämmtliche Determinanten verschwinden, lässt sich linear eine Lösung (z, r) zusammensetzen, deren z in τ beliebige den Gleichungen $\omega_k(z) = 0$ $(k = 1, 2, \ldots, \mu)$ genügende Werte ζ annehmen.

Ist im Punkte τ etwa $\dfrac{\partial(\varphi_1 \ldots \varphi_\mu)}{\partial(y_{\alpha_0} \ldots y_{\alpha_{\mu-1}})} = 0$, so kann daselbst (§ 6, 2) die Determinante $\left| z_k^i \right|_{k = \alpha_\mu, \alpha_{\mu+1}, \ldots, \alpha_n}^{i = 0, 1, \ldots, n-\mu} = \Delta(z^0, z^1, \ldots, z^{n-\mu})$ nicht verschwinden. Aus den Gleichungen:

$$\zeta_\nu = \sum_{i=0}^{n-\mu} \beta_i z_\nu^i \quad (\nu = \alpha_\mu, \alpha_{\mu+1}, \ldots, \alpha_n)$$

folgt:

$$z_\nu = \sum_{i=0}^{n-\mu} \frac{\Delta(z^0, \ldots, z^{i-1}, \zeta, z^{i+1}, \ldots, z^{n-\mu})}{\Delta(z^0, z^1, \ldots, z^{n-\mu})}\Bigg]_\tau z_\nu^i \quad (\nu = 0, 1, \ldots, n)$$

mit den analogen Ausdrücken für r_ν. Ist (u, ρ) eine andere Lösung von (4), so hat man:

$$\psi(u, \rho; z, r) = \sum_{i=0}^{n-\mu} \frac{\Delta(z^0, \ldots, z^{i-1}, \zeta, z^{i+1}, \ldots, z^{n-\mu})}{\Delta(z^0, z^1, \ldots, z^{n-\mu})}\Bigg]_\tau \psi(u, \rho; z^i, r^i).$$

Hängt nun (u, ρ) von den Lösungen von $((z, r))$ nicht linear ab, und bezeichnet $((u, \rho))$ ein aus $((z, r))$ durch lineare Substitution entstandenes conjugiertes System, (§ 10, 3), in dem nur $(u^{n-\mu}, \rho^{n-\mu})$ nicht zu (u, ρ) conjugiert ist, so ist (§ 10, 25):

$$\frac{\Delta(u^0, \ldots, u^{n-\mu-1}; u)}{\Delta(u^0, \ldots, u^{n-\mu-1}; u^{n-\mu})} =$$

$$=\frac{1}{\psi(u,\rho;u^{n-\mu},\rho^{n-\mu})}\sum_{i=0}^{n-\mu}\frac{\Delta(z^0,..,z^{i-1},u,z^{i+1},...,z^{n-\mu})}{\Delta(z^0,z^1,\ldots,z^{n-\mu})}\psi(u,\rho;z^i,r^i).$$

Ist daher in τ:

$$z_i=u_i=\zeta_i \quad (i=0,1,\ldots,n),$$

so wird:

$$\frac{\Delta(u^0,\ldots,u^{n-\mu-1},u)}{\Delta(u^0,\ldots,u^{n-\mu-1},u^{n-\mu})}\bigg]_\tau=\frac{\psi(u,\rho;z,r)}{\psi(u,\rho;u^{n-\mu},\rho^{n-\mu})}. \tag{27}$$

Verschwinden die u sämmtlich in τ', und verschwinden in $(\tau'\tau)$ weder $\frac{\partial(\varphi_1\ldots\varphi_\mu)}{\partial(y_{a_0}\ldots y_{a_{\mu-1}})}$ noch $\Delta(z^0,z^1,\ldots,z^{n-\mu})$, so wird auf Grund von (§ 10, 17*):

$$\psi(u,\rho;z,r)=-\int_{\tau'}^{\tau}\frac{\sum a_{ik}\chi_i(u)\chi_k(u)}{\Delta(u^0,u^1,\ldots,u^{n-\mu})^2}dt. \tag{28}$$

Verschwindet zwar $\frac{\partial(\varphi_1\ldots\varphi_\mu)}{\partial(y_{a_0}\ldots y_{a_{\mu-1}})}$ zwischen τ und τ', aber sind in keinem Punkte dieses Intervalles sämmtliche Determinanten aus der Matrix von $((z,r))$ und somit auch von $((u.\rho))$ gleich Null, so hat man auf Grund des in § 8 angegeben Verfahrens:

$$\begin{aligned}\psi(u,\rho;z,r)=&-\int_{\tau'}^{\tau_1}\frac{\sum a_{ik}\chi_i(u)\chi_k(u)}{\Delta(u^0,\ldots,u^{n-\mu})^2}dt-\cdots\\ &\cdots-\int_{\tau_\nu}^{\tau}\frac{\sum a_{ik}\chi_i(u)\chi_k(u)}{\Delta(u^0,\ldots,u^{n-\mu})^2}dt\end{aligned} \tag{28*}$$

wobei wieder in den einzelnen Theilintervallen die $\chi_i(u)$ und $\Delta(u^0,\ldots,u^{n-\mu})$ entsprechend der darin nicht verschwindenden $\frac{\partial(\varphi_1\ldots\varphi_\mu)}{\partial(y_{a_0}\ldots y_{a_{\mu-1}})}$ zu nehmen sind.

2. Möge nun mindestens je eine Determinante aus der Matrix eines dem Punkte τ_0 conjugierten Systemes in der Strecke $(\tau_0\,\tau_0')$ die beiden Endpunkte zu isolierten Nullstellen haben. Dann gibt es, wie schon gezeigt, eine Lösung (u,ρ), deren sämmtliche u_i in

τ_0 und τ_0' verschwinden, aber diese Punkte in $(\tau_0\, \tau_0')$ zu isolierten Nullpunkten haben.

Sei nun im Integrationsintervall, außerhalb τ_0' aber näher an τ_0' als an τ_0 ein Punkt τ_1 vorhanden, so dass in τ_1 nicht sämmtliche Determinanten der dem Punkte τ_0' conjugierten Systeme verschwinden. Dann gibt es, wie wir gesehen haben, in der Matrix der dem Punkte τ_1 conjugierten Systeme mindestens eine Determinante, die in τ_0', und somit auch in einer Umgebung von τ_0' nicht verschwindet. Sei nun τ ein Punkt, der in beiden Umgebungen von τ_0' liegt.

Die Lösung (u, ρ) kann offenbar von den dem Punkte τ_1 conjugierten Systemen nicht linear abhängen; also gibt es unter diesen eines, $((u, \rho))$, in dem nur $(u^{n-\mu}, \rho^{n-\mu})$ nicht zu (u, ρ) conjugiert ist. Ferner gibt es eine Lösung (z, r), deren sämmtliche z in τ_1 verschwinden, und in τ vorgegebene Werte, nämlich dieselben Werte wie die u annehmen. Man hat nur (siehe (1) dieses Paragraphen)

$$z_\nu = \rho\, y_\nu' + \sum_{i=0}^{n-\mu} \frac{\Delta(u^0, \ldots, u^{i-1}, u, u^{i+1}, \ldots, u^{n-\mu})}{\Delta(u^0, u^1, \ldots, u^{n-\mu})}\Bigg]_\tau u_\nu^i \quad (\nu = 0, 1, \ldots, n)$$

zu setzen, wo ρ eine Function bedeutet, die für τ_1 verschwindet, und für τ den Wert $\dfrac{\Delta(u, u^1, \ldots, u^{n-\mu})}{\Delta(u^0, u^1, \ldots, u^{n-\mu})}\Bigg]_\tau$ annimmt.

Dann ist nach (28):

$$\psi(u, \rho; z, r) = -\int_{\tau_0'}^{\tau} \frac{\sum a_{ik}\, \chi_i(u)\, \chi_k(u)}{\Delta(u^0, u^1, \ldots, u^{n-\mu})^2}\, dt.\ ^{1)}$$

Ertheilen wir also unserer Curve in $\tau\,\tau_1$ die Variationen z_i, in $\tau_0\,\tau$ die Variationen u_i, so wird:

$$\delta^2 J = \psi(z, r; u, \rho) = -\int_{\tau}^{\tau_0'} \frac{\sum a_{ik}\, \chi_i(u)\, \chi_k(u)}{\Delta(u^0, u^1, \ldots, u^{n-\mu})^2}\, dt.\ ^{1)}$$

Nunmehr nehmen wir einen Punkt τ_1 innerhalb $(\tau_0\, \tau_0')$ an, und zwar an einer der nach Voraussetzung vorhandenen Stellen, wo nicht sämmtliche Determinanten aus der Matrix der τ_0 conjugierten Systeme verschwinden. Dann gibt es wieder: 1. ein τ_1 conjugiertes System $((u, \rho))$, aus dessen Matrix mindestens eine Determinante in τ_0 und daher in einer Umgebung von τ_0 nicht verschwindet,

[1]) Oder eine Summe solcher Ausdrücke.

und in dem nur die Lösung $(u^{n-\mu}, \rho^{n-\mu})$ nicht zu einer Lösung (u, ρ) conjugiert ist, deren sämmtliche u in τ_0 verschwinden, nicht aber in τ. 2. Eine Lösung (z, r) deren sämmtliche Glieder z in τ_1 verschwinden und in τ dieselben Werte wie die u annehmen.

Benützt man nun diese u und z als Variationen, so wird:

$$\delta^2 J = \psi(z, r; u, \rho) = \int_{\tau_0}^{\tau} \frac{\sum a_{ik} \chi_i(u) \chi_k(u)}{\Delta(u^0, u^1, \ldots, u^{n-\mu})^2} dt$$

und hat somit das entgegengesetzte Zeichen, wie das vorhin gefundene $\delta^2 J$.[1])

Wir haben also den Satz:

Verschwinden aus der Matrix eines einem Punkte des Integrationsintervalles conjugierten Systemes sämmtliche Determinanten in einem zweiten Punkte des Integrationsintervalles, hat aber mindestens je eine solche Determinante diese Punkte in der von ihnen begrenzten Strecke zu isolierten Nullpunkten, gibt es ferner im Integrationsintervall einen Punkt außerhalb dieser Strecke und näher an dem zweiten Punkte, in dem aus der Matrix der diesem zweiten Punkte conjugierten Systeme nicht alle Determinanten verschwinden, so gibt es verschieden bezeichnete zweite Variationen, und ein Extremum ist unmöglich.

§ 14.

Anormale Lösungen können nur auftreten, wenn es möglich ist, die Gleichungen (4) so zu befriedigen, dass $z_k = \rho y'_k$ $(k = 0, 1, \ldots, n)$ ist, ohne dass zugleich $r_k = \rho \lambda'_k$ $(k = \mu + 1, \ldots, m)$, was ja (§ 3) auch $r_k = \rho \lambda'_k$ $(k = 1, 2, \ldots, \mu)$ zur Folge hätte.

Wir gehen nun wieder auf das Gleichungssystem zurück, das wir — unter der Voraussetzung $y'_k \neq 0$ — aus (4) erhalten, indem wir darin $z_k = 0$ setzen, und die aus den übrigen folgende Gleichung $\psi_k(z, r) = 0$ weglassen. Soll nun das System (4) anormale Lösungen zulassen, so muss dieses System Lösungen zulassen, in denen Z_i $(i = 0, 1, \ldots, k-1, k+1, \ldots, n)$ identisch verschwindet, ohne dass zugleich R_i $(i = \mu + 1, \ldots, m)$ identisch verschwindet. Das ist nur so möglich, dass das überzählige Gleichungssystem:

$$(a) \qquad \sum_{i=1}^{\mu} \frac{\partial \varphi_i}{\partial y_\lambda} R_i + \sum_{i=\mu+1}^{m} \left(\frac{\partial \varphi_i}{\partial y_\lambda} R_i - \frac{d}{dt} \frac{\partial \varphi_i}{\partial y'_\lambda} R_i \right) = 0$$
$$(\lambda = 0, 1, \ldots, k-1, k+1, \ldots, n)$$

---

[1]) Offenbar kann weder dieses Integral, noch das auf der vorigen Seite angeführte verschwinden. Es könnte dies nur eintreten, wenn die u Glieder einer anormalen Lösung wären (§ 10, 1), was aber durch unsere Voraussetzungen ausgeschlossen ist (§ 10, 2).

Lösungen zulässt, in denen nicht alle R_i $(i = \mu + 1, \ldots, m)$ identisch verschwinden. Die R_i $(i = 1, 2, \ldots, \mu)$ sind darin lineare Functionen der übrigen R_i.

Wir können diesem Systeme noch eine bequemere Form geben, indem wir das Gleichungssystem für die Z_i, R_i in ein Normalsystem umwandeln (§ 3, 2). Die Gleichungen für die R_i $(i = \mu + 1, \ldots, m)$ gehen dann, unter der Voraussetzung $Z_i = 0$ $(i = 0, 1, \ldots, k - 1, k + 1, \ldots, n)$ über in das Normalsystem:

$$(b) \qquad R_i' = \frac{1}{\Delta_{kk}} \sum_{\nu=0}^{n}{}' \sum_{\lambda=\mu+1}^{m} \left[\frac{\partial \varphi_\lambda}{\partial y_\nu} - \left(\frac{\partial \varphi_\lambda}{\partial y_\nu'}\right)'\right] R_\lambda . \Phi_\nu^i, \qquad (i = \mu + 1, \ldots, m)$$

wo Φ_ν^i die Subdeterminante von $\frac{\partial \varphi_i}{\partial y_\nu'}$ in Δ_{kk}, und der Accent am Summenzeichen anzeigt, dass bei der Summation der Wert k auszulassen ist.

Die so gefundenen Werte R_i $(i = \mu + 1, \ldots, m)$ müssen dann noch die n-Gleichungen erfüllen:

$$(c) \qquad 0 = \frac{1}{\Delta_{kk}} \sum_{\nu=0}^{n}{}' \sum_{\lambda=\mu+1}^{m} \left[\frac{\partial \varphi_\lambda}{\partial y_\nu} - \left(\frac{\partial \varphi_\lambda}{\partial y_\nu'}\right)'\right] R_\lambda . A_{\nu i} = \Phi_i, \qquad (i = 0, 1, \ldots, k-1, k+1, \ldots, n)$$

die man erhält, wenn man in den Gleichungen für die Z_i diese gleich Null setzt. Hierin bedeutet $A_{\nu i}$ die Subdeterminante von $a_{\nu i}$ in Δ_{kk}. Doch sind die so erhaltenen Gleichungen nicht unabhängig, sondern genügen den m Relationen:

$$(d) \qquad \sum_{i=0}^{n}{}' \Phi_i \frac{\partial \varphi_\lambda}{\partial y_i} = 0 \quad (\lambda = 1, 2, \ldots, \mu) \qquad \sum_{i=0}^{n}{}' \Phi_i \frac{\partial \varphi_\lambda}{\partial y_i'} = 0. \quad (\lambda = \mu + 1, \ldots, m)$$

Wir sehen also: Das System hat in einem Intervalle $(t t_1)$ anormale Lösungen dann und nur dann, wenn es Lösungen des canonischen Systems (*b*) gibt, die in diesem Intervalle den $n - m$ Gleichungen $\Phi_i = 0$ $(i = \alpha_{m+1}, \ldots, \alpha_n)$ genügen, wenn $\frac{\partial(\varphi_1, \ldots, \varphi_\mu, \varphi_{\mu+1}, \ldots, \varphi_m)}{\partial(y_{\alpha_1}, \ldots, y_{\alpha_\mu}, y'_{\alpha_{\mu+1}}, \ldots, y'_{\alpha_m})}$ eine nicht verschwindende Determinante (§ 1) aus der Matrix der Coefficienten von (*d*) ist; $(\alpha_1, \ldots, \alpha_n)$ bilden die Zahlenreihe $(0, 1, \ldots, k-1, k+1, \ldots, n)$.

Wie man sieht, kommen in diesem Kriterium die Größen R_i $(i = 1, 2, \ldots, \mu)$ nicht mehr vor.

Im Falle, dass das System keine anormalen Lösungen zulässt, dem „Hauptfalle“, kann man, da dann in der Matrix jedes einem

Punkte conjugierten Systemes mindestens eine Determinante diesen Punkt zur isolierten Nullstelle hat, die hergeleiteten Sätze in der folgenden Form aussprechen:

Ist die erste nothwendige Bedingung:

„die quadratische Form $\sum_{i,k=0}^{n} a_{ik}\, x_i\, x_k$ kann für die den Gleichungen $\sum_{k=0}^{n} \frac{\partial \varphi_i}{\partial y_k} x_k = 0, \; (i = 1, 2, \ldots, \mu)$ $\sum_{k=0}^{n} \frac{\partial \varphi_i}{\partial y'_k} x_k = 0 \; (i = \mu + 1, \ldots, m)$ genügenden x im ganzen Integrationsintervalle nicht verschiedene Vorzeichen annehmen" erfüllt, so kann man die folgenden drei Fälle unterscheiden.

1. Im ganzen Integrationsintervalle liegt kein zweiter Punkt, in dem aus der Matrix der dem Anfangspunkte conjugierten Systeme sämmtliche Determinanten verschwinden. Dann hat die zweite Variation für alle im § 8 zugelassenen Variationen einerlei Zeichen und kann nur für Variationen verschwinden, die gleich sind den entsprechenden Gliedern u_ν einer besonderen Lösung von (4).

2. Aus der Matrix der dem Anfangspunkte conjugierten Systeme verschwinden sämmtliche Determinanten erst wieder im Endpunkte. Dann können wir Variationen, die keine besonderen Lösungen von (4) sind, herstellen, so dass die zugehörige zweite Variation verschwindet.

3. Die sämmtlichen Determinanten aus der Matrix der dem Anfangspunkte conjugierten Systeme verschwinden außerdem noch in mindestens einem Punkte innerhalb des Integrationsintervalles. Dann kann man verschieden bezeichnete zweite Variationen herstellen, das Eintreten eines Extremums ist daher unmöglich.

Anhang.

Über die allgemeinste Form der conjugierten Systeme.[1]

Wir wollen noch die allgemeinste Form jener speciellen Systeme von $n - \mu$ Lösungen des Systems (4) untersuchen, die wir conjugierte Systeme nannten.

Mögen die Lösungen:

$$(u^1, \rho^1);\ (u^2, \rho^2) \ldots (u^{2(n-\mu)}, \rho^{2(n-\mu)})$$

[1]) Vgl. Clebsch. Crelles Journal. Band 56, pag. 343; G. v. Escherich, Mitth. II., pag. 43 ff.

4*

ein Fundamentalsystem bilden. Jede andere Lösung hat dann die Gestalt:

$$v_\lambda^i = \sigma u_\lambda^0 + \sum_{\gamma=1}^{2(n-\mu)} \alpha_\gamma^i u_\lambda^\gamma \quad (\lambda = 0, 1, \ldots, n);$$

$$r_\lambda^i = \sigma \rho_\lambda^0 + \sum_{\gamma=1}^{2(n-\mu)} \alpha_\gamma^i \rho_\lambda^\gamma \quad (\lambda = \mu + 1, \ldots, m),$$

wo $(u^0, \rho^0) = (y', \lambda')$ ist und σ eine willkürliche Function bedeutet.

Zwei Lösungen (v^i, r^i) und (v^k, r^k) sind dann und nur dann zu einander conjugiert, wenn die Gleichung besteht:

$$\psi(v^i, r^i; v^k, r^k) = 0$$

oder ausführlich geschrieben:

$$\sum_{\gamma=1}^{2(n-\mu)} \sum_{\nu=1}^{2(n-\mu)} \alpha_\gamma^i \alpha_\nu^k \psi(u^\gamma, \rho^\gamma; u^\nu, \rho^\nu) = 0.$$

Ist speciell das Fundamentalsystem der (u, ρ) ein involutorisches (§ 5, 1), und setzt man $\psi(u^\nu, \rho^\nu; u^{2(n-\mu)-(\nu-1)}, \rho^{2(n-\mu)-(\nu-1)}) = c_\nu$, so ergeben sich als die Gleichungen, denen die α_k^i zu genügen haben, wenn die $(n-\mu)$ Lösungen (v^i, r^i) $(i = 1, 2, \ldots, n-\mu)$ ein conjugiertes System bilden sollen:

$$(a) \quad \sum_{\nu=1}^{n-\mu} (\alpha_\nu^k \alpha_{2(n-\mu)-(\nu-1)}^i - \alpha_{2(n-\mu)-(\nu-1)}^k \alpha_\nu^i) c_\nu = 0 \; (i, k = 1, 2, \ldots, n-\mu).$$

Hiezu kommt als weitere Bedingung:

In der Matrix $\| \alpha_k^i \|_{(k=1,2,\ldots,2(n-\mu))}^{(i=1,2,\ldots,n-\mu)}$ muss mindestens eine Determinante von der Ordnung $(n-\mu)$ von Null verschieden sein, denn sonst wäre das so gewonnene Lösungssystem nicht mehr linear unabhängig.

1. Wir wollen nun die Determinante $| \alpha_k^i |_{k=\varepsilon_1, \varepsilon_2, \ldots, \varepsilon_{n-\mu}}^{i=1,2,\ldots,n-\mu}$ unserer Matrix die zu den Lösungen $(u^{\varepsilon_1}, \rho^{\varepsilon_1}), (u^{\varepsilon_2}, \rho^{\varepsilon_2}), \ldots, (u^{\varepsilon_{n-\mu}}, \rho^{\varepsilon_{n-\mu}})$ gehörige Determinante nennen und können dann behaupten: Genügen die α_k^i den Gleichungen (a) und verschwinden nicht sämmtliche Determinanten unserer Matrix, so ist in derselben auch mindestens eine Determinante von Null verschieden, die einem conjugierten Systeme unseres involutorischen Fundamentalsystems zugehört. Diese Determinanten sind dadurch charakterisiert, dass, wenn sie die k-te Verticalreihe unserer Matrix enthalten, sie nicht auch die $(2(n-\mu) - (k-1))$-te enthalten können.

Zunächst überzeugt man sich leicht, dass, wenn das Wertsystem $\alpha_k^i \, {}_{(k=1,2,\ldots,2(n-\mu))}^{(i=1,2,\ldots,n-\mu)}$ den Gleichungen (a) genügt, dasselbe vom System gilt:

$$\sum_{r=1}^{n-\mu} \alpha_k^r \beta_r^i \quad {}_{(k=1,2,\ldots,2(n-\mu))}^{(i=1,2,\ldots,n-\mu)},$$

wo die β_r^i ganz beliebige Constante sind. Denn man findet durch Einsetzen in (a):

$$\sum_{\nu=1}^{n-\mu}\left\{\sum_{r=1}^{n-\mu}\alpha_\nu^r\beta_r^k\cdot\sum_{s=1}^{n-\mu}\alpha_{2(n-\mu)-(\nu-1)}^s\beta_s^i-\sum_{r=1}^{n-\mu}\alpha_{2(n-\mu)-(\nu-1)}^r\beta_r^k\sum_{s=1}^{n-\mu}\alpha_\nu^s\beta_s^i\right\}c_\nu=$$

$$=\sum_{r=1}^{n-\mu}\sum_{s=1}^{n-\mu}\left\{\sum_{\nu=1}^{n-\mu}\left(\alpha_\nu^r\alpha_{2(n-\mu)-(\nu-1)}^s-\alpha_{2(n-\mu)-(\nu-1)}^r\alpha_\nu^s\right)c_\nu\right\}\beta_r^k\beta_s^i=0,$$

entsprechend dem Satze, dass aus einem conjugierten Systeme durch lineare Substitution mit nicht verschwindender Determinante — das Verschwinden derselben hätte eine lineare Abhängigkeit zur Folge — immer wieder ein conjugiertes System hervorgeht.

Weiter: Ist ein den Gleichungen (a) genügendes Wertsystem γ_k^i gegeben, so dass die aus den Verticalreihen mit den Indices $\varepsilon_1, \varepsilon_2, \ldots, \varepsilon_{n-\mu}$ gebildete Determinante nicht verschwindet, und wählt man willkürlich ein System von $(n-\mu)^2$ Größen $\alpha_{\varepsilon_1}^i, \alpha_{\varepsilon_2}^i, \ldots, \alpha_{\varepsilon_{n-\mu}}^i$ $(i=1,2,\ldots,n-\mu)$, aber so, dass die daraus gebildete Determinante nicht verschwindet, so lassen sich immer noch Größen $\alpha_{\varepsilon'_1}^i, \alpha_{\varepsilon'_2}^i, \ldots$ $\ldots, \alpha_{\varepsilon'_{n-\mu}}^i$ $(i=1,2,\ldots,n-\mu)$, (die ε' und ε bilden zusammen die Reihe $(1,2,\ldots,2(n-\mu))$) und β_k^i $(i,k=1,2,\ldots,n-\mu)$ so bestimmen, dass die Gleichungen bestehen:

$$\gamma_k^i=\sum_{r=1}^{n-\mu}\alpha_k^r\beta_r^i \quad \begin{cases} i=1,2,\ldots,n-\mu \\ k=1,2,\ldots,2(n-\mu) \end{cases}$$

und außerdem die α_k^i den Gleichungen (a) genügen.

Beweis: Da $\sum \pm \alpha_{\varepsilon_1}^1 \alpha_{\varepsilon_2}^2 \ldots \alpha_{\varepsilon_{n-\mu}}^{n-\mu} \neq 0$ ist, so lassen sich aus den Gleichungen:

$$\gamma_{\varepsilon_k}^i=\sum_{r=1}^{n-\mu}\alpha_{\varepsilon_k}^r\beta_r^i \quad (k=1,2,\ldots,n-\mu),$$

wo i einen bestimmten Wert hat, die $(n-\mu)$ Größen $\beta_1^i, \beta_2^i, \ldots, \beta_{n-\mu}^i$ bestimmen. Macht man das für $i=1,2,\ldots,n-\mu$, so erhält man ein System von $(n-\mu)^2$ Größen β_k^i, dessen Determinante nicht verschwindet, da:

$$\Sigma \pm \gamma^1_{\varepsilon_1} \gamma^2_{\varepsilon_2} \ldots \gamma^{n-\mu}_{\varepsilon_{n-\mu}} = \Sigma \pm \beta^1_1 \beta^2_2 \ldots \beta^{n-\mu}_{n-\mu} \cdot \Sigma \pm \alpha^1_{\varepsilon_1} \alpha^2_{\varepsilon_2} \ldots \alpha^{n-\mu}_{\varepsilon_{n-\mu}}$$

ist. Also kann man die $(n-\mu)$ Gleichungen:

$$\gamma^i_{\varepsilon'_k} = \sum_{r=1}^{n-\mu} \alpha^r_{\varepsilon'_k} \beta^i_r \quad (i = 1, 2, \ldots, n-\mu),$$

wo nunmehr k einen bestimmten Wert hat nach den $(n-\mu)$ Größen $\alpha^1_{\varepsilon'_k}, \alpha^2_{\varepsilon'_k} \ldots \alpha^{n-\mu}_{\varepsilon'_k}$ auflösen; das macht man für alle $(n-\mu)$ Werte von ε'_k. Das so gewonnene System der α^i_k muss von selbst die Gleichungen (a) befriedigen. Denn man kann nun umgekehrt die α^i_k linear durch die γ^i_k ausdrücken (mit Hilfe der zur Substitution der β inversen Substitution), und da die γ den Gleichungen (a) genügen, müssen, wie oben gezeigt, auch die α ihnen genügen.

Wir nehmen nun an, es sei in unserer Matrix eine Determinante von Null verschieden, die nicht einem conjugierten Systeme entspricht, und zwar enthalte sie zunächst nur zwei Verticalreihen, deren untere Indices in der Relation stehen: k und $2(n-\mu)-(k-1)$. Der Einfachheit halber nehmen wir an, — was wir ja immer erreichen können — es sei die Determinante aus den Verticalreihen $1, 2, \ldots, n-\mu-1, 2(n-\mu)$. Wie wir gesehen haben, können wir, ohne die Allgemeinheit der Untersuchung zu beeinträchtigen, den Elementen dieser Determinante willkürliche Werte beilegen, aber so, dass sie nicht verschwindet. Die Elemente der ursprünglichen Matrix gehen dann aus denen der neuen durch eine lineare Substitution hervor, durch die an dem Verschwinden oder Nichtverschwinden der einzelnen Determinanten nichts geändert wird.

Wir geben also in unserer nicht verschwindenden Determit nante den Diagonalgliedern den Wert 1, allen übrigen den Wer- Null. Die Gestalt der Matrix ist dann:

$$\left\| \begin{matrix} 1, 0, \ldots, 0; & \alpha^1_{n-\mu}, & \ldots, & \alpha^1_{2(n-\mu)-1}; & 0 \\ \vdots & \vdots & & \vdots & \vdots \\ 0, 0, \ldots, 1; & \alpha^{n-\mu-1}_{n-\mu}, & \ldots, & \alpha^{n-\mu-1}_{2(n-\mu)-1}; & 0 \\ 0, 0, \ldots, 0; & \alpha^{n-\mu}_{n-\mu}, & \ldots, & \alpha^{n-\mu}_{2(n-\mu)-1}; & 1 \end{matrix} \right\|.$$

Wir greifen aus den Gleichungen (a) die heraus, in der k den Wert 1, i den Wert $n-\mu$ hat. Sie lautet jetzt:

$$c_1 + (\alpha^1_{n-\mu} \alpha^{n-\mu}_{n-\mu+1} - \alpha^1_{n-\mu+1} \alpha^{n-\mu}_{n-\mu}) c_{n-\mu} = 0.$$

Da nun c_1 von Null verschieden ist, können $\alpha^{n-\mu}_{n-\mu}$ und $\alpha^{n-\mu}_{n-\mu+1}$ nicht beide verschwinden. Es ist also entweder die Determinante aus den Verticalreihen $1, 2, \ldots, n-\mu$ oder $1, 2, \ldots, n-\mu-1, n-\mu+1$ von Null verschieden; beide gehören zu conjugierten Systemen, also ist der Satz für diesen Fall bewiesen.

Als nächsten Fall nehmen wir eine Determinante, in der zwei Paare von Verticalreihen der angegebenen Art stehen. Wir können dann immer die Matrix in der Form annehmen:

$$\left\| \begin{matrix} 1, 0, \ldots, 0; \alpha^1_{n-\mu-1}, \ldots, \alpha^1_{2(n-\mu)-2}; 0, 0 \\ \vdots \\ 0, 0, \ldots, 1; \alpha^{n-\mu-2}_{n-\mu-1}, \ldots, \alpha^{n-\mu-2}_{2(n-\mu)-2}; 0, 0 \\ 0, 0, \ldots, 0; \alpha^{n-\mu-1}_{n-\mu-1}, \ldots, \alpha^{n-\mu-1}_{2(n-\mu)-2}; 1, 0 \\ 0, 0, \ldots, 0; \alpha^{n-\mu}_{n-\mu-1}, \ldots, \alpha^{n-\mu}_{2(n-\mu)-2}; 0, 1 \end{matrix} \right\|.$$

Aus den Gleichungen (a) greifen wir nun die heraus mit den Combinationen:

$$(k = 1, i = n - \mu) \text{ und } (k = 2, i = n - \mu - 1).$$

Sie lauten:

$$c_1 + (\alpha^1_{n-\mu-1}\, \alpha^{n-\mu}_{n-\mu+2} - \alpha^1_{n-\mu+2}\, \alpha^{n-\mu}_{n-\mu-1})\, c_{n-\mu-1} + \\ + (\alpha^1_{n-\mu}\, \alpha^{n-\mu}_{n-\mu+1} - \alpha^1_{n-\mu+1}\, \alpha^{n-\mu}_{n-\mu})\, c_{n-\mu} = 0$$

$$c_2 + (\alpha^2_{n-\mu-1}\, \alpha^{n-\mu-1}_{n-\mu+2} - \alpha^2_{n-\mu+2}\, \alpha^{n-\mu-1}_{n-\mu-1})\, c_{n-\mu-1} + \\ + (\alpha^2_{n-\mu}\, \alpha^{n-\mu-1}_{n-\mu+1} - \alpha^2_{n-\mu+1}\, \alpha^{n-\mu-1}_{n-\mu})\, c_{n-\mu} = 0$$

Es folgt aus ihnen, dass nicht alle Elemente der Matrix

$$\left\| \begin{matrix} \alpha^{n-\mu-1}_{n-\mu-1} \ldots \alpha^{n-\mu-1}_{n-\mu+2} \\ \alpha^{n-\mu}_{n-\mu-1} \ldots \alpha^{n-\mu}_{n-\mu+2} \end{matrix} \right\|$$

verschwinden können; wie aber eines dieser Elemente nicht verschwindet, finden wir uns in den bereits oben erledigten Fall zurückversetzt. (Sei z. B. $\alpha^{n-\mu-1}_{n-\mu+2} \neq 0$, so ist die aus den Verticalreihen mit den Indices $(1, 2, \ldots, n - \mu - 2, n - \mu + 2, 2(n - \mu))$ gebildete Determinante eine nicht verschwindende Determinante der bereits erledigten Art).

Der Beweis ist also auch auf diesen Fall ausgedehnt, und indem man in analoger Weise weiter schließt, erweist man seine allgemeine Giltigkeit.

2. Wir ertheilen nun in der Determinante $|\alpha^i_k|_{(i, k = 1, 2, \ldots, n-\mu)}$ den Gliedern α^i_i den Wert 1, allen übrigen den Wert Null.

Für die Elemente der Determinante $|\alpha^i_k| \left(\begin{smallmatrix} i = 1, 2, \ldots\ldots\ldots, n-\mu \\ k = n-\mu+1, \ldots, 2n-\mu \end{smallmatrix}\right)$ folgt dann aus den Gleichungen (a):

$$\alpha^i_{2(n-\mu)-(k-1)}\, c_k = \alpha^k_{2(n-\mu)-(i-1)}\, c_i$$

oder in dem wir $\alpha^i_{2(n-\mu)-(k-1)}\, c_k = a^i_k$ setzen:

$$a^i_k = a^k_i.$$

Wir sehen also, unter Zuhilfenahme eines in (1) bewiesenen Satzes:

Al e conjugierten Systeme, die aus dem involutorischen Fundamentalsystem (u^i, ρ^i) $(i = 1, 2, \ldots, 2(n-\mu))$ mit Hilfe von Constanten $\| \gamma_k^i \|_{(k=1,2,\ldots,2(n-\mu))}^{(i=1,2,\ldots,n-\mu)}$ gebildet werden, für die die Determinante $|\gamma_k^i|_{(i,k=1,2,\ldots,n-\mu)}$ nicht verschwindet, gehen durch lineare Substitution aus einem der speciellen Systeme:

$$(b) \qquad v_\nu^k = u_\nu^k + \sum_{\gamma=1}^{n-\mu} \frac{a_\gamma^k}{c_\gamma} u_\nu^{2(n-\mu)-(\gamma-1)}; \; r_\nu^k = \rho_\nu^k + \sum_{\gamma=1}^{n-\mu} \frac{a_\gamma^k}{c_\gamma} \rho_\nu^{2(n-\mu)-(\gamma-1)}$$
$$(\nu = 0, 1, \ldots, n) \qquad (k = 1, 2, \ldots, n-\mu) \qquad (\nu = \mu+1, \ldots, m)$$

hervor (wenn man von besonderen Lösungen, die zu jeder einzelnen Lösung eines conjugierten Systemes additiv hinzutreten können, absieht). Hiebei ist $c_\gamma = \psi(u^\gamma, \rho^\gamma; u^{2(n-\mu)-(\gamma-1)}, \rho^{2(n-\mu)-(\gamma-1)})$ und für die a_γ^k gilt: $a_\gamma^k = a_k^\gamma$. Umgekehrt erhalten wir alle möglichen conjugierten Systeme der angegebenen Art, wenn wir in (b) den a_γ^k alle möglichen, den Bedingungen $a_\gamma^k = a_k^\gamma$ genügenden Werte ertheilen, und auf die so erhaltenen Systeme alle möglichen linearen Substitutionen mit nicht verschwindender Determinante anwenden.

Allgemein: Entstehe irgend ein conjugiertes System aus unserem involutorischen Fundamentalsysteme mit Hilfe der Matrix $\| \gamma_k^i \|_{(k=1,2,\ldots,2(n-\mu))}^{(i=1,2,\ldots,n-\mu)}$. In derselben muss, wie in (1.) gezeigt, mindestens eine einem conjugierten System unseres involutorischen Fundamentalsystemes zugehörige Determinante von Null verschieden sein. Wir können nun immer unser Fundamentalsystem so anordnen, dass $((u^i, \rho^i))$ $(i = 1, 2, \ldots, n-\mu)$ das betreffende conjugierte System ist. Dann ist wieder unser beliebig gegebenes conjugiertes System durch lineare Substitution auf die Form (b) zurückführbar.

3. Da alle möglichen linearen Substitutionen eine Gruppe bilden, so kann man auch alle möglichen conjugierten Systeme, die in einander durch lineare Substitution überführbar sind, als eine Gruppe conjugierter Systeme bezeichnen. Ein beliebiges conjugiertes System gehört dann einer und nur einer Gruppe an. Hiebei gelten die Sätze:

Bezeichnet $(u^1, \rho^1), (u^2, \rho^2), \ldots, (u^{2(n-\mu)}, \rho^{2(n-\mu)})$ eine ein für allemal fest gewählte Reihenfolge der Lösungen unseres involutorischen Fundamentalsystemes, so enthält jede Gruppe höchstens ein System von der Form (b), und zwar enthält sie dann und nur dann kein solches, wenn für die Systeme der Gruppe die Determinante $\sum \pm \gamma_1^1 \gamma_2^2 \ldots \gamma_{n-\mu}^{n-\mu}$ verschwindet (verschwindet diese Determinante für ein System der Gruppe, so verschwindet sie für alle).

Bezeichnet $(u^1, \rho^1), (u^2, \rho^2), \ldots, (u^{2(n-\mu)}, \rho^{2(n-\mu)})$ alle möglichen Reihenfolgen der Lösungen unseres Fundamentalsystemes, bei denen noch zugeordnete Lösungen die Indices k und $2(n-\mu) - (k-1)$ haben, so enthält jede Gruppe mindestens ein System von der Form (b); und zwar enthält sie genau ebensoviele Systeme von dieser Form, als in der Matrix der γ für irgend ein System der Gruppe Determinanten, die einem conjugierten Systeme unseres Fundamentalsystemes zugehören, nicht verschwinden.

Es hat demnach keine Schwierigkeit ein Verfahren anzugeben, durch das man schrittweise für jede Gruppe einen und nur einen Repräsentanten von der Form (b) erhält.

Inhalt.

Über die Lagrangesche Multiplikatorenmethode in der Variationsrechnung.

Von **Hans Hahn** in Wien.

Das unter dem Namen der Lagrangeschen Multiplikatorenmethode bekannte Verfahren der Variationsrechnung entbehrte bekanntlich lange Zeit eines allgemein giltigen Beweises. Für gewisse spezielle Fälle war zwar seine Giltigkeit bewiesen — für den Fall des einfachsten isoperimetrischen Problems hatte Weierstraß in seinen Vorlesungen einen Beweis gegeben, der wohl zum erstenmal in einer Arbeit von P. Du Bois-Reymond[1]) veröffentlicht wurde, und Scheeffer[2]) lieferte den Beweis für gewisse allgemeinere Probleme, die er selbst als isoperimetrische Probleme auf Flächen bezeichnete — den ersten allgemeinen Beweis für die Giltigkeit der Multiplikatorenmethode aber verdanken wir einer Arbeit A. Mayers.[3]) Später kam Turksma,[4]) von wesentlich anderen Grundlagen ausgehend, zu denselben Resultaten, und endlich fand Mayers Beweis in Knesers Lehrbuch der Variationsrechnung[5]) eine wohl jeder Kritik standhaltende Darstellung. Wenn im Folgenden diese Frage trotzdem wieder aufgenommen wird, so geschieht es hauptsächlich, um eine Voraussetzung zu vermeiden, die in den bisherigen Beweisen festgehalten wurde, ohne durch die Natur des Problems irgendwie bedingt zu sein; es ist dies die Voraussetzung, daß die Koordinaten der zu untersuchenden Kurve, die wir uns als Funktionen eines Parameters t denken, zweimal nach diesem Parameter differenzierbar seien. Für den einfachsten Fall der Variationsrechnung hat bereits Du Bois-Reymond[6]) gezeigt, daß aus der Annahme der Existenz und der Stetigkeit der ersten Derivierten auch die Existenz zweiter Derivierter gefolgert werden kann, und einen ähnlichen, aber einfacheren Beweis hiefür gab D. Hilbert in seinen Vorlesungen.[7]) Der Zweck der folgenden

---

[1]) Math. Annalen, Bd. 15, S. 311 f.
[2]) Math. Annalen, Bd. 25, S. 583 ff.
[3]) Math. Annalen, Bd. 26, S. 74. ff.
[4]) Math. Annalen, Bd. 47, S. 33. ff.
[5]) Lehrbuch der Variationsrechnung, §§ 56, 57.
[6]) l. c, S. 312 f.; S. 564 ff.
[7]) Hilberts Beweis ist mir bekannt aus seiner Darstellung bei Whitemore, Annals of Math. 1900—1901, S. 130 ff.

Ausführungen ist es nun, auch für das allgemeinste Problem der Variationsrechnung bei einer unabhängigen Veränderlichen einen analogen Satz herzuleiten, und so die Lagrangesche Multiplikatorenmethode von der genannten überflüssigen Voraussetzung zu befreien. Doch müssen wir vorher ein den gewöhnlichen Differentialgleichungen verwandtes, aber etwas allgemeineres Problem untersuchen und einige allbekannte Sätze aus der Theorie der Differentialgleichungen auf dieses allgemeinere Problem übertragen. Gewisse, während der letzten Jahre erzielte Fortschritte in der Theorie der Differentialgleichungen ermöglichen es, gleichzeitig die von Kneser gemachte Voraussetzung, daß alle Funktionen unseres Problems analytisch seien, durch weitere Voraussetzungen zu ersetzen.

§ 1.

Bevor wir an unser eigentliches Thema, die Begründung der Lagrangeschen Multiplikatorenmethode, herantreten, müssen wir uns mit einer Aufgabe beschäftigen, auf die wir durch die folgenden Betrachtungen geführt werden.

Man denke sich in eine gewöhnliche Differentialgleichung:

$$(a) \qquad \frac{dy}{dx} = f(x, y) + \varphi(x),$$

deren rechte Seite die für die Existenz und eindeutige Bestimmtheit einer Lösung bei gegebenen Anfangswerten (x_0, y_0) hinreichenden Bedingungen erfüllt, diese Lösung eingesetzt, und integriere von x_0 bis zu einem zulässigen veränderlichen Werte x. Man erhält:

$$(b) \qquad y - y_0 = \int_{x_0}^{x} f(x, y)\, dx + \int_{x_0}^{x} \varphi(x)\, dx = \int_{x_0}^{x} f(x, y)\, dx + \Phi(x),$$

wo die Funktion $\Phi(x)$ zufolge ihrer Enstehungsweise differenzierbar ist. Denkt man sich nun aber umgekehrt eine Gleichung von der Form (b) vorgelegt, so wird man auf eine Differentialgleichung (a) nur dann zurückgehen können, wenn die Funktion $\Phi(x)$ nach x differenzierbar ist, und es entsteht daher die Frage, ob die Sätze über die Existenz und über gewisse Eigenschaften der Funktion y an die Möglichkeit gebunden sind, von der Gleichung (b) zu einer entsprechenden Differentialgleichung (a) überzugehen, oder aber unabhängig von dieser Möglichkeit weiterbestehen. Dieser Frage soll im folgenden, und zwar gleich in allgemeinerer Form, näher getreten werden.

Es sei das folgende Gleichungssystem gegeben:

$$(1) \qquad y_i = F_i\left(x; \int_{x_0}^{x} f_1^i(x; y_1, \ldots, y_n)\, dx, \ldots, \int_{x_0}^{x} f_\mu^i(x; y_1, \ldots, y_n)\, dx \,\Big|\, \alpha_1, \ldots, \alpha_\nu\right)$$

$$(i = 1, 2, \ldots, n),$$

worin die α Konstante bedeuten. Für ein gegebenes System $\alpha_1^0, \ldots, \alpha_\nu^0$ dieser Konstanten mögen die rechten Seiten die folgenden Bedingungen erfüllen:

Setzen wir:

$$(2) \qquad y_i^0 = F_i(x_0; 0, \ldots, 0 \mid \alpha_1^0, \ldots, \alpha_\nu^0),$$

so seien in der durch $|x - x_0| < A_1, |y_i - y_i^0| < B_1 \ (i = 1, 2, \ldots, n)$ charakterisierten Umgebung der Stelle $(x_0; y_1^0, \ldots, y_n^0)$ die Funktionen f_k^i stetig nach sämtlichen Veränderlichen, und es mögen daselbst die Ungleichungen bestehen:

$$(\alpha) \qquad |f_k^i(x; y_1, \ldots, y_n)| < M \qquad (i = 1, 2, \ldots, n;\ k = 1, 2, \ldots, \mu)$$

worin M eine positive Konstante bedeutet. Bezeichnen ferner y_i und y_k' Werte aus der genannten Umgebung von y_i^0, so sei:

$$(\beta) \qquad |f_k^i(x; y_1', \ldots, y_n') - f_k^i(x; y_1, \ldots, y_n)| < \sum_{\lambda=1}^{n} \vartheta_\lambda \, |y_\lambda' - y_\lambda|,$$

wo unter ϑ_λ positive Konstante zu verstehen sind.

Für die Funktionen $F_i(x; u_1, \ldots, u_\mu)$ mögen die folgenden Beschränkungen bestehen[1]): sie seien für $|x - x_0| < A_2, |u_i| < B_2 \ (i = 1, 2, \ldots, \mu)$ stetig nach sämtlichen Veränderlichen, und es mögen daselbst die Ungleichungen gelten:

$$(\gamma) \qquad |F_i(x; u_1, \ldots, u_\mu)| < N \qquad (i = 1, 2, \ldots, n);$$

$$(\delta) \qquad |F_i(x; u_1', \ldots, u_\mu') - F_i(x; u_1, \ldots, u_\mu)| < \sum_{\lambda=1}^{\mu} \Theta_\lambda \, |u_\lambda' - u_\lambda|,$$

worin wieder u_i' und u_i als in dem genannten Bereiche liegend vorausgesetzt werden, und N und Θ_λ positive Konstante bedeuten. Wegen der vorausgesetzten Stetigkeit der Funktionen F_i lassen sich nun noch zwei positive Konstante A_3 und B_3 so bestimmen, daß für $|x - x_0| < A_3, |u_i| < B_3$ die Ungleichungen erfüllt sind:

$$(\varepsilon) \qquad |F_i(x; u_1, \ldots, u_\mu) - F_i(x_0; 0, \ldots, 0)| < B_1 \qquad (i = 1, 2, \ldots, n),$$

wo B_1 die bei der Definition des Geltungsbereiches der Voraussetzungen (α) und (β) aufgetretene Konstante bedeutet.

Wir behaupten nun, daß zu jedem Wertsysteme $\alpha_1^0, \ldots, \alpha_\nu^0$ der Konstanten α, für das die genannten Bedingungen erfüllt sind, ein und nur ein System von

[1]) Wir lassen im folgenden der Kürze halber unter den Argumenten von F_i die Parameter $\alpha_1^0, \ldots, \alpha_\nu^0$ weg.

stetigen Funktionen y_i $(i=1,2,\ldots,n)$ von x gehört, die für eine nicht verschwindende Umgebung der Stelle x_0 definiert sind und in die Gleichungen (1) eingesetzt, dieselben identisch befriedigen.

Um die Existenz der Funktionen y_i zu erweisen, werden wir dieselben durch ein Verfahren successiver Approximationen[1]) wirklich herstellen; zu diesem Zwecke setzen wir:

$$y_i^1 = F_i\left(x; \int_{x_0}^{x} f_1^i(x; y_1^0, \ldots, y_n^0)\,dx, \ldots, \int_{x_0}^{x} f_\mu^i(x; y_1^0, \ldots, y_n^0)\,dx\right),$$

wo die y_k^0 die durch (2) definierten Konstanten sind. Ebenso allgemein:

$$y_i^m = F_i\left(x; \int_{x_0}^{x} f_1^i(x; y_1^{m-1}, \ldots, y_n^{m-1})\,dx, \ldots, \int_{x_0}^{x} f_\mu^i(x; y_1^{m-1}, \ldots, y_n^{m-1})\,dx\right).$$

Wir werden zeigen, daß $\lim\limits_{m=\infty} y_i^m$ $(i=1,2,\ldots,n)$ existiert und die gesuchte Funktion y_i liefert.

Zunächst müssen wir beweisen, daß wir durch die verlangten Operationen niemals über den oben angegebenen Definitionsbereich der Funktionen F_i und f_k^i hinausgeführt werden.

Sei A die kleinste der drei Größen A_1, A_2, A_3 und B die kleinere der beiden Größen B_2 und B_3. Wir beschränken die Veränderliche x, so daß $|x - x_0|$ kleiner bleibt als die kleinere der beiden Größen A und $\frac{B}{M}$. Wegen Bedingung (α) ist dann:

$$\left| \int_{x_0}^{x} f_k^i(x; y_1^0, \ldots, y_n^0)\,dx \right| < B.$$

Zufolge (γ) können wir daher y_i^1 bilden, und es wird wegen (ε):

$$|y_i^1 - y_i^0| < B_1.$$

Auf Grund von (α) und (γ) können wir daher auch y_i^2 bilden, und die Fortführung dieser Schlußweise zeigt, daß wir nie auf unausführbare Operationen kommen können.

Wir gehen über zum Beweis der Existenz von:

$$y_i = \lim_{m=\infty} y_i^m = y_i^0 + \sum_{\lambda=1}^{\infty} (y_i^\lambda - y_i^{\lambda-1}).$$

[1]) Man wird sofort die Ähnlichkeit dieses Verfahrens mit dem von Picard in die Theorie der Differentialgleichungen eingeführten erkennen.

Da wegen (β):

$$\left| \int_{x_0}^{x} f_k^i(x; y_1^1, \ldots, y_n^1)\, dx - \int_{x_0}^{x} f_k^i(x; y_1^0, \ldots, y_n^0)\, dx \right| < B_1 \sum_{\lambda=1}^{n} \vartheta_\lambda . |x - x_0|$$

ist, so folgt aus (δ):

$$| y_i^2 - y_i^1 | < B_1 \sum_{\varrho=1}^{\mu} \sum_{\lambda=1}^{n} \Theta_\varrho \vartheta_\lambda \, | x - x_0 | .$$

Daher gilt allgemein wegen:

$$\left| \int_{x_0}^{x} f_k^i(x; y_1^{m-1}, \ldots, y_n^{m-1})\, dx - \int_{x_0}^{x} f_k^i(x; y_1^{m-2}, \ldots, y_n^{m-2})\, dx \right| <$$

$$B_1 \left(\sum_{\lambda=1}^{n} \vartheta_\lambda \right)^{m-1} \left(\sum_{\varrho=1}^{\mu} \Theta_\lambda \right)^{m-2} \frac{| x - x_0 |^{m-1}}{(m-1)!}$$

die Ungleichung:

$$| y_i^m - y_i^{m-1} | < B_1 \left(\sum_{\varrho=1}^{\mu} \sum_{\lambda=1}^{n} \Theta_\varrho \vartheta_\lambda \right)^{m-1} \frac{| x - x_0 |^{m-1}}{(m-1)!} .$$

Es ist daher in der Reihe:

$$\sum_{m=1}^{\infty} (y_i^m - y_i^{m-1})$$

jedes Glied absolut genommen kleiner als das entsprechende Glied in der Taylorschen Entwicklung von:

$$B_1 e^{\sum_{\varrho=1}^{\mu} \sum_{\lambda=1}^{n} \Theta_\varrho \vartheta_\lambda (x - x_0)} .$$

Diese Reihe ist daher absolut und gleichmäßig konvergent und stellt also, solange $|x - x_0|$ kleiner bleibt als die kleinere der beiden Größen A und $\frac{B}{M}$ in der Tat eine stetige Funktion von x dar. Daß das so gewonnene Funktionensystem y_i ($i = 1, 2, \ldots, n$) die Gleichungen (1) wirklich löst, ergibt der bloße Anblick derselben.

Wir haben nun noch zu beweisen, daß dieses System bei den Werten $\alpha_1^0, \ldots, \alpha_\nu^0$ der Parameter α das einzig mögliche, stetige Lösungssystem ist. Wir bedienen uns eines Verfahrens, das auch bei den gewöhnlichen Differentialgleichungen zum Ziele führt. [1])

[1]) C. Jordan. Cours d'analyse, Bd. III, S. 92. (2. Aufl.)

Sei auch Y_i $(i = 1, 2, \ldots, n)$ ein Lösungssystem der Gleichungen (1) für dieselben Parameterwerte. Bezeichnen wir mit Y_i^0 den Wert von Y_i an der Stelle x_0, so ist offenbar:

$$Y_i^0 = y_i^0 \qquad (i = 1, 2, \ldots, n).$$

und somit wegen der vorausgesetzten Stetigkeit von Y_i und y_i für $|x - x_0| < \delta$:

$$|Y_i - y_i| < \varepsilon \qquad (i = 1, 2, \ldots, n).$$

Dann ist aber wegen Voraussetzung (β) im selben Intervalle:

$$\left| \int_{x_0}^{x} f_k^i(x, Y_1, \ldots, Y_n)\, dx - \int_{x_0}^{x} f_k^i(x, y_1, \ldots, y_n)\, dx \right| < \varepsilon \sum_{\lambda=1}^{n} \vartheta_\lambda\, |x - x_0|,$$

und somit wegen Voraussetzung (δ):

$$|Y_i - y_i| < \varepsilon \sum_{\lambda=1}^{n} \sum_{\varrho=1}^{n} \vartheta_\lambda\, \Theta_\varrho\, |x - x_0|.$$

Ist also $|x - x_0|$ kleiner als die kleinere der beiden Größen δ und $\dfrac{1}{2 \sum\limits_{\lambda=1}^{n} \sum\limits_{\varrho=1}^{n} \vartheta_\lambda \Theta_\varrho}$; so ist: $|Y_i - y_i| < \frac{\varepsilon}{2}$. Durch Wiederholung derselben Schlußweise folgt aber, daß im selben Intervalle $|Y_i - y_i|$ auch kleiner sein muß als $\frac{\varepsilon}{4}, \frac{\varepsilon}{8}, \ldots, \frac{\varepsilon}{2^n}$, wo n jede beliebige natürliche Zahl sein kann; das ist nur so möglich, daß in diesem Intervalle $Y_i = y_i$ ist. Indem man dieselben Schlüsse auf die Endpunkte dieses Intervalles anwendet, kann man, da δ, ϑ_λ, Θ_ϱ für den ganzen Definitionsbereich von y_i denselben Wert haben, das Bestehen der Gleichungen $Y_i = y_i$ für den ganzen Definitionsbereich der Funktionen y_i nachweisen.

Der Beweis der Eindeutigkeit ist somit erbracht.

Wir werden es im folgenden speziell mit Systemen von der Form:

$$(3) \qquad \sum_{i=1}^{n} \varphi_i^k\, y_i + \sum_{i=1}^{n} \int_{x_0}^{x} \psi_i^k\, y_i\, dx = C_k \qquad (k = 1, 2, \ldots, n)$$

zu tun haben, die wir wegen ihrer großen Ähnlichkeit mit linearen Differentialgleichungssystemen auch hier als l i n e a r e S y s t e m e bezeichnen wollen. Die C_k bedeuten darin Konstante; sie treten hier an Stelle der Parameter α der allgemeinen Gleichungen (1). Die φ_i^k und ψ_i^k seien im Intervalle $|x - x_0| < A$ endlich und stetig und die Determinante:

$$|\varphi_i^k| \qquad (i, k = 1, 2, \ldots, n)$$

habe in demselben Intervalle keine Nullstelle. Dann können wir diese Gleichungen auf die im Vorhergehenden vorausgesetzte Form (1) bringen. Die in unseren Voraussetzungen (α) (β) (γ) (δ) auftretenden Konstanten B_1 und B_2 können hier offenbar beliebig groß angenommen werden, und es gilt daher dasselbe von der Konstanten B. Zu jedem System von fest gewählten Konstanten C_k $(k=1, 2, \ldots, n)$ läßt sich daher ein und nur ein für $|x-x_0|<A$ definiertes System stetiger Funktionen y_i angeben, das die Gleichungen (3) befriedigt. Den Bereich $|x-x_0|<A$ nennen wir den Regularitätsbereich [1]) des Systems (3).

Die Konstanten C_k haben eine sehr einfache Bedeutung. Denn für $x=x_0$ nehmen die Gleichungen (3) die Form an:

$$\sum_{i=1}^{n} (\varphi_i^k)_0 \, y_i^0 = C_k \qquad (k=1, 2, \ldots, n),$$

aus denen sich die C_k als lineare Funktionen der y_i^0 ergeben.

Wir nehmen nun n Systeme von Größen C_k an, und bezeichnen jedes System mit C_k^i $(k=1, 2, \ldots, n)$. Bedeutet dann y_k^i $(k=1, 2, \ldots, n)$ das zugehörige Lösungssystem der Gleichungen (3), so folgt aus $|C_k^i|_{(i, k=1, 2, \ldots, n)} \neq 0$ sofort:

$$|(y_k^i)_0|_{(i, k=1, 2, \ldots, n)} \neq 0.$$

Es gilt nun der Satz, daß dann die Determinante:

$$|y_k^i|_{(i, k=1, 2, \ldots, n)}$$

in keinem Punkte des Regularitätsintervalles verschwinden kann. Um dies beweisen zu können, müssen wir zunächst zeigen, daß jedes Lösungssystem y_k $(k=1, 2, \ldots, n)$, dessen sämtliche Glieder y_k in einem Punkte des Regularitätsbereiches verschwinden, in diesem ganzen Bereiche identisch Null ist.

Sei y_k $(k=1, 2, \ldots, n)$ ein solches System und sei der gemeinsame Nullpunkt seiner Glieder x_1. Subtrahieren wir von den Gleichungen (3) die Gleichungen:

$$\sum_{i=1}^{n} \int_{x_0}^{x_1} \psi_i^k \, y_i \, dx = C_k,$$

so erhalten wir:

$$\sum_{i=1}^{n} \varphi_i^k \, y_i + \sum_{i=1}^{n} \int_{x_1}^{x} \psi_i^k \, y_i \, dx = 0.$$

[1]) Das Wort „Regularitätsbereich" ist dabei im selben Sinne gebraucht, wie bei Painlevé. Math. Enzykl. II. A., 4a., S. 195.

Da diese Gleichungen durch $y_i = 0$ $(i = 1, 2, \ldots, n)$ befriedigt werden, und eine andere Lösung, wie früher gezeigt, nicht haben können, so ist unsere Behauptung erwiesen.

Angenommen nun, es sei $|y_k^i|_{(i, k = 1, 2, \ldots, n)}$ an der Stelle x_0 von Null verschieden, an einer anderen Stelle x_1 des Regularitätsbereiches aber gleich Null. Dann gibt es immer Konstante α_i, die nicht sämtlich verschwinden, und die Gleichungen erfüllen:

$$\sum_{i=1}^{n} \alpha_i (y_k^i)_{x_1} = 0 \qquad (k = 1, 2, \ldots, n).$$

Setzt man also:

$$y_k = \sum_{i=1}^{n} \alpha_i y_k^i \qquad (k = 1, 2, \ldots, n)$$

und:

$$\Gamma_k = \sum_{i=1}^{n} \alpha_i C_k^i \qquad (k = 1, 2, \ldots, n),$$

so hat man die Gleichungen:

$$\sum_{i=1}^{n} \varphi_i^k y_i + \sum_{i=1}^{n} \int_{x_0}^{x} \psi_i^k y_i \, dx = \Gamma_k \qquad (k = 1, 2, \ldots, n),$$

aus denen, wegen $(y_i)_{x_1} = 0$ $(i = 1, 2, \ldots, n)$, wie wir eben gesehen haben, gefolgert werden kann, daß alle y_i $(i = 1, 2, \ldots, n)$ identisch verschwinden. Das steht aber im Widerspruche mit der Annahme $|(y_k^i)_0|_{(i, k = 1, 2, \ldots, n)} \neq 0$. Es muß also in der Tat $|y_k^i|_{(i, k = 1, 2, \ldots, n)}$ im ganzen Regularitätsbereiche von Null verschieden sein.

Es gilt demnach der Satz: Bezeichnen wir mit C_k^λ $(\lambda, k = 1, 2, \ldots, n)$ ein System von n^2 fest gewählten Konstanten, dessen Determinante: $|C_k^\lambda|_{(\lambda, k = 1, 2, \ldots, n)}$ nicht verschwindet, so gibt es für $|x - x_0| < A$ genau n Systeme von je n stetigen Funktionen y_k^λ, die die Gleichungen befriedigen:

$$\sum_{i=1}^{n} \varphi_i^k y_i^\lambda + \sum_{i=1}^{n} \int_{x_0}^{x} \psi_i^k y_i^\lambda \, dx = C_k^\lambda \qquad (\lambda, k = 1, 2, \ldots, n),$$

und deren Determinante: $|y_k^\lambda|_{(\lambda, k = 1, 2, \ldots, n)}$ für $|x - x_0| < A$ nirgends verschwindet.

§ 2.

Nunmehr sind wir in der Lage, unsere eigentliche Aufgabe in Angriff zu nehmen.

Es seien $(n+1)$ Funktionen eines Parameters t — wir bezeichnen sie mit $y_0, y_1, \ldots, y_n$ — aneinander geknüpft durch die $(m+1)$ Differentialgleichungen erster Ordnung:

$$(4) \qquad \varphi_k(y_0, \ldots, y_n; y_0', \ldots, y_n') = 0 \qquad (k=0, 1, \ldots, m),$$

wobei natürlich $m < n$ sein soll. Wir führen die Funktionen $y_0, \ldots, y_n$ durch Variationen $\Delta y_0, \ldots, \Delta y_n$, die an einer Stelle t_0 sämtlich verschwinden mögen, in andere, ebenfalls den Gleichungen (4) genügende Funktionen über, und fragen: Welchen notwendigen Bedingungen müssen die Funktionen $y_0, \ldots, y_n$ genügen, damit in allen genügend kleinen Systemen $\Delta y_0, \ldots, \Delta y_n$ der angegebenen Art, in denen $\Delta y_1, \ldots, \Delta y_n$ an irgend einer anderen Stelle $t = t_1$ verschwinden, die Größe Δy_0 an der Stelle t_1 einerlei Vorzeichen habe. [1]

Über die hier auftretenden Größen machen wir die folgenden Voraussetzungen:

a) Die y seien im Intervalle $(t_0 t_1)$ stetige mit stetigen ersten Ableitungen y' versehene Funktionen von t.

b) Es lasse sich eine positive Konstante k so angeben, daß in jedem Punkte von $(t_0 t_1)$ für $|\Delta y_i| < k$, $|\Delta y_i'| < k$ $(i = 0, 1, \ldots, n)$ die Funktionen φ samt ihren ersten und zweiten Derivierten nach den y und y' endlich und stetig seien. Im selben Gebiete seien die φ nach den y' homogen vom ersten Grade.

c) In jedem Punkte von $(t_0 t_1)$ sei die Determinante:

$$\frac{\partial(\varphi_0, \varphi_1, \ldots, \varphi_m)}{\partial(y_0', y_1', \ldots, y_m')}$$

ihrem Absolutwerte nach größer als eine angebbare positive Konstante D.

Dann läßt sich, wie aus den Dinischen Sätzen über die impliziten Funktionen unmittelbar folgt, [2] zu jeder positiven Konstante k_2 eine zweite k_1 so bestimmen, daß in jedem Punkte τ von $(t_0 t_1)$ für $|t-\tau| < k_1$, $|\Delta y_i| < k_1$ $(i = 0, 1, \ldots, n)$, $|\Delta y_i'| < k_1$ $(i = m+1, \ldots, n)$ die Gleichungen:

$$(5) \qquad \Delta y_i' = f_i(t; \Delta y_0, \ldots, \Delta y_n; \Delta y_{m+1}', \ldots, \Delta y_n') \quad (i=0, 1, \ldots, m)$$

vollkommen äquivalent sind mit den Gleichungen (4) und die Ungleichungen gelten:

$$|\Delta y_i'| < k_2 \qquad (i=0, 1, \ldots, m).$$

---

[1]) In dieser Form wurde das Problem von Mayer gestellt; Ber. d. sächs. Ges. d. Wiss. (phys. math.), Bd. 47

[2]) Vgl. z. B. C. Jordan, Cours d'analyse, Bd. I., S. 79 ff. (2. Aufl.).

Dabei bedeuten die f_i stetige mit stetigen ersten und zweiten Ableitungen nach sämtlichen Argumenten versehene Funktionen. Durch eine endliche Anzahl von Schritten ergeben sich also $\Delta y'_i$ $(i = 0, 1, \ldots, m)$ für das ganze Intervall $(t_0\, t_1)$ als Funktionen mit den eben angegebenen Eigenschaften der Δy_i und der übrigen $\Delta y'_i$, und durch geeignete Wahl der Konstanten k_1 und k_2 läßt sich immer erreichen, daß sämtliche Δy_i und $\Delta y'_i$ in den durch die Voraussetzung (*b*) charakterisierten Bereich fallen.

Wir setzen nun [1]):

$$(6) \qquad \Delta y_i = \sum_{\lambda=0}^{m} \varepsilon_\lambda u_i^\lambda \qquad (i = m+1, \ldots, n),$$

wo die ε_λ Konstante, die u_i^λ irgendwelche stetige, mit stetigen ersten Ableitungen versehene Funktionen von t bedeuten mögen, die für t_0 und t_1 verschwinden. Liegen alle $|u_i^\lambda|$ und $|(u_i^\lambda)'|$ unter der Grenze g, so liegen für:

$$|\varepsilon_m| < \zeta < \frac{k_1}{(m+1)g}$$

die Δy_i $(i = m+1, \ldots, n)$ und $\Delta y'_i$ $(i = m+1, \ldots, n)$ unter der Grenze k_1.

Die Gleichungen (5) mögen nun durch diese Einführung übergehen in:

$$(5^*) \qquad \Delta y'_i = F_i(\Delta y_0, \Delta y_1, \ldots, \Delta y_m; t) \qquad (i = 0, 1, \ldots, m).$$

Die Funktionen F_i erfüllen überall in $(t_0\, t_1)$ für $|\varepsilon_\lambda| < \zeta$ $(\lambda = 0, 1, \ldots, m)$, $|\Delta y_\lambda| < k_1$ $(\lambda = 0, 1, \ldots, m)$ die bekannten für die Existenz einer Lösung des Differentialgleichungssystems (5*) hinreichenden Lipschitzschen Bedingungen und bleiben in eben diesem Bereiche ihrem Absolutwerte nach unter k_2. Außerdem haben sie daselbst sowohl nach den Δy_λ $(\lambda = 0, 1, \ldots, m)$ als nach den ε_λ $(\lambda = 0, 1, \ldots, m)$ stetige erste und zweite Ableitungen, die in diesem Bereiche absolut genommen unter einer positiven Konstanten k_3 verbleiben. Im folgenden bedeute M die größere der beiden Konstanten k_2 und k_3.

Wir bezeichnen nun mit dem Symbol $[\varepsilon]$ jede stetige, mit stetigen ersten und zweiten Ableitungen versehene Funktion der ε, die zugleich mit sämtlichen ε verschwindet. Dann läßt sich, wenn $[\varepsilon]$ außer den ε keine weiteren Veränderlichen enthält, die Konstante ζ_0 immer so bestimmen, daß für $|\varepsilon_\lambda| < \zeta_0$ $(\lambda = 0, 1, \ldots, m)$ die Ungleichung besteht:

$$|[\varepsilon]| < \alpha < k_1,$$

[1]) Die folgenden Entwicklungen sind denen in **Knesers** Lehrbuch (S. 231 bis S. 235) nachgebildet, wo sie für analytische Funktionen durchgeführt sind.

worin unter α eine beliebige, positive Konstante zu verstehen ist, die aber kleiner als k_1 sein muß.

Sei nun τ irgend ein Punkt von $(t_0 t_1)$. Die Anfangswerte Δy_k^0, die die aus den Differentialgleichungen (5*) zu bestimmenden Funktionen Δy_k $(k = 0, 1, \ldots, m)$ im Punkte τ annehmen sollen, denken wir uns als Funktionen der ε gegeben; und zwar in der Form:

$$\Delta y_k^0 = [\varepsilon] \quad (k = 0, 1, \ldots, m).$$

Als Lösungen eines Systems gewöhnlicher Differentialgleichungen bleiben dann bekanntlich[1]) die Δy_k $(k = 0, 1, \ldots, m)$ für $|\varepsilon_\lambda| < \zeta_0$ und $|t - \tau| < \frac{k_1 - \alpha}{M}$ ihrem Absolutwerte nach unter k_1. Da ferner — wie schon erwähnt — in (5*) die Funktionen F_i endliche und stetige, erste und zweite Ableitungen sowohl nach den Δy_k als nach den ε_λ haben, so sind die Δy_k $(k = 0, 1, \ldots, m)$ im selben Intervalle sowohl nach den Anfangswerten Δy_k^0, als auch nach den Parametern ε_λ, soweit sie explizit — d. h. außerhalb der Δy_k^0 — vorkommen, zweimal differenzierbar[2]), und zwar sind die ersten und zweiten Ableitungen nach den Δy_k^0 stetige Funktionen der Δy_k^0 und die ersten und zweiten Ableitungen nach den ε_λ stetige Funktionen der ε_λ.[3])

Wir konstruieren nun die Lösung von (5*), deren sämtliche Glieder in t_0 verschwinden. Bezeichnet dann β irgend eine positive

---

[1]) Siehe z. B. Picard, Traité d'analyse, Bd. II, S. 301 ff.

[2]) G. v. Escherich, Über Systeme von Differentialgleichungen der 1. Ordnung, Wiener Ber., Bd. CVIII., Abt. IIa.

[3]) Die Stetigkeit dieser Derivierten folgt unmittelbar aus dem von G. v. Escherich, l. c. S. 634, bewiesenen Satze: „Bildet man aus der Reihe, die ein Integral des Integralsystems darstellt, die Reihe der nach irgend einem der Anfangswerte derivierten Glieder, so sind die Teilsummen dieser Reihe stetig nach sämtlichen Anfangswerten" (resp. den analogen Sätzen S. 640, 660, 664). In Zeichen (ebenda; ich behalte die dortigen Bezeichnungen bei): Zu jeder positiven Zahl ε läßt sich eine zweite τ angeben, so daß für alle m, sobald $\delta x_1^0, \delta x_2^0, \ldots, \delta x_n^0$ absolut unter τ liegen:

$$\left| \frac{\partial y_k^m}{\partial y_i^0} - \frac{\partial x_k^m}{\partial x_i^0} \right| \leqq \varepsilon \quad (i, k = 1, 2, \ldots, n)$$

wird. Da nun, wie G. v. Escherich daselbst zeigt, sowohl $\lim\limits_{m=\infty} \frac{\partial y_k^m}{\partial y_i^0}$ als $\lim\limits_{m=\infty} \frac{\partial x_k^m}{\partial x_i^0}$ existieren und die Derivierten der Lösung y_k und x_k nach ihren respektiven Anfangswerten $y_k^0 = x_k^0 + \delta x_k^0$ beziehungsweise x_k^0 darstellen, so folgt:

$$\left| \frac{\partial y_k}{\partial y_i^0} - \frac{\partial x_k}{\partial x_i^0} \right| \leqq \varepsilon \quad (i, k = 1, 2, \ldots, n)$$

für $|\delta x_k^0| < \tau$ $(k = 1, 2, \ldots, n)$, gemäß unserer Behauptung. (Vgl. Corollar 1, l. c., S. 628.)

Konstante, die kleiner sei als $\frac{k_1 - \alpha}{M}$, so erscheinen an der Stelle $t_0 + \beta$ offenbar sämtliche Glieder Δy_k $(k = 0, 1, .., m)$ unserer Lösung in der Form $[\varepsilon]$. Wir bestimmen nun ζ_0 so, daß für $|\varepsilon_\lambda| < \zeta_0$ $(\lambda = 0, 1, \ldots, m)$ alle diese $[\varepsilon]$ unterhalb α bleiben. Die Werte unserer Lösung im Punkte $t_0 + \beta$ benützen wir als Anfangswerte für eine Fortsetzung derselben, die ihrerseits sicher bis $t_0 + 2\beta$ definiert ist. Ihre sämtlichen Glieder Δy_k haben nun in $t_0 + 2\beta$ wieder die Form $[\varepsilon]$; denn sie hängen von den ε sowohl explizit ab, als dadurch, daß ihre Anfangswerte in $t_0 + \beta$ von den ε abhängen. Nun existieren aber die ersten und zweiten Ableitungen der Δy_i nach diesen Anfangswerten und sind stetige Funktionen derselben und diese Anfangswerte selbst haben stetige erste und zweite Ableitungen nach den ε; ferner haben die y_k stetige erste und zweite Ableitungen nach den ε, soweit dieselben explizit vorkommen, sie haben daher auch stetige erste und zweite vollständige Ableitungen nach den ε und erscheinen also in der Tat in der Form $[\varepsilon]$. Indem man gegebenenfalls die Größe ζ_0 verkleinert, kann man gewiß erreichen, daß auch diese Ausdrücke $[\varepsilon]$ absolut unter α bleiben für $|\varepsilon_\lambda| < \zeta_0$ und daher kann man dieselben Schlüsse auf das Intervall $(t_0 + 2\beta, t_0 + 3\beta)$ anwenden, und man sieht, daß man nach einer endlichen Anzahl von Schritten den Punkt t_1 erreichen muß. Es ist also gezeigt, daß sich immer eine Größe ζ_0 so bestimmen läßt, daß für $|\varepsilon_\lambda| < \zeta_0$ diejenige Lösung von (5*), deren sämtliche Glieder in t_0 verschwinden, in ganz $(t_0 t_1)$ in der Form erscheint:

$$\Delta y_k = [\varepsilon] \qquad (k = 0, 1, \ldots, m),$$

aus der sich bekanntlich die weitere Form ableiten läßt:

$$\Delta y_k = \sum_{\lambda=0}^{m} \varepsilon_\lambda v_k^\lambda + [\varepsilon]_2 \qquad (k = 0, 1, \ldots, m), \tag{7}$$

wo $[\varepsilon]_2$ nur Glieder zweiter Dimension in den ε enthält.

Nun existieren sowohl $\frac{\partial \Delta y_k}{\partial \varepsilon_\lambda}$ als auch $\frac{\partial \Delta y_k}{\partial t}$ und sind stetig nach t und den ε_λ [1]). Da ferner auch $\frac{\partial}{\partial \varepsilon_\lambda}\left(\frac{\partial \Delta y_k}{\partial t}\right)$ existiert und nach t und den ε stetig ist, so existiert bekanntlich auch $\frac{\partial}{\partial t}\left(\frac{\partial \Delta y_k}{\partial \varepsilon_\lambda}\right)$ und genügt der Gleichung:

---

[1]) Die Stetigkeit dieser Ausdrücke nach den sämtlichen Veränderlichen t, ε_λ folgt ebenfalls unmittelbar aus den von G. v. Escherich l. c. abgeleiteten Sätzen.

$$\frac{\partial}{\partial \varepsilon_\lambda}\left(\frac{\partial}{\partial t}\Delta y_k\right)=\frac{\partial}{\partial t}\left(\frac{\partial}{\partial \varepsilon_\lambda}\Delta y_k\right).$$

Es sind also die v_k^λ stetige, mit stetigen ersten Ableitungen versehene Funktionen von t und es besteht die Gleichung:

$$\Delta y_k' = \sum_{\lambda=0}^{m} \varepsilon_\lambda (v_k^\lambda)' + [\varepsilon]_2 \qquad (k=0,1,\ldots,m).$$

Setzen wir also:

$$\sum_{\lambda=0}^{m} \varepsilon_\lambda v_k^\lambda = \delta y_k \qquad (k=0,1,\ldots,m),$$

und demgemäß:

$$\sum_{\lambda=0}^{m} \varepsilon_\lambda (v_k^\lambda)' = \delta y_k' \qquad (k=0,1,\ldots,m);$$

schreiben wir endlich der Gleichförmigkeit halber auch:

$$\Delta y_k = \sum_{\lambda=0}^{m} \varepsilon_\lambda u_k^\lambda = \delta y_k \qquad (k=m+1,\ldots,n),$$

so gilt die Entwicklung:

$$\varphi_i = \sum_{k=0}^{n}\left(\frac{\partial \varphi_i}{\partial y_k}\delta y_k + \frac{\partial \varphi_i}{\partial y_k'}\delta y_k'\right) + [\varepsilon]_2 = 0 \qquad (i=0,1,\ldots,m),$$

woraus gefolgert werden kann:

$$(8) \qquad \sum_{k=0}^{n}\left(\frac{\partial \varphi_i}{\partial y_k}\delta y_k + \frac{\partial \varphi_i}{\partial y_k'}\delta y_k'\right) = 0 \qquad (i=0,1,\ldots,m).$$

Multiplizieren wir jede der Gleichungen (8) mit einem unbestimmten Faktor μ_i und addieren, so erhalten wir:

$$\sum_{i=0}^{m}\mu_i \sum_{k=0}^{n}\left(\frac{\partial \varphi_i}{\partial y_k}\delta y_k + \frac{\partial \varphi_i}{\partial y_k'}\delta y_k'\right) = 0,$$

und indem wir von t_0 bis zu einem variablen Werte t integrieren:

$$\int_{t_0}^{t}\sum_{k=0}^{n}\left[\delta y_k \sum_{i=0}^{m}\mu_i \frac{\partial \varphi_i}{\partial y_k} + \delta y_k' \sum_{i=0}^{m}\mu_i \frac{\partial \varphi_i}{\partial y_k'}\right] dt = 0,$$

woraus weiter durch partielle Integration:

$$(9) \qquad \sum_{k=0}^{n}\delta y_k \int_{t_0}^{t}\sum_{i=0}^{m}\mu_i \frac{\partial \varphi_i}{\partial y_k}dt + \int_{t_0}^{t}\sum_{k=0}^{n}\delta y_k' \sum_{i=0}^{m}\left(\mu_i \frac{\partial \varphi_i}{\partial y_k'} - \int_{t_0}^{t}\mu_i \frac{\partial \varphi_i}{\partial y_k}dt\right) dt = 0.$$

Wählen wir nun ein beliebiges System von $(m+1)^2$ Konstanten C_k^λ, so daß die Determinante $|C_k^\lambda|_{(\lambda, k = 0, 1, \ldots, m)}$ nicht verschwindet, so gibt es, wie wir im § 1 gesehen haben, genau $(m+1)$ Systeme von je $(m+1)$ Funktionen μ_i^λ, deren Determinante nirgends in $(t_0 t_1)$ verschwindet, und die in diesem Intervalle den Gleichungen genügen:

$$(10) \qquad \sum_{i=0}^{m} \left| \mu_i^\lambda \frac{\partial \varphi_i}{\partial y_k'} - \int_{t_0}^{t} \mu_i^\lambda \frac{\partial \varphi_i}{\partial y_k} dt \right| = C_k^\lambda \qquad (\lambda, k = 0, 1, \ldots, m).$$

Bezeichnet man den Wert von μ_i^λ für $t = t_0$ mit $(\mu_i^\lambda)_0$, so gehen wegen:

$$\sum_{i=0}^{m} (\mu_i^\lambda)_0 \left(\frac{\partial \varphi_i}{\partial y_k'} \right)_0 = C_k^\lambda$$

und wegen $\delta y_k|_{t_1} = 0$ $(k = m+1, \ldots, n)$ — die im übrigen ganz willkürlichen Funktionen δy_k $(k = m+1, \ldots, n)$ haben wir ja zufolge der Gleichungen (6) so gewählt, daß sie außer in t_0 auch in t_1 verschwinden — die Gleichungen (9) für $t = t_1$ über in:

$$(11) \qquad \begin{aligned} &\sum_{k=0}^{m} \delta y_k]_{t_1} \left\{ \int_{t_0}^{t_1} \sum_{i=0}^{m} \mu_i^\lambda \frac{\partial \varphi_i}{\partial y_k} dt + \sum_{i=0}^{m} (\mu_i^\lambda)_0 \left(\frac{\partial \varphi_i}{\partial y_k'} \right)_0 \right\} = \\ &= - \int_{t_0}^{t_1} \sum_{k=m+1}^{n} \left[\delta y_k' \sum_{i=0}^{m} \left(\mu_i^\lambda \frac{\partial \varphi_i}{\partial y_k'} - \int_{t_0}^{t} \mu_i^\lambda \frac{\partial \varphi_i}{\partial y_k} dt \right) \right] dt \qquad (\lambda = 0, 1, \ldots, m). \end{aligned}$$

Das ist ein System von $(m+1)$ linearen Gleichungen für die $(m+1)$ Unbekannten $\delta y_k]_{t_1}$ $(k = 0, 1 \ldots, m)$, dessen Determinante $(\Phi)_{t_1}$ wegen:

$$\int_{t_0}^{t} \sum_{i=0}^{m} \mu_i^\lambda \frac{\partial \varphi_i}{\partial y_k} dt + \sum_{i=0}^{m} (\mu_i^\lambda)_0 \left(\frac{\partial \varphi_i}{\partial y_k'} \right)_0 = \sum_{i=0}^{m} \mu_i^\lambda \frac{\partial \varphi_i}{\partial y_k'}$$

offenbar nicht verschwindet. Bezeichnet man in derselben die zu $\sum_{i=0}^{m} (\mu_i^\lambda)_{t_1} \left(\frac{\partial \varphi_i}{\partial y_k'} \right)_{t_1}$ gehörige Unterdeterminante mit $(\Phi_k^\lambda)_{t_1}$ und setzt man:

$$\nu_i^k = \sum_{\lambda=0}^{m} \left(\frac{\Phi_k^\lambda}{\Phi} \right)_{t_1} \mu_i^\lambda \qquad (i = 0, 1, \ldots, m),$$

so ergibt die Auflösung von (11):

$$(12) \qquad \delta y_k]_{t_1} = - \int_{t_0}^{t_1} \sum_{r=m+1}^{n} \left\{ \delta y_r' \sum_{i=0}^{m} \left(\nu_i^k \frac{\partial \varphi_i}{\partial y_r'} - \int_{t_0}^{t} \nu_i^k \frac{\partial \varphi_i}{\partial y_r} dt \right) \right\} dt;$$

dabei ist die Determinante $|\nu_i^k|$ $(i, k = 0, 1, \ldots, m)$ überall in $(t_0 t_1)$ von Null verschieden, und die ν_i^k genügen den Gleichungen:

$$\sum_{i=0}^{m} \nu_i^k \frac{\partial \varphi_i}{\partial y_r'} - \int_{t_0}^{t} \sum_{i=0}^{m} \nu_i^k \frac{\partial \varphi_i}{\partial y_r} dt = \Gamma_r^k \qquad (r = 0, 1, \ldots, m),$$

wo die Γ_r^k neue Konstante bedeuten, die definiert sind durch:

$$\Gamma_r^k = \sum_{\lambda=0}^{m} \left(\frac{\Phi_k^\lambda}{\Phi}\right)_{t_1} C_r^\lambda,$$

so daß also auch die Determinante $|\Gamma_r^k|$ $(k, r = 0, 1, \ldots, m)$ nicht verschwindet.

Nun hatten wir in (6) δy_r $(r = m+1, \ldots, n)$ in der Form angenommen:

$$\delta y_r = \sum_{s=0}^{m} \varepsilon_s u_r^s \qquad (r = m+1, \ldots, n).$$

Führen wir also die Bezeichnung ein:

$$W_k(u^s) = -\int_{t_0}^{t_1} \sum_{r=m+1}^{n} \left\{(u_r^s)' \sum_{i=0}^{m} \left(\nu_i^k \frac{\partial \varphi_i}{\partial y_r'} - \int_{t_0}^{t} \nu_i^k \frac{\partial \varphi_i}{\partial y_r} dt\right)\right\} dt.$$

so wird:

$$\delta y_k]_{t_1} = \sum_{s=0}^{m} \varepsilon_s W_k(u^s) \qquad (k = 0, 1, \ldots, m).$$

Damit nun $\Delta y_0]_{t_1}$ in (7) konstantes Zeichen habe, ist bekanntlich notwendig, daß $\delta y_0]_{t_1}$ verschwinde. Es muß also aus: $\delta y_k]_{t_1} = 0$ $(k = 1, 2, \ldots, m)$ auch $\delta y_0]_{t_1}$ folgen, das heißt, es muß die Determinante:

$$|W_k(u^s)| \qquad (k, s = 0, 1, \ldots, m)$$

für alle zulässigen u verschwinden. Dann gibt es, wie man auch die u^s wählen mag, Konstante C, die nicht alle verschwinden und die $(m+1)$ Gleichungen erfüllen:

$$\sum_{k=0}^{m} C_k W_k(u^s) = 0 \qquad (s = 0, 1, \ldots, m),$$

von denen eine eine Folge der m übrigen ist. Wir können immer annehmen, es sei dies die erste $(s = 0)$, so daß die C_k von den u^0 unabhängig sind.

Wir haben also, wenn wir noch:

(13) $$\sum_{k=0}^{m} C_k \nu_i^k = \lambda_i \qquad (i = 0, 1, \ldots, m)$$

setzen:

$$\int_{t_0}^{t_1} \sum_{r=m+1}^{n} \left\{ (u_r^0)' \sum_{i=0}^{m} \left(\lambda_i \frac{\partial \varphi_i}{\partial y_r'} - \int_{t_0}^{t} \lambda_i \frac{\partial \varphi_i}{\partial y_r} dt \right) \right\} dt = 0$$

für alle zulässigen Funktionen $(u_r^0)'$, das sind alle jene stetigen Funktionen für die $\int_{t_0}^{t_1} (u_r^0)' dt = 0$ ist. Läßt man alle $(u_r^0)'$ bis auf eines in ganz $(t_0 t_1)$ verschwinden, so ergibt sich hieraus,[1]) daß die $(n - m)$ Gleichungen bestehen müssen:

(14a) $$\sum_{i=0}^{m} \lambda_i \frac{\partial \varphi_i}{\partial y_r'} - \int_{t_0}^{t} \sum_{i=0}^{m} \lambda_i \frac{\partial \varphi_i}{\partial y_r} dt = K_r \qquad (r = m+1, \ldots, n),$$

wo die K_r Konstante und λ_i in $(t_0 t_1)$ stetige Funktionen bedeuten, die nirgends in $(t_0 t_1)$ sämtlich verschwinden und zufolge ihrer Entstehungsweise auch die $(m + 1)$ Gleichungen befriedigen:

(14b) $$\sum_{i=0}^{m} \lambda_i \frac{\partial \varphi_i}{\partial y_r'} - \int_{t_0}^{t} \sum_{i=0}^{m} \lambda_i \frac{\partial \varphi_i}{\partial y_r} dt = K_r \qquad (r = 0, 1, \ldots, m),$$

in denen die K_r ebenfalls Konstante sind.

Seien nun an einer Stelle τ außer den Seite 9 aufgestellten, noch die beiden folgenden Voraussetzungen erfüllt:

d) Von den Größen y_i' $(i = 0, 1, \ldots, n)$ sei für $t = \tau$ mindestens eine von Null verschieden.

e) In der identisch verschwindenden Determinante:

$$\Delta = \begin{vmatrix} \frac{\partial^2 \Phi}{\partial y_0' \partial y_0'}, \ldots, \frac{\partial^2 \Phi}{\partial y_0' \partial y_n'}; & \frac{\partial \varphi_0}{\partial y_0'}, \ldots, \frac{\partial \varphi_m}{\partial y_0'} \\ \cdots & \cdots \\ \frac{\partial^2 \Phi}{\partial y_n' \partial y_0'}, \ldots, \frac{\partial^2 \Phi}{\partial y_n' \partial y_n'}; & \frac{\partial \varphi_0}{\partial y_n'}, \ldots, \frac{\partial \varphi_m}{\partial y_n'} \\ \frac{\partial \varphi_0}{\partial y_0'}, \ldots, \frac{\partial \varphi_0}{\partial y_n'}; & 0, \ldots, 0 \\ \cdots & \cdots \\ \frac{\partial \varphi_m}{\partial y_0'}, \ldots, \frac{\partial \varphi_m}{\partial y_n'}; & 0, \ldots, 0 \end{vmatrix},$$

[1]) Siehe Whittemore. Ann. of. math. 1900—1901, S. 133 f.

in der:

$$\Phi = \sum_{i=0}^{m} \lambda_i \varphi_i$$

zu setzen ist, mögen für $t = \tau$ nicht sämtliche Unterdeterminanten Δ_{ii} der Elemente $\frac{\partial^2 \Phi}{\partial y_i' \partial y_i'}$ verschwinden. Aus den leicht zu beweisenden Relationen:

$$\Delta_{ii} y_k' = \Delta_{ik} y_i'; \quad \Delta_{kk} y_i' = \Delta_{ik} y_k'$$

folgt dann, daß daselbst y_i' und Δ_{ii} immer gleichzeitig Null oder von Null verschieden sind.

Sei also für $t = \tau$ etwa $y_n' = 0$. Wir können dann $y_0, \ldots, y_{n-1}$ für eine Umgebung von τ als eindeutige einmal differenzierbare Funktionen von y_n darstellen; es seien dies etwa die Funktionen: $(x_0, x_1, \ldots, x_{n-1})$. Bezeichnet man noch mit ψ_k die Funktion, in die φ_k übergeht, wenn man darin y_n' durch $\frac{dx_i}{dy_n} = x_i'$ und y_n' durch 1 ersetzt, so gehen die n ersten Gleichungen (14) über in:

$$\sum_{i=0}^{m} \lambda_i \frac{\partial \psi_i}{\partial x_r'} - \int_{y_n^0}^{y_n} \sum_{i=0}^{m} \lambda_i \frac{\partial \psi_i}{\partial x_r} dy_n = K_r \qquad (r = 0, 1, \ldots, n-1),$$

oder:

$$\sum_{i=0}^{m} \lambda_i \frac{\partial \psi_i}{\partial x_r'} = \Psi_r(y_n) \qquad (r = 0, 1, \ldots, n-1),$$

wo Ψ_r eine stetige, differenzierbare Funktion von y_n bedeutet. Zu diesen n Gleichungen fügen wir nun noch die $(m+1)$ Gleichungen $\psi_r = 0$ $(r = 0, 1, \ldots, m)$, die aus den Gleichungen (4) durch Einführung von y_n für t entstehen. Die Funktionaldeterminante der linken Seiten dieser $(n + m + 1)$ Gleichungen nach den Größen x_r' $(r = 0, 1, \ldots, n-1)$, λ_i $(i = 0, 1, \ldots, m)$ unterscheidet sich von der laut Voraussetzung von Null verschiedenen Determinante Δ_{nn} nur durch einen nicht verschwindenden Faktor (nämlich eine Potenz von y_n').

Es ergeben sich also aus diesen Gleichungen die genannten Größen als stetige differenzierbare Funktionen von y_n.

Führen wir nun wieder einen Parameter t ein durch eine Gleichung:

$$y_n = f(t),$$

wo f eine zweimal differenzierbare Funktion bedeutet, so sieht man sofort, daß auch alle übrigen y zweimal nach t differenzierbar sind, während die λ erste Differentialquotienten nach t besitzen.

Wir können also dann die Gleichungen (14) nach t differenzieren, und erhalten die bekannten Gleichungen:

$$(15)\qquad \sum_{i=0}^{m} \lambda_i \frac{\partial \varphi_i}{\partial y_r} - \frac{d}{dt} \sum_{i=0}^{m} \lambda_i \frac{\partial \varphi_i}{\partial y'_r} = 0 \qquad (r = 0, 1, \ldots, n).$$

Wir sehen also: Durch die Methode der unbestimmten Multiplikatoren werden alle Lösungen unseres Problems geliefert, die durch stetige mit stetigen ersten Ableitungen versehene Funktionen eines geeignet gewählten Parameters darstellbar sind, vorausgesetzt, daß für dieselben in der Determinante Δ für kein endliches Intervall sämtliche Subdeterminanten Δ_{ii} identisch verschwinden, was, da die Funktionen y und λ bereits durch die Gleichungen (14) im Verein mit den Gleichungen (4) bestimmt sind, offenbar nur ganz ausnahmsweise eintreten kann.

Wien, im November 1902.

Bemerkungen zur Variationsrechnung.

Von

HANS HAHN in Wien.

Im 55. Bande der Mathematischen Annalen veröffentlicht Herr Kneser eine Abhandlung, in der er auf die schon wiederholt behandelte Frage zurückkommt, ob auch im Falle des einfachsten isoperimetrischen Problems eine dem sogenannten Jakobischen Kriterium analoge notwendige Bedingung für das Eintreten eines Extremums besteht. Bis auf einen Ausnahmefall wird diese Frage daselbst in bejahendem Sinne beantwortet, während dieser Ausnahmefall wie in allen früheren mir bekannt gewordenen Beweisen unerledigt bleibt*). Da nun aber bekanntlich die isoperimetrischen Probleme sich in einfacher Weise auf das sogenannte Lagrangesche Problem zurückführen lassen, welches von G. v. Escherich in einer Reihe eingehender Untersuchungen**) behandelt wurde, so ist es naheliegend, sich die Frage vorzulegen, ob nicht etwa auf Grund der Resultate dieser Untersuchungen die oben erwähnte Frage sich vollständig erledigen läßt. Zu diesem Zwecke war es nötig, zu prüfen, inwiefern die Voraussetzungen, auf denen v. Escherich ausdrücklich seine Untersuchungen aufbaut***), im isoperimetrischen Probleme erfüllt sind. Abgesehen von den unentbehrlichen Annahmen über gewisse Stetigkeitseigenschaften der auftretenden Funktionen sind dies die folgenden Voraussetzungen: 1) Jede reguläre Kurve, die das gewünschte Extremum liefert, bildet zusammen mit den Multiplikatoren eine stetige Lösung des Lagrangeschen Differentialgleichungssystemes; 2) Die Bedingungsgleichungen können durch

---

*) Als ich den vorliegenden Aufsatz der Redaktion übersandte, war Bolzas Abhandlung (Math. Ann. Bd. 57) „Zur zweiten Variation bei isoperimetrischen Problemen" noch nicht erschienen.

**) Die zweite Variation einfacher Integrale. Mitt. I, II, III. Wiener Ber. 1898, Bd. 107; Mitt. IV, Wien. Ber. 1899, Bd. 108. Mitt. V, Wien. Ber. 1901, Bd. 110. Eine analoge Methode habe ich auf ein etwas allgemeineres Problem angewendet: Zur Theorie der zweiten Variation einfacher Integrale. Monatshefte für Math. und Phys. Bd. 14.

***) Vgl. l. c. Mitt. I § 2, Mitt. V § 15.

ihnen äquivalente lineare Gleichungen ersetzt werden. Für das isoperimetrische Problem ist die Frage nach der Berechtigung dieser Voraussetzungen leicht zu entscheiden. Doch zeigt es sich, daß auch ohne die Beschränkung auf die isoperimetrischen Probleme sich allgemein gültige Resultate gewinnen lassen; der Herleitung derselben sind die ersten drei Paragraphen der folgenden Arbeit gewidmet.

Die bekannten Untersuchungen A. Mayers gestatten es, was die erste dieser beiden Voraussetzungen betrifft, durch ganz einfache Überlegungen ans Ziel zu gelangen. Weniger einfach ist die Sache betreffs der zweiten Voraussetzung. Sie wurde seinerzeit, wie die Lagrangesche Multiplikatorenmethode, aus der Theorie der bedingten Maxima und Minima der Funktionen mehrerer Veränderlicher ohne weitere Prüfung in die Variationsrechnung übernommen, ohne daß meines Wissens bisher der Frage, ob und unter welchen Umständen dies berechtigt ist, näher getreten worden wäre. In engem Zusammenhange hiermit steht die Frage, unter welchen Voraussetzungen sich ein beliebig kleiner Extremalenbogen in zulässiger Weise variieren läßt, welche ich im zweiten Paragraphen zu beantworten suche. Ein letzter Paragraph bringt noch eine kurze Zusammenfassung und Anwendungen auf das isoperimetrische Problem. Die Jakobische Bedingung wird daselbst in möglichst allgemeiner Form ausgesprochen, sodaß speziell der von Kneser allein in Betracht gezogene Fall analytischer Funktionen vollkommen erledigt wird.

§ 1.

Vorbemerkungen. Stetigkeit der Multiplikatoren.

Das Lagrangesche Problem der Variationsrechnung verlangt, zwei gegebene Punkte einer n-dimensionalen Mannigfaltigkeit durch ein den Differentialgleichungen

$$\varphi_k(y_1, \cdots, y_n;\ y_1', \cdots, y_n') = 0 \qquad (k = 1, 2, \cdots, m) \tag{1}$$

genügendes reguläres Kurvenstück*) von der Art zu verbinden, daß es dem zwischen den beiden gegebenen Punkten erstreckten Kurvenintegrale:

$$J = \int_{y^0}^{y^1} f(y_1, \cdots, y_n;\ y_1', \cdots, y_n')\, dt \tag{2}$$

einen größeren oder kleineren Wert erteilt als jede benachbarte, stetige, dieselben Punkte verbindende und demselben Differentialgleichungssysteme

*) D. h. die Koordinaten $(y_1, \cdots, y_n)$ dieses Kurvenstückes sollen sich als stetige mit stetigen nirgends gleichzeitig verschwindenden ersten Ableitungen versehene Funktionen eines Parameters t darstellen lassen.

genügende Kurve, für welche das vorgelegte Integral überhaupt einen Sinn hat, oder, wie wir kurz sagen wollen, als jede benachbarte zulässige Kurve.

Um prüfen zu können, ob ein gegebenes reguläres Kurvenstück $(y_1, y_2, \cdots, y_n)$ unser Problem löst, müssen wir voraussetzen, daß sich eine Konstante δ so angeben läßt, daß für alle Werte $y_i + \Delta y_i$, $y_i' + \Delta y_i'$, in denen $|\Delta y_i|$ und $|\Delta y_i'|$ kleiner als δ sind, die Funktionen f und φ_k samt ihren drei ersten partiellen Ableitungen nach den y und y' endlich und stetig bleiben, und daß auf unserem Kurvenstücke nirgends sämtliche Determinanten aus der Matrix:

$$\left\| \frac{\partial \varphi_i}{\partial y_k'} \right\| \quad \begin{matrix} (i = 1, 2, \cdots, m) \\ (k = 1, 2, \cdots, n) \end{matrix} \tag{3}$$

gleichzeitig verschwinden. Die Funktionen f und φ_i sind als homogen von der ersten Ordnung nach den y' vorausgesetzt.

Das Lagrangesche Problem ist als Spezialfall in einem allgemeineren von Mayer angegebenen Probleme enthalten, welches lautet: Es ist ausgehend von einem Punkte einer $(n+1)$ dimensionalen Mannigfaltigkeit ein den Differentialgleichungen:

$$\varphi_k(y_0, y_1, \cdots, y_n;\ y_0', y_1', \cdots, y_n') = 0 \qquad (k = 0, 1, \cdots, m) \tag{1*}$$

genügendes reguläres Kurvenstück so zu ziehen, daß für ein gegebenes Wertsystem der Koordinaten $y_1, \cdots, y_n$ die $(n+1)^{\text{te}}$ Koordinate y_0 einen größeren oder kleineren Wert erhält, als für jede andere benachbarte zulässige Kurve. Um das Lagrangesche Problem auf diese Form zu bringen, brauchen wir nur zu setzen:

$$y_0 = \int_{t_0}^{t} f(y_1, \cdots, y_n;\ y_1', \cdots, y_n')\, dt \tag{2*}$$

und den m Gleichungen (1) die folgende hinzuzufügen:

$$\varphi_0 = f(y_1, \cdots, y_n;\ y_1', \cdots, y_n') - y_0' = 0.$$

Wie ich an anderer Stelle gezeigt habe*), läßt sich jedes reguläre Kurvenstück, das das Mayersche Problem löst, und längs dessen nirgends alle Determinanten der Matrix:

$$\left\| \frac{\partial \varphi_i}{\partial y_k'} \right\| \quad \begin{matrix} (i = 0, 1, \cdots, m) \\ (k = 0, 1, \cdots, n) \end{matrix} \tag{3*}$$

verschwinden, welche die erste Vertikalreihe $(k = 0)$ enthalten, durch

*) „Über die Lagrangesche Multiplikatorenmethode in der Variationsrechnung" Monatshefte für Math. u. Phys. Bd. XIV.

zweimal differenzierbare Funktionen eines Parameters t darstellen. Gibt es speziell in der Matrix (3*) eine Determinante von der Gestalt:

$$\frac{\partial(\varphi_0, \varphi_1, \cdots, \varphi_m)}{\partial(y_0', y_{\alpha_1}', \cdots, y_{\alpha_m}')}, \tag{3**}$$

welche nirgends auf unserem Kurvenstücke verschwindet, so existieren stetige, einmal differenzierbare und nirgends gleichzeitig verschwindende Funktionen $\lambda_0, \lambda_1, \cdots, \lambda_m$ des Parameters t, welche zusammen mit den y den Differentialgleichungen genügen:

$$\sum_{k=0}^{m}\left(\lambda_k \frac{\partial \varphi_k}{\partial y_i} - \frac{d}{dt}\lambda_k \frac{\partial \varphi_k}{\partial y_i'}\right) = 0 \qquad (i = 0, 1, \cdots, n). \tag{4}$$

Wir wollen jede, den Gleichungen (1*) genügende Kurve, für die auch die Gleichungen (4) bestehen, nach Knesers Vorgange eine Extremale des betreffenden Problemes nennen.

Im Lagrangeschen Probleme reduziert sich die erste der Gleichungen (4) (für $i = 0$) auf:

$$\frac{d\lambda_0}{dt} = 0.$$

Mithin ist λ_0 eine Konstante, und zwar wegen der Stetigkeit der Funktionen λ überall dieselbe Konstante. Die übrigen Gleichungen (4) ergeben

$$\lambda_0\left(\frac{\partial f}{\partial y_i} - \frac{d}{dt}\frac{\partial f}{\partial y_i'}\right) + \sum_{k=1}^{m}\left(\lambda_k \frac{\partial \varphi_k}{\partial y_i} - \frac{d}{dt}\lambda_k \frac{\partial \varphi_k}{\partial y_i'}\right) = 0 \quad (i = 1, 2, \cdots, n). \tag{5}$$

Ist nun die Konstante λ_0 nicht gleich Null, so kann man, da wegen der Homogeneität der Gleichungen (4) die λ nur bis auf einen konstanten Faktor bestimmt sind, immer $\lambda_0 = 1$ setzen, und man erhält so das bekannte Lagrangesche Differentialgleichungssystem:

$$\frac{\partial f}{\partial y_i} - \frac{d}{dt}\frac{\partial f}{\partial y_i'} + \sum_{k=1}^{m}\left(\lambda_k \frac{\partial \varphi_k}{\partial y_i} - \frac{d}{dt}\lambda_k \frac{\partial \varphi_k}{\partial y_i'}\right) = 0 \qquad (i = 1, 2, \cdots, n). \tag{5*}$$

Der Fall $\lambda_0 = 0$ kann nur dann eintreten, wenn überall auf unserer Extremale den Gleichungen:

$$\sum_{k=1}^{m}\left(\lambda_k \frac{\partial \varphi_k}{\partial y_i} - \frac{d}{dt}\lambda_k \frac{\partial \varphi_k}{\partial y_i'}\right) = 0 \qquad (i = 1, 2, \cdots, n) \tag{6}$$

durch Größen λ genügt werden kann, die nicht sämtlich verschwinden. Das ist aber die Bedingung dafür, daß unsre Extremale auch Extremale sei für das durch die Gleichungen:

$$\varphi_k(y_1, \cdots, y_n; y_1', \cdots y_n') = 0 \qquad (k = 1, 2, \cdots, m)$$

gegebene Mayersche Problem.

Wir wollen von jedem Intervalle, in dem den Gleichungen (6) durch Funktionen λ, die nicht sämtlich verschwinden, genügt werden kann, sagen, unsere Extremale zeige in demselben ein *anormales* Verhalten. Bezeichnen, wie im folgenden immer, t_0 und t_1 die dem Anfangs- und Endpunkte der Integration im Integrale (2) entsprechenden Werte des Parameters t, und verhält sich die Extremale nirgends in $(t_0 t_1)$ anormal, so wollen wir sagen, es liege der *Hauptfall* vor, während wir sonst von einem *anormalen Falle* sprechen. Diese Unterscheidung ist genau dieselbe, die G. v. Escherich, auf Grund gänzlich verschiedener Überlegungen, einführte. (l. c. Mitt. V, § 26.) Offenbar ist der Hauptfall der bei weitem allgemeinere, da das Auftreten des anormalen Falles daran geknüpft ist, daß m Größen λ einem Systeme von n linearen Differentialgleichungen genügen, von denen im allgemeinen nur eine eine Folge der übrigen ist, während $m < n - 1$ sein muß.

Wir können auf Grund dieser Definitionen den Satz aussprechen:

Jede Extremale des Lagrangeschen Problemes, die sich nicht in jedem Teilintervalle von $(t_0 t_1)$ anormal verhält, muß den Gleichungen (5*) *genügen.*

Dabei war aber vorausgesetzt, daß ein und dieselbe Determinante aus der Matrix (3):

$$\left\| \frac{\partial \varphi_i}{\partial y_k'} \right\| \qquad \begin{matrix} (i = 1, 2, \cdots, m) \\ (k = 1, 2, \cdots, n) \end{matrix}$$

— in dieser Form erscheint ja beim Lagrangeschen Probleme die Bedingung (3**) — überall in $(t_0 t_1)$ von Null verschieden sei. Von dieser Voraussetzung wollen wir uns nun frei machen.

Zunächst ist ohne weiteres klar, daß in jedem genügend kleinen Intervalle von $(t_0 t_1)$ die Gleichungen (5), und falls sich in demselben die Extremale nicht anormal verhält, auch die Gleichungen (5*) erfüllt sein müssen, da ja nach Voraussetzung nirgends in $(t_0 t_1)$ sämtliche Determinanten der Matrix (3) verschwinden. Zu beweisen bleibt, daß die λ *in ganz* $(t_0 t_1)$ *stetig* sein müssen, und mithin das Funktionensystem $y_1, \cdots, y_n$, $\lambda_1, \cdots, \lambda_m$ überall in $(t_0 t_1)$ *dieselbe* Lösung der Gleichungen (5*) sein muß.

Dieser Beweis ist leicht zu führen, vermöge der Bemerkung, daß überall dort, wo unsre Extremale sich nicht anormal verhält, die Gleichungen (5) nur ein einziges (bis auf einen konstanten Faktor vollkommen bestimmtes) Lösungssystem λ haben. Denn in der Tat, nehmen wir an, es gäbe zwei linear unabhängige Lösungssysteme λ_k^1 $(k = 0, 1, \cdots, m)$ und λ_k^2 $(k = 0, 1, \cdots, m)$. Die beiden Konstanten $\lambda_0{}^1$ und $\lambda_0{}^2$ können wir, da keine von ihnen verschwindet, einander gleich annehmen. Die Größen $\lambda_k = \lambda_k^1 - \lambda_k^2$ $(k = 0, 1, \cdots, m)$, die nicht sämtlich identisch verschwinden, genügen ebenfalls den Gleichungen (5). Nun ist aber $\lambda_0 = 0$. Es könnte also den Gleichungen (6) genügt werden durch Funktionen λ, die nicht sämtlich verschwinden, entgegen der Voraussetzung, daß an der betrachteten Stelle unsere Extremale sich nicht anormal verhält.

Auf Grund unsrer Voraussetzungen läßt sich nun das Intervall $(t_0 t_1)$ so in eine Anzahl von Teilintervallen teilen, daß in jedem dieser Teilintervalle eine bestimmte Determinante aus der Matrix (3) von Null verschieden bleibt, und diese Teilung läßt sich auch so vornehmen, daß je zwei benachbarte Teilintervalle ein Stück gemeinsam haben. Läßt sich nun ferner diese Teilung in der Art bewerkstelligen, daß sich unsre Extremale in keinem der zwei benachbarten Teilintervallen gemeinsamen Stücke überall anormal verhält, so ist unser Satz von der Stetigkeit der Funktionen bewiesen; denn er gilt für jedes einzelne Teilintervall. In den genannten gemeinsamen Teilintervallen müssen nun aber (wenigstens nach Multiplikation mit einer geeigneten Konstanten) die Funktionen λ der beiden, sich überdeckenden Intervalle übereinstimmen, d. h. die Funktionen λ können in ganz $(t_0 t_1)$ stetig angenommen werden. Es gilt also der Satz:

Läßt sich das Intervall $(t_0 t_1)$ in der eben angegebenen Art in Teilintervalle teilen, so müssen die y zusammen mit m stetigen Funktionen $\lambda_1, \cdots, \lambda_m$ außer den Gleichungen (1) *noch die Gleichungen befriedigen:*

$$\frac{\partial f}{\partial y_i} - \frac{d}{dt}\frac{\partial f}{\partial y_i'} + \sum_{k=1}^{m}\left(\lambda_k \frac{\partial \varphi_k}{\partial y_i} - \frac{d}{dt}\lambda_k \frac{\partial \varphi_k}{\partial y_i'}\right) = 0 \qquad (i = 1, 2, \cdots, n).$$

Liegt der Hauptfall vor, so ist eine solche Teilung immer möglich.

§ 2.

Über die Existenz zulässiger Variationen.

Wir wollen in diesem Paragraphen hinreichende Bedingungen dafür aufstellen, daß ein beliebig kleiner Extremalenbogen in zulässiger Weise variiert werden kann; denn einfache Beispiele zeigen, daß dies nicht immer der Fall ist (vgl. § 4).

Wir betrachten ein Intervall (τ_0, τ_1), in dem etwa die Determinante

$$\frac{\partial(\varphi_1, \cdots, \varphi_m)}{\partial(y_1', \cdots, y_m')}$$

von Null verschieden sei. Um den Mayerschen Ansatz zu erhalten, fügen wir zu den Gleichungen (1) wieder die Gleichung hinzu:

$$\varphi_0 = f(y_1, \cdots, y_n;\, y_1', \cdots, y_n') - y_0' = 0,$$

wo y_0 die durch (2*) definierte Größe bedeutet. Mit $\Delta y_{m+1}, \cdots, \Delta y_n$ bezeichnen wir $(n-m)$ stetige, mit stetigen ersten Ableitungen versehene

Funktionen von t, die in τ_0 und τ_1 verschwinden mögen. Sind diese Funktionen ihrem Absolutwerte nach hinlänglich klein, so lassen sich weitere $(m+1)$ stetige, ebenfalls mit stetigen ersten Ableitungen versehene Funktionen $\Delta y_0, \Delta y_1, \cdots, \Delta y_m$ bestimmen*), die in τ_0 verschwinden, ihrem Absolutwerte nach unter einer vorgegebenen Konstanten bleiben und die Gleichungen befriedigen:

$$\varphi_k(y_0+\Delta y_0, \cdots, y_n+\Delta y_n;\ y_0'+\Delta y_0', \cdots, y_n'+\Delta y_n') = 0 \qquad (k=0,1,\cdots,m).$$

Nimmt man speziell $\Delta y_{m+1}, \cdots, \Delta y_n$ in der Form an:

$$\Delta y_i = \sum_{\lambda=0}^{m} \varepsilon_\lambda u_i^\lambda \qquad (i=m+1,\cdots,n),$$

wo nun jeder einzelnen Funktion u_i^λ die oben den $\Delta y_{m+1}, \cdots, \Delta y_n$ beigelegten Eigenschaften zukommen mögen und die ε_λ Konstante bedeuten, so erscheinen $\Delta y_0, \cdots, \Delta y_m$ in der Form*):

$$\Delta y_i = \sum_{\lambda=0}^{m} \varepsilon_\lambda v_i^\lambda + [\varepsilon]_2 \qquad (i=0,1,\cdots,m),$$

wo die v_i^λ stetige, differenzierbare, in τ_0 verschwindende Funktionen bedeuten, und unter $[\varepsilon]_2$ ein Ausdruck zu verstehen ist, in dem jedes Glied einen in den ε quadratischen Faktor enthält, eine Bedeutung, die dieses Symbol auch weiterhin behalten soll.

Setzt man noch:

$$\sum_{\lambda=0}^{m} \varepsilon_\lambda v_i^\lambda = \delta y_i \qquad (i=0,1,\cdots,m)$$

und der Gleichförmigkeit halber auch:

$$\Delta y_i = \sum_{\lambda=0}^{m} \varepsilon_\lambda u_i^\lambda = \delta y_i \qquad (i=m+1,\cdots,n),$$

so hat man:

$$(7) \qquad \sum_{i=0}^{m} \left(\frac{\partial \varphi_k}{\partial y_i}\,\delta y_i + \frac{\partial \varphi_k}{\partial y_i'}\,\delta y_i'\right) = 0 \qquad (k=0,1,\cdots,m).$$

Aus diesen Gleichungen läßt sich nun der Wert, den $\delta y_0, \cdots, \delta y_m$ an der Stelle τ_1 annehmen, in der folgenden Weise ausdrücken**):

---

*) Wegen näherer Ausführung vgl. Kneser, „Lehrbuch der Variationsrechnung" S. 229 ff., wo diese Untersuchungen für analytische Funktionen durchgeführt sind. Unter den allgemeineren Voraussetzungen des Textes sind sie durchgeführt in meinem oben zitierten Aufsatze: „Über die Lagrangesche Multiplikatorenmethode". § 2.

**) Siehe Kneser, Lehrb. der Variationsrechn. S. 235—240.

$$(8)\qquad \delta y_i]_{\tau_1} = \sum_{r=0}^{m} \varepsilon_r \int_{\tau_0}^{\tau_1} dt \sum_{k=m+1}^{n} u_k^r \sum_{s=0}^{m} \left(v_s^i \frac{\partial \varphi_s}{\partial y_k} - \frac{d}{dt} v_s^i \frac{\partial \varphi_s}{\partial y_k'} \right) \qquad (i = 0, 1, \cdots, m),$$

wo v_s^i $(i = 0, 1, \cdots, m)$ ein gewisses Fundamentallösungssystem des linearen Differentialgleichungssystemes:

$$(9)\qquad \sum_{s=0}^{m} \left(v_s \frac{\partial \varphi_s}{\partial y_k} - \frac{d}{dt} v_s \frac{\partial \varphi_s}{\partial y_k'} \right) = 0 \qquad (k = 0, 1, \cdots, m)$$

bedeutet. Setzt man noch:

$$(10)\qquad W_i(u^r) = \int_{\tau_0}^{\tau_1} dt \sum_{k=m+1}^{n} u_k^r \sum_{s=0}^{m} \left(v_s^i \frac{\partial \varphi_s}{\partial y_k} - \frac{d}{dt} v_s^i \frac{\partial \varphi_s}{\partial y_k'} \right),$$

so wird:

$$(11)\qquad \delta y_i]_{\tau_1} = \sum_{r=0}^{m} \varepsilon_r W_i(u^r) \qquad (i = 0, 1, \cdots, m),$$

und für das Eintreten eines Extremums der Größe y_0 ist notwendig, daß die Determinante:

$$(12)\qquad | W_i(u^r) | \qquad (i, r = 0, 1, \cdots, m)$$

für alle zulässigen Funktionen u_k^r verschwinde*).

Wir wollen nun den Satz beweisen: Verhält sich unsre Extremale nicht überall in $(\tau_0 \tau_1)$ anormal, so kann die Unterdeterminante von (12):

$$(12^*)\qquad | W_i(u^r) | \qquad (i, r = 1, 2, \cdots, m)$$

nicht für alle zulässigen Funktionen u_k^r verschwinden. Zu diesem Zwecke beweisen wir zunächst den Hülfssatz: Verhält sich unsre Extremale nicht überall in $(\tau_0 \tau_1)$ anormal, so können in der Determinante $(m+1)^{\text{ter}}$ Ordnung (12) nicht sämtliche Unterdeterminanten m^{ter} Ordnung für alle zulässigen Funktionen u_k^r verschwinden.

In der Tat, nehmen wir an, es verschwänden in (12) alle Unterdeterminanten m^{ter} Ordnung für alle zulässigen u_k^r. Wir setzen die Gleichungen an:

$$\sum_{i=0}^{m} C_i W_i(u^r) = 0 \qquad (r = 0, 1, \cdots, m).$$

Zwei Fälle sind zu unterscheiden; entweder verschwinden alle Ausdrücke $W_i(u^r)$ identisch, oder es lassen sich die u_k^r so wählen, daß mindestens einer dieser Ausdrücke nicht Null wird. Im letzteren Falle läßt sich

*) Siehe Kneser, Lehrb. der Variationsrechn. S. 240.

immer eine positive Zahl $\lambda < m$ so angeben, daß in der Determinante (12) alle Unterdeterminanten, deren Ordnung größer als λ ist, für sämtliche zulässigen Funktionen u_k^r verschwinden, während für die übrigen Unterdeterminanten dies nicht der Fall ist. Da die Funktionen u^r untereinander gänzlich gleichberechtigt sind, können wir immer annehmen, eine der aus $u^{m-\lambda+1}, \cdots, u^m$ gebildeten Unterdeterminanten sei von Null verschieden; nun können wir λ von den Konstanten C homogen-linear durch die gänzlich willkürlich bleibenden $m - \lambda + 1$ übrigen ausdrücken, und für alle so gefundenen Konstanten C muß die Gleichung bestehen:

$$\sum_{i=0}^{m} C_i W_i(u^0) = 0,$$

welche zulässige Funktionen wir auch für u^0 einführen. Es gibt also $m - \lambda + 1$ von einander unabhängige Systeme von Konstanten C_i, für die diese letztere Gleichung bestehen muß, also, da $\lambda < m$, mindestens zwei Systeme C_i und $\bar{C}_i$, sodaß nicht für alle Werte von i:

$$C_i = k\bar{C}_i \qquad (i = 0, 1, \cdots, m)$$

ist; für den ersten der oben unterschiedenen Fälle ist dies evident.

Setzen wir nun:

$$\lambda_s = \sum_{i=0}^{m} C_i v_s^i; \qquad \bar{\lambda}_s = \sum_{i=0}^{m} \bar{C}_i v_s^i \qquad (s = 0, 1, \cdots, m),$$

so ist:

$$\sum_{s=0}^{m}\left(\lambda_s \frac{\partial \varphi_s}{\partial y_i} - \frac{d}{dt}\lambda_s \frac{\partial \varphi_s}{\partial y_i'}\right) = 0; \quad \sum_{s=0}^{m}\left(\bar{\lambda}_s \frac{\partial \varphi_s}{\partial y_i} - \frac{d}{dt}\bar{\lambda}_s \frac{\partial \varphi_s}{\partial y_i'}\right) = 0 \quad (i = 0, 1, \cdots, m).$$

Aus dem Umstande, daß für alle zulässigen u_k^0:

$$\sum_{i=0}^{m} C_i W_i(u^0) = \sum_{i=0}^{m} \bar{C}_i W_i(u^0) = 0$$

sein muß, folgert man nun leicht, daß auch noch die Gleichungen erfüllt sein müssen:

$$\sum_{s=0}^{m}\left(\lambda_s \frac{\partial \varphi_s}{\partial y_i} - \frac{d}{dt}\lambda_s \frac{\partial \varphi_s}{\partial y_i'}\right) = 0; \quad \sum_{s=0}^{m}\left(\bar{\lambda}_s \frac{\partial \varphi_s}{\partial y_i} - \frac{d}{dt}\bar{\lambda}_s \frac{\partial \varphi_s}{\partial y_i'}\right) = 0 \quad (i = m+1, \cdots, n),$$

das heißt, es müßten die beiden linear unabhängigen Systeme λ_s und $\bar{\lambda}_s$ die $(m+1)$ Gleichungen (4) erfüllen, was, wie wir oben gesehen haben, unvereinbar ist mit der Annahme, daß unsre Extremale sich nicht überall in $(\tau_0 \tau_1)$ anormal verhält.

Von diesem Hülfssatze aus gelangen wir zu unsrem ursprünglichen Satze vermöge der Bemerkung, daß für jedes System der u_k^r, für das alle Determinanten m^{ter} Ordnung aus der Matrix:

$$(12^{**}) \qquad \| W_i(u^r) \| \qquad \begin{matrix}(r=0,1,\cdots,m)\\ (i=1,2,\cdots,m)\end{matrix}$$

verschwinden, auch sämtliche Unterdeterminanten m^{ter} Ordnung in der Determinante (12) verschwinden müssen. Es ist ja:

$$\delta y_0]_{\tau_1} = \int_{\tau_0}^{\tau_1} \sum_{k=1}^{n} \left(\frac{\partial f}{\partial y_k} \delta y_k + \frac{\partial f}{\partial y_k'} \delta y_k' \right) dt$$

$$= \int_{\tau_0}^{\tau_1} \sum_{k=1}^{n} \left[\left(\frac{\partial f}{\partial y_k} + \sum_{i=1}^{m} \lambda_i \frac{\partial \varphi_i}{\partial y_k} \right) \delta y_k + \left(\frac{\partial f}{\partial y_k'} + \sum_{i=1}^{m} \lambda_i \frac{\partial \varphi_i}{\partial y_k'} \right) \delta y_k' \right] dt$$

$$= \sum_{k=1}^{n} \left(\frac{\partial f}{\partial y_k'} + \sum_{i=1}^{m} \lambda_i \frac{\partial \varphi_i}{\partial y_k'} \right) \delta y_k \Big]_{\tau_0}^{\tau_1}$$

$$+ \int_{\tau_0}^{\tau_1} \sum_{k=1}^{n} \left[\left(\frac{\partial f}{\partial y_k} + \sum_{i=1}^{m} \lambda_i \frac{\partial \varphi_i}{\partial y_k} \right) - \frac{d}{dt} \left(\frac{\partial f}{\partial y_k'} + \sum_{i=1}^{m} \lambda_i \frac{\partial \varphi_i}{\partial y_k'} \right) \right] dt,$$

mithin, da in τ_0 alle δy_k, in τ_1 aber $\delta y_{m+1}, \cdots, \delta y_n$ verschwinden und wegen des Bestehens der Gleichungen (5*):

$$\delta y_0]_{\tau_1} = \sum_{k=1}^{m} \left(\frac{\partial f}{\partial y_k'} + \sum_{i=1}^{m} \lambda_i \frac{\partial \varphi_i}{\partial y_k'} \right) \delta y_k \Big]_{\tau_1}.$$

Es muß also jedes System von Konstanten ε, das die Gleichungen:

$$\delta y_i]_{\tau_1} = \sum_{r=0}^{m} \varepsilon_r W_i(u^r) = 0 \qquad (i=1,2,\cdots,m)$$

löst, auch der Gleichung genügen:

$$\delta y_0]_{\tau_1} = \sum_{r=0}^{m} \varepsilon_r W_0(u^r) = 0;$$

Das ist aber nur so möglich, daß allemal, wenn sämtliche Determinanten m^{ter} Ordnung aus der Matrix (12**) verschwinden, dasselbe von allen Unterdeterminanten m^{ter} Ordnung von (12) gilt. Es gibt nun aber, wie unser Hülfssatz lehrt, immer Funktionen u_k^r, für die nicht alle diese Unterdeterminanten von (12) verschwinden, für die also auch mindestens eine Determinante der Matrix (12**) von Null verschieden ist, und zwar können wir immer annehmen, es sei dies die Determinante (12*).

Setzen wir nun die Gleichungen an:

$$\Delta y_i]_{\tau_1} = 0 \qquad (i = 1, 2, \cdots, m),$$

und berücksichtigen wir die Relationen:

$$\Delta y_i]_{\tau_1} = \delta y_i]_{\tau_1} + [\varepsilon]_2 = \sum_{r=0}^{m} \varepsilon_r W_i(u^r) + [\varepsilon]_2 \quad (i = 1, 2, \cdots, m),$$

so ist:

$$\frac{\partial(\Delta y_1]_{\tau_1}, \Delta y_2]_{\tau_1}, \cdots, \Delta y_m]_{\tau_1})}{\partial(\varepsilon_1, \varepsilon_2, \cdots, \varepsilon_m)} = | W_i(u^r) | \quad (i, r = 1, 2, \cdots, m)$$

und wir können die Funktionen u_k^r immer so annehmen, daß diese Funktionaldeterminante nicht Null ist. Dann lassen sich aber nach einem bekannten Satze $\varepsilon_1, \varepsilon_2, \cdots, \varepsilon_m$ so als Funktionen von ε_0 bestimmen, die zugleich mit ε_0 verschwinden, daß die Gleichungen:

$$\Delta y_i]_{\tau_1} = 0 \qquad (i = 1, 2, \cdots, m)$$

erfüllt sind. Das Funktionensystem $\Delta y_1, \cdots, \Delta y_n$ stellt aber dann ein System zulässiger Variationen des Bogens $(\tau_0 \tau_1)$ dar. Wir haben also den Satz:

Zwei beliebig nahe Punkte unsrer Extremale, zwischen denen sie sich nicht durchweg anormal verhält, können immer durch zulässige Kurven verbunden werden, die in beliebiger Nachbarschaft unsrer Extremale verbleiben, und gegen sie beliebig wenig geneigt sind. Im Hauptfalle gilt dieser Satz ohne Einschränkung für jeden Extremalenbogen.

Für den Beweis dieses Satzes war die Annahme, daß an der betrachteten Stelle unsre Extremale sich nicht anormal verhält, durchaus wesentlich.

§ 3.

Über die Ersetzbarkeit der Bedingungsgleichungen durch lineare.

Wir wenden uns nunmehr der Frage zu, ob und unter welchen Voraussetzungen es gestattet ist, bei Ableitung notwendiger Bedingungen aus der Betrachtung der zweiten Variation die Gleichungen:

$$(13) \quad \varphi_k(y_1 + \Delta y_1, \cdots, y_n + \Delta y_n;\ y_1' + \Delta y_1', \cdots, y_n' + \Delta y_n') = 0 \quad (k = 1, 2, \cdots, m)$$

denen die Variationen Δy zu genügen haben, durch die einfacheren Gleichungen:

$$(13^*) \qquad \sum_{i=1}^{n} \left(\frac{\partial \varphi_k}{\partial y_i} \Delta y_i + \frac{\partial \varphi_k}{\partial y_i'} \Delta y_i' \right) = 0 \qquad (k = 1, 2, \cdots, m)$$

zu ersetzen. Die Zulässigkeit dieser Vereinfachung wurde in älteren Untersuchungen in diesem Gebiete als evident betrachtet, und die weitere Argumentation war die folgende:

Wenn das Integral (2):

$$\int_{t_0}^{t_1} f(y_1, \cdots, y_n; y_1', \cdots, y_n')\,dt$$

zu einem Extremum werden soll gegenüber allen den Gleichungen (13) genügenden Kurven, so muß dasselbe gelten vom Integrale:

$$\int_{t_0}^{t_1} \left\{ f(y_1, \cdots, y_n; y_1', \cdots, y_n') + \sum_{i=1}^{m} \lambda_i \varphi_i(y_1, \cdots, y_n; y_1', \cdots, y_n') \right\} dt. \tag{14}$$

Wegen des Bestehens der Gleichungen (5*) verschwindet die erste Variation dieses Integrales identisch; gelingt es also Variationen Δy herzustellen, welche den Gleichungen (13*) genügen und für die die zweite Variation dieses Integrales verschiedene Vorzeichen erhält, so ist ein Extremum ausgeschlossen.

Diese Schlußweise setzt aber stillschweigend voraus, daß immer, wenn es ein System von Variationen Δy gibt, das die Gleichungen (13*) befriedigt, und der zweiten Variation des Integrales (14) einen von Null verschiedenen Wert erteilt, sich auch ein System von Variationen $\bar{\Delta} y$ angeben läßt, das die Gleichungen (13) befriedigt und dem Zuwachse des vorgelegten Integrales (2) dasselbe Zeichen erteilt, wie das System der Δy. Ist das nun aber immer der Fall? Eine einfache Überlegung zeigt, daß dies ohne weiteres nicht behauptet werden kann. Es läßt sich ja bekanntlich immer ein genügend kleines Stück unsrer Extremale gemäß den Gleichungen (13*) so variieren, daß die zum entsprechenden System von Variationen gehörige zweite Variation von (14) nicht verschwindet*), während wir — wie wir im vorigen Paragraphen gesehen haben — nicht allgemein behaupten können, daß zwei beliebig nahe Punkte unsrer Extremale durch Kurven verbunden werden können, die den Gleichungen (13) genügen, und nicht ganz mit unsrer Extremale zusammenfallen; die Bedingung, die wir im vorigen Paragraphen für die Existenz solcher Kurven aufstellten, war zwar nur eine hinreichende, nicht eine notwendige; aber schon das einfachste isoperimetrische Problem zeigt, daß tatsächlich Fälle denkbar sind, in denen Extremalenbögen überhaupt nicht in zulässiger Weise variiert werden können. Für derartige Extremalenbögen aber ist die obige Schlußweise offenbar nicht zulässig, und sie könnte auf falsche Resultate führen. Wir legen uns daher die Frage vor:

*) G. v. Escherich, Die zweite Variation einfacher Integrale. Mitt. III, § 17; Mitt. V, § 16.

Es sei ein den Gleichungen (13*) genügendes System von Variationen Δy_i $(i=1, 2, \cdots, n)$ gegeben, für das die zweite Variation $\delta^2 J$ des Integrales (14) einen von Null verschiedenen Wert hat. Unter welchen Bedingungen kann man behaupten, daß dann auch ein den Gleichungen (13) genügendes System von Variationen $\overline{\Delta} y_i$ $(i=1, 2, \cdots, n)$ besteht*), für welches die Differenz:

$$\overline{\Delta} J = \int_{t_0}^{t_1} f(y_1+\overline{\Delta} y_1, \cdots, y_n+\overline{\Delta} y_n;\ y_1'+\overline{\Delta} y_1', \cdots, y_n'+\overline{\Delta} y_n')\, dt$$

$$-\int_{t_1}^{t_1} f(y_1, \cdots, y_n;\ y_1', \cdots, y_n')\, dt$$

dasselbe Vorzeichen hat, wie $\delta^2 J$?

Sei also Δy_i $(i=1,2,\cdots,n)$ ein den Gleichungen (13*) genügendes System von Variationen, die nur in dem ganz in $(t_0 t_1)$ gelegenen Intervalle $(\tau_0 \tau_1)$ von Null verschieden seien. Wir nehmen zunächst an, daß etwa die Determinante:

$$\frac{\partial(\varphi_1, \cdots, \varphi_m)}{\partial(y_1', \cdots, y_m')}$$

in $(\tau_0 \tau_1)$ von Null verschieden sei, und daß sich unsre Extremale daselbst nicht überall anormal verhalte. Dann können wir ein System von Funktionen u_k^r $(r=1,2,\cdots,m;\ k=m+1,\cdots,n)$ so annehmen, daß die Determinante (12*) nicht verschwindet. Ferner lassen sich in mannigfacher Weise Funktionen u_k^0 $(k=m+1,\cdots,n)$ und Konstante ε_r $(r=0,1,\cdots,m)$ so finden, daß die Gleichungen bestehen:

$$\Delta y_k = \sum_{r=0}^{m} \varepsilon_r u_k^r \qquad (k=m+1,\cdots,n).$$

Dann erscheinen nach Gleichung (11) die Größen $\Delta y_i]_{\tau_1}$ $(i=1,2,\cdots,m)$ in der Form:

$$\Delta y_i]_{\tau_1} = \sum_{r=0}^{m} \varepsilon_r W_i(u^r) \qquad (i=1, 2, \cdots, m).$$

Da nun aber in τ_1 alle Δy verschwinden, so haben wir:

$$\sum_{r=0}^{m} \varepsilon_r W_i(u^r) = 0 \qquad (i=1,2,\cdots,m).$$

---

*) Selbstverständlich müssen alle n Größen $\overline{\Delta} y$ in zwei Punkten des Integrationsintervalles gleichzeitig verschwinden, wie dies auch von den Δy gilt.

Lassen wir also ε_0 variieren, so ändern sich alle andern ε proportional dem ε_0 und dasselbe gilt daher von den Δy. Das Zeichen der zweiten Variation $\delta^2 J$ wird dadurch nicht alteriert, da sie sich proportional zu ε_0^2 ändert.

Um nun zu einem System von Variationen $\overline{\Delta} y$ zu gelangen, für das $\overline{\Delta} J$ das Zeichen von $\delta^2 J$ hat, setzen wir:

$$\overline{\Delta} y_k = \sum_{r=0}^{m} \bar{\varepsilon}_r u_k^r \qquad (k = m+1, \cdots, n),$$

wo die u_k^r dieselben Funktionen wie im Ausdrucke für die Δy bedeuten mögen, während unter den $\bar{\varepsilon}$ noch zu bestimmende Konstante zu verstehen sind. Dann wird, wie wir in § 2 gesehen haben:

$$\overline{\Delta} y_i]_{\tau_1} = \sum_{r=0}^{m} \bar{\varepsilon}_r W_i(u^r) + [\bar{\varepsilon}]_2 \qquad (i = 1, 2, \cdots, m),$$

und hierin können wir, da nach Voraussetzung die Determinante (12*) nicht verschwindet, die $\bar{\varepsilon}_r$ so bestimmen, daß

$$\overline{\Delta} y_i]_{\tau_1} = 0 \qquad (i = 1, 2, \cdots, m),$$

wird; und zwar bleibt dabei $\bar{\varepsilon}_0$ willkürlich. Setzen wir also $\bar{\varepsilon}_0 = \varepsilon_0$, so wird offenbar:

$$\bar{\varepsilon}_r = \varepsilon_r + [\varepsilon_0]_2 \qquad (r = 1, 2, \cdots, m)$$

und es gilt somit die Gleichung:

$$(15) \qquad \overline{\Delta} J = \frac{\varepsilon_0{}^2}{2} \delta^2 J + [\varepsilon_0]_3 .$$

Da nach Voraussetzung $\delta^2 J$ nicht verschwindet, so können wir immer ε_0 so klein wählen, daß $\overline{\Delta} J$ das Zeichen von $\delta^2 J$ hat. Das System der so gewonnenen $\overline{\Delta} y$ leistet also in der Tat alles, was wir verlangt hatten.

Wir müssen uns nun noch von der Voraussetzung frei machen, daß eine und dieselbe Determinante aus der Matrix (3) nirgends in $(\tau_0 \tau_1)$ verschwindet. Wir schalten zunächst zwischen τ_0 und τ_1 einen Punkt τ ein, sodaß in $(\tau \tau_1)$ eine der genannten Determinanten, etwa:

$$\frac{\partial(\varphi_1, \cdots, \varphi_m)}{\partial(y_1', \cdots, y_m')}$$

nicht verschwindet, und setzen weiter voraus, daß in $(\tau \tau_1)$ unsre Extremale sich nicht überall anormal verhalte. Ein gegebenes, den Gleichungen (13*) genügendes System von Variationen, die sämtlich sowohl in τ_0 als in τ_1 verschwinden, werde wie oben mit Δy bezeichnet. Wir können sie in $(\tau \tau_1)$ wieder in der Form annehmen:

$$\Delta y_k = \sum_{r=0}^{m} \varepsilon_r u_k^r \qquad (k = m+1, \cdots, n),$$

worin die u_k^r $(r = 1, 2, \cdots, m)$ so angenommen werden können, daß sie in τ sämtlich verschwinden, und daß für dieselben die Determinante (12*) von Null verschieden ausfällt. Da nun aber die Δy in τ nicht alle verschwinden, so können auch nicht alle u_k^0 in τ verschwinden, und dieser Umstand bedingt eine leichte Modifikation unsrer Formeln, die wir zunächst vornehmen wollen*).

Der Symmetrie halber fügen wir zu den Gleichungen (13*) noch die folgende hinzu:

$$\Delta y_0' - \sum_{k=1}^{n} \left(\frac{\partial f}{\partial y_k} \Delta y_k + \frac{\partial f}{\partial y_k'} \Delta y_k' \right) = 0$$

und schreiben das so entstandene System in der gemeinsamen Form:

$$(13^{**}) \qquad \sum_{k=0}^{n} \left(\frac{\partial \varphi_i}{\partial y_k} \Delta y_k + \frac{\partial \varphi_i}{\partial y_k'} \Delta y_k' \right) = 0 \qquad (i = 0, 1, \cdots, m).$$

Sei dann μ_i^λ $(i = 0, 1, \cdots, m)$ ein Fundamentallösungssystem des linear-homogenen in $(\tau\tau_1)$ regulären Differentialgleichungssystemes:

$$(16) \qquad \sum_{i=0}^{m} \left(\mu_i \frac{\partial \varphi_i}{\partial y_k} - \frac{d}{dt} \mu_i \frac{\partial \varphi_i}{\partial y_k'} \right) = 0 \qquad (k = 0, 1, \cdots, m).$$

Aus (13**) folgt:

$$\sum_{k=m+1}^{n} \Delta y_k \sum_{i=0}^{m} \left(\mu_i^\lambda \frac{\partial \varphi_i}{\partial y_k} - \frac{d}{dt} \mu_i^\lambda \frac{\partial \varphi_i}{\partial y_k'} \right) + \frac{d}{dt} \sum_{k=0}^{n} \Delta y_k \sum_{i=0}^{m} \mu_i^\lambda \frac{\partial \varphi_i}{\partial y_k'} = 0$$
$$(\lambda = 0, 1, \cdots, m)$$

und hieraus durch Integration von τ bis τ_1, wenn man berücksichtigt, daß $\Delta y_{m+1}, \cdots, \Delta y_n$ in τ_1 verschwinden:

$$-\sum_{k=0}^{m} \Delta y_k \sum_{i=0}^{m} \mu_i^\lambda \frac{\partial \varphi_i}{\partial y_k'} \Big]_{\tau_1} = \int_{\tau}^{\tau_1} dt \sum_{k=m+1}^{n} \Delta y_k \sum_{i=0}^{m} \left(\mu_i^\lambda \frac{\partial \varphi_i}{\partial y_k} - \frac{d}{dt} \mu_i^\lambda \frac{\partial \varphi_i}{\partial y_k'} \right)$$
$$- \sum_{k=0}^{n} \Delta y_k \sum_{i=0}^{m} \mu_i^\lambda \frac{\partial \varphi_i}{\partial y_k'} \Big]_{\tau} \qquad (\lambda = 0, 1, \cdots, m).$$

---

*) Da in der Variationsrechnung auch vielfach sogenannte gebrochene Variationen verwendet werden, so füge ich bei, daß alle unsre Betrachtungen auch ohne weiteres auf den Fall anwendbar sind, daß die $\Delta y'$ nur abteilungsweise stetig sind.

Durch Auflösung dieser Gleichungen nach $\Delta y_0]_{\tau_1}, \cdots, \Delta y_m]_{\tau_1}$ folgt:

$$\Delta y_k]_{\tau_1} = \int_{\tau}^{\tau_1} dt \sum_{r=m+1}^{n} \Delta y_r \sum_{i=0}^{m} \left(v_i^k \frac{\partial \varphi_i}{\partial y_r} - \frac{d}{dt} v_i^k \frac{\partial \varphi_i}{\partial y_r'} \right) + \sum_{r=0}^{n} C_r^k \Delta y_r]_{\tau}$$

$$(k = 0, 1, \cdots, m).$$

Hierin ist v_i^k $(k = 0, 1, \cdots, m)$ wieder ein Fundmentallösungssystem der Gleichungen (16) und die C_r^k bedeuten gewisse Konstante. Nun war:

$$\Delta y_r = \sum_{\lambda=0}^{m} \varepsilon_\lambda u_r^\lambda \qquad (r = m+1, \cdots, n)$$

und speziell für $t = \tau$:

$$\Delta y_r]_\tau = \varepsilon_0 u_r^0]_\tau \qquad (r = m+1, \cdots, n).$$

Wir erhalten also anstatt der Formel (11) die folgende:

$$\text{(11*)} \qquad \Delta y_k]_{\tau_1} = \sum_{\lambda=0}^{m} \varepsilon_\lambda W_k(u^\lambda) + \varepsilon_0 \sum_{r=0}^{n} C_r^k u_r^0]_\tau \quad (k = 0, 1, \cdots, m).$$

Unter diesen Gleichungen lassen wir die erste $(k = 0)$ wieder weg. In den übrigen verschwinden nach Voraussetzung die linken Seiten; da nun die Determinante:

$$| W_k(u^\lambda) |_{(k, \lambda = 1, 2, \cdots, m)}$$

nicht verschwindet, so ergeben sich aus diesen Gleichungen $\varepsilon_1, \cdots, \varepsilon_m$ als proportional zu ε_0.

Zur Ermittelung eines Systemes $\overline{\Delta} y$ gehen wir nun hier folgendermaßen vor: Überall in $(\tau_0 \tau)$ nehmen wir die $\overline{\Delta} y$ in der Form an*):

$$\overline{\Delta} y_i = \Delta y_i + [\varepsilon_0]_2 \qquad (i = 1, 2, \cdots, n);$$

in $(\tau \tau_1)$ setzen wir:

$$\overline{\Delta} y_i = \varepsilon_0 u_i^0 + \sum_{\lambda=1}^{m} \bar{\varepsilon}_\lambda u_i^\lambda + [\varepsilon_0]_2 \quad (i = m+1, \cdots, n)$$

und zwar möge in dieser letzteren Formel $[\varepsilon_0]_2$ eine Funktion von ε_0 und t bedeuten, der die nachstehenden Eigenschaften zukommen: sie muß überall in $(\tau \tau_1)$ durch ε_0^2 dividiert für $\varepsilon_0 = 0$ endlich bleiben; für $t = \tau_1$ muß sie als Funktion von ε_0 betrachtet identisch verschwinden, und endlich möge sie so gewählt sein, daß sich im Punkte τ die Werte von $\Delta y_{m+1}, \cdots, \Delta y_n$ stetig an die für das Intervall $(\tau_0 \tau)$ angenommenen Werte anschließen.

---

*) Man sieht leicht ein, daß unter unseren Voraussetzungen diese Forderung immer erfüllbar ist. Vgl. meine Abhandlung „Über die Lagrangesche Multiplikatorenmethode“ § 2. (Monatsh. Bd. 14).

Dann ergibt sich in Anlehnung an (11*):

$$\overline{\Delta} y_i]_{\tau_1} = \varepsilon_0 W_i(u^0) + \sum_{\lambda=1}^{m} \bar{\varepsilon}_\lambda W_i(u^\lambda) + \varepsilon_0 \sum_{r=0}^{n} C_r^k u_r^0]_\tau + [\varepsilon_0, \bar{\varepsilon}]_2$$

$$(i = 1, 2, \cdots, m).$$

Die in ε_0 und den $\bar{\varepsilon}$ linearen Glieder stimmen vollkommen mit den linearen Gliedern von (11*) überein; die Gleichungen:

$$\overline{\Delta} y_i]_{\tau_1} = 0 \qquad (i = 1, 2, \cdots, m)$$

sind also erfüllbar und liefern:

$$\bar{\varepsilon}_\lambda = \varepsilon_\lambda + [\varepsilon_0]_2 \qquad (\lambda = 1, 2, \cdots, m),$$

worin ε_0 gänzlich willkürlich ist.

Es gilt also auch hier die Entwicklung:

$$\overline{\Delta} J = \frac{\varepsilon_0^{\,2}}{2}\, \delta^2 J + [\varepsilon_0]_3$$

und es ist uns auch hier gelungen, ein alle unsre Forderungen erfüllendes System von Variationen $\overline{\Delta} y$ herzustellen. Wesentlich für unsre Betrachtungen war das Nichtverschwinden der Determinante (12*), und mithin die Voraussetzung eines nicht durchwegs anormalen Verhaltens der Extremale. Wir können jetzt den Satz aussprechen:

Zu jedem beliebigen System von Variationen Δy_i $(i = 1, 2, \cdots, n)$ des Extremalenbogens $(\tau_0 \tau_1)$, das den Gleichungen (13) genügt und die zweite Variation $\delta^2 J$ des Integrales (14) nicht zum Verschwinden bringt, läßt sich ein System von Variationen $\overline{\Delta} y_i$ $(i = 1, 2, \cdots, n)$ desselben Bogens angeben, das den Gleichungen (13) genügt und der Differenz:*

$$\int_{\tau_0}^{\tau_1} f(y_1 + \overline{\Delta} y_1, \cdots, y_n + \overline{\Delta} y_n;\; y_1' + \overline{\Delta} y_1', \cdots, y_n' + \overline{\Delta} y_n')\, dt$$

$$- \int_{\tau_0}^{\tau_1} f(y_1, \cdots, y_n;\; y_1', \cdots, y_n')\, dt$$

das Zeichen von $\delta^2 J$ erteilt, vorausgesetzt, daß sich unsre Extremale in einem der beiden Punkte τ_0 und τ_1 nicht anormal verhält. Im Hauptfalle gilt dieser Satz somit immer.

§ 4.

Abschließende Bemerkungen. Das einfachste isoperimetrische Problem.

Die Entwicklungen der vorigen Paragraphen zeigen, daß die Annahmen, die v. Escherich seinen Untersuchungen zu Grunde legte, nämlich daß 1) die Koordinaten der betrachteten Kurve zusammen mit den m Multiplikatoren λ ein stetiges Lösungssystem des Lagrangeschen Differentialgleichungssystemes bilden*) und 2) die Gleichungen (13*) den Gleichungen (13) äquivalent seien**), im Hauptfalle immer erfüllt sind, sodaß, wenn der Hauptfall vorliegt, die Gültigkeit der in den zitierten Abhandlungen gefundenen Resultate eine ganz allgemeine ist. Will man auch die anormalen Fälle umfassen, ohne die beiden genannten Voraussetzungen explicite zu machen, so gelten die notwendigen Bedingungen jedenfalls in der folgenden Form:

Damit ein dem Lagrangeschen Differentialgleichungssysteme genügender Extremalenbogen ein Extremum des Integrales (2) liefere, ist notwendig, daß überall dort, wo er sich nicht anormal verhält***), die quadratische Form:

$$\sum_{i,k=1}^{n} \frac{\partial^2 F}{\partial y_i' \partial y_k'} \eta_i \eta_k, \tag{17}$$

worin:

$$F = f + \sum_{i=1}^{m} \lambda_i \varphi_i$$

ist, nur für $\eta_k = \varrho y_k'$ $(k = 1, 2, \cdots, n)$ verschwinde, wo unter ϱ eine willkürliche, aber stetige Funktion von t zu verstehen ist, für alle übrigen, den Gleichungen

$$\sum_{k=1}^{n} \frac{\partial \varphi_i}{\partial y_k'} \eta_k = 0 \qquad (i = 1, 2, \cdots, m)$$

genügenden η aber einerlei Zeichen habe (v. Escherich, Mitt. V, § 17).

Ist diese Bedingung erfüllt, so läßt sich zu jedem Punkte der Extremale, in dem sie sich nicht anormal verhält, ein konjugierter Punkt definieren (Mitt. V, § 20). Verhält sich die Extremale auch in diesem zweiten Punkte nicht anormal, so kann ein diese beiden Punkte ent-

---

*) Mitt. I, § 2.

**) Mitt. V, § 15.

***) Diese Einschränkung ist nötig, um die Äquivalenz der Gleichungen (13) und (13*) behaupten zu können.

haltender Extremalenbogen (vorausgesetzt, daß mindestens einer der beiden Punkte im Innern des Bogens liegt) ein Extremum nicht mehr liefern. (Jakobis Kriterium.) Denn dann lassen sich mit Hülfe von Variationen, die den Gleichungen (13*) genügen, verschieden bezeichnete zweite Variationen des Integrales (14) herstellen (Mitt. V, § 25), woraus, wie wir in § 3 gesehen haben, gefolgert werden kann, daß das gewünschte Extremum des Integrales (2) nicht stattfindet*).

Zur Erläuterung dieser allgemeinen Sätze wollen wir das einfachste isoperimetrische Problem etwas näher betrachten. Es sei also das Integral:

$$J = \int_{t_0}^{t_1} F(x, y; x', y')\, dt$$

zu einem Minimum zu machen, während gleichzeitig das Integral:

$$K = \int_{t_0}^{t_1} G(x, y; x', y')\, dt$$

einen vorgeschriebenen Wert erhalten soll. Die Gleichungen (5) reduzieren sich hier auf:

$$\lambda_0\left(\frac{\partial F}{\partial x} - \frac{d}{dt}\frac{\partial F}{\partial x'}\right) + \lambda_1\left(\frac{\partial G}{\partial x} - \frac{d}{dt}\frac{\partial G}{\partial x'}\right) = 0,$$

$$\lambda_0\left(\frac{\partial F}{\partial y} - \frac{d}{dt}\frac{\partial F}{\partial y'}\right) + \lambda_1\left(\frac{\partial G}{\partial y} - \frac{d}{dt}\frac{\partial G}{\partial y'}\right) = 0,$$

worin λ_0 und λ_1 Konstante bedeuten. Die Stellen, wo unsre Extremale anormales Verhalten zeigt, sind somit diejenigen, in denen sie gleichzeitig Extremale des Integrales K im Sinne des absoluten Extremums ist. Verhält sich unsre Extremale nicht überall in $(t_0 t_1)$ anormal, so müssen die Gleichungen bestehen:

$$\frac{\partial F}{\partial x} - \frac{d}{dt}\frac{\partial F}{\partial x'} + \lambda\left(\frac{\partial G}{\partial x} - \frac{d}{dt}\frac{\partial G}{\partial x'}\right) = 0,$$

$$\frac{\partial F}{\partial y} - \frac{d}{dt}\frac{\partial F}{\partial y'} + \lambda\left(\frac{\partial G}{\partial y} - \frac{d}{dt}\frac{\partial G}{\partial y'}\right) = 0.$$

Das Jakobische Kriterium lautet demnach für das einfachste isoperimetrische Problem: Zu jedem Punkte, in dem unsre Extremale nicht gleichzeitig Extremale des Integrales K im Sinne des absoluten Extremums ist, läßt sich ein konjugierter Punkt definieren. Ist unsre Extremale in der Umgebung dieses konjugierten Punktes nicht auch Extremale von K im Sinne

*) Es ist bemerkenswert, daß sich hiernach für das Jakobische Kriterium durch das Fallenlassen der angeführten Voraussetzungen, eine Einschränkung gegenüber der Form, in der es v. Escherich l. c. ausspricht, nicht ergibt.

des absoluten Extremums, so kann ein Bogen unsrer Extremale, der die beiden genannten Punkte enthält (und zwar mindestens einen der beiden im Innern), ein Extremum nicht mehr liefern.

Liegt speziell der Hauptfall vor, so gibt es zu jedem Punkte einen konjugierten, und ein beliebiger Extremalenbogen, der zwei zu einander konjugierte Punkte enthält (und zwar einen der beiden im Innern), liefert kein Extremum mehr.

Sind die Funktionen $F(x, y; x', y')$ und $G(x, y; x', y')$ analytisch, wie dies Kneser in seinen Abhandlungen wie in seinem Lehrbuche voraussetzt, so liegt nur dann nicht der Hauptfall vor, wenn unsre Extremale überall mit der Extremale von K zusammenfällt; diesen Fall schließt Kneser von seiner Fragestellung ausdrücklich aus. Für den Fall analytischer Funktionen ist also die auch von Kneser nicht vollständig erledigte Frage nach der Gültigkeit von Jakobis Kriterium ausnahmslos in bejahendem Sinne erledigt.

Ich will nun noch mit einigen Worten auf die anormalen Fälle zu sprechen kommen, und dabei der Einfachheit halber das Integral K in der Form annehmen:

$$K = \int_{t_0}^{t_1} \sqrt{x'^2 + y'^2}\, dt.$$

Ist der für K vorgeschriebene Wert gleich dem Abstande der beiden Punkte $(x_0 y_0)$ und $(x_1 y_1)$, so müßte unsre Extremale überall in $(t_0 t_1)$ mit der Extremale von K (nämlich der geraden Verbindungslinie von $(x_0 y_0)$ und $(x_1 y_1)$) zusammenfallen, sie verhielte sich also überall in $(t_0 t_1)$ anormal. Da diese Kurve überhaupt nicht in zulässiger Weise variiert werden kann, so ist unser isoperimetrisches Problem sinnlos.

Ein Beispiel für einen Fall, in dem eine Extremale sich nur teilweise anormal verhält, erhalten wir in folgender Weise. Es sei das Integral:

$$J = \int_{x_0}^{x_1} \sqrt{\varphi(x) + y'^2 \psi(x)}\, dx$$

zu einem Minimum zu machen, sodaß das Integral:

$$K = \int_{x_0}^{x_1} \sqrt{1 + y'^2}\, dx$$

einen vorgegebenen Wert erhält. Sei x_2 ein Punkt von $(x_0 x_1)$ und sei in $(x_2 x_1)$:

$$\varphi(x) = \psi(x) = 1.$$

Ist der vorgeschriebene Wert von K größer als die Länge der Verbindungslinie von $(x_0 y_0)$ und $(x_1 y_1)$, so kann die gesuchte Kurve sich nicht durchwegs anormal verhalten, und muß somit den Gleichungen genügen:

$$\frac{y'\psi(x)}{\sqrt{\varphi(x)+y'^2\psi(x)}}+\lambda\frac{y'}{\sqrt{1+y'^2}}=\text{const.}$$

In $(x_2 x_1)$ wird unsre Extremale daher eine Gerade und verhält sich somit daselbst anormal, während sie, wie erwähnt, sich nicht überall in $(x_0 x_1)$ anormal verhalten kann. In $(x_2 x_1)$ ist unsre Extremale überhaupt nicht in zulässiger Weise variierbar.

Es ist somit an einem einfachen Beispiele gezeigt, daß bereits beim einfachsten isoperimetrischen Probleme Fälle möglich sind, wo Extremalenbögen nicht in zulässiger Weise variiert werden können, während das betreffende Problem sehr wohl einen Sinn hat, und es ist klar, daß die die quadratische Form (17) betreffende notwendige Bedingung auf solche Extremalenbögen nicht ohne weiteres anwendbar ist*). Die Einschränkung, die wir uns bei Statuierung dieser notwendigen Bedingung zu Beginn dieses Paragraphen auferlegen mußten, scheint daher eine in der Natur der Sache begründete zu sein.

Alle Entwicklungen dieses Aufsatzes wurden der Einfachheit halber unter der in unsrer Voraussetzung über die Matrix (3) enthaltenen Annahme gemacht, daß unter den Bedingungsgleichungen keine endlichen Gleichungen vorkommen. Es hat aber keine Schwierigkeiten, diese Annahme fallen zu lassen. Unter Heranziehung der Resultate meiner oben zitierten Abhandlung: „Zur Theorie der zweiten Variation einfacher Integrale" ließen sich genau, wie wir hier das einfachste isoperimetrische Problem behandelt haben, die von Scheeffer in Math. Ann. Bd. 25 als „isoperimetrische Probleme auf Flächen" bezeichneten Aufgaben behandeln. Es zeigt sich, daß, wie schon v. Escherich bemerkte, die Scheefferschen Resultate gewisser Einschränkungen bedürfen.

Wien, im Februar 1903.

*) Es sei hier darauf hingewiesen, daß für solche Extremalenbögen auch der Schluß, daß die E-Funktion notwendig einerlei Zeichen haben muß, hinfällig wird — wenigstens in der Form, wie ihn Frl. v. Gernet in ihrer Dissertation: „Untersuchung zur Variationsrechnung" Göttingen 1902 macht (S. 69).

II A 8a. WEITERENTWICKELUNG DER VARIATIONSRECHNUNG IN DEN LETZTEN JAHREN

VON

E. ZERMELO UND H. HAHN

IN GÖTTINGEN.

Inhaltsübersicht.

1. Die Grundlagen der Weierstrass'schen Theorie (vgl. II A 8, Nr. 21, *Kneser*). Die Weiterentwickelung der Variationsrechnung seit dem Jahre 1900 steht vorwiegend unter dem Einflusse der *Weierstrass*schen Theorie, die in *A. Kneser*'s Lehrbuche [1]) zuerst eine systematische Darstellung gefunden hat. Die formale Grundlage dieser Theorie, die Umformung der Integraldifferenz ΔJ vermittelst der E-Funktion, wird hier in ihrer geometrischen Bedeutung für sich untersucht und es wird ihr Zusammenhang mit der *Hamilton-Jacobi*'schen Theorie der Dynamik nachgewiesen. Ein „Feld" wird nach *Kneser* [2]) definiert durch eine einparametrige Schar $y = f(x, a)$ von Extremalen, d. h. von Lösungen der zu dem Integral:

$$J = \int f(x, y, y')\, dx$$

1) Lehrbuch der Variationsrechnung, Braunschweig 1900. (Im Folgenden stets als „Lehrbuch" zitiert.) Eine sehr übersichtliche und exakte Darstellung dieser Theorie giebt auch *W. F. Osgood*, Ann. of math. (2) 2 (1901), p. 105.

2) Lehrbuch § 14. Doch bedient sich *Kneser* hier immer der „homogenen" Parameterdarstellung der Kurven, von der wir hier absehen, um die Formeln zu vereinfachen und besseren Anschluss an die Arbeiten anderer Forscher zu gewinnen.

gehörenden *Lagrange*'schen Differentialgleichung:

$$\frac{\partial f}{\partial y} - \frac{d}{dx}\frac{\partial f}{\partial y'} = 0,$$

soweit auf ihnen der Ausdruck $\frac{\partial y}{\partial a}$ nicht verschwindet, sodass sie einen Bereich der Ebene einfach überdecken. Vergleicht man innerhalb eines solchen Feldes die Integralwerte J auf benachbarten Extremalen, so reduziert sich die erste Variation δJ vermöge der Differentialgleichung auf die vom Integralzeichen freien „Grenzglieder", welche von der Verschiebung der Endpunkte herrühren. In jedem Punkte des Feldes giebt es aber eine Verschiebungsrichtung, für die auch die entsprechenden Grenzglieder verschwinden, und die Kurven, welche in jedem ihrer Punkte diese Richtung besitzen, bedecken wieder das ganze Feld und werden als die „Transversalen" des Feldes bezeichnet[3]). Dabei gilt der Satz, dass alle Extremalenbögen zwischen zwei Transversalen gleiche Integralwerte J ergeben[4]), eine Verallgemeinerung des *Gauss*'schen „Orthogonalitätssatzes" über geodätische Linien[5]). Extremalen und Transversalen bilden somit ein neues krummliniges Koordinatensystem innerhalb des Feldes, wobei der Parameter a der Extremalenschar und der Integralwert u längs einer Extremalen, gerechnet von einer festen Transversalen bis zu einem variabelen Endpunkte[6]), als Koordinaten erscheinen. Mit Hülfe dieser Transformation lässt sich nun die Differenz ΔJ der Integrale J längs einer Feldextremalen und einer beliebigen innerhalb des Feldes verlaufenden „Vergleichskurve" $\mathfrak{c}$ darstellen durch das Integral der *Weierstrass*'schen E-Funktion, genommen über die Vergleichskurve[7]).

---

3) *Kneser* braucht diesen Ausdruck nicht, sondern spricht von „Kurven, die von den Extremalen transversal geschnitten werden".

4) Lehrbuch § 15. Man vgl. auch *Darboux,* Théorie des surfaces 2, Nr. 521 ff. und Nr. 544 ff.

5) *Gauss,* Disq. c. superf. curv. 15—16.

6) Als Funktion von x und y betrachtet genügt u einer gewissen partiellen Differentialgleichung erster Ordnung, die eine Verallgemeinerung der *Jacobi-Hamilton*'schen Gleichung der Dynamik darstellt. Ist umgekehrt $u(x, y)$ eine beliebige Lösung dieser Differentialgleichung, so können die Kurven $u = \text{const.}$ als Transversalen einer Schar von Extremalen aufgefasst werden, die durch Integration einer gewöhnlichen Differentialgleichung erster Ordnung gefunden wird. Kennt man eine Lösung $u(x, y, c)$ unsrer partiellen Differentialgleichung, die eine willkürliche Konstante c enthält, so liefert die Gleichung $\frac{\partial u}{\partial c} = \text{const.}$ die Gesamtheit der Extremalen. Lehrbuch § 19. Vgl. auch *Darboux,* Théorie des surfaces 2, Nr. 538 f. und II A 8, Nr. 11 (*Kneser*).

7) Lehrbuch § 20. Als Vergleichskurven gelten dabei alle Kurven, deren

40*

Dieselbe Umformung erreicht *D. Hilbert*[8]) auf folgendem Wege. An Stelle des gegebenen Integrales:

$$J = \int f(x, y, y')\,dx$$

betrachtet er das folgende:

$$J^* = \int \{f(x, y, p) + (y' - p) f_p(x, y, p)\}\,dx$$

und sucht p als Funktion von x und y so zu bestimmen, dass dieses Integral J^* vom Integrationswege unabhängig wird. So ergiebt sich für p die partielle Differentialgleichung:

$$\left(\frac{\partial p}{\partial x} + p\frac{\partial p}{\partial y}\right) f_{pp} + p f_{py} + f_{px} - f_y = 0,$$

deren Charakteristiken die Extremalen des Problems, d. h. die Lösungen der entsprechenden *Lagrange*'schen Differentialgleichung sind, und man erhält eine Lösung p, indem man eine beliebige einparametrige Schar von Extremalen zu Grunde legt und in jedem Punkte x, y ihres Feldes die Ableitung $\frac{dy}{dx}$ längs der durch den Punkt gehenden Extremalen bildet. Für jede so bestimmte Funktion p wird also das Integral J^* vom Wege unabhängig; dieses Theorem bezeichnet *Hilbert* als den „Unabhängigkeitssatz“. Das „Feldintegral“ J^* verschwindet dann auf jeder Transversalen des Feldes; auf jeder Feldextremalen aber reduziert es sich auf das „Grundintegral“ J [9]) und ist daher, als Funktion des oberen Endpunktes betrachtet, identisch mit der *Kneser*'schen Funktion u. Vermöge des Unabhängigkeitssatzes lässt sich nun das Grundintegral über einen Extremalenbogen ausdrücken als das Feldintegral J^* über eine Vergleichskurve $\mathfrak{c}$ (siehe Fussnote 7)), und die Subtraktion der beiden Integrale J und J^* über dieselbe Kurve $\mathfrak{c}$ liefert schliesslich die *Weierstrass*'sche Transformation der Integraldifferenz ΔJ.

2. Notwendige und hinreichende Bedingungen im einfachsten Falle. Aus der *Weierstrass*'schen Umformung der Integraldifferenz schliesst man, dass ein Extremalenstück einen grösseren oder kleineren

---

Anfangs- und Endpunkt auf denselben Transversalen des Feldes liegen, wie Anfangs- und Endpunkt des zu vergleichenden Extremalenbogens.

8) Mathematische Probleme, Vortrag gehalten auf dem internationalen Mathematikerkongress zu Paris 1900, Gött. Nachr. 1900, p. 291; Comptes rendus du deuxième congrès international des mathématiciens p. 106; Archiv Math. Phys. (3) 1 (1901), p. 231 (mit einigen Zusätzen).

9) Beide Bezeichnungen finden sich bei *Hilbert* nicht.

Integralwert ergiebt als jede Vergleichskurve $\mathfrak{c}$, längs deren die E-Funktion ein beständig positives oder negatives Vorzeichen besitzt.

Unterscheidet man nun mit *Kneser*[10]) ein „starkes" und ein „schwaches" Extremum, je nachdem nur die Punkte oder auch die Tangentenrichtungen der Vergleichskurven den entsprechenden der Extremalen benachbart sein müssen, so ergiebt sich innerhalb des Feldes für das *starke* Extremum das *Weierstrass*'sche Kriterium als notwendig und hinreichend, nach welchem das Vorzeichen der E-Funktion definit sein muss für eine willkürliche Richtung der Vergleichskurve[11]). Für das *schwache* Extremum dagegen braucht dieses Kriterium nur für hinreichend kleine Abweichungen der Tangentenrichtungen erfüllt zu sein, und ist dann äquivalent dem *Legendre*'schen Kriterium[11a]), das ein definites Vorzeichen der Funktion $\frac{\partial^2 f}{\partial y'^2}$ längs der Extremalen erfordert.

Das Problem reduziert sich hiernach, im Falle vorgeschriebeuer Endpunkte, auf die Frage, ob das betrachtete Extremalenstück mit einem Felde umgeben werden kann. Bei einem hinreichend kleinen Extremalenbogen ist dies immer der Fall; und die Grenzen, an denen diese Eigenschaft aufhört, bestimmen sich durch das *Jacobi*'sche Kriterium der „konjugierten Punkte" (II A 8, Nr. **16** u. **17**, *Kneser*). Dass dieses Kriterium auch notwendig ist, beweist *Kneser*[12]) durch Betrach-

10) Lehrbuch § 16—17.

11) Doch vgl. hierzu ein Beispiel von *O. Bolza* (Bull. Am. math. soc. (2) 9 (1901), p. 1), sowie die sich darauf beziehenden Bemerkungen von *E. R. Hedrick* (Bull. Am. math. soc. (2) 9 (1901), p. 245). *W. F. Osgood* (Amer. Trans. 2 (1901), p. 273) beweist für den Fall des starken Extremums weiter: Bezeichnet $\overline{J}$ den von der Extremale gelieferten Integralwert und S ein gewisses die Extremale umgebendes Gebiet, so muss jede Schar ganz in S gelegener Kurven, die mit der Extremale Anfangs- und Endpunkt gemein haben, und deren Integralwerte gegen $\overline{J}$ konvergieren, die Extremale zur Grenzkurve haben. Auf Grund dieses Satzes erweitert *Osgood* die Klasse der zulässigen Vergleichskurven mit Hülfe einer geeigneten Verallgemeinerung des Begriffes des Kurvenintegrals. Vereinfachungen des *Osgood*'schen Beweises geben *O. Bolza* (Amer. Trans. 2 (1901), p. 422) und *E. Goursat* (Amer. Trans. 5 (1904), p. 110).

11a) Diese Bezeichnungsweise weicht von der in *Kneser*'s Lehrbuche ab, da dort auch von einem *Legendre*'schen Kriterium für das *starke* Extremum gesprochen wird.

12) Lehrbuch § 25; vgl. auch II A 8, Nr. **17**, *Kneser*, sowie *E. Zermelo*, Diss. Berl. 1894, p. 96. Über das Verhältnis dieser Methode zu den älteren, die zweite Variation benützenden vgl. Lehrbuch, p. 105. — Die Untersuchung eines von zwei konjugierten Punkten begrenzten Extremalenbogens durch Betrachtung der dritten und vierten Variation hat *A. Korn* (Münch. Ber. 1901, p. 76) kürzlich von Neuem aufgenommen, wobei er wieder zu den *Erdmann*'schen Kriterien (II A 8, Nr. **22**, *Kneser*) gelangte.

tung der Enveloppe, die zu den vom Anfangspunkte der Integration ausgehenden Extremalen gehört: er zeigt, dass es in jeder Nähe eines von zwei konjugierten Punkten begrenzten Extremalenbogens Kurven giebt, die dem Integrale denselben Wert erteilen, wie die Extremale. Dieser Beweis versagt, wenn die Enveloppe auf der betrachteten Extremalen einen Rückkehrpunkt besitzt, der seine Spitze dem Integrationsintervall zukehrt. *W. F. Osgood* [13]), der unabhängig von *Kneser* diesen Umstand bemerkte, zeigt, dass in diesem Ausnahmefalle der von zwei konjugierten Punkten begrenzte Extremalenbogen noch ein Extremum liefert.

Eine ganz analoge Schlussweise gilt, wenn der Anfangspunkt der Integration auf einer vorgeschriebenen „Grenzkurve" $\mathfrak{K}$ variieren kann; man hat dann ein Feld von Extremalen zu verwenden, welche die Kurve $\mathfrak{K}$ transversal schneiden [14]). Der erste Punkt, in dem die betrachtete Extremale die Enveloppe dieses Feldes berührt, heisst der zur Kurve $\mathfrak{K}$ gehörige „kritische Punkt" [15]); in ihm hört die Extremale auf, ein Extremum zu liefern [16]). Er liegt immer diesseits des zu dem Schnittpunkte unsrer Extremale mit der Kurve $\mathfrak{K}$ gehörigen konjugierten Punktes; seine Lage hängt nur ab von der Krümmung der Kurve $\mathfrak{K}$ in diesem Schnittpunkte [17]).

Sind beide Endpunkte 1, 2 auf zwei Kurven $\mathfrak{K}_1$, $\mathfrak{K}_2$ variabel, so müssen beide Grenzkurven die Extremale transversal schneiden, und

13) Amer. Trans. 2 (1901), p. 166. Es wird dort auch gezeigt, dass beim Probleme der kürzesten Linien auf dem Rotationsellipsoide dieser Ausnahmefall thatsächlich eintritt. Übrigens findet sich ein Hinweis auf die Möglichkeit eines solchen Rückkehrpunktes schon bei *H. Poincaré*, „Les méthodes nouvelles de la mécanique céleste" 3 (1899), Nr. 371, anlässlich einer Diskussion des Prinzips der kleinsten Wirkung. Ein regulärer Punkt der Enveloppe aller durch einen Punkt gehenden Extremalen (trajectoires) wird dort als „foyer ordinaire" bezeichnet; ein Rückkehrpunkt, der seine Spitze dem Integrationsintervalle zukehrt, als „foyer en pointe", ein nach der entgegengesetzten Richtung liegender Rückkehrpunkt als „foyer en talon".

14) Dass sich ein die Kurve $\mathfrak{K}$ transversal schneidender Extremalenbogen in der Umgebung dieser Kurve stets mit einem solchen Felde umgeben lässt, beweist *A. Kneser*, Lehrbuch § 30. Die transversale Lage der Kurve $\mathfrak{K}$ und der Extremale ergiebt sich bekanntlich als notwendig durch Betrachtung der ersten Variation (vgl. II A 8, Nr. 6, *Kneser* und Lehrbuch § 12).

15) *Kneser* bezeichnet diesen Punkt als „konjugierten Brennpunkt"; die Terminologie des Textes rührt von *G. A. Bliss* her.

16) Lehrbuch § 25. Der daselbst mitgeteilte Beweis unterliegt derselben Ausnahme, wie im Falle fester Endpunkte. Ein von *G. A. Bliss*, Amer. Trans. 3 (1902), p. 132 durch Betrachtung der zweiten Variation geführter Beweis gilt allgemein, sofern der Extremalenbogen über den kritischen Punkt hinausgeht.

17) Lehrbuch § 30; *G. A. Bliss*, l. c. p. 139.

der kritische Punkt d_1, der zur Kurve $\mathfrak{K}_1$ gehört, darf, wenn ein Extremum stattfinden soll, weder in das Integrationsintervall 12 noch zwischen 2 und den zu $\mathfrak{K}_2$ gehörenden kritischen Punkt d_2 fallen. Die Notwendigkeit dieser letzten neu hinzukommenden Bedingung beweist *G. A. Bliss*[18]), indem er einen Punkt 3 zwischen d_1 und d_2 auf der Extremalen annimmt, sodass diese bei der Anordnung $12 d_1 3 d_2$ zwar zwischen $\mathfrak{K}_2$ und 3, aber nicht mehr zwischen $\mathfrak{K}_1$ und 3 ein Minimum des Integrales liefert. Dann giebt es also eine benachbarte Kurve $1'2'3$, welche $\mathfrak{K}_1$ und $\mathfrak{K}_2$ in $1'$ und $2'$ schneidet und für welche $J_{1'2'3'} < J_{123}$, zugleich aber $J_{2'3} > J_{23}$, sodass sich in der That:

$$J_{1'2'} = J_{1'2'3} - J_{2'3} < J_{123} - J_{23} = J_{12}$$

ergiebt. Liegt dagegen d_2 zwischen 2 und d_1, während im ganzen betrachteten Intervalle das *Legendre*'sche, bezw. das *Weierstrass*'sche Kriterium erfüllt ist, und ist $1'2'$ eine willkürliche benachbarte Vergleichskurve zwischen $\mathfrak{K}_1$ und $\mathfrak{K}_2$, so kann man ihren Endpunkt $2'$ so mit dem zwischen d_1 und d_2 liegenden Punkte 3 verbinden, dass umgekehrt $J_{2'3} < J_{23}$, aber $J_{1'2'3} > J_{123}$ und somit $J_{1'2'} > J_{12}$ wird, d. h. die Extremale 12 liefert hier wirklich ein Minimum[18a]). Ein zugleich notwendiges und hinreichendes Kriterium, das auch für den Fall gilt, wo d_1 und d_2 zusammenfallen, erhält *Bliss* endlich durch Betrachtung der Kurve T, welche durch 2 geht und von allen Extremalen transversal geschnitten wird, die auf $\mathfrak{K}_1$ transversal stehen. Es wird nämlich ein Minimum dann und nur dann stattfinden, wenn diese Transversale T, welche $\mathfrak{K}_2$ in 2 berührt, in der Umgebung von 2 ganz auf der einen, $\mathfrak{K}_1$ zugekehrten Seite von $\mathfrak{K}_2$ liegt, vorausgesetzt, dass auf 12 überall das *Legendre*'sche bezw. das *Weierstrass*'sche Kriterium erfüllt ist und im Punkte 2 ausserdem $f > 0$ ist.

3. Isoperimetrische Probleme[19]) (II A 8, Nr. **9**, *Kneser*). Die Anwendung der *Weierstrass*'schen Ideen auf isoperimetrische Probleme findet sich in vollständiger Durchführung zuerst bei *Kneser*[20]). Das

---

18) Math. Ann. 58 (1904), p. 70.

18a) *G. A. Bliss* selbst (l. c.) beweist sein *hinreichendes* Kriterium nicht wie angegeben, sondern durch Benutzung der auf $\mathfrak{K}_1$ transversal stehenden Feldextremalen $1'2'$ und durch zweimalige Differentiation des entsprechenden Integrales $J_{1'2'} = J(\gamma)$ nach dem Parameter γ des Feldes. Bezüglich analoger Untersuchungen von *G. Erdmann* und *A. Mayer* vgl. II A 8, Nr. **22** (*Kneser*).

19) Die isoperimetrischen Probleme sind als Spezialfall in dem im nächsten Abschnitte behandelten allgemeinen Probleme enthalten, so dass alle dort angegebenen Sätze auch im Falle des isoperimetrischen Problemes ihre Anwendung finden. An dieser Stelle werden nur diejenigen Untersuchungen erwähnt, die sich speziell mit dem einfachsten isoperimetrischen Probleme befassen.

20) Lehrbuch § 32—42.

einfachste Problem dieser Art verlangt, unter allen, zwei gegebene Punkte verbindenden Kurven, welche dem „isoperimetrischen Integrale“:

$$K = \int g(x, y, y')\,dx$$

einen vorgeschriebenen Wert erteilen, diejenige zu finden, für welche das Integral:

$$J = \int f(x, y, y')\,dx$$

ein Extremum wird. Da hier die zugehörige *Lagrange*'sche Differentialgleichung:

$$\frac{\partial(f + \lambda g)}{\partial y} - \frac{d}{dx}\frac{\partial(f + \lambda g)}{\partial y'} = 0$$

den Multiplikator λ (die „isoperimetrische Konstante“) als Parameter enthält, so bilden die von einem festen Punkte ausgehenden Extremalen eine zweiparametrige Schar und in der Umgebung des Ausgangspunktes ein räumliches Feld[21]), wenn man den Wert des isoperimetrischen Integrales als dritte Raumkoordinate einführt. In diesem Felde gelten die analogen Transformationen wie im einfachsten Falle. Doch ist diese „*Weierstrass*'sche Konstruktion“ nur möglich, wenn die Vergleichskurve, als Raumkurve betrachtet, ganz innerhalb des räumlichen Feldes verläuft[22]). Wenn daher auch das *Weierstrass*'sche und das *Legendre*'sche Kriterium für das starke und das schwache Extremum auf den isoperimetrischen Fall übertragen werden können[23]), so ist dabei das „starke“ Extremum nur in dem modifizierten Sinne aufzufassen, der eine *räumliche* Nachbarschaft der verglichenen Kurven, also auch hinreichend kleine Abweichungen des isoperimetrischen Integrales in entsprechenden Punkten erfordert.

Auch das *Jacobi*'sche Kriterium lässt sich in entsprechender Form auf isoperimetrische Probleme übertragen. Dass die so erhaltene Bedingung notwendig ist, beweist *Kneser*, indem er aus der zweiparametrigen Extremalenschar, die das Feld bildet, eine einparametrige Schar so auswählt, dass sie eine Enveloppe besitzt, wodurch dann dieselben Schlüsse ermöglicht werden wie im einfachsten Falle[24]). In einer späteren Abhandlung[24a]) giebt *Kneser* einen anderen Beweis durch Betrachtung der zweiten Variation.

---

21) Lehrbuch § 41. 22) Vgl. Lehrbuch § 38.

23) Lehrbuch § 36. Das *Legendre*'sche Kriterium kann auch durch Betrachtung der zweiten Variation erhalten werden. Vgl. *O. Bolza,* Amer. Trans. 3 (1902), p. 305 = Decennial publications of the university of Chicago 9 (1902).

24) Lehrbuch § 40. In gewissen Ausnahmefällen versagt dieser Beweis.

24a) Math. Ann. 55 (1902), p. 86. Der Grundgedanke stammt aus Vorlesungen von *Weierstrass*. Auch dieser Beweis umfasst einen gewissen Ausnahmefall nicht,

Es sei noch bemerkt, dass bei allen diesen Entwickelungen vorausgesetzt ist, dass die untersuchte Extremale nicht gleichzeitig Extremale des isoperimetrischen Integrales im Sinne des absoluten Extremums sei; eine Behandlung dieses Ausnahmefalles liegt bisher nicht vor[25]).

4. Allgemeinere Probleme. Eine vollständig durchgeführte Übertragung der *Weierstrass*'schen Methoden auf einfache Integrale mit beliebig vielen unbekannten Funktionen, zwischen denen Bedingungsdifferentialgleichungen bestehen, liegt bisher nicht vor. Doch liesse sich unter Verwendung aller von den verschiedenen Autoren bisher erhaltenen Resultate, auf deren Wiedergabe wir uns hier beschränken, eine solche Theorie wohl herstellen. Einen Ansatz nach dieser Richtung geben die Untersuchungen von *A. Kneser*[26]). Er beweist, dass innerhalb eines Feldes von Extremalen, dessen Existenz vorausgesetzt wird, die dem *Weierstrass*'schen und *Legendre*'schen Kriterium analogen Bedingungen für ein starkes, bezw. schwaches Extremum hinreichen. Unter derselben Voraussetzung beweist *A. Mayer* für dieses „allgemeine" Problem den *Hilbert*'schen Unabhängigkeitssatz[27]) sowie seinen Zusammenhang mit der Integration der *Jacobi-Hamilton*'schen partiellen Differentialgleichung, die zu dem Variationsprobleme oder dem entsprechenden *Lagrange*'schen Differentialgleichungssysteme gehört.

Mit demselben allgemeinen Probleme beschäftigt sich *G. v. Escherich* in einer Reihe von Abhandlungen[28]). Er geht aus von der Betrachtung des durch Variation der *Lagrange*'schen Gleichungen entstehenden linearen Differentialgleichungssystemes, das er als „accessorisches System" bezeichnet[29]). Aus einer zwischen gewissen Lösungen desselben bestehenden Identität ergiebt sich unmittelbar die Über-

---

den aber *O. Bolza* mit Hülfe einer von *H. A. Schwarz* in seinen Vorlesungen vorgetragenen Methode erledigt (Math. Ann. 57 (1903), p. 44). Ein ganz allgemeiner Beweis für das *Jacobi*'sche Kriterium ergiebt sich aus den unten besprochenen Arbeiten von *G. v. Escherich*. Vgl. *H. Hahn*, Math. Ann. 58 (1904), p. 166.

25) Nach mündlichen Mitteilungen von *C. Carathéodory* können in solchen Ausnahmefällen diskontinuierliche Lösungen des Variationsproblems auftreten, die den entsprechend modifizierten *Weierstrass*'schen Methoden noch zugänglich sind.

26) Lehrbuch §§ 56—61. Das dort behandelte Problem ist etwas allgemeiner als das im Text angegebene.

27) Leipz. Ber. 1903, p. 131 = Math. Ann. 58 (1904), p. 235. Der Fall zweier unbekannter Funktionen auch bei *N. Gernet*, Diss. Gött. 1902.

28) Zusammengefasst in Wien. Ber. 110 (1901), p. 1355, wo sich *v. Escherich* der homogenen Darstellung durch einen Parameter bedient. Vgl. Fussn. 2).

29) Über seine Lösungen wird eine grosse Anzahl von Sätzen bewiesen: Wien. Ber. 107 (1898), p. 1234 ff., 1294 ff.; ibid. 110 (1901), p. 1367 ff. Als besonders wichtig erweist sich dabei der für dieses System geltende *Green*'sche

führung der zweiten Variation in die von *Clebsch* angegebene „reduzierte“ Form[30]) (II A 8, Nr. **15**, *Kneser*), aus der nun weiter das *Legendre*'sche Kriterium als notwendige Bedingung folgt[31]). Für das Folgende wird nun diese Bedingung als erfüllt vorausgesetzt, und es wird ein „Hauptfall“ und ein „Ausnahmefall“ unterschieden[32]). Im Hauptfalle hat, wie gezeigt wird, die *Mayer*'sche Determinante $\Delta(x, x_0)$ (II A 8, Nr. **16**, p. 596, *Kneser*) (die „Determinante des dem Punkte x_0 konjugierten Systemes“) im Punkte x_0 eine isolierte Nullstelle, d. h. ein genügend kleiner von x_0 ausgehender Extremalenbogen lässt sich mit einem Felde im *Weierstrass*'schen Sinne umgeben, während im Ausnahmefalle $\Delta(x, x_0)$ identisch verschwindet[33]). Im Hauptfalle lässt sich also (durch die Nullstellen von $\Delta(x, x_0)$) zu jedem Punkte x_0 ein konjugierter Punkt definieren, und die Notwendigkeit des *Jacobi*'schen Kriteriums wird nun auf zwei verschiedenen Wegen bewiesen[34]). Ferner giebt *v. Escherich* durch Betrachtung der zweiten Variation einen Beweis, dass auf einem keine zwei konjugierten Punkte enthaltenden Extremalenbogen ein definites Zeichen der quadratischen Form, in welche die zweite Variation transformiert wird, ein schwaches Extremum zur Folge hat, m. a. W., dass innerhalb des Feldes das *Legendre*'sche Kriterium für ein schwaches Extremum hinreicht[35]).

Mit analogen Methoden behandelt *H. Hahn* den Fall, dass unter den Bedingungsgleichungen des Problems auch endliche Gleichungen vorkommen[36]).

Satz (l. c. 107, p. 1244), insbesondere die in demselben auftretende bilineare Differentialform $\psi(z, r; u, \varrho)$.

30) l. c. 110, p. 1390 ff. Vgl. auch l. c. 107, p. 1242 ff. und 108, p. 1278 ff.

31) l. c. 107, p. 1383 ff.; 110, p. 1396 ff.

32) Der Ausnahmefall tritt dann und nur dann ein, wenn die betrachtete Extremale zugleich Extremale für ein einfacheres Variationsproblem ist (*H. Hahn*, Math. Ann. 58 (1904), p. 148), oder anders gesprochen, wenn ein gewisses überbestimmtes System linearer Differentialgleichungen eine von Null verschiedene Lösung besitzt (*G. v. Escherich*, Wien. Ber. 108 (1899), p. 1287 ff.).

33) Wien. Ber. 108 (1899), p. 1299; 110 (1901), p. 1405.

34) Wien. Ber. 110 (1901), p. 1409 ff. Der eine dieser Beweise ist eine Übertragung des *Erdmann-Weierstrass*'schen Beweises (Lehrbuch § 28) auf unser allgemeines Problem; der zweite giebt eine exakte Durchführung der von *L. Scheeffer* (Math. Ann. 25 (1885), p. 522) verwendeten Methode. Die dabei festgehaltene Voraussetzung, dass die Bedingungsgleichungen, denen die Variationen unterliegen, durch die linearen Glieder ihrer *Taylor*'schen Entwickelungen ersetzt werden können, ist im „Hauptfalle“ immer zulässig (*H. Hahn*, Math. Ann. 58 (1904), p. 158).

35) Math. Ann. 55 (1902), p. 108.

36) Monatsh. Math. Phys. 14 (1903), p. 3.

Einen auf wesentlich anderen Grundlagen beruhenden, allerdings nicht ganz allgemeinen Beweis des *Jacobi*'schen Kriteriums liefert *A. Kneser*[37]) durch eine Verallgemeinerung der von ihm im einfachsten Falle benutzten Schlussweise, welche auf der Existenz gewisser Enveloppen beruht.

Es sei endlich noch eine von *H. Hahn*[38]) gegebene Methode zur Aufstellung des *Lagrange*'schen Differentialgleichungssystemes erwähnt, welche nicht von vornherein voraussetzt, dass die gesuchte Kurve zweimal differentiierbar sei, sondern aus der Existenz stetiger erster Ableitungen auch die der zweiten Derivierten folgert[39]).

Aus allen diesen Untersuchungen geht hervor, dass, solange es sich um einfache Integrale handelt, das Auftreten mehrerer unbekannter Funktionen unter dem Integralzeichen zwar eine grössere Komplikation der Rechnungen und Beweise zur Folge hat, dass aber die Resultate den für den Fall einer unbekannten Funktion erhaltenen durchaus analog bleiben. *J. Hadamard*[40]) macht nun darauf aufmerksam, dass dies bei mehrfachen Integralen nicht mehr durchaus der Fall ist. So ist es bei mehrfachen Integralen mit mehreren unbekannten Funktionen für das Eintreten eines Extremums nicht notwendig, dass die „reduzierte" quadratische Form, in welche nach *Clebsch*[40a]) die zweite Variation transformiert werden kann, definit sei[41]).

5. Beispiele und Anwendungen. Die Fruchtbarkeit der von *Weierstrass* eingeführten neuen Methoden zeigt sich besonders darin, dass sie die vollständige Erledigung klassischer Variationsprobleme gestatten, die vorher nur unvollkommen behandelt werden konnten, und umgekehrt geben diese speziellen Aufgaben wieder sehr häufig

37) Charkow Math. Mitt. (2) 7 (1902).

38) Monatsh. Math. Phys. 14 (1903), p. 325.

39) Diese Problemstellung geht zurück auf *P. du Bois-Reymond*, der den Fall eines Integrales mit *n* Ableitungen ohne Nebenbedingung untersucht (Math. Ann. 15 (1879), p. 564). Eine dieselbe Frage behandelnde Abhandlung von *E. Zermelo* wird demnächst in den Math. Ann. erscheinen. Für den einfachsten Fall der Variationsrechnung gab *D. Hilbert* eine sehr anschauliche Methode an, die wiedergegeben ist bei *J. R. Whittemore*, Ann. of math. (2) 2 (1901), p. 130 und *N. Gernet*, Diss. Gött. 1902, p. 15.

40) Bull. soc. math. 30 (1903), p. 253.

40a) J. f. Math. 56 (1859), p. 122 (vgl. II A 8, Nr. **25**, *Kneser*).

41) Mit Doppelintegralen beschäftigen sich ferner ausser dem einschlägigen Abschnitte in *Kneser*'s Lehrbuche (§§ 62—69): *D. Hilbert* (Mathem. Probleme (siehe Fussn. 8)) und *W. F. Osgood* (Ann. of math. (2) 2 (1901), p. 125), die auf dieselben den Unabhängigkeitssatz übertragen, und *A. Sommerfeld* (Deutsche Math.-Ver. 8 (1900), p. 188) der das Analogon des *Jacobi*'schen Kriteriums beweist.

Anlass zu neuen Fragestellungen und neuen Gesichtspunkten und damit auch zur Weiterentwickelung der allgemeinen Theorie.

So behandelt *A. Kneser*[42]) das *Newton*'sche Problem von der Rotationsfläche kleinsten Widerstandes und zeigt, dass ein schwaches Extremum vorhanden ist, wenn der Rotationskörper an der Spitze unter dem Randwinkel 45° durch eine kreisförmige Scheibe abgestumpft wird[43]). Derselbe Autor erledigt[44]) das „Problem der Dido", zwei nicht vorgeschriebene Punkte einer gegebenen Kurve durch eine zweite Kurve von gegebener Länge so zu verbinden, dass der von beiden eingeschlossene Flächeninhalt ein Maximum wird. Das sogenannte „isoperimetrische Problem auf einer Fläche" oder das „Problem der Kurven kürzesten Umrings" wird behandelt von *J. R. Whittemore*[45]) und *O. Bolza*[45a]): es soll auf einer gegebenen Fläche die kürzeste Linie gefunden werden, die zwei vorgeschriebene Punkte einer gegebenen Kurve verbindet und mit dieser einen gegebenen Flächeninhalt einschliesst; als Lösung ergeben sich bekanntlich die Kurven konstanter geodätischer Krümmung. Eine ausführliche Theorie der geodätischen Linien auf einer Ringfläche giebt *G. A. Bliss*[46]).

Ferner beweist *A. Kneser*[47]) die Stabilität des Gleichgewichtes schwerer hängender Fäden. Wird nämlich um die Kettenlinie, welche die potentielle Energie des Fadens zu einem Minimum macht, ein Gebiet S abgegrenzt, und wird der Faden so gebogen, dass er nicht mehr ganz in S liegt, so besitzt die Zunahme seiner potentiellen Energie eine von Null verschiedene untere Grenze[48]). Mit Hilfe dieses Satzes führt die von Systemen mit einer endlichen Anzahl von Freiheitsgraden her bekannte *Dirichlet*'sche Schlussweise (IV 1, Nr. 45, Fussn. 275, *Voss*) auch hier zum Ziele.

Als eine wichtige Ergänzung des *Jacobi*'schen Kriteriums beweist

---

42) Arch. Math. Phys. (3) 2 (1902), p. 267.

43) Dass im Falle eines Extremums der Winkel zwischen „Stirnfläche" und „Mantelfläche" notwendig 45° beträgt, wurde von *E. Armanini* bewiesen (Ann. di mat. (3) 4 (1900), p. 131). Dort findet sich auch die Litteratur über den Gegenstand zusammengestellt (l. c. p. 149).

44) Math. Ann. 56 (1903), p. 169.

45) Ann. of math. (2) 2 (1901), p. 176.

45a) Decennial publications of the university of Chicago 9 (1902) und Math. Ann. 57 (1903), p. 48. Vgl. auch *Darboux*, Théorie des surfaces 3, Nr. 651 ff. und *Kneser*, Lehrbuch § 34.

46) Ann. of math. (2) 4 (1902), p. 1.

47) J. f. Math. 125 (1903), p. 189.

48) Dieser Satz ist vollständig analog dem in Fussn. 11) angegebenen Satze von *Osgood*.

G. Darboux[49]) und später *E. Zermelo*[50]) einen Satz, nach welchem der Bogen einer geodätischen Linie im allgemeinen schon vor dem nächsten konjugierten Punkte aufhören muss, die „allerkürzeste" Verbindungslinie seiner Endpunkte zu sein, sondern zuletzt nur die kürzeste unter den benachbarten darstellt. *Zermelo* zeigt ferner, dass innerhalb eines begrenzten einfach zusammenhängenden ebenen Bereiches die kürzesten Verbindungslinien zweier Punkte (II A 8, Nr. **23**, *Kneser*)[50a]) immer eindeutig bestimmt sind, und er betrachtet schliesslich auf einer vorgelegten Fläche $z = \varphi(x, y)$ die „kürzesten Linien von begrenzter Steilheit" $\left(\frac{dz}{ds} \leqq k\right)$ als Beispiel eines Problems mit Differentialungleichungen. Es treten hier diskontinuierliche Lösungen auf, wie dies bei Ungleichungen in der Regel der Fall zu sein scheint.

Um auch die isoperimetrischen Probleme mit Doppelintegralen der allgemeinen Methode zugänglich zu machen, behandelt *J. O. Müller*[51]) als wichtigstes Beispiel die schon von *H. A. Schwarz*[52]) bewiesene Eigenschaft der Kugel, eine kleinere Oberfläche zu besitzen als alle geschlossenen Flächen vom gleichen Volumen, indem er, entsprechend dem *Weierstrass*'schen Ideengange, ein Feld von Kugeln konstruiert und mittelst desselben den Wert der Kugeloberfläche darstellt durch ein Flächenintegral über eine beliebige geschlossene Vergleichsfläche gleichen Volumens, wobei der Integrand beständig < 1 ist. Dasselbe Theorem ergiebt sich übrigens bei *H. Minkowski*[53]) als Spezialfall eines viel allgemeineren Satzes über Volumina und Oberflächen konvexer Körper.

Eine Aufgabe die als Umkehrung eines Problemes der Variationsrechnung bezeichnet werden kann, löst *G. Hamel*[54]), indem er alle Geometrien, d. h. alle Massbestimmungen in der Ebene aufstellt, für welche die geraden Linien die kürzesten sind. Es kommt dies darauf hinaus, das allgemeinste Integral $\int f(x, y, y')\,dx$ aufzufinden, welches durch die Geraden der Ebene zu einem Minimum gemacht wird. Hierdurch ist der Anschluss an diejenigen Untersuchungen gewonnen, die zu einer vorgelegten Differentialgleichung die zugehörigen Variationsprobleme suchen[55]). *Hamel* geht insofern über diese hinaus, als er

49) Théorie des surfaces 3, Nr. 623.

50) Deutsche Math.-Ver. 11 (1902), p. 184.

50a) Vgl. *Darboux* l. c. Nr. 632 und *Kneser*, Lehrbuch § 44.

51) Gött. Nachr. 1902, p. 176; Diss. Gött. 1903.

52) Gött. Nachr. 1884, p. 1 = Ges. Abh. 2, p. 327.

53) Deutsche Math.-Ver. 9 (1901), p. 115; Math. Ann. 57 (1903), p. 474. Dabei sind als Vergleichskörper nur konvexe Körper zugelassen.

54) Diss. Gött. 1901; Math. Ann. 57 (1903), p. 231.

55) Für den Fall einer gewöhnlichen Differentialgleichung zweiter Ordnung

verlangt, dass auch die hinreichenden Bedingungen der Variationsrechnung erfüllt seien.

Eine Anwendung der Variationsrechnung auf die Theorie der partiellen Differentialgleichungen geben *Yoshiye*[56]) und *E. R. Hedrick*[57]), indem sie, einen von *D. Hilbert* in seinen Vorlesungen gegebenen Gedanken ausführend, nachweisen, dass die Gleichungen der charakteristischen Streifen einer partiellen Differentialgleichung erster oder zweiter Ordnung immer übereinstimmen mit den *Lagrange*'schen Gleichungen eines gewissen Variationsproblemes.

6. Existenzfragen. Während die klassische Methode der Variationsrechnung von einer gegebenen Lösung der *Lagrange*'schen Differentialgleichung ausgeht, das Randwertproblem also als gelöst betrachtet und nun untersucht, ob diese Lösung wirklich ein Extremum liefert, stellt sich *D. Hilbert*[58]) die Aufgabe, in gewissen Fällen von vornherein die Existenz einer Kurve oder Fläche von grösstem oder kleinstem Integralwerte zu beweisen, welche dann auf Grund dieser Eigenschaft die Differentialgleichung unter den gegebenen Randbedingungen erfüllen muss und damit einen Schluss auf die Lösbarkeit des Randwertproblemes gestattet.

---

ist diese Theorie durchgeführt bei *Darboux,* Théorie des surfaces 3, Nr. 604—606, wo u. a. der Satz bewiesen wird, dass zu jeder Gleichung $y'' = \varphi(x, y, y')$ sich unendlich viele Integrale $\int f(x, y, y')\,dx$ finden lassen, deren Extremalen die Lösungen der Gleichung sind (vgl. hierüber auch *J. Kürschák,* Math. Ann. 56 (1903), p. 163). — *A. Hirsch* (Math. Ann. 49 (1897), p. 49) beweist weiter: Wenn der aus der Gleichung $F(x, y, y', \ldots, y^{(2n)}) = 0$ abgeleitete lineare Differentialausdruck $\sum_{k=0}^{n} \frac{\partial F}{\partial y^{(k)}} u^{(k)}$ „sich selbst adjungiert" ist (II A 4 b, Nr. **26**, *Vessiot*), lässt sich durch Quadraturen ein Integral $\int f(x, y, y', \ldots, y^{(n)})\,dx$ finden, dessen Extremalen durch die Gleichung $F = 0$ gegeben sind. Es wird ferner die Gültigkeit eines analogen Satzes für partielle Differentialausdrücke der zweiten Ordnung mit zwei oder drei unabhängigen Veränderlichen bewiesen; die Vermutung, es gelte dies für eine beliebige Anzahl unabhängiger Veränderlicher, wurde von *W. Hertz* (Diss. Kiel 1903) für $n = 4, 5$ bestätigt. Weitere Litteratur dieses Gegenstandes giebt *Hamel.* — Hierher gehört auch das von *A. Guldberg* (Christiania Skrift. 1902, Nr. 7) behandelte Problem, das allgemeinste Integral $\int f(x, y, y')\,dx$ aufzufinden, das invariant bleibt bei einer kontinuierlichen Gruppe von Transformationen. Es zeigt sich, dass für solche Integrale die *Lagrange*'sche Gleichung sich auf Quadraturen oder auf eine Gleichung erster Ordnung zurückführen lässt.

56) Math. Ann. 57 (1903), p. 185.

57) Ann. of math. (2) 4 (1903), p. 141, 157.

58) Deutsche Math.-Ver. 8 (1900), p. 184.

Seinen Gedankengang entwickelt *Hilbert* zunächst an dem Beispiel der kürzesten Linien auf Flächen. Da die Bogenlängen aller zwei gegebene Punkte der Fläche verbindenden Kurven eine untere Grenze l besitzen, so existiert eine unendliche Folge von Kurven, deren Bogenlängen diesen Wert l zur Grenze haben. Diese Kurven konvergieren aber gegen eine Grenzkurve, von der sich beweisen lässt[59]), dass sie differentiierbar ist und die minimale Bogenlänge l besitzt. Dieselbe Schlussweise überträgt *Ch. A. Noble*[60]) unter gewissen einschränkenden Voraussetzungen auf einfache Integrale, die eine oder zwei unbekannte Funktionen und deren erste Ableitungen enthalten.

Hilbert[61]) selbst verwendet seine Methode zu einer strengen Begründung der als „*Dirichlet*'sches Prinzip" bekannten Beweismethode (II A 7b, Nr. **24** u. **25**, *Burkhardt* u. *Meyer*), auf Grund deren *Riemann* die Existenz der überall endlichen Integrale auf einer vorgelegten *Riemann*'schen Fläche erschloss (II B 2, Nr. **12**, *Wirtinger*). Es handelt sich hier darum, die Existenz einer auf der ganzen *Riemann*'schen Fläche regulären Potentialfunktion $u(x, y)$ nachzuweisen, welche entlang einer geschlossenen, die Fläche nicht zerstückelnden Kurve C, die man immer aus geraden, den Koordinatenaxen parallelen Stücken bestehend annehmen kann, den Sprung 1 erleidet. Bildet man für alle beliebigen dieser Randbedingung genügenden Funktionen das über die ganze Fläche erstreckte „*Dirichlet*'sche Integral":

$$\iint \left\{ \left(\frac{\partial u}{\partial x}\right)^2 + \left(\frac{\partial u}{\partial y}\right)^2 \right\} dx\, dy,$$

so haben die Integralwerte eine untere Grenze d. Es sei nun U_1, U_2, $U_3, \ldots$ eine Folge von Funktionen, deren *Dirichlet*'sche Integrale die Grenze d ergeben, und die etwa so gewählt seien, dass die über ein gewisses Stück der x-Axe erstreckten Integrale $\int U_n dx$ sämtlich den

59) Eine Ausführung des Beweises giebt *Ch. A. Noble* (Diss. Gött. 1901, p. 10) auf Grund der Thatsache, dass zwei genügend nahe Punkte der Fläche sich immer durch eine geodätische Linie verbinden lassen, die auch die kürzeste ist. Ein hiervon unabhängiger Beweis liesse sich mit den von *Hilbert* zum Beweise des *Dirichlet*'schen Prinzips verwendeten Methoden führen. — Aus der Differentiierbarkeit der gefundenen Kurve folgt unmittelbar, dass sie eine geodätische Linie sein muss, und somit auf einer analytischen Fläche selbst analytisch ist.

60) Diss. Gött. 1901.

61) Über das *Dirichlet*'sche Prinzip, Gött. Festschrift, Berlin 1901. Bezüglich der Anwendung auf die gewöhnliche Randwertaufgabe der Potentialtheorie vgl. *D. Hilbert*, Deutsche Math.-Ver. 8 (1900), p. 186. Doch ist die dort skizzierte Methode etwas verschieden von der im Texte angegebenen. Eine etwas weitere Ausführung dieser älteren *Hilbert*'schen Methode bei *E. R. Hedrick*, Diss. Gött. 1901, p. 69 ff.

Wert Null haben. Dann lässt sich aus ihnen eine andere Folge u_1, $u_2, u_3, \ldots$ so auswählen, dass für beliebige (a, b) der Grenzwert:

$$v(x, y) = \lim_{n=\infty} \int_a^x \int_b^y u_n \, dx \, dy$$

existiert und eine stetige Funktion von x und y darstellt, solange das Integrationsgebiet keinen Verzweigungspunkt enthält und von der Kurve C nicht geschnitten wird. Der von (a, b) unabhängige Ausdruck:

$$u(x, y) = \frac{\partial^2 v}{\partial x \partial y} = \lim_{\varepsilon=0,\, \eta=0} \lim_{n=\infty} \frac{1}{\varepsilon \eta} \int_x^{x+\varepsilon} \int_y^{y+\eta} u_n \, dx \, dy$$

ist dann die gesuchte Potentialfunktion, wie folgendermassen bewiesen wird. Für eine willkürliche Funktion ζ und ein beliebiges Rechteck R muss die Gleichung bestehen:

$$\lim_{n=\infty} \iint_{(R)} \left(\frac{\partial \zeta}{\partial x} \frac{\partial u_n}{\partial x} + \frac{\partial \zeta}{\partial y} \frac{\partial u_n}{\partial y} \right) dx \, dy = 0,$$

welche hier dieselbe Rolle spielt, wie das Verschwinden der ersten Variation in der klassischen Variationsrechnung. Durch partielle Integrationen und Ausführung des Grenzüberganges unter den Integralzeichen erhält man den Satz, dass eine Funktion w, für welche $\frac{\partial^4 w}{\partial x^2 \partial y^2} = v(x, y)$ ist, für willkürliche ζ der Gleichung genügen muss:

$$\iint_{(R)} \frac{\partial^6 \zeta}{\partial x^3 \partial y^3} \Delta w \, dx \, dy = 0,$$

und hieraus folgt[62]), dass Δw die Form haben muss:

$$\Delta w = X y^2 + X' y + X'' + Y x^2 + Y' x + Y'',$$

wo X, X', X'' nur von x abhängen, Y, Y', Y'' nur von y. Durch Hinzufügung leicht zu bildender Integrale kann man daher aus w eine Funktion z ableiten, die der Gleichung $\Delta z = 0$ genügt und mit u und v durch die Beziehung verbunden ist:

$$\frac{\partial^6 z}{\partial x^3 \partial y^3} = \frac{\partial^2 v}{\partial x \partial y} = u(x, y),$$

wodurch die Potentialeigenschaft von u erwiesen ist.

Nach *Hilbert*'schen Prinzipien behandelt *E. R. Hedrick*[63]) die

62) l. c. § 4. Dieses Beweisverfahren zeigt eine grosse Analogie mit dem von *P. du Bois-Reymond* für einfache Integrale angewandten (siehe Fussn. 39), geht aber wesentlich weiter, da es auch die Existenz erster Derivierter der Minimalfunktion zu erschliessen gestattet.

63) Diss. Gött. 1901, p. 64 ff.

Randwertaufgabe für die *Liouville*'sche Gleichung $\Delta u = e^u$ (II A 7 c, Nr. 12, *Sommerfeld*). *Ch. M. Mason*[64]) gelangt durch Betrachtung des einfachen Integrales $\int_a^b y'^2 dx$ mit der Nebenbedingung:

$$\int_a^b A(x) y^2 \, dx = 1 \qquad (A(x) > 0)$$

zu einer Behandlung der gewöhnlichen linearen Differentialgleichung zweiter Ordnung $y'' + \lambda A(x) y = 0$ (II A 7 a, *Bôcher*). Er bestätigt die in der Physik aus blossen Analogiegründen zugelassene Annahme, dass zu jeder „homogenen" Randbedingung unendlich viele „ausgezeichnete" Werte von λ gehören, und insbesondere, dass es bei periodischem $A(x)$ unendlich viele Werte von λ giebt, für welche die Gleichung periodische Lösungen besitzt[65]).

64) Diss. Gött. 1903, p. 29 ff. Diese Beweismethode ist nachgebildet der von *H. Weber* (Math. Ann. 1 (1869), p. 1) auf die partielle Differentialgleichung der schwingenden Membran (II A 7 c, Nr. 9, *Sommerfeld*) angewandten Betrachtungsweise. Ihre Durchführung bei *Mason* ist aber nicht überall einwandfrei.

65) l. c. p. 52 ff.

(Abgeschlossen im Januar 1904.)

Über einen Satz von Osgood in der Variationsrechnung.

Von **Hans Hahn** in Wien.

§ 1.

In der Theorie der Maxima und Minima stetiger Funktionen besteht der folgende Satz: Es sei $f(x_1, x_2, \ldots, x_n)$ in der Umgebung der Stelle $(x_1^0, x_2^0, \ldots, x_n^0)$ stetig und habe an dieser Stelle ein eigentliches Minimum, so daß eine Umgebung dieser Stelle besteht, in der die Ungleichung gilt:

$$f(x_1, x_2, \ldots, x_n) - f(x_1^0, x_2^0, \ldots, x_n^0) > 0.$$

Ist dann U' ein zweites Gebiet, das ganz im Innern von U liegt und den Punkt $(x_1^0, x_2^0, \ldots, x_n^0)$ in seinem Innern enthält, so gibt es eine positive Konstante ε, derart, daß für alle Punkte von U, die nicht zu U' gehören, die weitere Ungleichung besteht:

$$f(x_1, x_2, \ldots, x_n) - f(x_1^0, x_2^0, \ldots, x_n^0) > \varepsilon.$$

Herr Osgood [1]) hat nun — unter gewissen einschränkenden Voraussetzungen — das Bestehen eines analogen Satzes für das einfachste Problem der Variationsrechnung nachgewiesen. Sein Beweis hat seither wesentliche Vereinfachungen erfahren. [2]) Ein ganz ähnliches Theorem diente Herrn Kneser [3]) zum Nachweise der Stabilität des Gleichgewichtes schwerer hängender Fäden, also bei einem speziellen isoperimetrischen Problem. Im folgenden will ich eine Methode angeben, die der von Herrn Kneser verwendeten sehr ähnlich ist und die in überaus einfacher Weise zum Ziele führt. Im Falle des einfachsten Problems liefert sie mit geringen Einschränkungen das gewünschte Resultat in allen Fällen, in denen man das starke Extremum allgemein nachweisen kann, und sie gestattet in einfacher Weise eine Verallgemeinerung auf fast alle Probleme der Variationsrechnung, die sich mit einfachen Integralen beschäftigen.

---

[1]) W. F. Osgood, Amer. Trans. 2 (1901), p. 273.

[2]) O. Bolza, Amer. Trans. 2 (1901), p. 422 und Lectures on the calculus of variations (1904), p. 190. — E. Goursat. Amer. Trans. 5 (1904), p. 110.

[3]) A. Kneser, J. f. Math. 125 (1903), p. 189.

Wir beginnen mit dem einfachsten Problem. Es sei ein sich selbst nicht schneidender Bogen einer Extremale des Integrals:

$$(1)\qquad J = \int_{t_0}^{t_1} F(x, y, x', y')\, dt$$

gegeben.[1]) der den folgenden Bedingungen genüge:

a) In keinem seiner Punkte verschwinden x' und y' gleichzeitig.

b) Die durch die Relationen:

$$\frac{1}{y'^2}\frac{\partial^2 F}{\partial x'^2} = -\frac{1}{x' y'}\frac{\partial^2 F}{\partial x' \partial y'} = \frac{1}{x'^2}\frac{\partial^2 F}{\partial y'^2} = F_1$$

definierte Funktion $F_1(x, y, x', y')$ ist auf ihm durchwegs von Null verschieden, d. h. keines seiner Elemente ist ein singuläres Element der zum Integral (1) gehörenden Lagrangeschen Differentialgleichungen.

c) Die Weierstraßsche *E*-Funktion:

$$E(x, y;\, x', y';\, \bar{x}', \bar{y}') = \bar{x}'\left\{\frac{\partial F}{\partial x'}(x, y, \bar{x}', \bar{y}') - \frac{\partial F}{\partial x'}(x, y, x', y')\right\} +$$
$$+ \bar{y}'\left\{\frac{\partial F}{\partial y'}(x, y, \bar{x}', \bar{y}') - \frac{\partial F}{\partial y'}(x, y, x', y')\right\}$$

ist auf ihm für alle $\bar{x}', \bar{y}'$ positiv und verschwindet nur in ordentlicher Weise.

d) Er enthält den zu seinem Anfangspunkt konjugierten Punkt nicht.

Dann läßt sich bekanntlich nachweisen, daß unser Extremalenbogen dem Integral (1) einen kleineren Wert erteilt, als jede andere genügend benachbarte, dieselben Punkte verbindende Vergleichskurve.[2])

Wir wollen darüber hinaus — mit einer später zu erwähnenden Einschränkung — den folgenden Satz beweisen (Satz von Osgood):

Es läßt sich eine Nachbarschaft U unseres Extremalenbogens angeben von der nachstehenden Eigenschaft. Zu jeder ganz im Innern von U liegenden Nachbarschaft U' unserer Extremale gehört eine positive Konstante ε, derart, daß jede ganz in U, aber nicht ganz in U' verlaufende Vergleichskurve dem Integral (1) einen um mindestens ε größeren Wert erteilt als die Extremale.

[1]) Die Funktion $F(x, y, x', y')$ möge dabei die in der Variationsrechnung üblichen Voraussetzungen erfüllen. Siehe etwa Bolza, Lectures, p. 115 ff.

[2]) Als Vergleichskurve kann, wenn man vom Lebesgueschen Integralbegriff Gebrauch macht, jede rektifizierbare Kurve betrachtet werden.

Eine vielleicht etwas anschaulichere Formulierung dieses Satzes ist die folgende:

Es besteht eine Umgebung U unseres Extremalenbogens von der nachstehenden Eigenschaft: Es seien $C_1, C_2, \ldots$ eine Folge ganz in U gelegener Vergleichskurven; $J_1, J_2, \ldots$ seien die Werte, die diese Kurven dem Integral (1) erteilen. Ist dann $\lim_{n=\infty} J_n$ gleich dem Werte, den die Extremale dem Integral erteilt, so konvergieren die Kurven $C_1, C_2, \ldots$ gegen die Extremale.

Wir gehen nun an den Beweis dieses Satzes. Der Anfangspunkt unseres Extremalenbogens werde kurz als Punkt 0 bezeichnet, der Endpunkt als Punkt 1. Allgemein heiße der zu einem Parameterwert ν gehörige Punkt der Punkt ν. Wir können dann unsere Extremale über die Punkte 0 und 1 hinaus fortsetzen, ohne daß die Bedingungen *a)* *b)* *c)* *d)* zu bestehen aufhören. Ein so erhaltener Bogen 0′ 1′ unserer Extremale, der nun den Bogen 0 1 in seinem Innern enthält, liefert gleichfalls ein starkes Extremum des Integrals (1).

Es bedeute:

$$(2) \qquad x = x(t, a) \quad y = y(t, a)$$

die durch den Punkt 0′ hindurchgehende einparametrige Extremalenschar; unsere Extremale 0′ 1′ werde hieraus erhalten für $a = a_0$. Da der Bogen 0′ 1′ den zu 0′ konjugierten Punkt nicht enthalten soll, besteht für $a = a_0$, $t'_0 < t \leqq t'_1$ die Ungleichung:

$$\frac{\partial x}{\partial t}\frac{\partial y}{\partial a} - \frac{\partial x}{\partial a}\frac{\partial y}{\partial t} \neq 0,$$

aus der in bekannter Weise abgeleitet werden kann, daß sich der Bogen 0 1 mit einer Nachbarschaft U umgeben läßt, deren jeder Punkt sich mit 0′ durch eine und — wenn man weiter verlangt, daß $|a - a_0|$ unter einer gewissen Grenze bleiben soll — nur eine Extremale der Schar (2) verbinden läßt.

Es bedeute weiter:

$$(2a) \qquad x = x^*(t, \alpha) \quad y = y^*(t, \alpha)$$

die durch den Punkt 1′ hindurchgehende einparametrige Extremalenschar, die für $\alpha = \alpha_0$ unsere Extremale 0′ 1′ liefere. Dann kann bekanntlich die Determinante:

$$\frac{\partial x^*}{\partial t}\frac{\partial y^*}{\partial \alpha} - \frac{\partial x^*}{\partial \alpha}\frac{\partial y^*}{\partial t}$$

für $\alpha = \alpha_0$, $t'_0 \leqq t < t'_1$ nicht verschwinden, woraus folgt, daß das Gebiet U auch so gewählt werden kann, daß jeder seiner Punkte mit 1′ durch eine und — sofern $|\alpha - \alpha_0|$ genügend klein sein soll — nur eine Extremale der Schar (2*a*) sich verbinden läßt.

Endlich ergibt sich sehr leicht, daß man das Gebiet U auch noch so wählen kann, daß es auch der folgenden Forderung genügt: Wenn 2 einen beliebigen Punkt von U bezeichnet, so erteilt die Extremale $0'\,2$ dem Integral (1) einen kleineren Wert als jede andere Kurve $0'\,2$, die von $0'$ bis 0 mit der Extremale $0'\,1'$ zusammenfällt, von 0 bis 2 aber im Gebiete U verbleibt, während die analoge Aussage auch von der Extremale $2\,1'$ gelten soll.

Es werde nun mit J^* der Wert bezeichnet, den das Integral (1) erhält, wenn man es von $0'$ bis 2 über die Extremale $0'\,2$, von 2 bis $1'$ über die Extremale $2\,1'$ erstreckt. Offenbar ist dann die im Gebiete U eindeutig definierte Funktion J^* in diesem Gebiete eine stetige Funktion des Punktes 2. Nehmen wir also im Innern von U ein zweites Gebiet U' an und beschränken den Punkt 2 auf jenes Teilgebiet von U, das außerhalb von U' liegt und das mit U'' bezeichnet werde, so muß in diesem Teilgebiete — wenn wir seine Begrenzung mit zu diesem Gebiete rechnen — die Funktion J^* eine untere Grenze J_0^* besitzen und in einem Punkte dieses Gebietes gleich J_0^* werden. Enthält speziell das Gebiet U'' keinen einzigen Punkt des Extremalenbogens $0'\,1'$ und bezeichnet J_0' den Wert, den die Extremale $0'\,1'$ dem Integral (1) erteilt, so ist sicher $J_0^* > J_0'$, da ja die Extremale $0'\,1'$ das Integral (1) zu einem starken Minimum macht.

Sei nun irgend eine von 0 nach 1 gehende, ganz in U gelegene Vergleichskurve gegeben, deren mindestens ein Punkt nach U'' fällt. Sei etwa 2 ein solcher Punkt. Wir ergänzen diese Kurve durch die Extremalenstücke $0'\,0$ und $1\,1'$ zu einer die Punkte $0'$ und $1'$ verbindenden Kurve. Der Bogen $0'\,2$ dieser Kurve erteilt dem Integral (1) einen größeren Wert als der Extremalenbogen $0'\,2$ und dasselbe gilt von ihrem Bogen $2\,1'$ und dem Extremalenbogen $2\,1'$. Es ist daher der Wert, den unsere Vergleichskurve $0'\,1'$ dem Integral (1) erteilt, sicher größer als J_0^*, daher mindestens um $J_0^* - J_0'$ größer als J_0'. Daraus folgt unmittelbar, daß auch der Wert, den unsere ursprüngliche Vergleichskurve 0 1 dem Integral (1) erteilt, mindestens um die positive Größe $J_0^* - J_0'$ größer ist als der Wert, den die Extremale 0 1 diesem Integral erteilt.

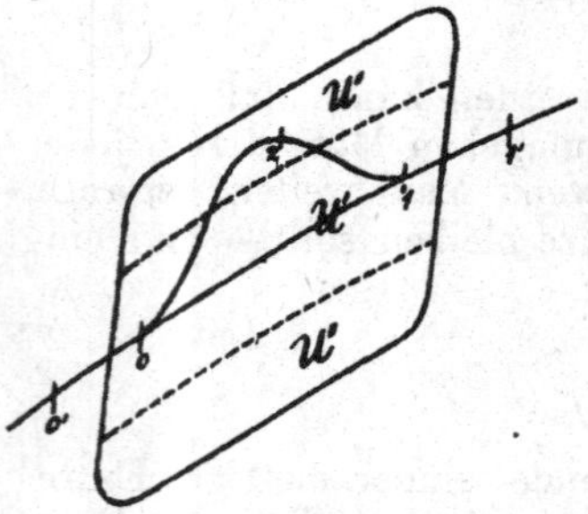

Fig. 1.

Unser Satz ist also bewiesen, allerdings unter einer einschränkenden Voraussetzung über das Gebiet U'. Dasselbe muß so beschaffen sein, daß das Gebiet U'', durch welches U' zu U ergänzt wird, mit der Verlängerung unserer Extremale über 0 und 1 hinaus keinen Punkt gemeinsam hat. Fig. 1 erläutert diese Einschränkung. [1]

[1] Es sei bemerkt, daß beim Problem $\int f(x, y, y')\,dx$ diese Einschränkung nicht zur Geltung kommt, so daß man bei diesem Problem, sobald man die

Um uns von dieser Einschränkung zu befreien, machen wir eine weitere Voraussetzung, betreffend die Funktion $F_1(x, y, x', y')$. Es werde nämlich angenommen:

e) In den beiden Punkten 0 und 1 sei $F_1(x, y, \overline{x}', \overline{y}')$ von Null verschieden für alle $\overline{x}', \overline{y}'$.

Da dann nämlich der Satz gilt, daß jeder dem Punkte 0 beziehungsweise dem Punkte 1 genügend nahe liegende Punkt mit 0 beziehungsweise 1 durch eine und nur eine Extremale des Integrals (1) verbunden werden kann,[1] so überzeugt man sich leicht, daß folgende Behauptung richtig ist:

Der Extremalenbogen 0 1 läßt sich mit einem Gebiete U umgeben, das sowohl von einem von 0, als von einem von 1 ausgehenden Felde von Extremalen einfach und vollständig überdeckt wird.

Hieraus folgt in bekannter Weise, daß, wenn mit 2 irgend ein Punkt von U bezeichnet wird, die Extremale 0 2 dem Integral (1) einen kleineren Wert erteilt, als jede andere ganz in U von 0 nach 2 laufende Kurve, und die analoge Behauptung gilt für die Extremale 2 1. Auf Grund dieser Bemerkung läßt sich aber unser obiger Beweis Wort für Wort wiederholen, wenn man in ihm die Extremalen 0′ 2 und 2 1′ durch 0 2 und 2 1 ersetzt und man gelangt so — nunmehr ohne jede Einschränkung — zu dem Osgoodschen Satze.

Schließlich sei noch erwähnt, daß der Inhalt dieses Satzes in einem speziellen, aber besonders wichtigen Falle einer Verschärfung fähig ist. Es sei nämlich von einem Extremalenbogen 0 1 bekannt, daß er dem Integral (1) einen kleineren Wert erteile als jede andere in einem gewissen Gebiete R verlaufende Vergleichskurve 0 1, und es sei in dem Gebiete R durchwegs:

$$F(x, y, \overline{x}', \overline{y}') > 0; \quad F_1(x, y, \overline{x}', \overline{y}') > 0.$$

Es sind dies die Bedingungen,[2] unter denen der bekannte Hilbertsche Existenzbeweis geführt werden kann,[3] aus dem unmittelbar folgt, daß jetzt für das in unserem Satze vorkommende Gebiet U das Gebiet R selbst gewählt werden kann.

---

in Bolza, Lectures, p. 94, aufgezählten hinreichenden Bedingungen als erfüllt annimmt, den Osgoodschen Satz ganz allgemein aussprechen kann.

[1]) Ausführlich bewiesen von G. A. Bliss, Amer. Trans. 5 (1904), p. 115.

[2]) Der Beweis, den Osgood für seinen Satz gegeben hat, setzt gerade voraus, daß die angeschriebenen Bedingungen für alle von Punkten unseres Extremalenbogens ausgehenden Linienelemente erfüllt sind. Bolzas Beweis bedarf der ersten der beiden Ungleichungen nicht.

[3]) Siehe Bolza, Lectures, p. 245 ff. Bolza setzt dort voraus, das Gebiet R sei konvex, doch genügt es zu wissen, daß, wenn zwei Punkte von R gegeneinander konvergieren, die Länge ihrer kürzesten Verbindungslinie in R gegen Null konvergiert.

§ 2.

Wir gehen nun über zum einfachsten Typus isoperimetrischer Probleme. Es sei das Integral:

$$J = \int_{t_0}^{t_1} F(x, y, x', y')\, dt \tag{3}$$

zu einem Minimum zu machen gegenüber allen Kurven, die dem Integral:

$$K = \int_{t_0}^{t_1} G(x, y, x', y')\, dt \tag{4}$$

einen vorgeschriebenen Wert erteilen, und es sei eine sich selbst nicht schneidende, die beiden Punkte 0 und 1 verbindende Extremale dieses isoperimetrischen Problems gegeben, das ist also eine für einen geeigneten Wert λ_0 der „isoperimetrischen Konstante" λ den Gleichungen:

$$\begin{cases} \dfrac{\partial F}{\partial x} - \dfrac{d}{dt}\dfrac{\partial F}{\partial x'} + \lambda\left(\dfrac{\partial G}{\partial x} - \dfrac{d}{dt}\dfrac{\partial G}{\partial x'}\right) = 0; \\ \dfrac{\partial F}{\partial y} - \dfrac{d}{dt}\dfrac{\partial F}{\partial y'} + \lambda\left(\dfrac{\partial G}{\partial y} - \dfrac{d}{dt}\dfrac{\partial G}{\partial y'}\right) = 0 \end{cases} \tag{5}$$

genügende Kurve. Wir setzen:

$$F(x, y, x', y') + \lambda_0\, G(x, y, x', y') = H(x, y, x', y'). \tag{6}$$

Über den Extremalenbogen 0 1 mögen die folgenden Voraussetzungen eingeführt werden:[1]

a) In keinem seiner Punkte verschwinden x' und y' gleichzeitig.

b) Die durch die Relationen:

$$\frac{1}{y'^2}\frac{\partial^2 H}{\partial x'^2} = -\frac{1}{x'\,y'}\frac{\partial^2 H}{\partial x'\,\partial y'} = \frac{1}{x'^2}\frac{\partial^2 H}{\partial y'^2} = H_1$$

definierte Funktion $H_1(x, y, x', y')$ ist für alle seine Elemente von Null verschieden, so daß keines dieser Elemente ein singuläres Element der Differentialgleichungen (5) ist.

c) Die Weierstraßsche *E*-Funktion:

$$\begin{aligned} E(x, y, x', y', \bar{x}', \bar{y}') = \bar{x}' & \left\{\frac{\partial H}{\partial x'}(x, y, \bar{x}', \bar{y}') - \frac{\partial H}{\partial x'}(x, y, x', y')\right\} + \\ & + \bar{y}'\left\{\frac{\partial H}{\partial y'}(x, y, \bar{x}', \bar{y}') - \frac{\partial H}{\partial y'}(x, y, x', y')\right\} \end{aligned}$$

[1]) Es sind dies die Voraussetzungen, unter denen neuerdings J. W. Lindeberg das Bestehen eines starken Minimums nachgewiesen hat. Math. Ann. 59 (1904). p. 333.

ist auf ihm für alle $\overline{x}', \overline{y}'$ positiv und verschwindet nur in ordentlicher Weise.

d) Er genügt nicht den Gleichungen:

$$(7) \qquad \frac{\partial G}{\partial x} - \frac{d}{dt}\frac{\partial G}{\partial x'} = 0 \qquad \frac{\partial G}{\partial y} - \frac{d}{dt}\frac{\partial G}{\partial y'} = 0,$$

d. h. er ist nicht Bogen einer Extremale des Integrals (4) im Sinne des absoluten Extremums.

e) Er enthält den zu seinem Anfangspunkt konjugierten Punkt nicht.

Diese letztere Bedingung drückt sich analytisch bekanntlich in folgender Weise aus. Es sei:

$$(8) \qquad x = x(t, a, b) \qquad y = y(t, a, b)$$

die durch den Punkt 0 gehende zweiparametrige Schar von Extremalen [1]) und der Bogen 0 1 unserer Extremale werde aus (8) erhalten für $a = a_0$, $b = b_0$, $t_0 \leqq t \leqq t_1$. Auf der durch die beiden Konstanten a, b, bestimmten Extremale entspreche dem Punkte 0 der Parameterwert t_{ab} und es werde gesetzt:

$$(9) \quad z(t, a, b) = \int_{t_{ab}}^{t} G[x(t, a, b), y(t, a, b), x'(t, a, b), y'(t, a, b)]\, dt.$$

Dann muß für $a = a_0$, $b = b_0$, $t_0 < t \leqq t_1$ die Ungleichung bestehen:

$$(10) \qquad \frac{\partial(x, y, z)}{\partial(t, a, b)} \neq 0.$$

Es sei ferner:

$$(8a) \qquad x = x^*(t, \alpha, \beta) \qquad y = y^*(t, \alpha, \beta)$$

die durch den Punkt 1 gehende zweiparametrige Extremalenschar, die den Bogen 0 1 für $\alpha = \alpha_0$, $\beta = \beta_0$, $t_0 \leqq t \leqq t_1$ liefere, und zwar entspreche auf der durch die beiden Konstanten α, β definierten Extremale dem Punkte 1 der Parameterwert $t_{\alpha\beta}$. Setzen wir dann noch:

$$z_1 = \int_{t_0}^{t_1} G[x(t, a_0, b_0), y(t, a_0, b_0), x'(t, a_0, b_0), y'(t, a_0, b_0)]\, dt$$

und definieren eine Größe z^* durch

$$(9a) \quad z_1 - z^*(t, \alpha, \beta) = \int_{t}^{t_{\alpha\beta}} G[x(t, \alpha, \beta), y(t, \alpha, \beta), x'(t, \alpha, \beta), y'(t, \alpha, \beta)]\, dt,$$

---

[1]) d. i. Lösungen der Gleichungen (5). Die Größe λ gilt dabei als variabler Parameter.

so ist auch die Determinante:

$$(10a) \qquad \frac{\partial (x^*, y^*, z^*)}{\partial (t, \alpha, \beta)}$$

für $\alpha = \alpha_0$, $\beta = \beta_0$, $t_0 \leqq t < t_1$ von Null verschieden.

Um nun den Osgoodschen Satz auch für unser isoperimetrisches Problem zu beweisen. führen wir eine weitere Voraussetzung ein:

f) Auf dem Extremalenbogen 0 1 sei für alle $\overline{x}', \overline{y}'$:

$$G(x, y, \overline{x}', \overline{y}') > 0; \quad G_1(x, y, \overline{x}', \overline{y}') > 0,$$

eine Voraussetzung, die bei den wichtigeren Problemen dieser Art gewöhnlich erfüllt ist.[1])

Wir konstruieren nun eine Nachbarschaft des Extremalenbogens 0 1, indem wir den Mittelpunkt eines Kreises vom Radius ρ diesen Bogen durchlaufen lassen; der von diesem Kreise überstrichene Flächenstreifen heiße die Nachbarschaft (ρ).

Wir umgeben einen beliebigen Punkt 2 unseres Extremalenbogens mit einem Kreise vom Radius ρ; 3 sei ein beliebiger im Innern dieses Kreises liegender Punkt irgend einer in der Nachbarschaft (ρ) verbleibenden, zulässigen Vergleichskurve. Die Voraussetzung *f*) bewirkt das Bestehen des folgenden Satzes:

Die Größe ρ läßt sich — unabhängig von der Wahl des Punktes 2 — so bestimmen, daß sich der Wert, den der Bogen 0 3 der Vergleichskurve dem Integral (4) erteilt, vom Werte, den der Extremalenbogen 0 2 diesem Integral erteilt, um weniger als ε unterscheidet.

Bemerken wir zunächst, daß sich die Nachbarschaft (ρ) gewiß so wählen läßt, daß in jedem ihrer Punkte die Voraussetzung *f*) erfüllt bleibt. Dann sind aber in der ganzen Nachbarschaft (ρ) die Bedingungen erfüllt. unter denen gezeigt werden kann,[2]) daß sich je zwei ihrer Punkte durch eine Kurve verbinden lassen, derart, daß keine andere dieselben Punkte verbindende Kurve dem Integrale (4) einen kleineren Wert erteilt. Wir wollen eine solche Kurve kurz als Minimalkurve bezeichnen. Sie muß, wo sie nicht mit der Randkurve der Nachbarschaft (ρ) zusammenfällt, den Gleichungen (7) genügen — d. h. eine Extremale des Integrals (4) im Sinne des absoluten Extremums sein — und wo sie die Randkurve der Nachbarschaft trifft, muß sie dieselbe berühren.[3])

Wir beweisen zuerst folgende Behauptung: Wenn nur der Radius ρ unserer Nachbarschaft hinlänglich klein gewählt wird, so können der Bogen 0 2 unserer Extremale (des isoperimetrischen

---

[1]) Vielleicht ließe sich bei Verwendung des Gedankens von Lindeberg (siehe Fußnote [1]) auf Seite 68) diese Voraussetzung zum Teile vermeiden.

[2]) Siehe Bolza, Lectures, p. 245 ff.

[3]) Siehe Kneser, Lehrbuch der Variationsrechnung, p. 176.

Problems) und der Bogen 0 3 unserer Minimalkurve [des Integrals (4)] punktweise so aufeinander bezogen werden, daß diese Kurven in entsprechenden Punkten beliebig wenig gegeneinander geneigt sind.

Offenbar ist die Randkurve der Nachbarschaft (ρ) — ausgenommen zwei beliebig kurze Strecken in der Nähe der Punkte 0 und 1, die aber, wie man sofort sieht, die folgende Argumentation nicht stören — bei genügend kleinem ρ beliebig wenig gegen die Extremale geneigt; dasselbe gilt daher von den Teilen der Minimalkurve, die etwa mit dieser Randkurve zusammenfallen. Für die übrigen Teile ergibt es sich durch folgende Überlegung.

Die Krümmung einer Extremale des Integrals (4) ist gegeben durch:

$$\frac{1}{r} = \frac{\frac{\partial^2 G}{\partial x' \partial y} - \frac{\partial^2 G}{\partial x \partial y'}}{G_1},$$

wo unter den Funktionszeichen für x', y' die Richtungskosinus des betreffenden Linienelementes zu setzen sind. Diese Krümmung liegt also für alle unserer Nachbarschaft angehörenden Bögen von Extremalen des Integrals (4) unter derselben Grenze. Das gleiche gilt natürlich von der Randkurve der Nachbarschaft. Die Neigung dieser letzteren gegen die Extremale nimmt, wie schon bemerkt, mit abnehmendem ρ selbst unendlich ab. Gälte nun nicht dasselbe von der Minimalkurve, so müßte sie die Randkurve unter einem nicht verschwindenden Winkel treffen, was unmöglich ist. Unsere Behauptung ist also richtig.

Hieraus folgt ohne weiteres: Es läßt sich ρ so klein wählen, daß der Wert, den die Minimalkurve 0 3 dem Integral (4) erteilt, sich von dem Werte, den die Extremale 0 2 diesem Integral erteilt, um weniger als ε unterscheidet.

Unsere ursprüngliche Behauptung ergibt sich nun in folgender Weise. Es bezeichne $\overline{K}_{02}$ das von 0 bis 2 über die Extremale erstreckte Integral (4), $\overline{K}_{03}$ dasselbe Integral, von 0 bis 3 über die Minimalkurve, K_{03} über eine beliebige Vergleichskurve erstreckt. Dann ist, wie eben gezeigt:

$$K_{03} \geqq \overline{K}_{03} > K_{02} - \varepsilon; \quad K_{31} \geqq \overline{K}_{31} > K_{21} - \varepsilon$$

und da:

$$K_{03} + K_{31} = K_{02} + K_{21}$$

sein muß, folgt daraus unmittelbar:

$$K_{03} < K_{02} + \varepsilon; \quad K_{31} < K_{21} + \varepsilon.$$

Das ist gerade das, was wir behauptet hatten.

Es sei nun $x = x(\tau)$, $y = y(\tau)$ irgend eine, die beiden Punkte 0 und 1 verbindende zulässige Kurve, τ_0 der zum Punkte 0 gehörende Parameterwert. Wir führen die Größe:

$$(11) \qquad z = \int_{\tau_0}^{\tau} G\,[x(\tau), y(\tau), x'(\tau), y'(\tau)]\,d\tau$$

als dritte Raumkoordinate ein. Alle zulässigen ebenen Kurven werden dadurch auf gewisse, die beiden Raumpunkte 0 und 1 verbindende Raumkurven abgebildet. Unser eben bewiesener Satz sagt dann, daß man in der Ebene die Nachbarschaft (ρ) des Extremalenbogens 0 1 so wählen kann, daß die räumlichen Bilder aller in der Nachbarschaft (ρ) verlaufenden zulässigen Vergleichskurven in eine vorgegebene räumliche Nachbarschaft des Bildes der Extremale 0 1 hineinfallen.

Nun gehen wir so vor, wie im ersten Paragraphen. Wir verlängern den Bogen 0 1 unserer Extremale über 0 und 1 hinaus, bis zu den Punkten 0′ und 1′, und zwar so, daß auch der Bogen 0′ 1′ noch allen unseren Forderungen genügt. Die Theorie der isoperimetrischen Probleme lehrt, daß man dann eine räumliche Nachbarschaft U des im Raume gedeuteten Extremalenbogens 0 1 angeben kann, derart, daß:

1. jeder beliebige Punkt 4 derselben sowohl mit 0′ als mit 1′ durch eine eindeutig definierbare Extremale verbunden werden kann; und daß:

2. jeder Bogen 0′ 4 oder 4 1′ einer solchen Extremale dem Integral einen kleineren Wert erteilt als jede zulässige Vergleichskurve, die von 0′ bis 0 (beziehungsweise von 1 bis 1′) mit der Extremale 0′ 1 zusammenfällt, von 0 bis 4 aber (beziehungsweise von 4 bis 1) in der vorgeschriebenen Nachbarschaft verbleibt.

Wie in § 1, leitet man hieraus das Bestehen des folgenden Satzes ab: Es sei U' eine Nachbarschaft des Extremalenbogens 0 1, die ganz im Innern von U liegt, und das Gebiet U'', das U' zu U ergänzt, habe mit dem Extremalenbogen 0′ 1′ keinen Punkt gemein. Jede von 0 nach 1 laufende zulässige Vergleichskurve, die mit U'' einen Punkt gemein hat, erteilt dem Integral (3) einen um mindestens ε größeren Wert, als die Extremale 0 1.

Kehren wir zurück in die Ebene. Wir wählen eine ebene Nachbarschaft Ω des Extremalenbogens 0 1, und zwar so, daß die räumlichen Bilder aller in Ω verlaufenden zulässigen Vergleichskurven ganz im Gebiete U des eben ausgesprochenen Satzes verbleiben. Im Innern von Ω nehmen wir — und zwar g a n z b e l i e b i g — eine Nachbarschaft Ω' des Extremalenbogens 0 1 an. Dann behaupten wir: Es läßt sich im Innern von U eine räumliche Nachbarschaft U' des räumlich gedeuteten Extremalenbogens 0 1 angeben, welche der Bedingung unseres obigen Satzes genügt und weiter die Eigenschaft hat, daß das räumliche Bild jeder zulässigen Vergleichskurve, die nicht ganz in Ω' liegt, auch nicht ganz in U' liegt.

Führen wir zunächst ein Gebiet U^* ein, das ganz im Innern von U liege, dessen Projektion auf die xy-Ebene gerade das Gebiet Ω' sei, das aber sonst ganz willkürlich sein möge. Dieses Gebiet wird im allgemeinen noch nicht das verlangte Gebiet U' sein. Denn, wenn das Gebiet Ω'', welches Ω' zu Ω ergänzt, ein Stück des Extremalenbogens $0'\,1'$, etwa das Stück $0'\,2$, enthält, so wird das Gebiet U^{**}, das U^* zu U ergänzt, das räumliche Bild des Bogens $0'\,2$ enthalten.

Nun beachten wir die Voraussetzung f). Auf Grund derselben läßt sich das Gebiet Ω gewiß so wählen, daß in allen seinen Punkten für beliebige $\overline{x}'$ die Ungleichung gilt:

$$G(x, y, \overline{x}', \overline{y}') > g,$$

wo g eine positive Konstante bedeutet. Auf dem Extremalenbogen $0'\,1'$ ist also fortwährend $\frac{dz}{dt} > g$. Und da die z-Koordinate des Punktes 0 Null ist, so sind die z-Koordinaten der Punkte des Bogens $0'\,2$ durchwegs kleiner als eine negative Größe ζ.

Anderseits hat die Entfernung eines beliebigen Punktes des Gebietes Ω'' vom Punkte 0 eine von Null verschiedene untere Grenze ρ. Liegt also der Punkt 3 einer Vergleichskurve in Ω'', so hat der Bogen 0 3 dieser Kurve mindestens die Länge ρ, und bei der räumlichen Abbildung dieser Kurve erhält der Punkt 3 eine z-Koordinate, die nicht kleiner sein kann als die positive Größe ρg. Daraus folgt, daß, wenn man den Bogen $0'\,2$ der Extremale von einer Kugel von genügend kleinem Radius durchlaufen läßt, und das von dieser Kugel überstrichene Gebiet, soweit es nach U^{**} fällt, noch zu U^* hinzufügt — und ähnlich, wenn nötig, in der Umgebung des Punktes 1 verfährt — das so erhaltene Gebiet U' nun tatsächlich die Eigenschaft hat, daß das räumliche Bild einer nicht ganz in Ω' verlaufenden zulässigen Vergleichskurve auch nicht ganz in U' verlaufen kann. Denn in der Tat, daß das Gebiet U^* diese Eigenschaft hatte, ist offenbar, da aber, wie gezeigt, in die zu U^* hinzugefügten Gebiete überhaupt kein Punkt einer räumlich gedeuteten Vergleichskurve fallen kann, so hat auch das Gebiet U' diese Eigenschaft. Das Gebiet U'', das U' zu U ergänzt, enthält nun aber sicher keinen Punkt des Extremalenbogens $0'\,1'$.

Wir können also den Osgoodschen Satz hier in der folgenden Form aussprechen:

Es sei 0 1 ein den Forderungen a) bis f) genügender Bogen einer Extremale unseres isoperimetrischen Problems; dann läßt sich eine Nachbarschaft Ω dieses Extremalenbogens angeben von der folgenden Eigenschaft: Zu jeder ganz im Innern von Ω gelegenen Nachbarschaft Ω' unseres Extremalenbogens gehört eine positive Konstante ε derart, daß jede ganz in Ω, aber nicht ganz in Ω' gelegene zulässige Vergleichskurve dem Integral (3) einen um mindestens ε größeren Wert erteilt als unser Extremalenbogen.

Es sei eigens darauf hingewiesen, daß wir hier — im Gegensatz zu der einfacheren, im ersten Paragraphen behandelten Aufgabe — nicht genötigt waren, dem Gebiete Ω' irgend eine Beschränkung aufzuerlegen.

§ 3.

Wir behandeln noch — als Repräsentanten einer sehr allgemeinen Gruppe von Variationsproblemen — die folgende Aufgabe, für die wir nun den Osgoodschen Satz beweisen wollen:

Es sind zwei Punkte 0 und 1 des Raumes durch eine der Differentialgleichung:

$$\varphi(x, y, z, x', y', z') = 0 \tag{12}$$

genügende Kurve zu verbinden, die dem Integral:

$$\int_{t_0}^{t_1} F(x, y, z, x', y', z')\, dt \tag{13}$$

einen kleineren Wert erteilt, als jede andere, genügend benachbarte, von 0 nach 1 laufende und der Differentialgleichung (12) genügende Kurve.

Setzt man:

$$F(x, y, z, x', y', z') + \lambda\varphi(x, y, z, x', y', z') = H(x, y, z, x', y', z'), \tag{14}$$

so muß bekanntlich x, y, z, λ neben der Gleichung (12) noch den folgenden Gleichungen genügen:

$$\frac{\partial H}{\partial x} - \frac{d}{dt}\frac{\partial H}{\partial x'} = 0; \quad \frac{\partial H}{\partial y} - \frac{d}{dt}\frac{\partial H}{\partial y'} = 0; \quad \frac{\partial H}{\partial z} - \frac{d}{dt}\frac{\partial H}{\partial z'} = 0. \tag{15}$$

Eine Kurve, die so beschaffen ist, daß sie zusammen mit einer geeigneten Funktion λ die Gleichungen (12) und (15) befriedigt, nennen wir eine Extremale unseres Problems.

Es sei ein die beiden Punkte 0 und 1 verbindender Bogen einer solchen Extremale gegeben. Wir machen über ihn die folgenden Voraussetzungen:

a) Es mögen auf ihm nirgends x', y', z' gleichzeitig verschwinden.

b) Es sei auf ihm durchwegs die Determinante:

$$\begin{vmatrix} \frac{\partial^2 H}{\partial x'^2} & \frac{\partial^2 H}{\partial x' \partial y'} & \frac{\partial^2 H}{\partial x' \partial z'} & \frac{\partial \varphi}{\partial x'} \\ \frac{\partial^2 H}{\partial y' \partial x'} & \frac{\partial^2 H}{\partial y'^2} & \frac{\partial^2 H}{\partial y' \partial z'} & \frac{\partial \varphi}{\partial y'} \\ \frac{\partial^2 H}{\partial z' \partial x'} & \frac{\partial^2 H}{\partial z' \partial y'} & \frac{\partial^2 H}{\partial z'^2} & \frac{\partial \varphi}{\partial z'} \\ \frac{\partial \varphi}{\partial x'} & \frac{\partial \varphi}{\partial y'} & \frac{\partial \varphi}{\partial z'} & 0 \end{vmatrix}$$

von Null verschieden. Alle seine Elemente sind dann reguläre Elemente des Differentialgleichungssystems (12) und (15).

c) Es sei auf ihm die **Weierstraßsche** E-Funktion:

$$E(x, y, z; x', y', z'; \bar{x}', \bar{y}', \bar{z}') =$$

$$= \bar{x}'\left(\frac{\partial H}{\partial x'}(x, y, z, \bar{x}', \bar{y}', \bar{z}') - \frac{\partial H}{\partial x'}(x, y, z, x', y', z')\right) +$$

$$+ \bar{y}'\left(\frac{\partial H}{\partial y'}(x, y, z, \bar{x}', \bar{y}', \bar{z}') - \frac{\partial H}{\partial y'}(x, y, z, x', y', z')\right) +$$

$$+ \bar{z}'\left(\frac{\partial H}{\partial z'}(x, y, z, \bar{x}', \bar{y}', \bar{z}') - \frac{\partial H}{\partial z'}(x, y, z, x', y', z')\right)$$

für alle der Gleichung (12) genügenden Werte von $\bar{x}', \bar{y}', \bar{z}'$ positiv und von Null verschieden, ausgenommen das System $\bar{x}' = x'$, $\bar{y}' = y'$, $\bar{z}' = z'$, für welches sie verschwindet.

d) Die Gleichungen:

$$\mu\frac{\partial\varphi}{\partial x} - \frac{d}{dt}\mu\frac{\partial\varphi}{\partial x'} = 0;\quad \mu\frac{\partial\varphi}{\partial y} - \frac{d}{dt}\mu\frac{\partial\varphi}{\partial y'} = 0;\quad \mu\frac{\partial\varphi}{\partial z} - \frac{d}{dt}\mu\frac{\partial\varphi}{\partial z'} = 0,$$

wo unter den Funktionszeichen die Koordinaten unserer Extremale einzusetzen sind, mögen keine von Null verschiedenen Lösungen μ besitzen. [1])

e) Der Extremalenbogen 01 enthalte den zu 0 konjugierten Punkt nicht.

Zu dieser letzteren Bedingung sei folgendes bemerkt. Durch den Punkt Null geht eine zweiparametrige Schar von Extremalen:

$$x = x(t, a, b),\quad y = y(t, a, b),\quad z = z(t, a, b), \tag{16}$$

die für $a = a_0$, $b = b_0$, $t_0 \leqq t \leqq t_1$ unseren Extremalenbogen 01 liefere. Wegen der Voraussetzung *d*) lassen sich die Integrationskonstanten a, b so wählen, daß für $a = a_0$, $b = b_0$ die Funktionaldeterminante:

$$\frac{\partial(x, y, z)}{\partial(t, a, b)} \tag{17}$$

nicht identisch verschwindet. [2]) Voraussetzung *e*) sagt aus, daß diese Determinante für $t_0 < t \leqq t_1$ überhaupt keine Nullstelle besitzt.

[1]) Vgl. wegen dieser Voraussetzung: G. v. **Escherich**, Wien. Ber. 110 (1901), p. 1417; H. **Hahn**, Math. Ann. 58 (1904), p. 148.

[2]) G. v. **Escherich**, l. c., p. 1405. Man erkennt nämlich leicht, daß unsere Determinante (17) bei geeigneter Wahl von a, b nichts anderes ist als die „Determinante eines der Stelle 0 konjugierten Systems". Das Vorhandensein „anormaler Lösungen" ist bei uns durch Bedingung *d*) ausgeschlossen.

Wir verlängern nun den Extremalenbogen 0 1 über 0 und 1 hinaus, bis zu den Punkten 0′ und 1′. Offenbar sind dann, wenn 0′ und 0 sowie 1′ und 1 hinlänglich benachbart sind, auch auf dem Bogen 0′1′ die Voraussetzungen *a*) bis *d*) erfüllt. Sei ferner:

$$(16a) \qquad x = X(t, a', b'), \quad y = Y(t, a', b'), \quad z = Z(t, a', b')$$

die durch den Punkt 0′ hindurchgehende zweiparametrige Extremalenschar, die für $a' = a'_0$, $b' = b'_0$, $t'_0 \leqq t \leqq t'_1$ den Extremalenbogen 0′ 1′ liefere. Aus der stetigen Abhängigkeit der Lösungen eines Differentialgleichungssystems von ihren Integrationskonstanten folgt leicht, daß die Determinante:

$$(17a) \qquad \frac{\partial (X, Y, Z)}{\partial (t, a', b')}$$

für $a' = a'_0$, $b' = b'_0$, $t'_0 < t \leqq t'_1$ von Null verschieden ausfällt, solange 0′ genügend nahe bei 0 bleibt, d. h. der Bogen 0′ 1′ enthält den zu 0′ konjugierten Punkt nicht.

Bezeichne nun:

$$(16b) \qquad x = x^*(t, \alpha, \beta), \quad y = y^*(t, \alpha, \beta), \quad z = z^*(t, \alpha, \beta)$$

die durch den Punkt 1′ hindurchgehende zweiparametrige Extremalenschar und man erhalte aus ihr den Bogen 0′ 1′ für $\alpha = \alpha_0$, $\beta = \beta_0$, $t'_0 \leqq t \leqq t'_1$. Dann ist die Determinante:

$$(17b) \qquad \frac{\partial (x^*, y^*, z^*)}{\partial (t, \alpha, \beta)}$$

für $\alpha = \alpha_0$, $\beta = \beta_0$, $t'_0 \leqq t < t'_1$ von Null verschieden.[1]) Hieraus ergibt sich leicht:

Der Bogen 0 1 unserer Extremale läßt sich mit einer Nachbarschaft umgeben, deren jeder Punkt sowohl mit 0′ als mit 1′ durch je eine Extremale der Scharen (16*a*) beziehungsweise (16*b*) verbunden werden kann. Verlangt man weiter, daß für diese Extremalen $|a' - a'_0|$, $|b' - b'_0|$ beziehungsweise $|\alpha - \alpha_0|$, $|\beta - \beta_0|$ unter einer gewissen Grenze verbleiben sollen, so gibt es nur je eine solche Extremale.

Sei 2 ein beliebiger Punkt dieser Nachbarschaft. Man erkennt dann leicht, daß die Extremale 0′ 2 dem Integral (13) einen kleineren Wert erteilt als jede andere der Differentialgleichung (12) genügende Kurve, die von 0′ bis 0 mit der Extremale 0′ 1′ zusammenfällt, von 0 bis 2 aber ganz innerhalb unserer Nachbarschaft verbleibt. Die analoge Aussage gilt von der Extremale 2 1′.

---

[1]) G. v. Escherich, l. c

Hieraus ergibt sich dann weiter, wie in § 1, der Osgoodsche Satz in der folgenden Form:

Es läßt sich eine Nachbarschaft U unseres Extremalenbogens 0 1 angeben von der nachstehenden Eigenschaft: U' sei eine ganz in U gelegene Nachbarschaft desselben Bogens, die nur der Einschränkung unterliegt,[1] daß das Gebiet U'', das U' zu U ergänzt, mit der Verlängerung unseres Extremalenbogens keinen Punkt gemein haben darf. Es gehört zu U' eine positive Konstante ε derart, daß jede von 0 nach 1 laufende, der Differentialgleichung (12) genügende Kurve, die ganz in U, aber nicht ganz in U' liegt, dem Integral (13) einen um mindestens ε größeren Wert erteilt als die Extremale 0 1.

Genau dieselbe Methode gestattet es, denselben Satz zu beweisen für Integrale von der Form:

$$J = \int_{t_0}^{t_1} F(y_0, y_1, \ldots, y_n; y'_0, y'_1, \ldots, y'_n)\, dt,$$

wenn zwischen den y noch m Differentialgleichungen und m' endliche Gleichungen ($m + m' < n$) vorgeschrieben sind.

[1]) Bei Verzichtleistung auf die Darstellung durch einen Parameter t und Bevorzugung der Variablen x, kommt auch hier diese Einschränkung nicht zur Geltung, so daß dann der Osgoodsche Satz ganz allgemein bewiesen ist.

Über das allgemeine Problem der Variationsrechnung.

Von **Hans Hahn** in Wien.

Die folgenden Zeilen sollen sich mit einem speziellen Punkte aus der Theorie des sogenannten allgemeinen Problems der Variationsrechnung bei einer unabhängigen Veränderlichen befassen. Dasselbe lautet in geometrischer Einkleidung:

Es sollen zwei gegebene Punkte $(x_0, \overset{0}{y}_1, \ldots, \overset{0}{y}_n)$ und $(x_1, \overset{1}{y}_1, \ldots, \overset{1}{y}_n)$ eines $(n+1)$-dimensionalen Raumes durch eine den Gleichungen:

$$(1) \qquad \varphi_i(x; y_1, \ldots, y_n; y'_1, \ldots, y'_n) = 0 \quad (i = 1, 2, \ldots, m)$$

genügende Kurve:

$$(2) \qquad y_k = y_k(x) \quad (k = 1, 2, \ldots, n)$$

verbunden werden, welche dem Integral:

$$(3) \qquad \int_{x_0}^{x_1} f(x, y_1, \ldots, y_n; y'_1, \ldots, y'_n)\, dx$$

einen kleineren (oder größeren) Wert erteilt als jede andere, genügend benachbarte, dieselben Punkte verbindende und ebenfalls den Gleichungen (1) genügende Kurve.[1])

Man denkt sich nun eine den Gleichungen (1) genügende, durch die beiden vorgeschriebenen Randpunkte gehende Kurve gegeben und sucht nach notwendigen Bedingungen, denen sie genügen muß, um das Integral (3) zu einem Extremum zu machen. Die weitere Behandlung des Problems ist eine ganz verschiedene, je nachdem der „Hauptfall" oder der „Ausnahmefall" vorliegt. Wir befinden uns im Hauptfalle, wenn die Koordinaten $y_k(x)$ der gegebenen Kurve so beschaffen sind, daß das System von n linearen Differentialgleichungen für die m Größen μ_i $(i = 1, 2, \ldots, m)$:

$$(4) \qquad \sum_{i=1}^{m}\left(\mu_i \frac{\partial \varphi_i}{\partial y_k} - \frac{d}{dx}\,\mu_i \frac{\partial \varphi_i}{\partial y'_k}\right) = 0 \quad (k = 1, 2, \ldots, n)$$

keine von Null verschiedenen Lösungen besitzt. Wir wollen zunächst annehmen, es liege der Hauptfall vor.

[1]) Dabei ist natürlich $m < n$ vorausgesetzt. Das Differentialgleichungssystem (4) wird dann im allgemeinen keine von Null verschiedene Lösung zulassen.

Als erste notwendige Bedingung ergibt sich dann bekanntlich die folgende: Die Koordinaten der Kurve (2) müssen zusammen mit m Funktionen λ_i $(i = 1, 2, \ldots, m)$ den Gleichungen genügen:

$$(5)\quad \frac{\partial f}{\partial y_k} - \frac{d}{dx}\frac{\partial f}{\partial y'_k} + \sum_{i=1}^{m}\left(\lambda_i \frac{\partial \varphi_i}{\partial y_k} - \frac{d}{dx}\lambda_i \frac{\partial \varphi}{\partial y'_k}\right) = 0 \quad (k = 1, 2, \ldots, n).$$

Eine solche Kurve wird als Extremale unseres Variationsproblems bezeichnet. Die Gleichungen (5) reichen im Verein mit den Gleichungen (1) und den für die y_k vorgeschriebenen Randbedingungen zur Bestimmung der $m + n$ Funktionen y_k und λ_i im allgemeinen aus.

Wir setzen nun der Kürze halber:

$$f + \sum_{i=1}^{m} \lambda_i \varphi_i = F.$$

Eine zweite notwendige Bedingung, die das Analogon des Legendreschen Kriteriums für unser allgemeines Problem ist, lautet dann: Die quadratische Form:

$$\sum_{i,k=1}^{n} \frac{\partial^2 F}{\partial y'_i \partial y'_k} \zeta_i \zeta_k,$$

deren Unbestimmte den Bedingungsgleichungen:

$$\sum_{k=1}^{n} \frac{\partial \varphi_i}{\partial y'_k} \zeta_k = 0 \quad (i = 1, 2, \ldots, m)$$

unterworfen seien, darf für $x_0 \leqq x \leqq x_1$ nicht verschiedener Vorzeichen fähig sein.

Diese Bedingung wurde zuerst von A. Clebsch aufgestellt,[1] auf Grund der Transformation der zweiten Variation des Integrals (3) in die sogenannte reduzierte Form. Eine strenge Begründung dieser notwendigen Bedingung wurde von G. v. Escherich gegeben,[2] ebenfalls vermöge der Transformation der zweiten Variation. Da weiterhin in der Theorie unseres Variationsproblems von der reduzierten Form der zweiten Variation kein Gebrauch gemacht wird, so entsteht, wie v. Escherich bemerkt,[3] die Aufgabe, unsere notwendige Bedingung zu begründen, ohne die Transformation der zweiten Variation zu verwenden. Es gelingt dies ganz analog, wie im einfachsten Falle, durch Verfolgung des Weges, der Weierstraß zu seiner E-Funktion führte. Es erweisen sich als nützlich bei

[1] A. Clebsch, Journ. f. Math. 55.
[2] G. v. Escherich, Wien. Ber. 107, p. 1383 ff.
[3] G. v. Escherich, Wien. Ber. 108, p. 1271.

Durchführung dieses Gedankenganges gewisse, von mir an anderer Stelle angestellte Überlegungen; [1]) im übrigen stützen sich die folgenden Rechnungen auf den bekannten Ansatz aus den grundlegenden Arbeiten von A. Mayer über die Lagrangesche Multiplikatorenmethode. [2])

Im nachstehenden setzen wir die folgenden Bedingungen als erfüllt voraus: Die Funktionen f und φ_i seien für alle in Betracht kommenden Werte von $x, y_k; y'_k$ samt ihren Ableitungen der ersten drei Ordnungen stetig. Die Koordinaten der Kurve (2) seien eindeutige, stetige, einmal stetig differenzierbare Funktionen von x. Diese Bedingungen genügen ja, um das Bestehen der Gleichungen (5) als notwendig zu erweisen. [3]) Weiters setzen wir voraus, daß entlang der Extremale (2) überall:

$$\begin{vmatrix} \frac{\partial^2 F}{\partial y_1'^2} & \dots & \frac{\partial^2 F}{\partial y'_1 \partial y'_n}; & \frac{\partial \varphi_1}{\partial y'_1} & \dots & \frac{\partial \varphi_m}{\partial y'_1} \\ \cdot & \dots & \cdot & \cdot & \dots & \cdot \\ \cdot & \dots & \cdot & \cdot & \dots & \cdot \\ \frac{\partial^2 F}{\partial y'_n \partial y'_1} & \dots & \frac{\partial^2 F}{\partial y_n'^2}; & \frac{\partial \varphi_1}{\partial y'_n} & \dots & \frac{\partial \varphi_m}{\partial y'_n} \\ \frac{\partial \varphi_1}{\partial y'_1} & \dots & \frac{\partial \varphi_1}{\partial y'_n}; & 0 & \dots & 0 \\ \cdot & \dots & \cdot & \cdot & \dots & \cdot \\ \cdot & \dots & \cdot & \cdot & \dots & \cdot \\ \frac{\partial \varphi_m}{\partial y'_1} & \dots & \frac{\partial \varphi_m}{\partial y'_n}; & 0 & \dots & 0 \end{vmatrix} \neq 0$$

sei. Unsere Extremale geht dann durch keine singuläre Stelle des Differentialgleichungssystems (5) und (1), so daß ihre Koordinaten noch ein zweites Mal stetig differenzierbar sind. Endlich folgt aus dem Nichtverschwinden der angeschriebenen Determinante, daß überall auf unserer Extremale mindestens eine Determinante der Matrix:

$$\left\| \frac{\partial \varphi_i}{\partial y'_k} \right\|_{\binom{i=1,2,\dots,m}{k=1,2,\dots,n}}$$

von Null verschieden ist.

Es bezeichne ξ_1 einen beliebig gewählten Punkt des Intervalls $(x_0 x_1)$. Wir können dann immer annehmen, daß in ξ_1 gerade die Determinante:

$$\left| \frac{\partial \varphi_i}{\partial y'_k} \right|_{(i,k=1,2,\dots,m)} \tag{6}$$

[1]) Math. Ann. 58.
[2]) A. Mayer, Math. Ann. 26. Leipz. Ber. 47.
[3]) Monatsh. f. Math. u. Phys. 14, p. 325 ff.

von Null verschieden ist. Bedeutet dann ξ_0 einen genügend nahe an ξ_1 gelegenen Punkt des Intervalls $(x_0\,\xi_1)$, so ist gewiß die Determinante (6) auch im ganzen Intervall $(\xi_0\,\xi_1)$ von Null verschieden. Wir betrachten nun neben der Extremale (2) eine variierte Kurve:

$$y_k = y_k(x) + \Delta y_k \quad (k = 1, 2, \ldots, n),$$

die durch den Punkt ξ_0 unserer Extremale hindurchgehen und ebenfalls den Gleichungen (1) genügen möge. Gibt man sich die Zuwächse $\Delta y_{m+1}, \ldots, \Delta y_n$ willkürlich vor (aber so, daß sie für $x = \xi_0$ verschwinden), so sind die Zuwächse $\Delta y_1, \ldots, \Delta y_m$, die ja auch für $x = \xi_0$ verschwinden sollen, durch die Gleichungen (1) vollständig bestimmt. Setzt man speziell:

$$\Delta y_k = \sum_{r=0}^{m} \varepsilon_r u_k^r(x) \quad (k = m+1, \ldots, n),$$

wo die ε_r Konstante bedeuten, die $u_k^r(x)$ aber stetige, stetig differenzierbare Funktion, die in ξ_0 sämtlich verschwinden, so wird:

$$\Delta y_k = \sum_{r=0}^{m} \varepsilon_r u_k^r(x) + [\varepsilon]_2 \quad (k = 1, 2, \ldots, m)$$

wo die $u_k^r(x)$ ebenfalls stetige, stetig differenzierbare, in ξ_0 verschwindende Funktionen sind, und $[\varepsilon]_2$ — ebenso wie im folgenden — eine abkürzende Bezeichnung für das Restglied der Taylorschen Reihe ist. Dabei bestehen zwischen den $u_k^r(x)$ die Gleichungen:

$$(7) \quad \sum_{k=1}^{n} \left(\frac{\partial \varphi_i}{\partial y_k} u_k^r + \frac{\partial \varphi_i}{\partial y_k'} (u_k^r)' \right) = 0 \quad (i = 1, 2, \ldots, m;\ r = 0, 1, \ldots m).$$

Die Werte der Ausdrücke u_k^r $(k = 1, 2, \ldots, m)$ an einer beliebigen Stelle ξ des Intervalls $(\xi_0\,\xi_1)$ lassen sich nun nach A. Mayer in der nachstehenden Weise durch die u_k^r $(k = m+1, \ldots, n)$ aus ausdrücken (wobei bei den u_k^r der Einfachheit halber der obere Index weggelassen ist):

Man bezeichnet mit μ_i^s $(i, s = 1, 2, \ldots, m)$ ein Fundamentallösungssystem des in $(\xi_0\,\xi_1)$ regulären Systems linearer Differentialgleichungen:

$$\sum_{i=1}^{m} \left(\mu_i \frac{\partial \varphi_i}{\partial y_k} - \frac{d}{dx} \mu_i \frac{\partial \varphi_i}{\partial y_k'} \right) = 0 \quad (k = 1, 2, \ldots, m).$$

Aus den Gleichungen (7) folgt dann sofort:

$$\sum_{k=m+1}^{n} u_k \sum_{i=1}^{m} \left(\overset{s}{\mu}_i \frac{\partial \varphi_i}{\partial y_k} - \frac{d}{dx} \overset{s}{\mu}_i \frac{\partial \varphi_i}{\partial y'_k} \right) + \frac{d}{dx} \sum_{k=1}^{n} u_k \sum_{i=1}^{m} \overset{s}{\mu}_i \frac{\partial \varphi_i}{\partial y'_k} = 0$$

$$(s = 1, 2, \ldots, m)$$

und durch Integration von ξ_0 bis ξ:

$$\sum_{k=1}^{m} u_k \sum_{i=1}^{m} \overset{s}{\mu}_i \frac{\partial \varphi_i}{\partial y'_k} \Bigg]_\xi = - \sum_{k=m+1}^{n} u_k \sum_{i=1}^{m} \overset{s}{\mu}_i \frac{\partial \varphi_i}{\partial y'_k} \Bigg]_\xi -$$

$$- \int_{\xi_0}^{\xi} \sum_{k=m+1}^{n} u_k \sum_{i=1}^{m} \left(\overset{s}{\mu}_i \frac{\partial \varphi_i}{\partial y_k} - \frac{d}{dx} \overset{s}{\mu}_i \frac{\partial \varphi_i}{\partial y'_k} \right) dx \quad (s = 1, 2, \ldots, m).$$

Diese Gleichungen können, da die Determinanten (6) und $|\overset{s}{\mu}_i|_{(i, s = 1, 2, \ldots, m)}$ an der Stelle ξ nicht verschwinden, nach den $u_k(\xi)$ $(k = 1, 2, \ldots, m)$ aufgelöst werden und ergeben:

$$u_k(\xi) = \sum_{s=m+1}^{n} \varphi_s^k u_s(\xi) + \int_{\xi_0}^{\xi} \sum_{s=m+1}^{n} u_s \sum_{i=1}^{m} \left(\nu_i^k \frac{\partial \varphi_i}{\partial y_s} - \frac{d}{dx} \nu_i^k \frac{\partial \varphi_i}{\partial y'_s} \right) dx,$$

wo die Ausdrücke φ_s^k und ν_i^k leicht zu bilden sind und von der Wahl der $u_s(x)$ $(s = m + 1, \ldots, n)$ nicht abhängen.

Ist speziell:

$$(8) \qquad \overset{1}{u}_s(\xi) = \overset{2}{u}_s(\xi) = \cdots = \overset{m}{u}_s(\xi) = 0 \quad (s = m + 1, \ldots, n)$$

und setzt man der Kürze halber:

$$\int_{\xi_0}^{\xi} \sum_{s=m+1}^{n} \overset{r}{u}_s \sum_{i=1}^{m} \left(\nu_i^k \frac{\partial \varphi_i}{\partial y_s} - \frac{d}{dx} \nu_i^k \frac{\partial \varphi_i}{\partial y'_s} \right) dx = W_k^{(\xi)}(\overset{r}{u}),$$

so erhält man für $\Delta y_k]_\xi$ $(k = 1, 2, \ldots, m)$ die Ausdrücke:

$$(9) \quad \Delta y_k]_\xi = \varepsilon_0 \sum_{s=m+1}^{n} \varphi_s^k \overset{0}{u}_s(\xi) + \sum_{r=0}^{m} \varepsilon_r W_k^{(\xi)}(\overset{r}{u}) + [\varepsilon]_2 \quad (k = 1, 2, \ldots, m).$$

Es bezeichne nun $\overset{r}{v}_s(x)$ $(r = 1, 2, \ldots, m;\ s = m + 1, \ldots, n)$ ein System stetiger, stetig differenzierbarer Funktionen, die sämtlich sowohl in ξ_0 als in ξ_1 verschwinden und außerdem so gewählt seien, daß die Determinante

$$(10) \qquad |W_k^{(\xi_1)}(\overset{r}{v})|_{(r, k = 1, 2, \ldots, m)}$$

von Null verschieden ausfällt. Daß dies — im Hauptfalle — sicher möglich ist, habe ich an anderer Stelle gezeigt. [1])

Wir legen nun durch den Punkt ξ_1 unserer Extremale eine Kurve, deren Gleichung die Form habe:

$$(11)\quad y_k = \tilde{y}_k(x) = y_k(\xi_1) + \tilde{y}'_k(\xi_1)(x-\xi_1) + [x-\xi_1]_2 \quad (k = 1, 2, \ldots, n)$$

und die den Gleichungen (1) genüge, so daß:

$$(12)\quad \varphi_i(x;\, y_1(\xi_1), \ldots, y_n(\xi_1);\, \tilde{y}'_1(\xi_1), \ldots, \tilde{y}'_n(\xi_1)) = 0 \quad (i = 1, 2, \ldots, m)$$

ist. Dann wollen wir zunächst zeigen, daß jeder dem Punkte ξ_1 genügend nahe gelegene Punkt ξ dieser Kurve (dessen Abszisse dem Intervall $(\xi_0\, \xi_1)$ angehöre) sich mit dem Punkte ξ_0 unserer Extremale durch eine den Gleichungen (1) genügende Kurve:

$$(13)\quad y_k = \bar{y}_k(x) = y_k(x) + [\xi - \xi_1]_1 \quad (k = 1, 2, \ldots, n)$$

verbinden läßt.

Zu diesem Zwecke setzen wir in (9):

$$\varepsilon_0 = \xi - \xi_1$$

$$u^0_s(x) = \frac{x - \xi_0}{(\xi - \xi_0)(\xi - \xi_1)}(\tilde{y}_s(\xi) - y_s(\xi)) \quad (s = m+1, \ldots, n)$$

$$u^r_s(x) = v^r_s\left(\xi_0 + (x - \xi_0)\frac{\xi_1 - \xi_0}{\xi - \xi_0}\right) \quad (r = 1, 2, \ldots, m;\ s = m+1, \ldots, n).$$

Dann sind die Gleichungen (8) erfüllt. Setzen wir weiter:

$$\bar{y}_k(x) = y_k(x) + (\xi - \xi_1)\, u^0_k(x) + \varepsilon_1 u^1_k(x) + \cdots + \varepsilon_m u^m_k(x)$$
$$(k = m+1, \ldots, n),$$

so bestehen bereits die Gleichungen:

$$\bar{y}_k(\xi) = \tilde{y}_k(\xi) \quad (k = m+1, \ldots, n).$$

Wir haben noch zu zeigen, daß bei geeigneter Wahl von $\varepsilon_1, \varepsilon_2, \ldots, \varepsilon_m$ diese selben Gleichungen auch noch für $k = 1, 2, \ldots, m$ erfüllt werden können:

Beachten wir, daß zufolge (9):

$$\bar{y}_k(\xi) = y_k(\xi) + (\xi - \xi_1)\sum_{s=m+1}^{n} \varphi^k_s u^0_s(\xi) + (\xi - \xi_1)\, W^{(\xi)}_k(u^0) +$$
$$+ \sum_{r=1}^{m} \varepsilon_r W^{(\xi)}_k(u^r) + [\xi - \xi_1, \varepsilon]_2 \quad (k = 1, 2, \ldots, m)$$

[1]) Math. Ann. 58, p. 155 ff.

wird. Man ersieht hieraus die Richtigkeit der folgenden Behauptungen: Die linken Seiten der m Gleichungen:

$$(14) \qquad \overline{y}_k(\xi) - \tilde{y}_k(\xi) = 0 \quad (k = 1, 2, \ldots, m)$$

sind in der Umgebung der Stelle $\xi = \xi_1, \varepsilon_1 = \varepsilon_2 = \cdots = \varepsilon_m = 0$ stetige, mit stetigen ersten Ableitungen versehene Funktionen von $\xi, \varepsilon_1, \varepsilon_2, \ldots, \varepsilon_m$. An der genannten Stelle sind diese Gleichungen erfüllt. Ihre Funktionaldeterminante nach $\varepsilon_1, \varepsilon_2, \ldots, \varepsilon_m$ hat an dieser Stelle den Wert:

$$| W_k^{(\xi_1)}(u^r) |_{(k, r = 1, 2, \ldots, m)}$$

was zufolge der Definition der $u^{(r)}(x)$ nichts anderes ist, als die Determinante (10), die nach Voraussetzung von Null verschieden ist.

Es können also, nach einem bekannten Satze $\varepsilon_1, \varepsilon_2, \ldots, \varepsilon_m$ so als stetige, stetig differenzierbare Funktionen von ξ bestimmt werden, daß die Gleichungen (14) auch für alle von ξ_1 genügend wenig verschiedenen ξ erfüllt bleiben. Das aber ist es, was wir behauptet hatten.

Wir bezeichnen nun mit J das Integral (3), erstreckt über das Stück $(\xi_0\, \xi_1)$ unserer Extremale, mit $\overline{J}$ dasselbe Integral, erstreckt von ξ_0 bis ξ über die Kurve (13), von ξ bis ξ_1 über die Kurve (11). Da alle diese Kurven den Gleichungen (1) genügen, können wir statt des Integrals (3) auch das Integral:

$$\int \Big(f(x; y_1, \ldots, y_n; y_1', \ldots, y_n') + \sum_{i=1}^{m} \lambda_i \varphi_i(x; y_1, \ldots, y_n; y_1', \ldots, y_n') \Big) dx =$$

$$\int F(x; y_1, \ldots, y_n; y_1', \ldots, y_n')\, dx$$

betrachten. Wir wollen nun die Differenz $\overline{J} - J$ als Funktion des Parameters ξ betrachten und an der Stelle $\xi = \xi_1$ nach der Taylorschen Formel entwickeln. Es ist:

$$\overline{J} - J = \int_{\xi_0}^{\xi} \Big(F(x; \overline{y}_1, \ldots, \overline{y}_n; \overline{y}_1', \ldots, \overline{y}_n') - F(x; y_1, \ldots, y_n; y_1', \ldots, y_n') \Big) dx$$

$$+ \int_{\xi}^{\xi_1} F(x; \tilde{y}_1, \ldots, \tilde{y}_n; \tilde{y}_1', \ldots, \tilde{y}_n')\, dx - \int_{\xi}^{\xi_1} F(x; y_1, \ldots, y_n; y_1', \ldots, y_n')\, dx.$$

Für das erste rechts stehende Integral findet man bekanntlich durch partielle Integration den Ausdruck: [1])

$$\int_{\xi_0}^{\xi} \sum_{k=1}^{n} \Big(\frac{\partial F}{\partial y_k} - \frac{d}{dx} \frac{\partial F}{\partial y_k'} \Big) (\overline{y}_k - y_k)\, dx + \Big[\sum_{k=1}^{n} \frac{\partial F}{\partial y_k'} (\overline{y}_k - y_k) \Big]_{\xi_0}^{\xi} + [\xi - \xi_1]_2,$$

[1]) Dabei hat man zu beachten, daß $\overline{y}_k(x) = y_k(x) + [\xi - \xi_1]_1$ $(k = 1, 2 \ldots, n)$.

der sich wegen des Bestehens der Gleichungen (5) und wegen der Gleichungen:

$$\bar{y}_k(\xi_0) = y_k(\xi_0) \quad (k = 1, 2, \ldots, n)$$

weiter reduziert auf:

$$\sum_{k=1}^{n} \frac{\partial F}{\partial y'_k}\Big]_{\xi} \big(\bar{y}_k(\xi) - y_k(\xi)\big) + [\xi - \xi_1]_2 =$$

$$= \sum_{k=1}^{n} \frac{\partial F}{\partial y'_k}\Big]_{\xi} \big(\tilde{y}'_k(\xi_1) - y'_k(\xi_1)\big)(\xi - \xi_1) + [\xi - \xi_1]_2 .$$

Ferner ist:

$$\int_{\xi}^{\xi_1} F(x; \tilde{y}_1, \ldots, \tilde{y}_n; \tilde{y}'_1, \ldots, \tilde{y}'_n)\, dx =$$

$$= - F\big(\xi_1; y_1(\xi_1), \ldots, y_n(\xi_1); \tilde{y}'_1(\xi_1), \ldots, \tilde{y}'_n(\xi_1)\big)(\xi - \xi_1) + [\xi - \xi_1]_2$$

und:

$$\int_{\xi}^{\xi_1} F(x; y_1, \ldots, y_n; y'_1, \ldots, y'_n)\, dx =$$

$$= - F\big(\xi_1; y_1(\xi_1), \ldots, y_n(\xi_1); y'_1(\xi_1), \ldots, y'_n(\xi_1)\big)(\xi - \xi_1) + [\xi - \xi_1]_2,$$

so daß wir schließlich erhalten:

$$(15) \qquad \bar{J} - J = - E\big(\xi_1; y(\xi_1), y'(\xi_1), \tilde{y}'(\xi_1)\big)(\xi - \xi_1) + [\xi - \xi_1]_2,$$

wo:

$$(16) \qquad \begin{aligned} &E(x; y, y'; \tilde{y}') = \\ &= F(x; y_1, \ldots, y_n; \tilde{y}'_1, \ldots, \tilde{y}'_n) - F(x; y_1, \ldots, y_n; y'_1 \ldots, y'_n) \\ &- \sum_{k=1}^{n} \frac{\partial F}{\partial y'_k}(x; y_1, \ldots, y_n; y'_1, \ldots, y'_n)(\tilde{y}'_k - y'_k) \end{aligned}$$

gesetzt ist. Es ist ferner zu beachten, daß die Differenz $\xi - \xi_1$ negativ ist, da ja der Punkt ξ im Intervall $(\xi_0\, \xi_1)$ liegen sollte.

Soll nun aber der Bogen $(x_0\, x_1)$ unserer Extremale das gewünschte Extremum liefern, so muß auch der Bogen $(\xi_0\, \xi_1)$ ein Extremum liefern, was wegen (15) offenbar nur dann möglich ist, wenn der Ausdruck (16) für alle den Gleichungen (12) genügenden Wertsysteme von $\tilde{y}'_k(\xi_1)$ $(k = 1, 2, \ldots, n)$ dasselbe Vorzeichen hat.

Da ferner der Punkt ξ_1 ein ganz beliebiger Punkt des Intervalls $(x_0 x_1)$ war, so haben wir die gewünschte Verallgemeinerung der notwendigen Bedingung von Weierstraß auf unser allgemeines Problem:

Für das Eintreten eines Extremums ist notwendig, daß auf dem ganzen Bogen $(x_0 x_1)$ der Extremale (2) die Ungleichung bestehe:

$$E\left(x; y(x), y'(x), \tilde{y}'\right) \geqq 0 \quad (\text{oder} \leqq 0) \tag{17}$$

für alle den Gleichungen:

$$\varphi_i\left(x; y_1(x), \ldots, y_n(x); \tilde{y}'_1, \ldots, \tilde{y}'_n\right) = 0 \quad (i = 1, 2, \ldots, m) \tag{18}$$

genügenden Werte der Unbestimmten $\tilde{y}'_k$ $(k = 1, 2, \ldots, n)$.

Das Legendresche Kriterium ist hieraus sofort ableitbar, wenn man beachtet, daß

$$E(x; y, y', \tilde{y}') =$$

$$= \sum_{i,k=1}^{n} \frac{\partial^2 F}{\partial y'_i \partial y'_k}(x; y_1, \ldots, y_n; y'_1, \ldots, y'_n)(\tilde{y}'_i - y'_i)(\tilde{y}'_k - y'_k) + [\tilde{y}' - y']_3$$

ist, während die Gleichungen (18) in die Form gebracht werden können:

$$\sum_{k=1}^{n} \frac{\partial \varphi_i}{\partial y'_k}(x; y_1, \ldots, y_n; y'_1, \ldots, y'_n)(\tilde{y}'_k - y'_k) + [\tilde{y}'_k - y'_k]_2 = 0$$

$$(i = 1, 2, \ldots, m).$$

Es ist also offenbar, daß die Ungleichung (17) für alle den Gleichungen (18) genügenden $\tilde{y}'_k$ nur dann bestehen kann, wenn die Ungleichung:

$$\sum_{i,k=1}^{n} \frac{\partial^2 F}{\partial y'_i \partial y'_k}\left(x; y_1(x), \ldots, y_n(x); y'_1(x), \ldots, y'_n(x)\right) \zeta_i \zeta_k \geqq 0 \ (\text{oder} \leqq 0)$$

für alle den Gleichungen:

$$\sum_{k=1}^{n} \frac{\partial \varphi_i}{\partial y'_k}\left(x; y_1(x), \ldots, y_n(x); y'_1(x), \ldots, y'_n(x)\right) \zeta_k = 0$$

genügenden ζ erfüllt ist. Dies aber ist die gesuchte Verallgemeinerung des Legendreschen Kriteriums auf unser allgemeines Problem.[1])

Es sei nochmals darauf hingewiesen, daß alles Bisherige sich nur auf den Hauptfall bezieht, denn nur im Hauptfalle ließ sich

[1]) Wie aus dem Obigen ersichtlich ist, besteht die einzige Schwierigkeit bei Übertragung des Weierstraßschen Gedankenganges auf unser allgemeines

die Existenz der bei dem obigen Beweise zur Verwendung gelangenden Vergleichskurven beweisen. Ganz einfache Beispiele zeigen, daß sich in der Tat im Ausnahmefalle die Existenz solcher Kurven nicht mehr behaupten läßt. Demgegenüber dürfte es der Beachtung wert sein, daß bei dem folgenden Problem die Beschränkung auf den Hauptfall überflüssig ist, so daß man hier die in Rede stehenden notwendigen Bedingungen ganz allgemein aufstellen kann:

Es sei eine gegebene Fläche unseres $(n+1)$-dimensionalen Raumes:

$$g(x, y_1, \ldots, y_n) = 0 \tag{19}$$

mit einem gegebenen Punkte $(x_1, y_1^1, \ldots, y_n^1)$ durch einen den Gleichungen (1) genügenden Kurvenbogen zu verbinden, der dem Integrale (3) einen kleineren (oder größeren) Wert erteilt, als jeder andere genügend benachbarte den Gleichungen (1) genügende Kurvenbogen, der ebenfalls die gegebene Fläche mit dem gegebenen Punkte verbindet.

Sei in der Tat hier eine Extremale unseres Problems gegeben, die bekanntlich die Fläche (19) transversal schneiden muß.[1] Legen wir dann durch den Punkt ξ_1 dieser Extremale eine den Gleichungen (1) genügende Kurve

$$y_k = \tilde{y}_k(x) \quad (k = 1, 2, \ldots, n),$$

so kommt alles darauf an, zu beweisen, daß es eine ebenfalls den Gleichungen (1) genügende Kurve:

$$y_k = \bar{y}_k(x, \xi) = y_k(x) + w_k(x)(\xi - \xi_1) + [\xi - \xi_1]_2 \quad (k = 1, 2, \ldots, n)$$

gibt, die die Fläche (19) mit dem willkürlichen, aber genügend nahe an ξ_1 gelegenen Punkte ξ der Kurve $y_k = \tilde{y}_k(x)$ verbindet. Eine solche Kurve aber erhält man, wie man leicht einsieht, in der folgenden Weise:

Man setze:

$$\bar{y}_k(x) = y_k(x) + \Delta y_k \quad (k = 1, 2, \ldots, n)$$

wähle Δy_k $(k = m+1, \ldots, n)$ willkürlich, aber so, daß sie für $x = \xi$ die Werte $\tilde{y}_k(\xi) - y_k(\xi)$ $(k = m+1, \ldots, n)$ annehmen und bestimme dann Δy_k $(k = m+1, \ldots, n)$ aus den Gleichungen (1) in Verbindung mit den Anfangsbedingungen:

$$\Delta y_k]_\xi = \tilde{y}_k(\xi) - y_k(\xi) \quad (k = 1, 2, \ldots, m).$$

Problem im Nachweise der Existenz gewisser den Gleichungen (1) genügender Kurven. Das Vorhandensein dieser Kurven würde sich unmittelbar ergeben, wenn es gelänge, allgemein nachzuweisen, daß im Hauptfalle die vom Punkte ξ_0 ausgehenden Extremalen ein Feld des Bogens $(\xi_0 \xi_1)$ bilden. Da aber der einzige mir bekannte Beweis dieses Satzes (G. v. Escherich, Wien. Ber. 110, p. 1405) das Legendresche Kriterium bereits als erfüllt voraussetzt, so kann er zum Beweise dieses Kriteriums nicht verwendet werden.

[1]) Dabei möge der Fall, daß die transversale Lage in Berührung ausartet, der Sicherheit halber ausgeschlossen werden.

Über die Herleitung der Differentialgleichungen der Variationsrechnung.

Von

Hans Hahn in Wien.

Für die Variationsrechnung ist die Frage von großer Bedeutung, ob es außer den durch die Lagrangeschen Gleichungen gelieferten (stetigen und unstetigen) Lösungen noch andere Lösungen geben kann. Man ist aber auch im einfachsten Falle über das von Du Bois-Reymond erzielte Resultat, daß sich unter den stetig differenzierbaren Funktionen keine neuen Lösungen finden können, nicht wesentlich hinausgelangt, denn die Abhandlung von Whittemore*) läßt nur sehr spezielle Verteilung der Unstetigkeitsstellen zu und führt auch dann nur unter bedeutenden Einschränkungen zum Ziele, und auch die in der Dissertation von Gernet**) angedeutete Methode bedarf zu ihrer exakten Durchführung sehr weitgehender Voraussetzungen über das zu untersuchende Variationsproblem. Im ersten Abschnitte dieses Aufsatzes wird nun gezeigt, daß alle rektifizierbaren durchwegs mit einer Tangente versehenen Lösungskurven eines Variationsproblems mit den stetigen Lösungen der Lagrangeschen Gleichungen übereinstimmen, während die bloß mit einer einseitigen Tangente versehenen Lösungskurven mit den bekannten unstetigen Lösungen zusammenfallen. Der zweite Teil dieses Aufsatzes beschäftigt sich mit dem allgemeinen Probleme der Variationsrechnung. Ich habe vor einiger Zeit eine Methode angegeben***), um auch in diesem Falle die Lagrangeschen Gleichungen aufstellen zu können unter der Voraussetzung, daß die Lösungen bloß einmal stetig differenzierbar sind. Hier nun zeige ich, wie das mittlerweile von Hilbert†) mitgeteilte Verfahren zur Aufstellung dieser Gleichungen, das zweimalige Differenzierbarkeit voraussetzt, modifiziert

*) Annals of math. (2) 2 (1900).
**) Gött. Diss. 1902, p. 53.
***) Monatshefte f. Math. u. Phys. 14 (1903).
†) Gött. Nachr. 1905.

werden kann, so daß auch dieses Verfahren nur mehr die Existenz stetiger erster Ableitungen der gesuchten Lösung voraussetzt.

§ 1.

Das einfachste Problem der Variationsrechnung verlangt, in einer gegebenen Klasse von Kurven, die zwei feste Punkte der Ebene miteinander verbinden, diejenigen aufzufinden, welche einem Kurvenintegrale von der Form:

$$(1) \qquad \int F(x, y;\, x', y')\, dt$$

einen kleineren (oder größeren) Wert erteilen, als jede andere genügend benachbarte, dieselben Punkte verbindende Kurve.

Soll der Wert des Integrals (1) unabhängig sein von der Art der Darstellung der Kurvenkoordinaten durch den Parameter t, so muß bekanntlich für alle positiven Zahlen k die Beziehung bestehen:

$$F(x, y;\, kx', ky') = kF(x, y;\, x', y').$$

Wir setzen dieselbe als erfüllt voraus. Ferner sei die Funktion $F(x, y;\, x', y')$ in allen in Betracht kommenden Punkten der Ebene eine regulär-analytische Funktion ihrer vier Argumente, und zwar für alle endlichen Wertepaare x', y', ausgenommen etwa das Wertepaar 0, 0.

Die in der Variationsrechnung übliche Methode lehrt, unser Problem zu lösen, wenn die oben genannte Kurvenklasse aus allen denjenigen Kurven besteht, deren Koordinaten sich als zweimal stetig differenzierbare Funktionen eines Parameters t darstellen lassen. Diese Kurven haben in jedem Punkte eine Tangente und eine bestimmte endliche Krümmung; die Neigung der Tangente gegen die Koordinatenachsen, sowie die Krümmung ändern sich stetig von Punkt zu Punkt. Die gesuchte Kurve muß dann bekanntlich den beiden (voneinander nicht unabhängigen) Differentialgleichungen genügen:

$$(2) \qquad \frac{\partial F}{\partial x} - \frac{d}{dt}\frac{\partial F}{\partial x'} = 0; \quad \frac{\partial F}{\partial y} - \frac{d}{dt}\frac{\partial F}{\partial y'} = 0,$$

den sogenannten Lagrangeschen Gleichungen*) des Problems.

P. Du Bois-Reymond**) gelang es zu beweisen, daß, wenn man die eben angeführte Kurvenklasse durch die Klasse aller derjenigen Kurven ersetzt, deren Koordinaten sich durch einmal stetig differenzierbare Funk-

*) O. Bolza bezeichnet diese Gleichungen in seinen „Lectures on the Calculus of Variations" als Eulersche Gleichungen.

**) Math. Ann. 15 (1879), p. 564. Eine einfachere Fassung des Beweises rührt von Hilbert her. Beide Fassungen sind wiedergegeben in Bolza, Lectures, p. 22. Ferner ein sehr einfacher Beweis von E. Zermelo, Math. Ann. 58.

tionen eines Parameters t darstellen lassen, zu den durch die Lagrangeschen Gleichungen gelieferten Lösungen keine weiteren hinzukommen. Die nunmehr zugelassenen Kurven besitzen also in jedem Punkte eine bestimmte Tangente, deren Neigung gegen die Koordinatenachsen sich stetig ändert. Eine solche Kurve ist bekanntlich stets rektifizierbar.

Im folgenden wird nun diese Kurvenklasse abermals durch eine umfassendere ersetzt: Es soll von den Kurven, unter denen die Lösung des Variationsproblems gesucht wird, nur vorausgesetzt werden, daß sie rektifizierbar sind und in jedem Punkte eine bestimmte Tangente besitzen, und es soll dargetan werden, daß auch hierdurch keine neuen Lösungen zustande kommen.*) Es ist klar, daß die hier betrachtete Kurvenklasse jede der beiden früher erwähnten in sich einschließt, aber wesentlich allgemeiner ist.

Zunächst sei darauf hingewiesen, daß für jede Kurve aus unserer Klasse der Begriff des Kurvenintegrals einen Sinn besitzt. In der Tat können wir, da die Kurve als rektifizierbar vorausgesetzt ist, die vom Anfangspunkte der Integration an gemessene Bogenlänge s als Parameter einführen. Bezeichnen wir mit γ den Winkel, den die Tangente an die Kurve im Punkte s (positiv gerechnet in der Richtung wachsenden s) mit der positiven x-Achse einschließt, so ist:

$$(3)\qquad \begin{aligned} \cos\gamma &= \lim_{h=0} \frac{x(s+h)-x(s)}{+\sqrt{[x(s+h)-x(s)]^2+[y(s+h)-y(s)]^2}};\\ \sin\gamma &= \lim_{h=0} \frac{y(s+h)-y(s)}{+\sqrt{[x(s+h)-x(s)]^2+[y(s+h)-y(s)]^2}}. \end{aligned}$$

Es sind also $\cos\gamma$ und $\sin\gamma$ dargestellt als Grenzen stetiger Funktionen, und sind daher — nach der Terminologie von R. Baire**) — Funktionen der ersten Klasse. Dasselbe gilt, da $F(x, y;\, x', y')$ stetig von seinen vier Argumenten abhängt, von der Funktion $F(x, y;\, \cos\gamma, \sin\gamma)$***); dieser Ausdruck ist also integrierbar im Sinne von H. Lebesgue†) und das Integral:

$$\int_0^s F(x, y;\, \cos\gamma, \sin\gamma)\, ds$$

*) Die sogenannten diskontinuierlichen Lösungen genügen unseren Forderungen nicht, da sie nicht in jedem Punkte eine Tangente besitzen. Dieselben kommen am Schlusse dieses Paragraphen zur Behandlung.

**) Siehe etwa R. Baire, Leçons sur les fonctions discontinues. Paris, Gauthier-Villars, 1905.

***) Vgl. etwa H. Lebesgue, Journ. de math., 1905, p. 153.

†) H. Lebesgue, Leçons sur l'intégration. Paris, Gauthier-Villars, 1904, p. 111.

bezeichnen wir als das über unsere Kurve erstreckte Integral der Funktion $F(x, y; x', y')$. Man erkennt ferner leicht, daß, wenn mit $x'(s)$ und $y'(s)$ irgend welche der vier Derivierten von $x(s)$ und $y(s)$ bezeichnet werden, stets die Beziehung besteht:

$$\int_0^s F(x, y; x'(s), y'(s))ds = \int_0^s F(x, y; \cos\gamma, \sin\gamma)ds.$$

In der Tat: Zunächst hat der links stehende Ausdruck immer einen Sinn, da $x'(s)$ sowohl als $y'(s)$ und somit auch $F(x, y; x'(s), y'(s))$ höchstens von der zweiten Klasse sind.*) Andererseits können sich $x'(s)$ und $y'(s)$ von $\cos\gamma$ und $\sin\gamma$ höchstens in den Punkten einer Menge vom Maße Null unterscheiden**); auf die Werte des Integranden in einer solchen Punktmenge kommt es aber bei der Integration von Funktionen, deren Werte zwischen endlichen Grenzen liegen — und nur um solche handelt es sich hier —, bekanntlich gar nicht an.

Soll nun das Stück $(s_0 s_1)$ unserer Kurve dem Integral (1) einen kleinsten oder größten Wert erteilen, so ergibt eine bekannte Schlußweise, daß das über diesen Kurvenbogen erstreckte Integral:

$$\int_{s_0}^{s_1} \left(\frac{\partial F}{\partial x} u + \frac{\partial F}{\partial y} v + \frac{\partial F}{\partial x'} u' + \frac{\partial F}{\partial y'} v'\right) ds$$

den Wert Null haben muß für alle stetigen, abteilungsweise stetig differenzierbaren Funktionen $u(s)$, $v(s)$, die für $s = s_0$ und $s = s_1$ verschwinden. Dasselbe gilt somit für jedes einzelne der Integrale:

$$\int_{s_0}^{s_1} \left(\frac{\partial F}{\partial x} u + \frac{\partial F}{\partial x'} u'\right) ds; \quad \int_{s_0}^{s_1} \left(\frac{\partial F}{\partial y} v + \frac{\partial F}{\partial y'} v'\right) ds.$$

Wir zeigen zunächst, daß die Gleichung besteht:

$$(4) \qquad \int_{s_0}^{s_1} \frac{\partial F}{\partial x} u ds = -\int_{s_0}^{s_1} \left(\int_{s_0}^{s} \frac{\partial F}{\partial x} ds\right) u'(s) ds.$$

Auf Grund unserer Voraussetzungen liegen die Werte der Funktion $\frac{\partial F}{\partial x}$ zwischen endlichen Grenzen. Es liegen daher auch die Werte der vier Ableitungen von $\int_{s_0}^{s} \frac{\partial F}{\partial x} ds$ zwischen endlichen Grenzen, und da das

---

*) H. Lebesgue, l. c., p. 121.

**) H. Lebesgue, l. c., p. 125.

gleiche nach Voraussetzung von $u(s)$ gilt, so gilt es auch von $u(s)\int_{s_0}^{s}\frac{\partial F}{\partial x}ds$. Nach einem Satze von Lebesgue*) existiert daher die Ableitung

$$\frac{d}{ds}\left[u(s)\int_{s_0}^{s}\frac{\partial F}{\partial x}ds\right]$$

im ganzen Intervall $(s_0 s_1)$, abgesehen höchstens von einer Punktmenge vom Maße Null. Wo aber diese Ableitung existiert, muß sie den Wert haben:

$$u'(s)\int_{s_0}^{s}\frac{\partial F}{\partial x}ds + u(s)\frac{d}{ds}\int_{s_0}^{s}\frac{\partial F}{\partial x}ds.$$

Da nun, ebenfalls nach Lebesgue**), abgesehen von einer Punktmenge vom Maße Null, die Gleichung gilt:

$$\frac{d}{ds}\int_{s_0}^{s}\frac{\partial F}{\partial x}ds = \frac{\partial F}{\partial x},$$

so gilt in $(s_0 s_1)$, wieder abgesehen von einer Punktmenge vom Maße Null, die Gleichung:

$$(5)\qquad \frac{d}{ds}\left[u(s)\int_{s_0}^{s}\frac{\partial F}{\partial x}ds\right] = u'(s)\int_{s_0}^{s}\frac{\partial F}{\partial x}ds + u(s)\cdot\frac{\partial F}{\partial x}.$$

Integriert man eine der vier Ableitungen von $u(s)\int_{s_0}^{s}\frac{\partial F}{\partial x}ds$ von s_0 bis s_1, so erhält man aber***) die Differenz:

$$\left[u(s)\int_{s_0}^{s}\frac{\partial F}{\partial x}ds\right]_{s_0}^{s_1},$$

die wegen der Voraussetzung $u(s_1) = 0$ den Wert Null hat. Da es aber bei Bildung des Lebesgueschen Integrals einer endlichen Funktion auf die Werte des Integranden in einer Punktmenge vom Maße Null nicht ankommt, so muß wegen (5) auch:

$$\int_{s_0}^{s_1}\left(u'(s)\int_{s_0}^{s}\frac{\partial F}{\partial x}ds\right)ds + \int_{s_0}^{s_1}u(s)\frac{\partial F}{\partial x}ds = 0$$

sein, wodurch Gleichung (4) bewiesen ist.

---

*) l. c., p. 123.

**) l. c., p. 124.

***) l. c., p. 123.

Wir können also weiter aussagen: Die beiden Integrale:

$$(6)\qquad \int\limits_{s_0}^{s_1}\left(\int\limits_{s_0}^{s}\frac{\partial F}{\partial x}\,ds - \frac{\partial F}{\partial x'}\right)u'(s)\,ds;\quad \int\limits_{s_0}^{s_1}\left(\int\limits_{s_0}^{s}\frac{\partial F}{\partial y}\,ds - \frac{\partial F}{\partial y'}\right)v'(s)\,ds$$

müssen für alle stetigen, abteilungsweise stetig differenzierbaren, in s_0 und s_1 verschwindenden Funktionen $u(s)$ und $v(s)$ den Wert Null haben.

Wir treffen nun für $u(s)$ die folgende Wahl. Es sei:

$$u(s) = 0 \text{ in } (s_0\sigma_0);\quad u(s) = s - \sigma_0 \text{ in } (\sigma_0, \sigma_0 + \sigma),$$
$$u(s) = \sigma \text{ in } (\sigma_0 + \sigma, \sigma_1);\quad u(s) = \sigma - (s - \sigma_1) \text{ in } (\sigma_1, \sigma_1 + \sigma),$$
$$u(s) = 0 \text{ in } (\sigma_1 + \sigma, s_1).$$

Durch Einführung dieser Werte in (6) erhält man:

$$(7)\qquad \int\limits_{\sigma_0}^{\sigma_0+\sigma}\left(\int\limits_{s_0}^{s}\frac{\partial F}{\partial x}\,ds - \frac{\partial F}{\partial x'}\right)ds = \int\limits_{\sigma_1}^{\sigma_1+\sigma}\left(\int\limits_{s_0}^{s}\frac{\partial F}{\partial x}\,ds - \frac{\partial F}{\partial x'}\right)ds,$$

wie man auch σ_0, σ_1 und σ wählen mag, wenn nur:

$$s_0 \leqq \sigma_0 < \sigma_0 + \sigma \leqq \sigma_1 < \sigma_1 + \sigma \leqq s_1.$$

Nun beachte man, daß die vier Ableitungen nach s der Funktion

$$\Psi(s, S) = \int\limits_{S}^{s}\left(\int\limits_{s_0}^{s}\frac{\partial F}{\partial x}\,ds - \frac{\partial F}{\partial x'}\right)ds,\qquad (s_0 \leqq S < s_1)$$

durchaus zwischen endlichen Grenzen liegen. Nach einem schon einmal verwendeten Satz von Lebesgue hat sie daher, abgesehen von einer Punktmenge vom Maße Null, überall eine bestimmte Ableitung. Wir wählen für σ_0 und σ_1 solche Werte von s, für welche die genannte Funktion eine bestimmte Ableitung nach s, $\Psi'(s, S)$, hat. Aus Gleichung (7) — $\Psi(\sigma_0 + \sigma, \sigma_0) = \Psi(\sigma_1 + \sigma, \sigma_1)$ — folgt jetzt unmittelbar:

$$\Psi'(\sigma_0, \sigma_0) = \Psi'(\sigma_1, \sigma_1).$$

Nun hat aber das unbestimmte Integral einer durchaus endlichen Funktion diese Funktion überall zur Ableitung, ausgenommen höchstens eine Punktmenge vom Maße Null. Abgesehen von einer solchen Punktmenge ist daher überall:

$$\Psi'(s, \sigma_0) = \Psi'(s, \sigma_1) = \int\limits_{s_0}^{s}\frac{\partial F}{\partial x}\,ds - \frac{\partial F}{\partial x'}.$$

Wir haben daher das Resultat: *Auf einer Kurve, die dem Integral* (1) *einen kleinsten (oder größten) Wert erteilt, müssen, abgesehen von einer Punktmenge vom Maße Null, durchweg die Gleichungen gelten:*

$$(8)\quad \begin{cases} \displaystyle\int_{s_0}^{s} \frac{\partial F}{\partial x}(x, y; \cos\gamma, \sin\gamma)\,ds - \frac{\partial F}{\partial x'}(x, y; \cos\gamma, \sin\gamma) = c, \\ \displaystyle\int_{s_0}^{s} \frac{\partial F}{\partial y}(x, y; \cos\gamma, \sin\gamma)\,ds - \frac{\partial F}{\partial y'}(x, y; \cos\gamma, \sin\gamma) = c', \end{cases}$$

wo c und c' Konstante bedeuten.

Wir bezeichnen nun mit $\Phi(s)$ und $\Phi_1(s)$ die stetigen Funktionen:

$$(9)\quad \begin{cases} \displaystyle\Phi(s) = \int_{s_0}^{s} \frac{\partial F}{\partial x}(x, y; \cos\gamma, \sin\gamma)\,ds - c, \\ \displaystyle\Phi_1(s) = \int_{s_0}^{s} \frac{\partial F}{\partial y}(x, y; \cos\gamma, \sin\gamma)\,ds - c', \end{cases}$$

und betrachten die Gleichungen:

$$(10)\quad \begin{aligned} &\frac{\partial F}{\partial x'}(x(s), y(s); \cos\varphi, \sin\varphi) = \Phi(s), \\ &\frac{\partial F}{\partial y'}(x(s), y(s); \cos\varphi; \sin\varphi) = \Phi_1(s). \end{aligned}$$

Abgesehen von einer Punktmenge vom Maße Null muß also der Winkel γ diesen beiden Gleichungen genügen. Es kann Werte von s geben, für die diese Gleichungen identisch in φ erfüllt sind; wegen der Stetigkeit aller in diesen Gleichungen auftretenden Funktionen müssen diese Werte von s eine abgeschlossene Menge bilden. Der Bogen $(s_0 s_1)$ unserer Kurve zerfällt also in eine höchstens abzählbar unendliche Menge von Bögen der folgenden zwei Arten:

1. Bögen, in deren sämtlichen Punkten die beiden Gleichungen (10) identisch in φ erfüllt sind.

2. Bögen, die in ihrem Inneren keinen einzigen Punkt enthalten, in dem die beiden Gleichungen (10) identisch erfüllt sind.

Betrachten wir zuerst die Bögen der ersteren Art. Es müssen auf denselben die Gleichungen bestehen:

$$-\sin\varphi\,\frac{\partial^2 F}{\partial x'^2}(x, y; \cos\varphi, \sin\varphi) + \cos\varphi\,\frac{\partial^2 F}{\partial x'\,\partial y'}(x, y; \cos\varphi, \sin\varphi) = 0,$$

$$-\sin\varphi\,\frac{\partial^2 F}{\partial x'\,\partial y'}(x, y; \cos\varphi, \sin\varphi) + \cos\varphi\,\frac{\partial^2 F}{\partial y'^2}(x, y; \cos\varphi, \sin\varphi) = 0,$$

und zwar identisch in φ. Wegen der Relationen:

17*

$$\frac{1}{y'^2}\frac{\partial^2 F}{\partial x'^2}(x, y;\, x', y') = -\frac{1}{x'y'}\frac{\partial^2 F}{\partial x'\partial y'}(x, y;\, x', y')$$
$$= \frac{1}{x'^2}\frac{\partial^2 F}{\partial y'^2}(x, y;\, x', y') = F_1(x, y;\, x', y')$$

reduzieren sie sich auf die eine Gleichung:

$$F_1(x, y;\, \cos\varphi, \sin\varphi) = 0,$$

die also identisch in φ bestehen muß. Die linke Seite dieser Gleichung ist eine analytische Funktion von x, y und φ; die Gleichung kann also in der Form geschrieben werden:

$$G(x, y)\varphi^m + [\varphi]_{m+1} = 0, \quad (m \geqq 0),$$

wo $G(x, y)$ eine analytische Funktion bedeutet. Hieraus aber folgt:

$$G(x(s), y(s)) = 0.$$

Wir sehen also: *Die Bögen der ersteren Art sind Bögen analytischer Kurven.*

Analytische Kurven aber, die dem Integral (1) einen kleinsten (oder größten) Wert erteilen, müssen den Lagrangeschen Gleichungen (2) genügen, die sich bekanntlich auf die eine Gleichung reduzieren:

(11) $$(x'y'' - x''y')F_1 + \frac{\partial^2 F}{\partial x\,\partial y'} - \frac{\partial^2 F}{\partial x'\,\partial y} = 0.$$

Da auf den jetzt betrachteten Bögen F_1 identisch verschwindet, so sind sie *singuläre* Lösungen dieser Gleichungen.

Wir gehen nun über zur Untersuchung der Bögen von der zweiten Art. Die Gleichungen (10) sind periodisch in φ von der Periode 2π; es genügt also, die Wurzeln zu betrachten, die im Intervalle $0 \leqq \varphi < 2\pi$ liegen. Für einen im Inneren der jetzt betrachteten Bögen liegenden Punkt können diese Gleichungen nur eine endliche Anzahl von Wurzeln besitzen, die in dieses Intervall fallen; sie mögen mit $\varphi_1, \varphi_2, \cdots, \varphi_n$ bezeichnet werden. Unter diesen Wurzeln kann sich eine mehrfache Wurzel φ_ν nur dann finden, wenn für eine der Zahlen $\nu = 1, 2, \cdots, n$ die Gleichung besteht:

(12) $$F_1(x, y;\, \cos\varphi_\nu, \sin\varphi_\nu) = 0.$$

Man sieht wieder leicht, daß auf jedem Bogen die Punkte, in denen eine der Wurzeln φ_ν der Gleichungen (10) auch noch die Gleichung (12) befriedigt, eine abgeschlossene Menge bilden. In der Tat, haben die Gleichungen (10) an irgend einer Stelle n Wurzeln, die ins Intervall $(0, 2\pi)$ fallen, unter denen keine der Gleichung (12) genügt, so gilt dasselbe für eine Umgebung dieser Stelle. Der von uns betrachtete Bogen zerfällt also wieder in eine höchstens abzählbar unendliche Teilmenge von Bögen der folgenden zwei Arten:

1. Bögen, in deren jedem Punkte mindestens eine der Wurzeln der Gleichungen (10) auch noch die Gleichung (12) befriedigt, und

2. Bögen, die in ihrem Inneren keinen einzigen Punkt enthalten, in dem die Gleichungen (10) und (12) eine Wurzel gemeinsam haben.

Der erste dieser beiden Fälle ist wieder leicht zu erledigen. Da die Gleichung (12) nicht identisch in φ_ν erfüllt ist — sonst würde ja der Bogen zu den bereits oben betrachteten gehören —, ergibt sich daraus φ_ν als algebroide Funktion von x und y. Die Einführung dieser Werte in die Gleichungen (10) zeigt dann, daß unser Bogen einer analytischen Gleichung genügt. Wie bei den bereits erledigten Bögen erkennen wir daher auch bei den jetzt betrachteten, *daß sie den Lagrangeschen Gleichungen* (2) *genügen müssen, und zwar als singuläre Lösungen.*

Es bleibt der letzte und schwierigste Fall zu untersuchen, nämlich solche Bögen, auf denen keine mehrfache Wurzel der Gleichungen (10) liegt. Sei (σ_0, σ_1) ein beliebiger ganz im Inneren eines solchen Bogens liegender Bogen. Auf (σ_0, σ_1) haben die Gleichungen (10) dann überall gleichviel Wurzeln: $\varphi_1(s), \varphi_2(s), \cdots, \varphi_n(s)$. Dieselben sind stetige Funktionen von s, und es gibt eine positive Konstante ε, so daß die Ungleichungen gelten:

$$(13) \qquad |\varphi_\mu(s) - \varphi_\nu(s)| > \varepsilon, \quad (\mu, \nu = 1, 2, \cdots, n;\ \mu \neq \nu).$$

Ein oben erhaltenes Resultat besagt: In jedem Punkte des Bogens (σ_0, σ_1), abgesehen höchstens von einer Punktmenge vom Maße Null, ist der Winkel $\gamma(s)$, den die positive Richtung der Kurventangente mit der positiven x-Richtung bildet, gleich einer der Wurzeln $\varphi_\nu(s)$ der Gleichungen (10). Ferner ist der Winkel $\gamma(s)$ zufolge eines Satzes von R. Baire*) als Funktion der ersten Klasse auf dem Bogen (σ_0, σ_1) höchstens punktweise unstetig, seine Stetigkeitsstellen liegen also auf diesem Bogen überall dicht.

Sei σ irgend eine Stetigkeitsstelle von $\gamma(s)$. Dann muß offenbar an der Stelle σ der Winkel $\gamma(\sigma)$ zusammenfallen mit einer der Wurzeln $\varphi_\nu(s)$ der Gleichungen (10). In der Tat, wäre dies nicht der Fall, so gäbe es, da für $s = \sigma$ alle $\varphi_\nu(s)$ und nach Voraussetzung auch $\gamma(s)$ stetig sind, eine Umgebung von σ, in der nirgends $\gamma(s)$ mit einer der Funktionen $\varphi_\nu(s)$ zusammenfiele, was unmöglich ist, da die Menge der Punkte, in denen $\gamma(s)$ mit keinem $\varphi_\nu(s)$ zusammenfällt, nur das Maß Null hat, und somit kein Intervall enthalten kann.

An jeder Stetigkeitsstelle σ von $\gamma(s)$ ist daher für ein geeignetes ν: $\gamma(\sigma) = \varphi_\nu(\sigma)$. Aus dem Bestehen der Ungleichungen (13) folgt aber, daß

---

*) R. Baire, Leçons sur les fonctions discontinues, p. 83.

es dann eine Umgebung von σ geben muß, in der nirgends $\gamma(s) = \varphi_\mu(s)$, $(\mu \neq \nu)$ wird; da nun aber überall, abgesehen von einer Punktmenge vom Maße Null, $\gamma(s)$ gleich einer der Wurzeln $\varphi_\mu(s)$ der Gleichungen (10) sein muß, so sehen wir:

Jede Stetigkeitsstelle von $\gamma(s)$ läßt sich mit einem Intervall umgeben, in dem — abgesehen von einer Punktmenge vom Maße Null — $\gamma(s)$ mit ein und derselben stetigen Funktion $\varphi_\nu(s)$ übereinstimmt.

Das ist aber nur so möglich, daß in diesem Intervall $\gamma(s)$ und $\varphi_\nu(s)$ *ausnahmslos* übereinstimmen. In der Tat hat man für alle diesem Intervall angehörenden s und S:

$$x(s) - x(S) = \int_S^s \cos\gamma(s)\,ds = \int_S^s \cos\varphi_\nu(s)\,ds;$$

$$y(s) - y(S) = \int_S^s \sin\gamma(s)\,ds = \int_S^s \sin\varphi_\nu(s)\,ds.$$

Aus der Stetigkeit von $\varphi_\nu(s)$ folgt aber:

$$\frac{dx}{ds} = \cos\varphi_\nu(s); \quad \frac{dy}{ds} = \sin\varphi_\nu(s)$$

und somit:

$$\operatorname{tg}\gamma(s) = \frac{dy}{ds} : \frac{dx}{ds} = \operatorname{tg}\varphi_\nu(s),$$

wie behauptet wurde.

Wir können also unser Resultat präziser so aussprechen: Jede Stetigkeitsstelle s_0 von $\gamma(s)$ liegt im Inneren eines Intervalls, in dem $\gamma(s)$ durchweg mit einer und derselben stetigen Funktion $\varphi_\nu(s)$ übereinstimmt.

Unter allen den Punkt s_0 enthaltenden Intervallen, in denen die Gleichung $\gamma(s) = \varphi_\nu(s)$ besteht, gibt es ein größtes. Wir behaupten, daß auch noch in den Endpunkten dieses größtmöglichen Intervalls die Gleichung $\gamma(s) = \varphi_\nu(s)$ besteht. In der Tat, wir haben vorausgesetzt, daß unsere Kurve in jedem Punkte eine Tangente besitzt. Die eben verwendete Schlußweise lehrt, daß im Anfangspunkte dieses größtmöglichen Intervalls der Richtungswinkel $\gamma(s)$ der vorderen Tangente, im Endpunkte des Intervalls der der hinteren Tangente nicht von den Werten der Funktion $\varphi_\nu(s)$ in diesen Punkten verschieden sein kann. Wegen der vorausgesetzten Existenz einer einzigen Tangente gilt aber das von vorderer und hinterer Tangente Bewiesene von der Tangente selbst. Schließlich sehen wir also, daß jeder Stetigkeitspunkt von $\gamma(s)$ sich mit einem Intervall umgeben läßt derart, daß für jeden Punkt dieses Intervalls (die Endpunkte inbegriffen) die Beziehung $\gamma(s) = \varphi_\nu(s)$ gilt, während für ein größeres Intervall dies nicht mehr gelten würde.

Die Punkte, die nicht innere Punkte eines solchen Intervalls*) sind, bilden bekanntlich eine abgeschlossene Menge M; dieselbe ist nirgends dicht, da diese Intervalle — ebenso wie die Stetigkeitsstellen von $\gamma(s)$ — überall dicht liegen. Diese Menge muß weiter eine perfekte Menge sein, d. h. es müssen ihre sämtlichen Punkte Häufungspunkte sein. In der Tat, gemäß der Definition der Menge M ist jeder ihrer Punkte Unstetigkeitspunkt von $\gamma(s)$. Enthielte sie nun einen isolierten Punkt, so müßte derselbe Endpunkt eines Intervalls δ_1 und Anfangspunkt eines anderen δ_2 sein. In δ_1 wäre $\gamma(s) = \varphi_\nu(s)$, in δ_2 wäre $\gamma(s) = \varphi_\mu(s)$; in dem betrachteten Punkte aber würde, wie oben gezeigt, $\gamma(s) = \varphi_\nu(s) = \varphi_\mu(s)$ sein. Wegen der Ungleichungen (13) folgt daraus $\mu = \nu$; d. h. der betrachtete Punkt wäre kein Unstetigkeitspunkt von $\gamma(s)$, entgegen der Voraussetzung, daß er zur Menge M gehört.

Wir sehen also: Die Unstetigkeitsstellen von $\gamma(s)$ bilden eine perfekte Menge; in allen Punkten dieser Menge, die Endpunkte eines der die Menge definierenden Intervalle sind, fällt $\gamma(s)$ zusammen mit einer der Wurzeln $\varphi_\nu(s)$ der Gleichungen (10).

Als Funktion der ersten Klasse kann $\gamma(s)$ nach dem Satze von R. Baire**) auch bezüglich dieser perfekten Menge nur punktweise unstetig sein, d. h. ihre Stetigkeitsstellen bezüglich dieser Menge liegen in dieser Menge überall dicht. Sei also σ ein Punkt von M, der Stetigkeitspunkt von $\gamma(s)$ in bezug auf M ist. Dann muß wieder $\gamma(\sigma)$ mit einer der Wurzeln $\varphi_\nu(\sigma)$ der Gleichungen (10) zusammenfallen. Denn in der Tat, es ist bekanntlich jeder Punkt M Häufungspunkt von Endpunkten der die Menge M definierenden Intervalle. In jedem solchen Intervallendpunkte aber hat, wie erwähnt, $\gamma(s)$ einen der Werte $\varphi_\nu(s)$; wäre nun $\gamma(\sigma)$ verschieden von allen $\varphi_\nu(\sigma)$, so ließe sich σ so mit einem Intervall umgeben, daß auch in allen Punkten von M, die in dieses Intervall fallen, $\gamma(s)$ von allen $\varphi_\nu(s)$ verschieden wäre; das ist aber unmöglich. Es muß also eine Gleichung bestehen: $\gamma(\sigma) = \varphi_\nu(\sigma)$.

Hieraus aber folgt, daß σ Stetigkeitsstelle von $\gamma(\sigma)$ im gewöhnlichen Sinne ist (also nicht bloß in bezug auf die perfekte Menge M). In der Tat, in allen den Intervallen, deren Endpunkte sich in σ häufen, muß ebenfalls $\gamma(s) = \varphi_\nu(s)$ sein. Denn lägen in jeder Nähe von σ Intervalle, in denen $\gamma(s) = \varphi_\mu(s)$ wäre $(\mu \neq \nu)$, so bestände dieselbe Beziehung in den Endpunkten dieser Intervalle, und σ könnte wegen der Ungleichungen

*) Zu ihnen gehören u. a. die Endpunkte der genannten Intervalle.

**) R. Baire, l. c., p. 88ff. Dabei heißt eine Funktion $f(s)$ stetig bezüglich einer perfekten Menge M im Punkte s_0 dieser Menge, wenn zu jedem positiven ε ein positives η gehört, so daß in allen Punkten s von M, für welche $|s - s_0| < \eta$ ist, auch $|f(s) - f(s_0)| < \varepsilon$ wird.

(13) auch nicht Stetigkeitsstelle von $\gamma(s)$ in bezug auf die Menge M sein. Es läßt sich also σ mit einem Intervall umgeben, in dem wieder — abgesehen höchstens von einer Punktmenge vom Maße Null — die Beziehung gilt: $\gamma(s) = \varphi_\nu(s)$, und wir haben schon oben gesehen, daß dann diese Beziehung in dem genannten Intervall ausnahmslos gilt.

Wir sehen also: In jedem Punkte von M, in dem $\gamma(s)$ stetig in bezug auf M ist, ist $\gamma(s)$ auch stetig im gewöhnlichen Sinne. Andererseits kann aber die Menge M gemäß ihrer Definition nur Unstetigkeitsstellen von $\gamma(s)$ enthalten. Dieser Widerspruch läßt nur eine Lösung zu: *Die Menge M enthält keinen einzigen Punkt.*

Wir haben also das wichtige Resultat: Der Winkel $\gamma(s)$ ist auf dem ganzen Bogen (σ_0, σ_1) eine stetige Funktion von s. Die Gleichungen (8), von denen wir bisher nur beweisen konnten, daß sie auf unserem Bogen abgesehen von einer Punktmenge vom Maße Null bestehen, *müssen daher auf diesem Bogen ausnahmslos erfüllt sein.*

Aus dem Bestehen der Gleichungen (8) kann man nun aber, da, wie bewiesen, der Winkel γ als Funktion von s stetig ist, und ferner auf unserem Bogen der Ausdruck $F_1(x, y, \cos\gamma, \sin\gamma)$ durchaus von Null verschieden ist, wie Du Bois-Reymond und Hilbert gezeigt haben*), schließen, *daß dieser Bogen ebenfalls den Lagrangeschen Gleichungen* (2) *genügen muß.*

Das Schlußresultat dieser Untersuchungen läßt sich nunmehr so aussprechen: *Jeder rektifizierbare, durchweg mit einer Tangente versehene Kurvenbogen, der dem Integrale* (1) *einen kleinsten (oder größten) Wert erteilt, ist zusammengesetzt aus Teilbögen, deren jeder analytisch ist und den Lagrangeschen Gleichungen genügt.* Wo zwei verschiedene solche Bögen aneinander grenzen, ist:

$$F_1(x, y, \cos\gamma, \sin\gamma) = 0.$$

Ein solches Linienelement ist ein singuläres Element der Lagrangeschen Gleichungen.

Um auch die sogenannten *diskontinuierlichen* Lösungen unseres Variationsproblems zu erhalten, müssen wir eine weitere Verallgemeinerung unserer Voraussetzungen eintreten lassen. Während wir bisher von der Klasse von Kurven, unter denen wir die Lösung unseres Problems suchten, vorausgesetzt haben, sie seien rektifizierbar und durchweg mit einer Tangente versehen, wollen wir von denselben außer der Rektifizierbarkeit nur mehr verlangen, daß sie in jedem Punkte eine vordere Tangente besitzen. D. h. also, es müssen die durch die Gleichungen (3) definierten Grenzwerte nur für positives h bestehen. Dann bedeute γ wieder den Winkel,

*) Siehe die in Fußnote auf S. 254 angeführte Literatur.

den die vordere Tangente mit der x-Achse einschließt. Wie oben sieht man, daß $\cos\gamma$ und $\sin\gamma$ und somit auch γ selbst, als Funktionen von s betrachtet, von der ersten Baireschen Klasse und somit auf jeder perfekten Menge höchstens punktweise unstetig sind. Alle auftretenden Integrale haben daher auch hier einen Sinn.

Wie oben werden die beiden Gleichungen (8) abgeleitet, die wieder, abgesehen von einer Punktmenge vom Maße Null, überall erfüllt sein müssen, ein Resultat, das sich auch so aussprechen läßt:

Auf unserer Kurve müssen

$$\frac{\partial F}{\partial x'}(x, y;\ \cos\gamma, \sin\gamma) \quad \text{und} \quad \frac{\partial F}{\partial y'}(x, y;\ \cos\gamma, \sin\gamma)$$

bezw. übereinstimmen mit den durch die Gleichungen (9) definierten stetigen Funktionen $\Phi(s)$ und $\Phi_1(s)$, wieder abgesehen von einer Punktmenge vom Maße Null.

Wieder läßt sich unser Kurvenbogen zerlegen in eine höchstens abzählbar unendliche Menge von Teilbögen der folgenden drei Arten:

1. Bögen, auf denen die Gleichung:

$$F_1(x, y;\ \cos\varphi, \sin\varphi) = 0$$

identisch in φ erfüllt ist.

2. Bögen, in deren jedem Punkte mindestens eine Wurzel φ_ν der Gleichungen (10) auch noch der eben angeschriebenen Gleichung genügt.

3. Bögen, die in ihrem Inneren keinen einzigen Punkt enthalten, in dem eine Wurzel φ_ν der Gleichungen (10) auch noch der Gleichung $F_1 = 0$ genügt.

Von den Bögen der ersten und zweiten Art erkennt man wie oben, daß sie *stückweise analytisch sind und sich aus Bögen von singulären Lösungen der Lagrangeschen Gleichungen zusammensetzen müssen*, die aber nunmehr auch Ecken bilden können. Bei Betrachtung der Bögen dritter Art schlagen wir, analog wie oben, den folgenden Weg ein:

Die Stetigkeitsstellen von $\gamma(s)$ müssen wegen des Satzes von Baire auf einem solchen Bogen überall dicht liegen. In jedem Stetigkeitspunkte muß $\gamma(s)$ mit einer der Wurzeln $\varphi_\nu(s)$ der Gleichungen (10) übereinstimmen, und dieser Punkt läßt sich dann mit einem Intervall umgeben, in dessen Innerem durchweg $\gamma(s) = \varphi_\nu(s)$ ist. Hieraus schließen wir wieder, daß die Unstetigkeitsstellen von $\gamma(s)$ eine abgeschlossene Menge M bilden, nur können wir hier nicht mehr wie oben schließen, daß diese Menge keine isolierten Punkte enthalten kann; hingegen ergibt sich wie oben, daß die Menge M keine perfekte Teilmenge enthalten kann. Nun ist aber jede abgeschlossene Menge, die keine perfekte Teilmenge enthält, abzählbar*), so daß wir schließlich sehen:

*) Vgl. etwa Schoenflies, Lehre von den Punktmannigfaltigkeiten, p. 65 ff.

Auf den Bögen der dritten Art bilden die Unstetigkeitsstellen von $\gamma(s)$ — falls es solche überhaupt gibt — eine abgeschlossene abzählbare Menge. Jeder von zwei solchen Unstetigkeitspunkten begrenzte Teilbogen genügt den Lagrangeschen Gleichungen, und in den isolierten Unstetigkeitsstellen schließen sich diese Teilbögen so aneinander, daß die Ausdrücke:

$$\frac{\partial F}{\partial x}(x, y; \cos\gamma, \sin\gamma); \quad \frac{\partial F}{\partial y}(x, y; \cos\gamma, \sin\gamma)$$

stetig bleiben. Mehr aber läßt sich, wie man aus Beispielen sehen kann, aus dem Verschwinden der ersten Variation nicht ableiten.

§ 2.

In diesem Abschnitte wollen wir die folgende Aufgabe behandeln*): Es seien zwischen den drei unbekannten Funktionen $y(x)$, $z(x)$, $s(x)$ die zwei Differentialgleichungen erster Ordnung vorgeschrieben:

$$(14) \qquad \begin{aligned} f(y', z', s', y, z, s; x) = 0, \\ g(y', z', s', y, z, s; x) = 0. \end{aligned}$$

Ferner seien für $x = a_1$ die Anfangswerte vorgeschrieben:

$$(15) \qquad y(a_1) = y^{(1)}, \quad z(a_1) = z^{(1)}, \quad s(a_1) = s^{(1)},$$

für $x = a_2$ hingegen die beiden Endwerte:

$$(16) \qquad z(a_2) = z^{(2)}, \quad s(a_2) = s^{(2)}.$$

Es soll ein System von drei diesen Bedingungen genügenden Funktionen $y(x)$, $z(x)$, $s(x)$ gefunden werden, so daß an der Stelle $x = a_2$ die Funktion $y(x)$ einen kleinsten Wert hat (d. h. mit anderen Worten: wenn $Y(x)$, $Z(x)$, $S(x)$ ein zweites System von Funktionen bedeutet, das ebenfalls den Bedingungen (14) — (16) genügt und dem ersten hinlänglich benachbart ist, so soll stets $Y(a_2) - y(a_2) > 0$ sein).

Wir machen die folgenden Voraussetzungen:

1. Die beiden in (14) auftretenden Funktionen f und g mögen für alle in Betracht kommenden Systeme ihrer Argumente regulär-analytisch sein.

2. Die drei Funktionen $y(x)$, $z(x)$, $s(x)$ sollen stetig und stetig differenzierbar sein.

3. Nach Einsetzen dieser drei Funktionen in den Ausdruck:

$$(17) \qquad \frac{\partial f}{\partial y'}\frac{\partial g}{\partial z'} - \frac{\partial f}{\partial z'}\frac{\partial g}{\partial y'},$$

möge derselbe durchaus von Null verschieden ausfallen.

---

*) Dabei schließe ich mich in Gedankengang und Bezeichnungsweise so eng als möglich an die in der Einleitung zitierte Abhandlung von Hilbert an.

Wir wollen beweisen, daß, wenn außerdem die später zu entwickelnde Bedingung (27) erfüllt ist, *die Funktionen $y(x)$, $z(x)$, $s(x)$ analytisch sein müssen und zusammen mit zwei ebenfalls analytischen Funktionen $\lambda(x)$ und $\mu(x)$ die Lagrangeschen Differentialgleichungen:*

$$(18)\qquad \begin{aligned} \frac{\partial(\lambda f+\mu g)}{\partial y} - \frac{d}{dx}\frac{\partial(\lambda f+\mu g)}{\partial y'} &= 0,\\ \frac{\partial(\lambda f+\mu g)}{\partial z} - \frac{d}{dx}\frac{\partial(\lambda f+\mu g)}{\partial z'} &= 0,\\ \frac{\partial(\lambda f+\mu g)}{\partial s} - \frac{d}{dx}\frac{\partial(\lambda f+\mu g)}{\partial s'} &= 0 \end{aligned}$$

befriedigen müssen.

Nach dem Vorgange von D. Hilbert setzen wir nun:

$$S(x) = s(x) + \varepsilon_1 \sigma_1(x) + \varepsilon_2 \sigma_2(x),$$

wo $\sigma_1(x)$ und $\sigma_2(x)$ für $x = a_1$ und $x = a_2$ verschwinden mögen, sonst aber willkürlich sind, und bestimmen die beiden Funktionen $Y(x, \varepsilon_1, \varepsilon_2)$, $Z(x, \varepsilon_1, \varepsilon_2)$ als diejenigen Lösungen der Differentialgleichungen:

$$(19)\qquad \begin{aligned} f(Y', Z', S', Y, Z, S;\, x) &= 0,\\ g(Y', Z', S', Y, Z, S;\, x) &= 0, \end{aligned}$$

die für $x = a_1$ die Anfangswerte $y^{(1)}$ und $z^{(1)}$ haben (siehe Gleichung (15)). Die Funktionen Y und Z werden dann analytische Funktionen*) von ε_1 und ε_2 in der Umgebung der Stelle (0, 0) dieser beiden Veränderlichen und reduzieren sich für $\varepsilon_1 = \varepsilon_2 = 0$ auf $y(x)$ und $z(x)$. Diejenigen unter ihnen, für welche auch noch

$$Z(a_2, \varepsilon_1, \varepsilon_2) = z(a_2)$$

ist, gehören daher — für genügend kleine ε_1, ε_2 — zu den Funktionen, denen gegenüber $y(x)$ Minimum sein soll. Die Theorie der gewöhnlichen Maxima und Minima mit Nebenbedingungen zeigt, daß es dann zwei Konstanten l, m gibt, die nicht beide Null sind und für welche

$$(20)\qquad \begin{aligned} \left[\frac{\partial(l\,Y(a_2, \varepsilon_1, \varepsilon_2) + m Z(a_2, \varepsilon_1, \varepsilon_2))}{\partial \varepsilon_1}\right]_{\varepsilon_1=\varepsilon_2=0} &= 0,\\ \left[\frac{\partial(l\,Y(a_2, \varepsilon_1, \varepsilon_2) + m Z(a_2, \varepsilon_1, \varepsilon_2))}{\partial \varepsilon_2}\right]_{\varepsilon_1=\varepsilon_2=0} &= 0 \end{aligned}$$

wird. Differenziert man die Gleichungen (19) nach ε_1 und ε_2 und setzt dann $\varepsilon_1 = \varepsilon_2 = 0$, so bekommt man:

*) Der Umstand, daß die unabhängige Veränderliche x in (19) in nicht analytischer Weise vorkommt, stört hierbei nicht. Siehe Picard, Traité III, p. 157.

$$\frac{\partial f}{\partial y'}\left[\frac{\partial Y'}{\partial \varepsilon_1}\right]_0 + \frac{\partial f}{\partial y}\left[\frac{\partial Y}{\partial \varepsilon_1}\right]_0 + \frac{\partial f}{\partial z'}\left[\frac{\partial Z'}{\partial \varepsilon_1}\right]_0 + \frac{\partial f}{\partial z}\left[\frac{\partial Z}{\partial \varepsilon_1}\right]_0 + \frac{\partial f}{\partial s'}\sigma_1' + \frac{\partial f}{\partial s}\sigma_1 = 0,$$

$$\frac{\partial g}{\partial y'}\left[\frac{\partial Y'}{\partial \varepsilon_1}\right]_0 + \frac{\partial g}{\partial y}\left[\frac{\partial Y}{\partial \varepsilon_1}\right]_0 + \frac{\partial g}{\partial z'}\left[\frac{\partial Z'}{\partial \varepsilon_1}\right]_0 + \frac{\partial g}{\partial z}\left[\frac{\partial Z}{\partial \varepsilon_1}\right]_0 + \frac{\partial g}{\partial s'}\sigma_1' + \frac{\partial g}{\partial s}\sigma_1 = 0,$$

$$\frac{\partial f}{\partial y'}\left[\frac{\partial Y'}{\partial \varepsilon_2}\right]_0 + \frac{\partial f}{\partial y}\left[\frac{\partial Y}{\partial \varepsilon_2}\right]_0 + \frac{\partial f}{\partial z'}\left[\frac{\partial Z'}{\partial \varepsilon_2}\right]_0 + \frac{\partial f}{\partial z}\left[\frac{\partial Z}{\partial \varepsilon_2}\right]_0 + \frac{\partial f}{\partial s'}\sigma_2' + \frac{\partial f}{\partial s}\sigma_2 = 0,$$

$$\frac{\partial g}{\partial y'}\left[\frac{\partial Y'}{\partial \varepsilon_2}\right]_0 + \frac{\partial g}{\partial y}\left[\frac{\partial Y}{\partial \varepsilon_2}\right]_0 + \frac{\partial g}{\partial z'}\left[\frac{\partial Z'}{\partial \varepsilon_2}\right]_0 + \frac{\partial g}{\partial z}\left[\frac{\partial Z}{\partial \varepsilon_2}\right]_0 + \frac{\partial g}{\partial s'}\sigma_2' + \frac{\partial g}{\partial s}\sigma_2 = 0.$$

Durch Multiplikation dieser Gleichungen mit zwei später zu bestimmenden Funktionen $\lambda(x)$ und $\mu(x)$, Addition und Integration folgt weiter:

$$(21)\quad \begin{aligned} &\int_{a_1}^{a_2}\left\{\frac{\partial(\lambda f+\mu g)}{\partial y'}\left[\frac{\partial Y'}{\partial \varepsilon_1}\right]_0 + \frac{\partial(\lambda f+\mu g)}{\partial y}\left[\frac{\partial Y}{\partial \varepsilon_1}\right]_0 + \frac{\partial(\lambda f+\mu g)}{\partial z'}\left[\frac{\partial Z'}{\partial \varepsilon_1}\right]_0\right.\\ &\qquad\left. + \frac{\partial(\lambda f+\mu g)}{\partial z}\left[\frac{\partial Z}{\partial \varepsilon_1}\right]_0 + \frac{\partial(\lambda f+\mu g)}{\partial s'}\sigma_1' + \frac{\partial(\lambda f+\mu g)}{\partial s}\sigma_1\right\}dx = 0,\\ &\int_{a_1}^{a_2}\left\{\frac{\partial(\lambda f+\mu g)}{\partial y'}\left[\frac{\partial Y'}{\partial \varepsilon_2}\right]_0 + \frac{\partial(\lambda f+\mu g)}{\partial y}\left[\frac{\partial Y}{\partial \varepsilon_2}\right]_0 + \frac{\partial(\lambda f+\mu g)}{\partial z'}\left[\frac{\partial Z'}{\partial \varepsilon_2}\right]_0\right.\\ &\qquad\left. + \frac{\partial(\lambda f+\mu g)}{\partial z}\left[\frac{\partial Z}{\partial \varepsilon_2}\right]_0 + \frac{\partial(\lambda f+\mu g)}{\partial s'}\sigma_2' + \frac{\partial(\lambda f+\mu g)}{\partial s}\sigma_2\right\}dx = 0. \end{aligned}$$

Bisher konnten wir uns wörtlich dem Hilbertschen Gedankengang anschließen. Um nun die Voraussetzung einer zweimaligen Differenzierbarkeit von $y(x)$, $z(x)$, $s(x)$ zu vermeiden, müssen wir von hier ab einen abweichenden Weg einschlagen. Wir formen die Gleichungen (21) durch partielle Integration um:

$$(22)\quad \left\{\begin{aligned} &\int_{a_1}^{a_2}\frac{\partial(\lambda f+\mu g)}{\partial y}dx\cdot\left[\frac{\partial Y}{\partial \varepsilon_1}\right]_0^{x=a_2} + \int_{a_1}^{a_2}\frac{\partial(\lambda f+\mu g)}{\partial z}\left[\frac{\partial Z}{\partial \varepsilon_1}\right]_0^{x=a_2}\\ &+\int_{a_1}^{a_2}\left\{\frac{\partial(\lambda f+\mu g)}{\partial y'} - \int_{a_1}^{x}\frac{\partial(\lambda f+\mu g)}{\partial y}dx\right\}\left[\frac{\partial Y'}{\partial \varepsilon_1}\right]_0 dx\\ &+\int_{a_1}^{a_2}\left\{\frac{\partial(\lambda f+\mu g)}{\partial z'} - \int_{a_1}^{x}\frac{\partial(\lambda f+\mu g)}{\partial z}dx\right\}\left[\frac{\partial Z'}{\partial \varepsilon_1}\right]_0 dx\\ &+\int_{a_1}^{a_2}\frac{\partial(\lambda f+\mu g)}{\partial s'}\sigma_1'\,dx + \int_{a_1}^{a_2}\frac{\partial(\lambda f+\mu g)}{\partial s}\sigma_1\,dx = 0, \end{aligned}\right.$$

$$(22)\quad \begin{cases} \displaystyle\int_{a_1}^{a_2}\frac{\partial(\lambda f+\mu g)}{\partial y}\,dx\cdot\left[\frac{\partial Y}{\partial\varepsilon_2}\right]_0^{x=a_2}+\int_{a_1}^{a_2}\frac{\partial(\lambda f+\mu g)}{\partial z}\,dx\left[\frac{\partial Z}{\partial\varepsilon_2}\right]_0^{x=a_2} \\ \displaystyle+\int_{a_1}^{a_2}\left\{\frac{\partial(\lambda f+\mu g)}{\partial y'}-\int_{a_1}^{x}\frac{\partial(\lambda f+\mu g)}{\partial y}\,dx\right\}\left[\frac{\partial Y'}{\partial\varepsilon_2}\right]dx \\ \displaystyle+\int_{a_1}^{a_2}\left\{\frac{\partial(\lambda f+\mu g)}{\partial z'}-\int_{a_1}^{x}\frac{\partial(\lambda f+\mu g)}{\partial z}\,dx\right\}\left[\frac{\partial Z'}{\partial\varepsilon_2}\right]_0 dx \\ \displaystyle+\int_{a_1}^{a_2}\frac{\partial(\lambda f+\mu g)}{\partial s'}\,\sigma_2'\,dx+\int_{a_1}^{a_2}\frac{\partial(\lambda f+\mu g)}{\partial s}\,\sigma_2\,dx=0. \end{cases}$$

Wir werden weiter unten beweisen, daß die beiden Gleichungen*):

$$(23)\quad \begin{cases} \displaystyle\frac{\partial(\lambda f+\mu g)}{\partial y'}-\left[\frac{\partial(\lambda f+\mu g)}{\partial y'}\right]^{x=a_2}-\int_{a_2}^{x}\frac{\partial(\lambda f+\mu g)}{\partial y}\,dx=0, \\ \displaystyle\frac{\partial(\lambda f+\mu g)}{\partial z'}-\left[\frac{\partial(\lambda f+\mu g)}{\partial z'}\right]^{x=a_2}-\int_{a_2}^{x}\frac{\partial(\lambda f+\mu g)}{\partial z}\,dx=0, \end{cases}$$

wenn noch die Anfangswerte von $\lambda(x)$ und $\mu(x)$ für $x=a_2$ willkürlich vorgeschrieben sind, stets ein und nur ein Paar von Funktionen $\lambda(x), \mu(x)$ bestimmen. Wir wählen diese Anfangswerte so, daß:

$$(24)\qquad \left[\frac{\partial(\lambda f+\mu g)}{\partial y'}\right]^{x=a_2}=l,\qquad \left[\frac{\partial(\lambda f+\mu g)}{\partial z'}\right]^{x=a_2}=m$$

wird (wo l und m die in (20) eingeführten Größen bedeuten).

Man erkennt aus (23) unmittelbar, daß nun:

$$\frac{\partial(\lambda f+\mu g)}{\partial y'}-\int_{a_1}^{x}\frac{\partial(\lambda f+\mu g)}{\partial y}\,dx=\left[\frac{\partial(\lambda f+\mu g)}{\partial y'}\right]^{x=a_1},$$

$$\frac{\partial(\lambda f+\mu g)}{\partial z'}-\int_{a_1}^{x}\frac{\partial(\lambda f+\mu g)}{\partial z}\,dx=\left[\frac{\partial(\lambda f+\mu g)}{\partial z'}\right]^{x=a_1}$$

wird, so daß die Gleichungen (22) sich wegen (24) und (20) auf:

---

*) Wir können nicht durch Differentiation von (23) zu einem System von Differentialgleichungen für λ und μ übergehen, da wir nicht wissen, ob die auftretenden Größen differenzierbar sind.

$$(25)\qquad \begin{aligned}&\int_{a_1}^{a_2}\frac{\partial(\lambda f+\mu g)}{\partial s'}\sigma_1'\,dx+\int_{a_1}^{a_2}\frac{\partial(\lambda f+\mu g)}{\partial s}\sigma_1\,dx=0,\\ &\int_{a_1}^{a_2}\frac{\partial(\lambda f+\mu g)}{\partial s'}\sigma_2'\,dx+\int_{a_1}^{a_2}\frac{\partial(\lambda f+\mu g)}{\partial s}\sigma_2\,dx=0\end{aligned}$$

reduzieren. Schreiben wir nun, wie Hilbert:

$$(\lambda,\mu;\sigma)=\int_{a_1}^{a_2}\left\{\frac{\partial(\lambda f+\mu g)}{\partial s'}\sigma'+\frac{\partial(\lambda f+\mu g)}{\partial s}\sigma\right\}dx,$$

so haben wir: Für irgend zwei in $x=a_1$ und $x=a_2$ verschwindende Funktionen σ_1, σ_2 gibt es stets ein offenbar nicht identisch verschwindendes Lösungssystem der Gleichungen (23), so daß:

$$(\lambda,\mu;\sigma_1)=0 \quad\text{und}\quad (\lambda,\mu;\sigma_2)=0$$

wird.

Von hier an können wir wieder die Schlußweise von Hilbert benützen. Entweder es gilt $(\lambda,\mu;\sigma)=0$ für alle σ, oder es gibt ein σ_3, so daß $(\lambda,\mu;\sigma_3)\neq 0$. Dann aber gibt es offenbar ein Lösungssystem λ', μ' von (23), für welches $(\lambda',\mu';\sigma_3)=0$. Wäre nun nicht für alle $\sigma:(\lambda',\mu';\sigma)=0$, so gäbe es ein σ_4, so daß $(\lambda',\mu';\sigma_4)\neq 0$ wird. Nach dem obigen Satze aber müßte es dann ein Lösungssystem λ'', μ'' von (23) geben, für welches

$$(\lambda'',\mu'';\sigma_3)=0 \quad\text{und}\quad (\lambda'',\mu'';\sigma_4)=0$$

ist. Wir werden nun aber weiter unten zeigen, daß zwischen $\lambda,\lambda',\lambda''$; μ,μ',μ'' eine Relation bestehen muß:

$$a\lambda+a'\lambda'+a''\lambda''=0;\qquad a\mu+a'\mu'+a''\mu''=0,$$

in der nicht a, a', a'' alle drei verschwinden. Aus den angeschriebenen Gleichungen aber würde folgen*)

$$a=a'=a''=0.$$

Es gibt also ein Lösungssystem von (23) — es werde wieder mit λ, μ bezeichnet —, so daß:

$$(\lambda,\mu;\sigma)=0$$

für alle in $x=a_1$ und $x=a_2$ verschwindenden σ. Bringt man nun aber $(\lambda,\mu;\sigma)$ auf die Form:

$$(\lambda,\mu;\sigma)=\int_{a_1}^{a_2}\left\{\frac{\partial(\lambda f+\mu g)}{\partial s'}-\int_{a_1}^{x}\frac{\partial(\lambda f+\mu g)}{\partial s}dx\right\}\sigma'\,dx,$$

*) Hilbert l. c.

so ergibt eine bekannte Schlußweise*) das Bestehen der Gleichung:

$$(26)\qquad \frac{\partial(\lambda f+\mu g)}{\partial s'}-\left[\frac{\partial(\lambda f+\mu g)}{\partial s'}\right]^{x=a_2}-\int\limits_{a_2}^{x}\frac{\partial(\lambda f+\mu g)}{\partial s}\,dx=0.$$

Aus den Gleichungen (14), (23) und (26) ergeben sich nun aber, vorausgesetzt daß:

$$(27)\qquad \begin{vmatrix} \frac{\partial^2(\lambda f+\mu g)}{\partial y'^2} & \frac{\partial^2(\lambda f+\mu g)}{\partial y'\,\partial z'} & \frac{\partial^2(\lambda f+\mu g)}{\partial y'\,\partial s'} & \frac{\partial f}{\partial y'} & \frac{\partial g}{\partial y'} \\ \frac{\partial^2(\lambda f+\mu g)}{\partial z'\,\partial y'} & \frac{\partial^2(\lambda f+\mu g)}{\partial z'^2} & \frac{\partial^2(\lambda f+\mu g)}{\partial z'\,\partial s'} & \frac{\partial f}{\partial z'} & \frac{\partial g}{\partial z'} \\ \frac{\partial^2(\lambda f+\mu g)}{\partial s'\,\partial y'} & \frac{\partial^2(\lambda f+\mu g)}{\partial s'\,\partial z'} & \frac{\partial^2(\lambda f+\mu g)}{\partial s'^2} & \frac{\partial f}{\partial s'} & \frac{\partial g}{\partial s'} \\ \frac{\partial f}{\partial y'} & \frac{\partial f}{\partial z'} & \frac{\partial f}{\partial s'} & 0 & 0 \\ \frac{\partial g}{\partial y'} & \frac{\partial g}{\partial z'} & \frac{\partial g}{\partial s'} & 0 & 0 \end{vmatrix} \neq 0$$

ist, y', z', s', λ, μ als differenzierbare Funktionen von x.**) Es können nunmehr die Gleichungen (23) und (26) nach x differenziert werden, wodurch sie in die Gleichungen (18) übergehen; die Funktionen y, z, s, λ, μ genügen also dem Differentialgleichungssysteme (14), (18); woraus unter Berücksichtigung von (27) weiter folgt, daß alle diese Funktionen analytisch sind.

Es sind somit alle unsere Behauptungen erwiesen, und es sind nur die Beweise der die Gleichungen (23) betreffenden Sätze, die zur Verwendung gelangten, nachzutragen.***)

Angenommen, es sei eine Lösung λ, μ der Gleichungen (23) gegeben, so erkennt man aus diesen Gleichungen, daß die Ausdrücke:

$$(28)\qquad v=\frac{\partial(\lambda f+\mu g)}{\partial y'},\qquad w=\frac{\partial(\lambda f+\mu g)}{\partial z'}$$

nach x differenzierbar sind. Wegen der Voraussetzung (17) lassen sich umgekehrt λ, μ als lineare Funktionen von v, w mit in x stetigen Koeffizienten ausdrücken. Differenzieren wir nun die Gleichungen (23) nach x und substituieren die Veränderlichen v, w, so erhalten wir ein System linearer Differentialgleichungen:

*) Siehe Bolza, Lectures on the Calculus of Variations, p. 22.

**) Nach einem bekannten Satze über die impliziten Funktionen. Siehe etwa C. Jordan, Cours d'analyse I, p. 82.

***) In meinem Aufsatze „Über die Lagrangesche Multiplikatorenmethode in der Variationsrechnung" (Monatshefte f. Math. u. Phys. 14 (1903)) habe ich viel allgemeinere Systeme dieser Art betrachtet und die Existenz ihrer Lösungen nachgewiesen.

$$v' = a(x)v + a_1(x)w,$$
$$w' = b(x)v + b_1(x)w$$

für v und w, und die darin auftretenden Koeffizienten sind stetige Funktionen von x. Bedeutet umgekehrt v, w irgend ein System von Lösungen dieser Differentialgleichungen, und bestimmt man λ, μ aus den Gleichungen (28), so ist ersichtlich, daß λ, μ den Gleichungen (23) genügen. Man erkennt nunmehr leicht, daß tatsächlich die Sätze bestehen:

Die Gleichungen (23) besitzen immer eine und nur eine Lösung λ, μ, die für $x = a_2$ vorgeschriebene Werte annimmt. Zwischen je drei Lösungen von (23) besteht immer eine linear-homogene Relation mit konstanten Koeffizienten.

Es sind somit auch unsere ursprünglichen Behauptungen vollständig bewiesen.

Über Bolzas fünfte notwendige Bedingung in der Variationsrechnung.

Von **Hans Hahn** in Wien.

Die Theorie der für ein starkes Minimum hinreichenden Bedingungen beim einfachsten Problem der Variationsrechnung gestaltet sich verschieden, je nachdem es sich um das Problem in Parameterdarstellung handelt, oder eine der beiden Veränderlichen als „unabhängig“ bevorzugt wird. Im ersten Falle, den Weierstraß in seinen Vorlesungen behandelte, ist ein Integral der Form:

$$\int F(x, y; x', y')\, dt \tag{1}$$

zum Minimum zu machen, wobei die Funktion $F(x, y; x', y')$ als positiv homogen[1]) von erster Ordnung in x', y' vorauszusetzen ist; hier bewies Weierstraß: Jeder Extremalenbogen, der kein singuläres Element der Lagrangeschen Gleichung und keine zwei zueinander konjugierten Punkte enthält, auf dem ferner die E-Funktion für alle Richtungen einerlei Zeichen hat und nur in ordentlicher Weise verschwindet,[2]) liefert ein starkes Minimum des Integrals (1). Im zweiten Falle, wo es sich um ein Integral der Form:

$$\int f(x, y; y')\, dx \tag{2}$$

handelt, verliert der angeführte Weierstraßsche Satz seine Gültigkeit, wie zuerst O. Bolza am Integral:

$$\int_0^1 (a y'^2 - 4 b y y'^3 + 2 b x y'^4)\, dx \qquad (a > 0,\ b > 0) \tag{3}$$

zeigte:[3]) Die Extremale $y = 0$ genügt allen Bedingungen des Weierstraßschen Satzes, ohne das Integral (3) zu einem Minimum zu machen. Es gelang Bolza weiterhin, eine neue (fünfte) für ein

---

[1]) Wegen der Bezeichnung „positiv homogen“ siehe etwa O. Bolza, Vorlesungen über Variationsrechnung (1908), S. 194.

[2]) Wegen dieser von A. Kneser eingeführten Ausdrucksweise siehe Bolza l. c. S. 120.

[3]) Am. Bull. (2), Bd. 9 (1902), S. 9. Ein noch einfacheres Beispiel gab sodann C. Carathéodory in einer Besprechung von Bolzas Lectures on the calculus of variations. Arch. Math. Phys. (3), Bd. 10, S. 185.

Minimum des Integrals (2) notwendige Bedingung aufzustellen,[1] die wir nun zunächst angeben wollen.

Es sei ein Bogen e_0 einer Extremale des Integrals (2) gegeben; (x_1, y_1) sei sein Anfangspunkt, (x_2, y_2) sein Endpunkt; mit (x_3, y_3) werde ein beliebiger Punkt des Bogens e_0 bezeichnet. Die durch den Punkt (x_1, y_1) hindurchgehenden, dem Bogen e_0 hinlänglich benachbarten Extremalen bilden ein (uneigentliches) Feld des Bogens e_0 und dasselbe gilt für die durch (x_2, y_2) hindurchgehenden Extremalen; seien:

$$y = y_1(x, a_1), \quad y = y_2(x, a_2)$$

die Gleichungen der beiden diese Felder bildenden Extremalenscharen; seien weiter

$$a_1 = a_1(x, y), \quad a_2 = a_2(x, y)$$

die Parameter der durch den Punkt (x, y) des Feldes gehenden Extremale der ersten, bezw. der zweiten Schar. Wir setzen:

$$p_1(x, y) = y'_1[x, a_1(x, y)], \quad p_2(x, y) = y'_2[x, a_2(x, y)].$$

Ferner sei:

$$\varepsilon_1 = -1, \quad \varepsilon_2 = +1$$

und

$$S_i(h, k, x_3) = \int_0^1 hf\left(x_3 + \varepsilon_i ht, y_3 + \varepsilon_i kt, \frac{k}{h}\right) dt \quad (i = 1, 2).$$

Die **Bolza**sche Bedingung lautet nun: Damit der Extremalenbogen e_0 ein Minimum des Integrals (2) liefere, ist notwendig, daß für jedes der Ungleichung $x_1 < x_3 < x_2$ genügende x_3 die Ungleichung:

$$\text{(4)} \quad \lim_{h=+0} S_i(h, k, x_3) - k \int_0^1 f_{y'}\big(x_3, y_3 + \varepsilon_i kt, p_i(x_3, y_3 + \varepsilon_i kt)\big)\, dt \geqq 0$$

bestehe für alle genügend kleinen Werte von $|k|$, und zwar für $i = 1$ und $i = 2$; daß weiter für $(x_3, y_3) = (x_1, y_1)$ diese Ungleichung bestehe für $i = 2$, im Falle $(x_3, y_3) = (x_2, y_2)$ aber für $i = 1$. Dabei bedeutet $\lim\limits_{h=+0}$ die rechtsseitige untere Grenze für $h = 0$.

Hieran knüpft sich nun die Frage,[2] ob die Bedingung (4), etwa nach Weglassung des Gleichheitszeichens, zusammen mit den übrigen notwendigen Bedingungen für ein Minimum des Integrals (2) hinreicht. Wir wollen zeigen, daß dies nicht der Fall ist, d. h. wir wollen beweisen:

---

[1]) Am. Trans. Bd. 7 (1906), S. 314.

[2]) Bolza, Vorl., S. 118.

Es kann vorkommen, daß ein Kurvenbogen $y = y(x)$

I. der Lagrangeschen Gleichung genügt:

$$f_y - \frac{d}{dx} f_{y'} = 0;$$

II. daß für alle seine Elemente die Ungleichung besteht:

$$f_{y'y'}[x, y(x), y'(x)] > 0;$$

III. daß er den zu seinem Anfangspunkt konjugierten Punkt nicht enthält;

IV. daß in allen seinen Punkten für alle von $y'(x)$ verschiedenen Werte von $\overline{y}'$ die Ungleichung besteht:

$$E(x, y(x), y'(x), \overline{y}') = f(x, y(x), \overline{y}') -$$

$$- f(x, y(x), y'(x)) - (\overline{y}' - y'(x)) f_{y'}(x, y(x), y'(x)) > 0;$$

V. daß in allen seinen Punkten die Ungleichung (4) mit Hinweglassung des Gleichheitszeichens besteht;

und daß dieser Kurvenbogen trotzdem kein Minimum des Integrals (2) liefert.

Für den Integranden von (2) wählen wir die Funktion:

$$f(x, y, y') = y'^2 + (y - ax)(y - bx) y'^4 \quad (a > b > 0). \tag{5}$$

Man erkennt sofort, daß die Geraden $y = \text{const.}$ die Lagrangesche Gleichung befriedigen. Für den Extremalenbogen e_0 wählen wir speziell das von 0 bis 1 reichende Stück der Geraden $y = 0$. Die Extremalen $y = \text{const.}$ bilden ein Feld des Bogens e_0, ein bekannter Satz der Variationsrechnung zeigt daher, daß dieser Bogen keine zwei zueinander konjugierten Punkte enthält, so daß Bedingung III erfüllt ist. Ferner haben wir auf unserem Bogen e_0:

$$f_{y'y'}(x, y, \overline{y}') = 2 + 12\, ab\, x^2 \overline{y}'^2.$$

Dieser Ausdruck ist > 0 für alle $\overline{y}'$, so daß nicht nur Bedingung II, sondern — wieder nach einem bekannten Satze — auch Bedingung IV erfüllt ist.

Wir gehen daran, nachzuweisen, daß auch Bedingung V erfüllt ist. Beachten wir, daß

$$(y - ax) \cdot (y - bx) > 0$$

ist für alle Punkte (x, y) von positiver Abszisse, deren Koordinaten nicht den Ungleichungen genügen:

$$bx \leqq y \leqq ax; \tag{6}$$

für alle solchen Punkte ist daher:

$$f(x, y, y') > y'^2.$$

Sei nun zunächst $0 < x_3 \leqq 1$. Wir setzen:

$$k_0 = b . x_3$$

und erkennen, daß für $|k| < k_0$ und positive h die Ungleichung gilt:

$$S_i(h, k, x_3) \geqq \frac{k^2}{h}$$

und somit ist für alle $|k| < k_0$:

$$\lim_{h=+0} S_i(h, k, x_3) = +\infty. \tag{7}$$

Ist hingegen $x_3 = 0$ und k beliebig, so liegen, sobald $0 < h < a . |k|$ ist, gewiß sämtliche Punkte der Geraden:

$$x = ht, \; y = kt$$

außerhalb des durch die Ungleichungen (6) gegebenen Gebietes; für $h < a|k|$ ist daher wieder:

$$S_i(h, k, 0) \geqq \frac{k^2}{h},$$

so daß Gleichung (7) auch für $x_3 = 0$ (und alle k) gilt.

Ist nun weiter zunächst $0 < x_3 < 1$, so bleiben gewiß für alle hinreichend kleinen $|y|$ die Ausdrücke $p_1(x_3, y)$ und $p_2(x_3, y)$ zwischen endlichen Grenzen; für $x_3 = 0$ gilt dies von $p_2(0, y)$, für $x_3 = 1$ von $p_1(x, y)$. Wir schließen daraus, daß zu jedem gegebenen, der Ungleichung $0 < x_3 < 1$ genügenden Wert von x_3 sich eine Konstante k_1 so bestimmen läßt, daß das Integral:

$$\int_0^1 f_{y'}\big(x_3, \varepsilon_i k t, p_i(x_3, \varepsilon_i k t)\big)\, dt$$

zwischen endlichen Grenzen liegt für alle $|k| < k_1$ und für $i = 1$ und $i = 2$; ist $x_3 = 0$, so gilt dies für $i = 2$, ist $x_3 = 1$, so für $i = 1$.

Berücksichtigt man Gleichung (7), so folgt nun: Zu jedem gegebenen der Ungleichung $0 < x_3 < 1$ genügenden Wert von x_3 läßt sich eine Konstante K bestimmen, so daß für alle $|k| < K$:

$$\lim_{h=+0} S_i(h, k, x_3) - k \int_0^1 f_{y'}\big(x_3, \varepsilon_i k t, p_i(x, \varepsilon_i k t)\big)\, dt = +\infty \tag{8}$$

für $i = 1$ und $i = 2$; ist $x_3 = 0$, so gilt dies für $i = 2$, ist $x_3 = 1$, so für $i = 1$. Die Bedingung V ist also auf unserem Extremalenbogen e_0 auch bei Weglassung des Gleichheitszeichens erfüllt.

Wir gelangen zum Nachweise, daß unser Extremalenbogen e_0 kein Minimum des Integrals

$$(9) \qquad \int_0^1 [y'^2 + (y - ax)(y - bx)\, y'^4]\, dx$$

liefert. Wir wählen einen Punkt (x_0, y_0) von positiver Abszisse so, daß:

$$y_0 = \frac{a + 2b}{3} x_0,$$

legen durch ihn die Gerade

$$(10) \qquad y = y_0 + \frac{1}{x_0^2}(x - x_0)$$

und erstrecken unser Integral über diese Gerade von der Abszisse x_0 bis zur Abszisse $x_0 + \frac{a-b}{3} x_0^3$. Um dieses Integral abzuschätzen, bemerken wir, daß für alle Punkte (x, y) des zwischen den genannten Abszissen liegenden Stückes der Geraden (10) die Ungleichungen bestehen:

$$\frac{a+2b}{3} x \leqq y \leqq \frac{2a+b}{3} x,$$

woraus man weiter für diese Punkte die Ungleichung herleitet:

$$(y - ax)(y - bx) < -\frac{(a-b)^2}{9} x_0^2.$$

Wir erhalten also für unser Integral:

$$\int_{x_0}^{x_0 + \frac{a-b}{3} x_0^3} f\left(x, y_0 + \frac{1}{x_0^2}(x - x_0), \frac{1}{x_0^2}\right) dx \leqq \frac{a-b}{3} \cdot \frac{1}{x_0} - \frac{(a-b)^3}{27} \frac{1}{x_0^3}.$$

Der Limes dieses Integrals für $x_0 = 0$ ist daher $-\infty$.

Wir wollen nun das Integral (9) erstrecken über folgende Vergleichskurve: Von $x = 0$ bis $x = x_0$ falle sie zusammen mit der Geraden:

$$(11) \qquad y = \frac{a + 2b}{3} x$$

von $x = x_0$ bis $x = x_0 + \frac{a-b}{3} x_0^3$ mit der Geraden (10), von $x = x_0 + \frac{a-b}{3} x_0^3$ bis $x = 1$ mit der Geraden:

$$(12) \qquad y = \frac{(2a + b)\, x_0}{(a-b)\, x_0^3 + 3x_0 - 3}(x - 1).$$

Wir zerlegen dementsprechend unser Integral in die drei Bestandteile:

$$\int_0^{x_0} + \int_{x_0}^{x_0+\frac{a-b}{3}x_0^3} + \int_{x_0+\frac{a-b}{3}x_0^3}^{1}. \tag{13}$$

Lassen wir nun x_0 gegen Null konvergieren, so nähert sich die Vergleichskurve unbegrenzt dem Extremalenbogen e_0. Dabei nähern sich in (13) das erste und das dritte Integral der Grenze Null. In der Tat konvergiert im ersten Integral das Integrationsintervall gegen Null; der Integrand hingegen bleibt zwischen endlichen Grenzen, da auf der Geraden (10) fortwährend $y' = \frac{a+2b}{3}$ ist. Im dritten Integral konvergiert der Integrand mit x_0 gleichmäßig im ganzen Integrationsintervall gegen Null, wie man aus (12) entnimmt. Da nun, wie oben gezeigt, das zweite Integral in (13) gegen $-\infty$ geht, wenn x_0 sich der Null nähert, so sehen wir: Während sich unsere Vergleichskurve unbegrenzt unserem Extremalenbogen $y = 0$ nähert, nähert sich das über die Vergleichskurve erstreckte Integral (9) der Grenze $-\infty$. Unser Extremalenbogen erteilt aber dem Integral (9) den Wert Null und liefert daher kein Minimum des Integrals (9). Unsere Behauptung ist somit bewiesen.

Über Extremalenbogen, deren Endpunkt zum Anfangspunkt konjugiert ist

von

Hans Hahn in Wien.

(Vorgelegt in der Sitzung am 14. Jänner 1909.)

Die folgenden Zeilen beschäftigen sich mit dem sogenannten einfachsten Problem der Variationsrechnung in Parameterdarstellung: Es ist ein zwischen zwei gegebenen Punkten zu erstreckendes Integral der Form

$$\int F(x,y;\, x',y')\, dt \tag{1}$$

zu einem Minimum zu machen. Und zwar werden wir voraussetzen, es sei ein die beiden gegebenen Punkte verbindender regulärer Extremalenbogen gefunden, auf dem der Endpunkt der Integration gerade der zum Anfangspunkt konjugierte Punkt ist. Bekanntlich gestattet die klassische, auf der Betrachtung der zweiten Variation beruhende Methode Jacobi's, bei exakter Durchführung die Unmöglichkeit eines Extremums nachzuweisen, wenn der zum Anfangspunkt konjugierte Punkt ins Innere des betrachteten Extremalenbogens fällt,[1] versagt aber, wenn — wie wir es hier voraussetzen — dieser konjugierte Punkt mit dem Endpunkt zusammenfällt. Man versuchte zunächst in diesem Falle durch Betrachtung höherer Variationen eine Entscheidung herbeizuführen.[2] Auf eine ganz neue Grundlage wurde die Frage durch A. Kneser[3] gestellt,

1 Siehe z. B. O. Bolza, Vorl. über Variationsrechnung; p. 82 ff.

2 G. Erdmann, Zeitschr. f. Math. u. Phys., *22* (1877), p. 327.

3 Math. Ann., *50* (1897), p. 27. — Lehrb. der Variationsrechnung, § 25.

7*

dem es durch Betrachtung der Einhüllenden der vom Anfangspunkt ausgehenden einparametrigen Extremalenschar gelang, nachzuweisen, daß in dem von uns betrachteten Falle im allgemeinen ein Extremum nicht stattfinden kann. W. F. Osgood[1] hat darauf aufmerksam gemacht, daß falls die Einhüllende der genannten Extremalenschar dort, wo sie unsere Extremale berührt, einen Rückkehrpunkt hat, dessen Spitze dem Innern unseres Extremalenbogens zugewendet ist, die Kneser'sche Schlußweise nicht mehr anwendbar ist. Unter der Voraussetzung, daß das Variationsproblem im Anfangspunkt unseres Extremalenbogens regulär, in seinem Endpunkt positiv definit ist, gelingt ihm der Nachweis, daß im angeführten Falle der Extremalenbogen noch ein starkes Minimum liefert (falls die E-Funktion von definitem Zeichen ist). Die beiden einschränkenden Voraussetzungen rühren daher, daß Osgood den Beweis mit Hilfe der vom Anfangspunkt der Integration ausgehenden Extremalenschar führt: es gibt keine Nachbarschaft[2] unseres Extremalenbogens, die von dieser Schar einfach überdeckt wird; um sicher zu sein, daß die Umgebung des Anfangspunktes von ihr einfach überdeckt wird, muß das Problem daselbst als regulär vorausgesetzt werden; um die aus der mehrfachen Überdeckung in der Umgebung des Endpunktes entstehende Schwierigkeit zu umgehen, wird das Problem daselbst als positiv definit vorausgesetzt. Der Zweck dieser Arbeit ist, den Nachweis des Minimums ohne diese einschränkenden Bedingungen zu erbringen.[3]

Die Funktion $F(x, y; x', y')$ hänge, solange der Punkt (x, y) einem gewissen Bereich $\mathfrak{R}$ angehört, in dessen Innern sich alles folgende abspielen möge, für alle der Ungleichung

---

[1] Am. Trans. *2* (1901), p. 166.

[2] Unter der Nachbarschaft ρ unseres Extremalenbogens wird das Gebiet verstanden, das ein Kreis vom Radius ρ überstreicht, dessen Mittelpunkt den Extremalenbogen durchläuft.

[3] Mit Extremalenbogen, deren Endpunkt zum Anfangspunkt konjugiert ist, beschäftigt sich auch J. W. Lindeberg, Math. Ann., *59* (1904), p. 321; da er sich auf die Betrachtung schwacher Extrema beschränkt, fallen bei ihm die genannten Schwierigkeiten weg. Man vergleiche ferner eine Bemerkung von D. Hilbert, Zur Variationsrechnung, Gött. Nachr., 1905, p. 20.

$$x'^2+y'^2>0$$

genügenden Werte des Variablenpaares x', y' regulär analytisch von ihren vier Veränderlichen ab; sie sei ferner positiv homogen von erster Ordnung, d. h. es sei für alle positiven Konstanten k

$$F(x,y;\,kx',ky') = kF(x,y;\,x',y').$$

Man kann dann mit Weierstraß setzen[1]

$$F_1(x,y;\,x',y') = \frac{1}{y'^2} F_{x'x'}(x,y;\,x',y') =$$

$$= -\frac{1}{x'y'} F_{x'y'}(x,y;\,x',y') = \frac{1}{x'^2} F_{y'y'}(x,y;\,x',y').$$

Es seien (x_0, y_0) und (x_1, y_1) zwei im Innern von $\mathfrak{R}$ gelegene Punkte; sie seien durch einen Extremalenbogen E_0 verbunden, der folgenden Bedingungen genügt:

1. Die Koordinaten der Punkte von E_0 seien analytische Funktionen eines Parameters t; und zwar werde der Bogen E_0 vom Punkte (x_0, y_0) bis zum Punkte (x_1, y_1) durchlaufen, wenn t von t_0 bis t_1 wächst.

2. Alle Punkte von E_0 liegen im Innern von $\mathfrak{R}$.

3. Es ist auf E_0 durchwegs

$$x'^2+y'^2>0, \tag{2}$$

wo x' und y' die Ableitungen von x und y nach t bedeuten.

4. E_0 enthält keinen Doppelpunkt.

5. Die Legendre'sche und die Weierstraß'sche notwendige Bedingung für das Eintreten eines Minimums seien auf E_0 in der schärferen Form erfüllt:

$$F_1(x,y;\,x',y') > 0; \tag{3}$$

$$E(x,y;\,x',y';\,\bar{x}',\bar{y}') > 0 \tag{4}$$

außer für $\bar{x}' = kx'$, $\bar{y}' = ky'$; $k>0$.

---

[1] Durch Beifügung der Indices x', y' (im folgenden auch t und a) werden partielle Differentiationen angedeutet.

Dabei ist wie gebräuchlich

$$E(x,y;\,x',y';\,\bar{x}',\bar{y}') =$$
$$= F(x,y;\,\bar{x}',\bar{y}') - \bar{x}' F_{x'}(x,y;\,x',y') - \bar{y}' F_{y'}(x,y;\,x',y')$$

und $(x, y;\ x', y')$ bedeutet ein beliebiges Linienelement des Bogens E_0, $\bar{x}'$ und $\bar{y}'$ beliebige Zahlen, die nicht beide Null sind.

Wegen (3) enthält der Bogen E_0 kein für die Lagrangeschen Gleichungen singuläres Element. Die Schar der durch den Punkt (x_0, y_0) hindurchgehenden Extremalen, deren Richtungen im Punkte (x_0, y_0) von der Richtung von E_0 daselbst, genügend wenig abweichen, läßt sich daher in der Form darstellen:

$$x = x_0(t, a), \quad y = y_0(t, a); \tag{5}$$

und zwar werde die Extremale, der der Bogen E_0 angehört, aus (5) erhalten für $a = a_0$; dann lassen sich eine positive Konstante A sowie zwei den Ungleichungen $T_0 < t_0 < t_1 < T_1$ genügende Konstante T_0 und T_1 so finden, daß für

$$T_0 \leqq t \leqq T_1, \quad |a - a_0| \leqq A \tag{6}$$

die Funktionen (5) regulär analytisch sind und daß für die durch die Ungleichungen (6) charakterisierten Extremalenbögen der Schar (5) ebenfalls alle fünf über E_0 gemachten Voraussetzungen Geltung haben. Wir können ferner annehmen, der Parameter t sei so gewählt, daß auf jeder Extremale der Schar (5) dem Punkte (x_0, y_0) der Parameterwert t_0 entspreche. Wir setzen:

$$D(t, a) = x_{0t}\, y_{0a} - y_{0t}\, x_{0a}. \tag{7}$$

Ebenso bedeute

$$x = x_1(t, \alpha), \quad y = y_1(t, \alpha) \tag{8}$$

die durch den Punkt (x_1, y_1) hindurchgehende Extremalenschar; für $\alpha = \alpha_0$ werde die Extremale erhalten, der E_0 angehört; auf allen Extremalen der Schar (8) entspreche dem Punkte (x_1, y_1) der Parameterwert t_1; für

$$T_0 \leqq t \leqq T_1, \quad |\alpha - \alpha_0| \leqq \mathrm{A} \tag{9}$$

seien die Funktionen (8) regulär analytisch und für die durch die Ungleichungen (9) charakterisierten Extremalenbogen der Schar (8) mögen die fünf über E_0 gemachten Voraussetzungen Geltung haben. Wir setzen

$$\Delta(t, \alpha) = x_{1t}(t, \alpha) y_{1\alpha}(t, \alpha) - y_{1t}(t, \alpha) x_{1\alpha}(t, \alpha). \tag{10}$$

Wir wollen uns mit dem Falle beschäftigen, daß auf E_0 der Punkt (x_1, y_1) zum Punkte (x_0, y_0) konjugiert ist; dann gelten die beiden Gleichungen

$$D(t_1, a_0) = 0, \quad \Delta(t_0, \alpha_0) = 0 \tag{11}$$

und (wenigstens bei geeigneter Wahl von a und α) die beiden Ungleichungen

$$D(t, a_0) \neq 0, \quad \Delta(t, \alpha_0) \neq 0; \quad \text{für } t_0 < t < t_1. \tag{12}$$

Ferner ist bekanntlich:

$$D_t(t_1, a_0) \neq 0, \quad \Delta_t(t_0, \alpha_0) \neq 0. \tag{13}$$

Betrachten wir nun die Gleichung

$$D(t, a) = 0; \tag{14}$$

sie ist nach (11) erfüllt für $t = t_1$, $a = a_0$; wegen der ersten Gleichung (13) kann man (14) für die Umgebung dieser Stelle nach t auflösen; es sei

$$t = \bar{t}(a)$$

diese Auflösung; die Funktion $\bar{t}(a)$ ist regulär analytisch an der Stelle a_0 und nimmt daselbst den Wert t_1 an; wir setzen

$$\bar{x}(a) = x_0(\bar{t}(a), a), \quad \bar{y}(a) = y_0(\bar{t}(a), a); \tag{15}$$

dann sind $\bar{x}(a)$, $\bar{y}(a)$ die Koordinaten desjenigen Punktes, der auf der zum Werte a gehörigen Extremale der Schar (5) zum Punkte (x_0, y_0) konjugiert ist.

Es sind nun zwei Fälle zu unterscheiden:

Fall 1. $\bar{x}(a)$ und $\bar{y}(a)$ reduzieren sich nicht beide auf Konstante;

Fall 2. Es ist identisch $\bar{x}(a) = x_1$; $\bar{y}(a) = y_1$.

Wir verbleiben zunächst beim ersten Falle. In diesem Falle liefert uns (15) eine Kurve C. Aus

$$\bar{x}'(a) = x_{0t}(\bar{t}(a), a)\,\bar{t}'(a) + x_{0a}(\bar{t}(a), a),$$
$$\bar{y}'(a) = y_{0t}(\bar{t}(a), a)\,\bar{t}'(a) + y_{0a}(\bar{t}(a), a)$$

und

$$D(\bar{t}(a), a) = 0$$

folgt

$$\bar{x}'(a)\,y_{0t}(\bar{t}(a), a) - \bar{y}'(a)\,x_{0t}(\bar{t}(a), a) = 0. \qquad (16)$$

Man schließt daraus:

Die zu a gehörige Extremale der Schar (5) berührt in dem zu (x_0, y_0) konjugierten Punkte die Kurve C, falls nicht

$$\bar{x}'(a) = \bar{y}'(a) = 0$$

ist. Jedenfalls gibt es eine Umgebung von a_0, in der (abgesehen von der Stelle a_0 selbst) $\bar{x}'(a)$ und $\bar{y}'(a)$ nicht gleichzeitig verschwinden.

Für den Fall, daß

$$\bar{x}'(a_0) = \bar{y}'(a_0) = 0,$$

gilt folgende Überlegung:

Wegen (2) ist entweder $x_{0t}(t_1, a_0)$ oder $y_{0t}(t_1, a_0)$ von Null verschieden; sei etwa

$$x_{0t}(t_1, a_0) \neq 0.$$

Wir bilden

$$\lim_{h=0} \frac{\bar{y}(a_0+h) - \bar{y}(a_0)}{\bar{x}(a_0+h) - \bar{x}(a_0)} = \lim_{h=0} \frac{\bar{y}'(a_0+h)}{\bar{x}'(a_0+h)} =$$
$$= \lim_{h=0} \frac{y_{0t}(\bar{t}(a_0+h), a_0+h)}{x_{0t}(\bar{t}(a_0+h), a_0+h)} = \frac{y_{0t}(t_1, a_0)}{x_{0t}(t_1, a_0)}, \qquad (17)$$

d. h. die Kurve C berührt die Extremale E_0 im Punkte (x_1, y_1). Die Kurve C hat in diesem Falle daselbst eine Singularität.

Wir werden von nun an voraussetzen, es sei

$$x_{0t}(t_1, a_0) \neq 0, \qquad (18)$$

was wir, wie eben bemerkt, ohne die Allgemeinheit zu stören tun können.

Wir unterscheiden abermals zwei Fälle:

Fall 1 *a*. Wenigstens in einer der beiden einseitigen Umgebungen von a_0 hat der Ausdruck $\mathfrak{x}'(a)(a_0-a)$ das Zeichen von $x_{0t}(t_1, a_0)$.

Fall 1 *b*. In der Umgebung von a_0 hat der Ausdruck $\mathfrak{x}'(a)(a_0-a)$ stets das entgegengesetzte Zeichen von $x_{0t}(t_1, a_0)$.

Der Fall 1 *a* tritt stets ein, wenn $\mathfrak{x}'(a_0) \neq 0$. Ist $\mathfrak{x}'(a_0) = 0$, so folgt aus (16) und (18), daß auch $\mathfrak{y}'(a_0) = 0$, d. h. daß die Kurve C in a_0 singulär ist; der Fall 1 *b* kann also nur dann eintreten, wenn C im Punkte (x_1, y_1) eine Singularität hat, und zwar kann 1 *b* nur dann eintreten, wenn $\mathfrak{x}'(a)$ in a_0 sein Zeichen ändert, für $a > a_0$ das Zeichen von $x_{0t}(t_1, a_0)$ hat, für $a < a_0$ aber das entgegengesetzte Zeichen; geometrisch heißt das, wenn man noch (17) beachtet: Die Kurve C hat in (x_1, y_1) einen Rückkehrpunkt, dessen Spitze dem Innern des Bogens E_0 zugewendet ist.

Im Falle 1 *a* liefert der Extremalenbogen E_0 kein Extremum des Integrals (1), wie Kneser gezeigt hat; im folgenden soll gezeigt werden, daß im Falle 1 *b* der Bogen E_0 ein Minimum von (1) liefert.

Wir errichten in jedem Punkte P von E_0 die Normale und tragen auf ihr nach beiden Richtungen von P aus eine Strecke von der Länge ρ auf; die Endpunkte dieser Strecken bilden die beiden Kurven

$$\left.\begin{aligned} x &= x_0(t, a_0) + \varepsilon\rho \frac{y_{0t}(t, a_0)}{\sqrt[+]{(x_{0t}(t, a_0))^2 + (y_{0t}(t, a_0))^2}}; \\ y &= y_0(t, a_0) - \varepsilon\rho \frac{x_{0t}(t, a_0)}{\sqrt[+]{(x_{0t}(t, a_0))^2 + (y_{0t}(t, a_0))^2}}, \end{aligned}\right\} \quad (19)$$

$$(\varepsilon = +1, -1, \; t_0 \leqq t \leqq t_1);$$

wenn ρ genügend klein ist, werden die Normalen zu E_0 das zwischen den beiden Kurven (19) und den Normalen zu E_0 in den Punkten t_0 und t_1 gelegene Gebiet gerade einfach überdecken. Wir werden im folgenden die im Punkte t_ν von E_0 errichtete Normale kurz mit N_ν bezeichnen.

Sei $t_0 < t_2 < t_1$; wir errichten die Normale N_2. Da der Punkt t_2 auf E_0 diesseits des zu t_0 konjugierten Punktes liegt, so kann man die in (6) auftretende Konstante A so klein wählen, daß die zwischen N_0 und N_2 verlaufenden Bögen der beiden Extremalen:

$$\left.\begin{aligned} &x = x_0(t, a_0 + A), \quad y = y_0(t, a_0 + A) \\ \text{und}\quad & \\ &x = x_0(t, a_0 - A), \quad y = y_0(t, a_0 - A) \end{aligned}\right\} \quad (20)$$

den Bogen E_0 nicht treffen und zu verschiedenen Seiten von E_0 verlaufen; ferner so, daß die zwischen N_0 und N_2 liegenden Bögen der durch $|a - a_0| \leqq A$ gegebenen Extremalen von (5) das Gebiet zwischen N_0, N_2 und den beiden Extremalen (20) [abgesehen vom Punkte (x_0, y_0)] gerade einfach überdecken.

Wir wollen zeigen, daß wir weiter A auch so klein annehmen können, daß die beiden Extremalen (20) auch zwischen N_2 und N_1 (die Punkte dieser beiden Geraden eingeschlossen) den Bogen E_0 nicht schneiden und daß die durch $|a - a_0| \leqq A$ gegebenen Extremalen von (5) auch das zwischen N_2 und N_1 und den beiden Extremalen (20) gelegene Gebiet einfach überdecken.

Da wir uns im Falle 1 b befinden, können wir offenbar A so klein wählen, daß für $0 < |a - a_0| \leqq A$ die Bögen der Extremalen (5) zwischen N_2 und N_1 (diese Geraden eingeschlossen) keinen Punkt der Kurve C enthalten; auf diesen Bögen ist daher $D(t, a) \neq 0$ und hat immer einerlei Zeichen, und zwar dasselbe Zeichen wie auf E_0. Wir wählen ferner A so klein, daß unsere Extremalenbögen in dem von den Normalen zu E_0 einfach überdeckten Gebiet bleiben.

Sei $t_2 \leqq t_\nu \leqq t_1$. Wir suchen die Schnittpunkte der Extremalen (5) mit der Normalen N_ν. Die Gleichungen von N_ν lauten:

$$x = x_0(t_\nu, a_0) + \lambda y_{0t}(t_\nu, a_0), \quad y = y_0(t_\nu, a_0) - \lambda x_{0t}(t_\nu, a_0),$$

wo λ der laufende Parameter ist. Wir erhalten die gesuchten Schnittpunkte durch Auflösung von

$$\left.\begin{aligned} &x_0(t, a) - x_0(t_\nu, a_0) - \lambda y_{0t}(t_\nu, a_0) = 0; \\ &y_0(t, a) - y_0(t_\nu, a_0) + \lambda x_{0t}(t_\nu, a_0) = 0 \end{aligned}\right\} \quad (21)$$

nach t und λ. Diese Gleichungen sind erfüllt für $t = t_\nu$, $a = a_0$, $\lambda = 0$. Ihre Funktionaldeterminante nach t und λ ist:

$$x_{0t}(t, a)\, x_{0t}(t_\nu, a_0) + y_{0t}(t, a)\, y_{0t}(t_\nu, a_0);$$

sie ist daher für $t = t_\nu$, $a = a_0$ von Null verschieden und hat, wenn t_ν von t_2 bis t_1 variiert, eine positive, von Null verschiedene untere Grenze. Nach dem Satze von der Existenz der impliziten Funktionen kann daher A unabhängig von t_ν so gewählt werden, daß sich t und λ aus (21) als eindeutige für $|a-a_0| \leqq A$ reguläre Funktionen von a ergeben, etwa $t = \mathfrak{t}(a)$, $\lambda = \lambda(a)$, und es wird für $|a-a_0| \leqq A$

$$\lambda'(a) = -\frac{x_{0t}(\mathfrak{t}(a), a)\, y_{0a}(\mathfrak{t}(a), a) - y_{0t}(\mathfrak{t}(a), a)\, x_{0a}(\mathfrak{t}(a), a)}{x_{0t}(\mathfrak{t}(a), a)\, x_{0t}(t_\nu, a_0) + y_{0t}(\mathfrak{t}(a), a)\, y_{0t}(t_\nu, a_0)}.$$

Nach Obigem hat dieser Ausdruck, wenn nur A genügend klein ist, für $t_2 \leqq t_\nu \leqq t_1$ und $|a-a_0| \leqq A$ einerlei Zeichen und verschwindet nur für $t_\nu = t_1$, $a = a_0$. Das heißt aber geometrisch: Wenn a von $a_0 - A$ bis $a_0 + A$ wächst, so verschiebt sich der Schnittpunkt der Extremalen (5) mit der Normalen N_ν immer in ein und derselben Richtung, woraus sich unsere Behauptung ohne weiteres ergibt.

Für $|a-a_0| < A$ bilden also die Extremalen (5) ein Feld, welches das Innere des von den beiden Extremalen (20) und der Normalen N_1 begrenzten Gebietes einfach überdeckt.[1] Wir können daraus schließen: Der Bogen E_0 erteilt dem Integral (1) einen kleineren Wert als jeder die Punkte (x_0, y_0) und (x_1, y_1) verbindende Bogen einer Vergleichskurve, der (abgesehen von seinen beiden Endpunkten) im Innern des eben genannten Gebietes verbleibt; in der Tat sei

$$x = \bar{x}(s), \; y = \bar{y}(s) \quad (s_0 \leqq s \leqq s_1)$$

---

[1] Für das Weitere ist es wichtig, folgendes zu bemerken: Da zwischen N_2 und N_1 (mit Einschluß der Punkte dieser beiden Geraden) die beiden Extremalen (20) den Bogen E_0 nicht schneiden, bleibt der Abstand ihrer Punkte von denen von E_0 über einer positiven Zahl; trägt man daher von jedem Punkte t_ν $(t_2 \leqq t \leqq t_1)$ auf der Normalen N_ν eine Strecke von der Länge ρ' auf, wo ρ' hinlänglich klein, so gehören alle Punkte dieser Strecken zu unserem Felde.

ein Bogen einer solchen Vergleichskurve. Durch jeden Punkt s dieses Bogens (abgesehen von s_0) geht eine und nur eine Extremale unseres Feldes; sei $(\bar{x}(s), \bar{y}(s); x'(s), y'(s))$ das Linienelement dieser Extremale im Punkte s; sei ferner $J(s)$ der Wert des Integrals (1) erstreckt über diese Extremale vom Punkte (x_0, y_0) bis zum Punkte $(\bar{x}(s), \bar{y}(s))$, ebenso $\bar{J}(s)$ der Wert des Integrals (1) erstreckt über die Vergleichskurve vom Punkte s_0 bis zum Punkte s. Dann ist, solange $s < s_1$ die gewöhnliche Theorie der Variationsrechnung anwendbar und ergibt

$$\bar{J}(s) - J(s) = \int_{s_0}^{s} E(\bar{x}(s), \bar{y}(s); x'(s), y'(s); \bar{x}'(s), \bar{y}'(s))\, ds.$$

Man erhält daraus durch Grenzübergang die Gleichung

$$\bar{J}(s_1) - J(s_1) = \int_{s_0}^{s_1} E(\bar{x}(s), \bar{y}(s); x'(s), y'(s); \bar{x}'(s), \bar{y}'(s))\, ds,$$

die das gewünschte Resultat enthält.

Spezielle Vergleichskurven der betrachteten Art, die später von Wichtigkeit sind, erhalten wir auf folgende Weise:

Durch jeden Punkt eines genügend kleinen, den Punkt t_2 von E_0 im Innern enthaltenden Stückes der Normalen N_2, geht eine und nur eine Extremale der Schar (5), für die die Ungleichung $|a - a_0| \leqq A'$ besteht, wo A' eine Konstante $< A$ sei. Wenn wir A' genügend klein wählen, so folgt aus der zweiten Ungleichung (12), daß durch jeden solchen Punkt auch eine und nur eine Extremale der Schar (8) hindurchgeht, für die die Ungleichung besteht:

$$|\alpha - \alpha_0| \leqq \mathrm{A}',$$

wo A' eine geeignete Konstante, und man kann gewiß A' auch so klein wählen, daß die zwischen N_2 und N_1 verlaufenden Bögen der genannten Extremalen der Schar (8) ganz in unserem Felde verbleiben (vgl. die Anmerkung auf der vorigen Seite). Eine Kurve, die vom Punkte (x_0, y_0) bis zu ihrem Schnitte mit N_2 mit einer Extremalen aus (5): $(|a - a_0| \leqq A')$, von da bis zum Punkte (x_1, y_1) mit einer Extremalen aus (8): $(|\alpha - \alpha_0| \leqq \mathrm{A}')$ zusammenfällt, verbleibt also ganz im Innern unseres Feldes und erteilt daher, falls sie nicht mit E_0 zusammenfällt, dem Integral (1) einen größeren Wert als E_0 (Satz I).

Wir wählen nun auf der Extremale, der E_0 angehört, und zwar auf der Verlängerung von E_0 über t_0 hinaus, einen Punkt t_0^* — er genüge also der Ungleichung

$$T_0 < t_0^* < t_0 \tag{22}$$

[vgl. Ungleichung (6)] — und zwar so nahe an t_0, daß der zu t_0^* konjugierte Punkt jenseits des Punktes t_2 fällt. Durch t_0^* legen wir die Normale N^* zu unserer Extremale; wie oben sieht man, daß N^*, falls A' hinlänglich klein ist, von jeder der Ungleichung $|a-a_0| \leqq A'$ genügenden Extremale von (5) in einem und nur einem Punkte geschnitten wird; er werde geliefert durch den Parameterwert $t^*(a)$; und man kann gewiß A' auch so klein wählen, daß auch auf jeder der nun betrachteten Extremalen der zum Punkte $t^*(a)$ konjugierte Punkt jenseits ihres Schnittpunktes mit N_2 liegt.

Seien

$$x = x_0(t_0^*, a_0) + \lambda y_{0t}(t_0^*, a_0),$$
$$y = y_0(t_0^*, a_0) - \lambda x_{0t}(t_0^*, a_0)$$

die Gleichungen der Normalen N^*; dem Schnittpunkt von N^* mit der zu a gehörigen Extremale von (5) entspreche der Parameterwert $\lambda = \lambda(a)$. Durch jeden dieser Schnittpunkte legen wir das Büschel der Extremalen, die gegen die durch diesen Punkt hindurchgehende Extremale von (5) wenig geneigt sind. Wir erhalten so eine einparametrige Schar von Extremalenbüscheln, die wir in der Form darstellen können:

$$x = x^*(t, a^*, \lambda(a)), \quad y = y^*(t, a^*, \lambda(a)) \tag{23}$$

und wir können annehmen, es sei

$$x^*(t, a, \lambda(a)) = x_0(t, a), \quad y^*(t, a, \lambda(a)) = y_0(t, a).$$

Unsere obige Bemerkung über die zu den Schnittpunkten von (5) mit N^* konjugierten Punkte drückt sich dann so aus: Wenn A' genügend klein, so ist für alle a, die der Ungleichung $|a-a_0| \leqq A'$ genügen, im Gebiet zwischen N_0 und N_2, die Punkte dieser beiden Geraden eingeschlossen, die Funktionaldeterminante

$$D^*(t,a) = \begin{vmatrix} x_t^*(t,a,\lambda(a)), & y_t^*(t,a,\lambda(a)) \\ x_{a^*}^*(t,a,\lambda(a)), & y_{a^*}^*(t,a,\lambda(a)) \end{vmatrix}$$

von Null verschieden und hat daher eine positive untere Grenze. Die Anwendung des Satzes von der Existenz der impliziten Funktionen ergibt nun:

Es gibt eine positive von a unabhängige Zahl σ so, daß die Nachbarschaft[1] σ des von N_0 und N_2 begrenzten Bogens einer der Ungleichung $|a-a_0| \leqq A'$ genügenden Extremale von (5) durch die zum selben Wert von a gehörenden Extremalen (23) (soweit sie in dieser Nachbarschaft liegen) gerade einfach überdeckt wird. Jeder dieser Bögen ist also mit einem Felde umgeben.

Die bekannten Eigenschaften der E-Funktion ergeben, daß sich nun σ auch so klein wählen läßt, daß die E-Funktion in keinem dieser Felder negativ wird und nur in ordentlicher Weise verschwindet. Jeder der genannten Extremalenbogen erteilt also dem Integral (1) einen kleineren Wert als jede andere seine Endpunkte verbindende Vergleichskurve, die ganz in der Nachbarschaft σ dieses Bogens verbleibt.

Wir konstruieren nun um den von t_0 und t_2 begrenzten Bogen von E_0 die Nachbarschaft $\frac{\sigma}{2}$ und wählen A' so klein, daß die der Ungleichung $|a-a_0| \leqq A'$ genügenden Extremalen (5) zwischen N_0 und N_2 ganz in dieser Nachbarschaft verbleiben. Sei P ein beliebiger Punkt dieser Nachbarschaft; dann liegt auf E_0 ein Punkt t_ν $(t_0 \leqq t_\nu \leqq t_2)$, er heiße P', so daß $\overline{PP'} \leqq \frac{\sigma}{2}$. Wir errichten in P' die Normale N_ν; sie schneidet eine beliebige der Ungleichung $|a-a_0| \leqq A'$ genügende Extremale von (5) in einem Punkte P'', für den $\overline{P'P''} \leqq \frac{\sigma}{2}$; es ist also $\overline{PP''} \leqq \sigma$. Wir haben also:

Die Nachbarschaft $\frac{\sigma}{2}$ des von t_0 und t_2 begrenzten Bogens von E_0 gehört ganz der Nachbarschaft σ des von N_0 und N_2 begrenzten Bogens einer beliebigen der Ungleichung

[1] Über die Bedeutung dieses Ausdruckes vgl. die Anm. 2 auf der zweiten Seite der Einleitung.

$$|a-a_0| \leqq A'$$

genügenden Extremalen von (5) an. Jeder dieser letzteren Extremalenbögen erteilt also dem Integral (1) einen kleineren Wert als jede andere seine Endpunkte verbindende Vergleichskurve, die ganz in der Nachbarschaft $\frac{\sigma}{2}$ des von t_0 und t_2 begrenzten Bogens von E_0 verbleibt (Satz II).

Wir wählen nun auf E_0 einen Punkt t_3, der der Ungleichung $t_0 < t_3 < t_2$ genügt. Indem wir so wie bisher mit der Extremalenschar (5), nunmehr mit der Extremalenschar (8) vorgehen, erkènnen wir, daß für geeignete positive Konstante A' und τ der Satz gilt:

Jeder von N_3 und N_1 begrenzte Bogen einer der Ungleichung $|\alpha-\alpha_0| \leqq \mathrm{A}'$ genügenden Extremalen von (8) erteilt dem Integrale (1) einen kleineren Wert als jede andere seine Endpunkte verbindende Vergleichskurve, die ganz in der Nachbarschaft τ des von t_3 und t_1 begrenzten Bogens von E_0 verbleibt.

Beachtet man weiter, daß jeder der genannten Extremalenbogen die Normale N_2 in einem Punkte schneiden muß, so folgt aus dem eben ausgesprochenen Satze auch der folgende:

Jeder von N_2 und N_1 begrenzte Bogen einer der Ungleichung $|\alpha-\alpha_0| \leqq \mathrm{A}'$ genügenden Extremale von (8) erteilt dem Integrale (1) einen kleineren Wert als jede andere seine Endpunkte verbindende Vergleichskurve, die ganz in der Nachbarschaft τ des von t_3 und t_1 begrenzten Bogens von E_0 verbleibt (Satz III).

Wir bringen nun die vier Extremalen:

$$x = x_0(t, a_0+A'), \quad y = y_0(t, a_0+A');$$
$$x = x_1(t, \alpha_0+\mathrm{A}'), \quad y = y_1(t, \alpha_0+\mathrm{A}');$$
$$x = x_0(t, a_0-A'), \quad y = y_0(t, a_0-A');$$
$$x = x_1(t, \alpha_0-\mathrm{A}'), \quad y = y_0(t, \alpha_0-\mathrm{A}')$$

zum Schnitte mit der Normalen N_2.

Den Abstand desjenigen der vier Schnittpunkte, der am nächsten am Punkte t_2 von E_0 liegt von diesem Punkte, bezeichnen wir mit ϑ.

Sei C eine von (x_0, y_0) nach (x_1, y_1) gehende Vergleichskurve, die ganz in der Nachbarschaft ϑ des Bogens E_0 verbleibt; sie muß die Normale N_2 schneiden; durch den ersten ihrer Schnittpunkte mit N_2 werde sie in die zwei Teile C_0 und C_1 zerlegt. Auf C_0 können wir Satz II anwenden; falls C_1 ganz in der Nachbarschaft ϑ des von t_3 und t_1 begrenzten Bogens von E_0 bleibt, können wir Satz III anwenden und aus Satz I folgt sofort, daß C dem Integral (1) einen größeren Wert erteilt als E_0.

Um ein allgemeines Resultat aussprechen zu können, müssen wir uns noch von der Voraussetzung freimachen, der C_1 unterliegt. Bemerken wir, daß, wenn der Bogen C_1 dieser Voraussetzung nicht genügt, er gewiß die Normale N_3 schneidet.

Durch N_2 wird die Nachbarschaft ϑ von E_0 in zwei Gebiete zerteilt; dasjenige, in dem der Punkt (x_0, y_0) liegt, wollen wir mit $\mathfrak{G}_0$ bezeichnen, das, in dem (x_1, y_1) liegt, mit $\mathfrak{G}_1$. Die vom Punkte t_0^* [siehe Ungleichung (22)] der Verlängerung von E_0 über t_0 hinaus ausgehenden Extremalen bedecken, das Gebiet $\mathfrak{G}_0$ einfach und bilden daher in $\mathfrak{G}_0$ ein Feld $\mathfrak{f}_0$.

Nehmen wir auf der Verlängerung von E_0 über t_1 hinaus den Punkt t_1^* geeignet an, so überdecken die durch diesen Punkt hindurchgehenden Extremalen das Gebiet $\mathfrak{G}_1$ sowie das Gebiet zwischen den Normalen N_3 und N_2 einfach und bilden daselbst ein Feld $\mathfrak{f}_1$.

Im folgenden werden mit x_0', y_0' die Richtungskoeffizienten einer Extremale des Feldes $\mathfrak{f}_0$, mit x_1', y_1' die einer Extremale des Feldes $\mathfrak{f}_1$ bezeichnet.

Seien

$$x = x_0(t_2, a_0) + \lambda y_{0t}(t_2, a_0); \quad y = y_0(t_2, a_0) - \lambda x_{0t}(t_2, a_0) \quad (24)$$

die Gleichungen von N_2; ist $|\lambda|$ hinlänglich klein, so geht durch den Punkt λ von N_2 eine und nur eine Extremale von $\mathfrak{f}_0$, sowie eine und nur eine Extremale von $\mathfrak{f}_1$, ebenso eine und nur eine Extremale aus (5) und eine und nur eine Extremale aus (8). Mit $J_0(\lambda)$ werde der Wert des Integrals (1) bezeichnet, erstreckt über den Extremalenbogen von (5), der den Punkt (x_0, y_0) mit dem Punkte λ von N_2 verbindet; mit $J_1(\lambda)$ der Wert von (1) erstreckt über den Extremalenbogen von (8), der den Punkt λ mit (x_1, y_1) verbindet; mit $J'_0(\lambda)$ werde der Wert von (1) bezeichnet, erstreckt über den Extremalenbogen von $\mathfrak{f}_0$ der den Punkt t_0^* von E_0 mit dem Punkte λ von N verbindet, mit $J'_1(\lambda)$ der Wert von (1) erstreckt über den Extremalenbogen von $\mathfrak{f}_1$, der den Punkt λ mit dem Punkte t_1^* von E_0 verbindet. Bedeutet ε eine beliebig gegebene, Λ eine geeignet gewählte positive Zahl, so hat man für $|\lambda'| \leqq \Lambda$, $|\lambda''| \leqq \Lambda$:

$$|J_0(\lambda')-J_0(\lambda'')| < \varepsilon; \quad |J_1(\lambda')-J_1(\lambda'')| < \varepsilon \tag{25}$$

und:

$$|J'_0(\lambda')-J'_0(\lambda'')| < \varepsilon : |J'_1(\lambda')-J'_1(\lambda'')| < \varepsilon. \tag{25a}$$

Sei nun $\bar{x}(s), \bar{y}(s)$ die Vergleichskurve C; s bedeute dabei etwa die Bogenlänge, s_0 den dem Punkte (x_0, y_0) entsprechenden Wert, s_1 den dem Punkte (x_1, y_1) entsprechenden; s', s'' seien zwei aufeinanderfolgende Schnittpunkte mit N_2, zwischen denen C in $\mathfrak{G}_0$ liegt und auch die Normale N_3 schneidet; die zugehörigen Werte von λ in (24) seien λ', λ''; dann ist

$$\int_{s'}^{s''} F(\bar{x}, \bar{y}; \bar{x}', \bar{y}')\,ds =$$

$$= \int_{s'}^{s''} E(\bar{x}, \bar{y}; x'_0, y'_0; \bar{x}', \bar{y}')\,ds - J'_0(\lambda') + J'_0(\lambda''). \tag{26}$$

Die Normalen N_2 und N_3 schneiden sich in der Nachbarschaft ϑ von E_0 nicht, haben daher daselbst einen positiven Minimalabstand n. Die E-Funktion verschwindet in $\mathfrak{G}_0$ nur in ordentlicher Weise, sie bleibt daher über einer positiven Zahl e, sobald der Winkel zwischen den beiden durch x'_0, y'_0 und $\bar{x}', \bar{y}'$ gegebenen Richtungen $\frac{\pi}{4}$ übersteigt; man entnimmt daraus, daß in (26)

$$\int_{s'}^{s''} E(x, y; x'_0, y'_0; \bar{x}', \bar{y}')\,ds > e.n \tag{27}$$

ist. Sind s', s'' zwei Schnittpunkte von C mit N_2, zwischen denen C fortwährend im Felde $\mathfrak{f}_1$ verbleibt, so ist

$$\int_{s'}^{s''} F(\bar{x},\bar{y};\bar{x}',\bar{y}')ds =$$

$$= \int_{s'}^{s''} E(\bar{x},\bar{y};x_1',y_1';\bar{x}',\bar{y}')ds + J_1'(\lambda') - J_1'(\lambda''). \quad (28)$$

Sei nun die Kurve C gegeben; $s^{(0)}$ sei ihr erster Schnittpunkt mit N_2, λ_0 der diesem Schnittpunkt auf N_2 entsprechende Parameterwert; dann ist (nach Satz II)

$$\int_{s_0}^{s^{(0)}} F(\bar{x},\bar{y};\bar{x}',\bar{y}')ds \geqq J_0(\lambda_0). \quad (29)$$

Wir verfolgen die Kurve C von s^0 weiter; der Fall, daß sie N_3 nicht mehr schneidet, wurde schon oben erledigt; sei also $s^{(2)}$ der Punkt, in dem sie N_3 zum ersten Male wieder schneidet; $s^{(1)}$ sei der letzte dem Punkte $s^{(2)}$ vorausgehende, $s^{(3)}$ der erste dem Punkte $s^{(2)}$ folgende Schnittpunkt mit N_2. Denken wir uns die Nachbarschaft ϑ so gewählt, daß für irgend zwei in diese Nachbarschaft fallende Punkte λ', λ'' von N_2 die Ungleichungen bestehen:

$$|J_0'(\lambda') - J_0'(\lambda'')| < \frac{en}{3}, \qquad |J_1'(\lambda') - J_1'(\lambda'')| < \frac{en}{3}, \quad (30)$$

was nach (25a) sicher möglich ist, so folgt aus (26), (27), (28), (30):

$$\int_{s^{(0)}}^{s^{(3)}} F(\bar{x},\bar{y};\bar{x}',\bar{y}')ds > \frac{en}{3}. \quad (31)$$

Schneidet C nach $s^{(3)}$ nochmals die Normale N_3, so sei $s^{(5)}$ der erste dieser Schnittpunkte, $s^{(4)}$ der dem Punkte $s^{(5)}$ unmittelbar vorangehende, $s^{(6)}$ der ihm unmittelbar folgende Schnittpunkt von C mit N_2; man erhält wieder

$$\int_{s^{(3)}}^{s^{(6)}} F(\bar{x},\bar{y};\bar{x}',\bar{y}')ds > \frac{en}{3} \quad (31^*)$$

usw. Sei endlich $s^{(i)}$ der letzte Schnittpunkt von C mit N_3, $s^{(i+1)}$ der unmittelbar folgende Schnittpunkt mit N_2, λ_{i+1} der ihm auf N_2 entsprechende Parameterwert; man hat (nach Satz III)

$$\int_{s^{(i+1)}}^{s_1} F(\bar{x},\bar{y};\bar{x}',\bar{y}')\,ds \geqq J_1(\lambda_{i+1}). \tag{32}$$

Aus (29), (31), (32) zusammen mit

$$|J_1(\lambda_0)-J_1(\lambda_{i+1})| < \frac{en}{3}$$

welch letztere Ungleichung nach (25) durch geeignete Wahl von ϑ sicher erreicht werden kann, entnimmt man leicht:

$$\int_{s_0}^{s_1} F(\bar{x},\bar{y};\bar{x}',\bar{y}')\,ds > J_0(\lambda_0)+J_1(\lambda_0)$$

und da, wie schon gezeigt, $J_0(\lambda_0)+J_1(\lambda_0)$ nicht kleiner ist als der Wert, den E_0 dem Integral erteilt, so ist die Minimumseigenschaft von E_0 in der Tat nachgewiesen.

Nachdem hierdurch gezeigt ist, daß im Falle 1*b* der Extremalenbogen E_0 ein Minimum liefert, wollen wir noch kurz auf den Fall 2 eingehen.

Die sämtlichen vom Punkte (x_0, y_0) ausgehenden Extremalen gehen in diesem Falle auch durch den Punkt (x_1, y_1) hindurch und alle von diesen beiden Punkten begrenzten Extremalenbogen erteilen dem Integrale (1) denselben Wert. Wenden wir unsere obige Schlußweise auf diesen Fall an, so erhalten wir das Resultat:

Jede Vergleichskurve, die nicht mit einer durch (x_0, y_0) hindurchgehenden Extremale zusammenfällt, erteilt dem Integrale einen größeren Wert als E_0.

Der Beweis wird genau so geführt wie oben; die beiden Extremalenscharen (5) und (8) sind in diesem Falle identisch.

Bisher wurde der Integrand von (1) als regulär analytisch vorausgesetzt; machen wir nur die Voraussetzungen, der Integrand sei von der Klasse C''',[1] so gestattet die oben verwendete Schlußweise das Theorem *C* von Osgood[2] in der folgenden schärferen Form auszusprechen.

---

[1] Vgl. O. Bolza, Vorl. über Variationsrechnung, p. 13.

[2] L. c., p. 175.

8*

Sei

$$x = x(t, a), \quad y = y(t, a)$$

die Schar der durch den Punkt (x_0, y_0) hindurchgehenden Extremalen; (x_1, y_1) sei der auf der Extremale $a = a_0$ zu (x_0, y_0) konjugierte Punkt; E_0 sei der von (x_0, y_0) und (x_1, y_1) begrenzte Bogen dieser Extremale; läßt sich dann ein Winkel vom Scheitel (x_1, y_1) so angeben, daß der Extremalenbogen E_0 in der Umgebung von (x_1, y_1) ganz im Innern dieses Winkels verläuft und auf allen der Ungleichung

$$0 < |a - a_0| < A$$

genügenden Extremalen (wo A eine geeignete Konstante bedeutet) der zu (x_0, y_0) konjugierte Punkt ins Äußere dieses Winkels fällt, so liefert der Bogen E_0 ein Minimum.

ÜBER DEN ZUSAMMENHANG ZWISCHEN DEN THEORIEN DER ZWEITEN VARIATION UND DER WEIERSTRASS'SCHEN THEORIE DER VARIATIONSRECHNUNG.

Von **Hans Hahn** (Wien).

Adunanza del 13 giugno 1909.

Im Folgenden soll gezeigt werden, wie die zuerst von A. CLEBSCH [1]), später in einfacherer Form von G. VON ESCHERICH [2]) durchgeführte Transformation der zweiten Variation aus der sogenannten WEIERSTRASS'schen Formel, die die Integraldifferenz mittels der E-Funktion darstellt, hergeleitet werden kann. Während beim einfachsten Probleme der Variationsrechnung das Integral:

$$\int [f(x, y, p) - p f_p(x, y, p)] dx + f_p(x, y, p) dy$$

vom Wege unabhängig wird, wenn man darin p durch die Gefällsfunktion $p(x, y)$ irgend eines Extremalenfeldes ersetzt, gilt bei den Problemen mit mehreren unbekannten Funktionen dieser Satz für das analoge Integral:

$$(A) \quad \int \left[f(x, y_1, \ldots, y_n; p_1, \ldots, p_n) - \sum_{i=1}^{n} p_i f_{p_i}(x, y_1, \ldots, y_n; p_1, \ldots, p_n) \right] dx + \sum_{i=1}^{n} f_{p_i}(x, y_1, \ldots, y_n; p_1, \ldots, p_n) dy_i$$

nicht; wohl aber wird dieses Integral, wie HILBERT [3]) bemerkte, vom Wege unabhängig auf jeder Fläche, die von einer aus einem Felde herausgegriffenen einparametrigen Extremalenschar gebildet wird. Es wird zunächst hiefür ein Beweis mitgetheilt, der vielleicht gegenüber dem ursprünglichen HILBERT'schen Beweise gewisse Vorteile zeigt. Daraus werden dann einige Folgerungen gezogen, insbesondere ergibt sich auf diesem Wege leicht der Satz, dass ein gewisser, von ESCHERICH mit $\psi(z, r; u, \rho)$ bezeichneter

[1]) *Ueber die Reduction der zweiten Variation auf ihre einfachste Form* [Journal für die reine und angewandte Mathematik, Bd. LV (1858), S. 254-273].

[2]) *Die zweite Variation der einfachen Integrale* [Sitzungsberichte der mathematisch-naturwissenschaftlichen Classe der Kaiserlichen Akademie der Wissenschaften (Wien), Abtheilung II. a., Bd. CVII (1898), S. 1191-1250, 1267-1326, 1381-1428; Bd. CVIII (1899), S. 1269-1340; Bd. CX (1901), S. 1355-1421].

[3]) *Zur Variationsrechnung* [Nachrichten von der Kgl. Gesellschaft der Wissenschaften zu Göttingen, Jahrgang 1905, S. 159-180].

bilinearer Ausdruck sich identisch auf eine Konstante reduciert, wenn man in ihn für z, r einerseits, u, ρ andrerseits, Lösungen des sogenannten *accessorischen linearen Differentialgleichungssystemes* einsetzt. Dieser selbe bilineare Ausdruck gestattet nun, wie in § 2 gezeigt wird, diejenigen Extremalenfelder zu charakterisieren, für welche das Integral (A) vom Wege unabhängig wird. Das Resultat deckt sich völlig mit dem von A. MAYER [4]) gefundenen. Die genannten Felder (sie werden kurz als MAYER'sche Felder bezeichnet) ermöglichen es nun, die Integraldifferenz durch die E-funktion auszudrücken, mittels der WEIERSTRASS'schen Formel, aus der durch eine geeignete Reihenentwicklung und Beschränkung auf die Glieder zweiter Ordnung die CLEBSCH'sche Transformation der zweiten Variation gewonnen wird. Bei dieser Transformation spielen gewisse Systeme von n linear-unabhängigen Lösungen des accessorischen Differentialgleichungssystemes eine wesentliche Rolle, die ESCHERICH als *konjugierte* Systeme bezeichnet, und die, wie im Folgenden gezeigt wird, mit den MAYER'schen Extremalenscharen in engster Beziehung stehen. CLEBSCH und ESCHERICH haben sämmtliche konjugierten Systeme angegeben, deren Determinante an einer vorgegebenen Stelle nicht verschwindet; in einer früheren Abhandlung [5]) habe ich gezeigt, wie man auch diejenigen konjugierten Systeme erhält, deren Determinante an der betreffenden Stelle verschwindet; ich nehme nun hier in § 4 die Fragestellung wieder auf, § 5 dient sodann der geometrischen Interpretation der in § 4 gefundenen Resultate.

§ 1.

Es handle sich um folgendes Problem der Variationsrechnung: Das Integral:

$$\int f(x, y_1, \ldots, y_n; y_1', \ldots, y_n')\,dx \tag{1}$$

zu einem Extremum zu machen, unter den Nebenbedingungen $(m < n)$:

$$\varphi_k(x, y_1, \ldots, y_n; y_1', \ldots, y_n') = 0 \qquad (k = 1, 2, \ldots, m). \tag{2}$$

Alle auftretenden Funktionen setzen wir der Einfachheit halber als regulär analytisch voraus. Unter y_i' ist die Ableitung von y_i nach x verstanden. Die partiellen Ableitungen einer Funktion nach einer ihrer Variablen werden durch Anhängen der betreffenden Variablen als Index an das Funktionszeichen bezeichnet. Endlich werden wir häufig der Kürze halber bei f, φ_k und anderen Funktionen nicht sämmtliche Variable ausschreiben, sondern sie nur in folgender Weise andeuten: $f(x, y, y')$.

---

[4]) *a) Über den* HILBERT*schen Unabhängigkeitssatz in der Theorie des Maximums und Minimums der einfachen Integrale* (II. Mitteilung) [Berichte über die Verhandlungen der Kgl. Sächsischen Gesellschaft der Wissenschaften zu Leipzig, Mathematisch-Physische Klasse, Bd. LVII (1905), S. 49-67]; *b) Nachträgliche Bemerkung zu meiner II. Mitteilung über den* HILBERT*schen Unabhängigkeitssatz* [Ibid., id., S. 313-314].

[5]) *Zur Theorie der zweiten Variation einfacher Integrale* [Monatshefte für Mathematik und Physik, XIV. Jahrgang (1903), S. 3-57].

Wir setzen in bekannter Weise:

(3) $$F(x, y, y', \lambda) = f + \lambda_1 \varphi_1 + \lambda_2 \varphi_2 + \cdots + \lambda_m \varphi_m,$$

wo $\lambda_1, \lambda_2, \ldots, \lambda_m$ Funktionen von x bedeuten. Genügen die $n + m$ Funktionen:

(4) $$y_1(x), \ldots, y_n(x); \quad \lambda_1(x), \ldots, \lambda_m(x)$$

ausser den Gleichungen (2) noch den Gleichungen:

(5) $$F_{y_i} - \frac{d}{dx} F_{y'_i} = 0 \qquad (i = 1, 2, \ldots, n)$$

so wird die Kurve $y_i = y_i(x)(i = 1, 2, \ldots, n)$ als eine *Extremale*, die Funktionen $\lambda_r(x)$ $(r = 1, 2, \ldots, m)$ als die zugehörigen *Multiplicatoren* bezeichnet. Fällt bei Einsetzen der Funktionen (4) die Determinante:

(6) $$\begin{vmatrix} F_{y'_i y'_k} & \varphi_{r y'_k} \\ \varphi_{s y'_i} & 0 \end{vmatrix} \qquad \begin{pmatrix} i = 1, 2, \ldots, n; & r = 1, 2, \ldots, m \\ k = 1, 2, \ldots, n; & s = 1, 2, \ldots, m \end{pmatrix}$$

für alle der Ungleichung $x_0 \leqq x \leqq x_1$ genügenden x ungleich Null aus, so heisst der Bogen $(x_0 x_1)$ der betreffenden Extremale *regulär.*

Sei durch:

(7) $$y_i(x; a_1, \ldots, a_n); \quad \lambda_r(x; a_1, \ldots, a_n) \quad (i = 1, 2, \ldots, n; r = 1, 2, \ldots, m)$$

eine n-parametrige Extremalenschar (sammt den zugehörigen Multiplicatoren) gegeben. $\mathfrak{R}$ bezeichne ein abgeschlossenes, einfach zusammenhängendes $(n + 1)$-dimensionales Continuum im Raume der $(n + 1)$ Veränderlichen $x, y_1, \ldots, y_n$, in dem die Extremalen von (7) regulär seien, und das von diesen Extremalen einfach überdeckt werde; es sei ferner in $\mathfrak{R}$ die Funktionaldeterminante:

$$|y_{i a_k}(x, a_1, \ldots, a_n)| \qquad (i, k = 1, 2, \ldots, n)$$

ungleich Null. Man sagt dann: Die Extremalenschar (7) bildet in $\mathfrak{R}$ ein *Feld.*

Durch Auflösung der Gleichungen:

(8) $$y_i = y_i(x, a_1, \ldots, a_n) \qquad (i = 1, 2, \ldots, n)$$

erhalte man:

(9) $$a_i = a_i(x, y_1, \ldots, y_n) \qquad (i = 1, 2, \ldots, n).$$

Die Funktionen a_i sind dann in $\mathfrak{R}$ eindeutig und regulär analytisch. Setzt man die Ausdrücke (9) ein in $y_{ix}(x, a_1, \ldots, a_n)$, so erhalte man:

(10) $$y_{ix}(x, a_1, \ldots, a_n) = p_i(x, y_1, \ldots, y_n) \qquad (i = 1, 2, \ldots, n).$$

Auch diese Funktionen sind in $\mathfrak{R}$ eindeutig und regulär analytisch, sie heissen die *Gefällsfunktionen* des Feldes, weil sie nichts andres sind, als die Richtungskoeffizienten der durch den Punkt $(x, y_1, \ldots, y_n)$ hindurchgehenden Extremale des Feldes in diesem Punkte. Setzt man die Ausdrück (9) ein in $\lambda_r(x, a_1, \ldots, a_n)$ so erhalte man:

(11) $$\lambda_r(x, a_1, \ldots, a_n) = l_r(x, y_1, \ldots, y_n) \qquad (r = 1, 2, \ldots, m).$$

Diese ebenfalls in $\mathfrak{R}$ eindeutigen und regulär analytischen Funktionen bezeichnen wir als die *Multiplicatorfunktionen* des Feldes.

Sei nun:

(12) $$y_i = y_i(x, c) \qquad (i = 1, 2, \ldots, n)$$

eine aus (7) herausgegriffene einparametrige Extremalenschar [6]). Die zugehörigen Multiplicatoren seien:

(13) $$\lambda_r = \lambda_r(x, c) \qquad (r = 1, 2, \ldots, m).$$

Die Schar (12) füllt in $\mathfrak{R}$ eine zweidimensionale Fläche f aus, als deren Parameter wir x und c betrachten können. Eine Gleichung $c = c(x)$ liefert dann eine auf f liegende Kurve. Insbesondere werden die Extremalen (12) geliefert durch: $c =$ const.

Wir behaupten: die Kurvenschar $c =$ const. ist eine Extremalenschar des folgenden Variationsproblemes mit nur einer unbekannten Funktion: c so als Funktion von x zu bestimmen, dass das Integral:

(14) $$\left\{\begin{aligned}\int F[x, y_1(x, c), \ldots, y_n(x, c);\ y_{1x}(x, c) + y_{1c}(x, c)c', \ldots, y_{nx}(x, c)\\ + y_{nc}(x, c)c';\ \lambda_1(x, c), \ldots, \lambda_m(x, c)]\,dx,\end{aligned}\right.$$

wo F der Ausdruck (3) ist, ein Extremum wird. In der That lautet die LAGRANGE'sche Gleichung dieses Variationsproblemes:

(15) $$\sum_{i=1}^{n}\left[F_{y_i} y_{ic} + F_{y_i'}(y_{ixc} + y_{icc}c') - \frac{d}{dx}(F_{y_i'} y_{ic})\right] + \sum_{r=1}^{m} \lambda_{rc}\varphi_r = 0,$$

wo die Argumente der F_{y_i}, $F_{y_i'}$, φ_r sind: $y_i(x, c)$, $y_{ix}(x, c) + y_{ic}(x, c)c'$. Setzt man nun $c =$ const., also $c' = 0$, so wird auch $\varphi_r = 0$, weil die Extremalen (12) den Bedingungsgleichungen (2) genügen, und die Gleichung (15) reduciert sich auf:

$$\sum_{i=1}^{n}\left\{F_{y_i}[y(x, c), y_x(x, c), \lambda(x, c)] - \frac{d}{dx}F_{y_i'}[y(x, c), y_x(x, c), \lambda(x, c)]\right\} y_{ic}(x, c) = 0.$$

Diese letztere Gleichung aber ist erfüllt, weil (12) und (13) den Gleichungen (5) genügen.

Der Unabhängigkeitssatz angewendet auf das Integral (14) und das Extremalenfeld $c =$ const. ergibt: das Integral:

(16) $$\int F[x, y(x, c), y_x(x, c), \lambda(x, c)]dx + \sum_{i=1}^{n} F_{y_i'}[x, y(x, c), y_x(x, c), \lambda(x, c)]y_{ic}(x, c)dc$$

hat für irgend zwei in der (x, c)-Ebene verlaufende, ganz im Felde verbleibende Kurven von gleichem Anfangs- und Endpunkte denselben Wert.

Sei nun irgend eine auf der Fläche f verlaufende Kurve gegeben, entlang deren *sich der Parameter c stetig ändert.* Auf dieser Kurve ist:

$$dy_i = y_{ix}(x, c)dx + y_{ic}(x, c)dc \qquad (i = 1, 2, \ldots, n).$$

---

[6]) Dabei ist vorausgesetzt, dass verschiedenen Extremalen von (7) auch verschiedene Werte des Parameters c entsprechen.

Erstrecken wir daher das Integral:

$$(17)\quad \left\{ \begin{aligned} &\int \Big\{ F[x, y, p(x, y), l(x, y)] - \sum_{i=1}^{n} p_i(x, y) F_{y_i'}[x, y, p(x, y), l(x, y)] \Big\} dx \\ &\qquad + \sum_{i=1}^{n} F_{y_i'}[x, y, p(x, y), l(x, y)] dy_i \end{aligned} \right.$$

[wo $p(x, y)$ und $l(x, y)$ die Funktionen (10) und (11) bedeuten] über eine solche Kurve, so reduziert es sich gerade auf das Integral (16) und wir haben den Satz:

Das Integral (17) hat für irgend zwei auf der Fläche f verlaufende Kurven von gleichem Anfangs- und gleichem Endpunkte, entlang deren sich der Parameter c stetig ändert, denselben Wert.

Sei nun in $\mathfrak{R}$ eine sich selbst nicht schneidende, geschlossene Kurve C gegeben, die von keiner Extremale des Feldes öfter als einmal geschnitten wird. Die durch ihre Punkte hindurchgehenden Extremalen des Feldes bilden eine einparametrige Schar, die von ihnen ausgefüllte zweidimensionale Fläche hat den Typus einer Zylinderfläche. Wir nehmen auf der Kurve C einen Punkt P_0 an; die von ihm aus gemessene Bogenlänge können wir für den Parameter c der genannten Extremalenschar wählen; ist S die Länge der Kurve C, so wird die Zylinderfläche f durchlaufen wenn c der Ungleichung genügt: $0 \leqq c < S$. Man beachte, dass die Parameterwerte c nicht stetig über f verteilt sind, sondern entlang der durch P_0 gehenden Extremale um S springen. Insbesondere kann man nicht etwa schliessen, dass das Integral (17), erstreckt über eine auf f verlaufende, geschlossene Kurve, wie etwa die Kurve C, den Wert Null haben muss. Wohl aber gilt folgender Satz:

Das Integral (17) erstreckt über eine beliebige, auf f liegende, geschlossene, die Oeffnung der Zylinderfläche f einmal umkreisende Kurve hat stets denselben Wert.

Wir wollen uns der Einfachheit halber darauf beschränken, den etwas specielleren Satz zu beweisen: Das Integral (17), erstreckt über irgend eine auf f gelegene Kurve, die von jeder der f erzeugenden Extremalen in einem und nur einem Punkte geschnitten wird, hat stets denselben Wert.

Sei C' eine solche Kurve. Sie werde von der durch den Punkt P_0 von C hindurchgehenden Extremale im Punkte P_0' geschnitten. Den Werth, den der Extremalenbogen P_0P_0' dem Integrale (17) ertheilt, bezeichnen wir mit $I_{P_0P_0'}$. Wir nehmen auf C einen zweiten Punkt P_1 an; die durch ihn hindurchgehende Extremale treffe C' in P_1'; mit $I_{P_1P_1'}$ bezeichnen wir den Werth, den der Extremalenbogen P_1P_1' dem Integrale (17) ertheilt. Durch P_0 und P_1 wird C, durch P_0' und P_1' wird C' in zwei Bögen zerlegt; die Werthe, die diese Bögen dem Integrale (17) ertheilen, seien: $I^{(1)}_{P_0P_1}$, $I^{(2)}_{P_0P_1}$, $I^{(1)}_{P_0'P_1'}$, $I^{(2)}_{P_0'P_1'}$; und zwar seien die oberen Indices so gewählt, dass die mit gleichem oberen Index bezeichneten Integrale zu Bögen von C und C' gehören, die von denselben Extremalen geschnitten werden. Aus dem für (17) geltenden Unabhängigkeitssatze folgt ohne

Weiteres:

$$I^{(1)}_{P_0 P_1} + I_{P_1 P'_1} = I_{P_0 P'_0} + I^{(1)}_{P'_0 P'_1}$$

$$I^{(2)}_{P_0 P_1} + I_{P_1 P'_1} = I_{P_0 P'_0} + I^{(2)}_{P'_0 P'_1}$$

woraus durch Subtraktion:

$$I^{(1)}_{P_0 P_1} - I^{(2)}_{P_0 P_1} = I^{(1)}_{P'_0 P'_1} - I^{(2)}_{P'_0 P'_1},$$

das aber ist unsere Behauptung.

Sei nun:

$$y_i = y_i(x, c_1, c_2), \qquad \lambda_r = \lambda_r(x, c_1, c_2) \tag{18}$$

eine aus (7) herausgegriffene, zweiparametrige Extremalenschar, sammt den zugehörigen Multiplicatoren. Die durch:

$$\begin{array}{llll} c_1^0 \leqq c_1 \leqq c_1^0 + \Delta c_1, & c_2 = c_2^0; & c_1 = c_1^0 + \Delta c_1, & c_2^0 \leqq c_2 \leqq c_2^0 + \Delta c_2 \\ c_1^0 + \Delta c_1 \geqq c_1 \geqq c_1^0, & c_2 = c_2^0 + \Delta c_2; & c_1 = c_1^0, & c_2^0 + \Delta c_2 \geqq c_2 \geqq c_2^0 \end{array}$$

daraus herausgegriffene einparametrige Schar füllt eine Fläche vom eben betrachteten Typus; schneiden wir sie mit einer beliebigen Ebene $x = x_0$ und erstrecken das Integral (17) über die entstehende, geschlossene Schnittkurve, so wird also sein Werth unabhängig von x_0. Dieser Werth aber ist:

$$\left\{\begin{aligned} &\int_{c_1^0}^{c_1^0+\Delta c_1} \sum_{i=1}^{n} \{F_{y'_i}[x_0, y(x_0, c_1, c_2^0), y_x(x_0, c_1, c_2^0), \lambda(x_0, c_1, c_2^0)]\, y_{ic_1}(x_0, c_1, c_2^0) \\ &- F_{y'_i}[x_0, y(x_0, c_1, c_2^0 + \Delta c_2), y_x(x_0, c_1, c_2^0 + \Delta c_2), \lambda(x_0, c_1, c_2^0 + \Delta c_2)] \times \\ &\qquad\qquad \times y_{ic_1}(x_0, c_1, c_2^0 + \Delta c_2)\}\, dc_1 \\ &+ \int_{c_2^0}^{c_2^0+\Delta c_2} \sum_{i=1}^{n} \{F_{y'_i}[x_0, y(x_0, c_1^0+\Delta c_1, c_2), y_x(x_0, c_1^0+\Delta c_1, c_2), \lambda(x_0, c_1^0+\Delta c_1, c_2)] \times \\ &\qquad\qquad \times y_{ic_2}(x_0, c_1^0 + \Delta c_1, c_2) \\ &- F_{y'_i}[x_0, y(x_0, c_1^0, c_2), y_x(x_0, c_1^0, c_2), \lambda(x_0, c_1^0, c_2)]\, y_{ic_2}(x_0, c_1^0, c_2)\}\, dc_2 . \end{aligned}\right. \tag{19}$$

Dividiert man diesen Ausdruck durch $\Delta c_1 . \Delta c_2$ und lässt Δc_1 und Δc_2 gegen Null gehen, schreibt man ferner statt des beliebigen x_0 wieder x, statt c_1^0, c_2^0 allgemein c_1, c_2, so erhält man:

$$\begin{aligned} &\sum_{i,k=1}^{n} \{F_{y'_i y_k}[x, y(x, c_1, c_2), y_x(x, c_1, c_2), \lambda(x, c_1, c_2)][y_{ic_2}(x, c_1, c_2) y_{kc_1}(x, c_1, c_2) \\ &- y_{ic_1}(x, c_1, c_2) y_{kc_2}(x, c_1, c_2)] + F_{y'_i y'_k}[x, y(x, c_1, c_2), y_x(x, c_1, c_2), \lambda(x, c_1, c_2)]. \\ &\qquad [y_{ic_2}(x, c_1, c_2) y_{kxc_1}(x, c_1, c_2) - y_{ic_1}(x, c_1, c_2) y_{kxc_2}(x, c_1, c_2)]\} \\ &+ \sum_{i=1}^{n} \sum_{r=1}^{m} \varphi_{ry'_i}[x, y(x, c_1, c_2), y_x(x, c_1, c_2)] \times \\ &\qquad\qquad \times [y_{ic_2}(x, c_1, c_2) \lambda_{rc_1}(x, c_1, c_2) - y_{ic_1}(x, c_1, c_2) \lambda_{rc_2}(x, c_1, c_2)]. \end{aligned}$$

Wir haben also den Satz: *Entlang jeder einzelnen Extremale der Schar* (18) *bleibt der*

Ausdruck:

$$(20)\quad \left\{\begin{aligned} &\sum_{i,k=1}^{n}\{F_{y_i'y_k}(x, y, y', \lambda)(y_{ic_2}y_{kc_1}-y_{ic_1}y_{kc_2})+F_{y_i'y_k'}(x, y, y', \lambda)(y_{ic_2}y_{kxc_1}-y_{ic_1}y_{kxc_2})\}\\ &\qquad+\sum_{i=1}^{n}\sum_{r=1}^{m}\varphi_{ry_i'}(x, y, y')(y_{ic_2}\lambda_{rc_1}-y_{ic_1}\lambda_{rc_2})\end{aligned}\right.$$

constant. Dieser Satz wurde auf gänzlich verschiedenem Wege von A. CLEBSCH [7]) und G. v. ESCHERICH [8]) bewiesen.

§ 2.

Wir sind nun ohne Weiteres im Stande, diejenigen Extremalenfelder anzugeben, für die das Integral (17) vom Wege unabhängig wird.

Wählen wir in (18) für c_1 und c_2 irgend zwei der in (7) auftretenden Parameter, etwa a_μ und a_ν, so muss, wenn (17) vom Wege unabhängig sein soll, der Ausdruck (19) und mithin auch (20) stets den Werth Null haben. Das ergibt als notwendige Bedingungen dafür, dass für das durch (7) definierte Extremalenfeld das Integral (17) vom Wege unabhängig wird, die $\frac{n(n-1)}{2}$ Bedingungen:

$$(21)\quad \left\{\begin{aligned} &\sum_{i,k=1}^{n}[F_{y_i'y_k}(x, y, y', \lambda)(y_{ia_\nu}y_{ka_\mu}-y_{ia_\mu}y_{ka_\nu})+F_{y_i'y_k'}(x, y, y', \lambda)(y_{ia_\nu}y_{kxa_\mu}-y_{ia_\mu}y_{kxa_\nu})]\\ &\qquad+\sum_{i=1}^{n}\sum_{r=1}^{m}\varphi_{ry_i'}(x, y, y')(y_{ia_\nu}\lambda_{ra_\mu}-y_{ia_\mu}\lambda_{ra_\nu})=0 \quad (\mu, \nu=1, 2, \ldots, n).\end{aligned}\right.$$

Wir überzeugen uns leicht, dass das Bestehen dieser Bedingungen auch hinreichend ist. Bemerken wir zu diesem Zwecke zunächst, dass (21) auch in der Form geschrieben werden kann:

$$(22)\qquad \sum_{i=1}^{n}\left(\frac{\partial y_i}{\partial a_\nu}\frac{\partial F_{y_i'}(x, y, y', \lambda)}{\partial a_\mu}-\frac{\partial y_i}{\partial a_\mu}\frac{\partial F_{y_i'}(x, y, y', \lambda)}{\partial a_\nu}\right)=0.$$

Wir bezeichnen mit x_0 einen beliebigen Werth von x und führen an Stelle der a als neue Parameter die Anfangsordinaten unserer Extremalen für $x=x_0$ ein, was vermöge der Gleichungen (9) geschieht durch:

$$a_i=a_i(x_0, y_1^0, \ldots, y_n^0) \qquad (i=1, 2, \ldots, n).$$

Bilden wir nun den Ausdruck:

$$(23)\qquad \sum_{i=1}^{n}\left(\frac{\partial y_i}{\partial y_\nu^0}\frac{\partial F_{y_i'}(x, y, y', \lambda)}{\partial y_\mu^0}-\frac{\partial y_i}{\partial y_\mu^0}\frac{\partial F_{y_i'}(x, y, y', \lambda)}{\partial y_\nu^0}\right),$$

---

7) Loc. cit. [1]), S. 260.

8) Loc. cit. [2]), Bd. CVII (1898), S. 1245. — Einer gütigen Mitteilung von G. HERGLOTZ entnehme ich, dass der oben auseinandergesetzte Gedankengang sich vielfach berührt mit Überlegungen, die H. POINCARÉ in seinen *Méthodes nouvelles de la Mécanique céleste,* im Kapitel über Integralinvarianten anstellt (Zusatz bei der Korrektur).

so wird er wegen:

$$\frac{\partial}{\partial y_\nu^0} = \sum_{\rho=1}^{n} \frac{\partial a_\rho}{\partial y_\nu^0} \frac{\partial}{\partial a_\rho}$$

gleich:

$$\sum_{\rho,\sigma=1}^{n} \frac{\partial a_\rho}{\partial y_\nu^0} \frac{\partial a_\sigma}{\partial y_\mu^0} \sum_{i=1}^{n} \left(\frac{\partial y_i}{\partial a_\rho} \frac{\partial F_{y_i'}}{\partial a_\sigma} - \frac{\partial y_i}{\partial a_\sigma} \frac{\partial F_{y_i'}}{\partial a_\rho} \right)$$

das aber ist Null, wegen (22). Setzt man in (23) speciell $x = x_0$ und berücksichtigt, dass dann $\frac{\partial y_i}{\partial y_\nu^0}$ gleich 1 oder 0 ist, je nachdem ν gleich oder ungleich i ist, so erhält man die $\frac{n(n-1)}{2}$ Gleichungen:

$$\left[\frac{\partial F_{y_\nu'}(x, y, y', \lambda)}{\partial y_\mu^0}\right]_{x=x_0} = \left[\frac{\partial F_{y_\mu'}(x, y, y', \lambda)}{\partial y_\nu^0}\right]_{x=x_0}$$

die Folgendes besagen: Es gibt eine Funktion $\Phi(y_1^0, \ldots, y_n^0)$ deren partielle Ableitung nach y_i^0 gleich ist dem Ausdrucke $F_{y_i'}(x, y, y', \lambda)$, wenn man darin x, y_k, y_k', λ_r der Reihe nach ersetzt durch: $x_0, y_k^0, p_k(x, y_1^0, \ldots, y_n^0), l_k(x, y_1^0, \ldots, y_n^0)$. Das hat zur Folge, dass für Kurven, die ganz in der Ebene $x = x_0$ liegen, das Integral (17) vom Wege unabhängig ist. Das aber reicht aus, um allgemein die Unabhängigkeit des Integrales (17) vom Wege beweisen zu können [9]) Wir haben also den Satz:

Damit für das durch (7) definierte Extremalenfeld das Integral (17) vom Wege unabhängig sei, ist notwending und hinreichend, dass die Gleichungen (21) oder (22) bestehen.

Und zwar genügt es, wenn diese Gleichungen für irgend einen speciellen Werth von x bestehen, da sie dann nach § 1 allgemein bestehen.

Auf die in Rede stehenden Extremalenfelder hat wohl zuerst A. MAYER [10]) aufmerksam gemacht, weshalb wir sie, mit O. BOLZA [11]), als MAYER'sche Felder bezeichnen werden.

Wir beweisen noch, dass es zu einer genügend kleinen Umgebung eines hinlänglich kurzen, regulären Extremalenbogens stets eine n-parametrige Extremalenschar gibt, welche den betreffenden Extremalenbogen enthält und in der genannten Umgebung ein MAYER'sches Feld bildet.

Sei: $x_0, y_1^{00}, \ldots, y_n^{00}; y_1^{00\prime}, \ldots, y_n^{00\prime}$ ein Linienelement des Extremalenbogens, $\lambda_1^{00}, \ldots, \lambda_m^{00}$ die Werthe der zugehörigen Multiplicatoren für $x = x_0$; wir setzen:

$$w_i^{00} = F_{y_i'}(x_0, y^{00}, y^{00\prime}, \lambda^{00}) \qquad (i = 1, 2, \ldots, n)$$

---

9) Loc. cit. 3), S. 166.

10) Loc. cit. 4) *a*.

11) WEIERSTRASS'*theorem and* KNESER'*s theorem on transversals for the most general case of an extremum of a simple definite integral* [Transactions of the American Mathematical Society, Bd. VII (1906), S. 459-488], S. 481.

Betrachten wir nun die $n + m$ Gleichungen:

$$(24) \qquad \begin{cases} F_{y'_i}(x_0, y^0, y^{0'}, \lambda^0) = w_i^0 & (i = 1, 2, \ldots, n) \\ \varphi_r(x_0, y^0, y^{0'}) = 0 & (r = 1, 2, \ldots, m). \end{cases}$$

Da ihre Funktionaldeterminante nach den $n + m$ Grössen $y^{0'}$ und λ^0 nichts anderes als die Determinante (6), und somit ungleich Null ist, so ergibt ihre Auflösung:

$$(25) \qquad \begin{cases} y_i^{0'} = y_i^{0'}(y_1^0, \ldots, y_n^0; w_1^0, \ldots, w_n^0) & (i = 1, 2, \ldots, n) \\ \lambda_r^0 = \lambda_r^0(y_1^0, \ldots, y_n^0; w_1^0, \ldots, w_n^0) & (r = 1, 2, \ldots, m) \end{cases}$$

und die rechts stehenden Funktionen nehmen für $y_1^{00}, \ldots, y_n^{00}; w_1^{00}, \ldots, w_n^{00}$ die Werthe $y_i^{00'}$, λ_r^{00} an und sind in der Umgebung der genannten Stelle regulär analytisch.

Sei nun $\Phi(y_1^0, \ldots, y_n^0)$ eine Funktion, deren partielle Ableitungen $\Phi_{y_i^0}$ an der Stelle $y_1^{00}, \ldots, y_n^{00}$ der Reihe nach die Werthe $w_1^{00}, \ldots, w_n^{00}$ haben. Wir können dann in den Gleichungen (24) w_i^0 durch $\Phi_{y_i^0}(y_1^0, \ldots, y_n^0)$ ersetzen. Aus den Gleichungen (25) ergeben sich dann die $y_i^{0'}$ und λ_r^0 als Funktionen von $y_1^0, \ldots, y_n^0$ allein:

$$y_i^{0'} = \varphi_i(y_1^0, \ldots, y_n^0) \qquad (i = 1, 2, \ldots, n)$$
$$\lambda_r^0 = \psi_i(y_1^0, \ldots, y_n^0) \qquad (r = 1, 2, \ldots, m).$$

Construieren wir nun aus den Anfangswerthen:

$$x_0, \; y_i^0 \qquad (i = 1, 2, \ldots, n);$$
$$y_i^{0'} = \varphi_i(y_1^0, \ldots, y_n^0) \qquad (i = 1, 2, \ldots, n);$$
$$\lambda_r^0 = \psi_r(y_1^0, \ldots, y_n^0) \qquad (r = 1, 2, \ldots, m)$$

Lösungen der Gleichungen (2) und (5), so bilden diese Lösungen eine n-parametrige Schar:

$$(26) \qquad \begin{cases} y_i = y_i(x, y_1^0, \ldots, y_n^0) & (i = 1, 2, \ldots, n) \\ \lambda_r = \lambda_r(x, y_1^0, \ldots, y_n^0) & (r = 1, 2, \ldots, m) \end{cases}$$

und da offenbar $y_{i y_k^0}(x_0, y_1^0, \ldots, y_n^0)$ gleich Eins oder Null ist, je nachdem i gleich oder ungleich k ist, so reduciert sich die Determinante:

$$\frac{\partial(y_1, y_2, \ldots, y_n)}{\partial(y_1^0, y_2^0, \ldots, y_n^0)}$$

für $x = x_0$ identisch auf 1. Man entnimmt daraus in bekannter Weise, dass die Schar (26) in der Umgebung der Stelle $x_0, y_1^{00}, \ldots, y_n^{00}$ ein Feld bildet. Dass aber dieses Feld ein MAYER'sches ist, ergibt sich ohne Weiteres indem man die Gleichungen (22) für $x = x_0$ ansetzt; sie reducieren sich dann auf:

$$\Phi_{y_i^0 y_k^0}(y_1^0, \ldots, y_n^0) - \Phi_{y_k^0 y_i^0}(y_1^0, \ldots, y_n^0) = 0$$

und sind daher sicher erfüllt. Wir haben also in der That gezeigt:

Jeder genügend kurze, reguläre Extremalenbogen lässt sich mit einem MAYER'*schen Felde umgeben.*

Ist eine n-parametrige Extremalenschar, etwa (7) gegeben, und setzt man:

$$y_{i a_k}(x, a_1, \ldots, a_n) = u_i^{(k)}; \quad \lambda_{r a_k}(x, a_1, \ldots, a_n) = \rho_r^{(k)}$$

so genügen bekanntlich die $u_i^{(k)}$, $\rho_r^{(k)}$ dem Systeme linearer Differentialgleichungen [12]):

$$(27)\quad \begin{cases} \sum_{i=1}^{n}(F_{y_i y_j} u_i + F_{y_i' y_j} u_i') - \frac{d}{dx}\sum_{i=1}^{n}(F_{y_i y_j'} u_i + F_{y_i' y_j'} u_i') \\ \qquad + \sum_{r=1}^{m} \varphi_{r y_j} \rho_r - \frac{d}{dx}\sum_{r=1}^{m} \varphi_{r y_j'} \rho_r = 0 & (j = 1, 2, \ldots, n) \\ \sum_{i=1}^{n}(\varphi_{s y_i} u_i + \varphi_{s y_i'} u_i') = 0 & (s = 1, 2, \ldots, m) \end{cases}$$

das ESCHERICH als das accessorische Differentialgleichungssystem bezeichnet [13]).

Ein System von n linear unabhängigen Lösungen $u^{(\mu)}$, $\rho^{(\mu)}$ ($\mu = 1, 2, \ldots, n$) des accessorischen Gleichungssystems, das den $\frac{n(n-1)}{2}$ Bedingungen genügt:

$$(28)\quad \begin{cases} \sum_{i,k=1}^{n}[F_{y_i' y_k}(u_i^{(\mu)} u_k^{(\nu)} - u_i^{(\nu)} u_k^{(\mu)}) + F_{y_i' y_k'}(u_i^{(\mu)} u_k^{(\nu)\prime} - u_i^{(\nu)} u_k^{(\mu)\prime})] \\ + \sum_{i=1}^{n}\sum_{r=1}^{m} \varphi_{r y_i'}(u_i^{(\mu)} \rho_r^{(\nu)} - u_i^{(\nu)} \rho_r^{(\mu)}) = \psi(u^{(\mu)}, \rho^{(\mu)}; u^{(\nu)}, \rho^{(\nu)}) = 0 \quad (\mu, \nu = 1, 2, \ldots, n) \end{cases}$$

nennt ESCHERICH ein *konjugiertes System* [14]). Wir können also unsere obigen Resultate auch so aussprechen:

Damit ein von einer n-parametrigen Extremalenschar gebildetes Feld ein MAYER'*sches sei, ist notwendig und hinreichend, das die daraus durch Differentiation nach den Parametern hervorgehenden Lösungen des accessorischen Gleichungssystems ein konjugiertes System bilden* [15]).

Zu jeder Stelle x_0 gibt es konjugierte Lösungssysteme von (27), *deren Determinante:*

$$|u_i^{(\mu)}| \qquad (\mu, i = 1, 2, \ldots, n)$$

daselbst nicht verschwindet [16]).

§ 3.

Sei durch

$$(29)\qquad y_i = y_i(x, a_1, \ldots, a_n), \qquad \lambda_r = \lambda_r(x, a_1, \ldots, a_n)$$

ein MAYER'sches Feld gegeben; seine Gefälls- und Multiplicatorfunktionen seien:

$$p_i(x, y_1, \ldots, y_n), \qquad l_r(x, y_1, \ldots, y_n).$$

Der Bogen (A, B), der durch $a_1^0, \ldots, a_n^0$ gelieferten Extremale liege ganz innerhalb

---

[12]) Dieses Differentialgleichungssystem hängt noch von den n Parametern $a_1, a_2, \ldots, a_n$ ab.

[13]) Loc. cit. [2]), Bd. CVII (1898), S. 1236.

[14]) Loc. cit. [2]), Bd. CVII (1898), S. 1246. Dass der Ausdruck $\psi(u, \rho; \bar{u}, \bar{\rho})$ sich für irgend zwei Lösung von (27) auf eine Konstante reduciert, ist nichts anderes, als der am Ende von § 1 bewiesene Satz.

[15]) Und zwar für alle Werthe der Parameter $a_1, a_2, \ldots, a_n$.

[16]) v. ESCHERICH, loc. cit. [2]), Bd. CVII (1898), S. 1324.

des Feldes. Wir setzen der Kürze halber:

$$(30) \qquad y_i(x, a_1^0, \ldots, a_n^0) = y_i(x), \qquad \lambda_r(x, a_1^0, \ldots, a_n^0) = \lambda_r(x).$$

Da das Integral (17) vom Wege unabhängig ist, so ist sein Integrand ein vollständiges Differential, etwa das Differential von $V(x, y_1, \ldots, y_n)$, so dass wir haben:

$$(31) \begin{cases} V_x(x, y_1, \ldots, y_n) = F[x, y, p(x, y), l(x, y)] - \sum_{i=1}^{n} p_i(x, y) F_{y_i'}[x, y, p(x, y), l(x, y)] \\ V_{y_i}(x, y_1, \ldots, y_n) = F_{y_i'}[x, y, p(x, y), l(x, y)]. \end{cases}$$

Wir setzen ferner in bekannter Weise:

$$E(x, y, p, l, \overline{y}') = F(x, y, \overline{y}', l) - F(x, y, p, l) - \sum_{i=1}^{n} (\overline{y}_i' - p_i) F_{y_i'}(x, y, p, l).$$

Ist durch:

$$y_i = \overline{y}_i(x) \qquad (i = 1, 2, \ldots, n)$$

eine beliebige, den Bedingungsgleichungen (2) genügende, innerhalb des Feldes verlaufende Kurve gegeben, und gehören x_0 und x dem Intervalle (A, B) an, so folgt aus der Unabhängigkeit des Integrales (17) vom Wege ohne Weiteres:

$$(32) \begin{cases} \int_{x_0}^{x} f[x, \overline{y}(x), \overline{y}'(x)]dx - \int_{x_0}^{x} f[x, y(x), y'(x)]dx \\ = \int_{x_0}^{x} E\{x, \overline{y}(x), p[x, \overline{y}(x)], l[x, \overline{y}(x)], \overline{y}'(x)\}dx \\ + \{V[x, \overline{y}_1(x), \ldots, \overline{y}_n(x)] - V[x, y_1(x), \ldots, y_n(x)]\} \\ - \{V[x_0, \overline{y}_1(x_0), \ldots, \overline{y}_n(x_0)] - V[x_0, y_1(x_0), \ldots, y_n(x_0)]\} \end{cases}$$

und bezeichnet man mit $\overline{\lambda}_r(x)$ $(r = 1, 2, \ldots, m)$ ganz beliebige Funktionen, so kann man die linke Seite dieser Gleichung auch ersetzen durch

$$\int_{x_0}^{x} \{F[x, \overline{y}(x), \overline{y}'(x), \overline{\lambda}(x)] - F[x, y(x), y'(x), \lambda(x)]\}dx$$

und dieser Ausdruck ist bis auf Glieder zweiter Ordnung in den Differenzen $\overline{y}_i - y_i$ und $\overline{y}_i' - y_i'$ weiter gleich:

$$\int_{x_0}^{x} \sum_{i=1}^{n} \{F_{y_i}[x, y(x), y'(x), \lambda(x)] - \frac{d}{dx} F_{y_i'}[x, y(x), y'(x), \lambda(x)]\}[\overline{y}_i(x) - y_i(x)]dx$$
$$+ \sum_{i=1}^{n} F_{y_i'}[x, y(x), y'(x), \lambda(x)][\overline{y}_i(x) - y_i(x)]$$
$$- \sum_{i=1}^{n} F_{y_i'}[x_0, y(x_0), y'(x_0), \lambda(x_0)][\overline{y}_i(x_0) - y_i(x_0)]$$

und hierin ist das Integral gleich Null, wegen des Bestehens der Gleichungen (5). Auf der rechten Seite von (32) ist:

$$V(x, \overline{y}_1, \ldots, \overline{y}_n) - V(x, y_1, \ldots, y_n) = \sum_{i=1}^{n} V_{y_i}(x, y_1, \ldots, y_n)(\overline{y}_i - y_i) + [\overline{y} - y]_2$$

und wenn man die Gleichungen (31) beachtet, so sieht man, dass die Glieder erster

Ordnung auf der linken Seite von (32) sich gerade gegen die Glieder erster Ordnung der rechts ausserhalb des Integralzeichens stehenden Differenzen wegheben. Schreibt man links, so wie rechts ausserhalb des Integralzeichens noch die Glieder zweiter Ordnung explicit auf, so erhält man:

$$
(33)\quad \begin{cases}
\frac{1}{2}\int_{x_0}^{x}\Big\{\sum_{i,k=1}^{n}[F_{y_i y_k}(x, y, y', \lambda)(\bar{y}_i - y_i)(\bar{y}_k - y_k) \\
\qquad + 2F_{y_i' y_k}(x, y, y', \lambda)(\bar{y}_i' - y_i')(\bar{y}_k - y_k) \\
\qquad\qquad + F_{y_i' y_k'}(x, y, y', \lambda)(\bar{y}_i' - y_i')(\bar{y}_k' - y_k')] \\
+ 2\sum_{i=1}^{n}\sum_{r=1}^{m}\Big[\varphi_{r y_i}(x, y, y')(\bar{y}_i - y_i) + \varphi_{r y_i'}(x, y, y')(\bar{y}_i' - y_i')\Big](\bar{\lambda}_r - \lambda_r)\Big\} dx \\
\qquad = \int_{x_0}^{x} E[x, \bar{y}, p(x, \bar{y}), l(x, \bar{y}), \bar{y}'] dx \\
+ \frac{1}{2}\sum_{i,k=1}^{n} V_{y_i y_k}(x, y)(\bar{y}_i - y_i)(\bar{y}_k - y_k)\Big]_{x_0}^{x} + [\bar{y}_i - y_i, \bar{y}_i' - y_i']_3.
\end{cases}
$$

Wir setzen nun:

$$
(34)\quad \begin{cases}
\bar{y}_i(x) = y_i(x) + \varepsilon\eta_i(x) + [\varepsilon]_2 & (i = 1, 2, \ldots, n) \\
\bar{\lambda}_r(x) = \lambda_r(x) + \varepsilon\sigma_r(x) + [\varepsilon]_2 & (r = 1, 2, \ldots, m),
\end{cases}
$$

wo ε einen Parameter bedeutet.

Berücksichtigt man, dass die $\bar{y}_i(x)$ den Bedingungsgleichungen (2) genügen sollen, so erhält man:

$$
(35)\quad \sum_{i=1}^{n}\{\varphi_{r y_i}[x, y(x), y'(x)]\eta_i(x) + \varphi_{r y_i'}[x, y(x), y'(x)]\eta_i'(x)\} = 0 \quad (r = 1, 2, \ldots, m).
$$

In (33) kommt kein Glied erster Ordnung in ε vor. Wir wollen nun die Glieder zweiter Ordnung in ε links und rechts einander gleich setzen.

Setzen wir zur Abkürzung

$$
\sum_{i,k=1}^{n}[F_{y_i y_k}(x, y, y', \lambda)\eta_i\eta_k + 2F_{y_i' y_k}(x, y, y', \lambda)\eta_i'\eta_k + F_{y_i' y_k'}(x, y, y', \lambda)\eta_i'\eta_k']
$$
$$
+ 2\sum_{i=1}^{n}\sum_{r=1}^{m}[\varphi_{r y_i}(x, y, y')\eta_i + \varphi_{r y_i'}(x, y, y')\eta_i']\sigma_r = 2\Omega(\eta, \eta', \sigma)
$$

so erhalten wir links, unter Berücksichtigung von (35) als Koeffizienten von $\frac{\varepsilon^2}{2}$:

$$
\int_{x_0}^{x}\sum_{i=1}^{n}[\Omega_{\eta_i}(\eta, \eta', \sigma)\eta_i + \Omega_{\eta_i'}(\eta, \eta', \sigma)\eta_i'] dx;
$$

durch partielle Integration bringt man dies in bekannter Weise auf die Form:

$$
\int_{x_0}^{x}\sum_{i=1}^{n}\Big[\Omega_{\eta_i}(\eta, \eta', \sigma) - \frac{d}{dx}\Omega_{\eta_i'}(\eta, \eta', \sigma)\Big]\eta_i\, dx + \sum_{i=1}^{n}\Omega_{\eta_i'}(\eta, \eta', \sigma)\eta_i\Big]_{x_0}^{x}.
$$

Dieser Ausdruck ist nichts anderes, als die sogenannte zweite Variation.

Wir gehen dazu über, den Koeffizienten von $\frac{\varepsilon^2}{2}$ in der auf der rechten Seite von

(33) ausserhalb des Integralzeichens stehenden Differenz zu berechnen. Setzen wir (um auf die Bezeichnungsweise von CLEBSCH zu kommen):

$$V_{y_i y_k}[x, y_1(x), \ldots, y_n(x)] = \beta_{ik}(x) \qquad (i, k = 1, 2, \ldots, n)$$

so lautet dieser Koeffizient:

$$\sum_{i,k=1}^{n} \beta_{ik}(x) \eta_i(x) \eta_k(x).$$

Unter Berücksichtigung von (31) ist nun:

$$V_{y_i y_k}(x, y_1, \ldots, y_n) = \frac{\partial}{\partial y_k} F_{y_i'}[x, y, p(x, y), l(x, y)]$$

oder wenn mann die Bedeutung von $p(x, y)$ und $l(x, y)$ gemäss ihrer Definition (10) und (11) beachtet:

$$V_{y_i y_k}(x, y_1, \ldots, y_n) = \frac{\partial}{\partial y_k} F_{y_i'}[x, y(x, a), y_x(x, a), \lambda(x, a)],$$

wo für die a_i einzusetzen sind die Funktionen (9): $a_i(x, y_1, \ldots, y_n)$. Dann aber ist:

$$\frac{\partial}{\partial y_k} = \sum_{\nu=1}^{n} a_{\nu y_k}(x, y_1, \ldots, y_n) \frac{\partial}{\partial a_\nu}.$$

Die Ausdrücke $a_{\nu y_k}(x, y_1, \ldots, y_n)$ bestimmen sich leicht in folgender Weise. Man differenziere die Identitäten:

$$y_i = y_i[x, a_1(x, y_1, \ldots, y_n), \ldots, a_n(x, y_1, \ldots, y_n)] \qquad (i = 1, 2, \ldots, n)$$

partiell nach y_k. Das gibt:

$$\sum_{\nu=1}^{n} y_{i a_\nu}(x, a_1, \ldots, a_n) a_{\nu y_k}(x, y_1, \ldots, y_n) = \varepsilon_{ik},$$

wo $\varepsilon_{ik} = 0$ oder $= 1$, je nachdem $i \neq k$ oder $i = k$. Setzt man [17]):

$$(36) \qquad y_{i a_\nu}(x, a_1^0, \ldots, a_n^0) = u_i^{(\nu)}(x), \qquad \lambda_{r a_\nu}(x, a_1^0, \ldots, a_n^0) = \rho_r^{(\nu)}(x),$$

setzt man weiter:

$$\Delta = |u_i^{(\nu)}(x)| \qquad (i, \nu = 1, 2, \ldots, n)$$

und bezeichnet man die in dieser Determinante zum Elemente $u_i^{(\nu)}(x)$ gehörige Unterdeterminante mit $\Delta_i^{(\nu)}$, so hat man also:

$$(37) \left\{ \begin{aligned} \beta_{ik}(x) &= \sum_{\nu=1}^{n} \frac{\partial}{\partial a_\nu} F_{y_i'}[x, y(x, a^0), y_x(x, a^0), \lambda(x, a^0)] \frac{\Delta_k^{(\nu)}}{\Delta} \\ &= \sum_{\nu=1}^{n} \Big\{ \sum_{\mu=1}^{n} \{ F_{y_i' y_\mu}[x, y(x), y'(x), \lambda(x)] u_\mu^{(\nu)}(x) \\ &\quad + F_{y_i' y_\mu'}[x, y(x), y'(x), \lambda(x)] u_\mu^{(\nu)\prime}(x) \} + \sum_{r=1}^{m} \varphi_{r y_i'}[x, y(x), y'(x)] \rho_r^{(\nu)}(x) \Big\} \frac{\Delta_k^{(\nu)}}{\Delta}. \end{aligned} \right.$$

---

[17]) Diese Bezeichnungsweise deckt sich nicht völlig mit der am Ende von § 2 verwendeten, insoferne die hier mit $u^{(\nu)}$, $\rho^{(\nu)}$ bezeichneten Ausdrücke aus den dort so bezeichneten erst durch Specialisierung der Parameter $a_1, \ldots, a_n$ zu $a_1^0, \ldots, a_n^0$ enstehen.

Es erübrigt noch, den Koeffizienten von $\frac{\varepsilon^2}{2}$ in dem in (33) rechts auftretenden Integrale zu ermitteln. Bekanntlich ist:

$$E(x, y, p, l, \overline{y}') = \frac{1}{2} \sum_{i,k=1}^{n} F_{y_i' y_k'}(x, y, p, l)(\overline{y}_i' - p_i)(\overline{y}_k' - p_k) + [\overline{y}' - p]_3 .$$

Wir setzen:

$$(38) \qquad a_i[x, \overline{y}_1(x), \ldots, \overline{y}_n(x)] = a_i(x, \varepsilon) \qquad (i = 1, 2, \ldots, n),$$

wo die a_i die Ausdrücke (9) sind. Das gibt:

$$p_i[x, \overline{y}_1(x), \ldots, \overline{y}_n(x)] = y_{ix}[x, a_1(x, \varepsilon), \ldots, a_n(x, \varepsilon)] \quad (i=1, 2, \ldots, n)$$

und wenn man rechts nach ε entwickelt und (36) beachtet:

$$p_i[x, \overline{y}_1(x), \ldots, \overline{y}_n(x)] = y_i'(x) + \varepsilon \sum_{k=1}^{n} u_i^{(k)\prime}(x) a_{k\varepsilon}(x, 0) + [\varepsilon]_2$$

Führen wir noch für $a_{k\varepsilon}(x, 0)$ die abkürzende Bezeichnung ein:

$$a_{k\varepsilon}(x, 0) = \delta_k(x) \qquad (k = 1, 2, \ldots, n)$$

so haben wir:

$$(39) \quad \overline{y}_i'(x) - p_i[x, \overline{y}_1(x), \ldots, \overline{y}_n(x)] = \varepsilon\left[\eta_i'(x) - \sum_{k=1}^{n} u_i^{(k)\prime}(x)\delta_k(x)\right] + [\varepsilon]_2 \quad (i = 1, 2, \ldots, n);$$

für die $\delta_k(x)$ ergibt sich ein sehr einfacher Ausdruck: aus (38) folgt die Identität:

$$\overline{y}_i(x) = y_i[x, a_1(x, \varepsilon), \ldots, a_n(x, \varepsilon)] \qquad (i = 1, 2, \ldots, n)$$

aus der durch Differentiation nach ε für $\varepsilon = 0$ folgt:

$$(40) \qquad \eta_i(x) = \sum_{k=1}^{n} u_i^{(k)}(x) a_{k\varepsilon}(x, 0) = \sum_{k=1}^{n} u_i^{(k)}(x) \delta_k(x).$$

Es ist also einfach:

$$(41) \qquad \delta_k(x) = \frac{1}{\Delta} \sum_{\nu=1}^{n} \eta_\nu(x) \Delta_\nu^{(k)} .$$

Setzen wir endlich mit ESCHERICH:

$$(42) \qquad \zeta_i(x) = \eta_i'(x) - \sum_{k=1}^{n} u_i^{(k)\prime}(x)\delta_k(x) \qquad (i = 1, 2, \ldots, n)$$

so können wir wegen (41) auch schreiben:

$$(43) \qquad \zeta_i(x) = \frac{1}{\Delta} \begin{vmatrix} \eta_i'(x) & \eta_1(x) & \cdots & \eta_n(x) \\ u_i^{(1)\prime}(x) & u_1^{(1)}(x) & \cdots & u_n^{(1)}(x) \\ \cdots & \cdots & \cdots & \cdots \\ u_i^{(n)\prime}(x) & u_1^{(n)}(x) & \cdots & u_n^{(n)}(x) \end{vmatrix} \qquad (i = 1, 2, \ldots, n)$$

und der gesuchte Koeffizient von $\frac{\varepsilon^2}{2}$ im ersten Gliede der rechten Seite von (33) wird:

$$\sum_{i,k=1}^{n} F_{y_i' y_k'}[x, y(x), y'(x), \lambda(x)]\zeta_i(x)\zeta_k(x).$$

Beachtet man, dass $\overline{y}(x)$ den Bedingungsgleichungen (2) genügt, so hat man wegen (39) und (42):

$$\varphi_r\{x, \overline{y}(x), p[x, \overline{y}(x)] + \varepsilon\zeta(x) + [\varepsilon]_2\} = 0 \qquad (r = 1, 2, \ldots, m)$$

oder:

$$\varphi_r\{x, \bar{y}(x), p[x, \bar{y}(x)]\} + \varepsilon \sum_{k=1}^{n} \varphi_{r y'_k}\{x, \bar{y}(x), p[x, \bar{y}(x)]\}\zeta_k(x) + [\varepsilon]_2 = 0.$$

Da nun:

$$\varphi_r\{x, \bar{y}(x), p[x, \bar{y}(x)]\} = 0$$

ist, so erhält man hieraus nach Division durch ε für $\varepsilon = 0$.

$$(44) \qquad \sum_{k=1}^{n} \varphi_{r y'_k}[x, y(x), y'(x)]\zeta_k(x) = 0 \qquad (r = 1, 2, \ldots, m).$$

Fassen wir das Bisherige zusammen, so erhalten wir folgendes Resultat:

Für beliebige Funktionen $\eta(x)$, die den Bedingungsgleichungen (35) genügen, gilt die Beziehung:

$$(45) \quad \begin{cases} \displaystyle\int_{x_0}^{x} \sum_{i=1}^{n}\left[\Omega_{\eta_i}(\eta, \eta', \sigma)\eta_i - \frac{d}{dx}\Omega_{\eta'_i}(\eta, \eta', \sigma)\right]\eta_i\,dx + \sum_{i=1}^{n}\Omega_{\eta'_i}(\eta, \eta', \sigma)\eta_i\Big]_{x_0}^{x} \\ \displaystyle = \int_{x_0}^{x} \sum_{i,k=1}^{n} F_{y'_i y'_k}[x, y(x), y'(x), \lambda(x)]\zeta_i\zeta_k\,dx + \sum_{i,k=1}^{n}\beta_{ik}\eta_i\eta_k\Big]_{x_0}^{x}. \end{cases}$$

Darin sind die ζ_i definiert durch (43) und genügen den Gleichungen (44), und die β_{ik} sind definiert durch die Gleichungen (37). Die in der Definition der ζ_i und β_{ik} auftretenden Ausdrücke $u^{(k)}$, $\rho^{(k)}$ $(k = 1, 2, \ldots, n)$ bilden ein konjugiertes Lösungssystem des der Extremale (30) entsprechenden accessorischen Differentialgleichungssystemes [18]) [das aus (27) ensteht für die Werthe $a_1^0, \ldots, a_n^0$ der Parameter $a_1, \ldots, a_n$]. Die Formel (45) ist nichts anderes, als die von CLEBSCH angegebene *Transformation der zweiten Variation* [19]).

Berücksichtigen wir:

$$\Omega_{\eta'_i}(\eta, \eta', \sigma) = \sum_{k=1}^{n}\{F_{y'_i y_k}[x, y(x), y'(x), \lambda(x)]\eta_k + F_{y'_i y'_k}[x, y(x), y'(x), \lambda(x)]\eta'_k\} + \sum_{r=1}^{m}\varphi_{r y'_i}[x, y(x), y'(x)]\sigma_r$$

sowie Formel (40), so haben wir:

$$(46) \quad \begin{cases} \displaystyle\sum_{i=1}^{n}\Omega_{\eta'_i}(\eta, \eta', \sigma)\eta_i \\ \displaystyle = \sum_{\nu=1}^{n}\delta_\nu\left[\sum_{i,k=1}^{n}(F_{y'_i y_k}u_i^{(\nu)}\eta_k + F_{y'_i y'_k}u_i^{(\nu)}\eta'_k) + \sum_{i=1}^{n}\sum_{r=1}^{m}\varphi_{r y'_i}u_i^{(\nu)}\sigma_r\right]. \end{cases}$$

Andererseits erhalten wir durch Einsetzen des Werthes (37) für β_{ik} unter Berücksichtigung von (41):

$$(47) \quad \sum_{i,k=1}^{n}\beta_{ik}\eta_i\eta_k = \sum_{\nu=1}^{n}\delta_\nu\left[\sum_{i,k=1}^{n}(F_{y'_i y_k}\eta_i u_k^{(\nu)} + F_{y'_i y'_k}\eta_i u_k^{(\nu)\prime}) + \sum_{i=1}^{n}\sum_{r=1}^{m}\varphi_{r y'_i}\eta_i\rho_r^{(\nu)}\right].$$

---

18) Dass für die $u^{(k)}$, $\rho^{(k)}$ jedes beliebige konjugierte Lösungssystem der genannten Gleichungen gewählt werden kann, geht aus den Überlegungen von § 5 hervor.

19) Loc. cit. 1).

Differenzieren wir (45) nach x und beachten (46) und (47), so erhalten wir die für alle den Bedingungen (35) genügenden η giltige Gleichung [20]):

$$(48)\quad \left\{\begin{aligned} &\sum_{i=1}^{n}\left[\Omega_{\eta_i}(\eta,\eta',\sigma)-\frac{d}{dx}\Omega_{\eta_i'}(\eta,\eta',\sigma)\right]\eta_i(x)\\ &=\sum_{i,k=1}^{n}F_{y_i'y_k'}[x,y(x),y'(x),\lambda(x)]\zeta_i(x)\zeta_k(x)\\ &\qquad-\frac{d}{dx}\sum_{\nu=1}^{n}\delta_\nu(x)\psi[u^{(\nu)}(x),\rho^{(\nu)}(x);\eta(x),\sigma(x)],\end{aligned}\right.$$

wo zur Abkürzung gesetzt ist:

$$\begin{aligned}\psi(u,\rho;\eta,\sigma)=&\sum_{i,k=1}^{n}\{F_{y_i'y_k}[x,y(x),y'(x),\lambda(x)](u_i\eta_k-\eta_i u_k)\\ &+F_{y_i'y_k'}[x,y(x),y'(x),\lambda(x)](u_i\eta_k'-\eta_i u_k')\}\\ &+\sum_{i=1}^{n}\sum_{r=1}^{m}\varphi_{ry_i'}[x,y(x),y'(x)](u_i\sigma_r-\eta_i\rho_r).\end{aligned}$$

Aus der Formel (48) kann ohne weitere Schwierigkeiten nachgewiesen werden [21]), dass die von einem festen Punkte der Extremale (30) ausgehenden Extremalen, wenn nicht der sogenannte Ausnahmefall vorliegt, stets ein die Extremale (30) umgebendes Feld bilden, vorausgesetzt dass die quadratische Form:

$$\sum_{i,k=1}^{n}F_{y_i'y_k'}[x,y(x),y'(x),\lambda(x)]\zeta_i\zeta_k$$

definit ist unter den Nebenbedingungen:

$$\sum_{i=1}^{n}\varphi_{ry_i'}[x,y(x),y'(x)]\zeta_i=0 \qquad (r=1,2,\ldots,m);$$

auch gestattet diese Formel (wieder abgesehen vom sogenannten Ausnahmefall), das Nichtstattfinden eines Extremums für Extremalenbögen, die über den zum Anfangspunkt konjugierten Punkt hinausreichen, ausnahmslos darzuthun [22]).

§ 4.

Ist durch:

$$(49)\quad \left\{\begin{aligned} y_i&=y_i(x) &&(i=1,2,\ldots,n),\\ \lambda_r&=\lambda_r(x) &&(r=1,2,\ldots,m)\end{aligned}\right.$$

eine für $x=x_0$ reguläre Extremale gegeben, und setzt man für ihre Anfangswerthe:

$$\begin{aligned} y_i^{00}&=y_i(x_0),\qquad y_i^{00\prime}=y_i'(x_0) &&(i=1,2,\ldots,n)\\ \lambda_r^{00}&=\lambda_r(x_0) &&(r=1,2,\ldots,m)\end{aligned}$$

---

[20]) v. ESCHERICH, loc. cit. [2]), Bd. CVII (1898), S. 1249.

[21]) v. ESCHERICH, loc. cit. [2]), Bd. CX (1901), S. 1404.

[22]) v. ESCHERICH, loc. cit. [2]), Bd. CX (1901), S. 1411.

so liefert jedes diesen Werthen genügend benachbarte Werthsystem:

$$y_i^0, \quad y_i^{0\prime} \qquad (i = 1, 2, \ldots, n),$$

$$\lambda_r^0 \qquad (r = 1, 2, \ldots, m),$$

sofern es den Gleichungen:

$$\varphi_r(x_0, y_0, y_0') = 0 \qquad (r = 1, 2, \ldots, m)$$

genügt, als Anfangswerthe für $x = x_0$ betrachtet, eine und nur eine reguläre Extremale; und zwar erhält man so alle der Extremale (49) benachbarten Extremalen.

Wir wollen nun die Ausdrücke $F_{y_i'}(x, y, y', \lambda)$ als die Momente nach den Koordinatenrichtungen bezeichnen und setzen zur Abkürzung:

$$w_i^0 = F_{y_i'}(x_0, y^0, y^{0\prime}, \lambda^0) \qquad (i = 1, 2, \ldots, n)$$

$$w_i^{00} = F_{y_i'}(x_0, y^{00}, y^{00\prime}, \lambda^{00}) \qquad (i = 1, 2, \ldots, n).$$

Eine für $x = x_0$ reguläre Extremale ist dann auch durch die Anfangswerthe ihrer Koordinaten: y_i^0 $(i = 1, 2, \ldots, n)$ und ihrer Momente nach den Koordinatenrichtungen: w_i^0 $(i = 1, 2, \ldots, n)$ in eindeutiger Weise bestimmt, und zwar erhält man alle der Extremale (49) benachbarten Extremalen, indem man die Grössen y_i^0, w_i^0 $(i = 1, 2, \ldots, n)$ alle den Grössen y_i^{00}, w_i^{00} benachbarten Werthe durchlaufen lässt. Der Beweis ergibt sich daraus, dass wenn ein System von Grössen y_i^0, w_i^0 gegeben ist, die zugehörigen $y_i^{0\prime}$, λ_0 aus den Gleichungen zu bestimmen sind:

$$(50) \qquad \begin{cases} F_{y_i'}(x_0, y^0, y^{0\prime}, \lambda^0) = w_i^0 & (i = 1, 2, \ldots, n) \\ \varphi_r(x_0, y^0, y^{0\prime}) = 0 & (r = 1, 2, \ldots, m), \end{cases}$$

deren Funktionaldeterminante nach den $y^{0\prime}$ und λ^0 nichts anderes ist, als die Determinante (6), und somit an der Stelle y_i^{00}, $y_i^{00\prime}$, λ_r^{00} nicht Null ist; in der Umgebung von y_i^{00}, $y_i^{00\prime}$, λ_r^{00}, w_i^{00} sind daher die Gleichungen (50) in eindeutiger Weise nach den $y_i^{0\prime}$, λ_r^0 auflösbar [23]).

Sei durch:

$$(51) \qquad Y_i = \sum_{k=1}^{n} a_k^{(i)} y_k, \qquad y_i = \sum_{k=1}^{n} a_i^{(k)} Y_k \qquad (i = 1, 2, \ldots, n)$$

eine orthogonale Transformation der y gegeben. Es werde:

$$F(x, y, y', \lambda) = G(x, Y, Y', \lambda).$$

Daraus erhält man durch Differentiation nach Y_i':

$$G_{Y_i'}(x, Y, Y', \lambda) = \sum_{k=1}^{n} a_k^{(i)} F_{y_k'}(x, y, y', \lambda).$$

Wir werden daher den Ausdruck:

$$\sum_{k=1}^{n} a_k^{(i)} F_{y_k'}(x, y, y', \lambda)$$

[23]) Eine genaue Durchführung des Beweises bei O. BOLZA, loc. cit. [11]).

als Moment nach der Richtung der Y_i-Achse bezeichnen; die Anfangswerte dieser Momente für $x = x_0$ bezeichnen wir mit W^0 $(i = 1, 2, \ldots, n)$, die Anfangswerthe der neuen Koordinaten Y_i mit Y_i^0. Offenbar kann man, wie oben die y_i^0 und w_i^0, auch die Y_i^0 und W_i^0 als Anfangswerthe benützen.

Wie zum Schlusse von § 2 erwähnt wurde, gehört zu jeder Extremale ein accessorisches Differentialgleichungssystem. Das zur Extremale (49) gehörige accessorische Gleichungssystem lautet:

$$(52)\quad \begin{cases} \sum_{k=1}^{n}\left[F_{y_iy_k}\zeta_k + F_{y_iy_k'}\zeta_k' - \frac{d}{dx}(F_{y_i'y_k}\zeta_k + F_{y_i'y_k'}\zeta_k')\right] \\ \qquad + \sum_{r=1}^{m}\left[\varphi_{ry_i}\sigma_r - \frac{d}{dx}(\varphi_{ry_i'}\sigma_r)\right] = 0 & (i = 1, 2, \ldots, n) \\ \sum_{k=1}^{n}(\varphi_{ry_k}\zeta_k + \varphi_{ry_k'}\zeta_k') = 0 & (r = 1, 2, \ldots, m), \end{cases}$$

wo, wie im Folgenden immer, unter $F_{y_iy_k}$, $F_{y_i'y_k}$, $F_{y_i'y_k'}$, φ_{ry_k}, $\varphi_{ry_k'}$ für y, y', λ einzusetzen sind die Funktionen (49): $y(x)$, $y'(x)$, $\lambda(x)$.

Dieses Gleichungssystem besitzt $2n$ linear unabhängige Lösungen, durch die sich alle übrigen linear mit constanten Koeffizienten ausdrücken lassen. Ein solches Fundamentallösungssystem erhält man in folgender Weise:

Es sei:

$$(53)\quad \begin{cases} y_i = y_i(x, y_1^0, \ldots, y_n^0, w_1^0, \ldots, w_n^0) & (i = 1, 2, \ldots, n) \\ \lambda_r = \lambda_r(x, y_1^0, \ldots, y_n^0, w_1^0, \ldots, w_n^0) & (r = 1, 2, \ldots, m) \end{cases}$$

die Schar der Extremalen, ausgedrückt durch die Anfangswerthe y_i^0 und w_i^0. Die Ausdrücke:

$$(54)\quad \begin{cases} \zeta_i^{(k)}(x) = y_{iy_k^0}(x, y_1^{00}, \ldots, y_n^{00}; w_1^{00}, \ldots, w_n^{00}) & (i = 1, 2, \ldots, n) \\ \sigma_r^{(k)}(x) = \lambda_{ry_k^0}(x, y_1^{00}, \ldots, y_n^{00}; w_1^{00}, \ldots, w_n^{00}) & (r = 1, 2, \ldots, m) \end{cases}$$

für $k = 1, 2, \ldots, n$, zusammen mit den Ausdrücken:

$$(54')\quad \begin{cases} \zeta_i^{(n+k)}(x) = y_{iw_k^0}(x, y_1^{00}, \ldots, y_n^{00}; w_1^{00}, \ldots, w_n^{00}) & (i = 1, 2, \ldots, n) \\ \sigma_r^{(n+k)}(x) = \lambda_{rw_k^0}(x, y_1^{00}, \ldots, y_n^{00}; w_1^{00}, \ldots, w_n^{00}) & (r = 1, 2, \ldots, m) \end{cases}$$

für $k = 1, 2, \ldots, n$, bilden ein Fundamentalsystem. Dies ergibt sich leicht durch folgende Schlüsse:

Eine Lösung von (52) ist völlig bestimmt durch ihre Anfangswerthe ζ_i^0, $\zeta_i^{0\prime}$, σ_r^0 für $x = x_0$; schreibt man andererseits diese Anfangswerthe willkürlich vor, aber so dass sie den m Bedingungen genügen:

$$\sum_{k=1}^{n}[\varphi_{ry_k}(x_0, y^{00}, y^{00\prime})\zeta_k^0 + \varphi_{ry_k'}(x_0, y^{00}, y^{00\prime})\zeta_k^{0\prime}] = 0 \quad (r = 1, 2, \ldots, m),$$

so erhält man sämmtliche Lösungen von (52). Setzt man:

$$(55)\quad v_i = \sum_{k=1}^{n}(F_{y_i'y_k}\zeta_k + F_{y_i'y_k'}\zeta_k') + \sum_{r=1}^{m}\varphi_{ry_i'}\sigma_r$$

und bezeichnet man die Werthe der v_i für $x = x_0$ mit v_i^0, so kann man offenbar an Stelle der ζ_i^0, $\zeta_i^{0'}$, λ_r^0 nun die ζ_i^0, v_i^0 $(i = 1, 2, \ldots, n)$ vorgeben, diese aber ganz willkürlich; durch jedes Werthsystem der ζ_i^0, v_i^0 ist eine und nur eine Lösung von (52) bestimmt. Setzt man weiter:

$$w_i(x, y^0, w^0) = F_{y_i'}[x, y(x, y^0, w^0), y_x(x, y^0, w^0), \lambda(x, y^0, w^0)] \qquad (i = 1, 2, \ldots, n)$$

und:

$$v_i^{(k)}(x) = \sum_{\nu=1}^{n}(F_{y_i'y_\nu}\zeta_\nu^{(k)} + F_{y_i'y_\nu'}\zeta_\nu^{(k)'}) + \sum_{r=1}^{m}\varphi_{ry_i'}\sigma_r^{(k)}$$

so wird gerade:

$$(56)\quad \begin{cases} v_i^{(k)}(x) = w_{iy_k^0}(x, y^{00}, w^{00}) & (k = 1, 2, \ldots, n) \\ v_i^{(n+k)}(x) = w_{iw_k^0}(x, y^{00}, w^{00}) & (k = 1, 2, \ldots, n). \end{cases}$$

Aus (54), (54'), (56) entnehmen wir nun für die Anfangswerthe der $\zeta^{(k)}(x)$ und $v^{(k)}(x)$:

$$(57)\begin{cases} \zeta_k^{(k)}(x_0) = 1 \quad (k = 1, 2, \ldots, n); & v_k^{(n+k)}(x_0) = 1 \quad (k = 1, 2, \ldots, n) \\ \zeta_k^{(i)}(x_0) = 0 \quad (i, k = 1, 2, \ldots, n;\ i \neq k); & v_k^{(n+i)}(x_0) = 0 \quad (i, k = 1, 2, \ldots, n;\ i \neq k) \\ \zeta_k^{(n+i)}(x_0) = 0 \quad (i, k = 1, 2, \ldots, n) & v_k^{(i)}(x_0) = 0 \quad (i, k = 1, 2, \ldots, n). \end{cases}$$

Wir sind nun ohne Weiters im Stande, eine beliebige Lösung $\zeta_i(x)$, $\sigma_r(x)$ von (52) in die Form zu setzen:

$$(58)\quad \begin{cases} \zeta_i(x) = \sum_{k=1}^{2n} c_k \zeta_i^{(k)}(x) & (i = 1, 2, \ldots, n) \\ \sigma_r(x) = \sum_{k=1}^{2n} c_k \sigma_r^{(k)}(x) & (r = 1, 2, \ldots, m). \end{cases}$$

Wir haben nur zu beachten, dass dann auch:

$$v_i(x) = \sum_{k=1}^{2n} c_k v_i^{(k)}(x) \qquad (i = 1, 2, \ldots, n)$$

sein muss, so dass wir unter Berücksichtigung von (57) sofort haben:

$$c_k = \zeta_k(x_0), \qquad c_{n+k} = v_k(x_0) \qquad (k = 1, 2, \ldots, n).$$

Es lässt sich also in der That jede beliebige Lösung von (52) durch unsere $2n$ speciellen Lösungen ausdrücken.

Führen wir durch die orthogonale Transformation (51) neue Koordinaten ein, so können wir, wie erwähnt, die Schar der Extremalen auch in der Form schreiben:

$$(59)\quad \begin{cases} y_i = y_i^*(x, Y_1^0, \ldots, Y_n^0; W_1^0, \ldots, W_n^0) & (i = 1, 2, \ldots, n) \\ \lambda_r = \lambda_r^*(x, Y_1^0, \ldots, Y_n^0; W_1^0, \ldots, W_n^0) & (r = 1, 2, \ldots, m) \end{cases}$$

wo die Y_i^0 die Anfangswerthe für $x = x_0$ der neuen Koordinaten, die W^0 die Anfangswerthe der Momente nach den neuen Koordinatenrichtungen bedeuten. Der Extremale (49) mögen die Anfangswerthe Y^{00}, W^{00} entsprechen. Die Ausdrücke:

$$(60)\quad \begin{cases} \zeta_i^{*(k)}(x) = y_{iY_k^0}^*(x, Y_1^{00}, \ldots, Y_n^{00}; W_1^{00}, \ldots, W_n^{00}) & (i = 1, 2, \ldots, n) \\ \sigma_r^{*(k)}(x) = \lambda_{rY_k^0}^*(x, Y_1^{00}, \ldots, Y_n^{00}; W_1^{00}, \ldots, W_n^{00}) & (r = 1, 2, \ldots, m) \end{cases}$$

für $k = 1, 2, \ldots, n$, zusammen mit den Ausdrücken:

$$(60')\quad \begin{cases} \zeta_i^{*(n+k)}(x) = y^{\bullet}_{iW_k^0}(x, Y_1^{00}, \ldots, Y_n^{00}; W_1^{00}, \ldots, W_n^{00}) & (i = 1, 2, \ldots, n) \\ \sigma_r^{*(n+k)}(x) = \lambda^{\bullet}_{rW_k^0}(x, Y_1^{00}, \ldots, Y_n^{00}; W_1^{00}, \ldots, W_n^{00}) & (r = 1, 2, \ldots, m) \end{cases}$$

für $k = 1, 2, \ldots, n$ bilden ebenfalls ein Fundamentalsystem von (52). Denn beachtet man, dass:

$$\frac{\partial}{\partial Y_k^0} = \sum_{\nu=1}^{n} a_\nu^{(k)} \frac{\partial}{\partial y_\nu^0}, \qquad \frac{\partial}{\partial y_k^0} = \sum_{\nu=1}^{n} a_k^{(\nu)} \frac{\partial}{\partial Y_\nu^0}$$

und ebenso:

$$\frac{\partial}{\partial W_k^0} = \sum_{\nu=1}^{n} a_\nu^{(k)} \frac{\partial}{\partial w_\nu^0}, \qquad \frac{\partial}{\partial w_k^0} = \sum_{\nu=1}^{n} a_k^{(\nu)} \frac{\partial}{\partial W_\nu^0}$$

ist, so erhält man:

$$(61)\quad \begin{cases} \zeta_i^{*(k)}(x) = \sum_{\nu=1}^{n} a_\nu^{(k)} \zeta_i^{(\nu)}(x) & \sigma_r^{*(k)}(x) = \sum_{\nu=1}^{n} a_\nu^{(k)} \sigma_r^{(\nu)}(x) & (k = 1, 2, \ldots, n) \\ \zeta_i^{*(n+k)}(x) = \sum_{\nu=1}^{n} a_\nu^{(k)} \zeta_i^{(n+\nu)}(x) & \sigma_r^{*(n+k)}(x) = \sum_{\nu=1}^{n} a_\nu^{(k)} \sigma_r^{(n+\nu)}(x) & (k = 1, 2, \ldots, n) \end{cases}$$

und:

$$\zeta_i^{(k)}(x) = \sum_{\nu=1}^{n} a_k^{(\nu)} \zeta_i^{*(\nu)}(x) \qquad \sigma_r^{(k)}(x) = \sum_{\nu=1}^{n} a_k^{(\nu)} \sigma_r^{*(\nu)}(x) \qquad (k = 1, 2, \ldots, n)$$

$$\zeta_i^{(n+k)}(x) = \sum_{\nu=1}^{n} a_k^{(\nu)} \zeta_i^{*(n+\nu)}(x) \qquad \sigma_r^{(n+k)}(x) = \sum_{\nu=1}^{n} a_k^{(\nu)} \sigma_r^{*(n+\nu)}(x) \qquad (k = 1, 2, \ldots, n).$$

Jede Lösung ζ_i, σ_r von (52) lässt sich also auch in der Form schreiben:

$$\zeta_i = \sum_{k=1}^{2n} C_k \zeta_i^{*(k)}, \qquad \sigma_r = \sum_{k=1}^{2n} C_k \sigma_r^{*(k)}$$

und zwischen den Konstanten C_k und den c_k in (58) bestehen die Relationen:

$$(62)\quad \begin{cases} C_k = \sum_{\nu=1}^{n} c_\nu a_\nu^{(k)}, & C_{n+k} = \sum_{\nu=1}^{n} c_{n+\nu} a_\nu^{(k)} & (k = 1, 2, \ldots, n) \\ c_k = \sum_{\nu=1}^{n} C_\nu a_k^{(\nu)}, & c_{n+k} = \sum_{\nu=1}^{n} C_{n+\nu} a_k^{(\nu)} & (k = 1, 2, \ldots, n). \end{cases}$$

Wir setzen, wie schon oben, mit ESCHERICH [24]):

$$\sum_{i,k=1}^{n} [F_{y_i' y_k}(\zeta_i \bar{\zeta}_k - \bar{\zeta}_i \zeta_k) + F_{y_i' y_k'}(\zeta_i \bar{\zeta}_k' - \bar{\zeta}_i \zeta_k')] + \sum_{i=1}^{n} \sum_{r=1}^{m} \varphi_{r y_i'}(\zeta_i \bar{\sigma}_r - \bar{\zeta}_i \sigma_r)$$
$$= \psi(\zeta, \sigma; \bar{\zeta}, \bar{\sigma}).$$

Definiert man v_i durch (55) und $\bar{v}_i$ durch:

$$\bar{v}_i = \sum_{k=1}^{n} (F_{y_i' y_k} \bar{\zeta}_k + F_{y_i' y_k'} \bar{\zeta}_k') + \sum_{r=1}^{m} \varphi_{r y_i'} \bar{\sigma}_r,$$

so hat man:

$$\psi(\zeta, \sigma; \bar{\zeta}, \bar{\sigma}) = \sum_{i=1}^{n} (\zeta_i \bar{v}_i - \bar{\zeta}_i v_i).$$

---

[24]) Loc. cit. [2]), Bd. CVII (1898), S. 1244.

Wie bereits erwähnt, reduciert sich der Ausdruck $\psi(\zeta, \sigma; \bar{\zeta}, \bar{\sigma})$ auf eine Konstante, wenn sowohl ζ_i, σ_r als $\bar{\zeta}_i$, $\bar{\sigma}_r$ Lösungen von (52) sind. Fällt speciell

$$\psi(\zeta, \sigma; \bar{\zeta}, \bar{\sigma}) = 0$$

aus, so heissen diese Lösungen, falls sie linear unabhängig sind, *konjugiert*.

Aus den Formeln (57) entnehmen wir für unser Fundamentalsystem ohne Weiteres: *Es ist:* $\psi(\zeta^{(i)}, \sigma^{(i)}; \zeta^{(k)}, \sigma^{(k)})$ *immer gleich Null ausser für* $k = n + i$ (*bzw.* $i = n + k$) *und es ist:*

$$\psi(\zeta^{(i)}, \sigma^{(i)}; \zeta^{(n+i)}, \sigma^{(n+i)}) = 1 \qquad (i = 1, 2, \ldots, n).$$

Unser Fundamentalsystem ist also eines derjenigen, die ESCHERICH als *involutorische Fundamentalsysteme* [25]) bezeichnet.

Aber auch das Fundamentalsystem der $\zeta^{*(k)}$, $\sigma^{*(k)}$ ist ein involutorisches, wie wir uns nun leicht überzeugen: Wenn wir setzen:

$$v_i^{*(\nu)} = \sum_{k=1}^{n} (F_{y_i' y_k} \zeta_k^{*(\nu)} + F_{y_i' y_k'} \zeta_k^{*(\nu)\prime}) + \sum_{r=1}^{m} \varphi_{r y_i'} \sigma_r^{*(\nu)}$$

so ist:

$$v_i^{*(\nu)} = \sum_{k=1}^{n} a_k^{(\nu)} v_i^{(k)}, \qquad v_i^{*(n+\nu)} = \sum_{k=1}^{n} a_k^{(\nu)} v_i^{(n+k)}$$

und somit:

$$\psi(\zeta^{*(\mu)}, \sigma^{*(\mu)}; \zeta^{*(\nu)}, \sigma^{*(\nu)}) = \sum_{k,k'=1}^{n} a_k^{(\mu)} a_{k'}^{(\nu)} \sum_{i=1}^{n} (\zeta_i^{(k)} v_i^{(k')} - \zeta_i^{(k')} v_i^{(k)})$$

$$= \sum_{k,k'=1}^{n} a_k^{(\mu)} a_{k'}^{(\nu)} \psi(\zeta^{(k)}, \sigma^{(k)}; \zeta^{(k')}, \sigma^{(k')}) = 0 \quad (\mu, \nu = 1, 2, \ldots, n);$$

ebenso erhält man:

$$\psi(\zeta^{*(n+\mu)}, \sigma^{*(n+\mu)}; \zeta^{*(n+\nu)}, \sigma^{*(n+\nu)}) = 0 \qquad (\mu, \nu = 1, 2, \ldots, n).$$

Ferner:

$$\psi(\zeta^{*(\mu)}, \sigma^{*(\mu)}; \zeta^{*(n+\nu)}, \sigma^{*(n+\nu)}) = \sum_{k,k'=1}^{n} a_k^{(\mu)} a_{k'}^{(\nu)} \sum_{i=1}^{n} (\zeta_i^{(k)} v_i^{(n+k')} - \zeta_i^{(n+k')} v_i^{(k)})$$

$$= \sum_{kk'=1}^{n} a_k^{(\mu)} a_{k'}^{(\nu)} \psi(\zeta^{(k)}, \sigma^{(k)}; \zeta^{(n+k')}, \sigma^{(n+k')}) = \sum_{k=1}^{n} a_k^{(\mu)} a_k^{(\nu)}$$

und dieser Ausdruck ist, wegen der Orthogonalität der Transformation (51) gleich 0 oder 1, je nachdem $\mu \neq \nu$ oder $\mu = \nu$. Damit ist die Behauptung erwiesen.

Ein System von n linear-unabhängigen Lösungen von (52):

$$\begin{array}{c} u_1^{(1)}, \ldots, u_n^{(1)}; \quad \rho_1^{(1)}, \ldots, \rho_m^{(1)} \\ \cdots\cdots\cdots\cdots\cdots\cdots \\ u_1^{(n)}, \ldots, u_n^{(n)}; \quad \rho_1^{(n)}, \ldots, \rho_m^{(n)} \end{array}$$

wird als ein konjugiertes System bezeichnet, wenn die $\frac{n(n-1)}{2}$ Bedingungen bestehen:

(63) $$\psi(u^{(i)}, \rho^{(i)}; u^{(k)}, \rho^{(k)}) = 0 \qquad (i, k = 1, 2, \ldots, n).$$

Übt man auf ein konjugiertes System eine lineare Transformation von nicht verschwin-

[25]) Loc. cit. [2]), Bd. CVII (1898), S. 1307.

dender Determinante aus, d. h. setzt man:

$$\overline{u}_k^{(i)} = \sum_{\nu=1}^{n} b_\nu^{(i)} u_k^{(\nu)}; \quad \overline{\rho}_r^{(i)} = \sum_{\nu=1}^{n} b_\nu^{(i)} \rho_r^{(\nu)}$$

so erhält man wieder ein konjugiertes System. Alle konjugierten Systeme, die in einander durch eine solche lineare Transformation überführbar sind, bezeichnen wir als eine Gruppe konjugierter Systeme und stellen uns die Aufgabe, aus jeder solchen Gruppe einen und nur einen Repräsentanten anzugeben.

Wir denken uns die einzelnen Lösungen unseres konjugierten Systemes dargestellt durch das Fundamentalsystem der $\chi_i^{(k)}$, $\rho_r^{(k)}$:

$$u_i^{(k)} = \sum_{\nu=1}^{2n} c_\nu^{(k)} \chi_i^{(\nu)}, \quad \rho_r^{(k)} = \sum_{\nu=1}^{2n} c_\nu^{(k)} \sigma_r^{(\nu)}.$$

Es ist vollständig bestimmt durch die Matrix:

$$\| c_\nu^{(k)} \| \qquad \begin{pmatrix} \nu = 1, 2, \ldots, 2n \\ k = 1, 2, \ldots, n \end{pmatrix}.$$

Wir unterscheiden zwei Arten konjugierter Systeme, je nachdem die Determinante:

$$| u_i^{(k)} | \qquad (i, k = 1, 2, \ldots, n)$$

an der Stelle x_0 ungleich oder gleich Null ist. Da:

$$c_\nu^{(k)} = u_\nu^{(k)}(x_0) \qquad (\nu, k = 1, 2, \ldots, n)$$

ist, ist diese Unterscheidung gleichbedeutend mit der, ob die Determinante:

$$(64) \qquad | c_i^{(k)} | \qquad (i, k = 1, 2, \ldots, n)$$

ungleich oder gleich Null ist. Im ersten Falle können wir durch lineare Transformation des konjugierten Systemes stets erreichen, dass die Matrix der $c_i^{(k)}$ die Form annimmt:

$$(65) \qquad \left\| \begin{matrix} 1, 0, \ldots, 0; & c_{n+1}^{(1)}, \ldots, c_{2n}^{(1)} \\ 0, 1, \ldots, 0; & c_{n+1}^{(2)}, \ldots, c_{2n}^{(2)} \\ \ldots\ldots\ldots & \ldots\ldots\ldots \\ 0, 0, \ldots, 1; & c_{n+1}^{(n)}, \ldots, c_{2n}^{(n)} \end{matrix} \right\|.$$

Nun ist aber, nach einer bereits oben durchgeführten Rechnung:

$$\psi\left(\sum_{k=1}^{2n} c_k^{(\mu)} \chi^{(k)}, \sum_{k=1}^{2n} c_k^{(\mu)} \sigma^{(k)}; \sum_{k=1}^{2n} c_k^{(\nu)} \chi^{(k)}, \sum_{k=1}^{2n} c_k^{(\nu)} \sigma^{(k)}\right) = \sum_{k,k'=1}^{2n} c_k^{(\mu)} c_{k'}^{(\nu)} \psi(\chi^{(k)}, \sigma^{(k)}; \chi^{(k')}, \sigma^{(k')})$$
$$= \sum_{k=1}^{n} (c_k^{(\mu)} c_{n+k}^{(\nu)} - c_k^{(\nu)} c_{n+k}^{(\mu)}) = c_{\mu+n}^{(\nu)} - c_{\nu+n}^{(\mu)}.$$

Das durch die Matrix (65) gelieferte System wird also ein konjugiertes dann und nur dann sein, *wenn die Determinante*:

$$| c_{n+k}^{(i)} | \qquad (i, k = 1, 2, \ldots, n)$$

symmetrisch ist. Damit ist aus jeder Gruppe konjugierter Systeme der ersten Art ein und nur ein Repräsentant angegeben. Dieses Resultat wurde auf dem hier angegebenen

Wege von ESCHERICH [26]) abgeleitet, und deckt sich völlig mit dem von CLEBSCH [27]) auf anderem Wege abgeleiteten Resultate.

Wir wollen nun auch die konjugierten Systeme der zweiten Art bestimmen. Die Determinante (64) ist hier gleich Null, und wir wollen annehmen, es seien in ihr alle $(n - e + 1)$-reihigen Unterdeterminanten Null, unter den $(n - e)$-reihigen aber wenigstens eine von Null verschieden.

Die Gleichungen:

$$\sum_{\nu=1}^{n} c_\nu^{(k)} a_\nu = 0 \qquad (k = 1, 2, \ldots, n)$$

haben dann e linear unabhängige Auflösungen:

$$\begin{matrix} a_1^{(1)}, \ldots, a_n^{(1)} \\ \cdots\cdots\cdots \\ a_1^{(e)}, \ldots, a_n^{(e)} \end{matrix}$$

die wir so gewählt denken können, dass die Relationen bestehen:

$$\sum_{\nu=1}^{n} a_\nu^{(k)} a_\nu^{(k')} = 0 \qquad (k \neq k')$$

$$\sum_{\nu=1}^{n} (a_\nu^{(k)})^2 = 1.$$

Wir können dieses System durch Hinzufügen eines geeigneten Systemes:

$$\begin{matrix} a_1^{(e+1)}, \ldots, a_n^{(e+1)} \\ \cdots\cdots\cdots \\ a_1^{(n)}, \ldots, a_n^{(n)} \end{matrix}$$

zu einem orthogonalen ergänzen. Diese Koeffizienten $a_k^{(i)}$ verwenden wir nun gemäss (61) zur Herstellung eines neuen Fundamentalsystemes $\chi^{*(\nu)}$, $\sigma^{*(\nu)}$ $(\nu = 1, 2, \ldots, 2n)$. Die Matrix der Konstanten vermöge derer sich die Lösungen unseres konjugierten Systemes aus diesem Fundamentalsysteme zusammensetzen, sei:

$$\|C_\nu^{(k)}\| \qquad \begin{pmatrix} \nu = 1, 2, \ldots, 2n \\ k = 1, 2, \ldots, n \end{pmatrix},$$

wo die $C_\nu^{(k)}$ vermöge der Formeln (62) die Werthe haben:

$$C_\nu^{(k)} = \sum_{i=1}^{n} c_i^{(k)} a_i^{(\nu)}, \quad C_{n+\nu}^{k} = \sum_{i=1}^{n} c_{n+i}^{(k)} a_i^{(\nu)} \qquad (\nu, k = 1, 2, \ldots, n).$$

Die ersten e Vertikalreihen ihrer Matrix bestehen daher aus lauter Nullen. Man kann ohne Beschränkung der Allgemeinheit die Matrix in der Form annehmen:

$$\left\| \begin{matrix} 0, \ldots, 0, 0, 0, \ldots, 0; & C_{n+1}^{(1)}, \ldots, & C_{2n}^{(1)} \\ \cdots\cdots\cdots & \cdots\cdots & \cdots \\ 0, \ldots, 0, 0, 0, \ldots, 0; & C_{n+1}^{(e)}, \ldots, & C_{2n}^{(e)} \\ 0, \ldots, 0, 1, 0, \ldots, 0; & C_{n+1}^{(e+1)}, \ldots, & C_{2n}^{(e+1)} \\ \cdots\cdots\cdots & \cdots\cdots & \cdots \\ 0, \ldots, 0, 0, 0, \ldots, 1; & C_{n+1}^{(n)}, \ldots, & C_{2n}^{(n)} \end{matrix} \right\|$$

---

[26]) Loc. cit. [2]), Bd. CVII (1898), S. 1309.

[27]) *Ueber diejenigen Probleme der Variationsrechnung, welche nur eine unabhängige Variable enthalten* [Journal für die reine und angewandte Mathematik, Bd. LV (1858), S. 335-355], S. 343.

was durch lineare Transformation des konjugierten Systemes erreichbar ist. Nothwendig und hinreichend dafür, dass das System der $u^{(k)}$, $\rho^{(k)}$ konjugiert sei, ist, wie wir gesehen haben, das Bestehen der Gleichungen:

$$\sum_{k=1}^{n} (C_k^{(\mu)} C_{n+k}^{(\nu)} - C_k^{(\nu)} C_{n+k}^{(\mu)}) \qquad (\mu, \nu = 1, 2, \ldots, n).$$

Das ergibt:

$$C_{n+\nu}^{(\mu)} = 0 \qquad (\mu \leqq e, e < \nu \leqq n)$$

$$C_{n+\mu}^{(\nu)} = C_{n+\nu}^{(\mu)} \qquad (e < \mu \leqq n, e < \nu \leqq n).$$

Da in unserer Matrix nicht sämmtliche n-reihigen Determinanten verschwinden dürfen, [anderenfalls wären die Lösungen $u^{(k)}$, $\rho^{(k)}$ $(k = 1, 2, \ldots, n)$ nicht linear-unabhängig] folgt, dass die Determinante:

$$\begin{vmatrix} C_{n+1}^{(1)}, & \ldots, & C_{n+e}^{(1)} \\ \cdot & \cdot\cdot\cdot & \cdot \\ C_{n+1}^{(e)}, & \ldots, & C_{n+e}^{(e)} \end{vmatrix}$$

ungleich Null sein muss. Durch eine weitere lineare Transformation kann daher die Matrix auf die Form gebracht werden:

$$(66) \qquad \begin{Vmatrix} 0, \ldots, 0, 0, \ldots, 0; 1, 0, \ldots, 0, 0, \ldots, 0 \\ \cdots\cdots\cdots\cdots\cdots\cdots\cdots\cdots \\ 0, \ldots, 0, 0, \ldots, 0; 0, 0, \ldots, 1, 0, \ldots, 0 \\ 0, \ldots, 0, 1, \ldots, 0; 0, 0, \ldots, 0, C_{n+e+1}^{(e+1)}, \ldots, C_{2n}^{(e+1)} \\ \cdots\cdots\cdots\cdots\cdots\cdots\cdots\cdots \\ 0, \ldots, 0, 0, \ldots, 1; 0, 0, \ldots, 0, C_{n+e+1}^{(n)}, \ldots, C_{2n}^{(n)} \end{Vmatrix},$$

wo die aus den C bestehende Unterdeterminante symmetrisch ist.

Will man nun wieder die Konstanten $c_i^{(k)}$, durch die sich das allgemeinste konjugierte System, dessen Determinante für $x = x_0$ sammt allen Unterdeterminanten bis zur $(n - e + 1)$-ten Ordnung verschwindet, durch das Fundamentalsystem der $\zeta_i^{(k)}$, $\sigma_r^{(k)}$ ausdrückt, so erhält man sie in folgender Weise. Wir bezeichnen die Elemente der Matrix (66) wieder mit $C_i^{(k)}$ $(k = 1, 2, \ldots, n;\ i = 1, 2, \ldots, 2n)$, und haben zu setzen:

$$c_\nu^{(k)} = \sum_{i=1}^{n} C_i^{(k)} a_\nu^{(i)}, \quad c_{n+\nu}^{(k)} = \sum_{i=1}^{n} C_{n+i}^{(k)} a_\nu^{(i)}.$$

Für die $a_\nu^{(i)}$ hat man dabei die Koeffizienten der allgemeinsten orthogonalen Transformation zu setzen, unter der Beschränkung, dass keine zwei Transformationen $a_\nu^{(i)}$ und $\bar{a}_\nu^{(i)}$ verwendet werden, für welche:

$$\bar{a}_\nu^{(i)} = \sum_{k=1}^{e} \gamma_k^{(i)} a_\nu^{(k)} \qquad (i = 1, 2, \ldots, e;\ \nu = 1, 2, \ldots, n).$$

Man erhält so aus jeder Gruppe konjugierter Systeme der genannten Eigenschaft einen und nur einen Repräsentanten. Dies gilt für $e = 1, 2, \ldots, n - 1$. Für $e = n$, wenn also alle $u_k^{(i)}$ für $x = x_0$ verschwinden, erhält man eine einzige Gruppe konjugierter Systeme, die durch die folgende Matrix der $c_k^{(i)}$ gegeben ist:

$$
(67) \qquad \left\| \begin{matrix} 0, \ldots, 0; & 1, 0, \ldots, 0 \\ \ldots\ldots & \ldots\ldots \\ 0, \ldots, 0; & 0, 0, \ldots, 1 \end{matrix} \right\|
$$

Die Aufgabe, aus jeder Gruppe konjugierter Systeme einen und nur einen Repräsentanten anzugeben ist hiemit gelöst.

§ 5.

Wir haben in § 2 gesehen, dass, wenn durch

$$
(68) \qquad y_i = y_i(x, a_1, \ldots, a_n), \quad \lambda_r = \lambda_r(x, a_1, \ldots, a_n)
$$

ein MAYER'sches Feld gegeben ist, das für die Werthe $a_1^0, \ldots, a_n^0$ der Parameter a die Extremale (49) liefert, die Ausdrücke:

$$
(69) \qquad u_i^{(k)}(x) = y_{ia_k}(x, a_1^0, \ldots, a_n^0), \quad \rho_r^{(k)}(x) = \lambda_{ra_k}(x, a_1^0, \ldots, a_n^0)
$$

ein konjugiertes Lösungssystem von (52) liefern.

Wir wollen nun allgemein eine n-parametrige Extremalenschar (68) eine MAYER'sche Extremalenschar nennen, ohne Rücksicht darauf, ob sie ein Feld bildet, oder nicht, wenn für einen Werth von x (und mithin für alle Werthe von x) die $\frac{n(n-1)}{2}$ Bedingungen [28]):

$$
(70) \qquad \sum_{i=1}^{n} (y_{ia_\nu} w_{ia_\mu} - y_{ia_\mu} w_{ia_\nu}) = 0 \qquad (\mu, \nu = 1, 2, \ldots, n)
$$

identisch in den a bestehen, wo mit:

$$
w_i(x, a_1, \ldots, a_n) = F_{y'_i}[x, y(x, a), y_x(x, a), \lambda(x, a)] \quad (i = 1, 2, \ldots, n)
$$

die Momente nach den Koordinatenrichtungen bezeichnet sind.

Bedeuten die Konstanten $a_k^{(i)}$ die Koeffizienten einer orthogonalen Transformation, und setzt man:

$$
Y_i(x, a_1, \ldots, a_n) = \sum_{k=1}^{n} a_k^{(i)} y_k(x, a_1, \ldots, a_n) \qquad (i = 1, 2, \ldots, n)
$$

$$
W_i(x, a_1, \ldots, a_n) = \sum_{k=1}^{n} a_k^{(i)} w_k(x, a_1, \ldots, a_n) \qquad (i = 1, 2, \ldots, n)
$$

so sind die $\frac{n(n-1)}{2}$ Bedingungen (70) offenbar genau äquivalent den $\frac{n(n-1)}{2}$ Bedingungen:

$$
(71) \qquad \sum_{i=1}^{n} (Y_{ia_\nu} W_{ia_\mu} - Y_{ia_\mu} W_{ia_\nu}) = 0 \qquad (\mu, \nu = 1, 2, \ldots, n)
$$

wie eine leichte Rechnung, die ganz analog ist einer in § 4 durchgeführten, zeigt.

Damit die Schar (68) wirklich von n und nicht von weniger Parametern abhänge,

---

[28]) Diese Form der Bedingungen ist lediglich eine kürzere Schreibweise für (21), bezw. (22).

ist notwendig und hinreichend, dass in der Matrix:

(72) $$\|y_{1a_k}, \ldots, y_{na_k}; \lambda_{1a_k}, \ldots, \lambda_{ma_k}\| \qquad (k = 1, 2, \ldots, n)$$

nicht sämmtliche n-reihigen Determinanten identisch verschwinden. Nehmen wir an, dass auch wenn wir die a_k durch die speciellen Werthe a_k^0 ersetzen, nicht alle Determinanten von (72) identisch in x verschwinden, so erkennen wir, dass die durch (69) definierten $u_i^{(k)}$, $\rho_r^{(k)}$ wieder ein konjugiertes Lösungssystem bilden, denn einerseits sind sie linear-unabhängig, weil in der Matrix:

$$\|u_1^{(k)}, \ldots, u_n^{(k)}; \rho_1^{(k)}, \ldots, \rho_m^{(k)}\| \qquad (k = 1, 2, \ldots, n)$$

nicht alle n-reihigen Determinanten verschwinden, andererseits genügen sie, wegen (70), den Bedingungen (63).

Man erkennt nun umgekehrt, *dass alle konjugierten Systeme in der angegebenen Weise aus* MAYER*'schen Extremalenscharen durch Differentiation nach den Parametern gewonnen werden können.*

Denn sei ein konjugiertes System gegeben:

(73) $$u_1^{(k)}(x), \ldots, u_n^{(k)}(x), \quad \rho_1^{(k)}(x), \ldots, \rho_m^{(k)}(x) \qquad (k = 1, 2, \ldots, n);$$

ist dann x_0 irgend ein specieller Werth von x, so sind in der Matrix:

(74) $$\|u_1^{(k)}(x_0), \ldots, u_n^{(k)}(x_0); \quad \rho_1^{(k)}(x_0), \ldots, \rho_m^{(k)}(x_0)\| \qquad (k = 1, 2, \ldots, n)$$

nicht alle n-reihigen Determinanten Null, da sonst die Funktionen (73) nicht linear-unabhängig wären. Wir setzen nun wieder:

$$v_i^{(k)}(x_0) = \sum_{\nu=1}^{n} \{F_{y_i' y_\nu}[x_0, y(x_0), y'(x_0), \lambda(x_0)] u_\nu^{(k)}(x_0) + F_{y_i' y_\nu'}[x_0, y(x_0), y'(x_0), \lambda(x_0)] u_\nu^{(k)\prime}(x_0)\}$$
$$+ \sum_{\nu=1}^{m} \varphi_{\nu y_i'}[x_0, y(x_0), y'(x_0)] \rho_\nu^{(k)}(x_0) \qquad (i, k = 1, 2, \ldots, n)$$

und ferner:

(75) $$\begin{cases} y_i^0 = y_i(x_0) + \sum_{\nu=1}^{n} u_i^{(\nu)}(x_0)(a_\nu - a_\nu^0) & (i = 1, 2, \ldots, n) \\ w_i^0 = F_{y_i'}[x_0, y(x_0), y'(x_0), \lambda(x_0)] + \sum_{\nu=1}^{n} v_i^{(\nu)}(x_0)(a_\nu - a_\nu^0) & (i = 1, 2, \ldots, n). \end{cases}$$

In den Ausdrücken:

$$y_i = y_i(x, y_1^0, \ldots, y_n^0, w_1^0, \ldots, w_n^0) \qquad (i = 1, 2, \ldots, n)$$
$$\lambda_r = \lambda_r(x, y_1^0, \ldots, y_n^0, w_1^0, \ldots, w_n^0) \qquad (r = 1, 2, \ldots, m)$$

die die Extremalen in ihrer Abhängigkeit von den Anfangswerthen der Ordinaten und der Momente für $x = x_0$ darstellen, ersetzen wir die y_i^0, w_i^0 durch die Ausdrücke (75). Wir erhalten so eine von den n Parametern $a_1, \ldots, a_n$ abhängige Extremalenschar, die für $a_\nu = a_\nu^0$ die Extremale (49) enthält und von der wir leicht zeigen können, dass es eine MAYER'sche Schar ist.

In der That ist identisch in den a:

$$y_{ia_k}(x_0, a_1, \ldots, a_n) = u_i^{(k)}(x_0) \qquad (i, k = 1, 2, \ldots, n)$$
$$\frac{\partial}{\partial a_k} F_{y_i'}[x_0, y(x_0, a), y_x(x_0, a), \lambda(x_0, a)] = v_i^{(k)}(x_0) \qquad (i, k = 1, 2, \ldots, n),$$

so dass die Gleichungen (70) sich für $x = x_0$ reducieren auf:

$$\sum_{i=1}^{n} [u_i^{(\mu)}(x_0) v_i^{(\nu)}(x_0) - u_i^{(\nu)}(x_0) v_i^{(\mu)}(x_0)] = 0 \qquad (\mu, \nu = 1, 2, \ldots, n),$$

die ihrerseits gewiss erfüllt sind, weil das System der $u^{(k)}$, $\rho^{(k)}$ $(k = 1, 2, \ldots, n)$ nach Voraussetzung ein konjugiertes ist. Die Matrix (72) reduciert sich für $x = x_0$ auf die Matrix (74), so dass gewiss nicht ihre sämmtlichen n-reihigen Determinanten verschwinden. Die gefundene Schar ist also eine MAYER'sche. Da durch Differentiation nach den a_ν für $a_\nu = a_\nu^0$ aus ihr die Funktionen (73) gewonnen werden, ist unsere Behauptung erwiesen.

Wir führen nun in das MAYER'sche System (68) statt der Parameter a neue Parameter b ein, so dass sich die Werthe der Parameter a und der Parameter b eineindeutig entsprechen, vermöge von Relationen:

$$(76) \qquad \begin{cases} a_\nu = a_\nu(b_1, b_2, \ldots, b_n) \\ b_\nu = b_\nu(a_1, a_2, \ldots, a_n) \end{cases} \qquad (\nu = 1, 2, \ldots, n),$$

und so, dass die Funktionaldeterminante:

$$|a_{\nu b_\mu}(b_1^0, \ldots, b_n^0)| \qquad (\mu, \nu = 1, 2, \ldots, n),$$

wo:

$$b_\nu^0 = b_\nu(a_1^0, \ldots, a_n^0) \qquad (\nu = 1, 2, \ldots, n)$$

gesetzt ist, nicht verschwindet. Bezeichnet man das konjugierte System, das aus unserer MAYER'schen Schar durch Differentiation nach den neuen Parametern b entsteht mit $\bar{u}^{(k)}$, $\bar{\rho}^{(k)}$, so hat man:

$$\bar{u}_i^{(k)} = \sum_{\nu=1}^{n} a_{\nu b_k}(b_1^0, \ldots, b_n^0) u_i^{(\nu)} \qquad (i = 1, 2, \ldots, n)$$

$$\bar{\rho}_r^{(k)} = \sum_{\nu=1}^{n} a_{\nu b_k}(b_1^0, \ldots, b_n^0) \rho_r^{(\nu)} \qquad (r = 1, 2, \ldots, m)$$

für $k = 1, 2, \ldots, n$. Das konjugierte System $\bar{u}^{(k)}$, $\bar{\rho}^{(l)}$ entsteht also aus dem konjugierten Systeme $u^{(k)}$, $\rho^{(k)}$ durch lineare Transformation mit nicht verschwindender Determinante.

Ist umgekehrt eine beliebige lineare Transformation von nicht verschwindender Determinante gegeben durch die Koeffizienten $\alpha_i^{(k)}$ $(i, k = 1, 2, \ldots, n)$ so setze man:

$$a_\nu = a_\nu^0 + \sum_{k=1}^{n} \alpha_\nu^{(k)} (b_k - b_k^0).$$

Durch Differentiation unseres MAYER'schen Systemes nach den Parametern b erhält man dann gerade jenes konjugierte System, das aus dem Systeme der $u^{(k)}$, $\rho^{(k)}$ durch die vorgegebene lineare Transformation entsteht. Wir haben also:

Stellt man dieselbe MAYER'*sche Schar durch verschiedene Parameter dar, so liefert sie nur konjugierte Systeme derselben Gruppe; umgekehrt können sämmtliche konjugierten Systeme einer Gruppe aus derselben* MAYER'*schen Schar gewonnen werden.*

Wir haben oben zwei Arten konjugierter Systeme unterschieden, je nachdem ihre Determinante an der gegebenen Stelle x_0 von Null verschieden oder gleich Null ist.

Die der ersten Art entstehen aus MAYER'schen Scharen, die in der Umgebung der Abscisse x_0 ein Feld bilden, und umgekehrt kann aus einer in der Umgebung von x_0 ein Feld bildenden MAYER'schen Schar nur ein konjugiertes System der ersten Art entstehen. Wir erhalten also gewiss Repräsentanten aus allen Gruppen konjugierter Systeme der ersten Art, wenn wir die allgemeinste MAYER'sche Schar, die in der Umgebung von x_0 ein Feld bildet und die die Extremale (49) enthält, nach ihren Parametern differenzieren. Für diese Parameter kann man nun aber bei einer Extremalenschar die für $x = x_0$ ein Feld bildet die Anfangswerte $y_1^0, \ldots, y_n^0$ der Ordinaten für $x = x_0$ wählen. Wie in § 2 gezeigt wurde, erhält man die allgemeinste MAYER'sche Schar, die in der Umgebung von x_0 ein Feld bildet, indem man als Anfangswerthe für $x = x_0$ der Momente nach den Koordinatenrichtungen die partiellen Ableitungen nach den entsprechenden Koordinanten einer und derselben Funktion $\Phi(y_1^0, \ldots, y_n^0)$ vorschreibt. Macht man Gebrauch von der Bezeichnungsweise (53), so erscheint die allgemeinste MAYER'sche Schar, die in der Umgebung von x_0 ein Feld bildet, in der Form:

$$(77)\quad \begin{cases} y_i = y_i[x, y_1^0, \ldots, y_n^0; \Phi_{y_1^0}(y_1^0, \ldots, y_n^0), \ldots, \Phi_{y_n^0}(y_1^0, \ldots, y_n^0)] & (i = 1, 2, \ldots, n) \\ \lambda_r = \lambda_r[x, y_1^0, \ldots, y_n^0; \Phi_{y_1^0}(y_1^0, \ldots, y_n^0), \ldots, \Phi_{y_n^0}(y_1^0, \ldots, y_n^0)] & (r = 1, 2, \ldots, m) \end{cases}$$

und soll diese Schar noch die Extremale (49) enthalten, so unterliegt die Funktion Φ den Bedingungen:

$$\Phi_{y_i^0}(y_1^{00}, \ldots, y_n^{00}) = w_i^{00} \qquad (i = 1, 2, \ldots, n).$$

Ist nun $u^{(k)}$, $\rho^{(k)}$ das konjugierte System, das aus (77) durch Differentiation nach den Parametern y_k^0 ensteht, so hat man, wenn man (54) und (54') beachtet:

$$u_i^{(k)} = \zeta_i^{(k)} + \sum_{\nu=1}^{n} \Phi_{y_\nu^0 y_k^0}(y_1^{00}, \ldots, y_n^{00}) \zeta_i^{(n+\nu)} \qquad (i = 1, 2, \ldots, n)$$

$$\rho_r^{(k)} = \sigma_r^{(k)} + \sum_{\nu=1}^{n} \Phi_{y_\nu^0 y_k^0}(y_1^{00}, \ldots, y_n^{00}) \sigma_r^{(n+\nu)} \qquad (r = 1, 2, \ldots, m).$$

Setzen wir noch:

$$\Phi_{y_\nu^0 y_k^0}(y_1^{00}, \ldots, y_n^{00}) = c_\nu^{(k)},$$

so haben wir:

$$c_\nu^{(k)} = c_k^{(\nu)}$$

und es ist somit das in § 4 angegebene Resultat von CLEBSCH *und* ESCHERICH *wiedergewonnen.* Zugleich sehen wir, dass zwei verschiedenen Funktionen $\Phi(y_1^0, \ldots, y_n^0)$, etwa Φ_1 und Φ_2 dann und nur dann konjugierte Systeme der gleichen Gruppe entsprechen, wenn die zweiten Ableitungen $\Phi_{1 y_\nu^0 y_k^0}(y_1^{00}, \ldots, y_n^{00})$ und $\Phi_{2 y_\nu^0 y_k^0}(y_1^{00}, \ldots, y_n^{00})$ übereinstimmen für $\nu, k = 1, 2, \ldots, n$.

Es erübrigt noch, zu untersuchen, aus welchen MAYER'schen Scharen die konjugierten Systeme der zweiten Art entstehen.

Sei das mit Hilfe der Matrix (66) aus dem Fundamentalsysteme (60), (60') gebildete konjugierte System gegeben. Wir erhalten eine zugehörige MAYER'sche Extremalenschar auf folgende Weise: Wir gehen aus von der Darstellung (59) der Extremalen unseres Problems, ersetzen darin $Y_1^0, \ldots, Y_e^0$ durch $Y_1^{00}, \ldots, Y_e^{00}$ wo:

$$Y_i^{00} = \sum_{k=1}^{n} a_k^{(i)} y_k^{00} \qquad (i = 1, 2, \ldots, n)$$

und y_k^{00} wie bisher die Anfangsordinaten der Extremale (49) für $x = x_0$ bedeutet. Ferner bezeichnen wir mit $\Phi(Y_{e+1}^0, \ldots, Y_n^0)$ eine beliebige Funktion von $Y_{e+1}^0, \ldots, Y_n^0$, welche den Bedingungen genügt:

$$\Phi_{Y_\nu^0}(Y_{e+1}^{00}, \ldots, Y_n^{00}) = W_\nu^{00} \qquad (\nu = e+1, \ldots, n).$$

Dabei ist:

$$W_i^{00} = \sum_{k=1}^{n} a_k^{(i)} w_k^{00} \qquad (i = 1, 2, \ldots, n)$$

gesetzt, so dass die W_i^{00} die Anfangswerthe für $x = x_0$ der Momente nach den Richtungen dei Y_i-Achsen sind, gebildet für die Extremale (49). Und nun ersetzen wir in (59) $W_{e+1}^0, \ldots, W_n^0$ durch:

$$W_\nu^0 = \Phi_{Y_\nu^0}(Y_{e+1}^0, \ldots, Y_n^0) \qquad (\nu = e+1, \ldots, n).$$

Wir erhalten so die n-parametrigen Extremalenschar:

$$(78)\quad \left\{\begin{aligned} y_i &= y_i^*[x, Y_1^{00}, \ldots, Y_e^{00}, Y_{e+1}^0, \ldots, Y_n^0; W_1^0, \ldots, W_e^0, \\ &\qquad \Phi_{Y_{e+1}^0}(Y_{e+1}^0, \ldots, Y_n^0), \ldots, \Phi_{Y_n^0}(Y_{e+1}^0, \ldots, Y_n^0)] \\ \lambda_r &= \lambda_r^*[x, Y_1^{00}, \ldots, Y_e^{00}, Y_{e+1}^0, \ldots, Y_n^0; W_1^0, \ldots, W_e^0, \\ &\qquad \Phi_{Y_{e+1}^0}(Y_{e+1}^0, \ldots, Y_n^0), \ldots, \Phi_{Y_n^0}(Y_{e+1}^0, \ldots, Y_n^0)] \end{aligned}\right.$$

die von den Parametern $W_1^0, \ldots, W_e^0; Y_{e+1}^0, \ldots, Y_n^0$ abhängt. Für die Werthe $W_1^{00}, \ldots, W_e^{00}; Y_{e+1}^{00}, \ldots, Y_n^{00}$ dieser Parameter erhält man die Extremale (49). Die Schar ist eine MAYER'sche. Um das zu erkennen, schreiben wir sie in der Form:

$$y_i = \overline{y}_i(x, W_1^0, \ldots, W_e^0, Y_{e+1}^0, \ldots, Y_n^0)$$
$$\lambda_r = \overline{\lambda}_r(x, W_1^0, \ldots, W_e^0, Y_{e+1}^0, \ldots, Y_n^0)$$

bezeichnen die zugehörigen Momente nach den Richtungen der y^i-Achsen mit:

$$w_i = \overline{w}_i(x, W_1^0, \ldots, W_e^0, Y_{e+1}^0, \ldots, Y_n^0) \qquad (i = 1, 2, \ldots, n)$$

und setzen:

$$Y_i(x, W_1^0, \ldots, W_e^0, Y_{e+1}^0, \ldots, Y_n^0) = \sum_{k=1}^{n} a_k^{(i)} \overline{y}_i(x, W_1^0, \ldots, W_e^0; Y_{e+1}^0, \ldots, Y_n^0)$$
$$W_i(x, W_1^0, \ldots, W_e^0, Y_{e+1}^0, \ldots, Y_n^0) = \sum_{k=1}^{n} a_k^{(i)} \overline{w}_i(x, W_1^0, \ldots, W_e^0; Y_{e+1}^0, \ldots, Y_n^0).$$

Bemerken wir, dass dann die Beziehungen bestehen:

$$Y_{iW_\nu^0}(x_0, W_1^0, \ldots, W_e^0, Y_{e+1}^0, \ldots, Y_n^0) = 0 \qquad (\nu = 1, 2, \ldots, e)$$
$$W_{iW_\nu^0}(x_0, W_1^0, \ldots, W_e^0, Y_{e+1}^0, \ldots, Y_n^0) = \varepsilon_{i\nu} \qquad (\nu = 1, 2, \ldots, e)$$
$$Y_{iY_\nu^0}(x_0, W_1^0, \ldots, W_e^0, Y_{e+1}^0, \ldots, Y_n^0) = \varepsilon_{i\nu} \qquad (\nu = e+1, \ldots, n)$$
$$W_{iY_\nu^0}(x_0, W_1^0, \ldots, W_e^0, Y_{e+1}^0, \ldots, Y_n^0) = \Phi_{Y_i^0 Y_\nu^0}(Y_{e+1}^0, \ldots, Y_n^0) \qquad (\nu = e+1, \ldots, n)$$

wo $\varepsilon_{i\nu} = 0$ oder $= 1$ je nachdem $i \neq \nu$ oder $i = \nu$. Die Bedingungen (71) sind demnach für $x = x_0$ erfüllt und unsere Schar ist eine MAYER'sche.

Durch Differentiation von (78) nach den Parametern $W_1^0, \ldots, W_e^0, Y_{e+1}^0, \ldots, Y_n^0$ erhält man für die Werthe $W_1^{00}, \ldots, W_e^{00}, Y_{e+1}^{00}, \ldots, Y_n^{00}$ dieser Parameter:

$$u_i^{(\nu)} = \zeta_i^{\cdot(n+\nu)}, \quad \rho_r^{(\nu)} = \sigma_r^{\cdot(n+\nu)} \qquad (\nu = 1, 2, \ldots, e)$$

$$\left.\begin{aligned} u_i^{(\nu)} &= \zeta_i^{\cdot(\nu)} + \sum_{k=e+1}^{n} \Phi_{Y_k^0 Y_\nu^0}(Y_{e+1}^{00}, \ldots, Y_n^{00})\zeta_i^{\cdot(n+k)} \\ \rho_i^{(\nu)} &= \sigma_i^{\cdot(\nu)} + \sum_{k=e+1}^{n} \Phi_{Y_k^0 Y_\nu^0}(Y_{e+1}^{00}, \ldots, Y_n^{00})\sigma_i^{\cdot(n+k)} \end{aligned}\right\} \qquad (\nu = e+1, \ldots, n)$$

so dass das aus unserer MAYER'schen Schar hervorgehende System nichts anderes ist, als das vermöge der Matrix (66) aus dem Fundamentalsysteme (60), (60') hervorgehende, wenn gesetzt wird:

$$C_{n+k}^{(\nu)} = \Phi_{Y_k^0 Y_\nu^0}(Y_{e+1}^{00}, \ldots, Y_n^{00}) \qquad (\nu, k = e+1, \ldots, n).$$

Um sämmtliche konjugierten Systeme zu erhalten, deren Determinante, sammt ihren sämmtlichen mehr als $(n-e)$-reihigen Unterdeterminanten für $x=x_0$ verschwindet, während unter den $(n-e)$-reihigen Unterdeterminanten wenigstens eine dort nicht verschwindet, kann man daher so vorgehen. Man nehme im n-dimensionalen Raume der $y_1^0, \ldots, y_n^0$ eine durch den Punkt $y_1^{00}, \ldots, y_n^{00}$ hindurchgehende $(n-e)$-dimensionale lineare Mannigfaltigkeit her, und wähle nun in diesem Raume neue rechtwinklige Koordinaten $Y_1^0, \ldots, Y_n^0$, so dass die Achsen der $Y_{e+1}^0, \ldots, Y_n^0$ in die genannte Mannigfaltigkeit fallen. Auf dieser Mannigfaltigkeit schreibe man willkürlich eine Funktion $\Phi(Y_{e+1}^0, \ldots, Y_n^0)$ vor, deren partielle Ableitungen an der Stelle $Y_{e+1}^{00}, \ldots, Y_n^{00}$ übereinstimmen mit den Anfangswerthen für $x = x_0$ der Momente der Extremale (49) nach den Richtungen der Achsen der $Y_{e+1}^0, \ldots, Y_n^0$. Durch jeden Punkt dieser Mannigfaltigkeit lege man nun die e-parametrige Extremalenschar, deren Momente nach den Achsen der $Y_{e+1}^0, \ldots, Y_n^0$ übereinstimmen mit den partiellen Ableitungen von Φ im betreffenden Punkte, während die Momente nach den Achsen der $Y_1^0, \ldots, Y_e^0$ beliebig bleiben. Man erhält so eine n-parametrige MAYER'sche Extremalenschar, die ein konjugiertes System der gewünschten Art liefert. Lässt man die genannte Mannigfaltigkeit alle möglichen Lagen annehmen und schreibt die Funktion Φ auf alle möglichen Arten vor, so erhält man konjugierte Systeme aus allen möglichen Gruppen. Verschiedene Lagen der genannten Mannigfaltigkeit liefern konjugierte Systeme aus verschiedenen Gruppen. Auf derselben Mannigfaltigkeit liefern zwei verschiedene Funktionen Φ dann und nur dann konjugierte Systeme aus verschiedenen Gruppen, wenn ihre zweiten Ableitungen an der Stelle $Y_{e+1}^{00}, \ldots, Y_n^{00}$ nicht sämmtlich übereinstimmen.

Was endlich ein konjugiertes System anlangt, das aus dem Fundamentalsystem (54), (54') durch die Matrix (67) hervorgeht, so entsteht es aus der MAYER'schen Schar, die aus sämmtlichen durch den Punkt $(x_0, y_1^{00}, \ldots, y_n^{00})$ hindurchgehenden Extremalen besteht.

Wien, im Mai 1909.

HANS HAHN.

Über räumliche Variationsprobleme.

Von

Hans Hahn in Czernowitz.

Die folgende Arbeit beschäftigt sich mit der Ausarbeitung einer Methode, die in ihrem Grundgedanken wohl das erstemal bei L. Scheeffer*) auftritt: es wird eine Vergleichskurve, die hinsichtlich des Wertes, den sie einem Integral erteilt, mit einem Bogen einer Extremale dieses Integrales zu vergleichen ist, zuerst verglichen mit einem aus zwei Extremalenbögen zusammengesetzten gebrochenen Extremalenzug, dessen Ecke auf der Vergleichskurve liegt, und sodann wird dieser gebrochene Extremalenzug mit dem ursprünglichen Extremalenbogen verglichen. Scheeffer hatte sich die Aufgabe gestellt, mit Hilfe dieser Methode die Theorie der zweiten Variation zu begründen. In zwei Arbeiten habe ich gezeigt, wie diese Methode verwendet werden kann, um für alle, die einfachen Integrale behandelnden Aufgaben der Variationsrechnung den sogenannten Osgoodschen Satz zu beweisen**), und welchen Vorteil man im einfachsten Falle aus ihr bei der Betrachtung von Extremalenbögen, deren Endpunkt zum Anfangspunkt konjugiert ist, ziehen kann.***) Im folgenden nun soll diese Methode auf räumliche Variationsprobleme angewendet werden. Sie erweist sich hier zunächst wieder nützlich beim Studium von Extremalenbögen, deren Endpunkt zum Anfangspunkt konjugiert ist. Mit dieser Frage hat sich, und zwar für das allgemeine Problem, A. Kneser†) beschäftigt: er übertrug die Enveloppenmethode, die er im einfachsten Falle mit so viel Erfolg angewendet hatte, auf den allgemeinen Fall. Er gelangte aber nur unter ziemlich wesentlichen Einschränkungen ans Ziel; auch seither wurde keinerlei über die Knesersche Arbeit hinausgehender Fortschritt erzielt, ja es scheint, daß es nur sehr schwer möglich wäre, mit dieser Methode

*) L. Scheeffer, Math. Ann. 25 (1885), S. 522.

**) H. Hahn, Monatsh. f. Math. u. Phys. 17 (1906), S. 63.

***) H. Hahn, Wien. Ber. 118 (1909), S. 99.

†) A. Kneser, Charkow. Math. Mitt. (2) 7 (1902).

ein allgemeines Resultat, wie im einfachsten Falle, zu erhalten. Auf Grund der im folgenden verwendeten Methode reduziert sich die ganze Frage auf die, ob eine gegebene Funktion von zwei Veränderlichen an einer gegebenen Stelle ein Minimum hat oder nicht. Es wird weiter gezeigt, daß es sich dabei um den Fall handelt, in welchem die Bedingungen erster Ordnung erfüllt sind, aus den Gliedern zweiter Ordnung aber die Entscheidung über das Stattfinden oder Nichtstattfinden eines Minimums noch nicht erfolgen kann. Es werden sodann Extremalenbogen betrachtet, die über den zum Anfangspunkt konjugierten Punkt hinausgehen. Scheeffer hatte versucht, aus der genannten Methode Jacobis Theorem, daß ein solcher Extremalenbogen kein Minimum liefern kann, zu beweisen, kam aber nicht zu einem völlig befriedigenden Resultat. Erst Escherich*) gewann aus der Scheefferschen Methode einen allgemein gültigen Beweis für das Jacobische Kriterium. Im folgenden wird, durch Verwertung dieser Methode nach einer anderen Richtung hin, ein neuer Beweis geführt. Zugleich aber werden, wie ich glaube, neue Sätze über die Art des Aufhörens des Minimums in dem zum Anfangspunkt konjugierten Punkte gewonnen. Es sind hier zwei Fälle zu unterscheiden, die ein gänzlich verschiedenes Verhalten zeigen: der Fall, in dem die zum Anfangspunkt der Integration gehörige Mayersche Determinante im konjugierten Punkte von erster Ordnung verschwindet, der als der allgemeine Fall betrachtet werden kann, und der Fall, in welchem diese Determinante im konjugierten Punkte eine zweifache Nullstelle hat. Im ersten Falle zeigt ein über den konjugierten Punkt hinausgehender Extremalenbogen, der aber keine weitere Nullstelle der Mayerschen Determinante enthält, ein Verhalten, für das beim einfachsten, ebenen Probleme der Variationsrechnung keinerlei Analogon besteht. Es giebt nämlich in jeder Nachbarschaft des Extremalenbogens Gebiete von der Art, daß der Extremalenbogen gegenüber jeder Vergleichskurve, die mit einem solchen Gebiete auch nur einen Punkt gemein hat, immer noch ein Minimum liefert. Erst in der auf den konjugierten Punkt folgenden Nullstelle der Mayerschen Determinante hört dieses Verhalten auf: es wird gezeigt, daß es bei einem über diesen Punkt hinausreichenden Extremalenbogen solche Gebiete nicht mehr geben kann. Im zweiten Falle, in dem also die Mayersche Determinante im konjugierten Punkte zwei zusammenfallende Nullstellen hat, gibt es bereits für Extremalenbögen, die über den konjugierten Punkt hinausgehen, keine solchen Gebiete mehr; es ist also dann das Aufhören des Minimums schon im konjugierten Punkte ein vollständiges. — Es ist wohl kein Zweifel, daß sich analoge Sätze auch für das allgemeine Pro-

---

*) G. v. Escherich, Wien. Ber. 108 (1899), S. 1269; 110 (1901), S. 1412.

blem der Variationsrechnung mit einer unabhängigen Veränderlichen werden aufstellen lassen; doch dürfte die Übertragung der im folgenden durchgeführten Beweise auf den allgemeinen Fall nicht in allen Punkten trivial sein.

§ 1.

Das Problem, mit dem wir uns im folgenden beschäftigen wollen, lautet: Es sind zwei Punkte (x_0, y_0, z_0) und (x_1, y_1, z_1) des Raumes $(x_1 > x_0)$ durch eine in der Form

$$y = y(x); \quad z = z(x) \tag{1}$$

darstellbare Kurve zu verbinden ($y(x)$, $z(x)$ bedeuten dabei stetige und stetig differenzierbare Funktionen), die das Integral

$$\int f(x, y, z, y', z')\,dx \tag{2}$$

zu einem Minimum macht gegenüber allen hinlänglich benachbarten, dieselben beiden Punkte verbindenden und gleichfalls in der Form (1) darstellbaren Kurven. Von der Funktion $f(x, y, z, y', z')$ werden wir voraussetzen, daß, wenn $\xi, y(\xi), z(\xi)$ irgend ein Punkt des Kurvenbogens (1) ist, sie eine reguläre analytische Funktion ihrer fünf Argumente ist für alle den Werten $\xi, y(\xi), z(\xi)$ hinlänglich benachbarten Werte x, y, z und alle Werte von y', z'.

Wie üblich setzen wir*):

$$E(x, y, z, y', z', \bar{y}', \bar{z}') = f(x, y, z, \bar{y}', \bar{z}') - f(x, y, z, y', z') \\ - (\bar{y}' - y')f_{y'}(x, y, z, y', z') - (\bar{z}' - z')f_{z'}(x, y, z, y', z')$$

und setzen voraus, es möge eine positive Zahl ε geben, sodaß, wenn x irgend ein Punkt des Intervalles $x_0 \leqq x \leqq x_1$ ist, für alle den Ungleichungen

$$|y - y(x)| \leqq \varepsilon, \; |z - z(x)| \leqq \varepsilon, \; |y' - y'(x)| \leqq \varepsilon, \; |z' - z'(x)| \leqq \varepsilon \tag{3}$$

genügenden y, z, y', z' und alle $\bar{y}', \bar{z}'$ die Ungleichung besteht:

$$E(x, y, z, y', z', \bar{y}', \bar{z}') \geqq 0, \tag{4}$$

in der das Gleichheitszeichen nur für $\bar{y}' = y'$, $\bar{z}' = z'$ möglich sei. Bekanntlich folgt daraus, daß die quadratische Form

$$f_{y'y'}(x, y(x), z(x), y'(x), z'(x))\,u_1^2 + 2f_{y'z'}(x, y(x), z(x), y'(x), z'(x))u_1 u_2 \\ + f_{z'z'}(x, y(x), z(x), y'(x), z'(x))u_2^2 \tag{5}$$

keiner negativen Werte fähig ist für alle x des Intervalles (x_0, x_1), woraus weiter folgt, daß ebenda:

---

*) $f_{y'}$, $f_{z'}$, etc. bedeuten dabei, wie auch im folgenden, die partiellen Ableitungen von f nach y', z', etc.

$$(6)\qquad \begin{vmatrix} f_{y'y'}(x, y(x), z(x), y'(x), z'(x)), & f_{y'z'}(x, y(x), z(x), y'(x), z'(x)) \\ f_{z'y'}(x, y(x), z(x), y'(x), z'(x)), & f_{z'z'}(x, y(x), z(x), y'(x), z'(x)) \end{vmatrix} \geqq 0.$$

Die Lagrangeschen Gleichungen unseres Problemes lauten:

$$(7)\qquad f_y - \frac{d}{dx} f_{y'} = 0; \qquad f_z - \frac{d}{dx} f_{z'} = 0.$$

Wir setzen nun weiter voraus, der Bogen (x_0, x_1) der Extremale (1) enthalte kein für die Lagrangeschen Gleichungen singuläres Element, d. h. es sei die Determinante (6) in (x_0, x_1) ungleich Null. *Dann gilt also in* (6) *stets das Zeichen* $>$ *und die Form* (5) *ist positiv definit.*

Ist

$$y = y(x, a); \quad z = z(x, a)$$

eine den Parameter a in differenzierbarer Form enthaltende einparametrige Extremalenschar, die für $a = a_0$ die Extremale (1) ergibt, so genügen die Ausdrücke

$$u_1(x) = y_a(x, a_0), \quad u_2(x) = z_a(x, a_0)$$

dem sogenannten *akzessorichen Systeme linearer Differentialgleichungen:*

$$(8)\qquad \begin{cases} \psi_1(u_1, u_2) \equiv f_{yy}u_1 + f_{yz}u_2 + f_{yy'}u_1' + f_{yz'}u_2' \\ \qquad - \dfrac{d}{dx}(f_{y'y}u_1 + f_{y'z}u_2 + f_{y'y'}u_1' + f_{y'z'}u_2') = 0, \\ \psi_2(u_1, u_2) \equiv f_{zy}u_1 + f_{zz}u_2 + f_{zy'}u_1' + f_{zz'}u_2' \\ \qquad - \dfrac{d}{dx}(f_{z'y}u_1 + f_{z'z}u_2 + f_{z'y'}u_1' + f_{z'z'}u_2') = 0, \end{cases}$$

wo in die partiellen Ableitungen von f für y, z, y', z' (wie im folgenden, wenn keine Argumente angegeben sind, immer) einzusetzen ist: $y(x)$, $z(x)$, $y'(x)$, $z'(x)$. Wegen des Nichtverschwindens der Determinante (6) ist dieses System im Intervall (x_0, x_1) regulär. Der Greensche Satz für das Gleichungssystem (8) lautet*):

$$(9)\qquad \begin{aligned} &\bar{u}_1\psi_1(u_1, u_2) + \bar{u}_2\psi_2(u_1, u_2) - u_1\psi_1(\bar{u}_1, \bar{u}_2) - u_2\psi_2(\bar{u}_1, \bar{u}_2) \\ &\qquad = \frac{d}{dx}\psi(u_1, u_2; \bar{u}_1, \bar{u}_2), \end{aligned}$$

wo $\psi(u_1, u_2; \bar{u}_1, \bar{u}_2)$ folgende Bedeutung hat: man setze

$$(10)\qquad \begin{aligned} v_1 &= f_{y'y}u_1 + f_{y'z}u_2 + f_{y'y'}u_1' + f_{y'z'}u_2', \\ v_2 &= f_{z'y}u_1 + f_{z'z}u_2 + f_{z'y'}u_1' + f_{z'z'}u_2' \end{aligned}$$

---

*) Man vgl. für die folgende Zusammenstellung von Tatsachen die Arbeiten von G. v. Escherich über die zweite Variation, sowie ihre Darstellung bei O. Bolza, Vorlesungen über Variationsrechnung, S. 619 ff., sowie J. Hadamard, Leçons sur le calcul des variations, S. 336 ff. Ferner H. Hahn, Rend. Pal. 29, S. 49 ff.

und definiere analog $\bar{v}_1$ und $\bar{v}_2$, dann hat man:

$$\psi(u_1, u_2; \bar{u}_1, \bar{u}_2) = (u_1\bar{v}_1 - \bar{u}_1 v_1) + (u_2\bar{v}_2 - \bar{u}_2 v_2).$$

Für irgend zwei Lösungen u_1, u_2 und $\bar{u}_1, \bar{u}_2$ des Systemes (8) ist wegen (9):

$$\psi(u_1, u_2; \bar{u}_1, \bar{u}_2) = \text{const.}$$

Ist diese Konstante gleich Null, und sind diese Lösungen linear unabhängig, so heißen sie *zu einander konjugiert*.

Ist die zweiparametrige Extremalenschar (die für a_0, b_0 die Extremale (1) liefern möge)

$$y = y(x, a, b), \quad z = z(x, a, b)$$

eine Mayersche Schar (d. h. gibt es Flächen, zu denen alle Extremalen dieser Schar transversal liegen), so sind die Lösungen von (8)

$$u_1 = y_a(x, a_0, b_0), \quad u_2 = z_a(x, a_0, b_0); \quad \bar{u}_1 = y_b(x, a_0, b_0), \quad \bar{u}_2 = z_b(x, a_0, b_0)$$

zu einander konjugiert. Jeder genügend kurze Extremalenbogen läßt sich mit einer Mayerschen Schaar umgeben, die in seiner Umgebung ein Feld bildet. Demgemäß gibt es auch stets zu einander konjugierte Lösungen von (8): $u_1, u_2; \bar{u}_1, \bar{u}_2$, für die die Determinante $u_1\bar{u}_2 - u_2\bar{u}_1$ an einer vorgegebenen Stelle ungleich Null ist.

Es gibt zwei linear unabhängige Lösungen u_1, u_2 und $\bar{u}_1, \bar{u}_2$ von (8), deren Anfangswerte an der Stelle ξ Null sind. Sie sind offenbar zu einander konjugiert. Sind u_1^*, u_2^* und $\bar{u}_1^*, \bar{u}_2^*$ zwei linear unabhängige Lösungen, deren Anfangswerte an der Stelle ξ ebenfalls Null sind, so ist:

$$u_1^* = \alpha u_1 + \beta \bar{u}_1, \qquad \bar{u}_1^* = \gamma u_1 + \delta \bar{u}_1,$$
$$u_2^* = \alpha u_2 + \beta \bar{u}_2, \qquad \bar{u}_2^* = \gamma u_2 + \delta \bar{u}_2,$$

und es ist $\alpha\delta - \beta\gamma \neq 0$. Die Determinanten $u_1\bar{u}_2 - u_2\bar{u}_1$ und $u_1^*\bar{u}_2^* - u_2^*\bar{u}_1^*$ unterscheiden sich also nur um einen von Null verschiedenen konstanten Faktor und haben daher dieselben Nullstellen. Eine beliebige dieser Determinanten werde bezeichnet mit $\Delta(x, \xi)$. Es ist offenbar $\Delta(x, \xi)$ nicht identisch Null. Die erste auf ξ folgende Nullstelle von $\Delta(x, \xi)$ heißt der zu ξ konjugierte Punkt.

Damit es eine nicht identisch verschwindende Lösung $u_1(x)$, $u_2(x)$ von (8) gebe, für die

$$u_1(\xi) = u_2(\xi) = 0; \quad u_1(\bar{\xi}) = u_2(\bar{\xi}) = 0$$

(wir sagen kurz: die in ξ und in $\bar{\xi}$ verschwindet), ist notwendig und hinreichend, daß $\Delta(\bar{\xi}, \xi) = 0$ sei.

Bedeutet $u_1^{(i)}(x)$, $u_2^{(i)}(x)$ $(i = 1, 2, 3, 4)$ ein Fundamentallösungssystem von (8), so kann man setzen:

$$(11) \qquad \Delta(x, \xi) = \begin{vmatrix} u_1^{(1)}(x), & u_1^{(2)}(x), & u_1^{(3)}(x), & u_1^{(4)}(x) \\ u_2^{(1)}(x), & u_2^{(2)}(x), & u_2^{(3)}(x), & u_2^{(4)}(x) \\ u_1^{(1)}(\xi), & u_1^{(2)}(\xi), & u_1^{(3)}(\xi), & u_1^{(4)}(\xi) \\ u_2^{(1)}(\xi), & u_2^{(2)}(\xi), & u_2^{(3)}(\xi), & u_2^{(4)}(\xi) \end{vmatrix}.$$

Sind u_1, u_2 und $\bar{u}_1$, $\bar{u}_2$ zwei zueinander konjugierte Lösungen von (8) und verschwindet die Determinante

$$U = u_1 \bar{u}_2 - u_2 \bar{u}_1$$

für $x = \xi$ von zweiter Ordnung, so ist:

$$u_1(\xi) = u_2(\xi) = 0,$$
$$\bar{u}_1(\xi) = \bar{u}_2(\xi) = 0.$$

Wir wollen diesen Satz beweisen. Sei also an der Stelle ξ sowohl U als U' gleich Null. Wir können offenbar von vornherein annehmen: $u_1(\xi) = u_2(\xi) = 0$; denn wäre es nicht der Fall, so könnte man es erreichen, indem man $u_1(x)$, $u_2(x)$; $\bar{u}_1(x)$, $\bar{u}_2(x)$ durch Linearkombinationen ersetzt. Wir haben also dann:

$$u_1'(\xi)\bar{u}_2(\xi) - u_2'(\xi)\bar{u}_1(\xi) = 0.$$

Da die beiden Lösungen u_1, u_2 und $\bar{u}_1$, $\bar{u}_2$ konjugiert sind, haben wir weiter:

$$v_2(\xi)\bar{u}_2(\xi) + v_1(\xi)\bar{u}_1(\xi) = 0.$$

Wir werden beweisen, daß hieraus folgt $\bar{u}_1(\xi) = 0$, $\bar{u}_2(\xi) = 0$, womit ja unsere Behauptung erwiesen sein wird. Beachten wir, daß (10) sich jetzt reduziert auf:

$$v_1(\xi) = f_{y'y'}]_\xi u_1'(\xi) + f_{y'z'}]_\xi u_2'(\xi); \quad v_2(\xi) = f_{z'y'}]_\xi u_1'(\xi) + f_{z'z'}]_\xi u_2'(\xi).$$

Es wird daher:

$$\begin{vmatrix} u_1'(\xi) & -u_2'(\xi) \\ v_2(\xi) & v_1(\xi) \end{vmatrix} = f_{y'y'}]_\xi (u_1'(\xi))^2 + 2 f_{y'z'}]_\xi u_1'(\xi)\, u_2'(\xi) + f_{z'z'}]_\xi (u_2'(\xi))^2.$$

Das aber ist ungleich Null, weil die Form (5) positiv definit ist und $u_1'(\xi)$ und $u_2'(\xi)$ nicht beide verschwinden können, da ja schon $u_1(\xi) = u_2(\xi) = 0$ ist. Also ist in der Tat $\bar{u}_1(\xi) = \bar{u}_2(\xi) = 0$. Ist also U an der Stelle ξ von zweiter Ordnung Null, so kann man stets annehmen:

$$\Delta(x, \xi) = U.$$

Damit ist auch gezeigt, daß U höchstens von zweiter Ordnung verschwinden kann, da offenbar $\Delta(x, \xi)$ an der Stelle ξ nur von zweiter Ordnung verschwindet.

Ist

$$(12)\qquad y = y(x, a, b); \qquad z = z(x, a, b)$$

die zweiparametrige durch den Punkt ξ, $y(\xi)$, $z(\xi)$ von (1) hindurchgehende Extremalenschar, die für a_0, b_0 die Extremale (1) liefere, so sind (wenigstens bei geeigneter Wahl der Parameter a und b)

$$u_1 = y_a(x, a_0, b_0), \qquad \bar{u}_1 = y_b(x, a_0, b_0);$$
$$u_2 = z_a(x, a_0, b_0), \qquad \bar{u}_2 = z_b(x, a_0, b_0)$$

zwei linear unabhängige Lösungen von (8), die für $x = \xi$ verschwinden, sodaß man für $\Delta(x, \xi)$ auch die Funktionaldeterminante

$$\Delta(x, \xi) = y_a(x, a_0, b_0) z_b(x, a_0, b_0) - y_b(x, a_0, b_0) z_a(x, a_0, b_0)$$

wählen kann. Hieraus folgert man:

Sei ξ^* der zu ξ konjugierte Punkt und $\xi < \xi_0 < \xi_1 < \xi^*$. Es gibt dann eine Umgebung*) ϱ des zwischen ξ_0 und ξ_1 liegenden Bogens von (1), von der jeder Punkt sich mit dem Punkte ξ, $y(\xi)$, $z(\xi)$ durch eine und nur eine der Extremale (1) benachbarte Extremale der Schar (12) verbinden läßt (d. h. durch eine und nur eine Extremale der Schar (12), für deren Parameterwerte die Beträge $|a - a_0|$ und $|b - b_0|$ eine geeignete Zahl nicht übersteigen).

Sind u_1, u_2 und $\bar{u}_1$, $\bar{u}_2$ zwei zueinander konjugierte Lösungen von (8), setzt man wie oben:

$$U = u_1 \bar{u}_2 - u_2 \bar{u}_1,$$

bedeuten ferner η_1, η_2 zwei stetige, zweimal stetig differentiierbare Funktionen, setzt man ferner:

$$(13)\qquad \zeta_1 = \frac{1}{U}\begin{vmatrix} \eta_1', & \eta_1, & \eta_2 \\ u_1', & u_1, & u_2 \\ \bar{u}_1', & \bar{u}_1, & \bar{u}_2 \end{vmatrix}, \qquad \zeta_2 = \frac{1}{U}\begin{vmatrix} \eta_2', & \eta_1, & \eta_2 \\ u_2', & u_1, & u_2 \\ \bar{u}_2', & \bar{u}_1, & \bar{u}_2 \end{vmatrix},$$

so gilt überall, wo U nicht verschwindet, *die Escherichsche Identität:*

$$(14)\qquad \eta_1 \psi_1(\eta_1, \eta_2) + \eta_2 \psi_2(\eta_1, \eta_2) = f_{y'y'} \zeta_1^2 + 2 f_{y'z'} \zeta_1 \zeta_2 + f_{z'z'} \zeta_2^2$$
$$- \frac{d}{dx}\left(\frac{\eta_1 \bar{u}_2 - \eta_2 \bar{u}_1}{U} \psi(u_1, u_2; \eta_1, \eta_2) - \frac{\eta_1 u_2 - \eta_2 u_1}{U} \psi(\bar{u}_1, \bar{u}_2; \eta_1, \eta_2)\right).$$

Wir entnehmen aus dieser Identität die folgende Tatsache: Es sei $\bar{\xi}$ die

*) Unter der Umgebung ϱ des Extremalenbogens (ξ_0, ξ_1) wird die Gesamtheit jener Punkte verstanden, deren y- und z-Koordinaten sich von den entsprechenden Koordinaten des Punktes gleicher Abszisse auf der Extremale (1) um nicht mehr als ϱ unterscheiden.

der Stelle ξ unmittelbar folgende Nullstelle von $\Delta(x, \xi)$ (d. h. der zu ξ konjugierte Punkt) oder die der Stelle ξ unmittelbar vorhergehende Nullstelle von $\Delta(x, \xi)$ und es seien u_1, u_2 und $\bar{u}_1$, $\bar{u}_2$ zwei zueinander konjugierte Lösungen von (8). Dann verschwindet die Determinante $u_1\bar{u}_2 - u_2\bar{u}_1$ in mindestens einem Punkte des Intervalles $(\xi, \bar{\xi})$.

Denn seien $u_1^{(\xi)}(x)$, $u_2^{(\xi)}(x)$ und $\bar{u}_1^{(\xi)}(x)$, $\bar{u}_2^{(\xi)}(x)$ zwei linear unabhängige Lösungen von (8), für die

$$u_1^{(\xi)}(\xi) = u_2^{(\xi)}(\xi) = \bar{u}_1^{(\xi)}(\xi) = \bar{u}_2^{(\xi)}(\xi) = 0$$

sei; dann kann man stets annehmen:

$$\Delta(x, \xi) = u_1^{(\xi)}(x)\bar{u}_2^{(\xi)}(x) - u_2^{(\xi)}(x)\bar{u}_1^{(\xi)}(x).$$

Setzt man daher:

$$U_1(x) = \alpha u_1^{(\xi)}(x) + \beta \bar{u}_1^{(\xi)}(x);\ U_2(x) = \alpha u_2^{(\xi)}(x) + \beta \bar{u}_2^{(\xi)}(x),$$

so kann man wegen $\Delta(\bar{\xi}, \xi) = 0$ nicht verschwindende Werte von α und β so finden, daß

$$U_1(\bar{\xi}) = U_2(\bar{\xi}) = 0$$

wird. Die nicht identisch verschwindende Lösung U_1, U_2 von (8) hat also die Eigenschaft, daß ihre beiden Glieder sowohl in ξ als in $\bar{\xi}$ den Wert Null haben. Seien nun u_1, u_2 und $\bar{u}_1$, $\bar{u}_2$ zwei konjugierte Lösungen, deren Determinante im ganzen Intervalle $(\xi, \bar{\xi})$ mit Einschluß seiner Endpunkte von Null verschieden sei. Dann kann offenbar U_1, U_2 sich nicht linear aus u_1, u_2 und $\bar{u}_1$, $\bar{u}_2$ zusammensetzen; daraus aber folgert man ohne weiteres, daß die Ausdrücke

$$\begin{vmatrix} U_1', & U_1, & U_2 \\ u_1', & u_1, & u_2 \\ \bar{u}_1', & \bar{u}_1, & \bar{u}_2 \end{vmatrix}, \qquad \begin{vmatrix} U_2', & U_1, & U_2 \\ u_2', & u_1, & u_2 \\ \bar{u}_2', & \bar{u}_1, & \bar{u}_2 \end{vmatrix}$$

nicht identisch Null sein können. Ersetzt man nun in der Identität (14) η_1, η_2 durch U_1, U_2, so wird die linke Seite Null, sodaß man erhält:

$$\int_{\xi}^{\bar{\xi}} (f_{y'y'}\zeta_1^2 + 2f_{y'z'}\zeta_1\zeta_2 + f_{z'z'}\zeta_2^2)dx$$

$$= \frac{U_1\bar{u}_2 - U_2\bar{u}_1}{U}\psi(u_1, u_2;\ U_1, U_2) - \frac{U_1 u_2 - U_2 u_1}{U}\psi(\bar{u}_1, \bar{u}_2;\ U_1, U_2)\Big]_{\xi}^{\bar{\xi}}$$

Hierin ist die rechte Seite Null, was im Widerspruch steht mit dem positiv definiten Charakter der Form (5). Die Unmöglichkeit des konjugierten Systems u_1, u_2; $\bar{u}_1$, $\bar{u}_2$ ist somit dargetan.

Wir wollen diesen Satz noch mehr verschärfen. Wir wollen nämlich, unter den Voraussetzungen des obigen Satzes, zeigen, daß *die Determinante* $u_1\bar{u}_2 - u_2\bar{u}_1$, *falls sie im Innern des Intervalles* $(\xi, \bar{\xi})$ *von Null verschieden ist, sowohl im Punkte* ξ *als auch im Punkte* $\bar{\xi}$ *verschwinden muß.*

Sicher ist, nach dem eben Bewiesenen, daß diese Determinante, falls sie im Inneren von $(\xi, \bar{\xi})$ nicht verschwindet, entweder in ξ oder in $\bar{\xi}$ verschwindet. Nehmen wir zuerst an, sie verschwindet, etwa in ξ, von erster Ordnung (die Annahme, ein Verschwinden erster Ordnung finde in $\bar{\xi}$ statt, würde sich ebenso erledigen), sei aber in $\bar{\xi}$ nicht Null. Wir können dann, wie schon bemerkt, stets annehmen, es sei $u_1(\xi) = u_2(\xi) = 0$; dann gilt für jedes positive ε die Formel:

$$\int_{\xi+\varepsilon}^{\bar{\xi}} (f_{y'y'}\zeta_1^2 + 2 f_{y'z'}\zeta_1\zeta_2 + f_{z'z'}\zeta_2^2)\, dx$$

$$= \frac{U_1\bar{u}_2 - U_2\bar{u}_1}{U}\,\psi(u_1, u_2;\, U_1, U_2) - \frac{U_1 u_2 - U_2 u_1}{U}\,\psi(\bar{u}_1, \bar{u}_2;\, U_1, U_2)\Big]_{\xi+\varepsilon}^{\bar{\xi}},$$

wobei rechts das von der oberen Grenze $\bar{\xi}$ herrührende Glied Null ist. Gehen wir rechts mit ε zur Grenze Null über, so nähert sich das von der unteren Integrationsgrenze $\xi + \varepsilon$ herrührende Glied ebenfalls der Null, da die beiden Ausdrücke $U_1\bar{u}_2 - U_2\bar{u}_1$ und $\psi(u_1, u_2;\, U_1, U_2)$ je von erster Ordnung, der Ausdruck $U_1u_2 - U_2u_1$ von zweiter Ordnung, U aber nur von erster Ordnung Null wird. Es tritt also derselbe Widerspruch auf wie oben.

Es bleibt der Fall zu untersuchen, daß U in ξ oder in $\bar{\xi}$ von zweiter Ordnung verschwindet. Wie wir oben gesehen haben, kann sich dann U von $\Delta(x, \xi)$ beziehungsweise von $\Delta(x, \bar{\xi})$ nur um einen nicht verschwindenden konstanten Faktor unterscheiden.

Im ersteren Falle ist daher, wegen $\Delta(\bar{\xi}, \xi) = 0$, auch U an der Stelle $\bar{\xi}$ Null. Im zweiten Falle beachte man, daß wegen (11) aus $\Delta(\bar{\xi}, \xi) = 0$ auch folgt $\Delta(\xi, \bar{\xi}) = 0$, sodaß auch U an der Stelle ξ verschwinden muß. Unsere Behauptung ist also in allen Fällen bewiesen.

§ 2.

Es sei

$$(15) \qquad y = y_0(x, a^0, b^0); \qquad z = z_0(x, a^0, b^0)$$

die durch den Anfangspunkt x_0 des Extremalenbogens (1) hindurchgehende zweiparametrige Extremalenschar; die Extremale (1) erhalte man für $a^0 = a_0^0$, $b_0 = b_0^0$.

Ebenso sei

(16) $$y = y_1(x, a^1, b^1); \qquad z = z_1(x, a^1, b^1)$$

die durch den Endpunkt x_1 des Extremalenbogens (1) hindurchgehende zweiparametrige Extremalenschar; die Extremale (1) erhalte man für $a^1 = a_0{}^1$, $b^1 = b_0{}^1$.

Nehmen wir zunächst an, der zu x_0 konjugierte Punkt falle nicht ins Innere des Intervalles (x_0, x_1) (wohl aber kann er in den Endpunkt x_1 dieses Intervalles fallen); dann gilt der Satz:

Liegt das Intervall (ξ_0, ξ_1) *ganz im Innern des Intervalles* (x_0, x_1), *so gibt es eine Nachbarschaft* ϱ *des Bogens* (ξ_0, ξ_1) *der Extremale* (1), *von der jeder Punkt sich sowohl mit dem Punkte* x_0 *der Extremale* (1) *durch eine und nur eine der Extremale* (1) *benachbarte Extremale der Schar* (15), *als auch mit dem Punkte* x_1 *der Extremale* (1) *durch eine und nur eine der Extremale* (1) *benachbarte Extremale der Schar* (16) *verbinden läßt.*

Nach Voraussetzung ist $\Delta(x, x_0) \neq 0$ für $x_0 < x < x_1$. Nach dem am Schlusse des vorigen Paragraphen bewiesenen Satze ist daher auch $\Delta(x, x_1) \neq 0$ für $x_0 < x < x_1$. Denn wäre $\Delta(\xi, x_1) = 0$ $(x_0 < \xi < x_1)$, so müßte nach diesem Satze $\Delta(x, x_0)$ entweder in einem inneren Punkte von (ξ, x) oder im Punkte ξ verschwinden, was beides nicht der Fall ist. Nun aber kann man annehmen:

$$\Delta(x, x_0) = y_{0\,a^0}(x, a_0^0, b_0^0)\, z_{0\,b^0}(x, a_0^0, b_0^0) - y_{0\,b^0}(x, a_0^0, b_0^0)\, z_{0\,a^0}(x, a_0^0, b_0^0),$$

$$\Delta(x, x_1) = y_{1\,a^0}(x, a_0^0, b_0^0)\, z_{1\,b^0}(x, a_0^0, b_0^0) - y_{1\,b^0}(x, a_0^0, b_0^0)\, z_{1\,a^0}(x, a_0^0, b_0^0),$$

sodaß die Theorie der impliziten Funktionen die Richtigkeit unserer Behauptung zeigt.

Nehmen wir nunmehr an, der zu x_0 konjugierte Punkt $x_0{}^*$ falle ins Innere des Intervalles (x_0, x_1), die nächste auf $x_0{}^*$ folgende Nullstelle von $\Delta(x, x_0)$ aber, sie heiße $x_0{}^{**}$, gehöre dem Intervalle (x_0, x_1) nicht mehr an, weder als innerer noch als Endpunkt.

Wir bezeichnen die dem Punkte x_1 unmittelbar vorhergehende Nullstelle von $\Delta(x, x_1)$ mit $x_1{}^*$ und behaupten die Ungleichung:

$$x_0 < x_1{}^* < x_0{}^* < x_1.$$

Wäre zunächst $x_1{}^* \geqq x_0{}^*$, so müßte nach dem Satze des vorigen Paragraphen $\Delta(x, x_0)$ entweder in einem inneren Punkte von $(x_1{}^*, x_1)$ oder sowohl in $x_1{}^*$ als in x_1 verschwinden, was beides unmöglich ist, da nach Voraussetzung $\Delta(x, x_0) \neq 0$ ist für $x_0{}^* < x \leqq x_1$. Wir haben also $x_1{}^* < x_0{}^*$. Es kann aber auch nicht $x_1{}^* \leqq x_0$ sein. Denn es muß, wieder nach dem Satze des vorigen Paragraphen, $\Delta(x, x_1)$ entweder in einem inneren Punkte von $(x_0, x_0{}^*)$ oder in beiden Endpunkten dieses Intervalles verschwinden. Da, wie eben gezeigt, $\Delta(x_0{}^*, x_1) \neq 0$ ist, muß also $\Delta(x, x_1)$ in einem inneren Punkte von (x_0, x_0^*) verschwinden, daher $x_1^* > x_0$. Daraus ergibt sich ohne weiteres, daß für $x_1^* < x < x_0^*$ sowohl $\Delta(x, x^0) \neq 0$, als auch $\Delta(x, x_1) \neq 0$ ist. Durch Anwendung der Sätze über die impliziten Funktionen erhalten wir*):

Liegt das Intervall (ξ_0, ξ_1) *ganz im Innern des Intervalles* (x_1^*, x_0^*), *so gibt es eine Nachbarschaft* ϱ *des Bogens* (ξ_0, ξ_1) *der Extremale* (1), *von der jeder Punkt sich sowohl mit dem Punkte* x_0 *der Extremale* (1) *durch eine und nur eine der Extremale* (1) *benachbarte Extremale der Schar* (15), *als auch mit dem Punkte* x_1 *der Extremale* (1) *durch eine und nur eine der Extremale* (1) *benachbarte Extremale der Schar* (16) *verbinden läßt.*

Sei nun, je nach Lage des zu x_0 konjugierten Punktes, das Intervall (ξ_0, ξ_1) so gewählt, wie es der betreffende der beiden eben bewiesenen Sätze verlangt. Wir wollen zeigen, daß sich dann die Nachbarschaft ϱ des Bogens (ξ_0, ξ_1) der Extremale (1) auch so wählen läßt, daß, wenn P einen beliebigen Punkt dieser Nachbarschaft bedeutet, folgender Satz besteht:

Es gibt eine Umgebung $\sigma\,(\sigma > \varrho)$ *des Bogens* (x_0, x_1) *der Extremale* (1) *derart, daß der den Punkt* x_0 *von* (1) *mit* P *verbindende Extremalenbogen aus* (15) *das Integral* (2) *zu einem Minimum macht gegenüber allen zulässigen Vergleichskurven, die dieselben Punkte verbinden und ganz in der Nachbarschaft* σ *der Extremale* (1) *verbleiben; und daß ebenso der den Punkt* P *mit dem Punkt* x_1 *von* (1) *verbindende Extremalenbogen aus* (16) *das Integral* (2) *zu einem Minimum macht gegenüber allen zulässigen Vergleichskurven, die dieselben Punkte verbinden und ganz in der Nachbarschaft* σ *der Extremale* (1) *verbleiben.*

Sei

(17) $$y = y(x, \bar{x}_0, \bar{y}_0, \bar{z}_0, \bar{y}_0', \bar{z}_0'),\quad z = z(x, \bar{x}_0, \bar{y}_0, \bar{z}_0, \bar{y}_0', \bar{z}_0')$$

diejenige Lösung von (7), deren Anfangswerte an der Stelle $\bar{x}_0$ sind: $\bar{y}_0$, $\bar{z}_0, \bar{y}_0', \bar{z}_0'$. Für $\bar{x}_0 = x_0, \bar{y}_0 = y_0, \bar{z}_0 = z_0, \bar{y}_0' = y_0', \bar{z}_0' = z_0'$ erhalte man daraus die Extremale (1). Da sie für $x_0 \leqq x \leqq x_1$ durch kein singuläres Element von (7) hindurchgeht, gilt nach einem bekannten Satze dasselbe für alle Lösungen (17) im Intervalle $\bar{x}_0 \leqq x \leqq x_1$, wenn nur

(18) $$|\bar{x}_0 - x_0| < h,\ |\bar{y}_0 - y_0| < k,\ |\bar{z}_0 - z_0| < k,\ |\bar{y}_0' - y_0'| < k,\ |\bar{z}_0' - z_0'| < k$$

und h und k hinlänglich klein sind. Wir wählen ein $\bar{x}_0 < x$, sodaß $|\bar{x}_0 - x_0| < h$. Offenbar kann man es dadurch, daß man h sowie die Nachbar-

---

*) Für die Gültigkeit dieses Satzes, sowie der weiteren Erörterungen dieses Paragraphen ist es keineswegs erforderlich, daß $x_1 < x_0^{**}$ sei, sondern nur, daß $x_1^* < x_0^*$ ist. Wir wollten im obigen lediglich zeigen, daß, wenn die erste dieser Ungleichungen erfüllt ist, die zweite sicher auch erfüllt ist, sodaß dann unsere Sätze immer anwendbar sind.

schaft ϱ des Bogens (ξ_0, ξ_1) von (1) hinlänglich klein macht, erreichen, daß die Anfangswerte $\bar{\bar{y}}_0, \bar{\bar{z}}_0, \bar{\bar{y}}_0', \bar{\bar{z}}_0'$ für $x = \bar{x}_0$ derjenigen Extremale von (15), die den Punkt P unseres obigen Satzes mit dem Punkte x_0, y_0, z_0 verbindet, den Ungleichungen genügen:

$$(18\text{a})\qquad |\bar{\bar{y}}_0 - y_0| < k,\ |\bar{\bar{z}}_0 - z_0| < k,\ |\bar{\bar{y}}_0' - y_0'| < \frac{k}{2},\ |\bar{\bar{z}}_0' - z_0'| < \frac{k}{2}.$$

Sämtliche Extremalen der zweiparametrigen, durch den Punkt $\bar{x}_0, \bar{\bar{y}}_0, \bar{\bar{z}}_0$ hindurchgehenden Schar

$$y = y(x, \bar{x}_0, \bar{\bar{y}}_0, \bar{\bar{z}}_0, \bar{y}_0', \bar{z}_0'),$$
$$z = z(x, \bar{x}_0, \bar{\bar{y}}_0, \bar{\bar{z}}_0, \bar{y}_0', \bar{z}_0'),$$

für die

$$(19)\qquad |\bar{y}_0' - \bar{\bar{y}}_0'| < \frac{k}{2},\ |\bar{z}_0' - \bar{\bar{z}}_0'| < \frac{k}{2},$$

werden daher die Eigenschaft behalten, für $\bar{x}_0 \leqq x \leqq x_1$ regulär zu bleiben.

Wir zeigen nun zunächst, daß die Determinante

$$(20)\qquad \begin{vmatrix} y_{\bar{y}_0'}(x, \bar{x}_0, \bar{\bar{y}}_{00}, \bar{\bar{z}}_{00}, \bar{\bar{y}}_{00}', \bar{\bar{z}}_{00}') & y_{\bar{z}_0'}(x, \bar{x}_0, \bar{\bar{y}}_{00}, \bar{\bar{z}}_{00}, \bar{\bar{y}}_{00}', \bar{\bar{z}}_{00}') \\ z_{\bar{y}_0'}(x, \bar{x}_0, \bar{\bar{y}}_{00}, \bar{\bar{z}}_{00}, \bar{\bar{y}}_{00}', \bar{\bar{z}}_{00}') & z_{\bar{z}_0'}(x, \bar{x}_0, \bar{\bar{y}}_{00}, \bar{\bar{z}}_{00}, \bar{\bar{y}}_{00}', \bar{\bar{z}}_{00}') \end{vmatrix}$$

im Intervalle $x_0 \leqq x \leqq \xi_1$ absolut genommen größer bleibt als eine positive Zahl a für jedes feste der Ungleichung $x_0 - h < \bar{x}_0 < x_0$ genügende $\bar{x}_0$, wenn die positive Zahl h hinlänglich klein ist, wobei $\bar{\bar{y}}_{00}, \bar{\bar{z}}_{00}, \bar{\bar{y}}_{00}', \bar{\bar{z}}_{00}'$ die Anfangswerte der Extremale (1) für $x = \bar{x}_0$ bedeuten.

Zum Beweise wähle man zwei konjugierte Lösungen $u_1, u_2; \bar{u}_1, \bar{u}_2$ von (8), deren Determinante $u_1\bar{u}_2 - u_2\bar{u}_1$ für $x = x_0$ nicht verschwindet. Man wähle nun δ so klein, daß diese Determinante auch noch für $|x - x_0| \leqq \delta$ von Null verschieden bleibt, wähle $h < \delta$ und $|\bar{x}_0 - x_0| < h$. Da nun die Determinante (20) nichts andres ist als $\Delta(x, \bar{x}_0)$, kann sie für $\bar{x}_0 < x \leqq x_0 + \delta$ nicht verschwinden, da ja sonst, nach einem früher bewiesenen Satze, die Determinante $u_1\bar{u}_2 - u_2\bar{u}_1$ ebenfalls in $(\bar{x}_0, x_0 + \delta)$ verschwinden müßte, was nicht der Fall ist. Sie bleibt daher in $(x_0, x_0 + \delta)$ absolut genommen oberhalb einer positiven Zahl. Was nun das Intervall $(x_0 + \delta, \xi_1)$ anlangt, so bleibt darin $\Delta(x, x_0)$ absolut genommen oberhalb einer positiven Zahl, dasselbe gilt daher von

$$\begin{vmatrix} y_{\bar{y}_0'}(x, x_0, y_0, z_0, y_0', z_0') & y_{\bar{z}_0'}(x, x_0, y_0, z_0, y_0', z_0') \\ z_{\bar{y}_0'}(x, x_0, y_0, z_0, y_0', z_0') & z_{\bar{z}_0'}(x, x_0, y_0, z_0, y_0' z_0') \end{vmatrix},$$

welcher Ausdruck sich ja von $\Delta(x, x_0)$ nur um einen konstanten Faktor unterscheidet. Wählt man aber h hinlänglich klein, also $\bar{x}_0$ hinlänglich nahe an x_0, so rücken auch $\bar{\bar{y}}_{00}, \bar{\bar{z}}_{00}, \bar{\bar{y}}_{00}', \bar{\bar{z}}_{00}'$ beliebig nahe an $y_0, z_0, y_0' z_0'$, sodaß aus der Stetigkeit der Ausdrücke $y_{\bar{y}_0'}, y_{\bar{z}_0'}, z_{\bar{y}_0'}, z_{\bar{z}_0'}$ folgt, daß auch

(20) in $(x_0+\delta, \xi_1)$ absolut genommen oberhalb einer positiven Zahl bleibt, womit unsere Behauptung bewiesen ist.

Daraus nun aber folgt weiter, auf Grund einer bekannten Eigenschaft der stetigen Funktionen, daß auch die Determinante

$$\begin{vmatrix} y_{\bar{y}_0'}(x, \bar{x}_0, \bar{y}_0, \bar{z}_0, \bar{y}_0', \bar{z}_0') & y_{\bar{z}_0'}(x, \bar{x}_0, \bar{y}_0, \bar{z}_0, \bar{y}_0', \bar{z}_0') \\ z_{\bar{y}_0'}(x, \bar{x}_0, \bar{y}_0, \bar{z}_0, \bar{y}_0', \bar{z}_0') & z_{\bar{z}_0'}(x, \bar{x}_0, \bar{y}_0, \bar{z}_0, \bar{y}_0', \bar{z}_0') \end{vmatrix}$$

für jedes feste $\bar{x}_0 (x_0-h<\bar{x}_0<x_0)$, und für alle $|\bar{y}_0-\bar{y}_{00}|<\varkappa$, $|\bar{z}_0-\bar{z}_{00}|<\varkappa$, $|\bar{y}_0'-\bar{y}_{00}'|<\varkappa$, $|\bar{z}_0'-\bar{z}_{00}'|<\varkappa$ im ganzen Intervall $x_0 \leqq x \leqq \xi_1$ absolut genommen oberhalb einer positiven Zahl bleibt, wenn nur $\varkappa$ hinlänglich klein ist, und gewiß kann man, wenn h hinlänglich klein gewählt war, durch genügend kleine Wahl von ϱ erreichen, daß die eben angeschriebenen Ungleichungen für $\bar{y}_0=\bar{\bar{y}}_0$, $\bar{z}_0=\bar{\bar{z}}_0$, $\bar{y}_0'=\bar{\bar{y}}_0'$ $\bar{z}_0'=\bar{\bar{z}}_0'$ erfüllt sind.

Seien nun ξ, η, ζ die Koordinaten eines beliebigen, dem Intervalle (x_0, ξ_1) angehörigen Punktes derjenigen Extremale aus (15), die den Punkt x_0 von (1) mit dem Punkt P verbindet. Dann ist:

$$\eta=y(\xi, \bar{x}_0, \bar{\bar{y}}_0, \bar{\bar{z}}_0, \bar{\bar{y}}_0', \bar{\bar{z}}_0'), \quad \zeta=z(\xi, \bar{x}_0, \bar{\bar{y}}_0, \bar{\bar{z}}_0, \bar{\bar{y}}_0', \bar{\bar{z}}_0').$$

Das oben Bewiesene zeigt, daß wir auf Grund der Lehre von den impliziten Funktionen behaupten können: Die Gleichungen

$$y=y(\xi, \bar{x}_0, \bar{\bar{y}}_0, \bar{\bar{z}}_0, \bar{y}_0', \bar{z}_0'), \quad z=z(\xi, \bar{x}_0, \bar{\bar{y}}_0, \bar{\bar{z}}_0, \bar{y}_0', \bar{z}_0')$$

können für $|y-\eta| \leqq \tau$, $|z-\zeta| \leqq \tau$ in eindeutiger, regulär analytischer Weise nach $\bar{y}_0'$, $\bar{z}_0'$ aufgelöst werden, und zwar kann die positive Zahl τ unabhängig gewählt werden von der Lage des Punktes ξ im Intervall $x_0 \leqq \xi \leqq \xi_1$. Das aber heißt mit anderen Worten: die zweiparametrige durch den Punkt $\bar{x}_0, \bar{\bar{y}}_0, \bar{\bar{z}}$ hindurchgehende Extremalenschar bildet in der Nachbarschaft τ des vom Punkte x_0 von (1) zum Punkte P führenden Extremalenbogens aus (15) ein Feld dieses Bogens. — Ferner geht aus obigem hervor, daß die Zahl τ auch unabhängig gewählt werden kann von der Lage des Punktes P in der Nachbarschaft ϱ des Bogens (ξ_0, ξ_1) der Extremale (1). Wir erkennen nun leicht, daß (bei geeigneter aber von P unabhängiger Wahl von τ) der Extremalenbogen aus (15), der den Punkt x_0 von (1) mit P verbindet, dem Integrale (2) einen kleineren Wert erteilt als jede andere seine Endpunkte verbindende Vergleichskurve, die ganz in seiner Nachbarschaft τ verbleibt (vorausgesetzt, daß die Nachbarschaft ϱ des Bogens (ξ_0, ξ_1), in der P gewählt war, hinlänglich klein angenommen wird).

In der Tat haben wir um den fraglichen Extremalenbogen bereits ein seine Nachbarschaft τ ausfüllendes Feld konstruiert, es bleibt also nur nachzuweisen, daß in diesem Felde die E-Funktion definit positiv ist. Nun können wir dadurch, daß wir ϱ hinlänglich klein und $\bar{x}_0$ hinlänglich nahe an x_0 annehmen, bewirken, daß in (18a) k beliebig klein wird; speziell auch so klein, daß, solange $\overline{\overline{y}}_0$, $\overline{\overline{z}}_0$ den Ungleichungen (18), $\overline{y}_0'$, $\overline{z}_0'$ den Ungleichungen (19) genügen, für $x_0 \leqq x \leqq \xi_1$ die Ungleichungen bestehen:

$$|y_x(x, \overline{x}_0, \overline{\overline{y}}_0, \overline{\overline{z}}_0, \overline{y}_0', \overline{z}_0') - y'(x)| < \varepsilon,$$
$$|z_x(x, \overline{x}_0, \overline{\overline{y}}_0, \overline{\overline{z}}_0, \overline{y}_0', \overline{z}_0') - z'(x)| < \varepsilon.$$

Diese Ausdrücke y_x und z_x sind nun nichts anderes als die Gefällsfunktionen $p(x, y, z)$, $q(x, y, z)$ des genannten Extremalenfeldes. Wegen (4) wird also bei genügend kleiner Wahl von ϱ und τ in der Nachbarschaft τ des den Punkt x_0 der Extremale (1) mit dem beliebigen Punkte P der Nachbarschaft ϱ des Bogens (x_0, ξ_1) der Extremale (1) verbindenden Extremalenbogens aus (15) die Ungleichung bestehen:

$$E(x, y, z, p(x, y, z), q(x, y, z), \overline{y}', \overline{z}') \geqq 0,$$

worin $p(x, y, z)$, $q(x, y, z)$ die Gefällsfunktionen des die Nachbarschaft τ des genannten Extremalenbogens bedeckenden Feldes bezeichnen und das Gleichheitszeichen nur eintritt für $\overline{y}' = p(x, y, z)$, $\overline{z}' = q(x, y, z)$. Dies aber reicht für das behauptete Minimum hin.

Man wähle nun $\sigma < \frac{\tau}{2}$ und ϱ so klein, daß, wenn P beliebig in der Nachbarschaft ϱ des Bogens (ξ_0, ξ_1) von (1) gewählt wird, der P mit dem Punkt x_0 von (1) verbindende Extremalenbogen aus (15) ganz in der Nachbarschaft σ des Bogens (x_0, ξ_1) von (1) verbleibt. Offenbar liegt dann die Nachbarschaft σ des Bogens (x_0, ξ_1) der Extremale (1) ganz innerhalb der Nachbarschaft τ desjenigen Extremalenbogens aus (15), der den Punkt x_0 von (1) mit dem Punkt P verbindet, wie P auch in der Nachbarschaft ϱ des Bogens (ξ_0, ξ_1) von (1) gewählt sein mag. Da nun, wie eben bewiesen, der genannte Extremalenbogen aus (15) gegenüber seiner Nachbarschaft τ ein Minimum liefert, so liefert er auch ein Minimum gegenüber allen in der Nachbarschaft σ des Bogens (x_0, ξ_1) von (1) verbleibenden Kurven, die mit ihm gleichen Anfangs- und Endpunkt haben, und dies ist der erste Teil unserer Behauptung. Der zweite Teil dieser Behauptung beweist sich völlig analog.

§ 3.

Sei wieder x_0^* der zu x_0 konjugierte Punkt, x_0^{**} die erste auf x_0^* folgende Nullstelle von $\Delta(x, x_0)$, x_1^* die erste x_1 vorausgehende Nullstelle von $\Delta(x, x_1)$. Wir nehmen an, es sei $x_1^* < x_0^*$; wie wir wissen, ist das sicher der Fall, solange $x_1 < x_0^{**}$. Wir wählen das Intervall (ξ_0, ξ_1) so wie es zu Beginn des § 2 auseinandergesetzt wurde: beliebig ganz im Inneren von (x_0, x_1), wenn x_0^* nicht ins Innere von (x_0, x_1)

fällt, ganz im Inneren von (x_1^*, x_0^*), wenn x_0^* ins Innere von (x_0, x_1) fällt. Sei die Nachbarschaft ϱ des Bogens (ξ_0, ξ_1) der Extremale (1) hinlänglich klein gewählt; P sei ein beliebiger Punkt in dieser Nachbarschaft, (x, y, z) seien seine Koordinaten. Mit $V_0(x, y, z)$ bezeichnen wir den Wert des Integrales (2) erstreckt von x_0 bis x über diejenige Extremale der Schar (15), die den Punkt P mit dem Punkte x_0 der Extremale (1) verbindet; mit $V_1(x, y, z)$ den Wert des Integrales (2) erstreckt von x bis x_1 über diejenige Extremale der Schar (16), die den Punkt P mit dem Punkte x_1 der Extremale (1) verbindet. J_0 sei der Wert, den der Bogen (x_0, x_1) der Extremale (1) dem Integrale (2) erteilt. Wir setzen:

$$V(x, y, z) = V_0(x, y, z) + V_1(x, y, z) - J_0.$$

Diese Funktion $V(x, y, z)$ ist in der Nachbarschaft ϱ des Bogens (ξ_0, ξ_1) der Extremale (1) definiert, und zwar regulär analytisch.

Sei ξ irgend ein Wert des Intervalles (ξ_0, ξ_1), (ξ, y, z) ein Punkt aus der genannten Nachbarschaft ϱ, von der Abszisse ξ; wir setzen:

$$y - y(\xi) = \eta; \quad z - z(\xi) = \zeta \tag{21}$$

und setzen weiter:

$$V(\xi, y, z) = V(\xi, y(\xi) + \eta, \quad z(\xi) + \zeta) = W(\eta, \zeta; \xi).$$

Dann ist offenbar $W(\eta, \zeta; \xi)$ definiert für $|\eta| \leqq \varrho$, $|\zeta| \leqq \varrho$, $\xi_0 \leqq \xi \leqq \xi_1$ und es ist $W(0, 0; \xi) = 0$.

Die Frage, ob der Bogen (x_0, x_1) *der Extremale* (1) *das Integral* (2) *zu einem Minimum macht, ist dann völlig gleichbedeutend mit der Frage, ob die Funktion* $W(\eta, \zeta; \xi)$ *von* η *und* ζ *an der Stelle* $\eta = 0$, $\zeta = 0$ *ein Minimum hat oder nicht.*

In der Tat habe zunächst $W(\eta, \zeta; \xi)$ für $\eta = 0$, $\zeta = 0$ ein Minimum; wir können dann ϱ so klein wählen, daß für $|\eta| \leqq \varrho$, $|\zeta| \leqq \varrho$, sobald nicht $\eta = 0$, $\zeta = 0$:

$$W(\eta, \zeta; \xi) > 0. \tag{22}$$

Sei σ die im Satze von S. 120 erwähnte Nachbarschaft des Bogens (x_0, x_1) der Extremale (1), sei

$$y = \bar{y}(x), \; z = \bar{z}(x) \tag{23}$$

eine in der Nachbarschaft ϱ und mithin auch sicher in der Nachbarschaft σ dieses Bogens verbleibende Kurve, die die beiden Endpunkte dieses Bogens miteinander verbindet, aber nicht ganz mit der Extremale (1) zusammenfällt, und es sei:

$$\bar{y}(\xi) = \bar{y}, \; \bar{z}(\xi) = \bar{z}.$$

Der eben erwähnte Satz lehrt dann (wobei nun der Punkt $(\xi, \bar{y}, \bar{z})$ die Rolle des Punktes P spielt) das Bestehen der Ungleichungen:

$$(24)\quad \begin{cases} \displaystyle\int_{x_0}^{\xi} f(x, \bar{y}(x), \bar{z}(x), \bar{y}'(x), \bar{z}'(x))dx - V_0(\xi, \bar{y}, \bar{z}) \geqq 0, \\ \displaystyle\int_{\xi}^{x_1} f(x, \bar{y}(x), \bar{z}(x), \bar{y}'(x), \bar{z}'(x))dx - V_1(\xi, \bar{y}, \bar{z}) \geqq 0, \end{cases}$$

wobei in der ersten (bzw. zweiten) dieser Ungleichungen das Gleichheitszeichen nur dann eintreten kann, wenn die Kurve (23) von x_0 bis ξ (bzw. von ξ bis x_1) mit einer Extremale aus (15) (bzw. aus (16)) zusammenfällt. Hieraus nun folgt durch Addition:

$$(25)\quad \int_{x_0}^{x_1} f(x, \bar{y}(x), \bar{z}(x), \bar{y}'(x), \bar{z}'(x))dx - J_0 \geqq V_0(\xi, \bar{y}, \bar{z}) + V_1(\xi, \bar{y}, \bar{z}) - J_0,$$

und da wegen (22):

$$V_0(\xi, \bar{y}, \bar{z}) + V_1(\xi, \bar{y}, \bar{z}) - J_0 > 0$$

ist, sobald nicht $\bar{y} = y(\xi)$, $\bar{z} = z(\xi)$ ist, ist das Minimum nachgewiesen gegenüber allen Kurven, die nicht durch den Punkt ξ der Extremale (1) gehen. Für diese Kurven aber folgt es, weil dann in einer der beiden Ungleichungen (24) und mithin auch in der Ungleichheit (25) sicher das Ungleichheitszeichen steht.

Dieselbe Schlußweise zeigt, daß im Falle eines uneigentlichen Minimums von $W(\eta, \zeta; \xi)$ auch die Extremale (1) ein uneigentliches Minimum von (2) liefert. Daß endlich im Falle, daß $W(\eta, \zeta; \xi)$ an der Stelle $\eta = 0$, $\zeta = 0$ kein Minimum hat, auch die Extremale (1) das Integral (2) nicht zu einem Minimum macht, liegt auf der Hand; denn $W(\eta, \zeta; \xi)$ ist ja nichts anderes als die Integraldifferenz für spezielle Vergleichskurven*).

Unser Resultat ist zunächst deshalb von Bedeutung, weil es zeigt, *daß die Frage, ob ein Extremalbogen, dessen Endpunkt zum Anfangspunkt konjugiert ist, ein Minimum liefert oder nicht, zu deren Entscheidung bisher kein allgemeingültiges Verfahren bekannt war, sich reduziert auf die Frage, ob eine Funktion von zwei Veränderlichen, die sich berechnen läßt, sobald die Lagrangeschen Gleichungen des Problems vollständig gelöst sind, an einer gegebenen Stelle ein Minimum hat oder nicht.*

Wir erkennen zunächst sehr leicht, daß die die Glieder erster Ordnung betreffende notwendige Bedingung für das Eintreten eines Minimums von der Funktion $W(\eta, \zeta; \xi)$ sicher befriedigt wird; sodann werden wir zeigen, daß, im Falle x_1 zu x_0 konjugiert ist, derjenige Fall vorliegt, in welchem aus den Gliedern zweiter Ordnung allein die Entscheidung über

*) Und zwar ergibt sich aus der Natur dieser Vergleichskurven, daß in diesem Falle unser Extremalenbogen nicht einmal ein schwaches Minimum liefern kann.

Eintreffen oder Nichteintreffen eines Minimums nicht getroffen werden kann (der sogenannte semidefinite Fall).*)

Es bezeichnen $p_0(x, y, z)$, $q_0(x, y, z)$ die Gefällsfunktionen des in der Nachbarschaft ϱ des Bogens (ξ_0, ξ_1) der Extremale (1) von der Extremalenschar (15) gebildeten Feldes; ebenso $p_1(x, y, z)$, $q_1(x, y, z)$ die Gefällsfunktionen des ebenda von der Extremalenschar (16) gebildeten Feldes. Dann ist bekanntlich:

$$(26)\quad \begin{cases} V_{0y}(x, y, z) = f_{y'}(x, y, z, p_0(x, y, z), q_0(x, y, z)); \\ V_{0z}(x, y, z) = f_{z'}(x, y, z, p_0(x, y, z), q_0(x, y, z)); \\ V_{1y}(x, y, z) = -f_{y'}(x, y, z, p_1(x, y, z), q_1(x, y, z)); \\ V_{1z}(x, y, z) = -f_{z'}(x, y, z, p_1(x, y, z), q_1(x, y, z)). \end{cases}$$

Da nun aber die Extremale (1) sowohl der Schar (15) als der Schar (16) angehört, so ist in allen ihren Punkten:

$$p_0(x, y, z) = p_1(x, y, z); \quad q_0(x, y, z) = q_1(x, y, z),$$

und somit auch wieder in allen Punkten der Extremale (1):

$$V_{0y}(x, y, z) + V_{1y}(x, y, z) = 0; \quad V_{0z}(x, y, z) + V_{1z}(x, y, z) = 0.$$

Daraus aber ergibt sich unmittelbar:

$$W_\eta(0, 0; \xi) = 0; \quad W_\zeta(0, 0; \xi) = 0,$$

wie wir behauptet haben.

Wir gehen über zur Betrachtung der Glieder zweiter Ordnung in $W(\eta, \zeta; \xi)$. Wir denken uns den Wert von ξ fest gewählt, und können dann für die Parameter a^0, b^0 der Schar (15) sowohl als für die Parameter a^1, b^1 der Schar (16) die Differenzen der Koordinaten der Schnittpunkte der betreffenden Extremalen der Schar (15) (bzw. der Schar (16)) und der Extremale (1) mit der Ebene $x = \xi$ wählen. Es sind dies nichts anderes als die durch (21) eingeführten Größen η, ζ. Für $x = \xi$ wird dann:

$$(27)\quad \begin{cases} V_{0yy}(\xi, y, z) = \dfrac{\partial}{\partial \eta} V_{0y}(\xi, y, z); \quad V_{0zz}(\xi, y, z) = \dfrac{\partial}{\partial \zeta} V_{0z}(\xi, y, z); \\ V_{0yz}(\xi, y, z) = \dfrac{\partial}{\partial \zeta} V_{0y}(\xi, y, z) = \dfrac{\partial}{\partial \eta} V_{0z}(\xi, y, z), \end{cases}$$

und analoge Formeln gelten für V_1. Da nun $\eta = a^{(0)}$, $\zeta = b^{(0)}$ (und ebenso: $\eta = a^{(1)}$, $\zeta = b^{(1)}$), so schreiben sich (15) und (16):

$$y = y_0(x, \eta, \zeta), \quad z = z_0(x, \eta, \zeta),$$
$$y = y_1(x, \eta, \zeta), \quad z = z_1(x, \eta, \zeta),$$

und es werden:

$$u_1^{(0)}(x) = y_{0\eta}(x, 0, 0); \quad u_2^{(0)}(x) = z_{0\eta}(x, 0, 0);$$
$$\bar{u}_1^{0}(x) = y_{0\zeta}(x, 0, 0); \quad \bar{u}_2^{0}(x) = z_{0\zeta}(x, 0, 0)$$

*) Er tritt bekanntlich ein, wenn in $W(\eta, \zeta; \xi)$ die Glieder zweiter Ordnung in η, ζ eine verschwindende Determinante haben.

und ebenso:

$$u_1^{(1)}(x) = y_{1\eta}(x,0,0); \quad u_2^{(1)}(x) = z_{1\eta}(x,0,0);$$
$$\bar{u}_1^{(1)}(x) = y_{1\zeta}(x,0,0); \quad \bar{u}_2^{(1)}(x) = z_{1\zeta}(x,0,0)$$

je zwei unabhängige Lösungen von (8). Zum Beweise der linearen Unabhängigkeit von $u_1^{(0)}, u_2^{(0)}; \bar{u}_1^{(0)}, \bar{u}_2^{(0)}$ beachte man:

(28) $$u_1^{(0)}(\xi) = 1, \; u_2^{(0)}(\xi) = 0; \quad \bar{u}_1^{(0)}(\xi) = 0, \; \bar{u}_2^{(0)}(\xi) = 1,$$

und ebenso beweist man die lineare Unabhängigkeit von $u_1^{(1)}, u_2^{(1)}; \bar{u}_1^{(1)}, \bar{u}_2^{(1)}$ aus

(28a) $$u_1^{(1)}(\xi) = 1, \; u_2^{(1)}(\xi) = 0; \quad \bar{u}_1^{(1)}(\xi) = 0, \; \bar{u}_2^{(1)}(\xi) = 1.$$

Ferner ist:

$$u_1^{(0)}(x_0) = u_2^{(0)}(x_0) = 0; \quad \bar{u}_1^{(0)}(x_0) = \bar{u}_2^{(0)}(x_0) = 0,$$
$$u_1^{(1)}(x_1) = u_2^{(1)}(x_1) = 0; \quad \bar{u}_1^{(1)}(x_1) = \bar{u}_2^{(1)}(x_1) = 0.$$

Nach (26) und (27) ist nun im Punkte ξ der Extremale (1):

$$V_{0yy}(\xi, y, z) = \frac{\partial}{\partial \eta} f_{y'}(\xi, y_0(\xi,\eta,\zeta), \; z_0(\xi,\eta,\zeta), \; y_{0x}(\xi,\eta,\zeta), \; z_{0x}(\xi,\eta,\zeta))]_{\eta=0,\,\zeta=0},$$

und das ist, wenn man von der Bezeichnungsweise (10) Gebrauch macht, nichts anderes als $v_1^{0}(\xi)$. Man erkennt auf diese Weise, daß im Punkte ξ der Extremale (1) die Formeln gelten:

$$V_{0yy} = v_1^{(0)}(\xi), \quad V_{0yz} = v_2^{(0)}(\xi) = \bar{v}_1^{(0)}(\xi), \quad V_{0zz} = \bar{v}_2^{(0)}(\xi),$$
$$V_{1yy} = -v_1^{(1)}(\xi), \quad V_{1yz} = -v_2^{(1)}(\xi) = -\bar{v}_1^{(1)}(\xi), \quad V_{1zz} = -\bar{v}_2^{(1)}(\xi).$$

Die Glieder zweiter Ordnung in $W(\eta, \zeta; \xi)$ lauten also:

(29) $$\frac{1}{2}\Big((v_1^{(0)}(\xi) - v_1^{(1)}(\xi))\eta^2 + (v_2^{(0)}(\xi) - v_2^{(1)}(\xi))\eta\zeta + (\bar{v}_1^{(0)}(\xi) - \bar{v}_1^{(1)}(\xi))\zeta\eta + (\bar{v}_2^{(0)}(\xi) - \bar{v}_2^{(1)}(\xi))\zeta^2\Big),$$

und die Determinante dieser quadratischen Form ist:

(30) $$\begin{vmatrix} v_1^{(0)}(\xi) - v_1^{(1)}(\xi) & v_2^{(0)}(\xi) - v_2^{(1)}(\xi) \\ \bar{v}_1^{(0)}(\xi) - \bar{v}_1^{(1)}(\xi) & \bar{v}_2^{(0)}(\xi) - \bar{v}_2^{(1)}(\xi) \end{vmatrix}.$$

Wir wollen zeigen, daß sie verschwindet, falls x_1 der zu x_0 konjugierte Punkt ist, für alle anderen x_1 aber, die innere Punkte des Intervalles (x_0, x_0^{**}) sind, von Null verschieden ist.

Angenommen, die Determinante (30) sei gleich Null. Wir bestimmen α und β (nicht beide Null) aus

(31) $$\begin{cases} \alpha(v_1^{(0)}(\xi) - v_1^{(1)}(\xi)) + \beta(\bar{v}_1^{(0)}(\xi) - \bar{v}_1^{(1)}(\xi)) = 0, \\ \alpha(v_2^{(0)}(\xi) - v_2^{(1)}(\xi)) + \beta(\bar{v}_2^{(0)}(\xi) - \bar{v}_2^{(1)}(\xi)) = 0 \end{cases}$$

und betrachten die sicher nicht identisch verschwindenden Lösungen von (8):

$$\bar{\bar{u}}_1^{(0)}(x) = \alpha u_1^{(0)}(x) + \beta \bar{u}_1^{(0)}(x); \quad \bar{\bar{u}}_2^{(0)}(x) = \alpha u_2^{(0)}(x) + \beta \bar{u}_2^{(0)}(x),$$
$$\bar{\bar{u}}_1^{(1)}(x) = \alpha u_1^{(1)}(x) + \beta \bar{u}_1^{(1)}(x); \quad \bar{\bar{u}}_2^{(1)}(x) = \alpha u_2^{(1)}(x) + \beta \bar{u}_2^{(1)}(x).$$

Wegen (28) und (28a) hat man dann:

(32) $$\bar{\bar{u}}_1^{(0)}(\xi) = \bar{\bar{u}}_1^{(1)}(\xi); \quad \bar{\bar{u}}_2^{(0)}(\xi) = \bar{\bar{u}}_2^{(1)}(\xi).$$

Bildet man nun nach (10) die zu diesen beiden Lösungen von (8) gehörigen v_1 und v_2, so wird nach (31):

$$\bar{\bar{v}}_1^{(0)}(\xi) = \bar{\bar{v}}_1^{(1)}(\xi); \quad \bar{\bar{v}}_2^{(0)}(\xi) = \bar{\bar{v}}_2^{(1)}(\xi).$$

Das aber reduziert sich wegen (32) auf:

$$f_{y'y'}(\bar{\bar{u}}_1^{(0)\prime} - \bar{\bar{u}}_1^{(1)\prime}) + f_{y'z'}(\bar{\bar{u}}_2^{(0)\prime} - \bar{\bar{u}}_2^{(1)\prime})\Big]_{x=\xi} = 0,$$
$$f_{z'y'}(\bar{\bar{u}}_1^{(0)\prime} - \bar{\bar{u}}_1^{(1)\prime}) + f_{z'z'}(\bar{\bar{u}}_2^{(0)\prime} - \bar{\bar{u}}_2^{(1)\prime})\Big]_{x=\xi} = 0,$$

woraus wegen des Nichtverschwindens der Determinante (6) folgt:

$$\bar{\bar{u}}_1^{(0)\prime}(\xi) = \bar{\bar{u}}_1^{(1)\prime}(\xi); \quad \bar{\bar{u}}_2^{(0)\prime}(\xi) = \bar{\bar{u}}_2^{(0)\prime}(\xi).$$

Zusammen mit (32) aber ergibt das allgemein:

$$\bar{\bar{u}}_1^{0}(x) = \bar{\bar{u}}_1^{(1)}(x); \quad \bar{\bar{u}}_2^{(0)}(x) = \bar{\bar{u}}_2^{(1)}(x).$$

Die mit $\bar{\bar{u}}^{(0)}$ und $\bar{\bar{u}}^{(1)}$ bezeichneten Lösungen sind also ein und dieselbe Lösung von (8). Sie hat die Eigenschaft, in x_0 und in x_1 zu verschwinden, was, da x_1 im Innern von (x_0, x_0^{**}) liegt, nur möglich ist, wenn x_1 der zu x_0 konjugierte Punkt ist. Damit ist die eine Hälfte unserer Behauptung erwiesen.

Um auch die andere Hälfte zu beweisen, nehmen wir an, x_1 sei zu x_0 konjugiert*). Dann gibt es eine nicht identisch verschwindende Lösung von (8), die in x_0 und in x_1 verschwindet. Sie muß daher einerseits in der Form

$$\bar{\bar{u}}_1(x) = \alpha u_1^{(0)}(x) + \beta \bar{u}_1^{(0)}(x); \quad \bar{\bar{u}}_2(x) = \alpha u_2^{(0)}(x) + \beta \bar{u}_2^{(0)}(x),$$

andererseits in der Form:

$$\bar{\bar{u}}_1(x) = \gamma u_1^{(1)}(x) + \delta \bar{u}_1^{(1)}(x); \quad \bar{\bar{u}}_2(x) = \gamma u_2^{(1)}(x) + \delta \bar{u}_2^{(1)}(x)$$

darstellbar sein. Setzen wir hierin $x = \xi$, so folgt aus (28) und (28a): $\alpha = \gamma$, $\beta = \delta$.

Bilden wir nun nach (10) $\bar{\bar{v}}_1$ und $\bar{\bar{v}}_2$, so haben wir:

$$\bar{\bar{v}}_1(x) = \alpha v_1^{(0)}(x) + \beta \bar{v}_1^{(0)}(x); \quad \bar{\bar{v}}_2(x) = \alpha v_2^{(0)}(x) + \beta \bar{v}_2^{(0)}(x)$$

und:

$$\bar{\bar{v}}_1(x) = \alpha v_1^{(1)}(x) + \beta \bar{v}_1^{(1)}(x); \quad \bar{\bar{v}}_2(x) = \alpha v_2^{(1)}(x) + \beta \bar{v}_2^{(1)}(x),$$

*) Genau derselbe Schluß läßt sich durchführen für $x_1 = x_0^{**}$ (vorausgesetzt, daß dann die Funktion $W(\eta, \zeta; \xi)$ überhaupt noch einen Sinn hat) und ergibt daher auch in diesem Falle das Verschwinden der Determinante (30).

woraus das identische Verschwinden von

$$\begin{vmatrix} v_1^{(0)}(x) - v_1^{(1)}(x) & v_2^{(0)}(x) - v_2^{(1)}(x) \\ \bar{v}_1^{(0)}(x) - \bar{v}_1^{(1)}(x) & \bar{v}_2^{(0)}(x) - \bar{v}_2^{(1)}(x) \end{vmatrix}$$

und somit auch unsere Behauptung folgt.

Wir fügen noch die leicht zu beweisende Behauptung hinzu, daß die notwendige und hinreichende Bedingung dafür, daß in $W(\eta, \zeta; \xi)$ die Glieder zweiter Ordnung fehlen, das heißt, daß in der quadratischen Form (29) alle Koeffizienten Null sind, die ist, daß $\Delta(x, x_0)$ an der Stelle x_1 eine zweifache Nullstelle hat, oder, was dasselbe ist, daß alle an der Stelle x_0 verschwindenden Lösungen von (8) auch an der Stelle x_1 verschwinden.

Wir machen noch eine weitere Bemerkung, die nur für den Fall, daß x_1 zu x_0 konjugiert ist, in Betracht kommt: Wenn die Funktion $W(\eta, \zeta; \xi)$ für $\eta = 0$, $\zeta = 0$ ein uneigentliches Minimum hat (zufolge des eben Bewiesenen kann das nur der Fall sein, wenn x_1 zu x_0 konjugiert ist), und somit die Extremale (1) das Integral (2) zu einem uneigentlichen Minimum macht, so haben stets die beiden Scharen (15) und (16) unendlich viele Extremalen gemeinsam. Alle diese unendlich vielen Extremalenbögen, die mit dem Bogen (x_0, x_1) von (1) Anfangs- und Endpunkt gemein haben, erteilen dem Integrale (2) denselben Wert, alle übrigen diese Punkte verbindenden Kurven aber erteilen dem Integral einen größeren Wert.

Denn angenommen, die beiden Scharen (15) und (16) hätten nicht unendlich viele Extremalen gemeinsam, so müßte es im Falle des uneigentlichen Minimums offenbar in jeder Nähe des Bogens (x_0, x_1) von (1) gebrochene Extremalenzüge geben, von x_0 bis ξ bestehend aus einer Extremale aus (15), von ξ bis x_1 bestehend aus einer Extremale aus (16), die dem Integrale (2) denselben Wert erteilen wie die Extremale (1), und die auch ihrerseits das Integral (2) zu einem uneigentlichen Minimum machen, da ja andernfalls auch in jeder Nähe des Extremalenbogens (1) Kurven verliefen, die dem Integrale einen kleineren Wert erteilen als dieser Extremalenbogen, entgegen der Voraussetzung. Im Knickpunkte jedes dieser gebrochenen Extremalenzüge müßten also die Erdmannschen Bedingungen erfüllt sein:

$$f(x, y, z, y^{+\prime}, z^{+\prime}) - y^{+\prime} f_{y'}(x, y, z, y^{+\prime}, z^{+\prime}) - z^{+\prime} f_{z'}(x, y, z, y^{+\prime}, z^{+\prime})$$
$$= f(x, y, z, y^{-\prime}, z^{-\prime}) - y^{-\prime} f_{y'}(x, y, z, y^{-\prime}, z^{-\prime}) - z^{-\prime} f_{z'}(x, y, z, y^{-\prime}, z^{-\prime})$$
$$f_{y'}(x, y, z, y^{+\prime}, z^{+\prime}) = f_{y'}(x, y, z, y^{-\prime}, z^{-\prime})$$
$$f_{z'}(x, y, z, y^{+\prime}, z^{+\prime}) = f_{z'}(x, y, z, y^{-\prime}, z^{-\prime}),$$

aus denen folgen würde

$$E(x, y, z, y^{+\prime}, z^{+\prime}, y^{-\prime}, z^{-\prime}) = 0,$$

was im Widerspruche stünde mit der Annahme (4). Und daß alle den beiden Scharen (15) und (16) gemeinsamen Extremalenbögen zwischen x_0 und x_1 dem Integrale (2) denselben Wert erteilen, erkennt man in der folgenden bekannten Weise. Offenbar müssen die (15) und (16) gemeinsamen Extremalen, wenn in unendlicher Zahl vorhanden, da ja alles regulär analytisch ist, eine mindestens einparametrige Schar bilden:

$$y = y(x, a), \quad z = z(x, a).$$

Der Wert, den die Bögen (x_0, x_1) dieser Schar dem Integral (2) erteilen, werde bezeichnet mit $J(a)$. Dann ist:

$$\begin{aligned} J'(a) = \int_{x_0}^{x_1} \{ & [f_y(x, y(x, a), z(x, a), y_x(x, a), z_x(x, a)) \\ & - \frac{d}{dx} f_{y'}(x, y(x, a), z(x, a), y_x(x, a), z_x(x, a))] \, y_a(x, a) \\ & + [f_z(x, y(x, a), z(x, a), y_x(x, a), z_x(x, a)) \\ & - \frac{d}{dx} f_{z'}(x, y(x, a), z(x, a), y_x(x, a), z_x(x, a))] \, z_a(x, a) \} \, dx; \end{aligned}$$

das aber ist Null für alle a, wegen der Lagrangeschen Gleichungen (7), sodaß $J(a)$ von a unabhängig wird, wie behauptet.

§ 4.

Unsere Methode liefert nun einen sehr einfachen Beweis dafür, daß ein Extremalenbogen, der den zu x_0 konjugierten Punkt im Inneren enthält, kein Minimum des Integrales (2) liefert. Wir werden zu diesem Zweck die Abszisse x_1 in unseren obigen Formeln als variabel betrachten. Bringen wir die Abhängigkeit unserer Funktion $W(\eta, \zeta; \xi)$ von x_1 zum Ausdruck, indem wir von jetzt ab schreiben $W(\eta, \zeta; \xi, x_1)$ und berechnen wir $\frac{\partial}{\partial x_1} W(\eta, \zeta; \xi, x_1)$.

Wir erteilen dem x_1 einen festen Wert $\bar{x}_1$, bestimmen das zugehörige Intervall*) (ξ_0, ξ_1) und bezeichnen mit ξ einen inneren Punkt von (ξ_0, ξ_1). Mit P werde bezeichnet der Punkt mit den Koordinaten $\xi, y(\xi) + \eta$, $z(\xi) + \zeta$. Es läßt sich, nach dem in § 2 Bewiesenen, mit jedem Punkt x_1 der Extremale (1), wenn nur x_1 dem $\bar{x}_1$ hinlänglich benachbart und $|\xi| < \varrho, |\eta| < \varrho$ ist, durch eine und nur eine der Extremale (1) benachbarte Extremale verbinden. Bezeichnen wir den Wert des Integrales (2)

*) Es ist dasjenige Intervall (ξ_0, ξ_1), von dem zu Beginne von § 2 die Rede war.

erstreckt über die betreffende Extremale von ξ bis x_1 mit $J(x_1)$. Dann ist bekanntlich, wenn mit $y^{*\prime}, z^{*\prime}$ die Richtungekoeffizienten der durch P und den Punkt $\bar{x}_1$ hindurchgehenden Extremalen im Punkte $\bar{x}_1$ bezeichnet werden:

$$\begin{aligned} & J(\bar{x}_1 + \Delta x_1) - J(\bar{x}_1) \\ = & \{f(\bar{x}_1, y(\bar{x}_1), z(\bar{x}_1), y^{*\prime}, z^{*\prime}) - (y^{*\prime} - y'(\bar{x}_1)) f_{y'}(x_1, y(\bar{x}_1), z(\bar{x}_1), y^{*\prime}, z^{*\prime}) \\ & - (z^{*\prime} - z'(\bar{x}_1)) f_{z'}(x_1, y(\bar{x}_1), z(\bar{x}_1), y^{*\prime}, z^{*\prime})\} \Delta x_1 + [\Delta x_1]_2, \end{aligned}$$

und da das über die Extremale (1) von $\bar{x}_1$ bis $\bar{x}_1 + \Delta x_1$ erstreckte Integral (2) den Wert

$$f(\bar{x}_1, y(\bar{x}_1), z(\bar{x}_1), y'(\bar{x}_1), z'(\bar{x}_1)) \Delta x_1 + [\Delta x_1]_2$$

hat, so ergibt sich nun unmittelbar:

$$\frac{\partial}{\partial x_1} W(\eta, \zeta; \xi, x_1) = - E(x_1, y(x_1), z(x_1), y^{*\prime}, z^{*\prime}, y'(x_1), z'(x_1)); \tag{33}$$

da dieser Ausdruck nach (4) stets negativ ist*), sehen wir, *daß $W(\eta, \zeta; \xi, x_1)$ mit wachsendem x_1 fortwährend abnimmt.***)

Nun ist bekanntlich:

$$\begin{aligned} & 2E(x_1, y(x_1), z(x_1), y^{*\prime}, z^{*\prime}, y'(x_1), z'(x_1)) \\ = & f_{y'y'}(x, y(x_1), z(x_1), y'(x_1), z'(x_1)) (y^{*\prime} - y'(x_1))^2 \\ & + 2 f_{y'z'}(x_1, y(x_1), z(x_1), y'(x_1), z'(x_1)) (y^{*\prime} - y'(x_1)) (z^{*\prime} - z'(x_1)) \\ & + f_{z'z'}(x, y(x_1), z(x_1), y'(x_1), z'(x_1)) (z^{*\prime} - z'(x_1))^2 + [(y^{*\prime} - y'(x_1)) (z^{*\prime} - z'(x_1))]_3. \end{aligned}$$

Bezeichnen wir nun wieder die durch den Punkt x_1 von (1) hindurchgehende zweiparametrige Extremalenschar, wie in § 3, mit

$$y = y_1(x, \eta, \zeta), \qquad z = z_1(x, \eta, \zeta),$$

so ist offenbar:

$$y^{*\prime} = y_{1x}(x_1, \eta, \zeta), \quad z^{*\prime} = z_{1x}(x_1, \eta, \zeta)$$

und daher wieder in der Bezeichungsweise von § 3:

$$\begin{aligned} y^{*\prime} &= y'(x_1) + \eta u_1^{(1)\prime}(x_1) + \zeta \bar{u}_1^{(1)\prime}(x_1) + [\eta, \zeta]_2 \\ z^{*\prime} &= z'(x_1) + \eta u_2^{(1)\prime}(x_1) + \zeta \bar{u}_2^{(1)\prime}(x_1) + [\eta, \zeta]_2 . \end{aligned}$$

Berücksichtigen wir daher in (33) nur die Glieder zweiter Ordnung in η, ζ, so erhalten wir, nach (29), indem wir auch hier zum Ausdruck bringen, daß die $v^{(1)}$ noch mit x_1 variabel sind:

---

*) Außer für $y^{*\prime} = y'(x_1)$, $z^{*\prime} = z'(x_1)$, was aber nur eintreten kann für $\eta = \zeta = 0$.

**) Außer für $\eta = \zeta = 0$, was, als selbstverständlich, im folgenden immer weggelassen wird.

$$\frac{\partial}{\partial x_1}\{(v_1^{(0)}(\xi)-v_1^{(1)}(\xi;x_1))\,\eta^2+(v_2^{(0)}(\xi)-v_2^{(1)}(\xi;x_1))\,\eta\zeta$$
$$+(\bar{v}_1^{(0)}(\xi)-\bar{v}_1^{(1)}(\xi;x_1))\,\zeta\eta+(\bar{v}_2^{(0)}(\xi)-\bar{v}_2^{(1)}(\xi;x_1))\,\zeta^2\}$$
$$=-\{f_{y'y'}]_{x_1}(\eta u_1^{(1)\prime}(x_1)+\zeta\bar{u}_1^{(1)\prime}(x_1))^2$$
$$+2f_{y'z'}]_{x_1}(\eta u_1^{(1)\prime}(x_1)+\zeta\bar{u}_1^{(1)\prime}(x_1))(\eta u_2^{(1)\prime}(x_1)+\zeta\bar{u}_2^{(1)\prime}(x_1))$$
$$+\;f_{z'z'}]_{x_1}(\eta u_2^{(1)\prime}(x_1)+\zeta\bar{u}_2^{(1)}(x_1))^2\},$$

worin die rechts auftretenden Lösungen $u_1^{(1)}, u_2^{(1)}; \bar{u}_1^{(1)}, \bar{u}_2^{(1)}$ von (8) auch noch von der Lage von x_1 abhängig sind.

Wir behaupten, daß dieser Ausdruck sicher negativ ist. Er kann wegen des positiv definiten Charakters der Form (5) nur negativ oder Null sein, letzteres nur dann, wenn

$$\eta u_1^{(1)\prime}(x_1)+\zeta\bar{u}_1^{(1)\prime}(x_1)=0;\qquad \eta u_2^{(1)\prime}(x_1)+\zeta\bar{u}_2^{(1)\prime}(x_1)=0.$$

Aus diesen Gleichungen aber folgt: $\eta=\zeta=0$. Denn, da die beiden Lösungen von (8): $u_1^{(1)}, u_2^{(1)}; \bar{u}_1^{(1)}, \bar{u}_2^{(1)}$ linear unabhängig sind, so muß wegen

$$u_1^{(1)}(x_1)=u_2^{(1)}(x_1)=0;\qquad \bar{u}_1^{(1)}(x_1)=\bar{u}_2^{(1)}(x_1)=0$$

notwendig

$$\begin{vmatrix} u_1^{(1)\prime}(x_1)\,u_2^{(1)\prime}(x_1)\\ \bar{u}_1^{(1)\prime}(x_1)\,\bar{u}_2^{(1)\prime}(x_1)\end{vmatrix}\neq 0$$

sein. Unsere Behauptung ist also erwiesen.

Die Tatsache, daß der Bogen (x_0, x_1), wenn er den zu x_0 konjugierten Punkt im Inneren enthält, kein Minimum mehr liefert, ist hiermit ebenfalls erwiesen. In der Tat, die Form (29) ist, wenn x_1 zu x_0 konjugiert ist, semidefinit, verschwindet also für gewisse Werte von η, ζ, die nicht beide Null sind. Wie eben bewiesen, nimmt sie aber bei festgehaltenem η, ζ mit wachsendem x_1 ab, erhält also notwendig für gewisse η, ζ negative Werte, sobald x_1 den zu x_0 konjugierten Punkt überschritten hat; die Funktion $W(\eta, \zeta; \xi)$ hat also dann kein Minimum mehr für $\eta=\zeta=0$, sodaß auch der Extremalenbogen (x_0, x_1) kein Minimum mehr liefert.

Wir wissen nunmehr, daß sobald x_1 den zu x_0 konjugierten Punkt überschritten hat, die Form (29) negativer Werte fähig wird. Da ihre Determinante solange $x_1 < x_0^{**}$, wie wir wissen, nicht Null ist, ist sie also entweder indefinit oder negativ definit. Wir können nun angeben, wann jeder dieser beiden Fälle eintritt, und daraus weitere Schlüsse ziehen.

Die Form (29) wird, wenn x_1 den zu x_0 konjugierten Punkt x_0^* überschreitet, indefinit, wenn $\Delta(x, x_0)$ in x_0^* eine einfache Nullstelle, sie wird negativ definit, wenn $\Delta(x, x_0)$ daselbst eine zweifache Nullstelle hat.

In der Tat, im ersteren Falle ist für $x_1 = x_0^*$ die Form (29) eine nicht identisch verschwindende positiv semidefinite Form; wir haben dies alles ausführlich bewiesen mit Ausnahme des positiven Zeichens; das aber ist evident, denn solange x_1 zwischen x_0 und x_0^* liegt, muß die Form (29) positiv definit sein, da ja dann der Bogen (x_0, x_1) der Extremale (1) wirklich ein Minimum liefert, mithin die Funktion $W(\eta, \zeta; \xi, x_1)$ für $\eta = 0, \zeta = 0$ ein Minimum haben muß, was, da die Determinante ihrer Glieder zweiter Ordnung nicht Null ist, nur möglich ist, wenn die Glieder zweiter Ordnung eine positiv definite Form bilden. Da sich nun aber bei festgehaltenem η, ζ die Werte dieser Form mit x_1 stetig ändern, ist sie für $x_1 = x_0^*$ offenbar keiner negativen Werte fähig. Aus demselben Grunde wird also diese Form, solange x_1 dem x_0^* genügend nahe bleibt, für gewisse η, ζ positiv bleiben, und kann somit nicht negativ definit sein. — Verschwindet hingegen $\Delta(x, x_0)$ in x_0^* von zweiter Ordnung, so ist, wie schon oben betont, für $x_1 = x_0^*$ die Form (29) identisch Null. Da sie nun bei festgehaltenem η, ζ mit wachsendem x_1 abnimmt, muß sie, sobald x_1 über x_0^* hinausrückt, negativ definit werden.

Wir wollen hier einen Satz einfügen über die Art, wie sich der zu x_0 konjugierte Punkt ändert bei Verschiebung des x_0 sowie bei Übergang von einer Extremale zu benachbarten Extremalen. Sei

$$(34) \qquad y = y(x, \bar{y}_0, \bar{z}_0, \bar{y}_0', \bar{z}_0'); \quad z = z(x, \bar{y}_0, \bar{z}_0, \bar{y}_0', \bar{z}_0')$$

diejenige Lösung der Lagrangeschen Gleichungen (7), welche für $x = x_0$ die Anfangswerte $\bar{y}_0, \bar{z}_0, \bar{y}_0', \bar{z}_0'$ hat. Die Anfangswerte der Extremale (1) für $x = x_0$ seien: y_0, z_0, y_0', z_0'. Zu jeder der Extremalen (34) gehört ein akzessorisches Differentialgleichungssystem:

$$(35) \qquad \psi_1(u_1, u_2; \bar{y}_0, \bar{z}_0, \bar{y}_0', \bar{z}_0') = 0, \quad \psi_2(u_1, u_2; \bar{y}_0, \bar{z}_0, \bar{y}_0', \bar{z}_0') = 0,$$

dessen Koeffizienten, solange x im Intervall (x_0, x_1) liegt und $\bar{y}_0, \bar{z}_0, \bar{y}_0', \bar{z}_0'$ den Ungleichungen (18) genügen, regulär analytisch von diesen vier Größen abhängen. Auf jeder der Extremalen (34) gehört zum Punkte $\bar{x}_0$ eine Determinante $\Delta(x, \bar{x}_0)$, die gleichfalls als regulär analytisch von $\bar{x}_0, \bar{y}_0, \bar{z}_0, \bar{y}_0', \bar{z}_0'$ abhängig angenommen werden kann und mit

$$\Delta(x, \bar{x}_0; \bar{y}_0, \bar{z}_0, \bar{y}_0', \bar{z}_0')$$

bezeichnet werde. Man beweist dann ohne weiteres den Satz:

Es habe auf der Extremale (1) *die Determinante* $\Delta(x, x_0; y_0, z_0, y_0', z_0')$ *in dem zu* x_0 *konjugierten Punkte* x_0^* *eine einfache Nullstelle, und es bedeute* ε *eine beliebige, aber hinlänglich kleine positive Zahl. Dann kann* δ *so gewählt werden, daß für*

$$(36) \qquad |\bar{x}_0 - x_0| < \delta, \ |\bar{y}_0 - y_0| < \delta, \ |\bar{z}_0 - z_0| < \delta, \ |\bar{y}_0' - y_0'| < \delta, \ |\bar{z}_0' - z_0'| < \delta$$

die Determinante $\Delta(x, \bar{x}_0; \bar{y}_0, \bar{z}_0, \bar{y}_0', \bar{z}_0')$ *im Intervalle* $|x - x_0^*| < \varepsilon$ *eine und nur eine einfache Nullstelle besitzt.*

In der Tat ergibt sich, da

$$\Delta_x(x_0^*, x_0; y_0, z_0, y_0', z_0') \neq 0$$

ist, der Satz durch bloße Anwendung der Theorie der impliziten Funktionen. Es kann aus ihm ohne weiteres geschlossen werden, *daß die Abszisse* $\bar{x}_0^*$ *des zu* $\bar{x}_0$ *konjugierten Punktes eine an der Stelle* $x_0, y_0, z_0, y_0', z_0'$ *regulär analytische Funktion von* $\bar{x}_0, \bar{y}_0, \bar{z}_0, \bar{y}_0', \bar{z}_0'$ *ist.* Denn beachtet man, daß sich offenbar, wenn h genügend klein ist, von jedem der Differentialgleichungssysteme (35) konjugierte Lösungen angeben lassen, deren Determinante im Intervall $(x_0 - h, x_0 + h)$ nicht Null ist, so erkennt man leicht, daß die im Intervall $(x_0^* - \varepsilon, x_0^* + \varepsilon)$ liegende Nullstelle von $\Delta(x, \bar{x}_0, \bar{y}_0, \bar{z}_0, \bar{y}_0', \bar{z}_0')$ die Abszisse des zu $\bar{x}_0$ konjugierten Punktes ist.

Im Falle, daß $\Delta(x, x_0; y_0, z_0, y_0', z_0')$ in x_0^* eine *zweifache Nullstelle* hat, gilt folgender Satz:

Ist ε *eine beliebige aber hinlänglich kleine positive Zahl, so kann* δ *so gewählt werden, daß, solange die Ungleichungen* (36) *gelten, die Determinante* $\Delta(x, \bar{x}_0; \bar{y}_0, \bar{z}_0, \bar{y}_0', \bar{z}_0')$ *im Intervall* $|x - x_0^*| < \varepsilon$ *entweder eine zweifache oder zwei einfache Nullstellen besitzt.*

Beachten wir, zum Beweise, die quadratische Form (29). Es bedeuten in ihr $v_1^{(0)}(x)$, $v_2^{(0)}(x)$; $\bar{v}_1^{(0)}(x)$, $\bar{v}_2^{(0)}(x)$ die vermöge (10) den Lösungen $u_1^{(0)}(x)$, $u_2^{(0)}(x)$; $\bar{u}_1^{(0)}(x)$, $\bar{u}_2^{(0)}(x)$ von (8) zugeordneten Ausdrücke; und diese Lösungen waren charakterisiert durch die Randbedingungen

$$(37)\qquad \begin{cases} u_1^{(0)}(x_0) = 0, & u_2^{(0)}(x_0) = 0; \quad u_1^{(0)}(\xi) = 1, \quad u_2^{(0)}(\xi) = 0, \\ \bar{u}_1^{(0)}(x_0) = 0, & \bar{u}_2^{(0)}(x_0) = 0; \quad \bar{u}_1^{(0)}(\xi) = 0, \quad \bar{u}_2^{(0)}(\xi) = 1. \end{cases}$$

Ebenso sind $v_1^{(1)}(x)$, $v_2^{(1)}(x)$; $\bar{v}_1^{(1)}(x)$, $\bar{v}_2^{(1)}(x)$ die vermöge (10) den durch die Randbedingungen

$$(38)\qquad \begin{cases} u_1^{(1)}(x_1) = 0, & u_2^{(1)}(x_1) = 0; \quad u_1^{(1)}(\xi) = 1, \quad u_2^{(1)}(\xi) = 0, \\ \bar{u}_1^{(1)}(x_1) = 0, & \bar{u}_2^{(1)}(x_1) = 0; \quad \bar{u}_1^{(1)}(\xi) = 0, \quad \bar{u}_2^{(1)}(\xi) = 1 \end{cases}$$

festgelegten Lösungen von (8) zugeordeten Ausdrücke. Nehmen wir $x_1 = x_0^* + \varepsilon < x_0^{**}$, so ist, wie wir wissen, wegen des zweifachen Verschwindens von $\Delta(x, x_0)$ an der Stelle x_0^* die Form (29) negativ definit.

Wir ersetzen die Randbedingungen (37) durch die folgenden:

$$\begin{aligned} u_1^{(0)}(\bar{x}_0) &= 0, \quad u_2^{(0)}(\bar{x}_0) = 0; \quad u_1^{(0)}(\xi) = 1, \quad u_2^{(0)}(\xi) = 0, \\ \bar{u}_1^{(0)}(\bar{x}_0) &= 0, \quad \bar{u}_2^{(0)}(\bar{x}_0) = 0; \quad \bar{u}_1^{(0)}(\xi) = 0, \quad \bar{u}_2^{(0)}(\xi) = 1 \end{aligned}$$

und bestimmen aus diesen Randbedingungen sowie aus den Randbedingungen (38) Lösungen von (35). Sie werden offenbar regulär analytische Funktionen von $\bar{x}_0, \bar{y}_0, \bar{z}_0, \bar{y}_0', \bar{z}_0'$. Aus diesen bilden wir weiter, nach Formel (10), in der nun aber in den partiellen Ableitungen von f die Argumente zu ersetzen sind durch die Ausdrücke (34) und ihre Ableitungen nach x, die zugehörigen $v_1^{(0)}(x)$, $v_2^{(0)}(x)$; $\bar{v}_1^{(0)}(x)$, $\bar{v}_2^{(0)}(x)$; $v_1^{(1)}(x)$, $v_2^{(1)}(x)$; $\bar{v}_1^{(1)}(x)$, $\bar{v}_2^{(1)}(x)$. Aus diesen bilden wir weiter die Form (29), deren Koeffizienten nun regulär analytische Funktionen von $\bar{x}_0, \bar{y}_0, \bar{z}_0, \bar{y}_0', \bar{z}_0'$ geworden sind; sie heiße etwa:

(39)
$$\Phi(\eta, \zeta; \xi, x_1, \bar{x}_0, \bar{y}_0, \bar{z}_0, \bar{y}_0', \bar{z}_0').$$

Die Form (29) erhält man daraus für

$$\bar{x}_0 = x_0, \ \bar{y}_0 = y_0, \ \bar{z}_0 = z_0, \ \bar{y}_0' = y_0', \ \bar{z}_0' = z_0'.$$

Da die Form (29) für $x_1 < x_0^*$ positiv definit, für $x_1 = x_0^* + \varepsilon$ negativ definit ist, muß, bei genügend kleinem δ, solange die Ungleichungen (36) bestehen, dasselbe für (39) gelten. Das ist nur so möglich, daß die Form (39) entweder für ein und nur ein x_1 des Intervalles $(x_0^* - \varepsilon, x_0^* + \varepsilon)$ identisch verschwindet, oder für ein und nur ein x_1 dieses Intervalles positiv semidefinit, für ein und nur ein anderes negativ semidefinit wird, wie man erkennt, wenn man berücksichtigt, daß auch (39) mit wachsendem x_1 abnehmen muß. Daraus aber entnimmt man ohne weiteres die Richtigkeit unseres Satzes.

Man kann in diesem Falle nicht mehr behaupten, daß x_0^* als Funktion von $\bar{x}_0, \bar{y}_0, \bar{z}_0, \bar{y}_0', \bar{z}_0'$ an der Stelle $x_0, y_0, z_0, y_0', z_0'$ regulär analytisch ist; es kann dort verzweigt sein wie eine algebraische Funktion; jedenfalls aber ist x_0^* eine an der genannten Stelle stetige Funktion dieser Argumente.

§ 5.

Wir wollen uns nun mit dem Falle näher beschäftigen, daß $\Delta(x, x_0)$ an der Stelle x_0^* eine einfache Nullstelle hat. Wir haben eben gezeigt, daß in diesem Falle die Form (29), wenn x_1 den Punkt x_0^* überschreitet, indefinit wird. Offenbar bleibt sie es, solange x_1 diesseits des Punktes x_0^{**} (der ersten auf x_0^* folgenden Nullstelle von $\Delta(x, x_0)$) bleibt. Denn sei $\bar{x}_1$ irgend ein Wert von x_1, der ins Innere des Intervalles (x_0^*, x_0^{**}) fällt. Wir bestimmen nach § 2 das zugehörige Intervall (ξ_0, ξ_1). Nehmen wir in diesem Intervalle ξ beliebig an, so ist die Form (29) definiert für alle Werte des x_1 im Intervalle $(x_0^*, \bar{x}_1)$. Da aber ihre Determinante für $x_0^* < x_1 \leqq \bar{x}_1$ nicht verschwindet, und sie für Werte von x_1, die nahe an x_0^* liegen, indefinit ist, so ist sie auch noch für $x_1 = \bar{x}_1$ indefinit.

Nehmen wir also den Punkt x_1 irgendwie zwischen x_0^* und x_0^{**} an. Die Form (29) fällt indefinit aus. Sie ist also das Produkt zweier reeller Linearfaktoren:

(40)
$$(\alpha\eta - \beta\zeta)(\alpha'\eta - \beta'\zeta).$$

Von den vier Teilen, in die die beiden Geraden $\alpha\eta - \beta\zeta = 0$ und $\alpha'\eta - \beta'\zeta = 0$ die $\eta\zeta$-Ebene zerlegen, ist unsere Form in je zweien (die

Scheitelwinkel bilden) positiv, in je zweien negativ. Legen wir in dem Gebiet, in dem sie positiv ist, die beiden Geraden

$$(41) \qquad \bar{\alpha}\eta - \bar{\beta}\zeta = 0; \quad \bar{\alpha}'\eta - \bar{\beta}'\zeta = 0$$

und betrachten von den vier Teilen, in welche diese beiden Geraden die $\eta\zeta$-Ebene zerlegen, jene zwei, in denen die Form (29) positiv ist, so können wir nun offenbar sagen, daß die Funktion $W(\eta, \zeta; \xi)$, verglichen mit den in den genannten zwei Gebieten liegenden Punkten, im Nullpunkte ein Minimum hat. Um dies einzusehen, entwickle man $W(\eta, \zeta; \xi)$ nach Potenzen von η und ζ bis zu den Gliedern dritter Ordnung, die man als Restglied schreibe. Die Glieder zweiter Ordnung bleiben in den genannten Gebieten größer als das Produkt einer von Null verschiedenen positiven Zahl mit $\eta^2 + \zeta^2$; während die Glieder dritter Ordnung (wenn $\eta^2 + \zeta^2$ endlich bleibt) eine endliche Schranke nicht übersteigen, woraus man das Gewünschte unmittelbar entnimmt.

Für unser Variationsproblem folgt nun daraus, daß der Bogen (x_0, x_1) der Extremale (1) dem Integrale (2) einen kleineren Wert erteilt als jede andere hinlänglich benachbarte Kurve von gleichen Endpunkten, deren y- und z-Koordinaten an der Stelle ξ die Form haben

$$y = y(\xi) + \eta, \quad z = z(\xi) + \zeta,$$

wo η und ζ in die oben genannten beiden Gebiete hineinfallen, denen gegenüber $W(\eta, \zeta; \xi)$ für $\eta = \zeta = 0$ Minimum ist.

Man beachte nun, daß man dieselbe Überlegung durchführen kann für jeden Wert von ξ, der dem zum Werte x_1 gehörigen Intervalle (ξ_0, ξ_1) angehört. Die Koeffizienten der Form (29) ändern sich stetig mit ξ, daher kann man auch die Geraden (41) stetig mit ξ variieren lassen. Da sie so gewählt werden können, daß sie für keinen Wert von ξ in (ξ_0, ξ_1) zusammenfallen, bleibt der Winkel, den sie bilden, oberhalb einer von Null verschiedenen Grenze. Ferner kann unabhängig von ξ die Zahl δ so gewählt werden, daß gegenüber allen in den genannten Gebieten liegenden η, ζ, für die $\eta^2 + \zeta^2 < \delta$ ist, $W(\eta, \zeta; \xi)$ im Nullpunkte Minimum ist. Fassen wir dies alles zusammen, so können wir den Satz aussprechen:

Es liege der Punkt x_1 zwischen dem zu x_0 konjugierten Punkte x_0^* und der ersten auf x_0^* folgenden Nullstelle von $\Delta(x, x_0)$. Ferner habe $\Delta(x, x_0)$ in x_0^* eine einfache Nullstelle. Wir bestimmen zu x_1 ein Intervall (ξ_0, ξ_1) nach § 2. Die Nachbarschaft ϱ der Extremale (1) sei hinlänglich klein angenommen. Man kann dann längs des Bogens (ξ_0, ξ_1) dieser Extremale zwei sich auf der Extremale schneidende Gerade sich stetig so bewegen lassen, daß der Winkel, den sie miteinander bilden, über einer von Null verschiedenen Grenze bleibt, und daß von den vier Gebieten, in die die Nachbarschaft ϱ des Bogens (ξ_0, ξ_1) unserer Extremale dadurch zer-

legt wird, zwei (die zueinander die Lage von Scheitelwinkeln haben) die Eigenschaft besitzen, daß jede zulässige, ganz in der Nachbarschaft ϱ *verbleibende Vergleichskurve, die auch nur einen einzigen Punkt eines dieser beiden Gebiete enthält, dem Integrale* (2) *einen größeren Wert erteilt, als der Bogen* (x_0, x_1) *der Extremale* (1).

Ganz analoge Betrachtungen kann man durchführen, wenn x_1 der zu x_0 konjugierte Punkt ist und $\Delta(x, x_0)$ in x_1 von erster Ordnung verschwindet. Die Form (29) wird dann das Quadrat einer nicht identisch verschwindenden reellen Linearform:

$$(\alpha\eta - \beta\zeta)^2.$$

Wählt man die zwei Geraden (41) der Geraden $\alpha\eta - \beta\zeta = 0$ benachbart, so bleibt außerhalb der beiden kleinen Winkel, die diese zwei Geraden miteinander bilden, unsere Form oberhalb des Produktes einer von Null verschiedenen positiven Zahl mit $\eta^2 + \zeta^2$, woraus wie oben gefolgert wird, daß die Funktion $W(\eta, \zeta; \xi)$ für $\eta = 0$, $\zeta = 0$ Minimum ist gegenüber allen benachbarten Punkten, mit Ausnahme der in jenen beiden kleinen Winkeln gelegenen. Auf unser Variationsproblem übertragen, liefert das den Satz:

Sei x_1 *der zu* x_0 *konjugierte Punkt, und es habe in ihm* $\Delta(x, x_0)$ *eine einfache Nullstelle. Das Intervall* (ξ_0, ξ_1) *liege ganz im Inneren von* (x_0, x_1); *man kann dann aus einer hinlänglich kleinen Umgebung* ϱ *des Bogens* (ξ_0, ξ_1) *der Extremale* (1) *durch zwei einander benachbarte, sich auf der Extremale* (1) *schneidende Gerade, die stetig längs des Bogens* (ξ_0, ξ_1) *gleiten, zwei schmale Gebiete (die zueinander die Lage von Scheitelwinkeln haben) so herausschneiden, daß jede ganz in der Nachbarschaft* ϱ *des Bogens* (x_0, x_1) *verbleibende zulässige Vergleichskurve, die für* $\xi_0 \leqq x \leqq \xi_1$ *nicht ganz in jenen zwei schmalen Gebieten verbleibt, dem Integral* (2) *einen größeren Wert erteilt als der Bogen* (x_0, x_1) *unserer Extremale. Der Winkel zwischen jenen zwei Geraden kann beliebig klein angenommen werden, wenn nur die Nachbarschaft* ϱ *hinlänglich klein gewählt wird.*

Wir wollen nun untersuchen, wie sich diese Gebiete, mit denen eine Vergleichskurve nur einen Punkt gemeinsam zu haben braucht, um dem Integrale einen größeren Wert zu erteilen als die Extremale, ändern, wenn sich der Punkt x_1 verschiebt. Wir haben eben gesehen, daß sie, wenn x_1 der zu x_0 konjugierte Punkt ist, sich von der genannten Nachbarschaft ϱ des Extremalenbogens (ξ_0, ξ_1) beliebig wenig unterscheiden, und (ξ_0, ξ_1) kann dann selbst beliebig wenig von (x_0, x_1) verschieden angenommen werden. Rückt x_1 über x_0^* hinaus, so wird zunächst (ξ_0, ξ_1) immer kleiner, da der Punkt x_1^* offenbar (siehe S. 119) nach rechts rückt, und das Intervall (ξ_0, ξ_1) im Inneren von (x_1^*, x_0^*) zu wählen war.

Sodann erkennen wir leicht, daß bei wachsendem x_1 und festgehaltenem ξ jede der beiden Geraden (Formel (40))

$$\alpha\eta - \beta\zeta = 0, \quad \alpha'\eta - \beta'\zeta = 0$$

sich fortwährend in derselben Richtung dreht, und zwar so, daß derjenige Winkel zwischen diesen beiden Geraden, in dem die Punkte der im obigen Satze erwähnten zwei Gebiete liegen, fortwährend kleiner wird. Es folgt dies daraus, daß, wie oben bewiesen:

$$\frac{\partial}{\partial x_1}(\alpha\eta - \beta\zeta)(\alpha'\eta - \beta'\zeta) < 0$$

ist, sodaß für solche Werte η, ζ, für welche unsere Form bei einem bestimmten Werte x_1 negativ ist, sie auch bei allen größeren Werten x_1 negativ ist, während für alle Werte η, ζ, für die sie bei einem bestimmten Werte von x_1 verschwindet, sie bei allen größeren Werten von x_1 gleichfalls negativ sein muß. Die beiden Gebiete unsres obigen Satzes werden also bei wachsendem x_1 auch dadurch immer kleiner, daß die Winkel der ihre Begrenzung erzeugenden Geraden kleiner werden. —

Für das Folgende sind nun zwei Fälle zu unterscheiden, je nachdem, wenn sich x_1 dem Punkte x_0^{**} von links her unbegrenzt nähert, sich auch x_1^* dem Punkt x_0^* unbegrenzt nähert oder nicht.*) Wir beschäftigen uns zunächst näher mit dem letzten der beiden Fälle.

In diesem Falle kann das Intervall (ξ_0, ξ_1) völlig unabhängig von der Lage des Punktes x_1 im Intervalle (x_0^*, x_0^{**}) angenommen werden: es bezeichne $\bar{x}_1^*$ die Grenzlage, der x_1^* zustrebt, wenn x_1 gegen x_0^{**} geht, und die nichts anderes ist, als die der Stelle x_0^{**} unmittelbar vorangehende Nullstelle von $\Delta(x, x_0^{**})$; nach Voraussetzung ist $\bar{x}_1^* < x_0^*$. Man braucht nun nur (ξ_0, ξ_1) ganz im Inneren von $(\bar{x}_1^*, x_0^*)$ anzunehmen. Die Konstruktion der Funktion $W(\eta, \zeta; \xi, x_1)$ ist für alle ξ dieses Intervalles, auch für $x_1 = x_0^{**}$ möglich.**) Beachten wir ferner, daß in diesem Falle $\Delta(x, x_0)$ im Punkte x_0^{**} sicher eine einfache Nullstelle hat; denn hätte es dort eine zweifache Nullstelle, so wäre es, wie in § 1 bewiesen, bis auf einen konstanten Faktor gleich $\Delta(x, x_0^{**})$ und es müßte daher $\bar{x}_1^* = x_0^*$ sein.

Wir behaupten: *in diesem Falle verchwinden in* $W(\eta, \zeta; \xi, x_0^{**})$ *die*

*) Durch analoge Überlegungen, wie wir sie zu Ende von § 4 angestellt haben, läßt sich zeigen, daß x_1^* stetig wächst, wenn x_1 stetig wächst, so daß die hier gemachte Fallunterscheidung völlig gleichbedeutend ist mit der, ob die der Stelle x_0^{**} unmittelbar vorangehende Nullstelle von $\Delta(x, x_0^{**})$ mit x_0^* zusammenfällt oder nicht.

**) Denn offenbar gelten nun die Sätze des § 2 samt den dort gegebenen Beweisen auch noch, wenn x_1 nach x_0^{**} fällt, ja auch noch, wenn $x_1 > x_0^{**}$ ist, aber genügend nahe an x_0^{**} liegt.

Glieder zweiter Ordnung nicht alle und bilden eine negativ semidefinite Form).*

Um das zu beweisen, bezeichnen wir (analog wie S. 127) mit $u_1^{(0)}(x)$, $u_2^{(0)}(x)$ und $\bar{u}_1^{(0)}(x)$, $\bar{u}_2^{(0)}(x)$ zwei den Bedingungen

$$(42)\quad \begin{array}{ll} u_1^{(0)}(x_0)=0,\ u_2^{(0)}(x_0)=0; & \bar{u}_1^{(0)}(x_0)=0,\ \bar{u}_2^{(0)}(x_0)=0, \\ u_1^{(0)}(\xi)\ =1,\ u_2^{(0)}(\xi)=0; & \bar{u}_1^{(0)}(\xi)\ =0,\ \bar{u}_2^{(0)}(\xi)\ =1 \end{array}$$

genügende Lösungen von (8); ebenso mit $u_1^{(1)}(x), u_2^{(1)}(x)$ und $\bar{u}_1^{(1)}(x), \bar{u}_2^{(1)}(x)$ zwei den Bedingungen

$$(43)\quad \left\{ \begin{array}{llll} u_1^{(1)}(x_0^{**})=0, & u_2^{(1)}(x_0^{**})=0; & \bar{u}_1^{(1)}(x_0^{**})=0, & \bar{u}_2^{(1)}(x_0^{**})=0, \\ u_1^{(1)}(\xi)=1, & u_2^{(1)}(\xi)=0; & \bar{u}_1^{(1)}(\xi)=0, & \bar{u}_2^{(1)}(\xi)=1, \end{array} \right.$$

genügende Lösungen von (8). Würden nun in $W(\eta, \zeta; \xi, x_0^{**})$ alle Glieder zweiter Ordnung wegfallen, so müßte nach (29)

$$v_1^{(0)}(\xi)=v_1^{(1)}(\xi),\ v_2^{(0)}(\xi)=v_2^{(1)}(\xi);\ \bar{v}_1^{(0)}(\xi)=\bar{v}_1^{(1)}(\xi),\ \bar{v}_2^{(0)}(\xi)=\bar{v}_2^{(1)}(\xi)$$

sein, woraus aber in Verbindung mit (42) und (43) folgen würde:

$$u_1^{(0)}(x)=u_1^{(1)}(x),\ u_2^{(0)}(x)=u_2^{(1)}(x);\ \bar{u}_1^{(0)}(x)=\bar{u}_1^{(1)}(x),\ \bar{u}_2^{(0)}(x)=\bar{u}_2^{(1)}(x).$$

D. h. es verschwänden sämtliche in x_0 verschwindenden Lösungen von (8) auch in x_0^{**} und es wäre somit (bis auf einen konstanten Faktor) $\Delta(x, x_0)$ gleich $\Delta(x, x_0^{**})$ und hätte somit in x_0^{**} eine zweifache Nullstelle, was, wie gezeigt, nicht sein kann. Unsere Form verschwindet also nicht identisch. Daß sie semidefinit sein muß, zeigt man wie auf S. 128. Daß sie endlich nicht positiv semidefinit sein kann, folgt daraus, daß sie bei wachsendem x_1 und festem η, ζ und ξ abnimmt, und bereits für $x_0^* < x_1 < x_0^{**}$ indefinit ist, also für $x_1 = x_0^{**}$ sicher negativer Werte fähig ist.

In diesem Falle ist die Konstruktion von $W(\eta, \zeta; \xi, x_1)$ auch noch möglich für $x_1 > x_0^{**}$ (solange x_1 dem x_0^{**} genügend nahe bleibt). Offenbar bilden die Glieder zweiter Ordnung dann eine negativ definite Form. Denn da sie für $x_1 = x_0^{**}$ bereits negativ semidefinit ist und mit wachsendem x_1 abnimmt, muß sie für $x_1 > x_0^{**}$ negativ definit werden.

Wir können zusammenfassen:

Hat $\Delta(x, x_0)$ in x_0^* eine einfache Nullstelle und ist $\bar{x}_1^* < x_0^*$, so bilden die Glieder zweiter Ordnung in $W(\eta, \zeta; \xi, x_1)$ eine quadratische Form, die für $x_1 < x_0^*$ positiv definit, für $x_1 = x_0^*$ positiv semidefinit, für $x_0^* < x_1 < x_0^{**}$ indefinit, für $x_1 = x_0^{**}$ negativ semidefinit, für $x_1 > x_0^{**}$ negativ definit ist.

---

*) Daraus folgt, daß die S. 136 erwähnten Gebiete, von denen bereits gezeigt wurde, daß sie mit wachsendem x_1 schmäler werden, sich auf Null reduzieren, wenn x_1 sich dem Punkte x_0^{**} nähert.

Wir haben oben bewiesen, daß, falls $\Delta(x, x_0)$ in x_0^* eine einfache Nullstelle hat und $x_1 < x_0^{**}$ ist, sich stets in jeder Nachbarschaft der Extremale (1) Gebiete angeben lassen (die also bis an die Extremale (1) heranreichen) von der Eigenschaft, daß jede zulässige Vergleichskurve von gleichem Anfangs- und Endpunkt wie der Bogen (x_0, x_1) der Extremale (1), die nur einen einzigen Punkt eines solchen Gebietes enthält, dem Integrale (2) einen größeren Wert erteilt als der Bogen (x_0, x_1) der Extremale (1), sodaß also dieser Bogen in gewissem Sinne immer noch ein partielles Minimum von (2) liefert. Wir wollen zeigen, daß diese Eigenschaft im Punkte x_0^{**} aufhört. Es gilt der Satz:

Hat $\Delta(x, x_0)$ im Punkte x_0^* eine einfache Nullstelle, ist $x_1 > x_0^{**}$ und $x_0 < \bar{x} < x_1$, bedeutet ferner M irgend eine Punktmenge in der Ebene $x = \bar{x}$, die den Schnittpunkt dieser Ebene mit der Extremale (1) zum Häufungspunkt hat, so gehen stets durch Punkte von M zulässige Vergleichskurven von gleichem Anfangs- und Endpunkt wie der Bogen (x_0, x_1) der Extremale (1), die dem Integrale (2) einen kleineren Wert erteilen als dieser Extremalenbogen.

Wie oben unterscheiden wir die beiden Fälle: $\bar{x}_1^* < x_0^*$ und $\bar{x}_1^* = x_0^*$. Wir behandeln zunächst den ersten der beiden Fälle. Wir wählen einen Punkt $\bar{x}_1$ so, daß $\bar{x}_1 \neq \bar{x}$, $x_0^{**} < \bar{x}_1 < x_1$ und so, daß die Konstruktion von $W(\eta, \zeta; \xi, \bar{x}_1)$ für ein geeignetes ξ noch möglich ist. Die Glieder zweiter Ordnung in $W(\eta, \zeta; \xi, \bar{x}_1)$ bilden eine negativ definite Form, die Funktion $W(\eta, \zeta; \xi, \bar{x}_1)$ hat daher für $\eta = 0$, $\zeta = 0$ ein Maximum, d. h. alle die gebrochenen Extremalenzüge, die von x_0 bis ξ mit einer der Extremale (1) hinlänglich benachbarten Extremale aus (15), von ξ bis $\bar{x}_1$ aber mit einer Extremale aus der durch den Punkt $\bar{x}_1$ von (1) hindurchgehenden zweiparametrigen Extremalenschar zusammenfallen, erteilen dem Integral (2) einen kleineren Wert als der Bogen $(x_0, \bar{x}_1)$ der Extremale (1). Ist nun zunächst $\bar{x} < \bar{x}_1$, so geht durch jeden der Extremale (1) hinlänglich benachbarten Punkt der Menge M ein solcher gebrochener Extremalenzug hindurch, uud unser Satz ist bewiesen: Man wähle eine Vergleichskurve, die von x_0 bis $\bar{x}_1$ mit dem genannten gebrochenen Extremalenzug, von $\bar{x}_1$ bis x_1 mit der Extremale (1) zusammenfällt; sie erteilt dem Integral (2) einen kleineren Wert, als der Bogen (x_0, x_1) der Extremale (1). Ist hingegen $\bar{x} > \bar{x}_1$, so nehme man irgend einen dieser Extremalenzüge her, der etwa dem Integral (2) einen um die positive Zahl k kleineren Wert erteile als der Bogen $(x_0, \bar{x}_1)$ der Extremale (1). Seien $P^{(1)}, P^{(2)}, \ldots, P^{(n)}, \ldots$ eine Folge von Punkten aus M, die sich gegen den Schnittpunkt von (1) mit der Ebene $x = \bar{x}$ häufen; offenbar läßt sich dann eine Folge von Kurven $C^{(1)}, C^{(2)}, \ldots, C^{(n)}, \ldots$ finden von folgenden Eigenschaften: Sie haben gleichen Anfangs- und Endpunkt, wie der Bogen

$(\bar{x}_1, x_1)$ der Extremale (1), die Kurve $C^{(n)}$ geht durch den Punkt $P^{(n)}$, die Kurven $C^{(n)}$ nähern sich mit wachsendem n unbegrenzt dem Bogen $(\bar{x}_1, x_1)$ von (1); sei $J^{(n)}$ der Wert, den die Kurve $C^{(n)}$ dem Integral (2) erteilt, $J^{(0)}$ der Wert, den der Bogen $(\bar{x}_1, x_1)$ der Extremale (1) diesem Integrale erteilt, so ist $\lim\limits_{n=\infty} J^{(n)} = J^{(0)}$. Wählen wir n so groß, daß $|J^{(n)} - J^{(0)}| < k$, und betrachten eine Vergleichskurve, die von x_0 bis $\bar{x}_1$ mit dem genannten gebrochenen Extremalenzug, von $\bar{x}_1$ bis x_1 aber mit $C^{(n)}$ zusammenfällt, so erteilt sie dem Integral (2) offenbar einen kleineren Wert als der Bogen (x_0, x_1) der Extremale (1), und unser Satz ist wieder bewiesen.

Nunmehr behandeln wir den zweiten der oben unterschiedenen Fälle: $\bar{x}_1{}^* = x_0{}^*$. Da $x_1 > x_0{}^{**}$ und die erste dem Werte $x_0{}^{**}$ vorausgehende Nullstelle von $\Delta(x, x_0{}^{**})$ in $x_0{}^*$ liegt, so ist hier offenbar $x_1{}^* > x_0{}^*$. Sei zunächst $\bar{x} > x_0{}^*$. Wir wählen einen Wert $\bar{x}_1$, sodaß $x_0{}^* < \bar{x}_1 < \bar{x}$. Der Bogen $(x_0, \bar{x}_1)$ der Extremale (1) enthält dann den zu seinem Anfangspunkt konjugierten Punkt $x_0{}^*$ im Inneren, es gibt also in jeder Nachbarschaft von ihm Vergleichskurven von gleichem Anfangs- und Endpunkt, die dem Integrale (2) einen kleineren Wert erteilen. Sei eine solche Vergleichskurve gegeben, die dem Integrale einen um die positive Zahl k kleineren Wert erteilt als der Bogen $(x_0, \bar{x}_1)$ der Extremale (1). Indem wir die Vergleichskurve im Intervalle $(\bar{x}_1, x_1)$ ergänzen wie oben, erkennen wir die Richtigkeit der Behauptung. Sei sodann $\bar{x} \leqq x_0{}^*$; dann ist auch $\bar{x} < x_1{}^*$. Wir wählen $\bar{x}_1$ so, daß $\bar{x} < \bar{x}_1 < x_1{}^*$. Der Bogen $(\bar{x}_1, x_1)$ der Extremale (1) enthält dann den zu seinen Anfangspunkt konjugierten Punkt im Innern, sodaß wir in ganz analoger Weise wie oben (nur daß die Intervalle $(x_0, \bar{x}_1)$ und $(\bar{x}_1, x_1)$ ihre Rollen vertauscht haben) zum Ziele gelangen.

Wir haben bisher vorausgesetzt, daß $\Delta(x, x_0)$ im Punkt $x_0{}^*$ eine einfache Nullstelle hat. Es bleibt der Fall zu erörtern, daß es daselbst von zweiter Ordnung verschwindet.

In diesem Falle bilden für $x_0{}^* < x_1 < x_0{}^{**}$ die Glieder zweiter Ordnung in $W(\eta, \zeta; \xi, x_1)$ eine negativ definite quadratische Form, wie in § 4 gezeigt wurde. Genau so wie oben (im Falle, daß $\Delta(x, x_0)$ in $x_0{}^*$ von erster Ordnung Null wird, $\bar{x}_1{}^* < x_0{}^*$ und $x_1 > x_0{}^{**}$ ist) beweist man daraus folgenden Satz:

Hat $\Delta(x, x_0)$ in $x_0{}^*$ eine zweifache Nullstelle, ist $x_1 > x_0{}^*$ und $x_0 < \bar{x} < x_1$, bedeutet ferner M irgend eine Punktmenge in der Ebene $x = \bar{x}$, die den Schnittpunkt dieser Ebene mit der Extremale (1) *zum Häufungspunkt hat, so gehen stets durch Punkte von M zulässige Vergleichskurven von gleichem Anfangs- und Endpunkte wie der Bogen (x_0, x_1) der Extremale* (1), *die dem Integrale* (2) *einen kleineren Wert erteilen als dieser Extremalenbogen.*

Das Aufhören auch jenes partiellen Minimums, von dem oben die Rede war, findet also diesmal schon statt, sobald der Endpunkt x_1 unseres Extremalenbogens den zum Anfangspunkt konjugierten Punkt $x_0{}^*$ überschritten hat. Hier also spielt der Punkt $x_0{}^*$ bereits jene Rolle, die oben erst der Punkt $x_0{}^{**}$ spielte, was sich ja daraus erklärt, daß das doppelte Nullwerden von $\Delta(x, x_0)$ im Punkte $x_0{}^*$, das im letzten Falle auftrat, aus dem Zusammenrücken zweier Nullstellen von $\Delta(x, x_0)$ (der im früheren Falle mit $x_0{}^*$ und der mit $x_0{}^{**}$ bezeichneten) in eine entsteht.

Czernowitz, im Februar 1910.

Über Variationsprobleme mit variablen Endpunkten.

Von **Hans Hahn** in Czernowitz.

Im folgenden sei ein allgemeiner Satz über Variationsprobleme mit einer unabhängigen Veränderlichen mitgeteilt, der Satz nämlich, daß ein Extremalenbogen, von dem bekannt ist, daß er ein schwaches Extremum eines Variationsproblems liefert, stets auch ein starkes Extremum für dieses Problem liefert, wenn die E-Funktion in seiner Umgebung definiten Zeichens ist. Der Beweis wird geführt mit Hilfe jener Methode der gebrochenen Extremalen, die ich nun schon wiederholt auf verschiedene Fragestellungen der Variationsrechnung angewendet habe. — Dieser Satz scheint mir mit einem Schlage gewisse Schwierigkeiten wegzuräumen, die bei Variationsproblemen mit variablen Endpunkten bestehen und zu deren Überwindung in einzelnen Fällen Spezialuntersuchungen angestellt wurden. Hieher gehören die Untersuchungen von M. Mason und G. A. Bliss über räumliche Variationsprobleme, wenn der Anfangspunkt auf einer Kurve variabel und der Endpunkt fest ist,[1]) die Bemerkung Bolzas über noch ungelöste Schwierigkeiten bei isoperimetrischen Problemen mit variablem Anfangspunkt,[2]) die Überlegungen von J. Radon über Variationsprobleme, deren Integrand die zweite Ableitung der unbekannten Funktion enthält und bei denen das Anfangselement variabel ist in einer vorgeschriebenen einparametrigen Elementenmannigfaltigkeit.[3]) Bei allen diesen Problemen besteht die Schwierigkeit darin, daß die zur Anfangsmannigfaltigkeit transversale Extremalenschar nur ein uneigentliches Feld bildet, und daher zum Nachweise eines starken Extremums nicht ausreicht. Da aber in allen diesen Fällen das schwache Extremum in bekannter Weise ohne alle Schwierigkeit nachgewiesen werden kann, sei es mit Hilfe des eben erwähnten uneigentlichen Feldes, sei es mit Hilfe der zweiten Variation, so gestattet unser allgemeiner Satz ohne weitere Untersuchungen auf

---

[1]) The properties of curves in space wich minimize a definite integral. §§ 7—9. Am. Trans. 9, 440.

[2]) Vorl. über Variationsrechnung, 523.

[3]) Über das Minimum des Integrals $\int_{s_0}^{s_1} \mathfrak{F}(x, y, \vartheta, \varkappa)\, ds$. Wiener Ber. 119, 1294 ff. Selbstverständlich lehrt bei diesem Problem auch die Anwendung des oben angekündigten Satzes nur das Stattfinden eines „halbstarken" Extremums.

ein starkes Extremum zu schließen. Auch bleibt unser Satz anwendbar für Extremalenbögen, deren Endpunkt mit dem sogenannten zur gegebenen Anfangsmannigfaltigkeit gehörigen Brennpunkte zusammenfällt,[1]) in welchem Falle die in den zitierten Abhandlungen verwendeten Methoden versagen. Natürlich ist dann im allgemeinen auch ein schwaches Extremum nicht mehr vorhanden, ist es aber vorhanden, so gestattet unser Satz auf ein starkes Extremum weiter zu schließen.

§ 1.

Wir behandeln das Lagrangesche Problem: Das Integral

$$\int f(x, y_1, \ldots, y_n, y'_1, \ldots, y'_n)\, dx \tag{1}$$

zu einem Minimum zu machen unter den Nebenbedingungen:

$$\varphi_k(x, y_1, \ldots, y_n, y'_1, \ldots, y'_n) = 0 \quad (k = 1, 2, \ldots, m). \tag{2}$$

Wir setzen in gewohnter Weise:

$$F(x, y_1, \ldots, y_n, y'_1, \ldots, y'_n, \lambda_1, \ldots, \lambda_m) = f + \sum_{k=1}^{m} \lambda_k \varphi_k$$

und beschränken uns[2]) auf Extremalen, die weder anormales Verhalten zeigen, noch ein singuläres Element enthalten, das sind also Kurven, deren n Ordinaten zusammen mit den m Multiplikatoren $\lambda_1, \ldots, \lambda_m$ neben (2) den Gleichungen genügen:

$$F_{y_i} - \frac{d}{dx} F_{y'_i} = 0 \quad (i = 1, 2, \ldots, n) \tag{3}$$

und auf denen die Determinante

$$\begin{vmatrix} F_{y'_i y'_j} & \varphi_{k y'_i} \\ \varphi_{l y'_j} & 0 \end{vmatrix} \quad \begin{matrix} (i, j = 1, 2, \ldots, n) \\ (k, l = 1, 2, \ldots, m) \end{matrix} \tag{4}$$

nicht verschwindet.

Bekanntlich hängt die allgemeinste Lösung des Systems der $n + m$ Differentialgleichungen (2) und (3) von $2n$ willkürlichen Konstanten ab, für die man die Anfangswerte der n Ordinaten $y_1, \ldots, y_n$ und der n Größen:

$$w_i = F_{y'_i}(x, y_1, \ldots, y_n, y'_1, \ldots, y'_n, \lambda_1, \ldots, \lambda_m) \quad (i = 1, 2, \ldots, n)$$

---

[1]) Im Falle, daß beide Endpunkte fest sind, wo also der Brennpunkt nichts anderes ist als der konjugierte Punkt, habe ich dies für das einfachste Problem in einer früheren Arbeit durchgeführt. Wiener Ber. **118**, 99.

[2]) Im übrigen machen wir über die auftretenden Funktionen die sonst in der Variationsrechnung üblichen Voraussetzungen, wie sie etwa im 11. und 12. Kapitel von Bolzas „Vorlesungen über Variationsrechnung" festgehalten sind. Auch verweisen wir wegen aller im folgenden benützten Sätze auf dieses Buch.

wählen kann. Diese allgemeinste Lösung kann also in der Form geschrieben werden:[1])

$$\begin{aligned} y_i &= y_i(x, x_0, y_1^0, \ldots, y_n^0, w_1^0, \ldots, w_n^0) \\ \lambda_k &= \lambda_k(x, x_0, y_1^0, \ldots, y_n^0, w_1^0, \ldots, w_n^0) \end{aligned} \tag{5}$$

wo $y_1^0, \ldots, y_n^0, w_1^0, \ldots, w_n^0$ die Anfangswerte der y_i und der w_i für $x = x_0$ bedeuten. Wir werden die Extremale, die für $x = x_0$ die Anfangswerte $y_1^0, \ldots, y_n^0, w_1^0, \ldots, w_n^0$ hat, kurz als die Extremale (x_0, y^0, w^0) bezeichnen.

Die Extremale (x_{00}, y^{00}, w^{00}) und ihre zugehörigen Multiplikatoren mögen kurz geschrieben werden:

$$y_i = y_i(x), \quad \lambda_k = \lambda_k(x) \tag{6}$$

und es werde gesetzt:

$$w_i(x) = F_{y'_i}\big(x, y_1(x), \ldots, y_n(x), y'_1(x), \ldots, y'_n(x), \lambda_1(x), \ldots, \lambda_m(x)\big).$$

Wir setzen voraus, daß die Ungleichung gilt (E bedeutet die Weierstraßsche E-Funktion):

$$E(x, y_1, \ldots, y_n, y'_1, \ldots, y'_n, \lambda_1, \ldots, \lambda_m; \tilde{y}'_1, \ldots, \tilde{y}'_n) \geqq 0$$

für:

$$A \leqq x \leqq B, \ |y_i - y_i(x)| \leqq \rho, \ |y'_i - y'_i(x)| \leqq \rho', \ |\lambda_k - \lambda_k(x)| \leqq \rho'' \tag{7}$$

und für alle Werte von $\tilde{y}'_1, \ldots, \tilde{y}'_n$. Das Gleichheitszeichen möge nur gelten für $\tilde{y}'_i = y'_i \ (i = 1, 2, \ldots, n)$.[2])

Es sei $A < a < b < B$ und der Bogen $a \leqq x \leqq b$ der Extremale (x_{00}, y^{00}, w^{00}) enthalte den zum Punkte a konjugierten Punkt nicht. Dann gilt der Satz:

Es gibt drei positive Zahlen δ, ε, η, so daß für:

$$|x_0 - x_{00}| \leqq \delta, \ |y_i^0 - y_i^{00}| \leqq \delta, \ |w_i^0 - w_i^{00}| \leqq \delta \quad (i = 1, 2, \ldots, n)$$

der Bogen $a - \varepsilon \leqq x \leqq b + \varepsilon$ der Extremale (x_0, y^0, w^0) ein Minimum liefert gegenüber jeder zulässigen Vergleichskurve, die mit ihm gleichen Anfangs- und Endpunkt hat und ganz in der Nachbarschaft η [3]) des Bogens $(a - \varepsilon, b + \varepsilon)$ der Extremale (x_{00}, y^{00}, w^{00}) bleibt.

---

[1]) Der Index i bedeutet im folgenden immer die Zahlen $1, 2, \ldots, n$, der Index k die Zahlen $1, 2, \ldots, m$.

[2]) Wir sagen dann kurz: Die E-Funktion ist in dem durch die Ungleichungen (7) charakterisierten Gebiete positiv definit.

[3]) Dabei ist unter der Nachbarschaft η des Bogens (α, β) der Extremale (x_{00}, y^{00}, w^{00}) die Gesamtheit der den Ungleichungen $\alpha \leqq x \leqq \beta, |y_i - y_i(x)| \leqq \eta$ genügenden Punkte $(x, y_1, \ldots, y_n)$ zu verstehen.

Wir stützen uns beim Beweise dieses Satzes auf folgenden Hilfssatz aus der Theorie der impliziten Funktionen:

Seien in den Gleichungen:

$$F_i(u_1, \ldots, u_\nu; v_1, \ldots, v_\mu) = 0 \quad (i = 1, 2, \ldots, \nu) \tag{8}$$

die ν Funktionen F_i samt ihren ersten partiellen Ableitungen nach den $\mu + \nu$ Veränderlichen stetig in einem Gebiete G und es sei in G die Funktionaldeterminante $\frac{\partial(F_1, \ldots, F_\nu)}{\partial(u_1, \ldots, u_\nu)}$ nicht Null. G' sei ein ganz im Innern von G gelegenes Gebiet. Ist $\bar{u}_1, \ldots, \bar{u}_\nu, \bar{v}_1, \ldots, \bar{v}_\mu$ ein Punkt von G', für den die Gleichungen (8) erfüllt sind, so gibt es zu jeder hinlänglich kleinen positiven Zahl h eine positive Zahl k (deren Wert von der speziellen Wahl des Punktes $\bar{u}_1, \ldots, \bar{u}_\nu, \bar{v}_1, \ldots, \bar{v}_\mu$ in G völlig unabhängig ist), von folgender Eigenschaft: Es existieren ν Funktionen:

$$u_1 = u_1(v_1, \ldots, v_\mu), \ldots, u_\nu = u_\nu(v_1, \ldots, v_\mu),$$

die für

$$|v_1 - \bar{v}_1| \leqq k, \ldots, |v_\mu - \bar{v}_\mu| \leqq k$$

1. definiert, stetig und mit stetigen Ableitungen versehen sind, und sich für $\bar{v}_1, \ldots, \bar{v}_\mu$ auf $\bar{u}_1, \ldots, \bar{u}_\nu$ reduzieren,

2. in die Gleichungen (8) eingesetzt, sie identisch befriedigen,

3. den Ungleichungen genügen:

$$|u_1 - \bar{u}_1| \leqq h, \ldots, |u_\nu - \bar{u}_\nu| \leqq h.$$

4. Es gibt außer den Wertsystemen $u_1(v_1, \ldots, v_\mu), \ldots, u_\nu(v_1, \ldots, v_\mu), v_1, \ldots, v_\mu$ keine anderen, die Gleichungen (8) befriedigenden, für die $|u_1 - \bar{u}_1| \leqq h, \ldots, |u_\nu - \bar{u}_\nu| \leqq h, |v_1 - \bar{v}_1| \leqq k, \ldots, |v_\mu - \bar{v}_\mu| \leqq k$ wäre.

Wir gelangen zum Beweise des angekündigten Satzes:

Wir wählen auf der Extremale (x_{00}, y^{00}, w^{00}) einen Punkt x_0^* zwischen A und a (die Anfangswerte der Extremale (x^{00}, y^{00}, w^{00}) für $x = x_0^*$ seien: $y_1^{0*}, \ldots, y_n^{0*}, w_1^{0*}, \ldots, w_n^{0*}$), dessen Mayersche Determinante:

$$\Delta(x, x_0^*) = |y_{ik_j^0}(x, x_0^*, y_1^{0*}, \ldots, y_n^{0*}, w_1^{0*}, \ldots, w_n^{0*})| \quad (i, j = 1, 2, \ldots, n)$$

für $a \leqq x \leqq b$ absolut genommen oberhalb einer positiven Zahl bleibt. Wir haben zunächst zu zeigen, daß es einen solchen Punkt x_0^* gibt.

Bekanntlich gibt es stets ein konjugiertes Lösungssystem des zur Extremale (x_{00}, y^{00}, w^{00}) gehörigen akzessorischen Differentialgleichungssystems, dessen Determinante für $x = a$ nicht Null ist, und mithin auch in einer Umgebung von $x = a$ nicht verschwindet, etwa für $a-\zeta \leqq x \leqq a+\zeta$. Wählen wir $a-\zeta < x_0^* < a$, so ist sicherlich $\Delta(x, x_0^*) \neq 0$ für $x_0^* < x \leqq a+\zeta$, denn ist x_0^{**} irgend eine von x_0^* verschiedene Nullstelle von $\Delta(x, x_0^*)$, so muß die Determinante jedes konjugierten Systems auf der Strecke (x_0^*, x_0^{**}) verschwinden. Also bleibt $|\Delta(x, x_0^*)|$ sicherlich oberhalb einer positiven Zahl für $a \leqq x \leqq a+\zeta$. Da anderseits $\Delta(x, a) \neq 0$ ist für $a < x \leqq b$ (die Strecke (a, b) unserer Extremale soll ja den zum Anfangspunkt konjugierten Punkt nicht enthalten), so bleibt sicherlich $|\Delta(x, a)|$ oberhalb einer positiven Zahl für $a+\zeta \leqq x \leqq b$. Da aber $\Delta(x, x_0)$ stetig von x_0 abhängig angenommen werden kann, so bleibt für alle dem Werte a hinlänglich benachbarten x_0^* auch $|\Delta(x, x_0^*)|$ oberhalb einer positiven Zahl für $a+\zeta \leqq x \leqq b$. Also kann x_0^* tatsächlich so angenommen werden, daß $|\Delta(x, x_0^*)|$ oberhalb einer positiven Zahl bleibt für $a \leqq x \leqq b$.

Betrachten wir die Determinante:

$$|y_{i w_j^0}(x, x_0^*, y_1^0, \ldots, y_n^0, w_1^0, \ldots, w_n^0| \; (i, j = 1, 2, \ldots, n) \tag{9}$$

als Funktion von $x, y_1^0, \ldots, y_n^0, w_1^0, \ldots, w_n^0$. Sie ist eine stetige Funktion dieser Argumente und da sie für $a \leqq x \leqq b$, $y_1^0 = y_1^{0*}, \ldots$, $y_n^0 = y_n^{0*}$, $w_1^0 = w_1^{0*}, \ldots, w_n^0 = w_n^{0*}$ (für welche Werte sie ja nichts anderes als $\Delta(x, x_0^*)$ ist) absolut genommen oberhalb einer positiven Zahl bleibt, so läßt sich sicherlich eine positive Zahl H von folgender Eigenschaft auffinden: Für

$$\left.\begin{array}{c} a-H \leqq x \leqq b+H;\ |y_1^0 - y_1^{0*}| \leqq H, \ldots, |y_n^0 - y_n^{0*}| \leqq H; \\ |w_1^0 - w_1^{0*}| \leqq H, \ldots, |w_n^0 - w_n^{0*}| \leqq H \end{array}\right\} \tag{10}$$

ist die Determinante (9) nicht Null.

Nun können wir den angeführten Satz aus der Theorie der impliziten Funktionen auf folgendes Gleichungssystem anwenden:

$$y_i - y_i(x, x_0^*, y_1^0, \ldots, y_n^0, w_1^0, \ldots, w_n^0) = 0 \quad (i = 1, 2, \ldots, n) \tag{11}$$

wo $w_1^0, \ldots, w_n^0$ die Rolle der Veränderlichen $u_1, \ldots, u_\nu$ und $x, y_1, \ldots, y_n, y_1^0, \ldots, y_n^0$ die Rolle der Veränderlichen $v_1, \ldots, v_\mu$ zu spielen haben, x_0^* hingegen als Konstante zu betrachten ist. Für das Gebiet G ist das durch die Ungleichungen (10) zusammen mit den n Ungleichungen $|y_i| \leqq M$ (M beliebig groß) charakterisierte Gebiet zu nehmen, für G' etwa das folgende:

$$\left.\begin{array}{c} a - \frac{H}{2} \leqq x \leqq b + \frac{H}{2};\ |y_i| \leqq \frac{M}{2},\ |y_i^0 - y_i^{0*}| \leqq \frac{H}{2}, \\ |w_i^0 - w_i^{0*}| \leqq \frac{H}{2} \quad (i = 1, 2, \ldots, n) \end{array}\right\} \tag{12}$$

9*

Offenbar kann man H auch so klein wählen, daß die Koordinaten y_i, die Richtungskoeffizienten y'_i und die Multiplikatoren λ_k der Extremale (x_0^*, y^0, w^0) für $A \leqq x \leqq B$ den Ungleichungen (7) genügen, so lange die y^0 und w^0 den Ungleichungen (10) genügen. Man sieht das ein, wenn man bedenkt, daß die Funktionen (5) stetig von ihren Argumenten abhängen und sich für $x_0 = x_0^*$, $y_i^0 = y_i^{0*}$, $w_i^0 = w_i^{0*}$ auf (6) reduzieren.

Wir wählen nun $h < \frac{H}{2}$. Es bezeichne $\overline{x}, \overline{y}_1, \ldots, \overline{y}_n$ die Koordinaten eines Punktes der Extremale $(x_0^*, \overline{y}^0, \overline{w}^0)$, wobei $\overline{x}$ und die $\overline{y}_i^0$ und $\overline{w}_i^0$ den Ungleichungen (12) genügen mögen. Für $x = \overline{x}$, $y_i = \overline{y}_i$, $y_i^0 = \overline{y}_i^0, w_0 = \overline{w}_i^0$ $(i = 1, 2, \ldots, n)$ sind also die Gleichungen (11) erfüllt. Es gibt also eine positive Zahl k, so daß die n Funktionen:

$$w_i^0 = w_i^0(x, y_1, \ldots, y_n, y_1^0, \ldots, y_n^0) \quad (i = 1, 2, \ldots, n)$$

für $|x - \overline{x}| \leqq k$, $|y_i - \overline{y}_i| \leqq k$, $|y_i^0 - \overline{y}_i^0| \leqq k$ die Gleichungen (11) lösen und den Ungleichungen:

$$|w_i^0 - \overline{w}_i^0| \leqq h \left(< \frac{H}{2}\right) \tag{13}$$

und mithin, weil die $\overline{w}_i^0$ die Ungleichungen (12) erfüllen, auch den Ungleichungen:

$$|w_i^0 - w_i^{*0}| \leqq H \quad (i = 1, 2, \ldots, n)$$

genügen. Die Zahl k ist von der Wahl von $\overline{x}, \overline{y}_1, \ldots, \overline{y}_n, \overline{y}_1^0, \ldots, \overline{y}_n^0$, $\overline{w}_1^0, \ldots, \overline{w}_n^0$ völlig unabhängig.

Offenbar kann dies nun auch so ausgesprochen werden: Sei

$$|\overline{y}_i^0 - y_i^{0*}| \leqq \frac{H}{2}; \quad |\overline{w}_i^0 - w_i^{0*}| \leqq \frac{H}{2}. \tag{14}$$

In der Nachbarschaft k der Extremale $(x_0^*, \overline{y}_i^0, \overline{w}_i^0)$ bilden dann für $a - \frac{H}{2} \leqq x \leqq b + \frac{H}{2}$ die durch die Ungleichungen $|w_i^0 - \overline{w}_i^0| \leqq h$ charakterisierten Extremalen $(x_0^*, \overline{y}_i^0, w_i^0)$ ein Mayersches Feld, in dem [weil wir dafür Sorge getragen haben, daß auch die Ungleichungen (7) erfüllt sind] die E-Funktion definit-positiven Zeichens ist. Die Zahl k hängt von der Wahl der $\overline{y}_i^0$ und $\overline{w}_i^0$ im Gebiete (14) nicht ab.

Jeder dieser Extremalenbogen liefert also gegenüber allen in seiner Nachbarschaft k verbleibenden Vergleichskurven von gleichem Anfangs- und Endpunkte ein Minimum.

Um nun von diesem Resultat auf den angekündigten Satz zu kommen, wähle man für ε irgend eine Zahl, die nicht größer als $\frac{H}{2}$ für η irgend eine Zahl, die nicht größer als $\frac{k}{2}$ ist und wähle δ so klein, daß:

1. sämtliche den Ungleichungen $|x_0 - x_{00}| \leqq \delta$, $|y_i^0 - y_i^{00}| \leqq \delta$, $|w_i^0 - w_i^{00}| \leqq \delta$ genügenden Extremalen (x_0, y^0, w^0) für $a - \varepsilon \leqq x \leqq b + \varepsilon$ in der Nachbarschaft $\frac{\eta}{2}$ des Bogens $(a - \varepsilon, b + \varepsilon)$ der Extremale (x_{00}, y^{00}, w^{00}) [oder, was dasselbe ist, der Extremale (x_0^*, y^{0*}, w^{0*})] verbleiben,

2. die genannten Extremalen (x_0, y^0, w^0) durchaus unter den den Ungleichungen $|\overline{y}_i^0 - y_i^{0*}| \leqq \frac{H}{2}$, $|\overline{w}_i^0 - w_i^{0*}| \leqq \frac{H}{2}$ genügenden Extremalen $(x_0^*, \overline{y}^0, \overline{w}^0)$ vorkommen.

Für jede der genannten Extremalen (x_0, y^0, w^0) liefert der Bogen $a - \varepsilon \leqq x \leqq b + \varepsilon$ ein Minimum gegenüber allen in seiner Nachbarschaft k verbleibenden zulässigen Vergleichskurven von gleichem Anfangs- und Endpunkte. Nun bleibt aber jeder der genannten Extremalenbogen in der Nachbarschaft $\frac{\eta}{2}$ des Bogens $a - \varepsilon \leqq x \leqq b + \varepsilon$ der Extremale (x_{00}, y^{00}, w^{00}); da ferner $\eta \leqq \frac{k}{2}$ gewählt werde, liegt demnach die Nachbarschaft η des Bogens $(a - \varepsilon, b + \varepsilon)$ der Extremale (x_{00}, y^{00}, w^{00}) ganz in der Nachbarschaft k des Bogens $(a - \varepsilon, b + \varepsilon)$ der Extremale (x_0, y^0, w^0) und damit ist in der Tat der angekündigte Satz bewiesen.

§ 2.

Wir wollen nun den Satz von § 1 benützen, um den folgenden Satz zu beweisen:

Sei das Variationsproblem vorgelegt, das Integral (1) unter den Nebenbedingungen (2) zu einem Minimum zu machen, gegenüber allen hinlänglich benachbarten Kurvenbögen, deren Anfangs- und Endpunktskoordinaten irgend welchen Bedingungen unterliegen. Es liefere der Bogen $a \leqq x \leqq b$ (wo $A < a < b < B$ ist) der Extremale

$$y_i = y_i(x), \quad \lambda_k = \lambda_k(x), \quad w_i = w_i(x) \tag{15}$$

ein schwaches Minimum unseres Variationsproblems. Ist dann in dem durch die Ungleichungen (7) charakterisierten Gebiete die E-Funktion positiv definit, so liefert dieser Extremalenbogen auch ein starkes Minimum unseres Variationsproblems.

Es sei $a < \overline{x} < b$. Wir betrachten die n Gleichungen:

$$y_i - y_i(\overline{x}, x_0, y_1^0, \ldots, y_n^0, w_1^0, \ldots, w_n^0) = 0 \quad (i = 1, 2, \ldots, n) \tag{16}$$

Die Determinante:

$$|y_{i w_j^0}(x, x_0, y_1^0, \ldots, y_n^0, w_1^0, \ldots, w_n^0)|_{(i,j=1,2,\ldots,n)} \tag{17}$$

ist, wenn man für x_0 den Wert a, für die y_i^0 und w_i^0 die Anfangswerte der Extremale (15) an der Stelle a einführt, nichts anderes als die auf der Extremale (15) zur Stelle a gehörige Mayersche Determinante $\Delta(x, a)$. Sie ist also offenbar für $x = \bar{x}$ von Null verschieden; denn sonst enthielte der Bogen (a, b) der Extremale (15) den zu a konjugierten Punkt im Innern und könnte kein schwaches Minimum liefern. — Es ist also die Funktionaldeterminante der n Gleichungen (16) nach den n Variablen w_i^0 für $x = \bar{x}$, $x_0 = a$, $y_i^0 = y_i(a)$, $w_i^0 = w_i(a)$ von Null verschieden, und daher gilt folgendes:

Neben jeder hinlänglich kleinen positiven Zahl ζ gibt es eine andere ϑ, so daß für:

$$|y_i - y_i(\bar{x})| \leqq \vartheta, \quad |y_i^0 - y_i(a)| \leqq \vartheta, \quad |x_0 - a| \leqq \vartheta \tag{18}$$

die n Gleichungen (16) gelöst werden durch n stetige stetig differenzierbare Funktionen

$$w_i^0 = w_i^0(y_1, \ldots, y_n;\; x_0, y_1^0, \ldots, y_n^0),$$

die im Gebiete (18) den Ungleichungen genügen

$$|w_i^0 - w_i(a)| \leqq \zeta$$

und die einzigen diesen Ungleichungen genügenden Auflösungen von (16) sind. Das heißt nichts anderes als folgendes: Liegt der Punkt $(\bar{x}, y_1, \ldots, y_n)$ hinlänglich nahe am Punkte $[\bar{x}, y_1(\bar{x}), \ldots, y_n(\bar{x})]$, so kann er mit dem hinlänglich nahe an $[a, y_1(a), \ldots, y_n(a)]$ gelegenen Punkte $(x_0, y_1^0, \ldots, y_n^0)$ durch eine und nur eine der Extremale (15) benachbarte Extremale verbunden werden.

Offenbar kann man nun zunächst ζ und dann ϑ so klein wählen, daß, wenn man im Satze von § 1 nun $x_{00} = a$, $y_i^{00} = y_i(a$ $w_i^{00} = w_i(a)$ setzt, die den Ungleichungen

$$|y_i^0 - y_i(a)| \leqq \vartheta, \quad |x_0 - a| \leqq \vartheta, \quad |w_i^0 - w_i(a)| \leqq \zeta \tag{19}$$

genügenden Extremalen sämtlich unter den den Ungleichungen: $|x_0 - x_{00}| \leqq \delta$, $|y_i^0 - y_i^{00}| \leqq \delta$, $|w_0 - w_i^{00}| \leqq \delta$ genügenden Extremalen enthalten sind. Ferner kann man ζ und ϑ aber auch so klein wählen, daß folgendes eintritt:

Nach Voraussetzung liefert die Extremale (15) ein schwaches Minimum unseres Variationsproblems, es wird also eine Zahl σ geben, so daß sie ein Minimum liefert, gegenüber allen zulässigen

Vergleichskurven, die für $a - \sigma \leqq x \leqq b + \sigma$ den Ungleichungen genügen:

$$|\tilde{y}_i(x) - y_i(x)| \leqq \sigma, \quad |\tilde{y}'_i(x) - y'_i(x)| \leqq \sigma. \qquad (20)$$

Wir können nun ζ und ϑ so klein wählen, daß sämtliche den Ungleichungen (19) genügenden Extremalen für $a - \sigma \leqq x \leqq \bar{x}$ auch für $\tilde{y}_i(x)$ gesetzt, den Ungleichungen (20) genügen.

Setzt man in der Determinante (17) für x_0 den Wert b, für die y_i^0 die Werte $y_i(b)$ für die w_i^0 die Werte $w_i(b)$, so wird sie die auf der Extremale (15) zum Punkte b gehörige Mayersche Determinante $\Delta(x, b)$; da $\Delta(x, b)$ bekanntlich nicht identisch verschwindet, können wir $\bar{x}$ sicherlich so wählen, daß $\Delta(\bar{x}, b) \neq 0$ ist.[1]) Wählen wir $\bar{x}$ so, so kann in allem oben Bewiesenen der Wert a auch durch den Wert b ersetzt werden.

Zusammenfassend können wir sagen: Es gibt zwei positive Zahlen τ und η $(\tau < \eta)$ von folgender Beschaffenheit: Ist $a < \bar{x} < b$ und:

$$|x_0 - a| \leqq \tau, \quad |y_i^0 - y_i(a)| \leqq \tau, \quad |y_i - y_i(\bar{x})| \leqq \tau,$$

so kann der Punkt $x_0, y_1^0, \ldots, y_n^0$ mit dem Punkte $\bar{x}, y_1, \ldots, y_n$ durch eine und nur eine der Extremale (15) benachbarte Extremale verbunden werden und dieselbe genügt für $\tilde{y}_i(x)$ gesetzt den Ungleichungen (20) für $a - \tau \leqq x \leqq \bar{x}$; ferner liefert jeder ihrer ganz zwischen $a - \tau$ und $\bar{x}$ liegenden Bogen ein Minimum des Integrals (1) gegenüber allen zulässigen Vergleichskurven von gleichem Anfangs- und Endpunkte, die ganz in der Nachbarschaft η der Extremale (15) bleiben. — Ist hingegen:

$$|x_0 - b| \leqq \tau, \quad |y_i^0 - y_i(b)| \leqq \tau, \quad |y_i - y_i(\bar{x})| \leqq \tau,$$

so kann wieder der Punkt $\bar{x}, y_1, \ldots, y_n$ mit dem Punkte $x_0, y_1^0, \ldots, y_n^0$ durch eine und nur eine der Extremale (15) benachbarte Extremale verbunden werden und dieselbe genügt für $\tilde{y}_i(x)$ gesetzt, den Ungleichungen (20) für $\bar{x} \leqq x \leqq b + \tau$; ferner liefert jeder ihrer ganz zwischen $\bar{x}$ und $b + \tau$ liegenden Bögen ein Minimum des Integrals (1) gegenüber allen zulässigen Vergleichskurven von gleichem Anfangs- und Endpunkte, die ganz in der Nachbarschaft η der Extremale (15) bleiben.

Wir sind nun in der Lage, ohne weiteres den eingangs dieses Paragraphen angekündigten Satz zu beweisen, und zwar wollen wir

[1]) Man könnte übrigens auch zeigen, daß $\Delta(x, b)$ für keinen inneren Punkt x des Intervalls (a, b) verschwinden kann.

zeigen, daß der Bogen (a, b) der Extremale (15) ein starkes Minimum liefert gegenüber allen für $a-\tau \leqq x \leqq b+\tau$ in der Nachbarschaft τ dieser Extremale verbleibenden zulässigen Vergleichskurven (die also außer den Nebenbedingungen (2) auch den vorgeschriebenen Randbedingungen genügen).

Wir wählen einen Wert von $\bar{x}$ gemäß der Ungleichung $a<\bar{x}<b$. Sei $y_i=\tilde{y}_i(x)$ eine zulässige Vergleichskurve, deren Bogen $(\tilde{a}, \tilde{b})$ den Randbedingungen genügt und ganz in der Nachbarschaft τ des Bogens $(a-\tau, b+\tau)$ der Extremale (15) verbleibt. Dann können wir einerseits den Anfangspunkt $\tilde{a}, \tilde{y}_1(\tilde{a}), \ldots, \tilde{y}_n(\tilde{a})$ dieser Vergleichskurve mit ihrem Punkte $\bar{x}, \tilde{y}_1(\bar{x}), \ldots, \tilde{y}_n(\bar{x})$, andererseits diesen letzteren Punkt mit ihrem Endpunkte $\tilde{b}, \tilde{y}_1(\tilde{b}), \ldots, \tilde{y}_n(\tilde{b})$ durch je eine der Extremale (15) benachbarte Extremale verbinden. Die Kurve, die von $\tilde{a}$ bis $\bar{x}$ mit der einen von $\bar{x}$ bis $\tilde{b}$ mit der anderen dieser beiden Extremalen zusammenfällt, ist offenbar eine zulässige Vergleichskurve $y_i=\tilde{\tilde{y}}_i(x)$, da sie gleichen Anfangs- und Endpunkt wie die Kurve $y_i=\tilde{y}_i(x)$ hat und also den Randbedingungen genügt. Da sie obendrein den Ungleichungen (20): $|\tilde{\tilde{y}}_i(x)-y_i(x)| \leqq \sigma$, $|\tilde{\tilde{y}}_i'(x)-y_i'(x)| \leqq \sigma$ genügt, erteilt sie dem Integrale (1) einen nicht kleineren Wert als der Bogen (a, b) der Extremale (15). Nun aber erteilt der Bogen $(\tilde{a}, \bar{x})$ der Kurve $y_i=\tilde{y}_i(x)$ dem Integrale (1) einen nicht kleineren Wert als der Bogen $(\tilde{a}, \bar{x})$ der Kurve $y_i=\tilde{\tilde{y}}_i(x)$, da der letztere ein Extremalenbogen ist, der dem Integrale (1) einen kleineren Wert erteilt als jeder andere Bogen einer zulässigen Vergleichskurve gleichen Anfangs- und Endpunktes, der ganz in der Nachbarschaft τ (mithin erst recht in der Nachbarschaft η) des Bogens der Extremale (15) verbleibt, und ebenso ist der Wert, den der Bogen $(\bar{x}, \tilde{b})$ der Kurve $y_i=\tilde{y}_i(x)$ dem Integrale erteilt, nicht kleiner als der, den der Bogen $(\bar{x}, \tilde{b})$ der Kurve $y_i=\tilde{\tilde{y}}_i(x)$ diesem Integrale erteilt. Also ist auch der Wert, den der Bogen $(\tilde{a}, \tilde{b})$ der Kurve $y_i=\tilde{y}_i(x)$ dem Integrale erteilt, nicht kleiner als der, den der Bogen (a, b) der Extremale $y_i=y_i(x)$ diesem Integrale erteilt, und wie obige Schlußweise auch lehrt, können diese beiden Werte nur dann einander gleich sein, wenn der Bogen $(\tilde{a}, \tilde{b})$ von $y_i=\tilde{y}_i(x)$ identisch ist mit dem Bogen (a, b) der Extremale (15) $y_i=y_i(x)$. Hiemit aber ist unser Satz bewiesen.

Allgemeiner Beweis des Osgoodschen Satzes der Variationsrechnung für einfache Integrale.

Von

Hans Hahn in Czernowitz.

Vor kurzem habe ich den Satz bewiesen[1]), daß ein Extremalenbogen, in dessen Umgebung die E-Funktion definiten Zeichens ist, falls er ein schwaches Extremum eines Variationsproblems liefert, sicher auch ein starkes Extremum dieses Problems liefert. Der Vorteil dieses allgemeinen Satzes besteht darin, daß es viel einfacher ist, ein schwaches Extremum nachzuweisen, als ein starkes, da man zum Nachweise des starken Extremums den Extremalenbogen mit Feldern spezieller Natur umgeben muß, deren Konstruktion schon in dem einfachen Falle, daß es sich um ein Variationsproblem mit auf einer vorgeschriebenen Mannigfaltigkeit variablem Anfangspunkte handelt, abgesehen vom allereinfachsten Typus von Variationsproblemen, sich recht umständlich gestaltet; überdies umfaßt unser Satz auch die Extremalenbogen, für die das Jacobische Kriterium nur im weiteren, nicht im strengen Sinne erfüllt ist, für welche sich also die erwähnten Felder überhaupt nicht konstruieren lassen. — Hier nun will ich darüber hinaus zeigen, wie sich aus den eingangs genannten Voraussetzungen nicht nur das Stattfinden eines Extremums schlechthin, sondern auch das Stattfinden jener Eigenschaft des Extremums nachweisen läßt, die zuerst Osgood für den einfachsten Typus von Variationsproblemen konstatiert hat[2]). Ich

1) „Über Variationsprobleme mit variablen Endpunkten" Monatsh. f. Math. u. Phys. 22 (1911), S. 127.

2) Am. Trans. 2 (1901), S. 273.

habe vor einiger Zeit einen äußerst einfachen Beweis des Osgoodschen Satzes mitgeteilt[1]); die Methode, die ich hier verwende, ist nun eine Kombination der damals verwendeten und der in der eingangs erwähnten Arbeit verwendeten; der im folgenden durchgeführte Beweis beruht also auf einer zweimaligen Anwendung der Methode der gebrochenen Extremalen.

Ich habe mich auf die Behandlung der sogenannten x-Probleme beschränkt, um Schwierigkeiten sekundärer Natur zu vermeiden. Bei Übertragung der folgenden Überlegung auf Probleme in Parameterdarstellung stellen sich solche Schwierigkeiten an zwei Stellen ein. Die erste dieser Stellen ist der Beweis des Hilfssatzes 3 in § 2, der durch die hier benutzten Überlegungen bei Parameterdarstellung nicht allgemein erwiesen werden kann, sondern nur mit einer Einschränkung, wie ich sie in meiner Abhandlung über den Osgoodschen Satz präzisiert habe[2]). In kurzem werde ich in einem Nachtrage zur genannten Arbeit zeigen, wie man sich von dieser Einschränkung befreien kann; der Gedanke, den ich in diesem Nachtrage entwickeln werde, läßt sich auch ohne weiteres auf die allgemeinere uns hier beschäftigende Fragestellung übertragen, wodurch die erste der erwähnten Schwierigkeiten aus dem Wege geräumt ist. Die zweite Schwierigkeit stellt sich ein bei Übertragung von Satz VIII auf Probleme in Parameterdarstellung. Diese Schwierigkeit, die für die Anwendung der Methode der gebrochenen Extremalen auf Probleme in Parameterdarstellung charakteristisch ist, habe ich für den einfachsten Typus von Variationsproblemen ausführlich diskutiert in einer Arbeit über Extremalenbogen, deren Endpunkt zum Anfangspunkte konjugiert ist.[3]) Die dort zur Behebung dieser Schwierigkeit verwendete Methode ist auch hier ohne weiteres anwendbar, so daß das Schlußresultat unserer Untersuchungen, die uneingeschränkte Gültigkeit des Osgoodschen Satzes, für Probleme

1) Monatsh. f. Math. u. Phys. **17** (1906), S. 63. Dieser Beweis findet sich wiedergegeben in Bolzas „Vorlesungen über Variationsrechnung", S. 280.

2) A. a. O. S. 66.

3) Wien. Ber. **118**, S. 112 ff.

in Parameterdarstellung genau so in Gültigkeit bleibt, wie für die x-Probleme. Eine volle Durchführung des Beweises auch für Parameterdarstellung dürfte nach den hier gemachten Andeutungen wohl unnötig sein.

§ 1.

Das Variationsproblem, mit dem wir uns im folgenden beschäftigen, ist das sogenannte Lagrangesche Problem: ein Integral:

$$\int f(x, y_1, y_2, \ldots, y_n; y_1', y_2', \ldots, y_n')dx \tag{1}$$

unter den Nebenbedingungen:

$$\varphi_j(x, y_1, \ldots, y_n; y_1', \ldots, y_n') = 0 \qquad (j = 1, 2, \ldots, m) \tag{2}$$

und gewissen Randbedingungen zu einem Extremum zu machen.

Indem wir für alle in Betracht kommenden Voraussetzungen, Begriffe und Sätze auf Bolzas „Vorlesungen über Variationsrechnung" (11. und 12. Kapitel) verweisen, sei nur folgendes vorausgeschickt: Wir verwenden die Sprache der $(n+1)$-dimensionalen Geometrie, so daß ein Wertsystem $(x, y_1, y_2, \ldots, y_n)$ als ein Punkt, ein Wertsystem $(x, y_1, \ldots, y_n, y_1', \ldots, y_n')$ als Linienelement erscheint. Unter $r(A_0, A_1)$ verstehen wir den Abstand der beiden Punkte A_0 und A_1; sind also $(x_0, y_1^0, \ldots, y_n^0)$ und $(x_1, y_1^1, \ldots, y_n^1)$ die Koordinaten dieser Punkte, so ist:

$$r(A_0, A_1) = \sqrt{(x_1 - x_0)^2 + (y_1^1 - y_1^0)^2 + \cdots + (y_n^1 - y_n^0)^2}.$$

Ein System von n Gleichungen der Form:

$$y_1 = y_1(x), \ldots, y_n = y_n(x) \tag{3}$$

zusammen mit einer Ungleichung $x_0 \leqq x < x_1$ stellt einen Kurvenbogen dar, den wir kurz den Bogen (x_0, x_1) der Kurve (3) nennen. Unter der Nachbarschaft σ dieses Kurvenbogens verstehen wir die Gesamtheit aller Punkte, deren Koordinaten den Ungleichungen genügen:

$$x_0 \leqq x \leqq x_1 \quad y_i(x) - \sigma \leqq y_i \leqq y_i(x) + \sigma \quad (i = 1, 2, \ldots, n).$$

Es sei noch ein für allemal bemerkt, daß der Index i im folgenden immer alle Werte $1, 2, \ldots, n$, der Index j hingegen alle Werte

$1, 2, \ldots, m$ durchläuft (m ist die Anzahl der Bedingungsgleichungen (2)).

Zu jeder Extremale gehört ein System von m Multiplikatoren $\lambda_j(x)$, das, wenn die Extremale nicht anormales Verhalten zeigt, völlig eindeutig bestimmt ist. Die E-Funktion hängt bekanntlich ab von einem Punkte einer Extremale, ihrer Richtung und ihren Multiplikatoren in diesem Punkte und einer beliebigen anderen Richtung:

$$E(x, y_1, \ldots, y_n; y_1', \ldots, y_n'; \lambda_1, \ldots, \lambda_m; \tilde{y}_1', \ldots, \tilde{y}_n')$$

Wir nennen sie für ein Wertsystem

$$(x, y_1, \ldots, y_n; y_1', \ldots, y_n'; \lambda_1, \ldots, \lambda_m)$$

positiv definit, wenn sie für alle Wertsysteme $(\tilde{y}_1', \ldots, \tilde{y}_n')$, außer für $\tilde{y}_i' = y_i'$, positiv ausfällt.

Wir gehen aus von einer speziellen Extremale $\overline{E}$, deren Koordinaten und Multiplikatoren gegeben seien durch:

$$y_i = \overline{y}_i(x), \quad \lambda_j = \overline{\lambda}_j(x).$$

Sei uns ein Bogen dieser Extremale $\overline{E}$ vorgelegt; sein Anfangspunkt $\overline{A}_0$ habe die Koordinaten $(\overline{x}_0, \overline{y}_1^0, \ldots, \overline{y}_n^0)$, sein Endpunkt $\overline{A}_1$ habe die Koordinaten $(\overline{x}_1, \overline{y}_1^1, \ldots, \overline{y}_n^1)$; er genüge folgenden vier Bedingungen:

1. er enthält kein für die Lagrangeschen Gleichungen singuläres Element;

2. es gibt eine positive Konstante τ, so daß er für

$$\overline{x}_0 - \tau \leqq x \leqq \overline{x}_1 + \tau$$

nirgends ein anormales Verhalten zeigt, und so daß

3. im Gebiete:

$$\overline{x}_0 - \tau \leqq x \leqq \overline{x}_1 + \tau; \quad |y_i - \overline{y}_i(x)| \leqq \tau, \quad |y_i' - \overline{y}_i'(x)| \leqq \tau,$$
$$|\lambda_j - \overline{\lambda}_j(x)| \leqq \tau$$

die E-Funktion positiv definit ist;

4. er enthält den zu $\overline{A}_0$ konjugierten Punkt nicht.

Aus den Bedingungen 1., 2., 3. folgt bekanntlich:

I. Es gibt eine $2n$-parametrige Extremalenschar:

$$y_i = y_i(x, c_1, c_2, \ldots, c_{2n}); \quad \lambda_j = \lambda_j(x, c_1, c_2, \ldots, c_{2n}) \tag{4}$$

die folgende Bedingungen erfüllt:

a) sie enthält für $c_1 = \bar{c}_1, \ldots, c_{2n} = \bar{c}_{2n}$ die Extremale $\bar{E}$,

b) es gibt zwei positive Konstante h_1 und γ_1, so daß, sobald

$$|c_1 - \bar{c}_1| \leqq \gamma_1, \ldots, \quad |c_{2n} - \bar{c}_{2n}| \leqq \gamma_1,$$

der Bogen $(\bar{x}_0 - h_1, \bar{x}_1 + h_1)$ der Extremalen (4) ebenfalls kein für die Lagrangeschen Gleichungen singuläres Element enthält und so daß

c) die E-Funktion auch im ganzen Gebiete:

$$\bar{x}_0 - h_1 \leqq x \leqq \bar{x}_1 + h_1; \quad |y_i - y_i(x, c_1, c_2, \cdots, c_{2n})| \leqq \frac{\tau}{2}$$

$$|y_i' - y_{ix}(x, c_1, c_2, \cdots, c_{2n})| \leqq \frac{\tau}{2}; \quad |\lambda_j - \lambda_j(x, c_1, c_2, \cdots, c_{2n})| \leqq \frac{\tau}{2}$$

positiv definit ist.

Die Extremale, deren Gleichungen (4) sind, bezeichnen wir kurz als Extremale $E(c_1, \ldots, c_{2n})$. Es gilt der Satz:

II. Genügt der Bogen $\bar{A}_0 \bar{A}_1$ der Extremale $\bar{E}$ den Bedingungen 1., 2., 3., 4., so gehört zu jeder hinlänglich kleinen positiven Zahl γ_2 eine positive Zahl ϱ_2, so daß sich alle Punktepaare A_0, A_1 für die $r(\bar{A}_0, A_0) \leqq \varrho_2$, $r(\bar{A}_1, A_1) \leqq \varrho_2$ ist, durch eine und nur eine den Ungleichungen:

$$|c_1 - \bar{c}_1| \leqq \gamma_2, \ldots, \quad |c_{2n} - \bar{c}_{2n}| \leqq \gamma_2$$

genügende Extremale $E(c_1, \ldots, c_{2n})$ verbinden lassen.

Zum Beweise bemerke man, daß, weil $\bar{A}_1$ nicht zu $\bar{A}_0$ konjugiert ist, sicherlich die Determinante:

$$\begin{array}{l} |y_{1c_\nu}(\bar{x}_0, \bar{c}_1, \ldots, \bar{c}_{2n}), \ldots, y_{nc_\nu}(\bar{x}_0, \bar{c}_1, \ldots, \bar{c}_{2n}), \\ y_{1c_\nu}(\bar{x}_1, \bar{c}_1, \ldots, \bar{c}_{2n}), \ldots, y_{nc_\nu}(\bar{x}_1, \bar{c}_1, \ldots, \bar{c}_{2n})|_{(\nu = 1, 2, \cdots, 2n)} \neq 0 \end{array} \tag{5}$$

ist. Ferner nehmen wir von vornherein $\gamma_2 \leqq \gamma_1$ und $\varrho_2 \leqq h_1$ an (γ_1 und h_1 die in Satz I vorkommenden Konstanten) und bezeichnen die Koordinaten von A_0 mit $(x_0, y_1^0, \ldots, y_n^0)$, die von A_1 mit

7*

$(x_1, y_1^1, \ldots, y_n^1)$. Dann handelt es sich um die Auflösung der $2n$ Gleichungen:

$$y_i(x_0, c_1, \ldots, c_{2n}) = y_i^0; \quad y_i(x_1, c_1, \ldots, c_{2n}) = y_i^1$$

nach den $2n$ Variablen $c_1, c_2, \ldots, c_{2n}$. Für

$$x_0 = \bar{x}_0,\ y_i^0 = \bar{y}_i^0,\ x_1 = \bar{x}_1,\ y_i^1 = \bar{y}_i^1,\ c_1 = \bar{c}_1, \ldots, c_{2n} = \bar{c}_{2n}$$

sind diese Gleichungen erfüllt. Ihre Funktionaldeterminante nach den $2n$ Verändlichen c lautet:

$$\begin{vmatrix} y_{1c_\nu}(x_0, c_1 \ldots, c_{2n}), \ldots, y_{nc_\nu}(x_0, c_1, \ldots, c_{2n}); \\ y_{1c_\nu}(x_1, c_1, \ldots, c_{2n}), \ldots, y_{nc_\nu}(x_1, c_1, \ldots, c_{2n}) \end{vmatrix}_{(\nu = 1, 2, \ldots, 2n)}$$

Für das eben angeführte Wertsystem ist sie, wie (5) lehrt, nicht Null, so daß die Lehre von den impliziten Funktionen unmittelbar zu Satz II führt.

Ebenso wie bei II hängt auch bei den folgenden Sätzen III bis V die Gültigkeit an der Voraussetzung, daß der Bogen $\bar{A}_0 \bar{A}_1$ von $\bar{E}$ den Bedingungen 1., 2., 3., 4. genügt, was wir nicht mehr ausdrücklich anführen werden.

III. Sind die positiven Zahlen k_3 und h_3 hinlänglich klein gewählt und ist $k_3 > h_3$ so lassen sich positive Zahlen $\gamma_3, \gamma_3', \sigma_3$ so bestimmen, daß folgendes gilt. Ist:

$$(6) \qquad |c_1^0 - \bar{c}_1| \leqq \gamma_3, \ldots, |c_{2n}^0 - \bar{c}_{2n}| \leqq \gamma_3$$

und legt man durch den Punkt von der Abszisse $\bar{x}_0 - k_3$ der Extremale $E(c_1^0, \ldots, c_{2n}^0)$ die n-parametrige Extremalenschar, so bilden diejenigen Extremalen $E(c_1, \ldots, c_{2n})$ dieser Schar, die den Ungleichungen:

$$(7) \qquad |c_1 - c_1^0| \leqq \gamma_3', \ldots, |c_{2n} - c_{2n}^0| \leqq \gamma_3'$$

genügen in der Nachbarschaft σ_3 des Bogens $(\bar{x}_0 - h_3, \bar{x}_1 + h_3)$ der Extremale $\bar{E}$ ein Feld.

Zum Beweise setzen wir:

$$\Delta(x, \bar{x}, c_1, \ldots, c_{2n}) =$$

$$\begin{vmatrix} y_{1c_\nu}(x, c_1, \ldots, c_{2n}), \ldots, y_{nc_\nu}(x, c_1, \ldots, c_{2n}), \\ y_{1c_\nu}(\bar{x}, c_1, \ldots, c_{2n}), \ldots, y_{nc_\nu}(\bar{x}, c_1, \ldots, c_{2n}) \end{vmatrix}_{(\nu = 1, 2, \ldots, 2n)}$$

und bemerken, daß aus der Voraussetzung, daß der Extremalenbogen $\bar{A}_0\bar{A}_1$ den zu $\bar{A}_0$ konjugierten Punkt nicht enthält, sofort folgt, daß für $\bar{x}_0 < x \leqq \bar{x}_1$:

$$\Delta(x, \bar{x}_0, \bar{c}_1, \ldots, \bar{c}_{2n}) \neq 0$$

ist, voraus man weiter folgert[1]), daß, wenn die positive Zahl k_3 sowohl als auch die positive Zahl h_3 hinlänglich klein sind, und zwar $h_3 < k_3$ ist, für $\bar{x}_0 - h_3 \leqq x \leqq \bar{x}_1 + h_3$:

$$\Delta(x, \bar{x}_0 - k_3, \bar{c}_1, \ldots, \bar{c}_{2n}) \geqq \alpha > 0$$

gilt. Daraus entnimmt man weiter, daß, wenn nur γ_3 hinlänglich klein ist, für

$$\bar{x}_0 - h_3 \leqq x \leqq \bar{x}_1 + h_3; \quad |c_1^0 - \bar{c}_1| < \gamma_3, \ldots, |c_{2n}^0 - \bar{c}_{2n}| \leqq \gamma_3 \quad (8)$$

auch die Ungleichung:

$$\Delta(x, \bar{x}_0 - k_3, c_1^0, \ldots, c_{2n}^0) \geqq \frac{\alpha}{2} \quad (9)$$

gilt. — Nun betrachten wir die $2n$ Gleichungen:

$$\begin{aligned} y_i(\bar{x}_0 - k_3, c_1, \ldots, c_{2n}) &= y_i(\bar{x}_0 - k_3, c_1^0, \ldots, c_{2n}^0); \\ y_i(x, c_1, \ldots, c_{2n}) &= y_i. \end{aligned} \quad (10)$$

Sie liefern uns die durch den Punkt von der Abszisse $\bar{x}_0 - k_3$ der Extremale $E(c_1^0, \ldots, c_{2n}^0)$ und durch den beliebigen Punkt $(x, y_1, \ldots, y_n)$ hindurchgehende Extremale. Diese Gleichungen sind erfüllt für: $c_1 = c_1^0, \ldots, c_{2n} = c_{2n}^0$, $y_i = y_i(x, c_1^0, \ldots, c_{2n}^0)$. Ihre Funktionaldeterminante nach den c ist $\Delta(x, \bar{x}_0 - k_3, c_1, \ldots, c_{2n})$. Sie bleibt also nach (9) oberhalb der positiven Grenze $\frac{\alpha}{2}$ für alle Wertsysteme $(x, c_1^0, \ldots, c_{2n}^0)$, die den Ungleichungen (8) genügen. Daraus entnimmt man auf Grund der Lehre von den impliziten Funktionen[2]): zu jeder hinlänglich kleinen Zahl γ_3' gibt es eine positive Zahl σ_3' derart, daß für jedes den Ungleichungen (6) genügende Wertsystem $c_1^0, c_2^0, \ldots, c_{2n}^0$ und alle dem Gebiete:

$$\bar{x}_0 - h_3 \leqq x \leqq \bar{x}_1 + h_3; \quad |y_i - y_i(x, c_1^0, \ldots, c_{2n}^0)| \leqq \sigma_3' \quad (11)$$

angehörenden Wertsysteme $(x, y_1, \ldots, y_n)$, den Gleichungen (10)

---

1) Siehe etwa meine in der Einleitung zitierte Arbeit Monatsh. **22**, S. 130, 131.

2) A. a. O. S. 131.

durch ein und nur ein Wertsystem $c_1, c_2, \ldots, c_{2n}$ genügt wird, das die Ungleichungen (7) befriedigt. — Das aber läßt sich auch so ausdrücken: Legt man durch den Punkt von der Abszisse $\bar{x}_0 - k_3$ der Extremale $E(c_1^0, \ldots, c_{2n}^0)$ die n-parametrige Extremalenschar, so bilden die den Ungleichungen (7) genügenden Extremalen dieser Schar in dem durch die Ungleichungen (11) charakterisierten Gebiete (d. i. in der Nachbarschaft σ_3' des Bogens $(\bar{x}_1 - h_3, \bar{x}_1 + h_3)$ der Extremale $E(c_1^0, \ldots, c_{2n}^0)$) ein Feld.

Um von da zu Satz III zu gelangen, wähle man nun γ_3 so klein, daß die den Ungleichungen (6) genügenden Extremalen $E(c_1^0, \ldots, c_{2n}^0)$ für $\bar{x}_0 - h_3 \leqq x \leqq \bar{x}_1 + h_3$ ganz in der Nachbarschaft $\frac{\sigma_3'}{2}$ der Extremale E_0 verbleiben. Wählt man dann noch $\sigma_3 < \frac{\sigma_3'}{2}$, so liegt offenbar die Nachbarschaft σ_3 des Bogens $\bar{x}_0 - h_3 \leqq x \leqq \bar{x}_1 + h_3$ der Extremale $\bar{E}$ ganz in der Nachbarschaft σ_3' des Bogens $(\bar{x}_0 - h_3, \bar{x}_1 + h_3)$ der Extremale $E(c_1^0, \ldots, c_{2n}^0)$, womit Satz III bewiesen ist.

In derselben Weise beweist man:

III a. Sind die positiven Zahlen k_3 und h_3 hinlänglich klein gewählt und ist $k_3 > h_3$, so lassen sich positive Zahlen $\gamma_3, \gamma_3', \sigma_3$ so bestimmen, daß folgendes gilt: Legt man durch den Punkt von der Abszisse $\bar{x}_1 + k_3$ einer den Ungleichungen (6) genügenden Extremale $E(c_1^0, \ldots, c_{2n}^0)$ die n-parametrige Extremalenschar, so bilden die den Ungleichungen (7) genügenden Extremalen $E(c_1, \ldots, c_{2n})$ dieser Schar in der Nachbarschaft σ_3 des Bogens $(\bar{x}_0 - h_3, \bar{x}_1 + h_3)$ der Extremale $\bar{E}$ ein Feld.

Ist $\gamma_3 \leqq \gamma_1$ und γ_3' so klein gewählt, daß aus den Ungleichungen (7) für $\bar{x}_0 - h_3 \leqq x \leqq \bar{x}_1 + h_3$ folgt:

$$(12)\quad \begin{aligned} &|y_{ix}(x, c_1, \ldots, c_{2n}) - y_{ix}(x, c_1^0, \ldots, c_{2n}^0)| \leqq \frac{\tau}{2}; \\ &|\lambda_j(x, c_1, \ldots, c_{2n}) - \lambda_j(x, c_1^0, \ldots, c_{2n}^0)| \leqq \frac{\tau}{2}, \end{aligned}$$

ist endlich $\sigma_3' \leqq \frac{\tau}{2}$, so folgt aus Satz I, daß in dem die Nachbarschaft σ_3 des Bogens $(\bar{x}_0 - h_3, \bar{x}_1 + h_3)$ von $\bar{E}$ bedeckenden Felde der Extremale $E(c_1^0, \ldots, c_{2n}^0)$ die E-Funktion positiv definit ist, so daß wir den Satz haben:

IV. Sind die drei positiven Zahlen γ_4, σ_4, h_4 hinlänglich klein gewählt, so erteilt der Bogen $(\bar{x}_0 - h_4, \bar{x}_1 + h_4)$ einer den Ungleichungen:

$$|c_1^0 - \bar{c}_1| \leqq \gamma_4, \ldots, |c_{2n}^0 - \bar{c}_{2n}| \leqq \gamma_4 \tag{13}$$

genügenden Extremale $E(c_1^0, \ldots, c_{2n}^0)$ dem Integrale (1) einen kleineren Wert als jeder andere Bogen einer zulässigen Vergleichskurve von gleichem Anfangs- und Endpunkte, die ganz in der Nachbarschaft σ_4 des Bogens $(\bar{x}_0 - h_4, \bar{x}_1 + h_4)$ der Extremale $\bar{E}$ verbleibt.

Dieses Resultat habe ich, wenn auch in etwas anderer Weise, bereits in Monatsh. **22** bewiesen.

§ 2.

Wir kommen nun zum Beweise des Satzes:

V. Sind die positiven Zahlen σ_5 und h_5 hinlänglich klein, und ist $\sigma_5 > \sigma_5' > \sigma_5'' > 0$, ist endlich die positive Zahl γ_5 hinlänglich klein, jedenfalls aber so klein gewählt, daß für

$$\bar{x}_0 - h_5 \leqq x \leqq \bar{x}_1 + h_5$$

die den Ungleichungen:

$$|c_1^0 - \bar{c}_1| \leqq \gamma_5, \ldots, |c_{2n}^0 - \bar{c}_{2n}| \leqq \gamma_5 \tag{14}$$

genügenden Extremalen $E(c_1^0, \ldots, c_{2n}^0)$ ganz in der Nachbarschaft σ_5'' der Extremale $\bar{E}$ verbleiben, so gibt es eine positive Zahl ε_5 von folgender Eigenschaft: Ein Bogen einer zulässigen Vergleichskurve, der mit dem Bogen $(\bar{x}_0 - h_5, \bar{x}_1 + h_5)$ einer den Ungleichungen (14) genügenden Extremale $E(c_1^0, \ldots, c_{2n}^0)$ gleichen Anfangs- und Endpunkt hat, und der ganz in der Nachbarschaft σ_5, aber nicht ganz in der Nachbarschaft σ_5' des Bogens $(\bar{x}_0 - h_5, \bar{x}_1 + h_5)$ der Extremale $\bar{E}$ verbleibt, erteilt dem Integrale (1) einen um mindestens ε_5 größeren Wert als der genannte Bogen der Extremale $E(c_1^0, \ldots, c_{2n}^0)$.

Wir wählen zum Beweise $h_5 < h_4$. Dann kann man in III und III a für h_3 die Größe h_5, für k_3 die Größe h_4 wählen. Wir setzen dementsprechend $h_5 = \bar{h}_3$, $h_4 = \bar{k}_3$. Die dieser Wahl von h_3 und k_3 entsprechenden Größen $\gamma_3, \gamma_3', \sigma_3$ bezeichnen wir mit

$\bar{\gamma}_3$, γ_3', σ_3; speziell werde $\bar{\gamma}_3 < \gamma_4$ angenommen. Nehmen wir dann irgendeine den Ungleichungen:

$$(15) \qquad |c_1^0 - \bar{c}_1| \leqq \gamma_3, \ldots, |c_{2n}^0 - \bar{c}_{2n}| \leqq \bar{\gamma}_3$$

genügende Extremale $E(c_1^0, \ldots, c_{2n}^0)$ her, so läßt sich sowohl ihr Punkt A_0 von der Abszisse $\bar{x}_0 - \bar{k}_3$ $(= \bar{x}_0 - h_4)$ als auch ihr Punkt A_1 von der Abszisse $\bar{x}_1 + \bar{k}_3$ mit jedem beliebigen Punkte A der Nachbarschaft σ_3 des Bogens

$$(\bar{x}_0 - \bar{h}_3, \bar{x}_1 + \bar{h}_3) = (\bar{x}_0 - h_5, \bar{x}_1 + h_5)$$

der Extremale $\bar{E}$ durch eine und nur eine den Ungleichungen:

$$|c_1 - c_1^0| \leqq \bar{\gamma}_3', \ldots, |c_{2n} - c_{2n}^0| \leqq \bar{\gamma}_3'$$

genügende Extremale $E(c_1, \ldots, c_{2n})$ verbinden. Wir betrachten den Kurvenzug, der von A_0 bis A mit der einen, von A bis A_1 mit der anderen dieser beiden Extremalen zusammenfällt. Ist $\bar{\sigma}_3$ hinlänglich klein gewählt (speziell $\leqq \sigma_4$), so gehört dieser Kurvenzug sicherlich ganz der Nachbarschaft σ_4 des Bogens $(\bar{x}_0 - h_4, \bar{x}_1 + h_4)$ der Extremale $\bar{E}$ an. Dieser Kurvenzug hängt ab von den Parametern $c_1^0, \ldots, c_{2n}^0$ und der Lage des Punktes A; wir nennen ihn dementsprechend:

$$C(c_1^0, \ldots, c_{2n}^0; A)$$

und können auf Grund des Satzes IV den Hilfssatz aussprechen:

Hilfssatz 1: Liegt der Punkt A in der Nachbarschaft $\bar{\sigma}_3$ des Bogens $(\bar{x}_0 - h_5, \bar{x}_1 + h_5)$ der Extremalen $\bar{E}$, aber nicht auf der Extremale $E(c_1^0, \ldots, c_{2n}^0)$ selbst, und genügen die Konstanten $c_1^0, \ldots, c_{2n}^0$ den Ungleichungen (15), so ist der Wert, den der Kurvenzug $C(c_1^0, \ldots, c_{2n}^0, A)$ dem Integrale (1) erteilt größer, als der, den der Bogen $(\bar{x}_0 - h_4, \bar{x}_1 + h_4)$ der Extremale $E(c_1^0, \ldots, c_{2n}^0)$ dem Integral erteilt.

Betrachten wir nun den von A_0 bis A reichenden Bogen des Kurvenzuges $C(c_1^0, \ldots, c_{2n}^0, A)$. Er gehört einer Extremale $E(c_1, \ldots, c_{2n})$ an, die den Ungleichungen genügt:

$$|c_1 - \bar{c}_1| \leqq \bar{\gamma}_3 + \bar{\gamma}_3', \ldots, |c_{2n} - \bar{c}_{2n}| \leqq \bar{\gamma}_3 + \gamma_3'.$$

Wählen wir also $\bar{\gamma}_3$ und $\bar{\gamma}_3'$ so, daß $\bar{\gamma}_3 + \bar{\gamma}_3' \leqq \gamma_4$, so können wir auf den Bogen $A_0 A$ dieser Extremale (der ja ganz im Bogen

$(\bar{x}_0 - h_4, \bar{x}_1 + h_4)$ enthalten ist, Satz IV anwenden, und erhalten, da ja der Bogen AA_1 des Kurvenzuges $C(c_1^0, \ldots, c_{2n}^0, A)$ sich ebenso behandeln läßt den

Hilfssatz 2: Der Kurvenzug $C(c_1^0, \ldots, c_{2n}^0, A)$ erteilt dem Integral (1) einen kleineren Wert als jeder andere von A_0 nach A_1 verlaufende Bogen einer zulässigen Vergleichskurve, die ebenfalls durch A hindurchgeht, und ganz in der Nachbarschaft $\bar{\sigma}_3$ der Extremale $\bar{E}$ verbleibt.

Wir wählen nun für σ_5 den Wert $\bar{\sigma}_3$, und nehmen $\gamma_5 < \gamma_3$. Bilden wir die Differenz $D(c_1^0, \ldots, c_{2n}^0, A)$ der Werte, die der Kurvenzug $C(c_1^0, \ldots, c_{2n}^0, A)$ und die der Bogen

$$(\bar{x}_0 - h_4, \bar{x}_1 + h_4)$$

der Extremale $E(c_1^0, \ldots, c_{2n}^0)$ dem Integral (1) erteilt, so ist diese Differenz eine stetige Funktion der Konstanten c^0 und der Koordinaten von A. Lassen wir die Konstanten c^0 beliebig im Gebiete (14) variieren und den Punkt A beliebig in der Nachbarschaft σ_5 des Bogens $(\bar{x}_0 - h_5, \bar{x}_1 + h_5)$ der Extremale $\bar{E}$ variieren, aber so, daß er nicht ins Innere der Nachbarschaft σ_5' dieses Bogens rückt, so kann wegen $\sigma_5'' < \sigma_5'$ der Punkt A niemals auf eine den Ungleichungen (14) genügende Extremale $E(c_1^0, \ldots, c_{2n}^0)$ zu liegen kommen, so daß $D(c_1^0, \ldots, c_{2n}^0, A)$ immer positiv bleibt. Da aber der Bereich, in dem $c_1^0, \ldots, c_{2n}^0, A$ variieren abgeschlossen und die Funktion $D(c_1^0, \ldots, c_{2n}^0, A)$ stetig ist, bleibt sie also oberhalb einer positiven Zahl, die wir mit ε_5 bezeichnen wollen.

Zusammen mit Hilfssatz 2 haben wir also den Satz gewonnen:

Hilfssatz 3. Der Bogen $(\bar{x}_0 - h_4, \bar{x}_1 + h_4)$ einer den Ungleichungen (14) genügenden Extremale $E(c_1^0, \ldots, c_{2n}^0)$ erteilt dem Integrale (1) einen um mindestens ε_5 kleineren Wert als jeder andere Bogen einer zulässigen Vergleichskurve von gleichem Anfangs- und Endpunkte, der ganz in der Nachbarschaft σ_5 des Bogens $(\bar{x}_0 - h_4, \bar{x}_1 + h_4)$ der Extremale $\bar{E}$ verbleibt, für $\bar{x}_0 - h_5 \leqq x \leqq \bar{x}_1 + h_5$ aber mindestens einen nicht zur Nachbarschaft σ_5' von $\bar{E}$ gehörenden Punkt enthält.

Unseren Satz V erhält man nun hieraus durch Beschränkung auf Vergleichskurven, die von der Abszisse $\bar{x}_0 - h_4$ bis zur Abszisse $\bar{x}_0 - h_5$ und von der Abszisse $\bar{x}_1 + h_5$ bis zur Abszisse $\bar{x}_1 + h_4$ mit der Extremale $E(c_1^0, \ldots, c_{2n}^0)$ zusammenfallen.

§ 3.

Nun machen wir folgende Voraussetzungen: Der Bogen $\bar{P}_0\bar{P}_1$ der Extremale $\bar{E}$ genüge den Voraussetzungen 1., 2., 3. von § 1 (Voraussetzung 4. braucht nicht erfüllt zu sein). Ferner mache dieser Extremalenbogen das Integral (1) zu einem schwachen Minimum gegenüber denjenigen zulässigen Vergleichskurvenbögen P_0P_1, deren Anfangs- und Endpunkt gewissen Bedingungen genügen (etwa auf gewissen Mannigfaltigkeiten liegen müssen). Wir werden diese Vergleichskurvenbögen im folgenden als „spezielle Vergleichskurven" bezeichnen. Wir bezeichnen die Koordinaten von $\bar{P}_0$, $\bar{P}_1$, P_0, P_1 mit

$$(\bar{x}_0, \bar{y}_1^0, \ldots, \bar{y}_n^0), \quad (\bar{x}_1, \bar{y}_1^1, \ldots, \bar{y}_n^1),$$
$$(x_0, y_1^0, \ldots, y_n^0), \quad (x_1, y_1^1, \ldots, y_n^1).$$

Es gibt nun eine positive Zahl η, so daß, wenn $y_i = \tilde{y}_i(x)$ die Gleichungen einer speziellen Vergleichskurve sind, wenn weiter $r(P_0, \bar{P}_0) < \eta$ und $r(P_1, \bar{P}_1) < \eta$ und für $\bar{x}_0 - \eta \leqq x \leqq \bar{x}_1 + \eta$ die Ungleichungen bestehen:

$$|\tilde{y}_i(x) - y_i(x)| \leqq \eta \quad |\tilde{y}_i'(x) - y_i'(x)| \leqq \eta$$

der Bogen P_0P_1 der Kurve $y_i = \tilde{y}_i(x)$ dem Integrale einen größeren Wert erteilt, als der Bogen $\bar{P}_0\bar{P}_1$ von $\bar{E}$, es sei denn, daß diese beiden Bogen identisch sind. Über die Bedingungen, denen die Anfangs- und Endpunktkoordinaten der speziellen Vergleichskurven zu genügen haben, machen wir lediglich die Voraussetzung, daß sowohl die Anfangs- als die Endpunkte der den Ungleichungen $|\tilde{y}_i(x) - y_i(x)| \leqq \eta$ genügenden speziellen Vergleichskurven (wenigstens für hinlänglich kleines η) abgeschlossene Mengen bilden.

Nun wählen wir irgendwie eine Abszisse x_2 zwischen $\bar{x}_0$ und $\bar{x}_1$; den Punkt der Abszisse x_2 auf der Extremale $\bar{E}$ nennen wir $\overline{P}_2$. Sowohl der Bogen $\overline{P}_0\overline{P}_2$ als auch der Bogen $\overline{P}_2\overline{P}_1$ der Extremale $\overline{E}$ genügt dann ausser den Bedingungen 1., 2., 3. auch noch der Bedingung 4. von § 1, denn es kann weder der Bogen $\overline{P}_0\overline{P}_2$ den zu $\overline{P}_0$, noch der Bogen $\overline{P}_2\overline{P}_1$ den zu $\overline{P}_2$ konjugierten Punkt enthalten, da ja sonst der Bogen $\overline{P}_0\overline{P}_1$ unmöglich ein schwaches Extremum liefern könnte. Wir können also unter dem Bogen $\bar{A}_0\bar{A}_1$ von § 1 und 2 sowohl den Bogen $\overline{P}_0\overline{P}_2$ als auch den Bogen $\overline{P}_2\overline{P}_1$ verstehen. Man erhält daher unmittelbar aus Satz II:

VI. Zu jeder hinlänglich kleinen positiven Zahl γ_6 gibt es zwei positive Zahlen σ_6 und h_6 von folgender Eigenschaft: gehört die spezielle Vergleichskurve $\tilde{C}$ ganz der Nachbarschaft σ_6 des Bogens $(\bar{x}_0 - h_6, \bar{x}_1 + h_6)$ der Extremale $\overline{E}$ an[1]) und ist P_2 der Punkt von der Abszisse x_2 auf $\tilde{C}$, so gibt es eine und nur eine den Ungleichungen:

$$|c_1 - \bar{c}_1| \leqq \gamma_6, \ldots, |c_{2n} - \bar{c}_{2n}| \leqq \gamma_6 \tag{16}$$

genügende Extremale $E(c_1, \ldots, c_{2n})$ die den Anfangspunkt P_0 von $\tilde{C}$ mit P_2, und ebenso eine und nur eine den Ungleichungen (16) genügende Extremale, die den Punkt P_2 mit dem Endpunkte P_1 von $\tilde{C}$ verbindet, und diese beiden Extremalenbögen P_0P_2 und P_2P_1 genügen den Bedingungen a) b) c) von Satz I.

Wir werden den Kurvenzug, der aus diesen Extremalenbögen P_0P_2 und P_2P_1 besteht mit $C(P_0, P_1, P_2)$ bezeichnen, die Differenz der Werte, die der Kurvenzug $C(P_0, P_1, P_2)$ und der Bogen $\overline{P}_0\overline{P}_1$ von $\overline{E}$ dem Integrale (1) erteilen aber mit $D(P_0, P_1, P_2)$. Dann ist $D(P_0, P_1, P_2)$ eine stetige Funktion der Punkte P_0, P_1, P_2.

Wählt man für γ_6 einen hinlänglich kleinen Wert γ_7, so folgen aus den Ungleichungen:

$$|c_1 - \bar{c}_1| \leqq \gamma_7, \ldots |c_{2n} - \bar{c}_{2n}| \leqq \gamma_7$$

sicherlich für $\bar{x}_0 - \eta \leqq x \leqq \bar{x}_1 + \eta$ die Ungleichungen (η be-

1) Wenn wir sagen, die specielle Vergleichskurve $\tilde{C}$ gehöre ganz der Nachbarschaft σ des Bogens $(\bar{x}_0 - h, \bar{x}_1 + h)$ von $\overline{E}$ an, so ist damit stets auch gemeint, daß der Abstand der Anfangspunkte von $\tilde{C}$ und $\overline{E}$, ebenso wie der Abstand der Endpunkte kleiner als σ ist.

deutet die zu Anfang dieses Paragraphen eingeführte Konstante):

$$| y_i(x, c_1, \ldots, c_{2n}) - y_i(x, \bar{c}_1, \ldots, \bar{c}_{2n}) | \leqq \eta;$$
$$| y_{ix}(x, c_1, \ldots, c_{2n}) - y_{ix}(x, \bar{c}_1, \ldots, \bar{c}_{2n}) | \leqq \eta.$$

Hat man also für h_6 einen Wert $h_7 \leqq \eta$ gewählt, so gehört der Kurvenzug $C(P_0, P_1, P_2)$, der ja selbst eine spezielle Vergleichskurve ist, zu denjenigen, denen gegenüber der Bogen $\overline{P}_0\overline{P}_1$ von $\overline{E}$ Minimum liefert und wir haben:

VII. Werden σ_7 und h_7 hinlänglich klein gewählt, so fällt die zu einer ganz in der Nachbarschaft σ_7 des Bogens $(\bar{x}_0 - h_7, \bar{x}_1 + h_7)$ der Extremale $\overline{E}$ verlaufenden speziellen Vergleichskurve gehörige Differenz $D(P_0, P_1, P_2)$ stets $\geqq 0$ aus, und zwar $= 0$ nur dann, wenn P_0, P_1, P_2 mit $\overline{P}_0, \overline{P}_1, \overline{P}_2$ zusammenfallen.

Wählt man, weiter $\gamma_6 \leqq \gamma_4$, so genügt jeder der beiden Extremalenbögen, aus denen $C(P_0, P_1, P_2)$ sich zusammensetzt, den Ungleichungen: $|c_1 - \bar{c}_1| \leqq \gamma_4 \ldots, |c_{2n} - \bar{c}_{2n}| \leqq \gamma_4$. Wählt man daher $\sigma_7 \leqq \sigma_4$, $h_7 \leqq h_4$, so folgt aus IV, daß der Extremalenbogen P_0P_2 (bzw. P_2P_1) dem Integrale einen kleineren Wert erteilt als jeder andere Bogen einer zulässigen Vergleichskurve von den Endpunkten P_0, P_2 (bzw. P_2, P_1), der ganz in der Nachbarschaft σ_7 der Extremale $\overline{E}$ verbleibt. Das gibt den Satz:

VIII. Werden σ_8 und h_8 hinlänglich klein gewählt, so erteilt der zu einer ganz in der Nachbarschaft σ_8 des Bogens $(\bar{x}_0 - h_8, \bar{x}_1 + h_8)$ der Extremale $\overline{E}$ verlaufenden speziellen Vergleichskurve $\tilde{C}$ gehörige Kurvenzug $C(P_0, P_1, P_2)$ dem Integrale einen kleineren Wert als die Kurve $\tilde{C}$ (außer wenn $\tilde{C}$ und $C(P_0, P_1, P_2)$ zusammenfallen).

Satz VII und VIII zusammen ergeben das von mir in Monatsh. 22 abgeleitete Resultat, daß der Bogen $\overline{P}_0\overline{P}_1$ von $\overline{E}$ ein starkes Minimum liefert.

Beachtet man die Stetigkeit der Funktion $D(P_0, P_1, P_2)$, erinnert man sich, daß nach Voraussetzung die zulässigen Anfangspunkte P_0, sowie die zulässigen Endpunkte P_1 der speziellen Vergleichskurven abgeschlossene Mengen bilden, beachtet man weiter, daß P_2 jeder beliebige Punkt von der Abszisse x_2

sein kann, der nahe genug an $\overline{P}_2$ liegt, so folgt aus Satz VII (auf Grund des Satzes, daß auf einer abgeschlossenen Menge jede stetige Funktion gleich ihrer unteren Grenze wird):

IX. Werden σ_9 und h_9 hinlänglich klein gewählt, und ist $\sigma_9 > \sigma'_9 > 0$, so gibt es eine positive Zahl ε_9 von folgender Eigenschaft: liegen alle drei Punkte P_0, P_1, P_2 in der Nachbarschaft σ_9 des Bogens $(\bar{x}_0 - h_9, \bar{x}_1 + h_9)$ von $\overline{E}$, aber wenigstens einer nicht in der Nachbarschaft σ'_9 dieses Bogens, so ist $D(P_0, P_1, P_2) \geqq \varepsilon_9$.

Zusammen mit Satz VIII ergibt das:

X. Werden σ_{10} und h_{10} hinlänglich klein gewählt und ist $\sigma_{10} > \sigma'_{10} > 0$, so gibt es eine positive Zahl ε_{10} von folgender Eigenschaft: jede spezielle Vergleichskurve, die ganz in der Nachbarschaft σ_{10} des Bogens $(\bar{x}_0 - h_{10}, \bar{x}_1 + h_{10})$ von $\overline{E}$ verbleibt, und von der der Anfangspunkt, oder der Endpunkt, oder der Punkt von der Abszisse x_2 nicht in der Nachbarschaft σ'_{10} liegt, erteilt dem Integrale einen um mindestens ε_{10} größeren Wert als der Bogen $\overline{P}_0\overline{P}_1$ von $\overline{E}$.

Wir kommen nunmehr zum Schlußresultate dieser Untersuchungen:

Werden die positiven Zahlen σ und h hinlänglich klein gewählt und ist $\sigma > \sigma' > 0$, so gibt es eine positive Zahl ε von folgender Eigenschaft: jede spezielle Vergleichskurve, die ganz in der Nachbarschaft σ, aber nicht ganz in der Nachbarschaft σ' des Bogens $(\bar{x}_0 - h, \bar{x}_1 + h)$ von $\overline{E}$ verbleibt, erteilt dem Integrale einen um mindestens ε größeren Wert als der Bogen $\overline{P}_0\overline{P}_1$ von $\overline{E}$.

Wir wählen eine Zahl σ'' irgendwie gemäß $0 < \sigma'' < \sigma'$. Dann kann γ so klein angenommen werden, daß für: $\bar{x}_0 - h \leqq x \leqq \bar{x}_1 + h$ alle den Ungleichungen

$$|c_1 - \bar{c}_1| \leqq \gamma, \ldots, |c_{2n} - \bar{c}_{2n}| \leqq \gamma \tag{17}$$

genügenden Extremalen $E(c_1, \ldots, c_{2n})$ in der Nachbarschaft σ'' der Extremale $\overline{E}$ verbleiben. Wird γ auch $\leqq \gamma_2$ gewählt, so kann nach II ϱ_2 so bestimmt werden, daß sobald $r(\overline{P}_0, P_0) \leqq \varrho_2$

und $r(\overline{P}_2, P_2) \leqq \varrho_2$ die Punkte P_0 und P_2 durch eine und nur eine den Ungleichungen (17) genügende Extremale $E(c_1, \ldots, c_{2n})$ verbunden werden können, und ebenso, wenn $r(\overline{P}_2, P_2) \leqq \varrho_2$ und $r(\overline{P}_1, P_1) \leqq \varrho_2$, auch die Punkte P_2 und P_1. Man bemerke, daß sicherlich $\varrho_2 \leqq \sigma''$. Ist nun $\sigma \leqq \sigma_{10}$ und wählen wir $\sigma'_{10} \leqq \varrho_2$, $h_{10} \leqq \varrho_2$, so lehrt Satz X, daß jede spezielle Vergleichskurve, die ganz in der Nachbarschaft σ des Bogens $(\bar{x}_0 - h_{10}, \bar{x}_1 + h_{10})$ von $\overline{E}$ verbleibt, deren Anfangspunkt, oder deren Endpunkt, oder deren Punkt von der Abszisse x_2 aber nicht in der Nachbarschaft σ'_{10} dieses Bogens liegt, dem Integral (1) einen um mindestens ε_{10} größeren Wert erteilt, als der Bogen $\overline{P}_0\overline{P}_1$ von $\overline{E}$. Da wegen $\sigma'_{10} \leqq \varrho_2 \leqq \sigma'' < \sigma'$ sicher $\sigma'_{10} < \sigma'$ ist, haben wir zum Beweise unseres Satzes nur mehr folgendes zu zeigen: Liegen von der speziellen Vergleichskurve $\tilde{C}$ sowohl Anfangs- als Endpunkt als auch der Punkt von der Abszisse x_2 in der Nachbarschaft σ'_{10} des Bogens $(\bar{x}_0 - h_{10}, \bar{x}_1 + h_{10})$ von $\overline{E}$, liegt aber $\tilde{C}$ nicht ganz in der Nachbarschaft σ' dieses Bogens, so ist der Wert, den $\tilde{C}$ dem Integrale (1) erteilt, um mindestens ε größer, als der Wert, den der Bogen $\overline{P}_0\overline{P}_1$ von $\overline{E}$ dem Integrale erteilt.

Ist der Kurvenbogen $\tilde{C}$ von der eben angegebenen Art, so enthält er entweder zwischen $\bar{x}_0 - h_{10}$ und x_2 oder zwischen x_2 und $\bar{x}_1 + h_{10}$ einen Punkt außerhalb der Umgebung σ'. In jedem von beiden Fällen können wir Satz V anwenden, wenn wir nur die Wahl der aufgetretenen Konstanten gemäß den Ungleichungen treffen: $\sigma \leqq \sigma_5$, $h \leqq h_{10} \leqq h_5$, $\gamma \leqq \gamma_5$ und unter σ'_5, σ''_5 die beiden Zahlen σ' und σ'' verstehen. Für ε haben wir dann die kleinere der beiden Zahlen ε_5 und ε_{10} zu wählen. Hiermit ist unser Satz vollständig bewiesen.

Ergänzende Bemerkung zu meiner Arbeit über den Osgoodschen Satz in Band 17 dieser Zeitschrift.

Von **Hans Hahn** in Czernowitz.

Im Band 17 dieser Zeitschrift habe ich den Osgoodschen Satz für das einfachste Problem der Variationsrechnung in Parameterdarstellung in folgender Form bewiesen: Sei ein Bogen einer Extremale des Integrals:

$$J = \int F(x, y, x', y')\, dt \tag{1}$$

gegeben, der folgenden Bedingungen genügt:

a) In keinem seiner Punkte verschwinden die Ableitungen seiner Koordinaten nach dem Parameter: x' und y' gleichzeitig;

b) für alle seine Elemente fällt die Weierstraßsche Funktion $F_1(x, y, x', y')$ von Null verschieden aus;

c) die E-Funktion ist in allen seinen Elementen positiv definit (und verschwindet daher nur in ordentlicher Weise).

d) er enthält den zu seinem Anfangspunkte konjugierten Punkt nicht.

Dann existiert eine Nachbarschaft U dieses Extremalenbogens von folgender Eigenschaft: U' sei eine beliebige in U enthaltene Nachbarschaft des Extremalbogens, die nur der einen Einschränkung unterliegt, daß die Verlängerung unseres Extremalbogens über seinen Anfangs- und Endpunkt hinaus keinen nicht zu U' gehörigen Punkt von U enthält; es gibt eine positive Zahl ε derart, daß jede ganz in U aber nicht ganz in U' verlaufende Vergleichskurve, die mit unserem Extremalenbogen gleichen Anfangs- und Endpunkt hat, dem Integrale (1) einen um mindestens ε größeren Wert erteilt als der Extremalenbogen.

Im folgenden soll nun gezeigt werden, daß die Behauptung auch noch gilt, wenn die Einschränkung bezüglich des Gebietes U' fallen gelassen wird, wenn also U' eine ganz beliebige in U enthaltene Nachbarschaft unseres Extremalbogens bedeutet.

Die Extremale, der der betrachtete Bogen angehört, wird mit E bezeichnet, der Anfangspunkt des Extremalenbogens heiße der Punkt 0, sein Endpunkt der Punkt 1. Unter der Nachbarschaft

σ des Bogens (0, 1) der Extremale E verstehen wir, wie üblich, die Gesamtheit jener Punkte, deren Abstand von wenigstens einem Punkte dieses Bogens nicht größer als σ ist.

Wir können nun σ so klein wählen, daß die Nachbarschaft σ des Bogens (0, 1) von E folgenden drei Bedingungen genügt:

1. Sie wird von einem die Extremale E enthaltenden Felde, in dem die E-Funktion positiv-definit ist, überdeckt;

2. sie wird von den Normalen der Extremale E einfach überdeckt.

In der Tat, Bedingung 1 folgt in bekannter Weise aus unseren Voraussetzungen *a*) *b*) *c*) *d*); und was Bedingung 2 anlangt, so beachte man, daß der Krümmungsradius r einer Extremale gegeben ist durch:

$$r = \frac{F_1(x, y, x', y')\,(x'^2 + y'^2)^{\frac{3}{2}}}{F_{x'y}(x, y, x', y') - F_{y'x}(x, y, x', y')},$$

so daß, wegen Voraussetzung *a*) und *b*), sein absoluter Betrag entlang E oberhalb einer positiven Zahl bleibt; wir brauchen nur σ kleiner als diese Zahl zu wählen und Bedingung 2 ist erfüllt. Endlich denken wir uns σ auch noch so klein gewählt, daß

3. die Nachbarschaft σ für das Gebiet U des oben angeführten, von mir schon bewiesenen Satzes gewählt werden kann.

Wir führen nun in der Nachbarschaft σ als krummlinige Koordinaten eines Punktes P ein: den Abstand η des Punktes P von der Extremale E, und die Länge ξ des vom Punkte 0 bis zum Fußpunkte der von P auf E gefällten Normalen reichenden Bogens von E (positiv gerechnet in der Richtung von 0 nach 1). Sind:

$$x = x_0(\xi), \quad y = y_0(\xi)$$

die Gleichungen von E, ausgedrückt durch die Bogenlänge, so ist der in der Nachbarschaft σ von E eineindeutige Zusammenhang zwischen x, y einerseits und ξ, η anderseits gegeben durch:

$$x - x_0(\xi) = -y_0'(\xi) \cdot \eta; \quad y - y_0(\xi) = x_0'(\xi) \cdot \eta. \tag{2}$$

Für das Gebiet U des behaupteten Satzes wählen wir nun die Nachbarschaft σ des Bogens (0, 1) von E. Sodann können wir σ' so klein wählen, daß die Nachbarschaft σ' dieses Bogens ganz im Gebiete U' enthalten ist. Es genügt also nachzuweisen, daß zu jedem $\sigma' < \sigma$ ein positives ε gehört, so daß jede ganz in der Nachbarschaft σ, aber nicht ganz in der Nachbarschaft σ' des Bogens (0, 1) von E verbleibende, die Endpunkte dieses Bogens verbindende Kurve dem Integrale (1) einen um mindestens ε größeren Wert erteilt, als dieser Extremalenbogen.

Wir ziehen in den Punkten 0 und 1 von E die Normalen zu E. Durch diese Normalen wird die Nachbarschaft σ in drei Teilgebiete zerlegt; ein Gebiet G zwischen diesen beiden Normalen, ein Gebiet G_0 beim Punkte 0 und ein Gebiet G_1 beim Punkte 1.

Betrachten wir das Gebiet $\overline{U}'$ das aus folgenden drei Teilen besteht: 1. aus dem Gebiete G_0, 2. aus dem Gebiete G_1, 3. aus jenen Punkten von G, die zwar zur Nachbarschaft σ', nicht aber zur Nachbarschaft σ gehören. Auf $\overline{U}'$ läßt sich der eingangs in Erinnerung gebrachte Satz aus meiner früheren Arbeit anwenden und ergibt die Existenz einer positiven Zahl ε', so daß jede ganz in der Nachbarschaft σ aber nicht ganz in $\overline{U}'$ verbleibende Vergleichskurve dem Integrale einen um mindestens ε' größeren Wert erteilt, als der Bogen (0, 1) von E. Die eben vorhin formulierte Behauptung ist also bereits bewiesen für alle in der Nachbarschaft σ, aber nicht ganz in $\overline{U}'$ verbleibenden Vergleichskurven.

Um sie vollständig zu beweisen, brauchen wir also den Beweis nur mehr zu führen für solche Vergleichskurven, die zwar ganz in $\overline{U}'$, aber nicht ganz in der Nachbarschaft σ' verbleiben. Solche Kurven aber enthalten mindestens einen Punkt von G_0 oder von G_1, der vom Punkte 0, bezw. vom Punkte 1 um mehr als σ' entfernt ist. Unser Satz wird also bewiesen sein, wenn wir folgendes bewiesen haben:

Es gibt eine positive Zahl ε'' derart, daß jede die Punkte 0 und 1 von E verbindende Vergleichskurve, die ganz in der Nachbarschaft σ des Bogens (0, 1) von E verbleibt und mindestens einen Punkt von G_0 oder von G_1 enthält, der vom Punkte 0, bezw. vom Punkte 1 um mehr als σ' entfernt ist, dem Integrale (1) einen um mindestens ε'' größeren Wert erteilt, als der Bogen (0, 1) von E.

Für die Zahl ε des behaupteten Satzes wird man lediglich die kleinere der beiden Zahlen ε' und ε'' zu wählen haben. Ferner genügt es offenbar, die zuletzt formulierte Behauptung für das Gebiet G_0 zu beweisen, da der Fall, daß es sich um G_1 handelt, ebenso zu erledigen ist.

Sei also eine vom Punkte 0 zum Punkte 1 führende, ganz in der Nachbarschaft σ verbleibende Vergleichskurve vorgelegt. Ihre Gleichungen, ausgedrückt durch die vom Punkte 0 gegen den Punkt 1 gemessene Bogenlänge, seien:

$$x = x(s), \quad y = y(s), \tag{3}$$

und mögen bei Einführung der Koordinaten ξ, η übergehen in:

$$\xi = \xi(s), \quad \eta = \eta(s).$$

Die Formeln (2) liefern:

$$x'(s) = \left\{x^{0\prime}(\xi(s)) - y_0''(\xi(s)) \cdot \eta(s)\right\} \xi'(s) - y_0'(\xi(s)) \cdot \eta'(s)$$

$$y'(s) = \left\{y^{0\prime}(\xi(s)) + x_0''(\xi(s)) \cdot \eta(s)\right\} \xi'(s) + x_0'(\xi(s)) \cdot \eta'(s)$$

woraus sich ergibt:

$$\xi'(s) = \frac{x_0'\big(\xi(s)\big)x'(s) + y_0'\big(\xi(s)\big)y'(s)}{1 + \eta(s)\Big\{y_0'\big(\xi(s)\big)x_0''\big(\xi(s)\big) - x_0'\big(\xi(s)\big)y_0''\big(\xi(s)\big)\Big\}}.$$

Bezeichnen wir den zum Parameterwert s gehörigen Punkt der Kurve (3) mit P, den Fußpunkt der von P auf E gefällten Normale mit P_0, den Winkel zwischen der Tangente an (3) in P und der Tangente an E in P_0 mit τ, so ist:

$$x_0'\big(\xi(s)\big)x'(s) + y^{0\prime}\big(\xi(s)\big)y'(s) = \cos\tau;$$

bezeichnen wir weiter den Krümmungsradius von E im Punkte P_0 mit r, so ist:

$$y_0'\big(\xi(s)\big)x_0''\big(\xi(s)\big) - y_0''\big(\xi(s)\big)x_0'\big(\xi(s)\big) = \frac{1}{r}$$

und somit:

$$\xi'(s) = \frac{\cos\tau}{1 + \frac{\eta(s)}{r}}$$

oder:

$$\xi(s) = \int_0^s \frac{\cos\tau}{1 + \frac{\eta(s)}{r}}\,ds.$$

Im ganzen Gebiete G_0 hat die Koordinate ξ negative Werte. Da die Kurve einen vom Punkte 0 um mehr als σ' entfernten Punkt von G_0 enthalten soll, muß also für einen der Ungleichung:

$$\bar{s} > \sigma' \tag{4}$$

genügenden Wert von s:

$$\int_0^{\bar{s}} \frac{\cos\tau}{1 + \frac{\eta}{r}}\,ds \leqq 0 \tag{5}$$

ausfallen. Sei nun der Inhalt jener Teile des Integrationsintervalles, wo

$$\frac{\cos\tau}{1 + \frac{\eta}{r}} < \frac{1}{2} \tag{6}$$

ist, gleich l. Der Inhalt der übrigen Teile des Integrationsintervalls ist dann, wegen (4), größer als $\sigma' - l$. Ist die positive Zahl δ so gewählt, daß durchwegs:

$$\frac{\cos\tau}{1 + \frac{\eta}{r}} > -(1 + \delta),$$

so haben wir die Ungleichung:

$$\int_0^{\bar{s}} \frac{\cos\tau}{1+\frac{\eta}{r}}\, ds > -(1+\delta)\, l + \frac{1}{2}(\sigma' - l)$$

woraus nach (5) folgt:

$$l > \frac{\sigma'}{3+2\delta}. \tag{7}$$

Da, wie schon erwähnt, $\frac{1}{r}$ zwischen endlichen Schranken bleibt und $|\eta| \leqq \sigma$ ist, so wird δ mit σ beliebig klein. Wir fügen also zu den drei Bedingungen, denen σ bereits unterliegt, die vierte hinzu:

4. Es sei σ so klein gewählt, daß $\delta < 1$ angenommen werden kann.

Dann geht (7) über in:

$$l > \frac{\sigma'}{5}$$

und besagt, daß auf dem Bogen $(0, \bar{s})$ unserer Vergleichskurve Teile, deren Inhalt größer als $\frac{\sigma'}{5}$ ist, vorhanden sind, auf denen durchwegs die Ungleichung (6) erfüllt ist.

Da, wie gerade benützt wurde, $|\eta| \leqq \sigma$ ist und $\frac{1}{r}$ zwischen endlichen Schranken bleibt, kann weiter, wenn h eine beliebige positive Zahl bedeutet, σ so klein gewählt werden, daß:

$$\frac{1}{1+\frac{\eta}{r}} < 1 + h \tag{8}$$

ist. Erinnert man sich weiter der Bedeutung von τ und bezeichnet nun mit φ den Winkel, den die Tangente an die Kurve (3) im Punkte P mit der durch den Punkt P gehenden Extremale des (in Bedingung 1 genannten) die Nachbarschaft σ überdeckenden Feldes bildet, so sieht man, daß, wenn h' eine beliebige positive Zahl bedeutet, σ auch so klein gewählt werden kann, daß:

$$|\cos\varphi - \cos\tau| < h'. \tag{9}$$

Aus (6), (8) und (9) folgt dann:

$$\cos\varphi < \frac{1}{2}(1+h) + h'.$$

Wir unterwerfen nun σ der neuen Bedingung:

5. Es sei σ so klein gewählt, daß:

$$\frac{1}{2}(1+h)+h'<\frac{\sqrt{2}}{2}.$$

Es gibt nun also auf dem Bogen $(0, \bar{s})$ unserer Vergleichskurve Teile, deren Inhalt größer als $\frac{\sigma'}{5}$ ist und auf denen durchwegs $\cos\varphi<\frac{\sqrt{2}}{2}$ ist. In den entsprechenden Punkten gilt also für den Winkel φ, den die Kurve (3) mit der durch den betreffenden Punkt hindurchgehenden Feldextremalen bildet, eine der beiden Ungleichungen:

$$-\pi\leqq\varphi<-\frac{\pi}{4};\quad \frac{\pi}{4}<\varphi\leqq\pi. \tag{10}$$

Setzt man nun aber in die E-Funktion $E(x, y, x', y', \bar{x}', \bar{y}')$ für x', y' die Richtungskosinuse der durch den Punkt (x, y) hindurchgehenden Feldextremalen, für $\bar{x}'$, $\bar{y}'$ die Richtungskosinuse einer beliebigen Richtung ϑ ein, so hängt sie stetig ab von den Koordinaten x, y und dem Winkel φ zwischen der Richtung ϑ und der Richtung der durch den Punkt (x, y) hindurchgehenden Feldextremalen in diesem Punkte. Die E-Funktion verschwindet nur, wenn $\varphi=0$ (Bedingung 1), bleibt daher für alle den Ungleichungen (10) genügenden φ oberhalb einer positiven Schranke α.

Drückt man endlich die Differenz der Werte, die die Vergleichskurve (3) und der Bogen (0, 1) der Extremale E dem Integrale (1) erteilen, durch die E-Funktion aus, so ist der Integrand nirgends negativ und das Integrationsintervall enthält Teile, deren Inhalt größer als $\frac{\sigma'}{5}$ ist und auf denen der Integrand durchwegs größer als die positive Zahl α ist. Das Integral ist also größer als $\frac{\alpha\cdot\sigma'}{5}$. Setzt man endlich noch $\varepsilon''=\frac{\alpha\cdot\sigma'}{5}$, so ist in der Tat nachgewiesen, daß jede Vergleichskurve, die mit dem Bogen (0, 1) der Extremale E Anfangs- und Endpunkt gemein hat, die ganz in der Nachbarschaft σ dieses Extremalenbogens verbleibt und einen um mehr als σ' vom Punkte 0 entfernten Punkt des Gebietes G_0 enthält, dem Integrale (1) einen um mindestens ε'' größeren Wert erteilt, als der Bogen (0, 1) der Extremale E.

Hiemit ist unter den Voraussetzungen *a*), *b*), *c*), *d*) die uneingeschränkte Gültigkeit des Osgoodschen Satzes für das einfachste Problem der Variationsrechnung erwiesen. Wegen der Übertragung des Satzes auf das allgemeine Lagrangesche Problem und der Ersetzung der Bedingung *d*) durch geringere Forderungen sei auf eine in der Festschrift für H. Weber erschienene Abhandlung von mir verwiesen.

ÜBER DIE HINREICHENDEN BEDINGUNGEN FÜR EIN STARKES EXTREMUM BEIM EINFACHSTEN PROBLEME DER VARIATIONSRECHNUNG.

Von **Hans Hahn** (Czernowitz).

Adunanza del 22 giugno 1913.

Auf Grund der WEIERSTRASS'schen Methoden der Variationsrechnung lässt sich bekanntlich folgende hinreichende Bedingung für ein Minimum folgern [1]): enthält der Bogen $x_0 \leqq x \leqq x_1$ der regulären Extremale $y = y(x)$ des Integrales:

$$(1) \qquad \int_{x_0}^{x_1} f(x, y, y')\,dx$$

den zu seinem Anfangspunkte konjugierten Punkt nicht, und ist in seinen Linienelementen für beliebiges $\overline{y}' \neq y'(x)$:

$$(2) \qquad E(x, y(x), y'(x), \overline{y}') > 0,$$

so gehört zu jeder beliebigen (noch so grossen) positiven Zahl R ein gleichfalls positives ρ derart, dass dieser Extremalenbogen dem Integrale (1) einen kleineren Wert erteilt, als jeder Bogen einer Vergleichskurve $y = \overline{y}(x)$, die gleichen Anfangs-und Endpunkt hat, und den beiden Ungleichungen genügt:

$$|\overline{y}(x) - y(x)| < \rho, \qquad |\overline{y}'(x)| < R.$$

Die Grösse ρ hängt dabei von R ab, und es kann sehr wohl sein, dass ρ gegen o geht, wenn R ins Unendliche wächst. Infolge dessen braucht es keine Umgebung unseres Extremalenbogens zu geben, von der Art, dass dieser Extremalenbogen ein Minimum liefern würde gegenüber allen in diese Umgebung fallenden Vergleichskurven gleichen Anfangs-und Endpunktes; mit anderen Worten: die oben angeführten Bedingungen sind für ein starkes Minimum nicht hinreichend. Dies wurde zuerst von O. BOLZA an einem Beispiele gezeigt [2]). Doch gestatten es die WEIERSTRASS'schen Methoden auch, hinreichende Bedingungen für ein starkes Minimum anzugeben [3]); man hat nur die

[1]) Vgl. etwa O. BOLZA, *Vorlesungen über Variationsrechnung* (Leipzig, Teubner, 1908), S. 126.

[2]) O. BOLZA, *Some Instructive Examples in the Calculus of Variations* [Bulletin of the American Mathematical Society, Bd. IX (1903), S. 1-10], S. 9.

[3]) Vgl. etwa O. BOLZA, loc. cit. [1]). S. 119

Bedingung (2) zu ersetzen durch die Bedingung:

$$(2_a)\qquad E(x, y, y', \bar{y}') > 0$$

für alle Wertsysteme $x, y, y', \bar{y}'$, die den Bedingungen genügen (dabei bedeutet r eine hinlänglich kleine, positive Zahl):

$$x_0 \leqq x \leqq x_1, \quad |y - y(x)| < r, \quad |y' - y'(x)| < r, \quad \bar{y}' \neq y',$$

und es reicht sogar völlig aus, die Bedingung (2_a) durch folgende zu ersetzen: sei $p(x, y)$ die Gefällsfunktion irgend eines unseren Extremalenbogen umgebenden Extremalenfeldes und:

$$(2_b)\qquad E(x, y, p(x, y), \bar{y}') > 0$$

für alle Wertsysteme $x, y, \bar{y}'$, die den Bedingungen genügen:

$$x_0 \leqq x \leqq x_1, \quad |y - y(x)| < r, \quad \bar{y}' \neq p(x, y).$$

Neuerdings hat sich E. E. LEVI die Aufgabe gestellt, die durch die WEIERSTRASS'schen Methoden gelieferten hinreichenden Bedingungen ohne Verwendung des Begriffes eines Extremalenfeldes herzuleiten, was ihm für die oben zuerst angeführte, an (2) sich knüpfende Bedingung auch in bemerkenswerter Weise gelang [4]). An Stelle der sich an (2_a) oder (2_b) knüpfenden, für ein starkes Minimum hinreichenden Bedingungen glaubt er nun folgende setzen zu können [5]):

Ein regulärer Extremalenbogen $y = y(x)$ $(x_0 \leqq x \leqq x_1)$ liefert ein starkes Minimum gegenüber allen hinlänglich benachbarten Vergleichskurven gleichen Anfangs -und Endpunktes, wenn er den zu seinem Anfangspunkte konjugierten Punkt nicht enthält, und der Bedingung genügt:

$$(2_c)\qquad E(x, y, y'(x), \bar{y}') > 0$$

für alle bei hinlänglich kleinem positiven r den Ungleichungen:

$$x_0 \leqq x \leqq x_1, \quad |y - y(x)| < r, \quad \bar{y}' \neq y'(x)$$

genügenden Wertsysteme $x, y, \bar{y}'$. Wir wollen nun zeigen, dass der von E. E. LEVI für diese Behauptung geführte Beweis eine Lücke enthält und werden an einem Beispiele sehen, dass die Behauptung nicht zutrifft. Ein solches Beispiel erhält man in folgender Weise.

Wir bezeichnen mit $\varphi(y')$ eine dreimal stetig differenzierbare Funktion, die für $y' \leqq 2$ mit y'^2 für $y' \geqq 3$ mit $\frac{1}{y'}$ zusammenfalle; für $2 < y' < 3$ sei $\varphi(y') > 0$, im

---

[4]) E. E. LEVI, *Sulle condizioni sufficienti per il minimo nel calcolo delle variazioni (Gli integrali sotto forma non parametrica)* (Nota I[a]) [Rendiconti della R. Accademia dei Lincei (Roma), Bd. XX, 2. Semester 1911, S. 425-431].

[5]) E. E. LEVI, *Sulle condizioni sufficienti per il minimo nel calcolo delle variazioni (Gli integrali sotto forma non parametrica)* (Nota II[a]) [Rendiconti della R. Accademia dei Lincei (Roma), Bd. XX, 2. Semester 1911, S. 466-469].

Übrigen aber ganz beliebig. Für den Integranden $f(x, y, y')$ wählen wir nun den Ausdruck:

$$f(x, y, y') = (\varphi(y'))^2 - y^2.$$

Dann sind alle Lösungen der Gleichung:

$$y'' + y = 0$$

für welche $y' < 2$ ist, auch Extremalen des Integrales:

$$\int [(\varphi(y'))^2 - y^2]\,dx, \tag{3}$$

und es erteilt jede Kurve, für die durchwegs $y' \leqq 2$ ist, dem Integrale (3) den selben Wert wie dem Integrale:

$$\int (y'^2 - y^2)\,dx. \tag{4}$$

Sei β eine beliebige, der Ungleichung:

$$0 < \beta < \frac{\pi}{4}$$

genügende Zahl. Wir betrachten den Bogen $<0, \pi - \beta>$ der Extremale $y = 0$ des Integrales (3). Es ist dies offenbar ein regulärer Extremalenbogen, der den zum Anfangspunkte konjugierten Punkt nicht enthält, da der zum Punkte $x = 0$ der Extremale $y = 0$ konjugierte Punkt für das Integral (5) ebenso wie für das Integral (4) die Abscisse π hat. Es gilt ferner für die zu (3) gehörige E-Funktion:

$$E(x, y, 0, y') = (\varphi(y'))^2.$$

Die Bedingungen des von E. E. LEVI ausgesprochenen Satzes sind also sämmtlich erfüllt. Wir werden zeigen, dass bei hinreichend kleinem β unser Extremalenbogen trotzdem kein starkes Minimum liefert.

Wir betrachten das durch die Kurven:

$$y = c_0 \,.\, \sin x \qquad (c_0 < 2) \tag{5}$$

gebildete uneigentliche Feld des Bogens $<0, \pi - \beta>$ der Extremale $y = 0$ von (3); sei $p(x, y)$ seine Gefällsfunktion. Wir betrachten ferner die durch den Endpunkt dieses Bogens hindurchgehende Schaar von Extremalen des Integrales (3):

$$y = c_1 \,.\, \sin(\pi - \beta - x) \qquad (c_1 < 2). \tag{6}$$

Wir brauchen im Folgenden den Wert des über die Kurve (6) erstreckten Integrales:

$$\int_{\frac{\pi}{4}}^{\pi-\beta} E(x, y, p(x, y), y')\,dx, \tag{7}$$

das sich ohne weiteres für $c_1 < \sqrt{2}$ in folgender Weise berechnen lässt: Wir betrachten eine Vergleichskurve, die für $0 \leqq x \leqq \frac{\pi}{4}$ mit einer Kurve (5), für $\frac{\pi}{4} \leqq x \leqq \pi - \beta$

mit der sich stetig anschliessenden Kurve (6) zusammenfällt. Die Differenz der Werte, die diese Vergleichskurve und unser Extremalenbogen dem Integrale (3) und mithin auch dem Integrale (4) erteilen, ist einerseits gegeben durch das Integral (7), da ja für $0 \leqq x \leqq \frac{\pi}{4}$ die Vergleichskurve mit einer Extremale des Feldes zusammenfällt, andererseits ergibt die direckte Ausrechnung dieser Integraldifferenz den Wert:

$$c_0^2 \int_0^{\frac{\pi}{4}} (\cos^2 x - \sin^2 x) dx + c_1^2 \int_{\frac{\pi}{4}}^{\pi-\beta} (\cos^2(\pi-\beta-x) - \sin^2(\pi-\beta-x)) dx = \frac{c_0^2}{2} - \frac{c_1^2}{2} \cos 2\beta.$$

Nun muss, wenn die Vergleichskurve im Punkte $x = \frac{\pi}{4}$ stetig sein soll:

$$c_0 . \sin \frac{\pi}{4} = c_1 \sin \left(\frac{3\pi}{4} - \beta\right)$$

und mithin:

$$c_0 = c_1 (\cos \beta + \sin \beta)$$

sein, sodass sich ergibt:

$$(8) \qquad \int_{\frac{\pi}{4}}^{\pi-\beta} E(x, y, p(x, y), y') dx = \frac{c_1^2}{2} (1 - \cos 2\beta + \sin 2\beta) \qquad (y = c_1 . \sin(\pi - \beta - x)).$$

Nunmehr betrachten wir folgende Vergleichskurve: für $0 \leqq x \leqq \frac{\pi}{4}$ falle sie zusammen mit der Kurve:

$$y = c_0 . \sin x \qquad (0 < c_0 < \tfrac{1}{2});$$

von da an falle sie zusammen mit der Geraden:

$$(9) \qquad y = \frac{c_0}{\sqrt{2}} + q\left(x - \frac{\pi}{4}\right) \qquad (q > 3),$$

und zwar bis zum Schnittpunkte dieser Geraden mit der Kurve:

$$(10) \qquad y = 2 c_0 . \sin(\pi - \beta - x).$$

Die Abszisse dieses Schnittpunktes werde mit ξ bezeichnet. Für $\xi \leqq x \leqq \pi - \beta$ endlich falle unsere Vergleichskurve zusammen mit der Kurve (10). Wir wollen die Differenz der Werte abschätzen, die diese Vergleichskurve und unser Extremalenbogen $y = 0$ dem Integrale (3) erteilen. Da für $0 \leqq x \leqq \frac{\pi}{4}$ die Vergleichskurve mit einer Extremale unseres Feldes zusammenfällt, ergibt sich, wenn mit $\bar{y}$ die Ordinate der Vergleichskurve bezeichnet wird, für diese Integraldifferenz der Ausdruck:

$$\Delta I = \int_{\frac{\pi}{4}}^{\pi-\beta} E(x, \bar{y}, p(x, \bar{y}), \bar{y}') dx.$$

Wir zerlegen dieses Integral in:

$$\int_{\frac{\pi}{4}}^{\xi} E dx + \int_{\xi}^{\pi-\beta} E dx.$$

Für den zweiten Summanden gilt nach (8):

$$(11) \qquad \int_{\xi}^{\pi-\beta} E(x, \bar{y}, p(x, \bar{y}), \bar{y}')\,dx < 2c_0^2(1 - \cos 2\beta + \sin 2\beta),$$

wie sich sofort ergibt, wenn man beachtet, dass $2c_0 < \sqrt{2}$, dass zwischen ξ und $\pi - \beta$ unsere Vergleichskurve mit der Kurve (10) zusammenfällt, und wenn man weiter beachtet, dass in (8) der Integrand positiv ist. Es handelt sich noch um Abschätzung des ersten Summanden.

Wir können zunächst durch hinlänglich grosse Wahl von q erreichen, dass die Abszisse des Schnittpunktes der Geraden (9) mit der Kurve (10) den Ungleichungen genügt:

$$(12) \qquad \xi < \frac{\pi}{3}; \qquad \xi < \frac{\pi}{2} - \beta;$$

man braucht zu dem Zwecke nur q gemäss den Ungleichungen zu wählen:

$$q > \frac{12}{\pi}; \qquad q > \frac{4}{\pi - 4\beta}.$$

Wegen der zweiten Ungleichung (12) wächst die Ordinate der Kurve (10) fortwährend, wenn x von $\frac{\pi}{4}$ bis ξ wächst; der Ordinatenzuwachs der Geraden (9) von $\frac{\pi}{4}$ bis ξ ist daher grösser als:

$$c_0\left(2\sin\left(\frac{3\pi}{4} - \beta\right) - \sin\frac{\pi}{4}\right) = c_0\left\{\sqrt{2}(\cos\beta + \sin\beta) - \frac{1}{\sqrt{2}}\right\},$$

woraus sofort die Ungleichung folgt:

$$(13) \qquad \xi - \frac{\pi}{4} > \frac{c_0}{q}\left\{\sqrt{2}(\cos\beta + \sin\beta) - \frac{1}{\sqrt{2}}\right\}$$

Hingegen nimmt, wenn x von $\frac{\pi}{4}$ bis ξ wächst, entlang jeder einzelnen Extremalen unseres Feldes die Gefällsfunktion $p(x, y)$ fortwährend ab. In allen Punkten der Geraden (9) ist daher für $\frac{\pi}{4} \leqq x \leqq \xi$ bei Berücksichtigung der ersten Ungleichung (12) offenbar:

$$(14) \qquad p(x, y) > \frac{c_0}{2}.$$

Sodann bemerken wir, dass für $p \leqq 2$, $\bar{y}' \geqq 3$ der Ausdruck $E(x, y, p, \bar{y}')$ bei Festhaltung aller übrigen Argumente mit abnehmendem p zunimmt: in der Tat ist für $p \leqq 2$, $\bar{y}' \geqq 3$:

$$E(x, y, p, \bar{y}') = \frac{1}{\bar{y}'} - 2p\bar{y}' + p^2.$$

Wir erhalten so unter Berücksichtigung von (14) die Ungleichung:

$$\int_{\frac{\pi}{4}}^{\xi} E(x, \bar{y}, p(x, \bar{y}), \bar{y}')\,dx = \int_{\frac{\pi}{4}}^{\xi}\left(\frac{1}{q} - 2p(x, \bar{y}).q + (p(x, \bar{y}))^2\right)dx$$

$$\leqq \left(\xi - \frac{\pi}{4}\right)\left(\frac{1}{q} - c_0.q + \frac{c_0^2}{4}\right),$$

und wenn wir q so gross wählen, dass:

$$\frac{1}{q} - c_0 q + \frac{c_0^2}{4} < 0, \tag{15}$$

unter Berücksichtigung von (13):

$$\int_{\frac{\pi}{4}}^{\xi} E(x, \overline{y}, p(x, \overline{y}), \overline{y}')\,dx \leqq \left(\sqrt{2}(\cos\beta + \sin\beta) - \frac{1}{\sqrt{2}}\right)\left(-c_0^2 + \frac{c_0^3}{4q} + \frac{c_0}{q^2}\right).$$

Zusammen mit (11) haben wir also, wenn noch $q = \frac{1}{c_0^2}$ gesetzt wird, was nach (15) zulässig ist, sobald c_0 gemäss:

$$\frac{5c_0^2}{4} - \frac{1}{c_0} < 0$$

gewählt ist:

$$\Delta I < c_0^2 \left\{\frac{1}{\sqrt{2}} - \sqrt{2}(\cos\beta + \sin\beta) + 2(1 - \cos 2\beta + \sin 2\beta)\right\} + [c_0]_3.$$

Hierin hat für $\beta = 0$ der Koeffizient von c_0^2 den Wert $\frac{1}{\sqrt{2}} - \sqrt{2}$, ist also für alle hinlänglich kleinen positiven Werte von β negativ. Wir denken uns β so klein gewählt. Dann ist für alle hinlänglich kleinen positiven c_0 auch ΔI negativ, und es gibt somit in der Tat in jeder Umgebung des Bogens $0 \leqq x \leqq \pi - \beta$ der Extremale $y = 0$ Vergleichskurven von gleichem Anfangs und Endpunkte, die dem Integrale (3) einen kleineren Wert erteilen, als dieser Extremalenbogen. Damit ist die Behauptung erwiesen.

Der Integrand unseres Beispieles hängt in nicht analytischer Weise von y' ab. Es dürfte wohl keine Schwierigkeiten haben, auch Integrale mit analytischem Integranden anzugeben, die dasselbe Verhalten zeigen. Ich habe es vorgezogen bei diesem nicht analytischen Beispiele zu bleiben, da es die Ursachen für dieses wohl unerwartete Verhalten sehr deutlich hervortreten lässt.

Es erübrigt endlich noch, denjenigen Punkt am Beweise von E. E. Levi aufzuzeigen, wo sich ein Irrschluss eingeschlichen hat: loc. cit. [4]), S. 428, 429 wird richtig bemerkt, dass die gemachten Voraussetzungen, der betrachtete Extremalenbogen $y = \mathring{y}(x) (x_0 \leqq x \leqq x_1)$ sei regulär, und es sei auf ihm für alle $y' \neq \mathring{y}'(x)$:

$$E(x, \mathring{y}(x), \mathring{y}'(x), y') > 0$$

zur Folgerung berechtigen: es gehören zu jedem positivem (noch so grossen) r' zwei positive Zahlen r_1 und μ, sodass für alle Wertsysteme x, y, y' die den Ungleichungen genügen:

$$x_0 \leqq x \leqq x_1, \qquad |y - \mathring{y}(x)| \leqq r_1, \qquad |y' - \mathring{y}'(x)| \leqq r'$$

die Ungleichung besteht:

$$\frac{E(x, y, \mathring{y}'(x), y')}{(\mathring{y}'(x) - y')^2} > \mu,$$

(wo unter dem links stehenden Quotienten für $y' = \mathring{y}'(x)$ sein Grenzwert zu verstehen ist). Hieraus nun wird (a. a. O. S. 468) der Schluss gezogen, es sei bei hinlänglich kleinen, positiven r und μ für alle Wertsysteme x, y, y' die den Ungleichungen genügen:

$$x_0 \leqq x \leqq x_1, \qquad |y - \overset{\circ}{y}(x)| \leqq r$$

bei beliebigem y' die Ungleichung erfüllt:

$$(16) \qquad E(x, y, \overset{\circ}{y}'(x), y') - \frac{\mu}{2}(y' - \overset{\circ}{y}'(x))^2 \geqq \frac{\mu}{2}(y' - \overset{\circ}{y}'(x))^2.$$

Diese Folgerung trifft aber nicht zu, wie eben unser Beispiel zeigt, weil die Zahlen μ und r_1 von r' abhängen und sehr wohl gegen o gehen können, wenn r' ins Unendliche wächst, wie dies in unserem Beispiele für μ tatsächlich eintritt. Bei unserem Beispiele kann die Ungleichung (16) für positives μ nicht befriedigt werden, selbst wenn man den Punkt (x, y) auf die betrachtete Extremale $\overset{\circ}{y}(x) = 0$ beschränkt.

Czernowitz den 17. Juni 1913.

HANS HAHN.

Gedruckt auf Kosten des Jerome und Margaret Stonborough-Fonds

Über die Lagrange'sche Multiplikatorenmethode

Von

Hans Hahn in Wien

k. M. Akad. Wiss.

(Vorgelegt in der Sitzung am 6. Juli 1922)

Im folgenden beabsichtige ich einen Beitrag zu liefern zur Aufgabe, die Variationsrechnung einzuordnen in eine allgemeine Theorie der Funktionaloperationen;[1] es soll ein Satz über Funktionaloperationen bewiesen werden, der die durch die Lagrange'sche Multiplikatorenmethode gelieferten Resultate der Variationsrechnung als Spezialfälle enthällt. Dadurch wird auch gleichzeitig eine besonders durchsichtige und naturgemäße Begründung der Multiplikatorenmethode gegeben; sie erscheint als unmittelbare Folgerung aus dem fundamentalen Satze der Lehre von den Funktionaloperationen, daß jede lineare und stetige Funktionaloperation durch ein Stieltjes-sches Integral darstellbar ist;[2] ich beginne deshalb mit einem einfachen Beweise dieses Satzes und einigen naheliegenden Zusätzen, die weiterhin benötigt werden.

§ 1.

Wir beschäftigen uns im folgenden mit Funktionen $f(x)$ einer reellen Veränderlichen, die definiert sind im Intervalle $[a, b]$. Sei $\mathfrak{F}$ eine lineare Schar solcher Funktionen, d. h., in $\mathfrak{F}$ kommt neben $f(x)$ für jedes reelle λ auch $\lambda . f(x)$ und neben $f_1(x)$ und $f_2(x)$ auch $f_1(x)+f_2(x)$ vor. Sei in $\mathfrak{F}$ eine Operation $U(f)$ definiert, die jeder Funktion f aus $\mathfrak{F}$ eine reelle Zahl $U(f)$ zuordnet. Die Operation $U(f)$ heißt linear, wenn

$$U(\lambda f) = \lambda U(f); \quad U(f_1+f_2) = U(f_1)+U(f_2);$$

[1] Ich wurde zu diesen Untersuchungen veranlaßt durch einen denselben Gegenstand behandelnden Vortrag des Herrn L. Vietoris in der Wiener Mathematischen Gesellschaft.

[2] Fr. Riesz, Ann. Éc. Norm. (*3*), 28 (1911), p. 33; (*3*), 31 (1914), p. 9; Acta univ. Hung., *1* (1922), p. 18. Vgl. auch E. Helly, Wiener Ber., *121* (1912), p. 291.

sie heiße stetig, wenn es zu jedem $\varepsilon > 0$ ein $\eta > 0$ gibt, so daß

$$|U(f_1) - U(f_2)| < \varepsilon, \text{ wenn } |f_1(x) - f_2(x)| < \eta \text{ in } [a, b].$$

I. Ist $U(f)$ linear und stetig im Bereiche $\mathfrak{F}$ aller in $[a, b]$ stetigen Funktionen, so gibt es ein μ, so daß

$$|U(f)| \leqq \mu, \text{ wenn } |f(x)| \leqq 1 \text{ in } [a, b]. \tag{1}$$

In der Tat, andernfalls gäbe es ein $f_n(x)$, so daß

$$U(f_n) > n^2; \quad |f_n(x)| \leqq 1 \text{ in } [a, b]. \tag{2}$$

Durch

$$f(x) = \sum_{n=1}^{\infty} \frac{1}{n^2} f_n(x)$$

ist dann eine in $[a, b]$ stetige Funktion definiert, und aus der gleichmäßigen Konvergenz dieser unendlichen Reihe und der Linearität und Stetigkeit der Operation U würde folgen:

$$U(f) = \sum_{n=1}^{\infty} \frac{1}{n^2} U(f_n).$$

was unmöglich ist, da zufolge (2) die hierin rechts stehende Reihe divergent ist.

II. Ist $[x'_n, x''_n]$ eine Folge zu je zweien fremder Teilintervalle aus $[a, b]$ und ist $f_n(x)$ eine stetige Funktion, für die

$$|f_n(x)| \leqq 1 \text{ in } [a, b]; \quad f_n(x) = 0 \text{ außerhalb } [x'_n, x''_n],$$

so ist

$$\lim_{n=\infty} U(f_n) = 0.$$

In der Tat, andernfalls gäbe es ein $\sigma > 0$, so daß

$$|U(f_n)| \geqq \sigma \text{ für unendlich viele } n$$

Wir definieren eine stetige Funktion $F_n(x)$ durch:

$$F_n(x) = \sum_{\nu=1}^{n} \operatorname{sgn.} U(f_\nu) \,.\, f_\nu(x).$$

Dann ist

$$|F_n(x)| \leqq 1 \text{ in } [a, b]; \quad \lim_{n=\infty} U(F_n) = +\infty.$$

Dies steht in Widerspruch mit (1). Damit ist II bewiesen.

Sei nun $a \leqq \xi \leqq b$ und $g_\xi(x)$ die unstetige Funktion, die definiert ist durch

$$g_\xi(x) = 1 \text{ für } x \leqq \xi; \quad g_\xi(x) = 0 \text{ für } x > \xi.$$

Wir wollen von einer stetigen Funktion $f(x)$ sagen, sie liefere eine η-Approximation an $g_\xi(x)$, wenn überall $0 \leqq f(x) \leqq 1$, und es ein x' und ein x'' gibt, so daß

$$\xi < x' < x'' < \xi + \eta; \quad f(x) = 1 \text{ für } x \leqq x'; \ f(x) = 0 \text{ für } x \geqq x''.$$

Dann gilt der Satz:

III. Zu jedem $\varepsilon > 0$ gibt es ein $\eta > 0$, so daß für je zwei stetige Funktionen $f^*(x)$ und $f^{**}(x)$, deren jede eine η-Approximation an $g_\xi(x)$ liefert, die Ungleichung gilt:

$$|U(f^*) - U(f^{**})| < \varepsilon.$$

In der Tat, dies folgt unmittelbar aus II, wenn man beachtet' daß überall $|f^* - f^{**}| \leqq 1$, und daß $f^* - f^{**}$ überall $= 0$ ist, abgesehen von einem Intervalle $[h, k]$, für das $\xi < h < k < \xi + \eta$ ist.

Aus Satz III folgert man nun in bekannter Weise:

IV. Für jede Folge stetiger Funktionen $f_n(x)$, wo $f_n(x)$ eine η_n-Approximation an $g_\xi(x)$ liefert, und $\lim\limits_{n=\infty} \eta_n = 0$ ist, existiert ein endlicher Grenzwert $\lim\limits_{n=\infty} U(f_n)$, und dieser Grenzwert ist für alle genannten Folgen $f_n(x)$ ein und derselbe.

Wir können also definieren:

$$U(g_\xi) = \lim_{n=\infty} U(f_n),$$

wo die $f_n(x)$ irgend eine der in IV genannten Folgen bilden.

Sei nun $\mathfrak{F}^*$ die lineare Funktionenschar, die aus allen denjenigen Funktionen $f^*(x)$ besteht, die in $[a, b]$ nur endlich viele Unstetigkeitspunkte besitzen, in deren jedem endliche einseitige Grenzwerte $f^*(\xi - 0)$ und $f^*(\xi + 0)$ vorhanden sind, und $f^*(\xi) = f^*(\xi - 0)$ ist. Jede solche Funktion ist auf eine und nur eine Weise in der Form darstellbar:

$$f^*(x) = f(x) + \sum_{\nu=1}^{n} c_\nu g_{\xi_\nu}(x), \tag{3}$$

wo $f(x)$ eine stetige Funktion bedeutet.

Definieren wir:

$$U(f^*) = U(f) + \sum_{\nu=1}^{n} c_\nu U(g_{\xi_\nu}),$$

so ist die Definition der Operation U auf ganz $\mathfrak{F}^*$ ausgedehnt. Offenbar ist U linear in $\mathfrak{F}^*$. Wir zeigen, daß Satz I auch in $\mathfrak{F}^*$ gilt.

In der Tat, sei ε eine beliebige positive Zahl; wählen wir $\eta > 0$ hinlänglich klein und liefert die stetige Funktion $f_\nu(x)$ eine η-Approximation an $g_{\xi_\nu}(x)$, so folgt aus (3), wenn $|f^*(x)| \leqq 1$ ist, auch:

$$\left| f(x) + \sum_{\nu=1}^{n} c_\nu f_\nu(x) \right| \leqq 1 + \varepsilon,$$

mithin ist nach Satz I:

$$\left| U(f) + \sum_{\nu=1}^{n} c_\nu U(f_\nu) \right| \leqq (1+\varepsilon) \cdot M,$$

und da, wenn η hinlänglich klein,

$$|U(f_\nu) - U(g_{\xi_\nu})| < \frac{\varepsilon}{|c_\nu|},$$

so ist auch

$$|U(f^*)| \leqq (1+\varepsilon) M + n\varepsilon;$$

da hierin $\varepsilon > 0$ beliebig war, so ist weiter

$$|U(f^*)| \leqq M,$$

wie behauptet. Daraus aber folgt sofort die Stetigkeit von U in $\mathfrak{F}^*$ und wir können den Satz aussprechen:

V. Die Operation U ist auch in $\mathfrak{F}^*$ linear und stetig, und es gibt ein M, so daß

$$|U(f^*)| \leqq M, \text{ wenn } |f^*(x)| \leqq 1 \text{ in } [a, b]. \tag{4}$$

Wir setzen nun:

$$\begin{aligned} U(g_\xi) &= \alpha(\xi) \text{ für } a \leqq \xi \leqq b; \\ \alpha(\xi) &= 0 \text{ für } \xi < a; \\ \alpha(\xi) &= \alpha(b) \text{ für } \xi > b. \end{aligned} \tag{5}$$

Sei $a = \xi_0 < \xi_1 < \ldots < \xi_{n-1} < \xi_n = b$. Für die Funktion $f^*(x)$ aus $\mathfrak{F}^*$, die gegeben ist durch

$$f^*(a) = c_0; \quad f^*(x) = c_i \text{ in } \xi_{i-1} < x \leqq \xi_i \ (i = 1, 2, \ldots, n) \tag{6}$$

ist dann

$$U(f^*) = c_0\,\alpha(a) + \sum_{i=1}^{n} c_i\,(\alpha(\xi_i) - \alpha(\xi_{i-1})). \tag{7}$$

Wir erkennen nun sofort:

VI. Die durch (5) definierte Funktion $\alpha(\xi)$ ist von endlicher Variation in $[a, b]$.

In der Tat, setzen wir in (6)

$$c_0 = 0,\ c_i = \text{sgn.}\,(\alpha(\xi_i) - \alpha(\xi_{i-1})),\ (i = 1, 2, \ldots, n)$$

so wird nach (7)

$$U(f^*) = \sum_{i=1}^{n} |\alpha(\xi_i) - \alpha(\xi_{i-1})|,$$

und somit nach (4)

$$\sum_{i=1}^{n} |\alpha(\xi_i) - \alpha(\xi_{i-1})| \leqq M,$$

womit Satz VI bewiesen ist.

VII. Ist die Operation $U(f)$ linear und stetig im Bereiche aller in $[a, b]$ stetigen Funktionen $f(x)$, so ist

$$U(f) = \int_a^b f(\xi)\,d\alpha(\xi), \tag{8}$$

wo $\alpha(\xi)$ von endlicher Variation.

Sei in der Tat $f(x)$ stetig in $[a, b]$, sei wieder

$$a = \xi_0 < \xi_1 < \ldots < \xi_{n-1} < \xi_n = b$$

eine Zerlegung Z von $[a, b]$ und ξ_i^* ein beliebiger Punkt aus $[\xi_{i-1}, \xi_i]$; wir setzen in (6) $c_0 = f(a)$, $c_i = f(\xi_i^*)$ $(i = 1, 2, \ldots, n)$ und lassen Z eine ausgezeichnete Zerlegungsfolge durchlaufen. Die Funktion (6) konvergiert dann gleichmäßig gegen $f(x)$; da aber U nach Satz V auch in $\mathfrak{F}^*$ stetig ist, so konvergiert dabei $U(f^*)$ gegen $U(f)$; es ist also

$$U(f) = \lim \left\{ f(a)\,\alpha(a) + \sum_{i=1}^{n} f(\xi_i^*)\,(\alpha(\xi_i) - \alpha(\xi_{i-1})) \right\} = \int_a^b f(\xi)\,d\alpha(\xi),$$

wie behauptet. Damit ist der in der Einleitung erwähnte Satz von Fr. Riesz bewiesen.

Sei nun $U(f_1, f_2, \ldots, f_m)$ eine Operation, die jedem Systeme vom m in $[a, b]$ stetigen Funktionen eine reelle Zahl zuordnet; die Operation U sei linear, d. h.:

$$U(\lambda f_1, \lambda f_2, \ldots, \lambda f_m) = \lambda U(f_1, f_2, \ldots, f_m)$$

$$U(f_1+g_1, f_2+g_2, \ldots, f_m+g_m) = U(f_1, f_2, \ldots, f_m) + U(g_1, g_2, \ldots, g_m);$$

sie sei ferner stetig, d. h., zu jedem $\varepsilon > 0$ gebe es ein $\eta > 0$, so daß $|U(f_1, \ldots, f_m) - U(g_1, \ldots, g_m)| < \varepsilon$, wenn $|f_\mu - g_\mu| < \eta$ in $[a, b]$ $(\mu = 1, 2, \ldots, m)$.

VIII. Ist die Operation $U(f_1, f_2, \ldots, f_m)$ linear und stetig im Bereiche der Systeme von m in $[a, b]$ stetigen Funktion $(f_1(x), f_2(x), \ldots, f_m(x))$, so ist

$$U(f_1, f_2, \ldots, f_m) = \sum_{\mu=1}^{m} \int_a^b f_\mu(\xi)\, d\alpha_\mu(\xi), \tag{9}$$

wo die $\alpha_\mu(\xi)$ von endlicher Variation.

In der Tat, es ist

$$U(f_1, f_2, \ldots, f_m) = U(f_1, 0, \ldots, 0) + U(0, f_2, 0, \ldots 0) + \ldots + U(0, \ldots 0, f_m),$$

wo der μ-te Summand linear und stetig von f_μ abhängt. Aus Satz VII folgt also die Behauptung.

IX. Ist $U(f_1, \ldots, f_m)$ unabhängig von den Werten, die die stetige Funktion $f_\mu(x)$ im Teilintervalle (a', b') von $[a, b]$ annimmt, so ist in (9) $\alpha_\mu(\xi)$ konstant im Intervalle (a', b').

In der Tat, nach der Art, wie wir die Definition einer Operation $U(f)$ von $\mathfrak{F}$ auf $\mathfrak{F}^*$ ausgedehnt haben, bleibt $U(f_1, \ldots, f_m)$ unabhängig von den Werten, die f_μ in (a', b') annimmt, solange nur f_μ zu $\mathfrak{F}^*$ gehört. Sei nun $[a'', b'']$ ein beliebiges Teilintervall von (a', b'). Lassen wir f_μ ungeändert für $x \leqq a''$ und für $x > b''$ und ersetzen wir es durch $f_\mu + 1$ für $a'' < x \leqq b''$ (während die übrigen f ungeändert bleiben), so verändert sich $U(f_1, \ldots, f_m)$ um $(\alpha_\mu(b'') - \alpha_\mu(a''))$, also ist $\alpha_\mu(b'') = \alpha_\mu(a'')$, und Satz IX ist bewiesen.

X. Sei $U(f)$ linear und stetig im Bereiche aller in $[a, b]$ stetigen Funktionen f, und es gebe zu jedem $\varepsilon > 0$ ein $\rho > 0$, so daß für je zwei in $[a, b]$ stetige Funktionen, die sich nur in einer Menge, deren Inhalt $< \rho$ ist, unterscheiden und für die $|f_1(x) - f_2(x)| \leqq 1$ ist, die Ungleichung gilt[1]:

$$|U(f_1) - U(f_2)| < \varepsilon; \tag{10}$$

[1] Aus dieser Voraussetzung folgt $\alpha(a) = 0$; denn es ist $\alpha(a) = U(g)$, wo $g(x)$ die Funktion bedeutet, die $= 1$ ist für $x = a$, sonst $= 0$.

dann ist

$$U(f) = \int_a^b f(\xi)\, \beta(\xi)\, d\xi,$$

wo $\beta(\xi)$ integrierbar ist in $[a, b]$ (im Sinne von Lebesgue).

In der Tat, zunächst ist $U(f)$ darstellbar in der Form (8). Ebenso wie beim Beweise von IX muß (10) auch gelten, wenn f_1 und f_2 zu $\mathfrak{F}^*$ gehören. Seien $[x'_\nu, x''_\nu]$ $(\nu = 1, 2, \ldots, n)$ zu je zweien fremde Teilintervalle aus $[a, b]$. Es sei $f_1 = f_2$, ausgenommen für $x'_\nu < x \leqq x''_\nu$ $(\nu = 1, 2, \ldots, n)$, wo $f_1 = f_2 + 1$ sei. Dann ist:

$$U(f_1) - U(f_2) = \sum_{\nu=1}^{n} (\alpha(x''_\nu) - \alpha(x'_\nu)).$$

Es muß also sein:

$$\left| \sum_{\nu=1}^{n} (\alpha(x''_\nu) - \alpha(x'_\nu)) \right| < \varepsilon, \quad \text{wenn} \quad \sum_{\nu=1}^{n} (x''_\nu - x'_\nu) < \rho,$$

das aber heißt $\alpha(\xi)$ ist totalstetig in $[a, b]$. Also existiert überall in $[a, b]$, abgesehen von einer Nullmenge $\mathfrak{N}$ eine endliche Ableitung $\alpha'(\xi)$, und setzen wir $\beta(\xi) = 0$ auf $\mathfrak{N}$, sonst $\beta(\xi) = \alpha'(\xi)$, so wird

$$\int_a^b f(\xi)\, d\alpha(\xi) = \int_a^b f(\xi)\, \beta(\xi)\, d\xi$$

und Satz X ist bewiesen.

Daraus folgt sofort:

XI. Gibt es zu jedem $\varepsilon > 0$ ein $\rho > 0$, so daß für die Operation $U(f_1, \ldots, f_m)$ von Satz VIII die Ungleichung gilt:

$$|U(f_1, \ldots, f_m) - U(g_1, \ldots, g_m)| < \varepsilon,$$

wenn überall, abgesehen von einer Menge des Inhaltes $< \rho$

$$f_\mu = g_\mu \quad (\mu = 1, 2, \ldots m)$$

und überall

$$|f_\mu - g_\mu| \leqq 1 \quad (\mu = 1, 2, \ldots, m),$$

so ist

$$U(f_1, \ldots, f_m) = \sum_{\mu=1}^{m} \int_a^b f_\mu(\xi)\, \beta_\mu(\xi)\, d\xi,$$

wo die $\beta_\mu(\xi)$ integrierbar in $[a, b]$.

§ 2.

Wir bezeichnen im folgenden ein System:

$$y_1(x), y_2(x), \ldots, y_n(x) \qquad a \leqq x \leqq b, \tag{11}$$

in dem die $y_\nu(x)$ stetige, mit stetigen ersten Ableitungen versehene Funktionen bedeuten, als einen Kurvenbogen (im $n+1$ dimensionalen Raume $x, y_1, y_2, \ldots, y_n$). Sei

$$y_1^0(x), y_2^0(x), \ldots, y_n^0(x) \qquad a_0 \leqq x \leqq b_0 \tag{12}$$

ein solcher Kurvenbogen. Bestehen die Ungleichungen

$$|y_\nu(x) - y_\nu^0(x)| < h; \qquad |y_\nu'(x) - y_\nu^{0\prime}(x)| < h \quad (\nu = 1, 2, \ldots, n);$$

$$|a - a_0| < h; \qquad |b - b_0| < h,$$

so sagen wir, der Bogen (11) gehört zur Nachbarschaft h des Bogens (12).

Seien r Operationen

$$W_\rho(y, a, b) \qquad (\rho = 1, 2, \ldots, r)$$

gegeben, die jedem der Nachbarschaft h von (12) angehörigen Bogen (11) je eine reelle Zahl zuordnen; ferner m Scharen solcher Operationen

$$\Phi_\mu(y, a, b, t) \qquad (\mu = 1, 2, \ldots, m),$$

die von einem das Intervall $t^* \leqq t \leqq t^{**}$ durchlaufenden Parameter t abhängen (d. h. jedem diesem Intervalle angehörigen t und jedem der genannten Kurvenbogen je eine reelle Zahl zuordnen).

Wir wollen folgendes Minimumproblem behandeln. Der Bogen (12) genüge den Bedingungen

$$W_\rho(y, a, b) = 0 \qquad (\rho = 2, \ldots, r) \tag{13}$$

$$\Phi_\mu(y, a, b, t) = 0 \qquad (t^* \leqq t \leqq t^{**}; \quad \mu = 1, 2, \ldots, m). \tag{14}$$

Wie muß er beschaffen sein, damit für alle einer (hinlänglich kleinen) Nachbarschaft h angehörenden und ebenfalls den Bedingungen (13) (14) genügenden Bogen (11) die Ungleichung gelte:

$$W_1(y, a, b) \geqq W_1(y^0, a_0, b_0).$$

Wir machen dabei folgende Voraussetzungen, wobei mit $[\varepsilon]$ stetige Funktionen von $\varepsilon_1, \varepsilon_2, \ldots, \varepsilon_k$ bezeichnet sind, für die

$$\lim_{\varepsilon_1 = 0, \ldots, \varepsilon_k = 0} \frac{[\varepsilon]}{\sqrt{\varepsilon_1^2 + \ldots + \varepsilon_k^2}} = 0.$$

A. Für

$$y_\nu(x) = y_\nu^0(x) + \sum_{\varkappa=1}^{k} \varepsilon_\varkappa \eta_{\nu\varkappa}(x) + [\varepsilon]; \quad y'_\nu(x) = y_\nu^{0\prime}(x) + \sum_{\varkappa=1}^{k} \varepsilon_\varkappa \eta'_{\nu\varkappa}(x) + [\varepsilon];$$

$$a = a_0 + \sum_{\varkappa=1}^{k} \varepsilon_\varkappa \alpha_\varkappa + [\varepsilon]; \qquad b = b_0 + \sum_{\varkappa=1}^{k} \varepsilon_\varkappa \beta_\varkappa + [\varepsilon] \tag{15}$$

sei

$$W_\rho(y, a, b) = W_\rho(y^0, a_0, b_0) + \sum_{\varkappa=1}^{k} \varepsilon_\varkappa V_\rho(\eta_\varkappa, \alpha_\varkappa, \beta_\varkappa) + [\varepsilon], \tag{16}$$

wo $V_\rho(\eta, \alpha, \beta)$ linear und stetig von den $2n$ Funktionen η, η' und den zwei Zahlen α, β abhängt.[1] Ebenso ist (für jedes einzelne t aus $t^* \leqq t \leqq t^{**}$):

$$\Phi_\mu(y, a, b, t) = \Phi_\mu(y^0, a_0, b_0, t) + \sum_{\varkappa=1}^{k} \varepsilon_\varkappa \Psi_\mu(\eta_\varkappa, \alpha_\varkappa, \beta_\varkappa, t) + [\varepsilon], \tag{17}$$

wo $\Psi_\mu(\eta, \alpha, \beta, t)$ linear und stetig von den $2n$ Funktionen η, η' und den zwei Zahlen α und β, ferner (bei festen η, α, β) stetig von t abhängt.

B. Sind k Systeme, bestehend aus je n samt ihren ersten Ableitungen in $[a_0, b_0]$ stetigen Funktionen $\eta_{\nu\varkappa}(x)$ und aus je zwei Zahlen $\alpha_\varkappa$ und $\beta_\varkappa$ gegeben, die den linearen Funktionalgleichungen

$$\Psi_\mu(\eta, \alpha, \beta, t) = 0 \qquad (t^* \leqq t \leqq t^{**}, \ \mu = 1, 2, \ldots, m) \tag{18}$$

genügen, so gibt es (für alle hinlänglich kleinen $|\varepsilon_1|, \ldots |\varepsilon_k|$) eine Lösung $y(x)$, a, b der Funktionalgleichungen

$$\Phi_\mu(y, a, b, t) = \Phi_\mu(y^0, a_0, b_0, t) \quad (t^* \leqq t \leqq t^{**}, \ \mu = 1, 2, \ldots, m), \tag{19}$$

die die Gestalt (15) hat.

---

[1] D. h., es ist

$$V_\rho(\lambda\eta, \lambda\alpha, \lambda\beta) = \lambda V_\rho(\eta, \alpha, \beta),$$

$$V_\rho(\eta+\eta^*, \alpha+\alpha^*, \beta+\beta^*) = V_\rho(\eta, \alpha, \beta) + V_\rho(\eta^*, \alpha^*, \beta^*).$$

Zu jedem $\gamma > 0$ gibt es ein $\delta > 0$, so daß

$$|V_\rho(\eta^*, \alpha^*, \beta^*) - V_\rho(\eta, \alpha, \beta)| < \gamma$$

für

$$|\eta_\nu^*(x) - \eta_\nu(x)| < \delta, \quad |\eta_\nu^{*\prime}(x) - \eta'_\nu(x)| < \delta \quad (\nu = 1, 2, \ldots, n),$$

$$|\alpha^* - \alpha| < \delta, \quad |\beta^* - \beta| < \delta.$$

Unter diesen Voraussetzungen gilt der Satz:

XII. Damit der Bogen (12) unser Minimumproblem löse, ist notwendig, daß die Determinante

$$|V_\rho(\eta_\sigma, \alpha_\sigma, \beta_\sigma)| \qquad (\rho, \sigma = 1, 2, \ldots, r) \tag{20}$$

verschwinde, wie immer die r (stetig-differenzierbaren) Lösungen

$$\eta_{1\sigma}(x), \eta_{2\sigma}(x), \ldots, \eta_{n\sigma}(x), \alpha_\sigma, \beta_\sigma \qquad (\sigma = 1, 2, \ldots, r)$$

der linearen Funktionalgleichungen (18) gewählt seien.

In der Tat, angenommen, die Lösungen $\eta_\sigma, \alpha_\sigma, \beta_\sigma$ von (18) können so gewählt werden, daß die Determinante (20) $\neq 0$ ausfällt und sei y, a, b die gemäß Voraussetzung B zugehörige Lösung von (19):

$$y_\nu(x) = y_\nu^0(x) + \sum_{\sigma=1}^{r} \varepsilon_\sigma \eta_{\nu\sigma}(x) + [\varepsilon]; \quad y'_\nu(x) = y_\nu^{0\prime}(x) + \sum_{\sigma=1}^{r} \varepsilon_\sigma \eta'_{\nu\sigma}(x) + [\varepsilon];$$

$$a = a_0 + \sum_{\sigma=1}^{r} \varepsilon_\sigma \alpha_\sigma + [\varepsilon]; \qquad b = b_0 + \sum_{\sigma=1}^{r} \varepsilon_\sigma \beta_\sigma + [\varepsilon].$$

Denken wir uns diese Ausdrücke eingesetzt in

$$W_1(y, a, b) = W_1(y^0, a_0, b_0) + c, \; W_2(y, a, b) = 0, \ldots, W_r(y, a, b) = 0,$$

so ist dies ein System von r Gleichungen für die r Größen $\varepsilon_1, \varepsilon_2, \ldots, \varepsilon_r$, das (bei hinlänglich kleinem $|c|$) gewiß Lösungen (von beliebig kleinen $|\varepsilon_1|, |\varepsilon_2|, \ldots, |\varepsilon_r|$) besitzt.[1] Also liefert (12) das gewünschte Minimum nicht und Satz XII ist bewiesen.

XIII. Es gibt r Zahlen $l_1, l_2, \ldots, l_r$, nicht alle $= 0$, so daß der Ausdruck

$$V(\eta, \alpha, \beta) = \sum_{\rho=1}^{r} l_\rho V_\rho(\eta, \alpha, \beta) \tag{21}$$

verschwindet für alle (stetig-differenzierbaren) Lösungen η, α, β der linearen Funktionalgleichungen (18).

In der Tat, seien in (20) die $\eta_\sigma, \alpha_\sigma, \beta_\sigma$ so gewählt, daß der Rang dieser Determinante möglichst groß ausfällt; da er nach

---

[1] Siehe etwa W. Gross, Jahresber. Math. Ver., *26* (1917), p. 292.

Satz XII gewiß $< r$ ist, können die l_ρ (nicht alle $= 0$) so gewählt werden, daß

$$\sum_{\rho=1}^{r} l_\rho V_\rho(\eta_\sigma, \alpha_\sigma, \beta_\sigma) = 0 \qquad (\sigma = 1, 2, \ldots, r). \tag{22}$$

Bezeichnen wir mit η, α, β irgend eine Lösung von (18), und fügen der Matrix (20) als $(r+1)$te Zeile hinzu:

$$V_\rho(\eta, \alpha, \beta) \qquad (\rho = 1, 2, \ldots, r),$$

so wird nach Annahme ihr Rang dadurch nicht erhöht, also folgt aus (22)

$$\sum_{\rho=1}^{r} l_\rho V_\rho(\eta, \alpha, \beta) = 0,$$

und Satz XIII ist bewiesen.

Seien nun $\eta_\nu^*(x), \eta_\nu^{**}(x)$ $(\nu = 1, 2, \ldots, n)$ zwei beliebige Systeme von stetig-differenzierbaren Funktionen, $\alpha^*, \beta^*, \alpha^{**}, \beta^{**}$ beliebige Konstante.[1] Ist dann

$$\Psi_\mu(\eta^*, \alpha^*, \beta^*, t) = \Psi_\mu(\eta^{**}, \alpha^{**}, \beta^{**}, t),$$

so ist wegen der Linearität der Ψ_μ

$$\Psi_\mu(\eta^* - \eta^{**}, \alpha^* - \alpha^{**}, \beta^{**} - \beta^*, t) = 0,$$

mithin nach Satz XIII

$$V(\eta^* - \eta^{**}, \alpha^* - \alpha^{**}, \beta^* - \beta^{**}) = 0,$$

und wegen der Linearität von V

$$V(\eta^*, \alpha^*, \beta^*) = V(\eta^{**}, \alpha^{**}, \beta^{**}).$$

Je zwei Systeme η, α, β, die den Ψ_μ gleiche Werte erteilen, erteilen also auch dem V gleiche Werte. Setzen wir also

$$\Psi_\mu(\eta, \alpha, \beta, t) = \psi_\mu(t) \qquad (t^* \leqq t \leqq t^{**}), \tag{23}$$

so sehen wir: der Wert $V(\eta, \alpha, \beta)$ hängt nur von den m (in $[t^*, t^{**}]$ stetigen) Funktionen $\psi_\mu(t)$ ab. Wir können schreiben:

$$V(\eta, \alpha, \beta) = U(\psi_1, \psi_2, \ldots, \psi_m). \tag{24}$$

Wir machen nun noch die Voraussetzung:

C. Zu jedem $\delta > 0$ gibt es ein $\zeta > 0$ von folgender Art: sind $\psi_1(t), \ldots, \psi_m(t)$ in $[t^*, t^{**}]$ stetige, den Ungleichungen

$$|\psi_\mu(t)| < \zeta \qquad (\mu = 1, 2, \ldots, m) \tag{25}$$

[1] Es wird also nicht mehr vorausgesetzt, daß sie den Funktionalgleichungen (18) genügen.

genügende Funktionen, so gibt es (mindestens) ein System in $[a_0, b_0]$ stetig differenzierbarer Funktionen $\eta_1(x), \ldots, \eta_n(x)$ und zwei Zahlen α, β, die den Gleichungen

$$\Psi_\mu(\eta, \alpha, \beta, t) = \psi_\mu(t) \qquad (\mu = 1, 2, \ldots, m) \tag{26}$$

und den Ungleichungen

$$|\eta_\nu(x)| < \delta, \quad |\eta'_\nu(x)| < \delta, \quad |\alpha| < \delta, \quad |\beta| < \delta$$

genügen.

Für den durch (24) definierten Ausdruck U gilt dann:

XIV. Es ist $U(\psi_1, \psi_2, \ldots, \psi_m)$ eine für alle in $[t^*, t^{**}]$ stetigen ψ_μ definierte, lineare, stetige Operation.

In der Tat, indem man die ψ_μ durch $\lambda\psi_\mu$ und gleichzeitig die η, α, β durch $\lambda\eta$, $\lambda\alpha$, $\lambda\beta$ ersetzt, sieht man, daß zufolge C die Gleichungen (26) bei beliebigen in $[t^*, t^{**}]$ stetigen ψ_μ Auflösungen η, α, β besitzen. Aus (26) folgt

$$\Psi_\mu(\lambda\eta, \lambda\alpha, \lambda\beta, t) = \lambda\psi_\mu; \tag{27}$$

aus

$$\Psi_\mu(\eta^*, \alpha^*, \beta^*, t) = \psi_\mu^*, \quad \Psi_\mu(\eta^{**}, \alpha^{**}, \beta^{**}, t) = \psi_\mu^{**} \tag{28}$$

folgt

$$\Psi_\mu(\eta^* + \eta^{**}, \alpha^* + \alpha^{**}, \beta^* + \beta^{**}, t) = \psi_\mu^* + \psi_\mu^{**}. \tag{29}$$

Zu einem gegebenen Systeme $\psi_1, \ldots, \psi_m$ bestimmt man ein zugehöriges System $\eta_1, \ldots, \eta_n, \alpha, \beta$ aus (23), sodann den Wert $U(\psi_1, \ldots, \psi_m)$ aus (24). Die Linearität von V zusammen mit (27) und (29) ergibt die Linearität von U. Ist $|\psi_\mu^* - \psi_\mu^{**}| < \zeta$, so können zufolge C in (28) die $\eta^*, \alpha^*, \beta^*$; $\eta^{**}, \alpha^{**}, \beta^{**}$ so gewählt werden, daß

$$|\eta_\nu^* - \eta_\nu^{**}| < \delta, \quad |\eta_\nu^{*\prime} - \eta_\nu^{**\prime}| < \delta, \quad |\alpha^* - \alpha^{**}| < \delta, \quad |\beta^* - \beta^{**}| < \delta.$$

Aus der Stetigkeit von V (Voraussetzung A) folgt dann weiter, daß, wenn δ hinlänglich klein gewählt ist,

$$|U(\psi_1^*, \ldots, \psi_m^*) - U(\psi_1^{**}, \ldots, \psi_m^{**})| < \gamma$$

wird, womit auch die Stetigkeit von U nachgewiesen ist.

Aus Satz VIII folgt nun, daß U die Gestalt haben muß:

$$U(\psi_1, \ldots, \psi_m) = \sum_{\mu=1}^{m} \int_{t^*}^{t^{**}} \psi_\mu(t)\, d\alpha_\mu(t),$$

wo die α_μ von endlicher Variation sind. Ersetzen wir hierin U und ψ_μ durch ihre Bedeutungen vermöge (24) (21) und (23) und schreiben noch $-\Lambda_\mu(t)$ statt $\alpha_\mu(t)$, so erhalten wir das Resultat:

XV. Damit der Bogen (12) unser Minimumproblem löse, ist notwendig, daß es r Zahlen $l_1, l_2, \ldots, l_r$ (nicht alle $=0$) und m Funktionen endlicher Variation $\Lambda_1(t), \ldots, \Lambda_m(t)$ gebe, so daß

$$\sum_{\rho=1}^{r} l_\rho V_\rho(\eta, \alpha, \beta) + \int_{t^*}^{t^{**}} \sum_{\mu=1}^{m} \Psi_\mu(\eta, \alpha, \beta, t)\, d\Lambda_\mu(t) = 0$$

wird für alle in $[a_0, b_0]$ samt ihren ersten Ableitungen stetigen Funktionen $\eta_\nu(x)$ $(\nu = 1, 2, \ldots, n)$ und alle Zahlen α, β.

Damit ist für unser Minimumproblem die Lagrange'sche Multiplikatorenmethode gewonnen.

§ 3.

Wir machen nun von Satz XV Anwendungen auf die Variationsrechnung. Wir behandeln zunächst das sogenannte Mayer'sche Problem.[1]

Zu dem Zwecke nehmen wir an, die Werte der r Ausdrücke $W_\rho(y, a, b)$ hängen nur ab vom Anfangs- und Endpunkte des Kurvenbogens (11); setzen wir

$$y_\nu(a) = y_{\nu a}, \quad y_\nu(b) = y_{\nu b},$$

so können wir also schreiben:

$$W_\rho(y, a, b) = f_\rho(a, y_a; b, y_b).$$

In den $\Phi_\mu(y, a, b, t)$ sei der Parameter t identisch mit unserer unabhängigen Veränderlichen x und durchlaufe ein Intervall $[x^*, x^{**}]$, wo

$$x^* < a_0 < b_0 < x^{**};$$

ferner hänge $\Phi_\mu(y, a, b, x)$ nur ab vom Linienelemente $x, y_\nu(x), y'_\nu(x)$ des Kurvenbogens (11), so daß wir schreiben können:

$$\Phi_\mu(y, a, b, x) = \varphi_\mu(x, y(x), y'(x)).$$

Unser Minimumproblem lautet also nun:

Der Bogen (12) genüge den Bedingungen

$$f_\rho(a, y_a; b, y_b) = 0 \qquad (\rho = 2, 3, \ldots, n) \tag{30}$$

und den Differenzialgleichungen

$$\varphi_\mu(x, y, y') = 0 \qquad (\mu = 1, 2, \ldots, m). \tag{31}$$

[1] Vgl. G. A. Bliss, Am. Trans., *19* (1918), p. 305.

Wie muß er beschaffen sein, damit für alle einer (hinlänglich kleinen) Nachbarschaft angehörigen und ebenfalls den Bedingungen (30) (31) genügenden Bogen (11) die Ungleichung gelte:

$$f_1(a, y_a;\ b, y_b) \geqq f_1(a_0, y^0_{a_0};\ b_0, y^0_{b_0}).$$

Über die Funktionen f_ρ und φ_μ machen wir die in der Variationsrechnung üblichen Voraussetzungen[1], insbesondere nehmen wir an, die Matrix

$$\left\| \frac{\partial \varphi_\mu}{\partial y'_\nu} \right\| \quad (\mu = 1, 2, \ldots, m;\ \nu = 1, 2, \ldots, n) \tag{32}$$

sei für alle Linienelemente des Kurvenbogens (12) vom Range m. Die Voraussetzungen A, B, C von § 2 sind dann bekanntlich erfüllt[2] und es wird in (16)

$$V_\rho(\eta, \alpha, \beta) = \frac{\partial f_\rho}{\partial a}\alpha + \sum_{\nu=1}^{n} \frac{\partial f_\rho}{\partial y_{\nu a}} (y^{0\prime}_\nu(a_0) . \alpha + \eta_\nu(a_0)) +$$
$$+ \frac{\partial f_\rho}{\partial b}\beta + \sum_{\nu=1}^{n} \frac{\partial f_\rho}{\partial y_{\nu b}} (y^{0\prime}_\nu(b_0) . \beta + \eta_\nu(b_0)),$$

wo in $\frac{\partial f_\rho}{\partial a}$, $\frac{\partial f_\rho}{\partial y_{\nu a}}$, $\frac{\partial f_\rho}{\partial b}$, $\frac{\partial f_\rho}{\partial y_{\nu b}}$ die Argumente $a_0, y^0_{a_0}, b_0, y^0_{b_0}$ einzusetzen sind.

Ebenso in (17):

$$\Psi_\mu(\eta, \alpha, \beta, x) = \sum_{\nu=1}^{n} \left(\frac{\partial \varphi_\mu}{\partial y_\nu} \eta_\nu(x) + \frac{\partial \varphi_\mu}{\partial y'_\nu} \eta'_\nu(x) \right),$$

wo in $\frac{\partial \varphi_\mu}{\partial y_\nu}$, $\frac{\partial \varphi_\mu}{\partial y'_\nu}$ die Linienelemente $x, y^0, y^{0\prime}$ von (12) einzusetzen sind.

Satz XV ergibt nun zunächst die Existenz von r Zahlen $l_1, l_2, \ldots, l_r$ (nicht alle $= 0$) und von m Funktionen endlicher Variation $\Lambda_1(x), \ldots, \Lambda_m(x)$, so daß

$$\sum_{\rho=1}^{r} l_\rho \left(\frac{\partial f_\rho}{\partial a} + \sum_{\nu=1}^{n} \frac{\partial f_\rho}{\partial y_{\nu a}} y^{0\prime}_\nu(a_0) \right) \alpha + \sum_{\nu=1}^{n} \left(\sum_{\rho=1}^{r} l_\rho \frac{\partial f_\rho}{\partial y_{\nu a}} \right) \eta_\nu(a_0) +$$
$$+ \sum_{\rho=1}^{r} l_\rho \left(\frac{\partial f_\rho}{\partial b} + \sum_{\nu=1}^{n} \frac{\partial f_\rho}{\partial y_{\nu b}} y^{0\prime}_\nu(b_0) \right) \beta + \sum_{\nu=1}^{n} \left(\sum_{\rho=1}^{r} l_\rho \frac{\partial f_\rho}{\partial y_{\nu b}} \right) \eta_\nu(b_0) +$$
$$+ \int_{x^*}^{x^{**}} \sum_{\mu=1}^{m} \left(\sum_{\nu=1}^{n} \frac{\partial \varphi_\mu}{\partial y_\nu} \eta_\nu(x) + \frac{\partial \varphi_\mu}{\partial y'_\nu} \eta'_\nu(x) \right) d\Lambda_\mu(x) = 0 \tag{33}$$

---

[1] Vgl. G. A. Bliss, Am. Trans., *19* (1918), p. 307.

[2] L. c. [1].

für alle in $[x^*, x^{**}]$ samt ihren ersten Ableitungen stetigen $\eta_\nu(x)$ und alle α und β.

Ändern wir die η_ν, η'_ν für $x < a_0$ und $x > b_0$ beliebig ab, so ändern sich die in (33) außerhalb des Integralzeichens stehenden Glieder gar nicht, aus Satz IX folgt also, daß die $\Lambda_\mu(x)$ für $x < a_0$ und $x > b_0$ konstant sind, so daß in (33) als Integrationsgrenzen a_0 und b_0 statt x^* und x^{**} genommen werden können.

Seien nun $\psi_\nu(x)$ und $\psi^*_\nu(x)$ stetig in $[a_0, b_0]$; überall abgesehen von einer Menge des Inhaltes ρ sei $\psi_\nu = \psi^*_\nu$, und überall sei $|\psi_\nu - \psi^*_\nu| \leqq 1$. Es sei η_ν $(\nu = 1, 2, \ldots, n)$ eine Lösung von

$$\sum_{\nu=1}^{n}\left(\frac{\partial\varphi_\mu}{\partial y_\nu}\eta_\nu + \frac{\partial\varphi_\mu}{\partial y'_\nu}\eta'_\nu\right) = \psi_\mu. \quad (\mu = 1, 2, \ldots, m)$$

Es gibt dann eine Lösung η^*_ν von

$$\sum_{\nu=1}^{n}\left(\frac{\partial\varphi_\mu}{\partial y_\nu}\eta^*_\nu + \frac{\partial\varphi_\mu}{\partial y'_\nu}\eta^{*\prime}_\nu\right) = \psi^*_\mu \quad (\mu = 1, 2, \ldots, m)$$

mit den Anfangswerten $\eta^*_\nu(a_0) = \eta_\nu(a_0)$, und zwar kann sie, wenn ρ hinlänglich klein ist, so gewählt werden, daß die Endwerte $\eta^*_\nu(b_0)$ sich von den Endwerten $\eta_\nu(b_0)$ beliebig wenig unterscheiden. Um dies einzusehen, ergänze man die Matrix (32) durch Hinzufügen von $n-m$ Zeilen zu einer nicht verschwindenden Determinante[1], deren Elemente wir mit $\varphi_{\mu\nu}$ bezeichnen. Schreiben wir $\eta^*_\nu - \eta_\nu = z_\nu$, und bestimmen z_ν aus den n linearen Differenzialgleichungen

$$\sum_{\nu=1}^{n}\left(\varphi_{\mu\nu} z'_\nu + \frac{\partial\varphi_\mu}{\partial y_\nu} z_\nu\right) = \psi^*_\mu - \psi_\mu \qquad (\mu = 1, 2, \ldots, m)$$

$$\sum_{\nu=1}^{n}\varphi_{\mu\nu} z'_\nu = 0 \qquad (\mu = m+1, \ldots, n)$$

so ergibt sich die Lösung z_ν mit den Anfangswerten $z_\nu = 0$ für $x = a_0$ bekanntlich in der Gestalt

$$z_\nu = \sum_{i=1}^{n} v_{i\nu}(x)\int_{a_0}^{x}\sum_{\mu=1}^{m} w_{i\mu}(x)\,(\psi^*_\mu(x) - \psi_\mu(x))\,dx,$$

wo die $v_{i\nu}$ und $w_{i\mu}$ stetige Funktionen bedeuten. Ist also ρ hinlänglich klein, ist $\psi_j = \psi^*_j$ überall abgesehen von einer Menge des

1 G. A. Bliss, l. c., p. 312.

Inhaltes ρ und überall $|\psi_j^* - \psi_j| \leqq 1$, so wird $|z_\nu|$ beliebig klein in $[a_0, b_0]$ wie behauptet. Insbesondere wird dann auch bei Übergang von den ψ_μ zu den ψ_μ^* die Änderung von

$$\sum_{\nu=1}^{n}\left(\sum_{\rho=1}^{r} l_\rho \frac{\partial f_\rho}{\partial y_{\nu b}}\right)\eta_\nu'(b_0)$$

beliebig klein, und also überhaupt die Änderung der in (33) außerhalb des Integralzeichens stehenden Glieder beliebig klein. Also folgt aus Satz XI, daß (33) auch so formuliert werden kann: es gibt r Zahlen $l_1, \ldots, l_r$ (nicht alle $= 0$) und m integrierbare Funktionen $\lambda_\mu(x)$, so daß

$$\sum_{\rho=1}^{r} l_\rho\left(\frac{\partial f_\rho}{\partial a} + \sum_{\nu=1}^{n}\frac{\partial f_\rho}{\partial y_{\nu a}}\, y_\nu^{0\prime}(a_0)\right)\alpha + \sum_{\nu=1}^{n}\left(\sum_{\rho=1}^{r} l_\rho \frac{\partial f_\rho}{\partial y_{\nu a}}\right)\eta_\nu(a_0) +$$
$$+ \sum_{\rho=1}^{r} l_\rho\left(\frac{\partial f_\rho}{\partial b} + \sum_{\nu=1}^{n}\frac{\partial f_\rho}{\partial y_{\nu b}}\, y_\nu^{0\prime}(b_0)\right)\beta + \sum_{\nu=1}^{n}\left(\sum_{\rho=1}^{r} l_\rho \frac{\partial f_\rho}{\partial y_{\nu b}}\right)\eta_\nu(b_0)$$
$$+ \int_{a_0}^{b_0}\sum_{\mu=1}^{m}\lambda_\mu(x)\sum_{\nu=1}^{n}\left(\frac{\partial \varphi_\mu}{\partial y_\nu}\,\eta_\nu(x) + \frac{\partial \varphi_\mu}{\partial y_\nu'}\,\eta_\nu'(x)\right)dx = 0 \qquad (34)$$

für alle in $[a_0, b_0]$ samt ihren ersten Ableitungen stetigen $\eta_\nu(x)$ und alle α, β.

Setzen wir

$$\sum_{\mu=1}^{m}\lambda_\mu(x)\,\varphi_\mu(x, y, y') = \Omega(x, y, y'),$$

und wenden die partielle Integration von Du Bois-Reymond an, so erhalten wir an Stelle des Integrals in (34):

$$\int_{a_0}^{b_0}\sum_{\nu=1}^{n}\left(\frac{\partial\Omega}{\partial y_\nu}\,\eta_\nu + \frac{\partial\Omega}{\partial y_\nu'}\,\eta_\nu'\right)dx =$$
$$= \sum_{\nu=1}^{n}\int_{a_0}^{b_0}\frac{\partial\Omega}{\partial y_\nu}\,dx\,.\,\eta_\nu(b_0) + \int_{a_0}^{b_0}\sum_{\nu=1}^{n}\left(\frac{\partial\Omega}{\partial y_\nu'} - \int_{a_0}^{x}\frac{\partial\Omega}{\partial y_\nu}\,dx\right)\eta_\nu'\,dx. \qquad \ldots (35)$$

Es folgt also aus (34), indem wir darin setzen:

$$\alpha = 0, \quad \beta = 0,$$

daß für alle stetig differenzierbaren $\eta_\nu(x)$ für die $\eta_\nu(a_0) = 0$, $\eta_\nu(b_0) = 0$:

$$\int_{a_0}^{b_0} \sum_{\nu=1}^{n} \left(\frac{\partial \Omega}{\partial y'_\nu} - \int_{a_0}^{x} \frac{\partial \Omega}{\partial y_\nu} dx \right) \eta'_\nu dx = 0,$$

und daher weiter nach dem Lemma von Du Bois-Reymond

$$\frac{\partial \Omega}{\partial y'_\nu} - \int_{a_0}^{x} \frac{\partial \Omega}{\partial y_\nu} dx = c_\nu \qquad (\nu = 1, 2, \ldots, n),$$

wo die c_ν Konstante bedeuten; daraus weiter:

$$\frac{\partial \Omega}{\partial y_\nu} - \frac{d}{dx} \frac{\partial \Omega}{\partial y'_\nu} = 0 \qquad (\nu = 1, 2, \ldots, n). \tag{36}$$

Somit ist in (35)

$$\int_{a_0}^{b_0} \frac{\partial \Omega}{\partial y_\nu} dx = \frac{\partial \Omega}{\partial y'_\nu}\Bigg]_{b_0} - \frac{\partial \Omega}{\partial y'_\nu}\Bigg]_{a_0},$$

$$\int_{a_0}^{b_0} \left(\frac{\partial \Omega}{\partial y'_\nu} - \int_{a_0}^{x} \frac{\partial \Omega}{\partial y_\nu} dx \right) \eta'_\nu dx = c_\nu (\eta_\nu(b_0) - \eta_\nu(a_0)) =$$

$$= \frac{\partial \Omega}{\partial y'_\nu}\Bigg]_{a_0} (\eta_\nu(b_0) - \eta_\nu(a_0)),$$

wo auf der rechten Seite in $\frac{\partial \Omega}{\partial y'_\nu}$ das Linienelement $a_0, y^0_\nu(a_0), y^{0\prime}_\nu(a_0)$, beziehungsweise $b_0, y^0_\nu(b_0), y^{0\prime}_\nu(b_0)$ einzusetzen ist.

Nunmehr besagt (34): es gibt r Zahlen $l_1, \ldots, l_r$ (nicht alle $= 0$), so daß

$$\sum_{\rho=1}^{r} l_\rho \left(\frac{\partial f_\rho}{\partial a} + \sum_{i=1}^{n} \frac{\partial f_\rho}{\partial y_{ia}} y^{0\prime}_i(a_0) \right) \alpha + \sum_{\rho=1}^{r} l_\rho \left(\frac{\partial f_\rho}{\partial b} + \sum_{i=1}^{n} \frac{\partial f_\rho}{\partial y_{ib}} y^{0\prime}_i(b_0) \right) \beta +$$

$$+ \sum_{\nu=1}^{n} \left(\sum_{\rho=1}^{r} l_\rho \frac{\partial f_\rho}{\partial y_{\nu a}} - \frac{\partial \Omega}{\partial y'_\nu}\Bigg]_{a_0} \right) \eta_\nu(a_0) + \sum_{\nu=1}^{n} \left(\sum_{\rho=1}^{r} l_\rho \frac{\partial f_\rho}{\partial y_{\nu b}} + \frac{\partial \Omega}{\partial y'_\nu}\Bigg]_{b_0} \right) \eta_\nu(b_0)$$

für alle α, β, $\eta_\nu(a_0)$, $\eta_\nu(b_0)$; d. h., es müssen die Grenzbedingungen gelten:

$$\begin{aligned} &\sum_{\rho=1}^{r} l_\rho \left(\frac{\partial f_\rho}{\partial a} + \sum_{i=1}^{n} \frac{\partial f_\rho}{\partial y_{ia}} y^{0\prime}_i(a_0) \right) = 0; \\ &\sum_{\rho=1}^{r} l_\rho \left(\frac{\partial f_\rho}{\partial b} + \sum_{i=1}^{n} \frac{\partial f_\rho}{\partial y_{ib}} y^{0\prime}_i(b_0) \right) = 0; \end{aligned} \tag{37}$$

$$\sum_{\rho=1}^{r} l_\rho \frac{\partial f_\rho}{\partial y_{\nu a}} = \frac{\partial \Omega}{\partial y'_\nu}\Bigg]_{a_0} \quad \sum_{\rho=1}^{r} l_\rho \frac{\partial f_\rho}{\partial y_{\nu b}} = -\frac{\partial \Omega}{\partial y'_\nu}\Bigg]_{b_0}, \tag{38}$$

wobei noch (37) vermöge (38) geschrieben werden kann:

$$\sum_{\rho=1}^{r} l_\rho \frac{\partial f_\rho}{\partial a} = -\sum_{i=1}^{n} \frac{\partial \Omega}{\partial y'_i}\Bigg]_{a_0} y_i^{0\prime}(a_0); \quad \sum_{\rho=1}^{r} l_\rho \frac{\partial f_\rho}{\partial b} = \sum_{i=1}^{n} \frac{\partial \Omega}{\partial y'_i}\Bigg]_{b_0} y_i^{0\prime}(b_0). \tag{39}$$

Durch (36), (38), (39) sind die üblichen Bedingungen der Variationsrechnung gewonnen. Nehmen wir noch an, daß die Matrix $\left\| \frac{\partial f_\rho}{\partial a}, \frac{\partial f_\rho}{\partial y_{\nu a}}, \frac{\partial f_\rho}{\partial b}, \frac{\partial f_\rho}{\partial y_{\nu b}} \right\|$ vom Range r ist, so folgt daraus, daß nicht alle $l_\rho = 0$ sind, daß auch nicht alle $\lambda_\mu = 0$ sind.

Wir können auch den Fall betrachten, daß einige der $W_\rho(y, a, b)$ über den Kurvenbogen (11) erstreckte Integrale sind:

$$W_\rho(y, a, b) = \int_a^b g_\rho(x, y, y')\, dx \tag{40}$$

Ist dies nur für $\rho = 1$ der Fall, so haben wir das sogenannte Lagrange'sche Problem; ist es für ein $\rho \neq 1$ erfüllt, so liegt eine isoperimetrische Nebenbedingung vor. Gilt (40), so ist

$$\begin{aligned} V_\rho(\eta, \alpha, \beta) &= \int_{a_0}^{b_0} \sum_{\nu=1}^{n} \left(\frac{\partial g_\rho}{\partial y_\nu} \eta_\nu + \frac{\partial g_\rho}{\partial y'_\nu} \eta'_\nu \right) dx + \\ &\quad + \beta g_\rho(b_0, y^0(b_0), y^{0\prime}(b_0)) - \alpha g_\rho(a_0, y^0(a_0), y^{0\prime}(a_0)) = \\ &= \sum_{\nu=1}^{n} \int_{a_0}^{b_0} \left(\frac{\partial g_\rho}{\partial y'_\nu} - \int_{a_0}^{x} \frac{\partial g_\rho}{\partial y_\nu} dx \right) \eta'_\nu \, dx + \\ &\quad + \sum_{\nu=1}^{n} \int_{a_0}^{b_0} \frac{\partial g_\rho}{\partial y_\nu} dx \,.\, \eta_\nu(b_0) + \beta g_\rho(b_0, y^0(b_0), y^{0\prime}(b_0)) - \\ &\quad - \alpha g_\rho(a_0, y^0(a_0), y^{0\prime}(a_0)). \end{aligned}$$

Das Mayer'sche Problem, das Lagrange'sche Problem und die isoperimetrischen Probleme umfassen wir,[1] wenn wir setzen:

$$W_\rho(y, a, b) = f_\rho(a, y_a;\ b, y_b) + \int_a^b g_\rho(x, y, y')\, dx$$

---

[1] Vgl. O. Bolza, Math. Ann., *74* (1913), p. 430.

und demgemäß:

$$V_\rho(\eta, \alpha, \beta) = \left(\frac{\partial f_\rho}{\partial a} + \sum_{\nu=1}^{n} \frac{\partial f_\rho}{\partial y_{\nu a}} y_\nu^{0\prime}(a_0)\right)\alpha + \sum_{\nu=1}^{n} \frac{\partial f_\rho}{\partial y_{\nu a}} \eta_\nu(a_0) +$$

$$+ \left(\frac{\partial f_\rho}{\partial b} + \sum_{\nu=1}^{n} \frac{\partial f_\rho}{\partial y'_{\nu b}} y_\nu^{0\prime}(b_0)\right)\beta + \sum_{\nu=1}^{n} \frac{\partial f_\rho}{\partial y_{\nu b}} \eta_\nu(b_0) +$$

$$+ \sum_{\nu=1}^{n} \int_{a_0}^{b_0} \left(\frac{\partial g_\rho}{\partial y'_\nu} - \int_{a_0}^{x} \frac{\partial g}{\partial y_\nu} dx\right) \eta'_\nu \, dx + \sum_{\nu=1}^{n} \int_{a_0}^{b_0} \frac{\partial g_\rho}{\partial y_\nu} dx \; \eta_\nu(b_0) +$$

$$+ \beta g_\rho(b_0, y^0(b_0), y^{0\prime}(b_0)) - \alpha g_\rho(a_0, y^0(a_0), y^{0\prime}(a_0)).$$

Durch dieselben Überlegungen wie oben, werden wir auf die Bedingungen geführt:

Es gibt r Konstante $l_1, l_2 \ldots l_r$ (nicht alle $= 0$) und m Funktionen $\lambda_1(x), \ldots, \lambda_m(x)$, so daß, wenn gesetzt wird

$$F(a, y_a, b, y_b) = \sum_{\rho=1}^{r} l_\rho f_\rho(a, y_a, b, y_b); \qquad G(x, y, y') = \sum_{\rho=1}^{r} l_\rho g_\rho(x, y, y');$$

$$\Omega(x, y, y') = \sum_{\mu=1}^{m} \lambda_\mu \varphi_\mu(x, y, y'),$$

der Bogen (12) den Gleichungen genügt:

$$\frac{\partial(G+\Omega)}{\partial y_\nu} - \frac{d}{dx} \frac{\partial(G+\Omega)}{\partial y'_\nu} = 0 \qquad (\nu = 1, 2, \ldots, n)$$

sowie den Randbedingungen:

$$\frac{\partial F}{\partial a} - \left(G\Big]_{a_0} - \sum_{\nu=1}^{n} \frac{\partial G}{\partial y'_\nu}\Big]_{a_0} y_\nu^{0\prime}(a_0)\right) - \left(\Omega\Big]_{a^0} - \sum_{\nu=1}^{n} \frac{\partial \Omega}{\partial y'_\nu}\Big]_{a_0} y_\nu^{0\prime}(a_0)\right) = 0,$$

$$\frac{\partial F}{\partial b} + \left(G\Big]_{b_0} - \sum_{\nu=1}^{n} \frac{\partial G}{\partial y'_\nu}\Big]_{b_0} y_\nu^{0\prime}(b_0)\right) + \left(\Omega\Big]_{b_0} - \sum_{\nu=1}^{n} \frac{\partial \Omega}{\partial y'_\nu}\Big]_{b_0} y_\nu^{0\prime}(b_0)\right) = 0,$$

$$\left.\begin{aligned} \frac{\partial F}{\partial y_{\nu a}} - \frac{\partial G}{\partial y'_\nu}\Big]_{a_0} - \frac{\partial \Omega}{\partial y'_\nu}\Big]_{a_0} &= 0, \\ \frac{\partial F}{\partial y_{\nu b}} + \frac{\partial G}{\partial y'_\nu}\Big]_{b_0} + \frac{\partial \Omega}{\partial y'_\nu}\Big]_{b_0} &= 0, \end{aligned}\right\} \quad (\nu = 1, 2, \ldots, n).$$

In den beiden ersten dieser Randbedingungen sind die Glieder $\Omega\Big|_{a_0}$, $\Omega\Big|_{b_0}$ nur der Gleichförmigkeit halber hinzugefügt, was ohneweiters geschehen kann, da sie den Wert 0 haben.

Damit sind die üblichen Multiplikatorenmethoden der Variationsrechnung in einheitlicher Weise aus einem allgemeinen Satz des Funktionalkalküls hergeleitet.

Akademie der Wissenschaften in Wien

Jahrgang 1925 Nr. 25

Sitzung der mathematisch-naturwissenschaftlichen Klasse vom 3. Dezember 1925

Erschienen: Sitzungsberichte, Abt. IIb, Bd. 134, Heft 1 und 2; Monatshefte für Chemie, Bd. 46, Heft 1 und 2.

Das k. M. Prof. Dr. Hans Hahn übersendet zwei von ihm verfaßte Abhandlungen:

I. Über ein Existenztheorem der Variationsrechnung.

Es wird ein Existenztheorem für semidefinite, quasireguläre Variationsprobleme bewiesen, das eine große Anzahl speziellerer, von L. Tonelli bewiesener Existenztheoreme umfaßt.

II. Über die Methode der arithmetischen Mittel in der Theorie der verallgemeinerten Fourier'schen Integrale.

Bedeutet $f(x)$ eine in jedem endlichen Intervalle integrierbare Funktion, die im Unendlichen beschränkt bleibt, so gilt an jeder Stetigkeitsstelle von $f(x)$ die Darstellung:

$$f(x) = \lim_{\mu \to +\infty} \frac{1}{\mu\pi} \int_0^{\mu} \left(\int_0^{\lambda} \cos \mu x \frac{d^2 \Psi_2(\tau)}{d\tau} + \sin \mu x \frac{d^2 \Phi_2(\tau)}{d\tau} \right) d\lambda,$$

wo gesetzt ist:

$$\Phi_2(\mu) = 2 \int_{-\infty}^{+\infty} f(x) \frac{\sin^2 \frac{\mu}{2} x}{x^2} dx; \Psi_2(\mu) = \int_{-1}^{1} f(x) \frac{\mu x - \sin \mu x}{x^2} dx -$$

$$- \int_1^{+\infty} f(x) \frac{\sin \mu x}{x^2} dx - \int_{-\infty}^{-1} f(x) \frac{\sin \mu x}{x^2} dx,$$

und die auftretenden Integrale der Gestalt $\int g(x) \frac{d^2 h(x)}{dx}$ durch einen geeigneten Grenzprozeß definiert werden.

32

Die angeführte Darstellung von $f(x)$ nimmt in der Theorie der harmonischen Analyse im Unendlichen beschränkter Funktionen dieselbe Stellung ein, wie Fejér's Summierung der Fourier'schen Reihe durch arithmetische Mittel in der Theorie der harmonischen Analyse periodischer Funktionen.

Gedruckt mit Unterstützung aus dem Jerome und Margaret Stonborough-Fonds

Über ein Existenztheorem der Variationsrechnung

Von

Hans Hahn in Wien

K. M. d. Akad. d. Wiss.

(Vorgelegt in der Sitzung am 3. Dezember 1925)

Die Variationsrechnung behandelt die Minima und Maxima gewisser Kurvenfunktionen. Ein Kurvenbogen in der Ebene ist gegeben durch:

$$x = x(t),\ y = y(t);\ a \leqq t \leqq b, \tag{1}$$

wo $x(t)$, $y(t)$ im Intervalle $[a, b]$ stetige Funktionen bedeuten Der Kurvenbogen (1) und der Kurvenbogen:

$$x = \xi(\tau),\ y = \eta(\tau);\ \alpha \leqq \tau \leqq \beta \tag{2}$$

gelten als derselbe Kurvenbogen, wenn es eine ähnliche Abbildung der Intervalle $[a, b]$ und $[\alpha, \beta]$ gibt, so daß für einander entsprechende Werte t und τ dieser Intervalle:

$$x(t) = \xi(\tau),\ y(t) = \eta(\tau)$$

gilt. Dabei heißt eine Abbildung der Intervalle $[a, b]$ und $[\alpha, \beta]$ ähnlich, wenn sie umkehrbar eindeutig ist und aus $t' < t''$ für die entsprechenden Werte τ' und τ'' folgt: $\tau' < \tau''$.

Wir sagen ferner: der Kurvenbogen (2) liegt in der Umgebung ρ des Kurvenbogens (1), wenn es eine ähnliche Abbildung der Intervalle $[a, b]$ und $[\alpha, \beta]$ gibt, so daß für einander entsprechende Werte t und τ dieser Intervalle der Abstand der zugehörigen Punkte $(x(t), y(t))$ und $(\xi(\tau), \eta(\tau))$ der beiden Kurvenbogen $< \rho$ ausfüllt.

Wir sprechen im Folgenden nur von rektifizierbaren Kurvenbogen.

Sei nun eine Menge $\mathfrak{M}$ solcher Kurvenbogen gegeben. Ein Kurvenbogen $\mathfrak{C}$ heißt Häufungselement von $\mathfrak{M}$, wenn für jedes $\rho > 0$ in der Umgebung ρ von $\mathfrak{C}$ unendlich viele Kurvenbogen von $\mathfrak{M}$ liegen. Die Menge $\mathfrak{M}$ heißt abgeschlossen, wenn sie jedes ihrer Häufungselemente enthält.

Ist $\{\mathfrak{C}_\nu\}$ eine Folge von Kurvenbogen, so bedeutet die Beziehung $\lim\limits_{\nu \to \infty} \mathfrak{C}_\nu = \mathfrak{C}$: für jedes $\rho > 0$ liegen alle $\mathfrak{C}_\nu$ von einem gewissen an in der Umgebung ρ von $\mathfrak{C}$. Wir sagen dann: Die Bogen $\mathfrak{C}_\nu$ konvergieren gegen $\mathfrak{C}$.

Sei $\mathfrak{M}$ eine Menge von Kurvenbogen und es sei jedem Kurvenbogen $\mathfrak{C}$ von $\mathfrak{M}$ eine reelle Zahl $f(\mathfrak{C})$ zugeordnet. Dann ist $f(\mathfrak{C})$ eine auf $\mathfrak{M}$ definierte Kurvenfunktion. Sie heißt unterhalb stetig auf $\mathfrak{M}$, wenn, falls alle $\mathfrak{C}_\nu$ und $\mathfrak{C}$ zu $\mathfrak{M}$ gehören, aus

$$\lim_{\nu \to \infty} \mathfrak{C}_\nu = \mathfrak{C} \text{ folgt: } \underline{\lim}_{\nu \to \infty} f(\mathfrak{C}_\nu) \geqq f(\mathfrak{C}).$$

Sei nun, wie in der Variationsrechnung üblich, eine Funktion $F(x, y, x', y')$ gegeben, die samt ihren partiellen Ableitungen $F_{x'}(x, y, x', y')$ und $F_{y'}(x, y, x', y')$ definiert und stetig ist für alle einer gewissen abgeschlossenen Menge $\mathfrak{A}$ der xy-Ebene angehörigen (x, y) und alle Wertepaare x', y' (mit Ausnahme höchstens des Wertepaares $x' = 0, y' = 0$); und zwar sei F positivhomogen, d. h. es sei

$$F(x, y, kx', ky') = kF(x, y, x', y') \text{ für alle } k > 0. \tag{3}$$

Ist dann $\mathfrak{C}$ ein ganz in $\mathfrak{A}$ gelegener rektifizierbarer Kurvenbogen, so gibt es für ihn unendlich viele Darstellungen der Form (1), bei denen $x(t)$ und $y(t)$ total stetige Funktionen des Parameters t sind.[1] Abgesehen von einer Nullmenge existieren dann überall in $[a, b]$ die Ableitungen $x'(t)$ und $y'(t)$ und sind nicht gleichzeitig $= 0$. Es existiert ferner das Integral

$$J(\mathfrak{C}) = \int_a^b F(x(t), y(t), x'(t), y'(t))\, dt,$$

und sein Wert ist für alle eben genannten unendlich vielen Parameterdarstellungen des Bogens $\mathfrak{C}$ derselbe. Dieses Integral stellt also eine für alle in der Menge $\mathfrak{A}$ gelegenen rektifizierbaren Kurvenbogen $\mathfrak{C}$ definierte Kurvenfunktion dar.

Das Integral $J(\mathfrak{C})$ heißt positiv definit (in $\mathfrak{A}$), wenn für alle Punkte (x, y) von $\mathfrak{A}$ und alle Wertepaare (x', y') — mit Ausnahme von $x' = 0, y' = 0$ — die Ungleichung gilt:

$$F(x, y, x' y') > 0;$$

es heißt positiv semidefinit (in $\mathfrak{A}$), wenn für alle genannten Werte von x, y, x', y' die Ungleichung gilt:

$$F(x, y, x', y') \geqq 0.$$

Wir bilden nun die E-Funktion:

$$E(x, y, x' y', \cos\vartheta, \sin\vartheta) = F(x, y, \cos\vartheta, \sin\vartheta) -$$
$$- \cos\vartheta\, F_{x'}(x, y, x', y') - \sin\vartheta\, F_{y'}(x, y, x' y')$$

und definieren: Das Integral $J(\mathfrak{C})$ heißt positiv quasiregulär (in $\mathfrak{A}$), wenn für alle Punkte (x, y) von $\mathfrak{A}$, alle Wertepaare (x', y') —

[1] Eine solche Darstellung erhält man z. B., indem man für den Parameter t die Bogenlänge s auf $\mathfrak{C}$ wählt.

mit Ausnahme von $x' = 0$, $y' = 0$ — und alle ϑ die Ungleichung gilt:

$$E(x, y, x', y', \cos\vartheta, \sin\vartheta) \geqq 0.$$

Dann gilt der Satz[1]:

Ist das Integral $J(\mathfrak{C})$ in $\mathfrak{A}$ positiv semidefinit und positiv quasiregulär, so stellt es eine auf der Menge aller rektifizierbaren, in $\mathfrak{A}$ gelegenen Kurvenbogen unterhalb stetige Funktion dar.

Für positiv definite Variationsprobleme gilt das folgende fundamentale Existenztheorem[2]:

Ist das Integral $J(\mathfrak{C})$ positiv definit und positiv quasiregulär in der beschränkten, abgeschlossenen Punktmenge $\mathfrak{A}$, und ist $\mathfrak{M}$ eine abgeschlossene Menge von rektifizierbaren, in $\mathfrak{A}$ gelegenen Kurvenbogen, so gibt es unter den Kurvenbogen von $\mathfrak{M}$ mindestens einen, der das Integral $J(\mathfrak{C})$ zu einem Minimum macht gegenüber allen Kurvenbögen von $\mathfrak{M}$.

Für semidefinite Variationsprobleme hat L. Tonelli eine große Anzahl einzelner Existenztheoreme bewiesen,[3] die alle enthalten sind in dem folgenden, das wir nun beweisen wollen:

Sei das Integral $J(\mathfrak{C})$ positiv semidefinit und positiv quasiregulär in der beschränkten abgeschlossenen Menge $\mathfrak{A}$; es gebe in $\mathfrak{A}$ keinen Punkt (x_0, y_0), in dem $F(x_0, y_0, x', y') = 0$ ist für alle x', y', und es sei die Länge aller in $\mathfrak{A}$ liegenden rektifizierbaren Kurvenbogen $\mathfrak{C}$, für die $J(\mathfrak{C}) = 0$ ist, nach oben beschränkt; dann gibt es in jeder abgeschlossenen Menge $\mathfrak{M}$ rektifizierbarer, in $\mathfrak{A}$ gelegener Kurvenbogen mindestens einen, der das Integral $J(\mathfrak{C})$ zu einem Minimum macht gegenüber allen Kurvenbogen von $\mathfrak{M}$.

Wir bezeichnen mit G irgendeine Zahl, die von mindestens einem auf der Menge $\mathfrak{M}$ auftretenden Integralwerte $J(\mathfrak{C})$ unterschritten wird. Wir bezeichnen die Länge eines Kurvenbogens $\mathfrak{C}$ mit $L(\mathfrak{C})$ und beweisen zunächst den Hilfssatz:

Es gibt eine Zahl M, so daß für alle der Ungleichung $J(\mathfrak{C}) \leqq G$ genügenden, rektifizierbaren, in $\mathfrak{A}$ gelegenen Kurvenbogen auch die Ungleichung gilt:

$$L(\mathfrak{C}) \leqq M.$$

---

1 L. Tonelli, Fondamenti di calcolo delle variazioni I, p. 275.

2 L. Tonelli, a. a. O. II, p. 10.

3 A. a. O. II, p. 12 ff.

Angenommen in der Tat, dies wäre nicht der Fall. Dann gäbe es eine Folge in $\mathfrak{A}$ gelegener rektifizierbarer Kurvenbogen $\mathfrak{C}_n$, so daß:

$$J(\mathfrak{C}_n) \leqq G; \; L(\mathfrak{C}_n) > n^2.$$

Offenbar kann $\mathfrak{C}_n$ durch Einschalten der Zerlegungspunkte $P_{n,0}, P_{n,1}, \ldots, P_{n,n-1}, P_{n,n}$ (wo $P_{n,0}$ den Anfangspunkt, $P_{n,n}$ den Endpunkt von $\mathfrak{C}_n$ bedeutet) so in n Teilbogen $\mathfrak{C}_{n,1}, \mathfrak{C}_{n,2}, \ldots, \mathfrak{C}_{n,n}$ zerlegt werden, daß:

$$J(\mathfrak{C}_{n,1}) = J(\mathfrak{C}_{n,2}) = \ldots = J(\mathfrak{C}_{n,n}) = \frac{1}{n} J(\mathfrak{C}_n).$$

Dann ist:

$$L(\mathfrak{C}_n) = L(\mathfrak{C}_{n,1}) + L(\mathfrak{C}_{n,2}) + \ldots + L(\mathfrak{C}_{n,n}) > n^2$$

und es muß daher unter den n Teilbogen $\mathfrak{C}_{n,1}, \mathfrak{C}_{n,2}, \ldots, \mathfrak{C}_{n,n}$ mindestens einen, etwa $\mathfrak{C}_{n,\nu}$, geben, so daß:

$$L(\mathfrak{C}_{n,\nu}) > n.$$

Setzen wir $\mathfrak{C}_{n,\nu} = \mathfrak{C}'_n$, so haben wir also:

$$J(\mathfrak{C}'_n) = \frac{1}{n} J(\mathfrak{C}_n) \leqq \frac{1}{n} G; \; L(\mathfrak{C}'_n) > n. \tag{4}$$

Wegen der letzten Ungleichung kann $\mathfrak{C}'_n$ durch Einschalten der Zerlegungspunkte $A_{n,0}, A_{n,1}, \ldots, A_{n,n}, A_{n,n+1}$ (wo $A_{n,0}$ den Anfangspunkt, $A_{n,n+1}$ den Endpunkt von $\mathfrak{C}'_n$ bedeutet), so in $n+1$ Teilbogen $\mathfrak{C}'_{n,1}, \mathfrak{C}'_{n,2}, \ldots, \mathfrak{C}'_{n,n+1}$ zerlegt werden, daß:

$$L(\mathfrak{C}'_{n,1}) = 1, \; L(\mathfrak{C}'_{n,2}) = 1, \ldots, L(\mathfrak{C}'_{n,n}) = 1. \tag{5}$$

Wir betrachten die Folge von Bogen $\mathfrak{C}'_{1,1}, \mathfrak{C}'_{2,1}, \ldots, \mathfrak{C}'_{n,1}, \ldots$ Da sie alle in der beschränkten Menge $\mathfrak{A}$ liegen und alle die Länge 1 haben, so folgt aus einem bekannten Satze,[1] daß es in dieser Folge eine Teilfolge gibt, etwa $\mathfrak{C}^{(1)}_\nu = \mathfrak{C}'_{n_\nu,1}$ ($\nu = 1, 2, \ldots$), die gegen einen rektifizierbaren Bogen $\mathfrak{C}^*_1$ konvergiert, der, da $\mathfrak{A}$ abgeschlossen ist, gleichfalls in $\mathfrak{A}$ liegt:

$$\lim_{\nu \to \infty} \mathfrak{C}^{(1)}_\nu = \mathfrak{C}^*_1.$$

Sodann betrachten wir in der Folge $\mathfrak{C}'_{2,2}, \mathfrak{C}'_{3,2}, \ldots, \mathfrak{C}'_{n,2}, \ldots$ die den Bogen $\mathfrak{C}'_{n_\nu,1}$ entsprechende Teilfolge der Bogen $\mathfrak{C}'_{n_\nu,2}$. Auch in dieser gibt es wieder eine Teilfolge, sie werde mit

$$\mathfrak{C}^{(2)}_1, \mathfrak{C}^{(2)}_2, \ldots, \mathfrak{C}^{(2)}_\nu, \ldots$$

---

[1] Vgl. z. B. L. Tonelli, a. a. O. I, p. 87.

bezeichnet, die gegen einen rektifizierbaren, in $\mathfrak{A}$ gelegenen Bogen $\mathfrak{C}_2^*$ konvergiert:

$$\lim_{\nu \to \infty} \mathfrak{C}_\nu^{(2)} = \mathfrak{C}_2^*.$$

Da die Endpunkte der Bogen $\mathfrak{C}_\nu^{(1)}$ gegen den Endpunkt von $\mathfrak{C}_1^*$, und die Anfangspunkte der Bogen $\mathfrak{C}_\nu^{(2)}$ gegen den Anfangspunkt von $\mathfrak{C}_2^*$ konvergieren, da ferner jeder Anfangspunkt eines Bogens $\mathfrak{C}_\nu^{(2)}$ Endpunkt eines Bogens $\mathfrak{C}_\nu^{(1)}$ ist, so muß der Endpunkt von $\mathfrak{C}_1^*$ mit dem Anfangspunkt von $\mathfrak{C}_2^*$ zusammenfallen. Indem wir in derselben Weise weiter schließen, sehen wir: für jedes k gibt es in der Folge

$$\mathfrak{C}'_{k.\,k},\ \mathfrak{C}'_{k+1.\,k},\ \ldots\ \mathfrak{C}'_{k+n.\,k}, \ldots$$

eine Teilfolge $\mathfrak{C}_\nu^{(k)}$, die gegen einen rektifizierbaren, in $\mathfrak{A}$ gelegenen Bogen $\mathfrak{C}_k^*$ konvergiert:

$$\lim_{\nu \to \infty} \mathfrak{C}_\nu^{(k)} = \mathfrak{C}_k^*, \tag{6}$$

und zwar so, daß der Endpunkt von $\mathfrak{C}_k^*$ mit dem Anfangspunkt von $\mathfrak{C}_{k+1}^*$ übereinstimmt.

Da $\mathfrak{C}'_{n.\,1}, \mathfrak{C}'_{n.\,2}, \ldots, \mathfrak{C}'_{n.\,n}$ Teilbogen von $\mathfrak{C}'_n$ waren, und da das Integral $J(\mathfrak{C})$ positiv semidefinit ist, folgt aus (4):

$$J(\mathfrak{C}'_{n.\,1}) \leqq \frac{1}{n}\, G, \ldots, J(\mathfrak{C}'_{n.\,n}) \leqq \frac{1}{n}\, G.$$

Es ist also für jedes k:

$$\lim_{n \to \infty} J(\mathfrak{C}'_{k+n.\,k}) = 0,$$

und da die Folge $\mathfrak{C}_1^{(k)}, \mathfrak{C}_2^{(k)}, \ldots, \mathfrak{C}_\nu^{(k)}, \ldots$ eine Teilfolge von $\mathfrak{C}'_{k.\,k}$, $\mathfrak{C}'_{k+1.\,k}, \ldots, \mathfrak{C}'_{k+n.\,k}, \ldots$ war, ist auch:

$$\lim_{\nu \to \infty} J(\mathfrak{C}_\nu^{(k)}) = 0. \tag{7}$$

Nach einem schon erwähnten Satze von Tonelli ist aber das Integral $J(\mathfrak{C})$ unterhalb stetig. Aus (6) folgt also:

$$J(\mathfrak{C}_k^*) \leqq \lim_{\nu \to \infty} J(\mathfrak{C}_\nu^{(k)}), \text{ d. h. } J(\mathfrak{C}_k^*) \leqq 0,$$

und da $J(\mathfrak{C})$ positiv semidefinit ist, folgt daraus weiter:

$$J(\mathfrak{C}_k^*) = 0.$$

Bezeichnen wir noch den aus $\mathfrak{C}_1^*, \mathfrak{C}_2^*, \ldots, \mathfrak{C}_k^*$ zusammengesetzten gleichfalls in $\mathfrak{A}$ gelegenen Kurvenbogen mit $\mathfrak{C}_k^{*\prime}$, so ist also auch:

$$J(\mathfrak{C}_k^{**}) = 0, \; (k = 1, 2, \ldots). \tag{8}$$

Nunmehr werden wir beweisen, daß die Länge von $\mathfrak{C}_k^{**}$ mit k über alle Grenzen wächst:

$$\lim_{k \to \infty} L(\mathfrak{C}_k^{*}) = +\infty. \tag{9}$$

Da:

$$L(\mathfrak{C}_k^{*}) = L(\mathfrak{C}_1^{*}) + L(\mathfrak{C}_2^{*}) + \ldots + L(\mathfrak{C}_k^{*})$$

ist, genügt es zu dem Zwecke nachzuweisen, daß nicht

$$\lim_{k \to \infty} L(\mathfrak{C}_k^{*}) = 0 \tag{10}$$

sein kann.

Würde nun (10) gelten, so müßte es einen in $\mathfrak{A}$ gelegenen Punkt (x^*, y^*) geben, in dem sich die Bogen $\mathfrak{C}_k^{*}$ häufen, und es gäbe daher weiter in der Folge der $\mathfrak{C}_k^{*}$ eine Teilfolge $\mathfrak{C}_{k_1}^{*}, \mathfrak{C}_{k_2}^{*}, \ldots, \mathfrak{C}_{k_\lambda}^{*}, \ldots$, die gegen den Punkt (x^*, y^*) konvergiert: d. h. in jeder noch so kleinen Umgebung von (x^*, y^*) müßten alle $\mathfrak{C}_{k_\lambda}^{*}$ von einem gewissen an ganz enthalten sein.

Wegen (6) kann nun der Index ν_λ so groß gewählt werden, daß $\mathfrak{C}_{\nu_\lambda}^{(k_\lambda)}$ ganz in der Umgebung $\frac{1}{\lambda}$ von $\mathfrak{C}_{k_\lambda}^{*}$ liegt, und wegen (7) kann ν_λ auch so groß gewählt werden, daß

$$J(\mathfrak{C}_{\nu_\lambda}^{(k_\lambda)}) < \frac{1}{\lambda}. \tag{11}$$

Die Folge der Bogen $\overline{\mathfrak{C}}_\lambda = \mathfrak{C}_{\nu_\lambda}^{(k_\lambda)}$ hat dann nachstehende Eigenschaften: auch die Bogen $\overline{\mathfrak{C}}_\lambda$ konvergieren gegen den Punkt (x^*, y^*); wegen (11) ist:

$$\lim_{\lambda \to \infty} J(\overline{\mathfrak{C}}_\lambda) = 0, \tag{12}$$

und da der Bogen $\mathfrak{C}_{\nu_\lambda}^{(k_\lambda)}$ ein Bogen $\mathfrak{C}_{n,k}$ war, ist wegen (5):

$$L(\overline{\mathfrak{C}}_\lambda) = 1. \tag{13}$$

Nach Voraussetzung kann $F(x^*, y^*, x', y')$ nicht für alle x', y' verschwinden: Deuten wir x', y' als laufende Koordinaten einer Ebene, so ist wegen (3):

$$z = F(x^*, y^*, x', y')$$

die Gleichung eines Kegels, und bekanntlich hat die Voraussetzung, $J(\mathfrak{C})$ sei positiv semidefinit und positiv quasiregulär, zur Folge, daß dieser Kegel nirgends unterhalb der xy-Ebene verläuft und nach unten konvex ist.

Daraus folgt weiter unmittelbar, daß die Werte von φ, für die

$$F(x^*, y^*, \cos\varphi, \sin\varphi) = 0$$

ist, nur einen einzigen Bogen ausfüllen können, der notwendig $< \pi$ ist. Es gibt also sicherlich einen Wert φ^* von φ, so daß für

$$\varphi^* + \frac{\pi}{2} - \varepsilon \leqq \varphi \leqq \varphi^* + \frac{3\pi}{2} + \varepsilon \tag{14}$$

$$F(x^*, y^*, \cos\varphi, \sin\varphi) \neq 0$$

ist und mithin oberhalb einer positiven Zahl m verbleibt:

$$F(x^*, y^*, \cos\varphi, \sin\varphi) > m \ (> 0).$$

Wegen der Stetigkeit gilt dann auch noch in einem Kreis um (x^*, y^*) von hinlänglich kleinem Radius ρ, für alle der Ungleichung (14) genügenden φ:

$$F(x, y, \cos\varphi, \sin\varphi) > m. \tag{15}$$

Für alle hinlänglich großen λ liegt $\overline{\mathfrak{C}}_\lambda$ ganz in diesem Kreise. Seien $\overline{P}_\lambda$, $\overline{Q}_\lambda$ Anfangs- und Endpunkt von $\overline{\mathfrak{C}}_\lambda$, sei s die Bogenlänge auf $\overline{\mathfrak{C}}_\lambda$, gemessen von $\overline{P}_\lambda$ an, und φ der Winkel, den die (positiv gerichtete) Tangente an $\overline{\mathfrak{C}}_\lambda$ mit der x-Achse bildet. Dann ist bei Beachtung von (13) die Projektion l_λ von $\overline{\mathfrak{C}}_\lambda$ auf die Richtung φ^* gegeben durch

$$l_\lambda = \int_0^1 \cos(\varphi - \varphi^*)\, ds.$$

Bezeichnen wir noch mit $\mathfrak{P}_\lambda$ die Menge der Punkte von $\overline{\mathfrak{C}}_\lambda$, in denen

$$\varphi^* - \frac{\pi}{2} + \varepsilon < \varphi < \varphi^* + \frac{\pi}{2} - \varepsilon$$

gilt, mit $\mathfrak{Q}_\lambda$ die Menge der Punkte von $\overline{\mathfrak{C}}_\lambda$, in denen (14) gilt, so erhalten wir für die Projektion von $\overline{\mathfrak{C}}_\lambda$ auf die Richtung φ^*:

$$l_\lambda = \int_{\mathfrak{P}_\lambda} \cos(\varphi - \varphi^*)\, ds + \int_{\mathfrak{Q}_\lambda} \cos(\varphi - \varphi^*)\, ds,$$

und somit, wenn mit $\mu(\mathfrak{P})$ der Inhalt der Menge $\mathfrak{P}$ bezeichnet wird:

$$l_\lambda \geqq \sin\varepsilon \,.\, \mu(\mathfrak{P}_\lambda) - \mu(\mathfrak{Q}_\lambda). \tag{16}$$

Da (für alle hinlänglich großen λ) auf $\mathfrak{Q}_\lambda$ die Ungleichung (15) gilt, ist anderseits

$$J(\overline{\mathfrak{C}}_\lambda) \geqq m \,.\, \mu(\mathfrak{Q}_\lambda),$$

aus (12) folgt also.

$$\lim_{\lambda \to \infty} \mu(\mathfrak{Q}_\lambda) = 0. \tag{17}$$

Da $\mathfrak{P}_\lambda$ und $\mathfrak{Q}_\lambda$ den ganzen Bogen $\overline{\mathfrak{C}}_\lambda$ ausfüllen, ist aber wegen (13):

$$\mu(\mathfrak{P}_\lambda) + \mu(\mathfrak{Q}_\lambda) = 1,$$

so daß aus (17) folgt:

$$\lim_{\lambda \to \infty} \mu(\mathfrak{P}_\lambda) = 1. \tag{18}$$

Wegen (17) und (18) ergibt nun (16), daß nicht $\lim\limits_{\lambda \to \infty} l_\lambda = 0$ sein kann, im Widerspruche damit, daß die Bogen $\overline{\mathfrak{C}}_\lambda$ gegen einen Punkt konvergieren. Also kann tatsächlich die Beziehung (10) nicht bestehen, und es gilt somit (9).

Aber (8) zusammen mit (9) steht in Widerspruch zur Voraussetzung, daß die Länge aller in $\mathfrak{A}$ liegenden rektifizierbaren Kurven $\mathfrak{C}$, für die $J(\mathfrak{C}) = 0$ ist, nach oben beschränkt ist. Und somit ist der Hilfssatz bewiesen.

Nun ist es leicht, den Beweis unseres Satzes zu Ende zu führen. Sei $\mathfrak{C}_1, \mathfrak{C}_2, \ldots, \mathfrak{C}_n, \ldots$ eine aus der Menge $\mathfrak{M}$ herausgegriffene Minimalfolge, d. h. es konvergiere $J(\mathfrak{C}_n)$ gegen die untere Grenze g aller Werte, die $J(\mathfrak{C})$ auf $\mathfrak{M}$ annimmt:

$$\lim_{n \to \infty} J(\mathfrak{C}_n) = g. \tag{19}$$

Zufolge des Hilfssatzes gibt es eine Zahl M, so daß:

$$L(\mathfrak{C}_n) \leqq M \text{ für alle } n.$$

Die $\mathfrak{C}_n$ bilden also eine Menge von Kurvenbogen, die alle der beschränkten Menge $\mathfrak{A}$ angehören, und deren Länge nach oben beschränkt ist. Nach einem schon einmal benutzten Satze gibt es daher in der Folge der $\mathfrak{C}_n$ eine Teilfolge $\mathfrak{C}_{n_1}, \mathfrak{C}_{n_2}, \ldots, \mathfrak{C}_{n_\nu}, \ldots$, die gegen einen rektifizierbaren Kurvenbogen $\overline{\mathfrak{C}}$ konvergiert:

$$\lim_{\nu \to \infty} \mathfrak{C}_{n_\nu} = \overline{\mathfrak{C}}, \tag{20}$$

und weil die Menge $\mathfrak{M}$ abgeschlossen ist, gehört $\overline{\mathfrak{C}}$ auch zu $\mathfrak{M}$. Aus (19) folgt:

$$\lim_{\nu \to \infty} J(\mathfrak{C}_{n_\nu}) = g,$$

aus (20) folgt, da $J(\mathfrak{C})$ unterhalb stetig ist:

$$J(\overline{\mathfrak{C}}) \leqq \lim_{\nu \to \infty} J(\mathfrak{C}_{n_\nu}) = g,$$

und da g die untere Schranke aller auf $\mathfrak{M}$ vorkommenden Werte von $J(\mathfrak{C})$ war, muß

$$J(\overline{\mathfrak{C}}) = g$$

sein. Es ist also $J(\overline{\mathfrak{C}})$ der kleinste auf $\mathfrak{M}$ vorkommende Wert der Funktion $J(\mathfrak{C})$, und das behauptete Existenztheorem ist bewiesen.

Wir wollen noch an Beispielen zeigen, daß die in diesem Theorem auftretenden Voraussetzungen wesentlich sind. Zuerst zeigen wir dies für die Voraussetzung, die Länge aller in $\mathfrak{A}$ gelegenen Kurven $\mathfrak{C}$, für die $J(\mathfrak{C}) = 0$ ist, sei nach oben beschränkt.[1]

Die Menge $\mathfrak{A}$ bestehe aus allen der Ungleichung

$$0 < r_1^2 \leqq x^2 + y^2 \leqq r_2^2$$

genügenden Punkten. Bezeichnen wir mit k_1 und k_2 die beiden Kreise

$$x^2 + y^2 = r_1^2 \text{ und } x^2 + y^2 = r_2^2,$$

so ist $\mathfrak{A}$ der von k_1 und k_2 begrenzte Kreisring. Die Menge $\mathfrak{M}$ bestehe aus allen rektifizierbaren, ganz in $\mathfrak{A}$ gelegenen Kurven, deren Anfangspunkt auf k_1, deren Endpunkt auf k_2 liegt. Um die Funktion $F(x, y, x', y')$ zu definieren, denken wir uns eine Schar S von Kurven gegeben, die den Kreisring $\mathfrak{A}$ einfach überdecken und sich von innen asymptotisch dem Kreise k_2 als Grenzzykel annähern (wie z. B. die Schar $r = r_2 - e^{-(\vartheta + c)}$, wo r und ϑ Polarkoordinaten bedeuten). Sei ihr Richtungsfeld gegeben durch:

$$\cos\vartheta = p(x, y), \quad \sin\vartheta = q(x, y).$$

Wir setzen:

$$F(x, y, x', y') = \sqrt{x'^2 + y'^2} - x' p(x, y) - y' q(x, y).$$

Man erkennt unmittelbar, daß dieses Variationsproblem positiv regulär und positiv semidefinit ist in $\mathfrak{A}$, und zwar ist $F(x, y, x', y') = 0$ dann und nur dann, wenn

$$x' = k . p(x, y), \quad y' = k . q(x, y) \quad (k > 0),$$

d. h. wenn (x, y, x', y') Linienelement einer Kurve der Schar S oder des Kreises k_2 ist. Jeder Bogen einer Kurve der Schar S erteilt also dem Integrale J den Wert 0, und da es beliebig lange solche Bogen gibt, ist hier die oben genannte Voraussetzung unseres Existenztheorems nicht erfüllt.

---

[1] Diese Voraussetzung ist insbesondere dann nicht erfüllt, wenn es eine in $\mathfrak{A}$ gelegene **geschlossene** Kurve gibt, die dem Integrale J den Wert 0 erteilt. Denn diese geschlossene Kurve kann ja beliebig oft durchlaufen werden.

Ist nun $\mathfrak{C}$ ein rektifizierbarer, in $\mathfrak{A}$ gelegener Kurvenbogen, dessen Anfangspunkt auf k_1, dessen Endpunkt auf k_2 liegt, so kann $\mathfrak{C}$ nicht in seinem ganzen Verlaufe mit einer Kurve der Schar S zusammenfallen, es ist also für jeden Kurvenbogen $\mathfrak{C}$ der Menge $\mathfrak{M}$:

$$J(\mathfrak{C}) > 0. \tag{21}$$

Bedeutet aber $\mathfrak{C}$ insbesondere einen Kurvenbogen, der auf k_1 beginnend zunächst bis zu einem Punkte (x^*, y^*) mit einer Kurve der Schar S zusammenfällt, und sodann mit dem von (x^*, y^*) auf den Kreis k_2 gefällten Lote zusammenfällt, so konvergiert offenbar $J(\mathfrak{C})$ gegen 0, wenn der Punkt (x^*, y^*) auf der Kurve der Schar S sich asymptotisch dem Kreise k_2 nähert. Die untere Grenze der Werte, die $J(\mathfrak{C})$ auf der Menge $\mathfrak{M}$ annimmt, ist also 0; da aber für alle Kurven von $\mathfrak{M}$ Ungleichung (21) gilt, ist hier ein Minimum nicht vorhanden.

Wir geben nun auch ein Beispiel eines positiv semidefiniten und quasiregulären Variationsproblems, bei dem ein Minimum nicht vorhanden ist, weil ein Punkt vorhanden ist, in dem $F(x, y, x', y')$ für alle x' und y' verschwindet.

Wir gehen aus von dem Variationsproblem, unter allen auf dem Kreise $x^2 + y^2 = 1$ beginnenden und (außerhalb dieses Kreises) ins Unendliche verlaufenden Kurven diejenigen zu finden, die dem Integrale

$$J = \int \frac{\sqrt{x'^2 + y'^2}}{(x^2 + y^2)^3}\, d\, t.$$

den kleinstmöglichen Wert erteilen. Offenbar sind dies die Geraden $x = a\, t$, $y = b\, t$, und zwar erteilen sie dem Integrale J den Wert $\frac{1}{5}$. Wir bemerken noch, daß dieses Variationsproblem für $x^2 + y^2 \geqq 1$ positiv definit und regulär ist.

Nunmehr führen wir Polarkoordinaten r, ϑ ein, in denen unser Integral die Form annimmt

$$J = \int \frac{\sqrt{d\, r^2 + r^2\, d\, \vartheta^2}}{r^6}.$$

Und nunmehr machen wir die Punkttransformation:

$$r' = \frac{1}{r}, \quad \vartheta' = \vartheta + r.$$

Aus dem Bereiche $x^2 + y^2 \geqq 1$ wird der Bereich $x^2 + y^2 \leqq 1$, aus den Geraden $x = a\, t$, $y = b\, t$ werden Spiralen unendlicher Länge, die sich asymptotisch dem Nullpunkte nähern.

Die Umrechnung unseres Integrales ergibt:

$$J = \int r'^3 \sqrt{(1 + r'^2)\, d r'^2 + 2 r'^2\, d r'\, d \vartheta' + r'^4\, d\vartheta'^2}$$

oder indem wir wieder die rechtwinkeligen Koordination einführen:

$$J = \int (x^2 + y^2) \sqrt{\left\{\left(x^2 - 2\sqrt{x^2+y^2}\, x y + (x^2+y^2)^2\right) x'^2 + \right.}$$

$$+ 2\left(x y + \sqrt{x^2+y^2}\,(x^2 - y^2)\right) x' y' +$$

$$\left. + \left(y^2 + 2\sqrt{x^2+y^2}\, x y + (x^2+y^2)^2\right) y'^2 \right\} d t.$$

Der Integrand $F(x, y, x', y')$ dieses Integrales verschwindet im Nullpunkte für alle x' und alle y'. Da der definite und reguläre Charakter eines Integrales bei Punkttransformationen erhalten bleibt, ist dieses Integral positiv definit und regulär für $0 < x^2 + y^2 \leqq 1$, und mithin positiv semidefinit und quasiregulär für $x^2 + y^2 \leqq 1$. Die partiellen Ableitungen $F_{x'}$ und $F_{y'}$ sind überall stetig.

Wir wählen nun für $\mathfrak{A}$ die Punktmenge $x^2 + y^2 \leqq 1$, d. h. die Fläche des Einheitskreises, für $\mathfrak{M}$ die Menge aller rektifizierbaren ganz in diesem Kreise gelegenen Kurvenbogen, die einen Punkt der Peripherie dieses Kreises mit dem Nullpunkte verbinden. Jeder solche Kurvenbogen erteilt dem Integrale J einen Wert $> \frac{1}{5}$, da er bei der vorgenommenen Punkttransformation nicht aus einer Geraden $x = a\,t$, $y = b\,t$ entstanden sein kann, und nur diese Geraden dem Integrale J den Wert $\frac{1}{5}$ erteilten, alle anderen von der Peripherie des Einheitskreises ins unendliche verlaufenden Kurven aber dem Integrale J einen Wert $> \frac{1}{5}$ erteilten. Gehen wir aber auf einer der Spiralen, die Bild einer Geraden $x = a\,t$, $y = b\,t$ sind, bis zum Punkte (x^*, y^*) und von da geradlinig zum Nullpunkt, und lassen den Punkt (x^*, y^*) auf der Spirale sich unbeschränkt dem Nullpunkte nähern, so konvergiert der Wert des Integrales J gegen $\frac{1}{5}$. Es ist also $\frac{1}{5}$ die untere Grenze der Werte, die das Integral J auf $\mathfrak{M}$ annimmt; und da für keine Kurve aus $\mathfrak{M}$ wirklich $J = \frac{1}{5}$ wird, ist auch hier ein Minimum nicht vorhanden.

Comments to Hahn's work in Real Analysis

David Preiss

Department of Mathematics, University College of London

The period of time to which Hahn's work in real analysis belongs can be easily considered as the happiest time in its modern history. Cantor's set theory allowed an approach to abstract problems whose formulation, let alone solution, one could hardly imagine just a few years before; the most important fruit of the dawn of modern analysis, Lebesgue's theory of measure and integral, had just appeared. Several new fields of mathematical research were just about to be born and explored. The real line was a testing ground for topological questions and ideas, measure theory was leaving the structure of the real line and becoming a prototype of a simple but powerful abstract theory, sequence spaces and function spaces were supplying motivation for the rise of abstract topology on one side and of functional analysis on the other side, etc. Thus, though much of Hahn's work is concerned with problems of real analysis, from the present perspective it is often felt as one of the foundation stones of new research fields. Under the heading ‚Real Analysis', understood approximately in the sense described as ‚Real Functions' by Mathematical Reviews subject classification or in the (broader) sense of the journal *Real Analysis Exchange*[1] around which much of the modern development of real analysis is concentrated, we find only fourteen papers. We shall briefly indicate their content from the present point of view and, where appropriate, also indicate some directions taken by research on the basis of their ideas. Even though some of these papers have roots in other fields and some are just remarks, together they contain several classical results, examples and ideas which belong to the basic education of a real analyst: examples pointing out that fundamental theorems of analysis do not hold if derivatives are allowed to assume also infinite values, characterization of the sets of convergence of series of con-

1 Published since 1976

tinuous functions, the ‚sandwich' (or ‚in-between') theorem, or existence of points of continuity of separately continuous functions of n variables!

The first two of Hahn's papers in real analysis appeared in 1904. They presented Hahn as an excellent problem-oriented real analyst: He likes clearly formulated problems, finds new ideas, and gives a mathematically precise answer which he pursues to a full understanding of the problem. Even with such an ability, it is not easy to establish oneself as a research mathematician. It is good advice to find an error in the published work of another mathematician and to correct it by proving a statement contradicting the original one. [Though, admittedly, not enough papers containing errors seem to be published for this purpose; or is it that beginning mathematicians do not read as carefully as they should?] This is precisely what Hahn did in *Über punktweise unstetige Funktionen* [6], which concerns functions continuous at points of a dense set. Such functions had already received quite a lot of attention. They can, however, have quite a complicated structure, which wasn't fully appreciated by all who were interested in them. Hahn gives several examples showing that A. Schoenflies became one of the victims of this difficulty. Probably the most interesting (and most basic) example shows that there is no non-trivial relation between upper and lower limits of a (bounded) function and upper and lower derivatives of its indefinite integral; this, of course, is one of the main reasons why the investigation of derivatives is so difficult and why it is not finished to the present day.

While the paper mentioned above showed Hahn's potential as a real analyst, the paper *Über den Fundamentalsatz der Integralrechnung* [5] establishes him as one of the top researchers. It concerns one of the fundamental results of real analysis, which, intentionally stated in a slightly unprecise form, says that continuous functions having the same derivative differ only by an additive constant. This, of course, is not really a statement, but a problem, a challenge to find out under which circumstances it is true or, equally importantly, under which circumstances it is false. The first direction of thought, naturally suggested by Cantor's work and successfully pursued by L. Scheefer, weakened the requirement of the (existence and) equality of derivatives at every point by allowing countable exceptional sets. But Scheefer's results stay within the realm of finite derivatives, which was (barely) enough for nineteenth century mathematics, but surely not for the emerging modern analysis; indeed, it was Lebesgue himself who asked what would happen if derivatives are allowed to have also infinite values. By showing that the theorem would then be false,

Hahn became one of the founders of a never ending line of investigations of (exact) derivatives, i.e., of functions which can be written as derivatives of other functions. Till today Hahn's idea is the best approach to the question: Construct an everywhere differentiable function which has an infinite derivative at all points of the Cantor set and note that adding the Cantor function doesn't change the value of the derivative. Only two variations come to mind: One may first construct any differentiable function with an infinite derivative at uncountably many points, use deeper results to infer that the derivative is infinite on a Cantor-like set, and add the corresponding Cantor-like function. Or one may replace the direct construction by an indefinite Lebesgue integral of a continuous integrable $[0, \infty]$-valued function which has value ∞ at the points of the Cantor set; this appears to be slightly easier to imagine and to define.

An example often contributes more than anything else to our understanding of a mathematical problem. Thus, in our case, the example suggests that the best way of proving that functions are determined by their derivatives up to an additive constant is to consider the difference of such functions and to use a monotonicity theorem. Hahn indicates this when he notes that one of his arguments is based on a simple but often overlooked fact that (if one allows infinite derivatives) the sum of two differentiable functions need not be differentiable. Further development therefore naturally led to separate investigations of monotonicity theorems which modify the assumptions and use weaker notions of the derivative; this is still a very active field of research[2]. A monotonicity result which, in spirit, is possibly closest to Hahn's paper has been the starting basis of Zahorski's fundamental investigation of derivatives[3]: A continuous everywhere differentiable function (infinite derivatives allowed) whose derivative is positive almost everywhere is increasing[4].

Monotonicity theorems form only a tiny portion of results about differentiability of real functions of real variables, which is an area entered by Hahn in two more instances. In *Über stetige Funktionen ohne Ableitung* [35] he uses his expert knowledge of continuous nowhere differentiable functions (which influenced also his philosophical views) to give a simple

2 See, e.g., the treatment of monotonicity theorems and of stationary and determining sets in Chapters XI and XII of A. M. Bruckner, *Differentiation of Real Functions,* Lecture Notes in Math. 659, Springer-Verlag 1978

3 Z. Zahorski, *Sur la première dérivée,* Trans. Amer. Math. Soc. 69(1950), 1–54

4 This result is due to G. Goldowsky *Note sur les dérivées exactes,* Rec. Math. Soc. Math. Moscow 35(1928), 35–36 and L. Tonelli, *Sulle derivate esatte,* Mem. Istit. Bologna 8(1930/31), 13–15

answer to the question whether such functions exist even if infinite derivatives are allowed. This has been established in 1914 by Sierpiński in a rather complicated way. Hahn observed that Steinitz's (1899) example of a nowhere finitely differentiable continuous function has the additional property that in no point can both one-sided derivatives be infinite; this immediately implies that it cannot have an infinite derivative at any point.

This short paper is, however, known mainly because it introduced an intriguing new problem into the area of continuous nowhere (finitely or infinitely) differentiable functions: Is there a continuous function which is at no point differentiable from the right?

Hahn's question has been answered by Besicovitch[5], who constructed a continuous function without (finite or infinite) one-sided derivatives. But the situation is more interesting: Besicovitch's example is of quite a different nature than the usual examples of nowhere differentiable functions. This has been explained by the study of differentiability properties of ‚most' continuous functions (in the sense of Baire category): most continuous functions are nowhere differentiable[6] (and, indeed, have much stronger non-differentiability properties), but, according to a result of Saks[7], they have an infinite derivative from the right at uncountably many points.

Further results in this direction include deep and still active investigations of differentiability, monotonicity, and other properties of ‚most' functions, similar statements for almost all functions with respect to the Wiener measure, but also statements showing that every continuous functions has some differentiability properties: every continuous function has an approximate derivative from the right at uncountably many points.

In the note *Über die Vertauschbarkeit der Differentiationsfolge* [39] Hahn's interest in the theory of functions of more variables led him to consider conditions for the validity of one of its basic statements, namely, of the independence of the mixed second derivative of a function of two variables on the order of differentiation. A sufficient condition, weaker than the well known continuity of second order partial derivatives, had been given by P. Martinotti in 1914. Hahn, however, found an error in Martinotti's argument and gave an example that the condition is not sufficient.

Though further research considered several problems coming from the

5 A. S. Besicovitch, *Diskussion der stetigen Funktionen im Zusammenhang mit der Frage über ihre Differentierbarkeit,* Bull. Acad. Sci. de Russie 19(1925), 527–540

6 S. Mazurkiewicz, *Sur les fonctions non-dérivables,* Studia Math. 3(1931), 94–94 and S. Banach, *Über die Bairesche Kategorie gewisser Funktionenmengen,* ibid., 174–179

7 S. Saks, *On the functions of Besicovitch in the space of continuos functions,* Fund. Math. 19(1932), 211–219

same motivation, e.g., at how many points can the two mixed partial derivatives of a given function be different, the main contribution to the question is probably the use of derivatives in the sense of distributions which naturally avoids the difficulty.

In some sense, the above papers are the only ones belonging solely to real analysis; three of the remaining ones could be, at least partly, classified as belonging to other areas in which Hahn worked and the rest have a distinct topological flavour. The only exception is *Die Äquivalenz der Cesàroschen und Hölderschen Mittel* [53] which gives a very simple elementary proof of the equivalence of the Hölder and Cesàro summabilities of integral order; it is a byproduct of Hahn's study of series with monotonically decreasing terms. (An exception of a different nature is the very first paper we mentioned – the study of functions continuous at points of a dense set surely has a topological flavour!)

We first briefly touch the three papers studying problems coming from real analysis using techniques and/or giving answers whose motivation and development belongs to different fields.

The first of them, *Über das Interpolationsproblem* [36], is concerned with problems of interpolation and approximation of functions. Only a slight modernization of terminology is necessary in order to transform its setting to the present one: given a sequence X_n of finite subsets of an interval $[a, b]$, assume that P_n is a continuous linear operator on the space of (continuous) functions on $[a, b]$ such that $P_n f$ depends only on the values of $f(x)$ where $x \in X_n$. The main questions asked and answered are: representation of P_n, pointwise and uniform convergence of $P_n f$ to f, and continuous dependence of approximation on f. The most well known example of this problem is formed by Lagrange interpolation polynomials with X_n defined as the points partitioning $[a, b]$ into n intervals of equal length. Applying his general results, Hahn therefore obtains results of Runge and Borel showing that in this case the interpolation polynomials need not converge to the interpolated function.

Hahn's solution to the problem is a beautiful illustration of the development of fundamental ideas of functional analysis: The main result shows that uniform convergence occurs for all f if and only if it holds for a dense subset of f and the norms $\|P_n\|$ are uniformly bounded!

The report *Über die Darstellung wilkürlicher Funktionen durch bestimmte Integrale* [48] describing Lebesgue's 1909 research and its continuation in Hahn's 1916 papers *Über die Darstellung gegebener Funktionen durch singulare Integrale I und II* [32] would be currently considered as being at the border of three disciplines: Real analysis, Functional analysis, and Harmonic analysis. The problem considered is to describe conditions on a sequence of kernels φ_n necessary and/or sufficient for the validity of a formula of the type

$$f(x) = \lim_{n\to\infty} \int_a^b f(\xi)\varphi_n(\xi, x)\, d\xi$$

for functions f from various classes. Conditions of a functional analytic nature, full characterizations for the cases of continuous functions and of continuous functions of bounded variation, and special examples are given.

The last paper of this group is *Über Reihen mit monoton abnehmenden Gliedern* [52] ; it contains the study of series with monotonically decreasing terms which we have already mentioned above. Its functional analytic part defines the Banach space H (again, we are using a more modern terminology) of null sequences $u = (u_k)$ such that $\|u\| = \Sigma_{k=1}^{\infty} k|u_k - u_{k+1}| < \infty$, establishes its duality with the space of sequences with bounded arithmetic means, and, using it, shows that a series $\Sigma_{k=1}^{\infty} u_k v_k$ converges for every $u \in H$ if and only if v has bounded arithmetic means. But this is just a prelude to much deeper results: Hahn first shows that in the above statement it suffices to consider sequences $u \in H$ with monotonically decreasing terms and with convergent $\Sigma_{k=1}^{\infty} u_k$. Several known results are obtained as special cases, most notably Pringsheim's theorem according to which for any sequence with $\limsup_{k\to\infty} v_k/k = \infty$ there is a convergent series $\Sigma_{k=1}^{\infty} u_k$ with decreasing terms such that $\limsup_{k\to\infty} u_k v_k = \infty$. And more is to come: Hahn, answering two questions of Knopp, investigates what happens to this and one other of Pringsheim's theorems if one requires complete monotonicity of u_k. The answers are interesting, the methods as well, and the paper is well worth reading!

The functional analytic part of the paper is well known; indeed, the space H is sometimes called ‚Hahn sequence space[8]'. The real analytic part appears to be slightly less known, probably because the research concerning similar problems has been less active for a relatively long time.

The last, largest, and best known group of Hahn's papers in real analysis is formed by those which study, sometimes in the real analytic setting, sometimes in a more general situation, problems of topological nature. A natural way of investigating convergence and continuity as basic abstract

8 For recent generalizations see, e.g., R. K. Chandrasekhara, *The Hahn sequence space,* Bull. Calcutta Math. Soc. 82 (1990), 72–78 or P. N. Natarajan, *A characterization of the matrix class* (l_∞, c_0), Bull. London Math. Soc. 23 (1991), 267–268

notions of analysis is to define a ‚convergence space' as a set equipped with a family of sequences, whose members may be termed convergent, and with a mapping assigning to each convergent sequence an element of the space, which is then defined to be the limit of the sequence. This programme, started by Fréchet in 1906, has eventually led not only to the development of topology as a new field of research, but substantially contributed to the rapid development of both classical and abstract analysis in this century. Fréchet's fundamental work was concerned mainly with a study of continuous functions; important questions about the structure of the new spaces were still waiting for their answers or even for their formulation. The significance of Hahn's 1908 paper *Bemerkungen zu den Untersuchungen des Herrn M. Fréchet: Sur quelques points du calcul fonctionnel* [13] should now be clear – he asks and answers some of the basic problems of the theory: Examples show that (sequential) closures, even in compact spaces, need not be closed, or that the only continuous functions may be constant. The latter example is complemented by one of the most interesting results of the paper: Non-constant continuous functions exist provided that the convergence is given by a notion of distance which satisfies the generalized triangle inequality $\mathrm{dist}(x,y) \leq \varphi(\mathrm{dist}(x,z) + \mathrm{dist}(z,y))$, where $\lim_{t \searrow 0} \varphi(t) = 0$. The problem is that while the usual triangle inequality implies that the distance from a point is continuous, this is no longer the case for the generalized triangle inequality. So the proof needed completely new ideas; indeed, it is remarkably close to Urysohn's much later proof of separation of closed sets in normal spaces by continuous functions. (The statement itself, however, is a special case of more abstract results concerning topological or uniform spaces.)

The study of convergence spaces, in whose definition sequences are replaced by generalized sequences or filters, is still active[9]. Currently, however, a more usual background for the study of a majority of problems of convergence and continuity is that of topological spaces. The problem of the existence of nonconstant continuous functions in topological spaces was also of high significance; the main contributions were the positive solution in normal spaces mentioned above and Novák's negative solution in regular spaces[10].

By 1913, real analysis was not only firmly based on set theory, but a

9 For an encyclopaedic coverage of convergence theory see the (1000 pages) monograph W. Gahler, *Grundstrukturen der Analysis I and II*. Birkhauser Verlag, Basel-Boston, 1977 and 1978

10 J. Novák, *A regular space on which every continous function is constant,* Časopis Pěst. Mat. Fys. 73(1948), 58–68

number of geometric considerations was becoming more and more set theoretical, building thus the way to the time when general topology would become one of the leading research fields of pure mathematics. Hahn himself had been interested in the set theoretical side of real analysis for some time; indeed, we have just noted his contribution to the study of (sequential) convergence spaces. The limits of this concept had been already recognized; several mathematicians, including Hausdorff, Haar and König, had studies spaces which could not be described by the convergence of sequences. The most notable among such spaces were (totally) ordered spaces, and a considerable effort went into an understanding of their (topological) structure. One of the natural problems to consider was to give an analogy of the Cantor-Bendixson analysis, which established a transfinite procedure constructing perfect parts of closed subsets of the line; this analysis is well-known mainly because of its connections to modern descriptive set theory. Hahn in *Über einfach geordnete Mengen* [25] extends the Cantor-Bendixson construction to compact totally ordered spaces, observes that it defines a cardinal characteristic of the space and studies its relation to other (topological) properties. Thus, Hahn's work belongs to the beginning of the study of cardinal characteristics of (general) topological spaces; this field of research has been active for a long time, first as a contribution to the understanding of general topological spaces, later because it turned out to be rich in independence results[11].

To understand the motivation behind Hahn's paper *Über halbstetige und unstetige Funktionen* [34] we should mention two of the results of Baire: The first is in the spirit of the famous description of functions expressible as limits of pointwise convergent sequences of continuous functions (nowadays known as functions of the first class of Baire) and says that lower semi-continuous functions coincide with limits of increasing sequences of continuous functions. The second (earlier and less well known) decomposes every function f into a sum of a continuous function and of a function whose modulus doesn't exceed the oscillation of f. (The oscillation $\operatorname{osc}(f)$ of f is defined as the supremum of pointwise oscillations of f).

Baire, however, considered the above statements on the real line only, and used the special structure of the real line in his proofs. With the devel-

11 Just recall the interest in the problem of existence of spaces with Cantor-Bendixson width ω_0 and height ω_1 which received several positive solutions (A. Ostaszewski, K. Kunen and M. E. Rudin, M. Rajagopalan, I. Juhasz and W. Weiss), first under various set-theoretical hypotheses, later without them; the simplest example due to the last named authors is in *On thin-tall scattered spaces,* Colloq. Math. 40 (1978/79), 63–68

opment of the general theory of metric spaces it became more and more important to know to which extent they hold true under the new conditions. Hahn, surprisingly, considered the second statement as the more interesting; this may well have been because it still presented a challenge even on the line: An optimal result would be obtained if one succeeded in replacing osc(f) by $\frac{1}{2}$osc(f). But it seems more probable that the reason was that this statement led him to conjecturing a new type of statement (which would imply the optimal version of Baire's result): If $g \geq h$, g is lower semi-continuous and h is upper semi-continuous, then there is a continuous function φ such that $g \geq \varphi \geq h$. Such statements are nowadays usually referred to as ‚sandwich theorems' or ‚in-between theorems'.

By a simple but ingenious argument, Hahn deduces his in-between theorem from the representation of semi-continuous functions as limits of monotone sequences of continuous functions. This gives him ample motivation for constructing this representation in arbitrary metric spaces. He does it, probably using his experience with the construction of continuous functions, in a way which can be almost immediately transferred to obtain the (much later) optimal results in topological spaces.

The representation of upper semi-continuous functions as limits of increasing sequences of continuous functions is often used to extend statements about the (Lebesgue) integral from continuous functions to all functions, since it enables one first to use the monotone convergence theorem to deduce it for semi-continuous functions and then the approximation of integrable functions by semi-continuous ones to conclude its validity for all integrable functions. Sometimes, this approach is used in the very definition of the integral; this has been done, for example, by Bourbaki[12]. (They, however, represent upper semi-continuous functions as suprema of families of continuous functions; sequences may not be enough even in compact topological spaces.)

The question of characterization of the validity of different forms of in-between theorems has been studied during the rapid development of general topology[13]. New techniques were developed in some cases, mainly because parts of Hahn's arguments were too deeply rooted in the sequential approach. Due to their applicability to the construction of functions, in-between theorems have been studied in various contexts beyond the realm

12 N. Bourbaki, *Éléments de mathématique, Livre VI,* Hermann, Paris 1963

13 M. Katětov, *On real-valued functions in topological spaces,* Fund. Math. 38(1951), 85–91 and H. Tong, *Some characterizations of normal and perfectly normal spaces,* Duke Math. J. 19(1952), 289–292

of topology[14]. New results or approaches in this direction sometimes appear because of new applications.

If we recall that the problem of characterising sets of uniqueness for trigonometric series influenced much of the development of modern real analysis, and, indeed, was at least partly responsible for Cantor's set theory, we can understand that real analysts have always been intrigued by characterizations of various sets associated with functions, like sets of continuity, sets of differentiability, etc. So, observing that the set of points at which a series of continuous functions diverges is of the type $G_{\delta\sigma}$ (i.e., can be expressed as a union of countably many sets each of which is an intersection of countably many open sets), Hahn sets himself in *Über die Menge der Konvergenzpunkte einer Funktionenfolge* the task of finding out if this property gives a complete characterization of such sets. He not only proves it, but also enters the study of Baire functions by finding a characterization of the sets of convergence of functions of any given Baire class. Though Hahn works only on the line, his proof can be easily extended to all metric spaces and even to all topological spaces provided that closed sets are replaced by zero sets.

The interest in characterizations of sets associated with functions did not diminish with time[15]. The number of results in this direction is too large to attempt a survey, but I cannot resist mentioning Zahorski's characterization of sets of non-differentiability of real functions of one real variable as unions $A \cup B$, where A is G_δ, and B is a $G_{\delta\sigma}$ set of Lebesgue measure zero[16].

Statements showing continuity or other properties of functions of two or more variables, continuous in each variable separately, can be often applied in an unexpected way. Their investigation is therefore very much alive, and new types of results, approaches and techniques, like the recent study of the Namioka spaces[17], may well appear again. The first results in the area go back to Baire who proved in 1899 that a function of 2 or 3 variables, continuous in each variable separately, is continuous at points of a dense set; indeed, he showed that the set of points of continuity of such

14 The most important such generalization can be found in J. Blatter and G. L. Seever, *Interposition and lattice cones of functions,* Trans. Amer. Math. Soc. 222(1976), 65–96

15 Even direct extensions of Hahn's result are still considered. See, e.g., A. A. Danielyan, *The set of divergence of polynomials that are uniformly bounded on a compact set,* Dokl. Akad. Nauk Armyan. SSR 89 (1989), 161–163

16 Z. Zahorski, *Sur l'ensemble des points de non-dérivabilité d'une fonction continue,* Bull. Soc. Math. France 74(1946), 147–178

17 These spaces originated in I. Namioka, *Separate continuity and joint continuity,* Pacific J. Math. 51(1974), 515–531

functions is dense in every (line or plane) x_i = constant. Lebesgue proved in his first published paper that a separately continuous function f of n variables is of Baire class $\leq n - 1$, which, according to Baire's theorem, also provides points of continuity of f if $n = 2$. But he also showed that f can be precisely of class $n - 1$, so this information could not be used to deduce anything about its points of continuity and seemed to indicate that it may have no points of continuity if n is large enough. However, Hahn in *Über Funktionen mehrerer Veränderlicher, die nach jeder einzelnen Veränderlichen stetig sind* [40] discovered an unexpected result: For every n the set of points of continuity of any separately continuous function is dense in every hyperplane x_i = constant!

Much of Hahn's work in real analysis culminated in his influential book *Reelle Funktionen* [76], Leipzig, 1932, which, together with *Grundzüge der Mengenlehre* by F. Hausdorff[18] and *Theory of the Integral* by S. Saks[19], is still one of the basic texts on modern real analysis[20]. After his book appeared, Hahn published only one paper in real analysis. It is a very short note *Über separable Mengen* [77] concerning an error in the proof of one of the topological statements in his book.

The passage of time allowed *Reelle Funktionen* to present some of the results discussed above (and much more) in an improved or generalized way or via a new approach. It is well worth reading for anyone interested in real analysis! To illustrate it, let me give just one example: Hahn's new approach to the problem of continuity of separately continuous functions utilizes the notion of ‚B-Funktionen' which have points of continuity and have the property that a function belongs to this class provided that it belongs to it in each variable separately; this is the beginning of investigations of various notions of quasi-continuity that are still very much alive[21]!

18 Veit, Leipzig 1914; third edition De Gruyter, Berlin 1935

19 Monografie Matematyczne 7, Warszawa-Lwów 1937

20 There seems to be no similarly influential text containing more recent developments. An exception is the direction originating from Zahorski's fundamental paper (l. c. 3) where we have A. M. Bruckner and J. Leonard, *Derivatives,* Amer. Math. Monthly 73(1966), 24–56, part of which has a modernized version in A. M. Bruckner, *Differentiation of real functions,* Amer. Math. Soc., Providence, RI 1994

21 For a recent direct extension of Hahn's results see T. Neubrunn and O. Nather, *On a characterization of quasicontinous multifunctions,* Časopis Pěst. Mat. 107(1982), 294–300

Hahn's Work in Real Analysis
Hahns Arbeiten zur reellen Analysis

Über den Fundamentalsatz der Integralrechnung.

Von **Hans Hahn** in Wien.

Die üblichen Beweise des Satzes, daß alle stetigen Funktionen, welche dieselbe Derivierte haben, sich bloß durch eine additive Konstante unterscheiden, setzen voraus, daß diese Derivierte im betrachteten Intervalle durchwegs endlich sei. Es war daher naturgemäß, daß man sich die Frage vorlegte, ob der Satz auch ohne diese Voraussetzung richtig sei oder nicht. Die diesbezüglich vorliegenden Resultate findet man zusammengestellt in A. Schönflies Bericht über die Entwicklung der Lehre von den Punktmannigfaltigkeiten [1]) und in H. Lebesgues Leçons sur l'intégration et la recherche des fonctions primitives [2]). Am wichtigsten sind die Untersuchungen von L. Scheeffer [3]), in denen aber das Problem in etwas abweichender Weise formuliert ist; es wird dort nämlich angenommen, die Gleichheit der Derivierten zweier stetiger Funktionen stehe fest für alle Punkte eines Intervalles mit Ausnahme einer gewissen Punktmenge und sodann gezeigt, daß, sobald die Menge der Ausnahmepunkte nicht die Mächtigkeit des Kontinuums hat, die beiden Funktionen sich nur um eine additive Konstante unterscheiden können, während, wenn die Menge der Ausnahmepunkte die Mächtigkeit des Kontinuums hat, dies nicht mehr immer der Fall ist. Hieraus folgt nun zwar sofort, daß, wenn die Unendlichkeitsstellen einer Derivierten eine abzählbare Menge bilden, die zugehörigen primitiven Funktionen bis auf eine additive Konstante bestimmt sind; hat aber die Menge der Unendlichkeitsstellen die Mächtigkeit des Kontinuums, so folgt aus den Scheefferschen Untersuchungen für unser Problem zunächst nichts, da bei Scheeffer auf die Existenz einer Derivierten in den Ausnahmepunkten, beziehungsweise auf die Gleichheit der Derivierten daselbst keinerlei Wert gelegt wird, während für unsere Frage gerade diese letzteren Umstände entscheidend sind. Daher bezeichnet Lebesgue mit Recht die Frage, ob die zur selben Derivierten gehörigen primitiven Funktionen sich in allen Fällen nur durch eine additive Konstante unterscheiden, als eine offene [4]). Im Folgenden wird nun eine Klasse stetiger Funktionen aufgestellt,

---

[1]) Jahresbericht der deutschen Mathematikervereinigung, 8. Band, 2. Heft, pg. 206 ff.

[2]) Paris, Gauthier-Villars, 1904. Besonders pg. 74 ff.

[3]) Acta mathematica, Bd. 5.

[4]) l. c. pg. 75.

die in jedem Punkte eine bestimmte Ableitung haben, durch dieselbe aber nicht bis auf eine additive Konstante bestimmt sind. Diese Funktionen entziehen sich also dem sogenannten Fundamentalsatze der Integralrechnung.

Es zei zunächst an P. Du Bois Reymonds Definition der Derivierten erinnert. Bezeichnet $f(x)$ eine im Punkte x_0 stetige Funktion und läßt man in dem Quotienten:

$$\frac{f(x) - f(x_0)}{x - x_0}$$

x von rechts her ($x > x_0$) gegen x_0 konvergieren, so hat derselbe immer eine obere und eine untere Unbestimmtheitsgrenze, die als die rechtsseitige obere, beziehungsweise untere Derivierte von $f(x)$ im Punkte x_0 bezeichnet werden. Eine analoge Definition gilt für die beiden linksseitigen Derivierten. Stimmen diese vier Zahlen überein — wobei die beiden Werte $+\infty$ und $-\infty$ als verschieden gelten mögen — so heißt dieser gemeinsame Wert die Derivierte oder die Ableitung von $f(x)$ im Punkte x_0.

Die folgende einfache Bemerkung wird für uns von Wert sein: Es habe die Funktion $f(x)$ an der Stelle x_0 die Derivierte $+\infty$, während von der Funktion $\varphi(x)$ nur feststehen möge, daß keine ihrer vier (eben definierten) Derivierten im Punkte x_0 den Wert $-\infty$ hat. Dann hat die Funktion $f(x) + \varphi(x)$ an der Stelle x_0 die Derivierte $+\infty$.

Es ist in der Tat nach Voraussetzung:

$$\lim_{h=0} \frac{f(x_0 + h) - f(x_0)}{h} = +\infty,$$

während für alle genügend kleinen, von Null verschiedenen h:

$$\frac{\varphi(x_0 + h) - \varphi(x_0)}{h} > A$$

ist, wo A eine endliche Konstante bedeutet.

Ist dann für $|h| < H$:

$$\frac{f(x_0 + h) - f(x_0)}{h} > M - A,$$

so ist für eben diese h:

$$\frac{f(x_0 + h) - f(x_0) + \varphi(x_0 + h) - \varphi(x_0)}{h} > M,$$

und da M beliebig ist, hat man:

$$\lim_{h=0} \frac{f(x_0 + h) + \varphi(x_0 + h) - f(x_0) - \varphi(x_0)}{h} = +\infty$$

wie behauptet wurde [1]).

[1]) Es folgt hieraus unmittelbar die zuweilen übersehene Tatsache, daß, wenn man auch unendliche Werte der Derivierten zuläßt, die Summe zweier

Wir gehen nun daran, stetige Funktionen zu konstruieren, die in jedem Punkte des Intervalles (0, 1) eine bestimmte Ableitung besitzen, welche speziell in allen Punkten einer gewissen nirgends dichten perfekten [1]) Menge T den Wert $+\infty$ hat.

Sei also T eine zunächst beliebige im Intervalle (0, 1) enthaltene nirgends dichte perfekte Punktmenge. Bekanntlich bestimmt dann die Menge T in eindeutiger Weise eine abzählbare Menge von Intervallen δ_ν ($\nu = 1, 2, \ldots$), deren innere Punkte gebildet werden von allen Punkten der Strecke (0, 1), die nicht zu T gehören, und umgekehrt ist die Menge T durch die Intervalle δ_ν ebenfalls eindeutig bestimmt [2]).

Wir wollen nun annehmen, die Menge T sei vom Inhalte Null (d. h. es sei $\sum \delta_\nu = 1$) und ferner sei sie so gewählt, daß es irgend eine der Ungleichung $0 < k < 1$ genügende Zahl k gibt, für die die Reihe:

$$D_k = \sum_{\nu=1}^{\infty} \delta_\nu^{\,k}$$

konvergiert. Perfekte Mengen, die dieser Bedingung genügen, kann man in beliebiger Zahl angeben; eine solche ist z. B. die schon von G. Cantor angegebene Menge, die man erhält, wenn man die Zahlen des Intervalles (0, 1) als systematische Brüche vom Nenner 3 schreibt und nur diejenigen beibehält, in denen die Ziffer 1 nicht vorkommt [3]). Der Wert $k = \frac{2}{3}$ leistet das Verlangte.

Wir definieren nun unsere Funktion $f(x)$ durch folgende Bestimmungen. In einem Punkte der Menge T sei:

$$f(x) = 2^{1-k} \sum \delta^k ,$$

wobei die Summe zu erstrecken ist über alle links vom betrachteten Punkte liegenden Intervalle δ_ν. Als Teilreihe der als konvergent vorausgesetzten Reihe D_k, ist auch diese Reihe konvergent. Im Intervalle δ_ν, das begrenzt sei durch die Punkte $x_0^{(\nu)}$ und $x_1^{(\nu)}$ [4]), werde $f(x)$ folgendermaßen definiert [5]):

---

differenzierbarer Funktionen nicht immer differenzierbar ist; z. B. die Summe von $x^3 + x \sin \frac{1}{x}$ und $- x^3$.

[1]) d. h. einer Menge, die mit ihrer abgeleiteten Menge identisch ist. Eine solche Menge hat bekanntlich stets die Mächtigkeit des Kontinuums.

[2]) Vgl. etwa Schönflies, l. c. pg. 76 ff.

[3]) Dabei werden diejenigen Zahlen, welche die Ziffer 1 nur einmal, und zwar an letzter Stelle enthalten, beibehalten, denn man kann in ihnen die Ziffer 1 ersetzen durch die Ziffernfolge 0 2 2 . . . in infinitum.

[4]) Die Punkte $x_0^{(\nu)}$ und $x_1^{(\nu)}$ gehören der Menge T an.

[5]) Unter der k-ten Potenz einer positiven Größe sei immer der positive Wert dieser Potenz verstanden.

11*

$$f(x) = f\left(x_0^{(\nu)}\right) + \left(x - x_0^{(\nu)}\right)^k \text{ für } x \leqq \frac{x_0^{(\nu)} + x_1^{(\nu)}}{2}$$

$$f(x) = f\left(x_1^{(\nu)}\right) - \left(x_1^{(\nu)} - x\right)^k \text{ für } x \geqq \frac{x_0^{(\nu)} + x_1^{(\nu)}}{2}.$$

Durch diese Vorschriften ist $f(x)$ für jede Stelle des Intervalles (0, 1) definiert. Wir behaupten nun: die Funktion $f(x)$ ist stetig und monoton wachsend; an allen der Menge T nicht angehörenden Punkten hat sie eine bestimmte endliche Ableitung, in den Punkten von T aber die Ableitung $+\infty$.

Was die inneren Punkte von δ_ν anlangt, so können Zweifel nur bestehen bezüglich des Punktes $\frac{x_0^{(\nu)} + x_1^{(\nu)}}{2}$. Bemerkt man aber, daß:

$$f\left(x_1^{(\nu)}\right) - f\left(x_0^{(\nu)}\right) = 2^{1-k}\,\delta_\nu^k = 2\left(\frac{x_1^{(\nu)} - x_0^{(\nu)}}{2}\right)^k$$

ist, so bestätigt man sofort die Behauptung.

Sei nun x_0 ein Punkt der Menge T; auf mindestens einer der beiden Seiten von x_0 müssen sich Punkte von T häufen; wir nehmen zunächst an, es geschehe dies rechts von x_0 und beweisen die rechtsseitige Stetigkeit von $f(x)$ im Punkte x_0 sowie die Existenz einer rechtsseitigen Derivierten vom Werte $+\infty$.

Man bemerke zunächst, daß, wenn x_1 einen beliebigen rechts von x_0 liegenden Punkt von T und $\delta_{\nu'}$, ein zwischen x_0 und x_1 liegendes Intervall δ_ν bezeichnet, die Gleichung besteht:

$$f(x_1) - f(x_0) = 2^{1-k} \sum_{\nu'} \delta_{\nu'}^k.$$

Da ferner, weil die Menge T den Inhalt Null hat:

$$x_1 - x_0 = \sum_{\nu'} \delta_{\nu'}$$

ist, und $\sum_{\nu'} \delta_{\nu'}^k$ gleichzeitig mit $\sum_{\nu'} \delta_{\nu'}$ unendlich klein wird, so ist die rechtsseitige Stetigkeit nachgewiesen.

Um die Existenz einer rechsseitigen Derivierten vom Werte $+\infty$ nachzuweisen, genügt es zu zeigen, daß rechts von x_0 die Kurve $y = f(x)$ ganz oberhalb der Kurve:

$$y = f(x_0) + (x - x_0)^k$$

verläuft. Sei also wieder x_1 ein rechts von x_0 liegender Punkt von T und:

$$f(x_1) - f(x_0) = 2^{1-k} \sum_{\nu'} \delta_{\nu'}^k.$$

Da bekanntlich (wegen $k < 1$):

$$\sum_{\nu'} \delta_{\nu'}^{k} > \left(\sum_{\nu'} \delta_{\nu'}\right)^{k}$$

so ist für alle der Menge T angehörenden Punkte die Behauptung erwiesen. Sei nun (x_1, x_1') ein punktfreies Intervall, so gilt in demselben die Ungleichung:

$$f(x) \geqq f(x_1) + (x - x_1)^k;$$

und wegen:

$$f(x_1) > f(x_0) + (x_1 - x_0)^k,$$

gilt im genannten Intervalle auch:

$$f(x_1) + (x - x_1)^k > f(x_0) + (x - x_0)^k.$$

Es folgt also auch für die nicht der Menge T angehörenden Punkte der rechtseitigen Umgebung von x_0 die Behauptung. Im Punkte x_0 existiert daher in der Tat eine rechtsseitige Derivierte vom Werte $+\infty$. Genau so beweist man, wenn links von x_0 sich Punkte von T häufen, die linksseitige Stetigkeit und die Existenz einer linksseitigen Derivierten vom Werte $+\infty$.

Ist also x_0 ein beiderseitiger Grenzpunkt von T, so ist in ihm $f(x)$ stetig und hat die Ableitung $+\infty$. Ist T ein einseitiger Grenzpunkt von T, so begrenzt er nach der andern Seite ein punktfreies Intervall δ_ν. Aus der Definition der Funktion $f(x)$ geht unmittelbar hervor, daß sie auch nach dieser Seite hin stetig ist und die einseitige Derivierte $+\infty$ hat.

Es ist also gezeigt, daß $f(x)$ in jedem Punkte des Intervalles (0, 1) stetig ist und eine bestimmte Ableitung hat, die speziell in den Punkten der perfekten Menge T den Wert $+\infty$ hat.

Wir erinnern nun noch an die bekannte Tatsache, daß zu jeder nirgends dichten perfekten Menge T eine Klasse stetiger Funktionen gehört[1]), die in jedem punktfreien Intervalle δ_ν konstant sind, ohne in ihrem ganzen Verlaufe konstant zu sein. Bekanntlich kann man sich solche Funktionen verschaffen, indem man mit G. Cantor[2]) der Intervallmenge der δ_ν eine abzählbare überall dichte Punktmenge des Intervalles (0, 1) so zuordnet, daß die Reihenfolge erhalten bleibt, d. h. daß, wenn δ_i und δ_k zwei beliebige Intervalle und x_i und x_k die entsprechenden Punkte sind, immer wenn δ_k rechts von δ_i liegt, auch x_k rechts von x_i liegt. Man nehme nun eine beliebige im Intervalle (0, 1) stetige Funktion $\psi(x)$ und definiere eine Funktion $\varphi(x)$ durch die Vorschrift, daß sie überall in dem dem Punkte x_ν entsprechenden Intervalle δ_ν den Wert $\psi(x_\nu)$ haben soll. Durch die weitere Forderung, daß auch $\varphi(x)$

[1]) Ihre Gesamtheit hat die Mächtigkeit des Kontinuums.
[2]) Math. Ann. 23, pg. 482 ff.

stetig sein soll, sind ihre Werte auch in den Punkten von T völlig bestimmt. Nimmt man speziell $\psi(x)$ monoton wachsend an, so wird auch $\varphi(x)$ monoton wachsen [1]). Es hat also auch die Gesamtheit aller zu einer Menge T gehörenden monoton wachsenden Funktionen $\varphi(x)$ die Mächtigkeit des Kontinuums.

Die Funktionen $\varphi(x)$ haben nun in jedem nicht der Menge T angehörenden Punkte die Ableitung Null; in den Punkten von T haben sie im allgemeinen keine bestimmte Ableitung; ist aber die Funktion $\varphi(x)$ monoton wachsend, so kann keine ihrer vier Derivierten negativ werden. Betrachten wir daher die Summe $f(x) + \varphi(x)$, so hat sie auf Grund der eingangs gemachten Bemerkung überall eine bestimmte Ableitung, die völlig mit der von $f(x)$ übereinstimmt.

Es läßt sich also zu der durchwegs stetigen, in jedem Punkte mit einer bestimmten Ableitung versehenen Funktion $f(x)$ eine unendliche Menge anderer ebenfalls stetiger Funktionen angeben, die an jeder Stelle dieselbe Ableitung haben wie $f(x)$, ohne aus $f(x)$ durch Addition einer Konstanten zu entstehen.

---

[1]) Ein Beispiel einer zu der obengenannten Cantorschen Menge gehörenden monoton wachsenden Funktion $\varphi(x)$ erhält man bekanntlich auf folgende Weise. Man schreibe die Endpunkte eines punktfreien Intervalls δ_ν als systematische Brüche vom Nenner drei: $\frac{a_1}{3} + \frac{a_2}{3^2} + \ldots$ ohne Verwendung der Ziffer 1. und ersetze die Nenner 3^k durch 2^k. Hiedurch wird beiden Endpunkten dieselbe Zahl zugeordnet. Sie wähle man als den Wert von $\varphi(x)$ im Intervalle δ_ν.

Über punktweise unstetige Funktionen.

Von **Hans Hahn** in Wien.

In seinem Berichte über die Entwicklung der Lehre von den Punktmannigfaltigkeiten [1]) widmet Herr A. Schoenflies ein Kapitel der Theorie der punktweise unstetigen Funktionen. Da sich in diese Darlegungen — wie es sich ja bei einer so umfangreichen Arbeit über ein so heikles Gebiet kaum vermeiden läßt — einzelne Versehen eingeschlichen haben, so bedürfen einige der dort mitgeteilten Theoreme gewisser Einschränkungen. Ich hoffe, den zahlreichen Lesern des Schoenfliesschen Berichtes einen kleinen Dienst zu erweisen, wenn ich im folgenden auf diese Punkte etwas näher eingehe. [2])

I. Über die möglichst stetigen Funktionen. Bekanntlich wird eine Funktion in einem Intervalle als punktweise unstetig bezeichnet, wenn ihre Stetigkeitspunkte in diesem Intervalle überall dicht liegen. Sei also $F(x)$ eine beliebige punktweise unstetige Funktion. Wir ordnen ihr eine andere Funktion $\Phi(x)$ zu durch folgende Vorschrift: In jedem Stetigkeitspunkte von $F(x)$ sei $\Phi(x)$ gleich $F(x)$. Jeden Unstetigkeitspunkt von $F(x)$ stelle man auf alle möglichen Weisen als Grenzpunkt von Folgen von Stetigkeitspunkten dar. Alle diejenigen Werte, gegen welche irgend eine der so erhaltenen Folgen von Funktionswerten $F(x_\nu)$ konvergiert, mögen den Wertvorrat von $\Phi(x)$ im Punkte x bilden. In den Unstetigkeitspunkten von $F(x)$ kann also $\Phi(x)$ auch mehrwertig, ja sogar unendlich vielwertig sein. Die so definierte Funktion $\Phi(x)$ wollen wir mit A. Schoenflies [3]) als die zu $F(x)$ gehörige möglichst stetige Funktion bezeichnen. Während $F(x)$ durch seine Werte an den Stetigkeitsstellen nicht definiert ist, ist $\Phi(x)$ durch dieselben vollkommen bestimmt, ja es genügt, die Werte von $\Phi(x)$ an einer überall dichten, abzählbaren Menge von Stetigkeitsstellen [4]) zu kennen.

---

[1]) Jahresber. d. deutschen Math. Vereinigung. Bd. 8, 2 (1900).

[2]) Es sei mir noch gestattet, zu bemerken, daß ich Herrn Schoenflies, an den ich mich wegen meiner Bedenken wandte, manche im folgenden verwertete Anregung verdanke.

[3]) L. c. p. 135.

[4]) Die Menge der Stetigkeitsstellen einer punktweise unstetigen Funktion hat immer die Mächtigkeit des Kontinuums. Man erkennt leicht, daß jede Stetigkeitsstelle von $F(x)$ auch Stetigkeitsstelle von $\Phi(x)$ ist.

Den Unstetigkeitsgrad einer Funktion $F(x)$ an einer Stelle x_0 definiert man in folgender Weise. Man nehme ein Intervall δ, von dem x_0 innerer Punkt ist. In demselben hat $F(x)$ eine obere und eine untere Grenze. Die Differenz dieser beiden Zahlen heißt die Schwankung von $F(x)$ in δ. Zieht sich δ auf x_0 zusammen, so kann dabei die Schwankung niemals zunehmen, sie nähert sich einer unteren Grenze, die unabhängig ist von der Art, wie δ sich auf x_0 zusammenzieht; diese untere Grenze wird mit $k(x_0)$ bezeichnet und der Unstetigkeitsgrad von $F(x)$ in x_0 genannt. In jedem Stetigkeitspunkte x_0 ist $k(x_0) = 0$ und umgekehrt.

Genau so läßt sich der Unstetigkeitsgrad der zu $F(x)$ gehörenden möglichst stetigen Funktion $\Phi(x)$ definieren. Wir bezeichnen ihn mit $k_\varphi(x_0)$, und es gilt die Ungleichung

$$k_\varphi(x) \leqq k(x).$$

Herr Schoenflies untersucht nun[1]) die Funktion:

$$\Psi(x) = k(x) - k_\varphi(x).$$

Man erkennt sofort, daß sie an jeder Stetigkeitsstelle x_0 von $F(x)$ selbst stetig ist: da sie an jeder solchen Stelle verschwindet, genügt es nachzuweisen, daß in der Umgebung unserer Stelle $k(x)$ beliebig klein ist; lägen nun in jeder Umgebung unserer Stelle andere Stellen, in denen $k(x)$ über einer festen Grenze k_0 bleibt, so wäre auch $k(x_0) \geqq k_0$. Es ist hiemit also auch gezeigt, daß $\Psi(x)$ ebenfalls punktweise unstetig ist; die zu $\Psi(x)$ gehörende möglichst stetige Funktion ist überall Null. Herr Schoenflies behauptet weiter, der Unstetigkeitsgrad von $\Psi(x)$ an der Stelle x_0 — wir nennen ihn $k_\Psi(x_0)$ — sei gegeben durch:

$$k_\Psi(x_0) = k(x_0) - k_\varphi(x_0) = \Psi(x_0);$$

insbesondere sei also $\Psi(x)$ stetig, wo $k(x) = k_\varphi(x)$ ist. Diese Behauptungen sind irrig, wie aus folgendem Beispiele hervorgeht.

Die Funktion $F(x)$ werde durch folgende Vorschriften definiert: für $x = \frac{1}{\pi}, \frac{1}{2\pi}, \frac{1}{3\pi} \cdots$ und für $x = 0$ sei $F(x) = 0$; für alle übrigen positiven und negativen x sei: $F(x) = \cos\frac{1}{x}$.

Die so definierte Funktion $F(x)$ ist punktweise unstetig, denn ihre einzigen Unstetigkeitspunkte sind die Stellen $x = 0, \frac{1}{\pi}, \frac{1}{2\pi} \cdots$ Die zu $F(x)$ gehörige möglichst stetige Funktion $\Phi(x)$ fällt für $x \neq 0$ zusammen mit $\cos\frac{1}{x}$, für $x = 0$ füllt $\Phi(x)$ das Intervall von -1 bis $+1$. Für $k(x)$ erhält man überall den Wert Null,

---

[1]) L. c. p. 134.

außer an den Stellen $x = \frac{1}{\pi}, \frac{1}{2\pi} \cdots$, wo $k(x) = 1$ ist, und an der Stelle $x = 0$, wo $k(x) = 2$ ist; $k_\varphi(x)$ verschwindet überall, außer im Nullpunkte, wo es den Wert 2 hat. Die Funktion $\Psi(x)$ hat also in unserem Beispiele die folgenden Werte: sie ist überall Null, außer an den Stellen $x = \frac{1}{\pi}, \frac{1}{2\pi} \cdots$ wo sie den Wert 1 hat. Wäre obiger Satz richtig, müßte sie für $x = 0$ stetig sein. Man sieht, daß dies nicht der Fall ist.

Wohl aber gilt der folgende Satz:

Ist x_0 eine Stetigkeitsstelle von $\Phi(x)$, so ist daselbst der Unstetigkeitsgrad von $\Psi(x)$ gleich dem Werte $\Psi(x_0)$. Zunächst ist klar, daß der Unstetigkeitsgrad von $\Psi(x)$ nicht kleiner als $\Psi(x_0)$ sein kann; denn in jeder Nähe von x_0 gibt es Punkte, in denen $\Psi(x)$ verschwindet. Daß er nicht größer als $\Psi(x_0)$ sein kann, ergibt sich in folgender Weise. Es gibt eine Umgebung von x_0, in der $k_\varphi(x_0) < \frac{\varepsilon}{2}$ und $k(x) < k(x_0) + \frac{\varepsilon}{2}$ ist, in der somit die Ungleichung besteht: $0 \leq k(x) - k_\varphi(x) \leq k(x_0) + \varepsilon$ oder, was dasselbe ist: $0 \leqq \Psi(x) \leqq \Psi(x_0) \varepsilon$. Dies deckt sich mit unserer Behauptung.

Daß anderseits der Satz schon nicht mehr gilt, wenn $\Phi(x)$ in x_0 zwar sowohl einen rechtsseitigen als einen linksseitigen Grenzwert hat, die aber nicht zusammenfallen, läßt sich an einfachen Beispielen zeigen.

Die im vorhergehenden diskutierte Funktion $\Psi(x)$ verwendet nun Herr Schoenflies, um aus der Funktion $F(x)$ eine andere eindeutige Funktion $F_1(x)$ herzuleiten, deren Unstetigkeitsgrad $k_1(x)$ immer übereinstimmt mit dem Unstetigkeitsgrad $k_\varphi(x)$ der zu $F(x)$ [und $F_1(x)$] gehörenden möglichst stetigen Funktion $\Phi(x)$. Und zwar behauptet Herr Schoenflies, man erhalte eine solche Funktion $F_1(x)$, indem man die mit geeignetem Vorzeichen genommene Differenz $k(x) - k_\varphi(x)$ von $F(x)$ subtrahiert. Auch diese letztere Behauptung beruht offenbar auf einem Versehen. Man betrachte etwa die Funktion $F(x)$, die überall Null ist, außer an den Stellen $\frac{1}{2}, \frac{1}{3}, \frac{1}{4} \ldots \frac{1}{\nu}, \ldots$, wo sie den Wert 1 habe. Die zugehörige möglichst stetige Funktion $\Phi(x)$ ist überall Null, $F_1(x)$ muß daher ebenfalls überall verschwinden. Anderseits ist $k(x)$ überall Null, außer an den Stellen $\frac{1}{\nu}$, und im Nullpunkt, wo es den Wert 1 hat. Da $k_\varphi(x)$ überall Null ist, so wäre die nach der Vorschrift des Herrn Schoenflies konstruierte Funktion $F_1(x)$ überall Null außer im Nullpunkt, wo sie einen der beiden Werte $+1$ oder -1 hätte. Das widerspricht aber den an $F_1(x)$ gestellten Forderungen. Doch gilt bezüglich dieser Verhältnisse der folgende Satz:

Man kann jede punktweise unstetige Funktion $F(x)$ durch Subtraktion einer anderen ebenfalls punktweise unstetigen Funktion $\Psi(x)$, die nirgends ihrem absoluten Betrage nach die Differenz $k(x) - k_\varphi(x)$ übersteigt, in eine solche $F_1(x)$ verwandeln, deren Unstetigkeitsgrad überall gleich $k_\varphi(x)$ ist.

In dieser Form bedarf der Satz keines weiteren Beweises; er geht unmittelbar aus der Definition der möglichst stetigen Funktion $\Phi(x)$ hervor.

Man erkennt also, daß das (prinzipiell wichtige) bei Schoenflies als Satz VII bezeichnete Theorem [1]) in seinem vollen Umfange aufrecht bleibt, daß sich aber das Gesetz auf Grund dessen daselbst die Funktion $F_1(x)$ aus der Funktion $F(x)$ abgeleitet wird, als irrtümlich herausstellt.

II. Über ein Theorem von Bettazzi. Es sei $F(x)$ wieder eine in einem Intervalle punktweise unstetige Funktion. Man stelle nun einen Punkt x_0 dieses Intervalles auf alle möglichen Weisen als Grenzpunkt einer Folge anderer Punkte x_ν dar [2]) und betrachte die auf diese Weise zu stande kommenden Folgen von Funktionwerten $F(x_\nu)$. Insbesondere entsteht hier die Frage: was für eine Punktmenge bilden die Grenzen aller dieser Folgen von Funktionswerten $F(x_\nu)$? Diesbezüglich bewies R. Bettazzi [3]) das folgende Theorem (Satz V des Kapitels über punktweise unstetige Funktionen im Schoenfliesschen Berichte): Die genannte Menge ist immer abgeschlossen. Umgekehrt kann die Funktion $F(x)$ immer so gewählt werden, daß man durch den genannten Prozeß eine beliebig vorgegebene abgeschlossene Menge erhält.

Herr Schoenflies bemerkt nun hiezu [4]): „Für (möglichst stetige) Funktionen $\Phi(x)$ einer Variablen [5]) gibt es sowohl links als rechts entweder nur je einen Wert, oder ihre Menge hat die Mächtigkeit des Kontinuums und erfüllt ein ganzes Intervall, wie man leicht zeigen kann. Im Gegensatz zu dem Satz V. bietet also die Funktion $\Phi(x)$ durchaus einfache Eigenschaften dar: dieser Satz haftet nur an der ihr etwa beigemengten Nullfunktion."

In dieser allgemeinen Form sind diese Behauptungen nicht richtig. Es gilt vielmehr der Satz, daß jede beliebige abgeschlossene Punktmenge die Wertmenge einer Funktion $\Phi(x)$ in einem vorgegebenen Punkte x_0 sein kann, so daß also das Theorem

---

[1]) L. c. pag. 134. Es lautet daselbst: „Eine beliebige punktweise unstetige Funktion $F(x)$ kann durch Subtraktion einer geeigneten Nullfunktion in eine solche Funktion übergeführt werden, deren Unstetigkeitsgrad an jeder Stelle mit demjenigen der zugehörigen Funktion $\Phi(x)$ übereinstimmt."

[2]) Man beachte, daß wir bei der Definition von $\Phi(x)$ den Punkt x_0 nur als Grenze von Folgen von Stetigkeitsstellen der Funktion $F(x)$ dargestellt haben.

[3]) Rendiconti di Palermo 6, p. 179.

[4]) L. c. p. 135.

[5]) Für möglichst stetige Funktionen $\Phi(x)$ fällt, wie man leicht erkennt, die eben definierte Menge zusammen mit der Wertmenge von $\Phi(x)$ im Punkte x_0.

von Bettazzi auch für möglichst stetige Funktionen seine Gültigkeit bewahrt. Wir gehen an den Beweis dieser Behauptung.

Sei L die vorgegebene abgeschlossene Menge. Ist L nicht abzählbar, so wählen wir eine bezüglich L überall dichte abzählbare Teilmenge von L, wir nennen sie: $q_1, q_2 \ldots, q_\nu, \ldots$; durch dieselbe ist dann L vollständig bestimmt. Und ebenso werde die Menge L selbst bezeichnet, falls sie abzählbar ist. Wir bezeichnen ferner mit δ_ν das Intervall von $x_0 + \frac{1}{2^\nu}$ bis $x_0 + \frac{1}{2^{\nu-1}}$, und definieren $F(x)$ durch folgende Vorschrift: In den Intervallen $\delta_1, \delta_3, \delta_5, \ldots$ sei $F(x)$ gleich q_1; in den Intervallen $\delta_2, \delta_6, \delta_{10}, \ldots$ sei $F(x)$ gleich q_2; in $\delta_4, \delta_{12}, \delta_{20}, \ldots$ sei $F(x)$ gleich q_3; in dieser Weise fahre man fort; d. h. man ordne dem ersten noch freien Intervalle, sowie von den folgenden jedem zweiten den Wert q_ν zu. Für $x \leqq x_0$ endlich sei $F(x)$ etwa konstant und gleich q_1. Die so erhaltene Funktion $F(x)$ ist punktweise unstetig; denn ihre einzigen Unstelligkeitsstellen sind die Punkte x_0 und $x_0 + \frac{1}{2^\nu}$; die zugehörige möglichst stetige Funktion $\Phi(x)$ ist daher überall außer in den genannten Punkten mit $F(x)$ identisch, in den Punkten $x_0 + \frac{1}{2^\nu}$ ist sie zweiwertig, im Punkte x_0 aber hat sie alle Werte der Menge L. Für die Werte q_ν ist dies unmittelbar klar; um es auch für die übrigen Werte q von L (falls es solche gibt) einzusehen, stelle man einen solchen Wert q als Folge von Werten q_ν dar. Den Punkt x_0 stelle man dann so als Folge von Punkten x_ν dar, daß immer $F(x_\nu) = \Phi(x_\nu) = q_\nu$ ist. Dann ist in der Tat $\lim \Phi(x_\nu) = q$. Daß endlich $\Phi(x)$ in x_0 keine der Menge L nicht angehörende Werte haben kann, ist evident.

Wir sehen also in der Tat: Man kann eine punktweise unstetige Funktion $F(x)$ so angeben, daß die Wertmenge der zugehörigen möglichst stetigen Funktion $\Phi(x)$ im Punkte x_0 eine beliebig gegebene abgeschlossene Menge ist.

Will man den Umstand vermeiden, daß die Funktion $F(x)$ überall, wo sie stetig ist, konstant ausfällt, so addiere man zu dem konstanten Werte, den sie bisher im Intervalle δ_ν hatte, den Ausdruck $\frac{1}{2^\nu} \varphi_\nu(x)$, wo die $\varphi_\nu(x)$ beliebige stetige oder punktweise unstetige Funktionen sind, die aber sämtlich ihrem Absolutwerte nach unter ein und derselben endlichen Konstanten liegen müssen. Am obigen Beweise ändert sich dadurch nichts.

Endlich kann man noch folgenden Satz beweisen: Läßt sich zu jeder vorgegebenen Konstanten k um den Punkt x_0 ein Intervall δ so abgrenzen, daß in jedem Punkte von δ (mit Ausnahme des Punktes x_0 selbst) der Unstetigkeitsgrad von $\Phi(x)$ kleiner als

k ist, so hat $\Phi(x)$ in x_0 entweder sowohl einen rechtsseitigen als linksseitigen Grenzwert, oder füllt ein ganzes Intervall aus. Dieser Satz gilt also insbesondere, wenn $\Phi(x)$ in x_0 eine isolierte Unstetigkeitsstelle hat. Sein Beweis ist überaus einfach und kann wohl übergangen werden.

III. Über die Integrale punktweise unstetiger Funktionen. Eine punktweise unstetige Funktion ist bekanntlich integrierbar, wenn die Gesamtheit ihrer Unstetigkeitsstellen eine Menge vom Inhalte Null im Borelschen Sinne bildet[1], d. h. wenn die Unstetigkeitspunkte in eine endliche oder abzählbar-unendliche Menge von Intervallen δ_ν eingeschlossen werden können, so daß $\sum \delta_\nu$ beliebig klein ist. Die Funktion $\int\limits_a^x F(x)\,dx$ ist stetig und hat an allen Stetigkeitsstellen von $F(x)$ die Ableitung $F(x)$. Um die Ableitungen an den Unstetigkeitsstellen zu bestimmen, führt Herr Schoenflies wieder die zu $F(x)$ gehörige, möglichst stetige Funktion $\Phi(x)$ ein und behauptet, die vier Ableitungen unseres Integrales an einer Unstetigkeitsstelle x_0 von $F(x)$ seien nichts anders als die vier Unbestimmtheitsgrenzen von $\Phi(x)$ im Punkte x_0, die wir mit:

$$\overline{\lim_{x=x_0}}\,\Phi_r(x),\qquad \overline{\lim_{x=x_0}}\,\Phi_l(x),\qquad \underline{\lim_{x=x_0}}\,\Phi_r(x)\qquad \underline{\lim_{x=x_0}}\,\Phi_l(x)$$

bezeichnen wollen.[2]) Wir werden weiter unten sehen, daß diese Behauptungen zu weit gehen. Jedenfalls gilt folgender Satz:

Die beiden rechtsseitigen Ableitungen von $\int\limits_a^x F(x)\,dx$ im Punkte x_0 liegen zwischen $\overline{\lim\limits_{x=x_0}}\,\Phi_r(x)$ und $\underline{\lim\limits_{x=x_0}}\,\Phi_r(x)$ (und können natürlich auch gleich diesen Größen sein). Die analoge Behauptung gilt für die linksseitigen Ableitungen.

Um dies zu beweisen, beachte man nur, daß:

$$\int\limits_a^x F(x)\,dx = \int\limits_a^x \Phi(x)\,dx,$$

wobei an den Stellen, wo $\Phi(x)$ mehrwertig ist, es durch einen beliebigen seiner Werte ersetzt werden möge. Der erste Mittelwertsatz liefert dann unmittelbar das gewünschte Resultat.

Hat also speziell $\Phi(x)$ im Punkte x_0 einen rechtsseitigen (oder linksseitigen) Grenzwert, so hat $\int\limits_a^x F(x)\,dx$ in x_0 eine rechtsseitige

---

[1]) Vgl. H. Lebesgue. Leçons sur l'intégration, p. 29.

[2]) L. c. p. 208.

(oder linksseitige) Ableitung, deren Wert mit dem genannten Grenzwerte übereinstimmt.

Daß aber, wenn $\Phi(x)$ keinen rechtsseitigen (oder linksseitigen) Grenzwert besitzt, sich über die Ableitungen von $\int_a^x F(x)\,dx$ allgemein nichts Näheres aussagen läßt, zeigt folgender Satz, an dessen Beweis wir nun gehen:

Man kann die Funktion $F(x)$ immer so wählen, daß die beiden rechtsseitigen Ableitungen von $\int_a^x F(x)\,dx$ im Punkte x_0 beliebige, zwischen $\overline{\lim\limits_{x=x_0}}\,\Phi_r(x)$ und $\underline{\lim\limits_{x=x_0}}\,\Phi_r(x)$ gelegene Werte annehmen (diese beiden Grenzen eingeschlossen), insbesondere auch so, daß $\int_a^x F(x)\,dx$ in x_0 eine rechtsseitige Ableitung besitzt, die einen zwischen den genannten Grenzen beliebig vorzuschreibenden Wert hat.

Die analoge Behauptung gilt für die linksseitigen Ableitungen. Bei geeigneter Wahl der vier angeführten Grenzwerte von $\Phi(x)$ im Punkte x_0 kann man also auch erreichen, daß $\int_a^x F(x)\,dx$ an einer Unstetigkeitsstelle von $\Phi(x)$ eine bestimmte Ableitung besitzt.

Wir gehen an den Beweis dieser Behauptungen. Seien g_1 und g_2 die für $\int_{x_0}^x F(x)\,dx$ in x_0 vorgeschriebenen rechtsseitigen Ableitungen. Die beiden rechtsseitigen Grenzen von $\Phi(x)$ seien G_1 und G_2. Dann muß sein:

$$G_1 \leqq g_1 \leqq g_2 \leqq G_2.$$

Wir betrachten die beiden Parabeln P_1 und P_2:

$$y = g_1(x - x_0) + h_1(x - x_0)^2; \qquad y = g_2(x - x_0) + h_2(x - x_0)^2$$

die in der rechtsseitigen Umgebung von x_0 zwischen den Geraden

$$y = G_1(x - x_0) \text{ und } y = G_2(x - x_0)$$

liegen mögen.[1]) Wir beschränken uns auf diejenige rechtsseitige Umgebung von x_0, in der:

[1]) Ist g_1 von g_2 verschieden, so kann man $h_1 = h_2 = 0$ annehmen; ist $g_1 = g_2$ so muß $h_1 < h_2$ sein. Ist $g_1 = G_1$, so muß $h_1 > 0$ sein, ist $g_2 = G_2$, so muß $h_2 < 0$ sein.

$$g_1 + 2\,h_1\,(x - x_0) \geqq G_1\,; \qquad g_2 + 2\,h_2\,(x - x_0) \leqq G_2$$

ist, und wählen zwischen den beiden Parabeln einen beliebigen Punkt x_1, y_1, dessen x-Koordinate in diese Umgebung hineinfällt.

Von diesem Punkte aus verfolge man nach links die Gerade $y - y_1 = G_1\,(x - x_1)$ bis zu ihrem ersten Schnittpunkt (x_2, y_2) mit der Parabel P_2. Es ist dann sicher $x_2 > x_0$. Von (x_2, y_2) aus verfolge man nach links die Gerade $y - y_2 = G_2\,(x - x_2)$ bis zu ihrem ersten Schnitt mit der Parabel P_1; ist (x_3, y_3) dieser Punkt, so hat man: $x_3 > x_0$. Von hier aus verfolge man wieder die Gerade $y - y_3 = G_1\,(x - x_3)$ bis zu ihrem Schnitt mit der Parabel P_2 und so fort. Man erhält auf diese Weise eine Kurve $y = J(x)$, die ganz zwischen den Parabeln liegt, aus unendlich vielen Stücken von Geraden besteht und deren Ecken sich in x_0 häufen. Die Ableitung von $J(x)$ nach x existiert überall außer im Punkte x_0 und in den Punkten x_ν, in jedem der Intervalle $(x_\nu, x_{\nu+1})$ hat sie einen konstanten Wert und zwar abwechselnd die Werte G_1 und G_2. Im Punkte x_0 sind ihre beiden rechtsseitigen Derivierten gerade g_1 und g_2, ist speziell $g_1 = g_2$, so hat sie auch in x_0 eine rechtsseitige Ableitung.

Wir definieren nun die gesuchte punktweise unstetige Funktion $F(x)$ in folgender Weise: für $x \leqq x_0$ sei sie Null. Für $x > x_0$ stimme sie überein mit der Ableitung von $J(x)$, wobei man ihr in den Punkten x_ν einen beliebigen der beiden Werte G_1 und G_2 erteilen kann. Man erkennt sofort, daß einerseits:

$$\underline{\lim_{x=x_0}}\,\Phi_r(x) = G_1\,; \qquad \overline{\lim_{x=x_0}}\,\Phi_r(x) = G_2\,,$$

anderseits (wenn $a \leqq x_0$):

$$\int_a^x F(x)\,dx = J(x),$$

so daß unsere Behauptung erwiesen ist.

Man kann diesen Beweis noch so modifizieren, daß die Funktion $F(x)$ in der Umgebung von x_0 stetig wird, während $\Phi(x)$ in x_0 ein Intervall ausfüllt. Zu diesem Zwecke betrachte man zwei weitere Parabeln P'_1 und P'_2:

$$y = g_1\,(x - x_0) + h'_1\,(x - x_0)^2; \qquad y = g_2\,(x - x_0) + h'_2\,(x - x_0)^2$$

Hierin sei: $h'_1 > h_1$; $h'_2 < h_2$, und wenn $g_1 = g_2$, sei ferner $h'_2 > h'_1$. Wir beschränken uns auf diejenige rechtsseitige Umgebung von x_0, in der die Parabel P'_2 ganz oberhalb P'_1 liegt. Durch die beiden Parabeln P'_1 und P'_2 werden nun die Ecken unserer Kurve $y = J(x)$ abgeschnitten. Man ersetze die abgeschnittenen Ecken durch die ihnen eingeschriebenen Kreisbogensegmente. Dann existiert überall außerhalb x_0 die Ableitung von $J(x)$ und ist eine stetige Funktion.

In x_0 hat $J(x)$ wie früher die beiden rechtsseitigen Ableitungen g_1 und g_2; auch sonst bleibt die frühere Argumentation gänzlich ungeändert. Insbesondere erkennt man leicht, daß die wie oben definierte Funktion $F(x)$ nunmehr überall stetig ist, außer in x_0 selbst; daß also $\Phi(x)$ überall mit $F(x)$ übereinstimmt, außer in x_0, woselbst es das Intervall von G_1 bis G_2 ausfüllt.

Man sieht also in der Tat, daß man der Funktion $F(x)$ auch noch die Bedingung auferlegen kann, in x_0 eine isolierte Unstetigkeitsstelle zu haben.

Bemerkungen zu den Untersuchungen des Herrn M. Fréchet: Sur quelques points du calcul fonctionnel.

Von **Hans Hahn** in Wien.

Im folgenden sind einige Bemerkungen zusammengestellt, die sich mir anläßlich einer Besprechung der genannten Arbeit des Herrn Fréchet [1]), die ich für diese Zeitschrift zu machen hatte, aufdrängten. Von Interesse dürfte speziell folgende Fragestellung sein. Herr Fréchet untersucht den Limesbegriff in ganz allgemeinen Klassen von Elementen und unterscheidet drei Stufen: die Klassen *L*, in denen der Limesbegriff nur der Forderung unterliegt, daß jede aus einer gegen einen Limes konvergierenden Folge herausgegriffene Teilfolge gegen denselben Limes konvergiert (genauer im folgenden, Nr. 1), die Klassen *V*, in denen der Limesbegriff in bekannter Weise auf den Begriff des Abstandes gebaut ist, und der Abstandsbegriff im wesentlichen der Forderung unterliegt, daß, wenn zwei Elemente demselben dritten Elemente unendlich naherücken, auch ihr Abstand unendlich klein wird (genauer im folgenden, Nr. 6); endlich die Klassen *E*, in denen der Abstandsbegriff der weiteren Forderung unterworfen ist, daß der Abstand zweier Elemente nicht größer ist als die Summe ihrer Abstände von einem beliebigen dritten Elemente. Herr Fréchet studiert nun hauptsächlich stetige Funktionen in diesen Klassen. Hier entsteht die Frage, ob es überhaupt in jeder solchen Klasse, außer den Konstanten, stetige Funktionen gibt. Dies ist trivial in den Klassen *E*: der Abstand der Elemente von einem festen Element liefert eine nichtkonstante stetige Funktion. Nicht so einfach liegt die Sache bei den Klassen *V* und *L*. Ich zeige nun im folgenden, daß sich in jeder Klasse *V* nichtkonstante stetige Funktionen definieren lassen, während es Klassen *L* gibt, in denen jede stetige Funktion sich auf eine Konstante reduziert. Endlich gelingt es mit Hilfe der eingeführten stetigen Funktionen, die notwendige und hinreichende Bedingung, der eine Menge genügen muß, damit jede auf ihr stetige Funktion geschränkt sei und die obere und untere Grenze erreiche, die Herr Fréchet unter Beschränkung auf die Klassen *E* aufgestellt hat, als für alle Klassen *V* gültig nachzuweisen.

---

1) Par. Thèse; Rend. Pal. 22 (1906).

§ 1.

1. Es sei uns eine Menge L von Elementen irgendwelcher Art gegeben und eine Regel, derzufolge jeder aus L herausgegriffenen abzählbaren Folge von Elementen entweder ein Element von L als Limes zugeordnet ist oder nicht. Diese Regel möge folgenden zwei Forderungen genügen:

I. Sind sämtliche Elemente der betrachteten Folge identisch, so ist ihr stets dieses selbe Element als Limes zugeordnet.

II. Ist einer Folge ein Limes zugeordnet, so ist auch jeder aus ihr herausgegriffenen Teilfolge derselbe Limes zugeordnet.

2. Sei M eine Teilmenge von L; ein Element a von L heißt Grenzelement von M, wenn es in M mindestens eine Folge von verschiedenen Elementen gibt, deren Limes a ist. Die Menge M heißt abgeschlossen, wenn sie ihre sämtlichen Grenzelemente enthält; die Menge aller Grenzelemente von M heißt die abgeleitete Menge von M.

Während in der Theorie der Punktmengen der Satz gilt, daß die abgeleitete Menge irgend einer Punktmenge stets abgeschlossen ist, gilt — wie Herr Fréchet gezeigt hat — für unseren Limesbegriff dieser Satz nicht notwendig. Wir überzeugen uns davon sehr einfach durch folgendes Beispiel:

Die Menge L setze sich zusammen: 1. aus einem Elemente a; 2. einer abzählbaren Menge von Elementen $a_1, a_2, \ldots, a_i, \ldots$ 3. einer abzählbaren Menge abzählbarer Mengen von Elementen $a_1^{(i)}, a_2^{(i)}, \ldots, a_n^{(i)}, \ldots\ldots$ Der Limesbegriff sei so definiert: Limes der Elemente a_i $(i = 1, 2, \ldots)$ sei a, Limes der Elemente $a_n^{(i)}$ $(n = 1, 2, \ldots)$ sei a_i. Allen anderen Folgen von verschiedenen Elementen von L (sofern sie nicht Teilfolgen der angeführten Folgen sind) sei kein Limes zugeordnet. Für die Menge M wähle man diejenige Teilmenge von L, die durch Weglassen der Elemente $a_1, a_2, \ldots, a_i, \ldots$ entsteht. Die abgeleitete Menge von M besteht dann gerade aus den Elementen $a_1, a_2, \ldots, a_i, \ldots$, sie hat daher das Element a zum Grenzelement, ohne es zu enthalten.

3. Ein Element a von L heißt Kondensationselement von M, wenn es Grenzelement jeder Menge ist, die aus M durch Weglassen einer abzählbaren Menge von Elementen entsteht. Wir wollen ein Beispiel einer Menge M geben, deren Kondensationselemente eine nicht abgeschlossene Menge bilden.[1])

Zu dem Zwecke bestehe L aus: 1. einem Elemente a, 2. einer abzählbaren Menge von Elementen $a_1, a_2, \ldots, a_i, \ldots$, 3. aus einer abzählbaren Menge von Mengen der Mächtigkeit des Kontinuums, deren Elemente mit $a_x^{(i)}$ $(i = 1, 2, \ldots; o < x < 1)$ bezeichnet werden mögen. Die Folge $a_1, a_2, \ldots, a_i, \ldots$ habe zur Limite das Element a;

[1]) Im Gegensatze zu der von Fréchet beiläufig gemachten Bemerkung (p. 19), die Menge der Kondensationselemente einer beliebigen Menge sei stets abgeschlossen.

eine Folge von Elementen $a^{(i)}_{x1}, a^{(i)}_{x2}, \ldots, a^{(i)}_{x}, \ldots$ (mit festem i) habe zur Limite das Element a_i, wenn $\lim\limits_{n=\infty} x_n = 0$. Allen anderen Folgen von verschiedenen Elementen von L (sofern sie nicht Teilfolgen der angeführten Folgen sind) sei kein Limes zugeordnet. Die Menge M entstehe aus L durch Weglassen der Elemente $a_1, a_2, \ldots, a_i, \ldots$; die Menge ihrer Kondensationselemente besteht dann gerade aus $a_1, a_2, \ldots, a_i, \ldots$. und hat das Element a als Grenzelement, ohne es zu enthalten.

4. Selbstverständlich gilt im allgemeinen das Bolzano-Weierstraßsche Theorem nicht, daß jede unendliche Teilmenge von L ein Grenzelement besitzt. Herr Schoenflies hat die Frage aufgeworfen, ob etwa aus der Annahme der Gültigkeit dieses Theorems sich der Satz von der Abgeschlossenheit der abgeleiteten Mengen beweisen läßt, und hat an einem Beispiele gezeigt, daß dies nicht der Fall ist.[1]) Jedoch ist sein Limesbegriff ein etwas anderer als der hier postulierte, insofern Herr Schoenflies die Forderung I weggelassen hat.[2]) Es sei daher auch ein unseren beiden Forderungen genügendes Beispiel mitgeteilt.

Wir wählen dazu die in Nr. 2 benützte Mege L, zu der wir aber noch ein Element a' hinzufügen; und zwar sei dieses Element a' Limes jeder Folge $a^{(i_1)}_{k_1}, a^{(i_2)}_{k_2}, \ldots, a^{(i_n)}_{k_n}, \ldots$ $(i_1 < i_2 < \ldots < i_n < \ldots)$. In dieser Menge L gilt das Bolzano-Weierstraßsche Theorem. Die Teilmenge, die aus L durch Weglassen der Elemente $a_1, a_2, \ldots, a_i, \ldots$ entsteht, hat zur abgeleiteten Menge eben diese Elemente und das Element a', sie ist somit nicht abgeschlossen, da sie das Element a, das Limite der Elemente $a_1, a_2, \ldots, a_i, \ldots$ ist, nicht enthält.

5. Sei uns in der Menge L eine Funktion gegeben, d. h. es sei jedem Elemente a von L eine reelle Zahl $U(a)$ zugeordnet. Die Funktion U heißt stetig, wenn die Gleichung besteht:

$$\lim_{n=\infty} U(a_n) = U(a)$$

für jede Folge $a_1, a_2, \ldots, a_n, \ldots$ von Elementen von L, deren Limite a ist.

Wir wollen zeigen, daß es Mengen L gibt, in denen jede stetige Funktion sich auf eine Konstante reduzieren muß.

Die Menge L sei abzählbar und bestehe aus den Elementen $a_0, a_1, a_2, \ldots, a_n, \ldots$. Wir lassen zunächst das Element a_0 weg und bezeichnen von den übrigen Elementen die von ungeradem Index: $a_1, a_3, \ldots, a_{2n-1}, \ldots$ der Reihe nach mit $b^{(o)}_1, b^{(o)}_2, \ldots$,

[1]) Entwicklung der Lehre von den Punktmannigfaltigkeiten, zweiter Teil, p. 282.

[2]) In der Tat genügt das Beispiel des Herrn Schoenflies der Forderung I nicht.

$b_n^{(0)}, \ldots$; von den sodann übrigbleibenden nehmen wir wieder jedes zweite: $a_2, a_6, \ldots\ldots, a_{4n-2}, \ldots$ und bezeichnen sie mit: $b_1^{(1)}$, $b_2^{(1)}, \ldots, b_n^{(1)}, \ldots$ usw. Allgemein erhält so das Element $a_{2^k(2n-1)}$ die Bezeichnung $b_n^{(k)}$. Mit jeder einzelnen Folge $b_1^{(k)}, b_2^{(k)}, \ldots\ldots$, $b_n^{(k)}, \ldots$ gehen wir wieder genau so vor, so daß das Element $b_{2n-1}^{(k)}$ mit $c_n^{(k,0)}$ bezeichnet wird, das Element $b_{2^i(2n-1)}^{(k)}$ aber mit $c_n^{(k,i)}$. Der Limes werde nun in folgender Weise definiert: Jede Folge $b_{i_1}^{(k_1)}$, $b_{i_2}^{(k_2)}, \ldots, b_{i_n}^{(k_n)}, \ldots$ $(i_1 < i_2 < \ldots < i_n < \ldots)$ habe zur Limite das Element a_0. Jede Folge:

$$c_{n_1}^{(k,i)}, c_{n_2}^{(k,i)}, \ldots\ldots, c_{n_\nu}^{(k,i)}, \ldots (n_1 < n_2 < \ldots < n_\nu < \ldots)$$

(mit festem i und k) habe zur Limite das Element a_i. Wir betrachten nun die Funktionswerte:

$$U(b_1^{(k)}), U(b_2^{(k)}), \ldots, U(b_n^{(k)}), \ldots$$

Seien M_k und m_k ihre obere und untere Grenze (die auch $+\infty$, beziehungsweise $-\infty$ sein können). Wir wollen zeigen, daß, wenn $U(a)$ stetig ist, M_k und m_k von k unabhängig sind.

Bedeutet ε eine beliebig kleine positive Größe, so gibt es sicher ein n, so daß: $U(b_n^{(k)}) > M_k - \varepsilon$ (bezw. $U(b_n^{(k)}) > \frac{1}{\varepsilon}$ wenn $M_k = +\infty$). Nun ist aber $b_n^{(k)}$ eines unserer Elemente a_i $(i \neq 0)$. Da aber a_i Limite der Folge $c_1^{(k',i)}, c_2^{(k',i)}, \ldots, c_\nu^{(k',i)}, \ldots$ für jedes k' ist, muß für jedes k' die Gleichung bestehen:

$$\lim_{\nu=\infty} U(c_\nu^{(k',i)}) = U(b_n^k).$$

Daher ist für genügend große ν:

$$U(c_\nu^{(k',i)}) > M_k - \varepsilon \text{ (bezw.} > \tfrac{1}{\varepsilon}),$$

woraus zunächst folgt:

$$M_{k'} \geqq M_k$$

und da k und k' willkürlich sind: $M_k = M_{k'}$. Ebenso beweist man die Gleichung $m_k = m_{k'}$, womit unsere Behauptung bewiesen ist.

Nun aber erkennen wir sogleich, daß auch $M_k = m_k$ sein muß. Denn wäre $M_k > m_k$ und $o < \varepsilon < \frac{M_k - m_k}{2}$, so könnte man die Elemente $b_{i_1}^{(1)}, b_{i_2}^{(2)}, \ldots, b_{i_n}^{(n)}, \ldots$ sämtlich so wählen, daß $U(b_{i_n}^{(n)})$ größer als $M_k - \varepsilon$ wird, die Elemente $b_{j_1}^{(1)}, b_{j_2}^{(2)}, \ldots, b_{j_n}^{(n)}, \ldots$ hingegen sämtlich so, daß $U(b_{j_n}^{(n)})$ kleiner als $m_k + \varepsilon$ wird, was zu einem Widerspruche führt, da ja:

$$\lim_{n=\infty} U(b_{i_n}^{(n)}) = \lim_{n=\infty} U(b_{j_n}^{(n)}) = U(a_0)$$

sein muß. Damit ist aber gezeigt, daß die Funktion U konstant ist. Wir haben also:

Es gibt außer den Konstanten keine Funktionen, die auf unserer Menge L stetig sind.

§ 2.

6. Sei eine Menge V von Elementen gegeben. Jedem Paar a, b von Elementen von V sei eine nichtnegative Zahl zugeordnet, die wir kurz mit $(a, b) = (b, a)$ bezeichnen und den Abstand der Elemente a und b nennen wollen, und die folgenden zwei Forderungen genügt:

I. Es ist $(a, b) = 0$ dann und nur dann, wenn das Element b identisch ist mit dem Elemente a.

II. Es gibt eine mit ε gegen Null konvergierende Funktion $f(\varepsilon)$ derart, daß aus:

$$(a, b) \leqq \varepsilon \qquad (b, c) \leqq \varepsilon$$

folgt:

$$(a, c) \leqq f(\varepsilon).$$

Wir definieren nun in der Menge V den Limesbegriff durch die Festsetzung: Die Folge $a_1, a_2, \ldots, a_n, \ldots$ habe zur Limite das Element a, wenn:

$$\lim_{n=\infty} (a, a_n) = 0.$$

Diese Definition des Limes genügt den in Nr. 1 aufgestellten Forderungen, so daß jede Menge V auch eine Menge L ist.

Wir nennen, mit Fréchet, eine Theilmenge M von L (oder V) kompakt, wenn jede aus ihr herausgegriffene unendliche Teilmenge mindestens ein Grenzelement besitzt. Ist die Menge M kompakt und abgeschlossen, so heißt sie extremal.

Hält man in (a, b) das Element a fest und läßt b alle Elemente von V durchlaufen, so erhält man eine Funktion der Menge V, die im Elemente a stetig ist, sonst aber sehr wohl unstetig sein kann.

Es entsteht hier die Frage, ob sich auf jeder Menge V eine nichtkonstante stetige Funktion definieren läßt; wir wollen zeigen, daß dies, im Gegensatze zu den Mengen L, tatsächlich der Fall ist.

7. Wir greifen ein beliebiges Element a_0 von V heraus. Unter R verstehen wir eine beliebige positive Zahl, die nur so gewählt sei, daß für wenigstens ein Element a_1 die Ungleichung $(a_1, a_0) > R$ gilt, und bezeichnen mit D_1 die Menge aller derjenigen Elemente von V, deren Abstand von a_0 nicht kleiner als R ist. Wir können dann eine positive Zahl r' so finden, daß jedes beliebige Grenzelement a von D_1 der Ungleichung genügt: $(a, a_0) > r'$. Andernfalls gäbe es nämlich, wie groß auch die natürliche Zahl n sei, mindestens ein der Ungleichung $(a_n, a_0) < \frac{1}{n}$

genügendes Grenzelement von D_1. Zu jedem solchen a_n ließe sich ein Element b_n von D_1 so finden, daß $(b_n, a_n) < \frac{1}{n}$, woraus folgt: $(b_n, a_0) < f\left(\frac{1}{n}\right)$, was unmöglich ist, weil $(b_n, a_0) \geqq R$.

Sodann können wir eine positive Zahl r so finden, daß die Menge aller der Ungleichung $(a, a_0) \leqq r$ genügenden Elemente kein Grenzelement besitzt, dessen Abstand von a_0 größer als r' wäre. Andernfalls gäbe es nämlich zu jedem n ein Element a_n, sowie ein Element b_n, so daß:

$$(a_n, a_0) < \frac{1}{n}, \quad (a_n, b_n) < \frac{1}{n}, \quad (b_n, a_0) > r'$$

was unmöglich ist.

Wir bezeichnen nun mit D_0 die Menge aller jener Elemente von V deren Abstand von a_0 nicht größer als r ist, die Menge der Elemente, die weder zu D_0 noch zu D_1 gehören, bezeichnen wir mit D. Nach dem oben Bewiesenen können eine aus der Menge D_0 und eine aus der Menge D_1 herausgegriffene Folge nicht dasselbe Element als Limes haben. Die Menge D zerspalten wir nun in zwei Teilmengen δ_0 und δ_1 auf folgende Weise: Sei a ein Element von D, r_0 sei die untere Grenze seiner Abstände von den Elementen von D_0, r_1 die untere Grenze seiner Abstände von den Elementen von D_1. Je nachdem $r_0 \leqq r_1$ oder $r_0 > r_1$, gehöre a zu δ_0 oder zu δ_1.

Wir zeigen nun: Zwei der Mengen D_0, δ_0, δ_1, D, die in der angeschriebenen Reihenfolge nicht benachbart sind, können kein gemeinsames Grenzelement haben[1]). Für D_0 und D_1 ist das schon bewiesen, es bleibt also noch zu zeigen für D_0 und δ_1 sowie für δ_0 und D_1.

Sei also a ein gemeinsames Grenzelement von D_0 und δ_1. Zu jedem n gibt es dann in D_0 ein Element b_n, in δ_1 ein Element c_n, so daß:

$$(a, b_n) < \frac{1}{n} \quad (a, c_n) < \frac{1}{n}$$

und somit:

$$(b_n, c_n) < f\left(\frac{1}{n}\right).$$

Nach der Definition von δ_1 muß es nun in D_1 ein Element a_n geben, so daß:

$$(a_n, c_n) \leqq (b_n, c_n) < f\left(\frac{1}{n}\right),$$

---

[1]) Wenn wir sagen, zwei Mengen haben kein gemeinsames Grenzelement, so wollen wir hier wie im folgenden, darunter verstehen, daß eine Folge, die ganz der einen Menge, und eine Folge, die ganz der andern Menge angehört, nicht denselben Limes haben können. Speziell kann dann also eine Folge aus der ersten Menge nicht ein Element der zweiten Menge als Limes haben und umgekehrt.

woraus weiter folgt, daß (a_n, a) kleiner ist als $f\left(\frac{1}{n}\right)$ oder $f\left(f\left(\frac{1}{n}\right)\right)$, so daß auch die Elemente a_n das Element a zur Grenze haben. D_0 und D_1 hätten also ein gemeinsames Grenzelement, was unmöglich ist. Analog wird der Beweis für δ_0 und D_1 geführt.

Wir teilen nun δ_0 in δ_{00} und δ_{01} in folgender Weise: Sei a ein Element von δ_0, die untere Grenze seiner Abstände von den Elementen von D_0 sei r_0, die untere Grenze seiner Abstände von den Elementen von δ_1 sei r_1; je nachdem $r_0 \leqq r_1$ oder $r_0 > r_1$, gehöre a zu δ_{00} oder δ_{01}. In analoger Weise teilen wir δ_1 in δ_{10} und δ_{11}, wobei wir statt D_0 und δ_1 nunmehr δ_0 und D_1 benützen.

Sodann zeigen wir: Zwei der Mengen

$$D_0, \delta_{00}, \delta_{01}, \delta_{10}, \delta_{11}, D_1$$

die in der angeschriebenen Reihenfolge nicht benachbart sind, können kein gemeinsames Grenzelement haben. Es braucht dies nur mehr bewiesen zu werden für die Mengen D_0, δ_{01} und δ_{10}, D_1 einerseits, für δ_{00}, δ_1 und δ_0, δ_{11} andererseits.

Sei also a ein gemeinsames Grenzelement von D_0 und δ_{01}. Es gibt dann b_n in D_0 und c_n in δ_{01}, so daß

$$(b_n, a) < \frac{1}{n}; \quad (c_n, a) < \frac{1}{n}; \quad (b_n, c_n) < f\left(\frac{1}{n}\right)$$

und wegen der Definition von δ_{01} in δ_1 ein Element a_n, so daß

$$(a_n, c_n) \leqq (b_n, c_n) < f\left(\frac{1}{n}\right),$$

woraus man wie oben schließt, daß auch D_0 und δ_1 das gemeinsame Grenzelement a hätten, was wir bereits als unmöglich erkannt haben. Analog erledigen sich die übrigen Fälle.

Wir gehen sogleich allgemein vor. Sei V geteilt in die Mengen:

$$(1) \qquad D_0, \delta_{00\ldots00}, \delta_{00\ldots01}, \delta_{00\ldots10}, \delta_{00\ldots11}, \ldots \\ \ldots, \delta_{11\ldots10}, \delta_{11\ldots11}, D_1$$

wo jedes der δ mit k Indizes $_0$ und $_1$ versehen ist, die in leicht ersichtlicher Weise aufeinander folgen, und irgend zwei in der angeschriebenen Reihenfolge nicht benachbarte Mengen mögen kein gemeinsames Grenzelement haben. Wir teilen die Menge $\delta_{i_1 i_2 \ldots i_k}$ in $\delta_{i_1 i_2 \ldots i_k 0}$ und $\delta_{i_1 i_2 \ldots i_k 1}$ in folgender Weise: Sei a ein Element von $\delta_{i_1 i_2 \ldots i_k}$; die untere Grenze seiner Abstände von den Elementen der in der obigen Reihe links benachbarten Menge sei r_0, die untere Grenze seiner Abstände von den Elementen der rechts benachbarten Reihe sei r_1; jenachdem $r_0 \leqq r_1$ oder $r_0 > r_1$, gehöre a zu $\delta_{i_1 i_2 \ldots i_k 0}$ oder zu $\delta_{i_1 i_2 \ldots i_k 1}$.

Auf diesem Wege entsteht aus der obigen Reihe eine neue, in der jedes δ nunmehr $k+1$ Indizes hat, und wir zeigen, daß auch in der neuen Reihe zwei nicht benachbarte Mengen kein gemeinsames Grenzelement haben können. Es genügt offenbar, dies zu zeigen für D_0 und $\delta_{00\ldots 01}$ und für $\delta_{11\ldots 10}$ und D_1; sodann, wenn in der ersten Reihe $\delta_{i_1 i_2 \ldots i_k}$ und $\delta_{j_1 j_2 \ldots j_k}$ benachbart waren, für $\delta_{i_1 i_2 \ldots i_k 0}$ und $\delta_{j_1 j_2 \ldots j_k}$, sowie für $\delta_{i_1 i_2 \ldots i_k}$ und $\delta_{j_1 j_2 \ldots j_k 1}$. Der Beweis wird genau geführt wie in den oben betrachteten Fällen und kann daher wohl übergangen werden.

8. Wir können nun eine Funktion $U(a)$ der Elemente von V definieren in folgender Weise: Gehört a zu D_0, so sei $U(a) = 0$; gehört a zu D_1, so sei $U(a) = 1$. Gehört aber a weder zu D_0 noch zu D_1, so gehört es zu einer und nur einer der Mengen $\delta_{i_1 i_2 \ldots i_k}$ (wenn k eine fest gegebene natürliche Zahl). Wir bestimmen die betreffende Menge δ für jedes k und erhalten dadurch eine eindeutig bestimmte Folge der Mengen δ mit wachsender Zahl von Indizes:

$$\delta_{i_1}, \delta_{i_1 i_2}, \delta_{i_1 i_2 i_3}, \ldots, \delta_{i_1 i_2 \ldots i_k}, \ldots$$

wobei die Indizes die Werte 0 und 1 haben und die ersten k Indizes der $(k+1)^{\text{ten}}$ Menge übereinstimmen mit den k Indizes der k^{ten} Menge. Der Funktionswert $U(a)$ sei dann:

$$U(a) = \frac{i_1}{2} + \frac{i_2}{2^2} + \cdots + \frac{i_k}{2^k} + \cdots$$

Wir wollen zeigen daß die so definierte Funktion $U(a)$ stetig ist. Bemerken wir zuerst, daß wenn a und a' in zwei benachbarte Mengen der Reihe (1) fallen, daß dann gewiß:

$$\left| U(a) - U(a') \right| \leq \frac{1}{2^{k-1}}.$$

Haben nun die Elemente $a_1, a_2, \ldots, a_n, \ldots$ den Limes a und liegt a in der Menge $\delta_{i_1 i_2 \ldots i_k}$, so muß sich N so bestimmen lassen, daß für $n > N$ alle a_n in dieser selben Menge oder einer ihr benachbarten liegen, da andernfalls zwei Folgen aus nicht benachbarten Mengen der Reihe (1) ein gemeinsames Grenzelement hätten, was nicht der Fall ist. Für $n > N$ ist also

$$\left| U(a_n) - U(a) \right| \leq \frac{1}{2^{k-1}}$$

womit die Stetigkeit von $U(a)$ erwiesen ist.

Die so gefundene stetige Funktion $U(a)$ ist bestimmt nicht konstant, da es nach Voraussetzung wenigstens ein zu D_1 gehöriges Element a_1 gibt, wo also $U(a_1) = 1$ ist, während a_0 sicher zu D_0 gehört, so daß $U(a_0) = 0$ ist. Der angekündigte Beweis ist erledigt.

Sei nun $R_1, R_2, \ldots, R_n, \ldots$ eine Folge abnehmender, gegen Null konvergierender positiver Zahlen. Wir wählen der Reihe nach jede dieser Zahlen R_n für unser obiges R und konstruieren eine zugehörige Funktion $U_n(a)$. Bilden wir:

$$(2)\qquad U(a) = \frac{1}{2} U_1(a) + \frac{1}{2^2} U_2(a) + \cdots + \frac{1}{2^n} U_n(a) + \cdots$$

so ist auch $U(a)$ als Summe einer gleichmäßig konvergenten Reihe stetiger Funktionen eine stetige Funktion[1]), die für alle der Ungleichung $(a, a_0) > R_1$ genügenden Elemente a den Wert 1, für a_0 aber den Wert 0 hat, in jedem von a_0 verschiedenen Elemente aber einen von Null verschiedenen Wert annimmt.

9. Wir gehen nun an den Beweis des Satzes:

Damit jede auf einer Teilmenge M von V stetige Funktion auf M geschränkt sei und ihre obere und untere Grenze in je einem Elemente von M erreiche, ist notwendig und hinreichend, daß M extremal ist (Nr. 6).

Dieser Satz wurde von Fréchet[2]) bewiesen unter der Voraussetzung, daß die Abstände der Ungleichung genügen:

$$(2)\qquad (a, b) \leqq (a, c) + (c, b).$$

Doch spricht Fréchet die Vermutung aus, daß der Satz auch ohne diese Voraussetzung auf Grund unserer Forderungen I und II (Nr. 6) bestehen dürfte. Dies wollen wir nun bestätigen.

In dem von Fréchet betrachteten Falle ist, wie aus der Ungleichung (2) sofort folgt, der Abstand (a, a_0) eines Elementes a von einem festen Elemente a_0 eine stetige Funktion von a. Die Rolle, die bei Fréchet die Funktion (a, a_0) spielt, wird hier die oben (Gleichung (2)) konstruierte stetige Funktion $U(a)$ spielen.

Wir können uns darauf beschränken, zu zeigen, daß die Bedingung, M sei extremal, eine notwendige ist; denn daß sie hinreicht, wurde von Fréchet allgemein gezeigt[3]).

Wir werden zuerst zeigen, daß, wenn M nicht abgeschlossen ist, sodann daß, wenn M nicht kompakt ist, es eine in M stetige, aber nicht geschränkte Funktion $T(a)$ gibt; offenbar erreicht dann die Funktion $\frac{T^2}{1+T^2}$ ihre obere Grenze nicht, während die Funktion $-\frac{T^2}{1+T^2}$ ihre untere Grenze nicht erreicht.

Sei also M nicht abgeschlossen; dann gibt es ein nicht zu M gehörendes Element a_0 und in M eine gegen a_0 konvergierende Folge von Elementen $a_1, a_2, \ldots, a_n, \ldots$. Wir konstruieren, wie oben, die stetige Funktion $U(a)$, die im Elemente a_0 verschwindet, in jedem anderen Elemente von V aber einen von Null verschiedenen

[1]) Fréchet, l. c. Nr. 13.
[2]) l. c., Nr. 49—51.
[3]) l. c., Nr. 11.

Wert hat. Die Funktion $T(a) = \frac{1}{U(a)}$ ist dann in jedem von a_0 verschiedenen Elemente, also auch gewiß in jedem Elemente von M stetig; hingegen ist, wegen $\lim\limits_{n=\infty} U(a_n) = U(a_0) = 0$:

$$\lim_{n=\infty} T(a_n) = +\infty.$$

Die Funktion $T(a)$ ist also in M nicht geschränkt.

Sodann nehmen wir an, die Menge M sei nicht kompakt. Es gibt dann in ihr eine abzählbare Menge von Elementen $a_1, a_2, \ldots, a_n, \ldots$, die kein Grenzelement besitzen. Wir zeigen zunächst:

Jedem Element a_n läßt sich eine nicht verschwindende positive Zahl r_n folgender Art zuweisen: Sei m_n die Menge aller Elemente a von V, die der Ungleichung genügen $(a, a_n) \leqq r_n$. Keine zwei Mengen m_n haben dann ein gemeinsames Grenzelement.

In der Tat, da a_1 nicht Grenzelement von $a_2, a_3, \ldots, a_n, \ldots$ ist, ist gewiß $(a_n, a_1) \geqq R_1$ $(n \neq 1)$. Wir können nun, wie schon gezeigt (Nr. 7), r_1 so klein wählen, daß die beiden aus den Elementen $(a, a_1) \geqq R_1$ und $(a, a_1) \leqq r_1$ gebildeten Mengen M_1 und m_1 kein gemeinsames Grenzelement haben. Nun ist a_2 weder Grenzelement der Menge m_1 noch Grenzelement von $a_3, a_4, \ldots, a_n, \ldots$. Es gibt also eine positive Zahl R_2, so daß für jedes Element von m_1 sowie für jedes der Elemente $a_3, a_4, \ldots, a_n, \ldots$ die Ungleichung besteht: $(a, a_2) \geqq R_2$. Wir wählen nun r_2 so, daß die beiden aus den Elementen $(a, a_2) \geqq R_2$ und $(a, a_2) \leqq r_2$ bestehenden Mengen M_2 und m_2 kein gemeinsames Grenzelement haben. Es ist nun a_3 weder Grenzelement von m_1 oder m_2 noch Grenzelement von $a_4, a_5, \ldots, a_n, \ldots$. Wir können also in derselben Weise r_3 bestimmen und indem wir so fortschließen, bestätigen wir die Behauptung. Offenbar können wir annehmen, daß $\lim\limits_{n=\infty} r_n = 0$ ist.

Wir können nun, wie oben gezeigt, eine Funktion $U_n(a)$ bilden, die überall positiv und stetig ist, im Elemente a_n verschwindet, für alle der Ungleichung $(a, a_n) > r_n$ genügenden Elemente a aber den Wert 1 hat und der Ungleichung genügt: $U_n(a) \leqq 1$.

Wir bilden die Funktion $W_n(a) = 1 - U_n(a)$; sie ist Null für $(a, a_n) > r_n$ und es ist $U_n(a_n) = 1$. Nun definieren wir:

$$T(a) = W_1(a) + 2\, W_2(a) + \cdots + n\, W_n(a) + \cdots.$$

Die rechts stehende Reihe ist sicher konvergent, da für jedes Element a höchstens eines ihrer Glieder von Null verschieden ist. Die Funktion $T(a)$ ist in M nicht geschränkt, da sie im Elemente a_n den Wert n annimmt. Andererseits ist sie, wie wir nun zeigen wollen, stetig.

Hat die Folge von Elementen $b_1, b_2, \ldots, b_n, \ldots$ von V eine Limite b, so läßt sich ein Index N so angeben, daß jedes Element b_n $(n > N)$, das überhaupt einer Menge m_k angehört, stets einer und derselben Menge m_{k_0} angehört. Zunächst ist nämlich klar, daß die Menge $b_1, b_2, \ldots, b_n, \ldots$ nicht Elemente aus unendlich vielen verschiedenen Mengen m_k enthalten kann. Denn sonst gäbe es darin Elemente mit beliebig großen Indizes, die einer Ungleichung:

$$(b_{n_\nu}, a_\nu) \leqq r_\nu$$

genügen, und da die r_ν gegen Null gehen, hätten auch die a_ν die Limite b, entgegen der Voraussetzung, daß die Menge $a_1, a_2, \ldots, a_n, \ldots$ kein Grenzelement besitzt.

Die Folge $b_1, b_2, \ldots$ kann also nur Elemente aus einer endlichen Anzahl von Mengen m_k enthalten. Und da keine zwei Mengen m_k ein gemeinsames Grenzelement haben, kann sie nur aus einer dieser Mengen (etwa m_{k_0}) unendlich viele Elemente enthalten, was unsere Behauptung bestätigt. Das Element b kann dann zu keiner von m_{k_0} verschiedenen Menge m_k gehören.

Für $n > N$ ist also $T(b_n) = k_0 \, W_{k_0}(b_n)$ und ebenso ist $T(b) = k_0 \, W_{k_0}(b)$, daher in der Tat, da ja $W_{k_0}(a)$ stetig ist:

$$\lim_{n=\infty} T(b_n) = T(b),$$

womit die Stetigkeit von $T(a)$ erwiesen ist. Der Beweis unseres Satzes ist daher erbracht.

17*

Über einfach geordnete Mengen

von

Hans Hahn in Czernowitz.

(Vorgelegt in der Sitzung am 24. April 1913.)

In einer Abhandlung gleichen Titels haben A. Haar und D. König gezeigt,[1] daß gewisse Sätze aus der Theorie der Punktmengen sich auf einfach geordnete Mengen übertragen lassen. Im folgenden sollen diese Untersuchungen wieder aufgenommen werden. Es handelt sich um die Übertragung des Cantor-Bendixson'schen Theorems und von Cantor's Theorie der Kohärenzen. Mit dem Cantor-Bendixson'schen Theorem hatten sich schon Haar und König beschäftigt, ihr Beweis ist aber für die in der vorliegenden Arbeit verfolgten Ziele nicht durchaus verwendbar und wurde durch einen teilweise anders verlaufenden ersetzt; vieles freilich ist auch so geblieben wie bei Haar und König, wurde aber, um das Lesen nicht zu erschweren, trotzdem auch hier durchgeführt. Dabei ergeben sich ganz von selbst in der einfachsten Weise die Sätze, die P. Mahlo in dem zweiten Kapitel (»Grundlinien einer Theorie der zerstreuten Mengen«) seiner Abhandlung:[2] »Über die Dimensionentypen des Herrn Fréchet im Gebiete der linearen Mengen« auf anderem Wege bewiesen hat; dieser Theorie ist in der vorliegenden Arbeit der Satz an die Spitze gestellt, daß eine zerstreute Menge bei Hinzufügung ihrer Häufungselemente ihre Mächtigkeit nicht ändert, ein Satz, der mit der Lehre vom Cantor-Bendixson'schen Theorem in engem Zusammenhange steht.

---

[1] Journ. für Math., *139*, p. 16.

[2] Leipziger Ber., *63*, p. 319.

Was das Cantor-Bendixson'sche Theorem selbst anlangt, so läßt sich als Analogon des Satzes, daß für eine lineare Punktmenge die $\omega_1$te Ableitung Null oder perfekt ist, hier zeigen, daß in einer Menge M von abgeschlossenem Ordnungstypus, in der es keine ω_δ-Reihen und ω_δ^*-Reihen gibt (ω_δ eine reguläre Anfangszahl), für jede ihrer Teilmengen die $\omega_\delta$te Ableitung Null oder perfekt ist. Für Punktmengen besagt nun aber das Cantor-Bendixson'sche Theorem weiter, daß auch schon für ein $\alpha < \omega_1$ die αte Ableitung Null oder perfekt ist; wir zeigen demgegenüber, daß für die Teilmengen der eben genannten Menge M ein Analogon hierzu nicht gilt: es kann die $\omega_\delta$te Ableitung die erste perfekte Ableitung sein. Dieses Analogon läßt sich erst beweisen, wenn man die vorhin über die Menge M gemachte Voraussetzung durch die folgende, auch bei Haar und König auftretende ersetzt: es gibt eine in M dichte Teilmenge von M der Mächtigkeit $\aleph_\gamma$. Dann kann man zeigen, daß für jede Teilmenge von M bereits für ein $\alpha < \omega_{\gamma+1}$ die αte Ableitung Null oder perfekt ist.

Was weiter die Theorie der Kohärenzen anlangt, so hat G. Cantor bekanntlich gezeigt, daß bei jeder linearen Punktmenge die $\omega_1$te Kohärenz Null oder in sich dicht wird und daß dies stets auch schon für ein $\alpha < \omega_1$ eintritt. Das Analogon hierzu läßt sich unter der zuletzt über M gemachten Voraussetzung wieder allgemein für alle Teilmengen von M beweisen (wobei wieder $\omega_{\gamma+1}$ an Stelle von ω_1 tritt), während unter der bloßen Voraussetzung, es gäbe in M keine ω_δ-Reihen und ω_δ^*-Reihen, für die Teilmengen von M nicht einmal die $\omega_\delta$te Kohärenz Null oder in sich dicht sein muß.

Wir legen dem Folgenden eine einfach geordnete Menge M von abgeschlossenem Ordnungstypus[1] zugrunde. Alle Mengen, die wir im folgenden betrachten, sind Teilmengen (oder wie wir statt dessen kürzer sagen wollen: »Teile«) von M, ihre Elemente sind so geordnet zu denken, wie sie in M geordnet sind. Sind m' und m'' Elemente von M, so soll unter der

---

[1] Die Menge M heißt, in Abweichung von Cantor's Terminologie, von abgeschlossenem Ordnungstypus, wenn sie ein erstes und letztes Element besitzt und keine Lücke aufweist.

Strecke (m', m'') von M die Gesamtheit jener Elemente m von M verstanden werden,[1] die in der Anordnung $m' < m < m''$ liegen, so daß also die Elemente m' und m'' selbst nicht zur Strecke (m', m'') gehören; doch soll — was sich für die Ausdrucksweise als günstig erweist — hiervon eine Ausnahme gemacht werden, wenn m' das Anfangselement oder m'' das Endelement von M ist, insoferne dann das Anfangselement m', beziehungsweise das Endelement m'' mit zur Strecke (m', m'') gerechnet wird. Fügt man m' und m'' zur Strecke (m', m'') hinzu, so entstehe das »Intervall« $< m', m'' >$. Wie Haar und König gezeigt haben, gilt für M das Borel'sche Theorem in der Form: Ist jedem Elemente m von M eine es enthaltende Strecke (m', m'') zugeordnet, so gibt es unter diesen Strecken eine endliche Anzahl, derart, daß jedes Element von M in einer dieser endlich vielen Strecken enthalten ist.

Ist N ein Teil von M, so bezeichnen wir ein Element m von M als Häufungselement von N, wenn jede m enthaltende Strecke (m', m'') von M unendlich viele Elemente von N enthält. Aus dem Borel'schen Theorem folgt unmittelbar das Bolzano'sche, daß jeder unendliche Teil N von M mindestens ein Häufungselement besitzt. Ein Element n von N, das nicht auch Häufungselement von N ist, heißt ein isoliertes Element von N. Enthält die Menge N alle ihre Häufungselemente, so heißt sie abgeschlossen, ist keines ihrer Elemente isoliert, so heißt sie in sich dicht, ist sie in sich dicht und abgeschlossen, heißt sie perfekt. Diese Termini »isoliert«, »abgeschlossen«, »in sich dicht«, »perfekt« drücken Beziehungen der Menge N zur Menge M aus und sind nicht Aussagen über den Ordnungstypus von N; es kann z. B. N von abgeschlossenem Ordnungstypus sein, ohne im eben genannten Sinne abgeschlossen zu sein.[2] Endlich heiße ein Teil R von M »in M dicht«, wenn jede ein Element von M enthaltende Strecke von M auch ein Element von R enthält.

---

[1] Dies ist die Terminologie von F. Hausdorff, Math. Ann., *65*, p. 439.

[2] Haar und König sagen statt abgeschlossen: »in M abgeschlossen« oder »relativ abgeschlossen«, statt von abgeschlossenem Ordnungstypus: »in sich abgeschlossen« oder »absolut abgeschlossen«.

Unter der ersten Ableitung N' von N verstehen wir den aus allen Häufungselementen von N bestehenden Teil von M. Ist N abgeschlossen, so ist N' Teil von N. Bekanntlich ist N' stets abgeschlossen; denn ist m Häufungselement von N', so findet sich in jeder m enthaltenden Strecke (m_1, m_2) von M ein Element n' von N'; ist aber n' Element von N', so heißt das: In jeder das Element n' enthaltenden Strecke von M, speziell also auch in der Strecke (m_1, m_2), finden sich unendlich viele Elemente von N; also ist m Häufungselement von N und gehört somit zu N'.

Ist nun α irgend eine endliche oder transfinite Ordinalzahl, so wird in bekannter Weise die αte Ableitung $N^{(\alpha)}$ von N definiert durch die beiden Festsetzungen:

1. $N^{(\alpha+1)}$ ist die erste Ableitung von $N^{(\alpha)}$;
2. Für eine Limeszahl β ist $N^{(\beta)}$ der Durchschnitt aller $N^{(\alpha)}$ $(\alpha < \beta)$.

Durch Induktion beweist man, daß alle diese Ableitungen abgeschlossene Mengen sind: die Behauptung ist bewiesen für $\alpha = 1$; angenommen, sie sei richtig für alle $\alpha < \beta$; 1. Fall: β besitzt eine nächstkleinere Zahl $\beta - 1$; dann ist $N^{(\beta)}$ erste Ableitung von $N^{(\beta-1)}$ und daher, wie gezeigt, abgeschlossen. 2. Fall: β ist eine Limeszahl; sei m ein Häufungselement von $N^{(\beta)}$; jede m enthaltende Strecke (m_1, m_2) von M enthält dann unendlich viele Elemente von $N^{(\beta)}$, die — nach Definition von $N^{(\beta)}$ — auch allen $N^{(\alpha)}$ $(\alpha < \beta)$ angehören, so daß m auch für jedes $N^{(\alpha)}$ $(\alpha < \beta)$ Häufungselement ist; da aber nach Voraussetzung alle $N^{(\alpha)}$ $(\alpha < \beta)$ abgeschlossen sind, so ist m in allen $N^{(\alpha)}$ $(\alpha < \beta)$ und mithin auch im Durchschnitte $N^{(\beta)}$ aller dieser $N^{(\alpha)}$ enthalten, womit die Behauptung erwiesen ist.

Hieraus folgt: Ist $\alpha' > \alpha$, so ist $N^{(\alpha')}$ Teil von $N^{(\alpha)}$.

Ist $N^{(\alpha+1)} = N^{(\alpha)}$, so ist für alle $\alpha' > \alpha$ ebenfalls $N^{(\alpha')} = N^{(\alpha)}$. Ist $N^{(\alpha)} = 0$ (d. h. enthält $N^{(\alpha)}$ kein Element), so gilt dasselbe für alle $\alpha' > \alpha$.

Ist β eine Limeszahl und enthält $N^{(\alpha)}$ für alle $\alpha < \beta$ Elemente, so ist auch $N^{(\beta)} \neq 0$; in der Tat[1] betrachte

[1] Vgl. P. Mahlo, a. a. O., p. 323.

man etwa von jeder Menge $N^{(\alpha)}$ das erste Element n_α (da die $N^{(\alpha)}$ abgeschlossen sind, gibt es ein erstes Element); in der Menge der Elemente n_α ist für $\alpha' > \alpha$:

$$n_{\alpha'} \geqq n_\alpha,$$

weil $N^{(\alpha')}$ Teil von $N^{(\alpha)}$ ist. Entweder sind nun alle n_α von einem gewissen an dasselbe Element, das dann allen $N^{(\alpha)}$ $(\alpha < \beta)$ und daher auch dem Durchschnitte $N^{(\beta)}$ aller dieser $N^{(\alpha)}$ angehört, oder aber es gibt zu jedem n_α $(\alpha < \beta)$ ein $n_{\alpha'} > n_\alpha$ $(\alpha' < \beta)$; dann gibt es in M ein erstes auf alle n_α $(\alpha < \beta)$ folgendes Element, das notwendig Häufungselement jedes einzelnen $N^{(\alpha)}$ $(\alpha < \beta)$ ist und daher wieder allen diesen $N^{(\alpha)}$ und somit auch $N^{(\beta)}$ angehört.

Bilden wir nun von einer Menge N die Ableitungen $N', N'', \ldots, N^{(\alpha)}, \ldots$, so sind nur zwei Fälle möglich: entweder alle Ableitungen von einer bestimmten an enthalten überhaupt kein Element, oder alle Ableitungen von einer bestimmten an sind perfekt und einander gleich. Denn in der Tat, nehmen wir an, es sei keine einzige Ableitung von N perfekt; dann enthält also jede nicht verschwindende dieser Ableitungen $N^{(\alpha)}$ isolierte Elemente, die beim Übergange zu $N^{(\alpha+1)}$ wegfallen, so daß für jedes α die Ableitung $N^{(\alpha+1)}$ aus $N^{(\alpha)}$ durch Weglassen gewisser Elemente entsteht; ist also $\aleph_\nu$ die Mächtigkeit von N', so muß, bevor der Index α die Anfangszahl $\omega_{\nu+1}$ der Zahlklasse $Z(\aleph_{\nu+1})$ erreicht, $N^{(\alpha)}$ sich auf Null reduziert haben. Damit ist die Behauptung erwiesen. Es handelt sich nur noch darum, die Mengen, für die die eine oder die andere dieser zwei Eventualitäten eintritt, zu charakterisieren. Diesbezüglich gilt der Satz:

I. Damit die Ableitungen der Menge N von einer bestimmten an verschwinden, ist notwendig und hinreichend, daß kein Teil von N dichten Ordnungstypus habe.[1]

Um diesen Satz zu beweisen, zeigen wir zuerst: Hat ein Teil von N dichten Ordnungstypus, so ist ein Teil

[1] Bekanntlich heißt der Ordnungstypus der Menge Q dicht, wenn es zu irgend zwei Elementen q' und q'' von Q $(q' < q'')$ ein Element q von Q gibt, so daß $q' < q < q''$.

von N' in sich dicht. Sei also $\overline{N}$ ein Teil von N mit dichtem Ordnungstypus, $\overline{n}$ ein beliebiges Element von $\overline{N}$ (nur nicht das eventuell vorhandene erste oder letzte), ferner sei $\overline{A}$ die Menge aller dem Elemente $\overline{n}$ vorangehenden, $\overline{B}$ die Menge aller dem Elemente $\overline{n}$ nachfolgenden Elemente von $\overline{N}$. Es enthält $\overline{A}$ kein letztes, $\overline{B}$ kein erstes Element; es gibt also, da N' abgeschlossen ist, in N' ein erstes, auf alle Elemente von $\overline{A}$ folgendes und ein letztes, allen Elementen von $\overline{B}$ vorangehendes Element von N', die natürlich auch sehr wohl beide mit $\overline{n}$ zusammenfallen können.

Wir ersetzen nun in $\overline{N}$ das Element $\overline{n}$ durch diese beiden Elemente von N'; machen wir das für alle Elemente von $\overline{N}$, so erhalten wir einen Teil P von N', der offenbar in sich dicht ist. Denn in der Tat, seien $\overline{n}$, $\overline{\overline{n}}$ irgend zwei Elemente von $\overline{N}$ ($\overline{n} < \overline{\overline{n}}$); ferner n'_1, n'_2 ($n'_1 \leqq n'_2$) die zwei Elemente von N', durch die $\overline{n}$ ersetzt wurde, ebenso n''_1, n''_2 ($n''_1 \leqq n''_2$) die zwei Elemente von N', durch die $\overline{\overline{n}}$ ersetzt wurde. Dann ist offenbar:

$$n'_1 \leqq \overline{n} \leqq n'_2 < n''_1 \leqq \overline{\overline{n}} \leqq n''_2,$$

woraus wir, da zwischen zwei Elementen von $\overline{N}$ stets unendlich viele Elemente von $\overline{N}$ liegen, unmittelbar entnehmen, daß zwischen zwei Elementen von $\overline{N}$ auch unendlich viele Elemente von P liegen. Sei nun p irgend ein Element von P und sei $\overline{n}$ dasjenige Element von $\overline{N}$, aus dem p entstanden ist; p ist entweder das Element, das wir mit n'_1 oder das, das wir mit n'_2 bezeichnet haben; nehmen wir etwa an, es sei das Element n'_1 (andernfalls wäre der Beweis ganz analog). Dann ist offenbar p das erste auf die oben mit $\overline{A}$ bezeichnete Menge folgende Element von M; denn dieses Element von M gehört ja sicher, da es Häufungselement von $\overline{N}$ und somit von N ist, zu N', ist also tatsächlich das erste auf $\overline{A}$ folgende Element von N'.

Ist m irgend ein dem Elemente p vorhergehendes Element von M, so enthält nun die Strecke (m, p) unendlich viele Elemente von $\overline{N}$ und da, wie gezeigt, zwischen zwei Elementen von $\overline{N}$ immer eines von P liegt, auch unendlich viele Elemente von P. Also ist p Häufungselement von P. Es ist also jedes

Element von P Häufungselement von P und somit P in sich dichter Teil von N'.

Es ist also tatsächlich, wenn N von dichtem Ordnungstypus ist, ein Teil von N' in sich dicht. Da aber jeder in sich dichte Teil von N' auch in allen folgenden Ableitungen $N^{(\alpha)}$ auftritt, kann keine dieser Ableitungen verschwinden und die Bedingung von Satz I ist als notwendig erwiesen.

Um sie auch als hinreichend zu erweisen, zeigen wir zunächst:[1]

Ist ein Teil von N' von dichtem Ordnungstypus, so ist auch ein Teil von N von dichtem Ordnungstypus.

Schicken wir voran, daß, wenn zwischen zwei Elementen n'_1 und n'_2 von N' noch ein Element n' von N' liegt, es zwischen n'_1 und n'_2 auch ein Element von N gibt; es folgt dies unmittelbar daraus, daß n' als Element von N' Häufungselement von N ist. Sei nun P ein Teil von N' mit dichtem Ordnungstypus. Dann können wir in P drei Elemente $p' < p'' < p'''$ so finden, daß sowohl der p' vorangehende als auch der p''' nachfolgende Teil von P dichten Ordnungstypus haben und für jedes zwischen p' und p''' liegende Element n von N (wir haben eben gesehen, daß es solche Elemente gibt) bilden ebenfalls sowohl die n vorangehenden als die n nachfolgenden Elemente von P eine Menge von dichtem Ordnungstypus; drücken wir das kurz so aus: Es gibt ein Element n von N, durch das P in zwei Teile P_0 und P_1, die gleichfalls von dichtem Ordnungstypus sind, zerspalten wird. Genau so gibt es aber ein Element n_0 von N durch das P_0 in zwei Teile P_{00}, P_{01} und ein Element n_1 von N, durch das P_1 in zwei Teile P_{10}, P_{11} so zerspalten wird, daß P_{00}, P_{01}, P_{10}, P_{11} dichten Ordnungstypus haben. Dasselbe gilt für gewisse Elemente n_{00}, n_{01}, n_{10}, n_{11} von N bezüglich P_{00}, P_{01}, P_{10}, P_{11} und so kann man weiterschließen. Man sieht so, daß es einen abzählbaren Teil $n, n_0, n_1, n_{00}, n_{01}, n_{10}, n_{11}, \ldots$ von N gibt, der den Typus η der rationalen Zahlen hat, womit die Behauptung erwiesen ist.

---

[1] P. Mahlo, a. a. O., p. 321.

Ähnlich erkennen wir:

Hat eine Menge Q einen in sich dichten Teil $\overline{Q}$, so hat sie auch einen Teil von dichtem Ordnungstypus.

In der Tat, durch ein geeignetes Element q wird $\overline{Q}$ in zwei in sich dichte Teile $\overline{Q}_0$ und $\overline{Q}_1$ zerlegt, durch geeignete Elemente q_0 und q_1 werden $\overline{Q}_0$ und $\overline{Q}_1$ je in zwei in sich dichte Teile $\overline{Q}_{00}$ und $\overline{Q}_{01}$, beziehungsweise $\overline{Q}_{10}$ und $\overline{Q}_{11}$ zerlegt usf. Man erhält so einen abzählbaren Teil

$$q, q_0, q_1, q_{00}, q_{01}, q_{10}, q_{11}, \ldots$$

von Q, der den Typus η der rationalen Zahlen hat, womit die Behauptung erwiesen ist.

Nun ist es leicht einzusehen, daß die Bedingung von Satz I auch hinreichend ist. Hat nämlich N keinen Teil von dichtem Ordnungstypus, so gilt dasselbe, wie gerade gezeigt, auch von N', und es darf daher zufolge des zuletzt bewiesenen Satzes in N' auch keinen in sich dichten Teil geben. Da aber jede Ableitung $N^{(\alpha)}$ Teil von N' ist, so darf keine Ableitung $N^{(\alpha)}$ in sich dicht sein, es müssen also nach dem, was wir vorerst gesehen haben, alle Ableitungen $N^{(\alpha)}$ von einer bestimmten an verschwinden.

Wir wollen ein Element m von M als »$\aleph_\nu$-Element von N« bezeichnen, wenn jede m enthaltende Strecke von M mindestens $\aleph_\nu$ Elemente von N enthält. Selbstverständlich braucht ein solches $\aleph_\nu$-Element von N nicht zu N zu gehören. Es gilt der Satz:[1]

II. Ist die Mächtigkeit von N mindestens gleich $\aleph_\nu$, so gibt es $\aleph_\nu$-Elemente von N.

Gäbe es nämlich keine $\aleph_\nu$-Elemente von N, so wäre jedes Element von M in einer Strecke enthalten, die weniger als $\aleph_\nu$ Elemente von N enthält. Nach dem Borel'schen Theorem gäbe es unter diesen Strecken endlich viele, die sämtliche Elemente von M enthalten und es wäre daher N Vereinigungs-

[1] Haar und König, a. a. O., p. 24.

menge endlich vieler Mengen, deren Mächtigkeit kleiner als $\aleph_\nu$ ist und daher selbst von kleinerer Mächtigkeit als $\aleph_\nu$.

III. Die Menge aller $\aleph_\nu$-Elemente von N ist abgeschlossen.

Ist nämlich m ein Häufungselement von $\aleph_\nu$-Elementen von N, so enthält jede m enthaltende Strecke (m_1, m_2) von M unendlich viele $\aleph_\nu$-Elemente von N, da aber jede ein $\aleph_\nu$-Element von N enthaltende Strecke von M mindestens $\aleph_\nu$ Elemente von N enthält, so enthält die Strecke (m_1, m_2) mindestens $\aleph_\nu$ Elemente von N und da (m_1, m_2) eine beliebige, m enthaltende Strecke von M war, so ist m auch ein $\aleph_\nu$-Element von M. Damit ist III bewiesen.

Wir machen nun über die Menge M die Voraussetzung:

(V_1) Es gibt in M weder eine ω_δ-Reihe, noch eine ω_δ^*-Reihe, wo ω_δ eine reguläre Anfangszahl[1] bedeutet.

Dann können wir weiter beweisen:[2]

IV. Unter der Voraussetzung (V_1) ist für eine Menge N, deren Mächtigkeit $\geqq \aleph_\delta$ ist, die Menge aller $\aleph_\delta$-Elemente perfekt.

Sei Q die Menge der $\aleph_\delta$-Elemente von N; nach II und III ist nur mehr nachzuweisen, daß Q in sich dicht ist. Angenommen, es sei q isoliertes Element von Q. Der q vorausgehende Teil von M ist konfinal[3] mit einem wohlgeordneten Teile $a_1, a_2, \ldots, a_\nu, \ldots$ vom Typus einer Anfangszahl ω_ε, die nach (V_1) notwendig $< \omega_\delta$ ist. Die Intervalle $< a_\nu, a_{\nu+1} >$ von M enthalten, da q isoliertes Element von Q ist, von einem bestimmten an kein Element von Q und mithin nach Satz II

[1] Hausdorff, a. a. O., p. 443.

[2] Haar und König beweisen diesen Satz unter der Voraussetzung, die wir später als (V_2) einführen. Es ist aber für das Folgende wichtig, ihn aus der Voraussetzung (V_1) herzuleiten.

[3] Falls q erstes Element von M ist, oder in M ein unmittelbar vorhergehendes Element besitzt, treten kleine Modifikationen des Beweises ein. Dies gilt auch für das Folgende und soll nicht mehr eigens bemerkt werden.

weniger als $\aleph_\delta$ Elemente von N. Für ein geeignet gewähltes ν wird also der in die Strecke (a_ν, q) entfallende Teil von N Vereinigungsmenge von höchstens $\aleph_\varepsilon$ Mengen, deren jede geringere Mächtigkeit als $\aleph_\delta$ hat. Nun gibt es aber, wenn ω_δ eine reguläre Anfangszahl ist, zu jeder Menge von weniger als $\aleph_\delta$ Mächtigkeiten, die durchweg $< \aleph_\delta$ sind, eine Mächtigkeit, $\aleph_\zeta$, die von keiner dieser Mächtigkeiten übertroffen wird und selbst $< \aleph_\delta$ ist. Der in die Strecke (a_ν, q) fallende Teil von N ist also Vereinigungsmenge von höchstens $\aleph_\varepsilon$ Mengen, deren jede höchstens die Mächtigkeit $\aleph_\zeta$ hat, kann also selbst höchstens die Mächtigkeit $\aleph_\varepsilon . \aleph_\zeta$ haben; da aber aus $\aleph_\varepsilon < \aleph_\delta$ und $\aleph_\zeta < \aleph_\delta$ folgt: $\aleph_\varepsilon . \aleph_\zeta < \aleph_\delta$, so hat der in die Strecke (a_ν, q) fallende Teil von N geringere Mächtigkeit als $\aleph_\delta$. Ebenso zeigt man, daß es in M ein Element $b \succ q$ gibt, so daß in der Strecke (q, b) von M weniger als $\aleph_\delta$ Elemente von N enthalten sind. Dann aber ist q kein $\aleph_\delta$-Element von N und also entgegen der Annahme kein Element von $\underset{\sim}{Q}$. Damit ist IV bewiesen.

Fügt man einer Menge N ihre sämtlichen Häufungselemente hinzu, so entsteht eine Menge, die wir mit $N^{(0)}$ bezeichnen wollen und die nichts anderes ist als die Vereinigungsmenge von N und N'. Bekanntlich kann $N^{(0)}$ höhere Mächtigkeit haben als N; doch gilt diesbezüglich:

V. Gibt es in N keinen Teil von dichtem Ordnungstypus,[1] so haben N und $N^{(0)}$ gleiche Mächtigkeit.

Sei $\aleph_\nu$ die Mächtigkeit von N. Da $N^{(0)}$ von abgeschlossenem Ordnungstypus und N Teil von $N^{(0)}$ ist, können wir in unseren bisherigen Sätzen auch $N^{(0)}$ an die Stelle von M treten lassen. Offenbar erfüllt $N^{(0)}$ die Voraussetzung (V_1) für $\delta = \nu + 1$; denn da N in $N^{(0)}$ dicht ist, gibt es zu drei Elementen $n_0' < n_0 < n_0''$ von $N^{(0)}$ stets ein Element n von N, für das $n_0' < n < n_0''$, also zu jeder ω_α-Reihe oder ω_α^*-Reihe aus $N^{(0)}$ auch eine ω_α-Reihe, beziehungsweise ω_α^*-Reihe aus N; da aber N von der Mächtigkeit $\aleph_\nu$ ist und es daher in N weder $\omega_{\nu+1}$-Reihen noch $\omega_{\nu+1}^*$-Reihen gibt, kann es solche auch in $N^{(0)}$ nicht geben. Wäre nun die Mächtigkeit von $N^{(0)}$ größer als $\aleph_\nu$, so müßten die

---

[1] Eine solche Menge wird auch als eine zerstreute Menge bezeichnet.

$\aleph_{\nu+1}$-Elemente von $N^{(0)}$ nach IV eine perfekte Menge Q bilden (man hat dabei in IV sowohl unter M als unter N die Menge $N^{(0)}$ zu verstehen). Diese Menge Q würde also sämtlichen Ableitungen von $N^{(0)}$ angehören; da aber die Ableitungen von $N^{(0)}$ identisch sind mit denen von N, könnte keine Ableitung von N verschwinden, was nach I im Widerspruche steht mit der Voraussetzung, es gebe in N keinen Teil von dichtem Ordnungstypus.

Eine andere unmittelbare Folge von IV ist der Satz:[1]

VI. Gibt es in N keinen Teil von dichtem Ordnungstypus und hat N die Mächtigkeit $\aleph_\delta$, so gibt es in N, falls ω_δ eine reguläre Anfangszahl ist, ω_δ-Reihen oder ω_δ^*-Reihen.

Angenommen nämlich, es gäbe in N weder ω_δ-Reihen noch ω_δ^*-Reihen, so könnte es, wie wir eben sahen, auch in $N^{(0)}$ keine geben, und indem wir wieder in IV für M die Menge $N^{(0)}$ nehmen, sehen wir, daß die $\aleph_\delta$-Elemente von N eine perfekte Menge bilden müßten, die somit sämtlichen Ableitungen von N angehören müßte, während doch diese Ableitungen, von einer bestimmten an verschwinden müssen.

Aus V und VI folgt nun aber leicht der Satz:[2]

VII. Gibt es unter den Ableitungen von N eine verschwindende und ist $\aleph_\nu$ die Mächtigkeit von N, so gehört der Index α der ersten verschwindenden Ableitung $N^{(\alpha)}$ von N zur Zahlklasse $Z(\aleph_\nu)$, falls $\aleph_\nu > \aleph_0$; er gehört zur Zahlklasse $Z(\aleph_0)$ oder ist endlich für $\aleph_\nu = \aleph_0$.

Zunächst folgt aus I, daß es in N keinen Teil von dichtem Ordnungstypus gibt; sodann folgt aus V, daß N gleiche Mächtigkeit mit $N^{(0)}$ hat. Die Ableitungen von $N^{(0)}$ sind identisch mit denen von N. Ist α der Index der ersten verschwindenden

[1] P. Mahlo, a. a. O., p. 324.
[2] P. Mahlo, a. a. O., p. 323.

Ableitung von N (also keine Limeszahl), so entsteht nun in der Reihe der Mengen:

$$N^{(0)}, N', N'', \ldots, N^{(\beta)}, \ldots, N^{(\alpha-1)}, N^{(\alpha)} = 0 \qquad (1)$$

jede Menge $N^{(\beta+1)}$ aus $N^{(\beta)}$ durch Weglassen gewisser Elemente; also kann $N^{(0)}$ nicht weniger Elemente enthalten als in (1) Mengen $N^{(\beta)}$ vor $N^{(\alpha)}$ stehen. Damit ist gezeigt, daß α höchstens zur Zahlklasse $Z(\aleph_\nu)$ gehört.

Um auch die Umkehrung zu beweisen,[1] nehmen wir zunächst an, die Anfangszahl ω_ν von $Z(\aleph_\nu)$ sei regulär. Satz VI lehrt, daß es in N eine ω_ν-Reihe oder eine ω_ν^*-Reihe gibt. Nun besteht offenbar, wie man sofort durch Induktion zeigt, für einen wohlgeordneten Teil von M vom Typus ω^k (oder einen einer wohlgeordneten Menge vom Typus ω^k invers geordneten Teil) die $k$te Ableitung aus einem Elemente. Da (für $\nu > 0$) $\omega_\nu = \omega^{\omega_\nu}$, so enthält also für jede ω_ν-Reihe oder ω_ν^*-Reihe aus M die $\omega_\nu$te Ableitung ein Element. Also verschwindet die $\omega_\nu$te Ableitung von N noch nicht und der Index α der ersten verschwindenden Ableitung $N^{(\alpha)}$ gehört mindestens zur Zahlklasse $Z(\aleph_\nu)$.

Ist endlich ω_ν eine singuläre Anfangszahl, so sei ω_δ irgend eine reguläre Anfangszahl unter ω_ν. Da N Teile von der zur Anfangszahl ω_δ gehörigen Mächtigkeit $\aleph_\nu$ enthält, enthält es nach VI auch ω_δ-Reihen oder ω_δ^*-Reihen, so daß alle Ableitungen $N^{(\omega_\delta)}$ (ω_δ irgend eine reguläre Anfangszahl $< \omega_\nu$) noch Elemente enthalten. Daraus aber folgt (da ω_ν Grenze regulärer ω_δ ist), daß $N^{(\alpha)}$ für alle $\alpha < \omega_\nu$ Elemente enthält und da $N^{(\omega_\nu)}$ nicht die erste verschwindende Ableitung sein kann (ihr Index ist eine Limeszahl), so enthält auch $N^{(\omega_\nu)}$ mindestens ein Element. Es gehört also auch in diesem Falle der Index α der ersten verschwindenden Ableitung $N^{(\alpha)}$ mindestens zur Zahlklasse $Z(\aleph_\nu)$, und Satz VII ist bewiesen.

Wir wenden uns nun wieder der Betrachtung beliebiger Teile von M zu, unterwerfen aber M der Voraussetzung (V_1). Dann gilt der Satz:

---

[1] Dabei können wir uns natürlich auf den Fall $\aleph_\nu > \aleph_0$ beschränken, denn für $\aleph_\nu = \aleph_0$ ist die Behauptung trivial.

VIII. Unter der Voraussetzung (V_1) ist die $\omega_\delta$te Ableitung $N^{(\omega_\delta)}$ von N entweder Null oder perfekt.

Angenommen nämlich, es enthielte $N^{(\omega_\delta)}$ ein isoliertes Element m. Der dem Elemente m vorhergehende Teil von M sei konfinal mit der wohlgeordneten Menge $a_1, a_2, \ldots a_\nu, \ldots$ vom Typus einer Anfangszahl, die nach (V_1) notwendig $< \omega_\delta$ ist. Da m isoliert ist, enthalten die Intervalle $< a_\nu, a_{\nu+1} >$ von M von einem gewissen an (etwa für $\nu \geqq \bar{\nu}$) kein Element von $N^{(\omega_\delta)}$. In keinem dieser Intervalle kann die erste verschwindende Ableitung $N^{(\omega_\delta)}$ sein, da ihr Index keine Limeszahl sein kann. Sei α_ν der Index der ersten Ableitung von N, die in $< a_\nu, a_{\nu+1} >$ kein Element hat, so ist demnach $\alpha_\nu < \omega_\delta$ für $\nu \geqq \bar{\nu}$. Diese Zahlen α_ν $(\nu \geqq \bar{\nu})$ bilden nun eine Ordinalzahlenmenge, deren Mächtigkeit $< \aleph_\delta$ ist und sind sämtlich $< \omega_\delta$, es gibt also eine Zahl α, die größer ist als sie alle, aber immer noch $< \omega_\delta$ ist.

Die Ableitung $N^{(\alpha)}$ hat dann in der Strecke $(a_{\bar{\nu}}, m)$ von M kein Element. Genau so kann man ein Element $a' > m$ von M und eine Ordinalzahl $\alpha' < \omega_\delta$ finden, so daß $N^{(\alpha')}$ in (m, a') kein Element enthält. Ist β die größere der beiden Ordinalzahlen α und α', so wäre demnach m für $N^{(\beta)}$ bereits isoliertes Element und somit in $N^{(\beta+1)}$ und erst recht in $N^{(\omega_\delta)}$ gar nicht mehr vorhanden, entgegen der Annahme, m sei Element von $N^{(\omega_\delta)}$. Damit ist Satz VIII bewiesen.

Versteht man unter M das Kontinuum, unter $\aleph_\delta$ demgemäß die Mächtigkeit $\aleph_1$, so geht Satz VIII in den bekannten Satz über, daß für jede lineare Punktmenge die $\omega_1$te Ableitung entweder verschwindet oder perfekt ist. Bekanntlich gilt dies aber bei Punktmengen nicht bloß für die $\omega_1$te Ableitung, sondern bereits für eine frühere. Wir wollen demgegenüber an einem Beispiele zeigen, daß unter den bisher gemachten Voraussetzungen die $\omega_\delta$te Ableitung sehr wohl die erste perfekte Ableitung sein kann (die erste verschwindende kann sie natürlich niemals sein, da ihr Index eine Limeszahl ist).

Seien x und y reelle Veränderliche, die beide das Intervall $< 0, 1 >$ durchlaufen. Wir bilden die Paare $[x, y]$ und ordnen sie nach der Vorschrift: Es ist $[x, y] < [x', y']$, wenn $x < x'$, und im Falle $x = x'$, wenn $y < y'$. Die so geordnete Menge aller

Paare $[x, y]$ ist von abgeschlossenem Ordnungstypus; wir können sie also für unsere Menge M wählen. Es gibt in ihr weder ω_1-Reihen noch ω_1^*-Reihen; denn sei:

$$[x_1, y_1] < [x_2, y_2] < \ldots < [x_\nu, y_\nu] < \ldots \quad (\nu < \omega_1) \tag{2}$$

etwa eine ω_1-Reihe aus M. Es folgt dann aus $\nu > \nu'$ auch $x_\nu \geqq x_{\nu'}$. Da es aber im Intervalle $< 0, 1 >$ der Veränderlichen x keine ω_1-Reihe gibt, muß bei geeignet gewähltem $\bar{\nu}$ für alle $\nu \geqq \bar{\nu}$ notwendig $x_\nu = x_{\bar{\nu}}$ sein. Dann aber müßten für $\nu = \bar{\nu}$ die y_ν mit wachsendem ν wachsen, was unmöglich ist, da es im Intervall $< 0, 1 >$ der Veränderlichen y keine ω_1-Reihe gibt.

Wir greifen nun aus dem Intervalle $< 0, 1 >$ der Veränderlichen x irgend eine Teilmenge X der Mächtigkeit $\aleph_1$ heraus:

$$x_1, x_2, \ldots, x_\nu, \ldots \quad (\nu < \omega_1) \tag{3}$$

und ordnen jedem ihrer Elemente x_ν eine abgeschlossene, wohlgeordnete Menge Y_ν des Intervalles $< \frac{1}{2}, \frac{3}{4} >$ der Veränderlichen y zu, und zwar habe Y_ν den Ordnungstypus $\omega^\nu + 1$; die Elemente von Y_ν seien:

$$y_{\nu, 0} < y_{\nu, 1} < \ldots < y_{\nu, \mu} < \ldots < y_{\nu, \omega^\nu} \quad (\mu \leqq \omega^\nu). \tag{4}$$

Unter N verstehen wir nun die Menge aller Paare $[x_\nu, y_{\nu, \mu}]$ $(\nu < \omega_1, \mu \leqq \omega^\nu)$, wo also x ein Element x_ν der Menge X und y ein Element der diesem x_ν zugeordneten Menge Y_ν ist.

Erteilen wir nun dem x irgend einen festen Wert x_ν aus (3); lassen wir im Paare $[x_\nu, y]$ die Veränderliche y das Intervall $< 0, 1 >$ durchlaufen, so durchlauft das Paar $[x_\nu, y]$ ein Intervall J von M. Die in dieses Intervall fallenden Elemente von N bilden eine wohlgeordnete Menge vom Typus $\omega^\nu + 1$, also reduziert sich, wie man wieder durch Induktion erkennt, ihre νte Ableitung auf das einzige Element $[x_\nu, y_{\nu, \omega^\nu}]$; nun war aber dieses Element dem Intervall $< \frac{1}{2}, \frac{3}{4} >$ der Veränderlichen y entnommen, kann also nicht mit einem der Endelemente des Intervalles J von M zusammenfallen und ist also ein **isoliertes** Element von $N^{(\nu)}$. Damit ist gezeigt, daß, wie wir behauptet hatten, für jedes $\nu < \omega_1$ die Ableitung $N^{(\nu)}$ von N isolierte Elemente enthält. Die erste perfekte Ableitung von N ist also $N^{(\omega_1)}$.

Wie wir sehen, genügt also die Voraussetzung (V_1) nicht, um — in Analogie mit der Punktmengentheorie — zeigen zu können, daß bereits eine Ableitung $N^{(\alpha)}$, deren Index $< \omega_\delta$ ist, entweder verschwinden oder perfekt sein muß. Um dieses Resultat beweisen zu können, müssen wir vielmehr die Voraussetzung (V_1) durch eine weitergehende Voraussetzung ersetzen; nämlich:

(V_2). Es gibt einen in M dichten Teil R von M von der Mächtigkeit $\aleph_\gamma$.

Man sieht sofort, daß aus (V_2) die Voraussetzung (V_1) folgt für $\omega_\delta = \omega_{\gamma+1}$. Angenommen nämlich, es gäbe in M eine $\omega_{\gamma+1}$-Reihe:

$$m_1 < m_2 < \ldots < m_\nu < \ldots \quad (\nu < \omega_{\gamma+1}).$$

Da es zu drei in der Anordnung $m' < m < m''$ liegenden Elementen von M stets ein Element r von R in der Anordnung $m' < r < m''$ geben muß, würde daraus die Existenz einer $\omega_{\gamma+1}$-Reihe in R folgen, was unmöglich ist, da R nur die Mächtigkeit $\aleph_\gamma$ hat.

Wir beweisen nun:

IX. Genügt M der Voraussetzung (V_2), so wird für jede Menge N bereits für eine Ordinalzahl $\beta < \omega_{\gamma+1}$ die Ableitung $N^{(\beta)}$ Null oder perfekt.

Da aus (V_2) auch (V_1) für $\omega_\delta = \omega_{\gamma+1}$ folgt, so lehrt Satz VIII, daß $N^{(\omega_{\gamma+1})}$ Null oder perfekt ist. Ist $N^{(\omega_{\gamma+1})}$ Null, so ist Satz IX richtig; denn da $\omega_{\gamma+1}$ eine Limeszahl ist, muß dann bereits eine frühere Ableitung verschwinden. Wir haben uns also nur mehr mit dem Falle zu beschäftigen, daß $N^{(\omega_{\gamma+1})}$ perfekt ist.

Aus Voraussetzung (V_2) folgt nun aber — in Analogie mit einem bekannten Satze aus der Lehre von den linearen Punktmengen — daß zu jedem abgeschlossenen Teile P von M eine Menge von höchstens $\aleph_\gamma$ Strecken von M gehört, so daß kein in einer dieser Strecken liegendes Element zu P gehört und jedes nicht zu P gehörige Element in einer und nur einer dieser Strecken enthalten ist. In der Tat, sei m ein nicht zu P gehöriges Element von M. Da P abgeschlossen ist, gibt es ein letztes, m vorausgehendes Element p' und ein erstes auf m folgendes Element p'' von P. Jedem nicht zu P gehörigen Elemente m von M ist so eine Strecke zugeordnet, deren sämtliche Elemente nicht zu M gehören und zu verschiedenen Elementen m gehörige Strecken sind entweder identisch oder haben kein Element gemein. Es braucht also nur noch gezeigt zu werden, daß es höchstens $\aleph_\gamma$ verschiedene solche Strecken gibt. In der Tat, sei (p', p'') die zu m gehörige Strecke; da zwischen p' und p'' das Element m liegt, muß zwischen p' und p'' auch ein Element der in M dichten Menge R liegen. Da es aber in R nur $\aleph_\gamma$ Elemente gibt, kann es auch höchstens $\aleph_\gamma$ verschiedene solcher Strecken geben. Damit ist die die abgeschlossene Menge P betreffende Behauptung bewiesen. Wir werden diese Strecken weiterhin die elementenfreien Strecken von P nennen.

Seien nun (p'_ν, p''_ν) die zur abgeschlossenen Menge $N^{(\omega_{\gamma+1})}$ gehörigen elementenfreien Strecken. Wir werden zeigen, daß zu jeder von ihnen eine Zahl $\alpha_\nu < \omega_{\gamma+1}$ gehört, derart, daß $N^{(\alpha_\nu)}$ in (p'_ν, p''_ν) kein Element enthält.

Sei (p', p'') eine dieser Strecken. An ihrer statt betrachten wir das Intervall $< p', p'' >$; $\overline{N}$ sei der in dieses Intervall fallende Teil von N. Wir zeigen, daß für ein $\alpha < \omega_{\gamma+1}$ die αte Ableitung $\overline{N}^{(\alpha)}$ von $\overline{N}$ kein Element enthält; damit ist auch gezeigt, daß $N^{(\alpha)}$ in (p', p'') kein Element hat. Betrachten wir zunächst die $\omega_{\gamma+1}$te Ableitung $\overline{N}^{(\omega_{\gamma+1})}$ von $\overline{N}$; sie kann jedenfalls nur die beiden Elemente p' und p'' enthalten, da ja $N^{(\omega_{\gamma+1})}$ in (p', p'') kein Element hat.

Angenommen nun etwa, es wäre z. B. p'' Element von $\overline{N}^{(\omega_{\gamma+1})}$. Da R in M dicht ist, ist (p', p'') konfinal mit einem wohlgeordneten Teile $r_1, r_2, \ldots, r_\mu, \ldots$ von R vom Typus einer Anfangszahl, die jedenfalls $\leqq \omega_\gamma$ sein muß; wir können ohne weiteres annehmen, daß r_1 und damit alle r_μ zu (p', p'') gehören. Das Intervall $< r_\mu, r_{\mu+1} >$ enthält dann kein Element von $\overline{N}^{(\omega_{\gamma+1})}$ und mithin gibt es eine Ordinalzahl $\rho_\mu < \omega_{\gamma+1}$, so daß auch schon $\overline{N}^{(\rho_\mu)}$ in $< r_\mu, r_{\mu+1} >$ kein Element hat. Die ρ_μ bilden eine Menge, deren Mächtigkeit $\leqq \aleph_\gamma$ ist, und somit gibt es eine Ordinalzahl ρ, die größer als sie alle, aber immer noch $< \omega_{\gamma+1}$ ist. Die Ableitung $\overline{N}^{(\rho)}$ enthält dann in (r_1, p'') kein Element, für sie wäre also, da sie außerhalb (p', p'') unmöglich Elemente haben kann, p'' isoliertes Element, somit käme p'' in $\overline{N}^{(\rho+1)}$ und erst recht in $\overline{N}^{(\omega_{\gamma}+1)}$ nicht vor.

Analog zeigt man, daß auch p' in $\overline{N}^{(\omega_{\gamma}+1)}$ nicht vorkommen kann. Also enthält in der Tat $\overline{N}^{(\omega_{\gamma}+1)}$ kein Element von $< p', p'' >$, womit, wie gesagt, die Existenz eines $\alpha < \omega_{\gamma+1}$ gezeigt ist, so daß $N^{(\alpha)}$ kein Element in (p', p'') hat. Zu jeder der höchstens $\aleph_{\gamma}$ Strecken (p'_{ν}, p''_{ν}) gehört also wirklich ein $\alpha_{\nu} < \omega_{\gamma+1}$, so daß $N^{(\alpha_{\nu})}$ in (p'_{ν}, p''_{ν}) kein Element hat. Wieder gibt es ein $\beta < \omega_{\gamma+1}$, das größer als alle diese α_{ν} ist. Die Ableitung $N^{(\beta)}$ enthält in keiner der Strecken (p'_{ν}, p''_{ν}) ein Element, sie enthält also kein nicht zu $N^{(\omega_{\gamma}+1)}$ gehöriges Element. Da andrerseits $N^{(\omega_{\gamma}+1)}$ Teil von $N^{(\beta)}$ ist, müssen $N^{(\beta)}$ und $N^{(\omega_{\gamma}+1)}$ identisch sein und da $N^{(\omega_{\gamma}+1)}$ perfekt ist, so auch $N^{(\beta)}$. Satz IX ist damit bewiesen.

Wir beweisen nun das Analogon des Satzes, daß eine isolierte Punktmenge abzählbar ist:

X. Genügt M der Voraussetzung (V_2), so hat eine Menge N, die keines ihrer Häufungselemente enthält, höchstens die Mächtigkeit $\aleph_{\gamma}$.

Wir bilden die elementenfreien Strecken der abgeschlossenen Menge N'. Es gibt ihrer höchstens $\aleph_{\gamma}$ und jedes isolierte Element von N gehört zu einer von ihnen; sei (p', p'') eine dieser Strecken, m ein in (p', p'') enthaltenes Element von M und die Strecke (m, p'') sei mit ihrem wohlgeordneten Teile $a_1, a_2, \ldots, a_{\nu}, \ldots$ vom Typus einer Anfangszahl, die notwendig $\leqq \omega_{\gamma}$ ist, konfinal. Da das Intervall $< m, a_1 >$ sowie jedes Intervall $< a_{\nu}, a_{\nu+1} >$ kein Häufungselement von N enthalten, enthält jedes von ihnen nur eine endliche Anzahl Elemente von N und die Strecke (m, p'') enthält daher, da die Vereinigungsmenge von höchstens $\aleph_{\gamma}$ endlichen Mengen höchstens die Mächtigkeit $\aleph_{\gamma}$ hat, höchstens $\aleph_{\gamma}$ Elemente von N. Dasselbe gilt aus denselben Gründen für die Strecke (p', m) und es enthält daher auch die Strecke (p', p'') höchstens $\aleph_{\gamma}$ Elemente von N. Da es aber höchstens $\aleph_{\gamma}$ elementenfreie

Strecken von N' gibt und jede von ihnen höchstens $\aleph_\gamma$ Elemente enthält, enthalten sie alle zusammen auch höchstens $\aleph_\gamma$ Elemente. Also gibt es höchstens $\aleph_\gamma$ Elemente von N, die nicht zu N' gehören, d. h. höchstens $\aleph_\gamma$ isolierte Elemente von N.

Besteht also die Menge N nur aus isolierten Elementen, so kann sie höchstens die Mächtigkeit $\aleph_\gamma$ haben. Daraus nun aber folgt leicht:

XI. Genügt M der Voraussetzung (V_2), so hat jede abgeschlossene Menge N, deren Mächtigkeit $> \aleph_\gamma$ ist, gleiche Mächtigkeit mit ihrem größten perfekten Teile.

Zunächst folgt aus IV, daß es in N einen perfekten Teil gibt: die $\aleph_{\gamma+1}$-Elemente von N bilden eine perfekte Menge, die, weil N abgeschlossen ist, Teil von N ist. Es gibt auch einen größten perfekten Teil von N; denn jeder perfekte Teil von N ist Teil aller Ableitungen von N, also ist die erste perfekte Ableitung von N der größte perfekte Teil von N. Sei $N^{(\alpha)}$ die erste perfekte Ableitung von N; wir haben zu zeigen, daß N und $N^{(\alpha)}$ gleiche Mächtigkeit haben. Nach IX ist $\alpha < \omega_{\gamma+1}$. Da N abgeschlossen ist, entsteht N' aus N durch Weglassen einer Menge, die nur isolierte Elemente enthält, und ebenso entsteht aus der Ableitung $N^{(\nu)}$ die Ableitung $N^{(\nu+1)}$. Also entsteht $N^{(\alpha)}$ aus N durch Weglassen von höchstens $\aleph_\gamma$ Mengen, deren jede nur isolierte Elemente enthält und somit nach X höchstens die Mächtigkeit $\aleph_\gamma$ hat. Wegen $\aleph_\gamma . \aleph_\gamma = \aleph_\gamma$ entsteht also $N^{(\alpha)}$ aus N durch Weglassen einer Menge, die höchstens die Mächtigkeit $\aleph_\gamma$ hat. Da aber die Menge N höhere Mächtigkeit als $\aleph_\gamma$ hat, wird ihre Mächtigkeit durch Weglassen von höchstens $\aleph_\gamma$ Elementen nicht geändert und Satz XI ist bewiesen.

Um auch nicht abgeschlossene Mengen in den Kreis unserer Betrachtungen ziehen zu können, führen wir nach dem Vorgange von G. Cantor[1] an Stelle des Begriffes der Ableitungen den der Kohärenzen ein. Wir verstehen unter der

[1] Acta math., *7*, p. 105. P. Mahlo sagt statt Kohärenz »*o*-Ableitung« und nennt im Gegensatze dazu die Ableitung »*u*-Ableitung«.

ersten Kohärenz Nc einer Menge N die Menge aller in N enthaltenen Häufungselemente von N oder, was dasselbe ist, den Durchschnitt von N und N'. Die Menge aller isolierten Elemente von N wird bezeichnet als die erste Adhärenz Na. Wir definieren nun für beliebige endliche oder transfinite α die αte Kohärenz Nc^{α} von N durch die Festsetzungen:

1. $Nc^{\beta+1}$ ist die erste Kohärenz von Nc^{β};

2. für eine Limeszahl β ist Nc^{β} der Durchschnitt aller Nc^{α} $(\alpha < \beta)$.

Wie bei den Ableitungen sieht man, daß eine der beiden folgenden Eventualitäten statthaben muß: entweder es verschwinden alle Kohärenzen der Menge N von einer bestimmten an, oder sie sind alle von einer bestimmten an in sich dicht. An Stelle des Satzes I tritt hier offenbar der folgende:

XII. Damit die Kohärenzen der Menge N von einer bestimmten an verschwinden, ist notwendig und hinreichend, daß kein Teil von N in sich dicht sei.

In der Tat, ein in sich dichter Teil von N muß auch Teil jeder Kohärenz von N sein; gibt es hingegen in N keinen in sich dichten Teil, so können nicht alle Kohärenzen von N Elemente enthalten; denn dann wären sie ja von einer bestimmten an in sich dicht, was nicht sein kann, weil jede Kohärenz von N auch Teil von N ist.

Wir nehmen wieder die Voraussetzung (V_2) auf und beweisen:

XIII. Genügt M der Voraussetzung (V_2), so enthält eine Menge N höchstens $\aleph_{\gamma}$ Elemente, die nicht $\aleph_{\gamma+1}$-Elemente von N sind.

In der Tat, gibt es keine $\aleph_{\gamma+1}$-Elemente von N, so hat N nach II höchstens die Mächtigkeit $\aleph_{\gamma}$ und XIII ist sicher richtig. Gibt es hingegen $\aleph_{\gamma+1}$-Elemente, so bilden sie nach III eine abgeschlossene Menge P. Wir bilden die elementenfreien Strecken[1] von P; sei (p', p'') eine von ihnen, m ein in (p', p'')

[1] Siehe den Beweis von IX.

enthaltenes Element von M und die Strecke (m, p'') sei mit ihrem wohlgeordneten Teile $a_1, a_2, \ldots, a_\nu, \ldots$ vom Typus einer Anfangszahl, die notwendig $\leqq \omega_\gamma$ ist, konfinal. Da das Intervall $< m, a_1 >$ sowie die Intervalle $< a_\nu, a_{\nu+1} >$ kein $\aleph_{\gamma+1}$-Element von N enthalten, enthält jedes von ihnen höchstens $\aleph_\gamma$ Elemente von N und dasselbe gilt somit auch für die Strecke (m, p''). Ebenso beweist man, daß auch die Strecke (p', m) höchstens $\aleph_\gamma$ Elemente von N enthält und es enthält daher auch (p', p'') höchstens $\aleph_\gamma$ Elemente von N. Da es aber höchstens $\aleph_\gamma$ elementenfreie Strecken (p', p'') von P gibt, enthalten sie alle zusammen auch höchstens $\aleph_\gamma$ Elemente von N. Es gibt also tatsächlich höchstens $\aleph_\gamma$ Elemente von N, die nicht zu P gehören, und XIII ist bewiesen.

Ein unmittelbares Korollar von XIII ist die eine Verallgemeinerung von X darstellende Tatsache, daß, wenn keines der Elemente von N ein $\aleph_{\gamma+1}$-Element von N ist, die Menge N höchstens die Mächtigkeit $\aleph_\gamma$ hat. Daraus ergibt sich weiter:

XIV. Genügt M der Voraussetzung (V_2) und ist die Mächtigkeit von N größer als $\aleph_\gamma$, so bilden die zu N gehörigen $\aleph_{\gamma+1}$-Elemente von N eine in sich dichte Menge.

Sei zum Beweise D die Menge der Elemente von N, die gleichzeitig $\aleph_{\gamma+1}$-Elemente von N sind. Nach der zuletzt gemachten Bemerkung enthält D sicher Elemente. D ist der Durchschnitt von N und der perfekten Menge P aller $\aleph_{\gamma+1}$-Elemente von N. Angenommen, es enthielte D ein isoliertes Element d. Der dem Elemente d vorausgehende Teil von M ist konfinal mit einem wohlgeordneten Teile $a_1, a_2, \ldots, a_\nu, \ldots$ vom Typus einer Anfangszahl $\leqq \omega_\gamma$. Da d isoliertes Element von D ist, enthalten die Intervalle $< a_\nu, a_{\nu+1} >$ von einem gewissen an, etwa für $\nu \geqq \bar{\nu}$, kein Element von D; es hat also, wie wir aus XIII gefolgert haben, der ins Intervall $< a_\nu, a_{\nu+1} >$ $(\nu \geqq \bar{\nu})$ fallende Teil von N höchstens die Mächtigkeit $\aleph_\gamma$. Dasselbe gilt daher für den in die Strecke $(a_{\bar{\nu}}, d)$ fallenden Teil von N. Ebenso sieht man, daß dies, bei geeigneter Wahl des Elementes $b (> d)$

von M für die Strecke (d, b) gilt. Dann aber ist d kein $\aleph_{\gamma+1}$-Element von N, entgegen der Voraussetzung. Hiermit ist XIV bewiesen.

Nun sind wir auch in der Lage, den Satz zu beweisen:

XV. Genügt M der Voraussetzung (V_2), so ist für jede Menge N bereits für ein $\beta < \omega_{\gamma+1}$ die Kohärenz Nc^{β} Null oder in sich dicht.

Dies ist evident, falls die Mächtigkeit von N nicht größer als $\aleph_\gamma$ ist, da, insolange die Kohärenz Nc^{α} nicht Null oder in sich dicht ist, beim Übergange von Nc^{α} zu $Nc^{\alpha+1}$ mindestens ein Element verloren geht. Ist hingegen die Menge N von höherer Mächtigkeit als $\aleph_\gamma$, so lehrt Satz XIV, daß diejenigen Elemente von N, die gleichzeitig $\aleph_{\gamma+1}$-Elemente von N sind, da sie ja einen in sich dichten Teil von N bilden, sämtlichen Kohärenzen von N angehören. Nach Satz XIII bilden aber alle übrigen Elemente von N eine Menge, deren Mächtigkeit höchstens $\aleph_\gamma$ ist; es gibt also in N höchstens $\aleph_\gamma$ Elemente, die beim Übergange von einer Kohärenz zur nächsten wegfallen können und mithin höchstens $\aleph_\gamma$ verschiedene Kohärenzen. Damit ist XV bewiesen.[1]

Aus Satz XIV folgt, immer unter der Voraussetzung (V_2), daß es in jeder Menge, deren Mächtigkeit $> \aleph_\gamma$ ist, einen in sich dichten Teil gibt. Eine Menge ohne in sich dichten Teil hat also höchstens die Mächtigkeit $\aleph_\gamma$. Dies ist eine Verallgemeinerung des Cantor'schen Satzes, daß jede separierte Punktmenge höchstens abzählbar unendlich ist. Ferner beweist man in Analogie mit Satz XI leicht, daß eine Menge, deren Mächtigkeit $> \aleph_\gamma$ ist, gleiche Mächtigkeit mit ihrem größten in sich dichten Teile hat.

Unter der Voraussetzung (V_2) erhält man also für die Kohärenzen ganz analoge Resultate wie für die Ableitungen: bereits für ein $\beta < \omega_{\gamma+1}$ wird die βte Ableitung Null oder perfekt, die βte Kohärenz Null oder in sich dicht. Nun haben wir

---

[1] Satz IX ist ein Spezialfall von XV, da für abgeschlossene Mengen der Begriff der Kohärenz mit dem der Ableitung identisch ist. Wir haben hiermit auch einen zweiten Beweis für Satz IX.

(Satz VIII) unter der bloßen Voraussetzung (V_1) nachweisen können, daß die $\omega_\delta$te Ableitung Null oder perfekt ist. Es ist also naheliegend, zu vermuten, daß auch unter der Voraussetzung (V_1) die $\omega_\delta$te Kohärenz stets Null oder in sich dicht ist. Merkwürdigerweise ist dies aber nicht der Fall. Wir wollen ein Beispiel angeben, wo M der Voraussetzung (V_1) für $\omega_\delta = \omega_1$ genügt und für einen gewissen Teil N von M die $\omega_1$te Kohärenz Nc^{ω_1} aus einem einzigen Elemente besteht.

Wir wählen für M wieder die bei Erläuterung von Satz VIII verwendete Menge der Zahlenpaare $[x, y]$ $(0 \leqq x \leqq 1, 0 \leqq y \leqq 1)$. Aus dem Intervalle $< 0, 1 >$ der Veränderlichen x greifen wir wieder die Menge X der Elemente (3) heraus. Da sie die Mächtigkeit $\aleph_1$ hat, ist[1] gewiß eines ihrer Elemente für sie ein $\aleph_1$-Element, z. B. das Element x_1, und zwar mögen sich etwa rechts von x_1 $\aleph_1$ Elemente von X häufen, so daß für jedes $\bar{x} > x$ die Strecke $(x, \bar{x})$ der Veränderlichen x $\aleph_1$ Elemente von X enthält. Die den x_ν zugeordneten Mengen Y_ν wählen wir genau wie oben, mit dem einen Unterschiede, daß die Menge Y_1 eine nach dem Typus $\omega + 1$ geordnete abgeschlossene Menge sei, deren Häufungspunkt der Punkt $y = 1$ sei. Die Menge N wird sodann aus den Paaren $[x_\nu, y_{\nu,\mu}]$ gebildet, wie früher. Eines ihrer Elemente ist nun auch das Paar $[x_1, 1]$.

Das Paar $[x_1, 1]$ gehört nun offenbar der Kohärenz Nc^{ω_1} an. In der Tat, betrachten wir für ein festes ν das Intervall $[x_\nu, y]$ $(0 \leqq y \leqq 1)$ von M. Der in dieses Intervall fallende Teil von N ist, da wir die Menge Y_ν als abgeschlossen vorausgesetzt haben, selber abgeschlossen; jeder Punkt seiner αten Ableitung gehört daher auch zur αten Kohärenz von N.

Wie wir gesehen haben, enthält aber die νte Ableitung dieses Teiles ein Element, es hat also die νte Kohärenz von N ein Element in der betrachteten Strecke von M. Dies gilt für jedes $\nu < \omega_1$. Betrachten wir nun irgend ein im Elemente $[x_1, 1]$ beginnendes Intervall von M, sei $[\bar{x}, \bar{y}]$ sein Endelement; es ist dann $\bar{x} > x_1$, so daß die Strecke $(x_1, \bar{x})$ der Veränderlichen x $\aleph_1$ Elemente x_ν von X enthält. Die Indizes ν dieser Elemente x_ν bilden also, der Größe nach geordnet, eine ω_1-Reihe mit ω_1 als

[1] Dies folgt aus Satz XIV, angewendet auf das Kontinuum.

Limes, und für jedes dieser Elemente x_ν ist das Intervall $[x_\nu, y]$ $(0 \leqq y \leqq 1)$ von M ganz im Intervalle $<[x_1, 1], [\bar{x}, \bar{y}]>$ von M enthalten. Da aber das Intervall $[x_\nu, y]$ $(0 \leqq y \leqq 1)$ ein Element von Nc^ν enthält, sehen wir: Ist β irgend eine Ordinalzahl $< \omega_1$ und ist $<[x_1, 1], [\bar{x}, \bar{y}]>$ irgend ein in $[x_1, 1]$ beginnendes Intervall von M, so enthält es Elemente von Kohärenzen Nc^ν, wo $\nu > \beta$. Daraus aber folgt: Das Element $[x_1, 1]$ von M ist Häufungselement für jede Kohärenz Nc^ν $(\nu < \omega_1)$; und da es Element von N ist, gehört es jeder dieser Kohärenzen, mithin auch der Kohärenz Nc^{ω_1} an. Es ist aber auch das einzige Element der Kohärenz Nc^{ω_1}, denn alle anderen Elemente von N gehören ja, wie wir schon seinerzeit gesehen haben, nicht einmal zur $\omega_1$ten Ableitung $N^{(\omega_1)}$, daher erst recht nicht zur Kohärenz Nc^{ω_1}. Damit ist gezeigt, daß, wie behauptet, die Kohärenz Nc^{ω_1} aus einem einzigen Elemente besteht.

Über halbstetige und unstetige Funktionen

Von

Hans Hahn in Bonn

(Vorgelegt in der Sitzung am 15. Februar 1917)

Die folgende Untersuchung gilt dem Beweise des Satzes, daß jede unstetige Funktion, deren Schwankung in keinem Punkte die positive Zahl k übersteigt, zerlegt werden kann in zwei Summanden, deren einer stetig ist, während der andere seinem absoluten Betrage nach die Zahl $\frac{k}{2}$ nicht übersteigt. Ein Satz dieser Art wurde bereits bewiesen von R. Baire,[1] doch wird dort nur gezeigt, daß der zweite Summand seinem absoluten Betrage nach $\leqq k$ gemacht werden kann. Die Herabsetzung dieser Schranke von k auf $\frac{k}{2}$ scheint mir von einigem Interesse, zumal $\frac{k}{2}$ offenbar der günstigste Wert dieser Schranke ist, unter den sie gewiß nicht herabgedrückt werden kann, da eine Funktion, die in einem Punkte die Schwankung ω hat, sich unmöglich in einer Umgebung dieses Punktes von einer stetigen Funktion um weniger als $\frac{\omega}{2}$ unterscheiden kann.

Der Beweis des Satzes, der hier mitgeteilt wird, ist von dem von Baire gegebenen völlig verschieden. Er erstreckt sich auf Funktionen, die auf ganz beliebigen Punktmengen eines metrischen Raumes definiert sind, während der Baire'sche Beweis sich nur auf Funktionen einer Veränderlichen bezieht.

---

1 Ann. di mat. (3), 3 (1899), p. 53 f.

Wir leiten hier den Satz aus einem meines Wissens neuen Resultat über halbstetige Funktionen her, des Inhaltes, daß zwischen einer oberhalb stetigen und einer unterhalb stetigen Funktion, deren erste die zweite nirgends übersteigt, immer eine stetige Funktion liegt. Um dieses Theorem in der hier notwendigen Allgemeinheit begründen zu können, mußte ich einen neuen Beweis für die von R. Baire entdeckte Tatsache[1] erbringen, daß jede oberhalb stetige Funktion Grenze einer monoton abnehmenden, jede unterhalb stetige Funktion Grenze einer monoton zunehmenden Folge stetiger Funktionen ist; der von Baire für diese Tatsache gegebene Beweis beherrscht zwar völlig die Funktionen endlich vieler Veränderlichen, scheint aber auf beliebige Punktmengen irgendeines metrischen Raumes nicht ohne weiteres übertragbar zu sein.

Sei ein metrischer Raum gegeben, d. h. irgendeine Menge von Elementen, derart, daß jedem Paare a, a' dieser Elemente eine nicht negative Zahl, der »Abstand $r(a, a')$«, zugeordnet ist mit folgenden Eigenschaften:

1. Es ist $r(a, a') = 0$ dann und nur dann, wenn $a = a'$.
2. Es gilt die »Dreiecksungleichung«:

$$r(a, a') + r(a', a'') \geqq r(a, a'').$$

Jedes Element a heißt dann »ein Punkt« dieses Raumes, jede Menge von Elementen a eine »Punktmenge« dieses Raumes.

Der Punkt a heißt Grenzpunkt der Folge $\{a_n\}$, in Zeichen:

$$a = \lim_{n=\infty} a_n,$$

wenn:

$$\lim_{n=\infty} r(a_n, a) = 0$$

ist. Der Punkt a heißt Häufungspunkt der Punktmenge $\mathfrak{A}$, wenn es in $\mathfrak{A}$ eine Folge von a verschiedener Punkte a_n mit $\lim_{n=\infty} a_n = a$ gibt. Ein Teil $\mathfrak{B}$ von $\mathfrak{A}$ heißt abgeschlossen

---

[1] Bull. soc. math., 32 (1904), p. 125.

in $\mathfrak{A}$, wenn jeder zu $\mathfrak{A}$ gehörige Häufungspunkt von $\mathfrak{B}$ auch zu $\mathfrak{B}$ gehört.

Sei $\mathfrak{A}$ eine Punktmenge unseres metrischen Raumes. Ist jedem Punkte a von $\mathfrak{A}$ eine reelle Zahl $f(a)$ zugeordnet, so ist dadurch auf $\mathfrak{A}$ eine Funktion definiert; wir lassen auch die Werte $+\infty$ und $-\infty$ als Funktionswerte zu.

Die Funktion f heißt im Punkte a oberhalb stetig auf $\mathfrak{A}$, wenn für jede Punktfolge $\{a_n\}$ aus $\mathfrak{A}$ mit $\lim\limits_{n=\infty} a_n = a$ die Ungleichung besteht:

$$\overline{\lim_{n=\infty}} f(a_n) \leqq f(a), \tag{1}$$

sie heißt im Punkte a unterhalb stetig auf $\mathfrak{A}$, wenn an Stelle von (1) die Ungleichung tritt:

$$\underline{\lim_{n=\infty}} f(a_n) \geqq f(a). \tag{2}$$

Ist f in jedem Punkte von $\mathfrak{A}$ oberhalb (unterhalb) stetig auf $\mathfrak{A}$, so heißt f kurz »oberhalb (unterhalb) stetig auf $\mathfrak{A}$«. Eine Funktion, die sowohl oberhalb als unterhalb stetig auf $\mathfrak{A}$ ist, d. h. für die in jedem Punkt a von $\mathfrak{A}$ und für jede Punktfolge $\{a_n\}$ aus $\mathfrak{A}$ mit $\lim\limits_{n=\infty} a_n = a$ auch:

$$\lim_{n=\infty} f(a_n) = f(a)$$

ist, heißt stetig auf $\mathfrak{A}$.

Aus diesen Definitionen folgt unmittelbar:

Damit f oberhalb stetig sei auf $\mathfrak{A}$, ist notwendig und hinreichend, daß für jedes k die Menge aller Punkte von $\mathfrak{A}$, in denen $f \geqq k$ ist, abgeschlossen sei in $\mathfrak{A}$. Ist f unterhalb stetig auf $\mathfrak{A}$, so gilt dies für die Menge aller Punkte von $\mathfrak{A}$, in denen $f \leqq k$ ist.

Wir verstehen nun unter dem Abstande $r(a, \mathfrak{B})$ des Punktes a von der Menge $\mathfrak{B}$ die untere Schranke der Abstände $r(a, b)$ des Punktes a von sämtlichen Punkten b von $\mathfrak{B}$ und zeigen:

Der Abstand $r(a, \mathfrak{B})$ eines Punktes a aus $\mathfrak{A}$ von einer Menge $\mathfrak{B}$ ist stetig auf $\mathfrak{A}$.

Wir haben zu zeigen: Ist a Punkt von $\mathfrak{A}$, $\{a_n\}$ Punktfolge aus $\mathfrak{A}$ mit $\lim_{n=\infty} a_n = a$ und ist $\varepsilon > 0$ beliebig gegeben, so ist für fast alle n:[1]

$$r(a, \mathfrak{B}) - \varepsilon < r(a_n, \mathfrak{B}) < r(a, \mathfrak{B}) + \varepsilon. \tag{3}$$

In der Tat, zufolge der Definition von $r(a, \mathfrak{B})$ gibt es in $\mathfrak{B}$ einen Punkt b, so daß:

$$r(a, b) < r(a, \mathfrak{B}) + \frac{\varepsilon}{2}. \tag{4}$$

Wegen $\lim_{n=\infty} a_n = a$ ist für fast alle n:

$$r(a, a_n) < \frac{\varepsilon}{2}, \tag{5}$$

daher, aus (4), (5) wegen der Dreiecksungleichung, für fast alle n:

$$r(a_n, b) < r(a, \mathfrak{B}) + \varepsilon,$$

und somit, für fast alle n,

$$r(a_n, \mathfrak{B}) < r(a, \mathfrak{B}) + \varepsilon. \tag{6}$$

Angenommen sodann, es wäre für unendlich viele n:

$$r(a_n, \mathfrak{B}) \leqq r(a, \mathfrak{B}) - \varepsilon.$$

Zu jedem a_n gibt es in $\mathfrak{B}$ ein b_n, so daß:

$$r(a_n, b_n) < r(a_n, \mathfrak{B}) + \frac{\varepsilon}{2}.$$

Es wäre also für unendlich viele n:

$$r(a_n, b_n) < r(a, \mathfrak{B}) - \frac{\varepsilon}{2},$$

und somit, wegen (5) und der Dreiecksungleichung, für unendlich viele n:

$$r(a, b_n) < r(a, \mathfrak{B}),$$

im Widerspruche mit der Definition von $r(a, \mathfrak{B})$. Also ist für fast alle n:

$$r(a_n, \mathfrak{B}) > r(a, \mathfrak{B}) - \varepsilon. \tag{7}$$

---

[1] D. h. für alle n mit höchstens endlich vielen Ausnahmen.

Durch (6) und (7) aber ist (3), und damit die Behauptung, bewiesen.

Es folgt nun unmittelbar:

Für jedes $\rho \geqq 0$ ist die Menge aller Punkte von $\mathfrak{A}$, in denen $r(a, \mathfrak{B}) \leqq \rho$ (in denen $r(a, \mathfrak{B}) \geqq \rho$) ist, abgeschlossen in $\mathfrak{A}$.

Wir beweisen nun folgenden Hilfssatz:

Hilfssatz: Ist g eine auf $\mathfrak{A}$ oberhalb stetige Funktion, die nur endlich viele verschiedene, durchweg endliche Werte annimmt, so gibt es eine monoton abnehmende Folge auf $\mathfrak{A}$ stetiger Funktionen g_ν, so daß:

$$g = \lim_{\nu = \infty} g_\nu .$$

Seien $c_1 > c_2 > \ldots > c_k$ die endlich vielen verschiedenen Werte, die g annimmt. Mit $\mathfrak{A}_i$ $(i = 1, 2, \ldots, k)$ bezeichnen wir denjenigen Teil von $\mathfrak{A}$, auf dem g einen der Werte $c_1, c_2, \ldots, c_i$ annimmt. Dann ist $\mathfrak{A}_i$ Teil von $\mathfrak{A}_{i+1}$ und weil g oberhalb stetig ist auf $\mathfrak{A}$, so ist $\mathfrak{A}_i$ abgeschlossen in $\mathfrak{A}$.

Sei nun $\rho > 0$ irgendwie gegeben. Wir verstehen unter $\mathfrak{A}_0(\rho)$ die Menge $\mathfrak{A}_1$, unter $\mathfrak{A}_i(\rho)$ $(i = 1, 2, \ldots, k)$ die Menge aller Punkte von $\mathfrak{A}$, deren Abstand von der Vereinigung[1] $V(\mathfrak{A}_{i-1}(\rho), \mathfrak{A}_i) : \leqq \rho$ ist. Dann ist $\mathfrak{A}_i(\rho)$ Teil von $\mathfrak{A}_{i+1}(\rho)$ und nach einem oben bewiesenen Satze ist $\mathfrak{A}_i(\rho)$ abgeschlossen in $\mathfrak{A}$. Offenbar ist $\mathfrak{A}_k(\rho) = \mathfrak{A}$.

Nun verstehen wir unter $r^{(i)}(a)$ den Abstand des Punktes a von der Menge $V(\mathfrak{A}_{i-1}(\rho), \mathfrak{A}_i)$ und definieren auf $\mathfrak{A}$ eine Funktion $g(a, \rho)$ durch die Vorschrift:

$$\left.\begin{aligned} g(a, \rho) &= c_1 \text{ auf } \mathfrak{A}_0(\rho) \\ g(a, \rho) &= c_i - \frac{c_i - c_{i+1}}{\rho} \cdot r^{(i)}(a) \text{ auf } \mathfrak{A}_i(\rho) - \mathfrak{A}_{i-1}(\rho)\,^2 \\ &(i = 1, 2, \ldots, k). \end{aligned}\right\} \quad (8)$$

[1] Die Vereinigung (Vereinigungsmenge) zweier Mengen $\mathfrak{A}$ und $\mathfrak{B}$ bezeichnen wir mit $V(\mathfrak{A}, \mathfrak{B})$.

[2] Mit $\mathfrak{A} - \mathfrak{B}$ bezeichnen wir, wenn $\mathfrak{B}$ Teil von $\mathfrak{A}$ ist, die Menge der nicht zu $\mathfrak{B}$ gehörigen Elemente von $\mathfrak{A}$ (d. h. das Komplement von $\mathfrak{B}$ zu $\mathfrak{A}$).

Wir beweisen zunächst, daß die so definierte Funktion $g(a, \rho)$ für jedes $\rho > 0$ stetig auf $\mathfrak{A}$ ist. Wir haben also zu zeigen: Ist a Punkt von $\mathfrak{A}$ und $\{a_n\}$ eine Punktfolge aus $\mathfrak{A}$ mit $\lim_{n=\infty} a_n = a$, so ist:

$$\lim_{n=\infty} g(a_n, \rho) = g(a, \rho). \tag{9}$$

Angenommen zunächst, es gehöre a zu $\mathfrak{A}_0(\rho)$ (d. h. zu $\mathfrak{A}_1$). Es ist dann:

$$g(a, \rho) = c_1. \tag{10}$$

Aus $\lim_{n=\infty} a_n = a$ folgt zunächst:

$$\lim_{n=\infty} r(a_n, a) = 0.$$

Es ist also auch:

$$\lim_{n=\infty} r^{(1)}(a_n) = 0, \tag{11}$$

mithin für fast alle n:

$$r^{(1)}(a_n) \leqq \rho,$$

so daß fast alle a_n zu $\mathfrak{A}_1(\rho)$ gehören, daher ist für fast alle n:

$$g(a_n, \rho) = c_1 - \frac{c_1 - c_2}{\rho} \cdot r^{(1)}(a_n),$$

mithin wegen (11):

$$\lim_{n=\infty} g(a_n, \rho) = c_1,$$

so daß im Hinblick auf (10) in diesem Falle (9) bewiesen ist.

Angenommen sodann, es sei a Punkt von $\mathfrak{A}_i(\rho) - \mathfrak{A}_{i-1}(\rho)$ $(i = 1, 2, \ldots, k)$. Dann ist $g(a, \rho)$ gegeben durch die zweite Gleichung (8). Da $\mathfrak{A}_{i-1}(\rho)$ abgeschlossen ist in $\mathfrak{A}$, folgt aus $\lim_{n=\infty} a_n = a$, daß von den a_n höchstens endlich viele zu $\mathfrak{A}_{i-1}(\rho)$ gehören können.

Ist nun $r^{(i)}(a) < \rho$, so muß, da $r^{(i)}$ auf $\mathfrak{A}$ stetig ist, für fast alle n:

$$r^{(i)}(a_n) \leqq \rho$$

sein, so daß fast alle a_n zu $\mathfrak{A}_i(\rho)$ gehören. Es gehören also fast alle a_n zu $\mathfrak{A}_i(\rho)-\mathfrak{A}_{i-1}(\rho)$, es ist somit für fast alle n:

$$g(a_n, \rho) = c_i - \frac{c_i - c_{i+1}}{\rho} r^{(i)}(a_n);$$

wegen der Stetigkeit von $r^{(i)}$ aber folgt aus $\lim\limits_{n=\infty} a_n = a$:

$$\lim_{n=\infty} r^{(i)}(a_n) = r^{(i)}(a),$$

und es ist somit (9) abermals bewiesen.

Ist endlich $r^{(i)}(a) = \rho$, so kann es unter den a_n sowohl eine Teilfolge a'_n geben, die zu $\mathfrak{A}_i(\rho)$ gehört, als auch eine Teilfolge a''_n, die nicht zu $\mathfrak{A}_i(\rho)$ gehört. Für die a'_n wird die Beziehung:

$$\lim_{n=\infty} g(a'_n, \rho) = g(a, \rho) \tag{12}$$

ebenso bewiesen, wie soeben (9) bewiesen wurde. Was die a''_n anlangt, so ist sicherlich:

$$r^{(i+1)}(a''_n) \leqq r(a''_n, a),$$

also ist, da wegen $\lim\limits_{n=\infty} a_n = a$ gewiß:

$$\lim_{n=\infty} r(a''_n, a) = 0$$

ist, auch:

$$\lim_{n=\infty} r^{(i+1)}(a''_n) = 0. \tag{13}$$

Es gehören also fast alle a''_n zu $\mathfrak{A}_{i+1}(\rho)-\mathfrak{A}_i(\rho)$, es ist also für fast alle n:

$$g(a''_n, \rho) = c_{i+1} - \frac{c_{i+1} - c_{i+2}}{\rho} r_{i+1}(a''_n),$$

und daher wegen (13):

$$\lim_{n=\infty} g(a''_n, \rho) = c_{i+1}.$$

Da nun aber auch [wegen (8) und wegen $r_i(a) = \rho$]:

$$g(a, \rho) = c_{i+1}$$

ist, so haben wir:

$$\lim_{n=\infty} g(a_n'', \rho) = g(a, \rho),$$

was zusammen mit (12) wieder (9) ergibt. Damit ist die Stetigkeit von $g(a, \rho)$ in allen Fällen bewiesen.

Nunmehr beweisen wir, daß die Funktion $g(a, \rho)$ bei festem a mit ρ monoton abnimmt, d. h. aus $\rho' < \rho''$ folgt:

$$g(a, \rho') \leqq g(a, \rho''). \tag{14}$$

Dies ist richtig in den Punkten von $\mathfrak{A}_0(\rho)$ $(= \mathfrak{A}_1)$, da in diesen Punkten für alle ρ:

$$g(a, \rho) = c_1$$

ist. Nun ist offenbar, wenn $\rho' < \rho''$, $\mathfrak{A}_i(\rho')$ Teil von $\mathfrak{A}_i(\rho'')$. Gehört der Punkt a von $\mathfrak{A}$ nicht zu $\mathfrak{A}_1$, so gehört er zu einer und nur einer der Mengen $\mathfrak{A}_i(\rho') - \mathfrak{A}_{i-1}(\rho')$ $(i = 1, 2, \ldots, k)$, etwa zu der mit dem Index i', sowie zu einer und nur einer der Mengen $\mathfrak{A}_i(\rho'') - \mathfrak{A}_{i-1}(\rho'')$ $(i = 1, 2, \ldots, k)$, etwa zu der mit dem Index i''; und dabei ist sicherlich $i' \geqq i''$. Ist $i' > i''$, so ist wegen:

$$g(a', \rho') \leqq c_{i'}, \quad g(a, \rho'') \geqq c_{i''+1}$$

gewiß (14) erfüllt. Ist hingegen $i' = i'' = i$, so wollen wir mit $r'^{(i)}(a)$ den Abstand des Punktes a von $V(\mathfrak{A}_{i-1}(\rho'), \mathfrak{A}_i)$, mit $r''^{(i)}(a)$ den Abstand des Punktes a von $V(\mathfrak{A}_{i-1}(\rho''), \mathfrak{A}_i)$ bezeichnen und haben, da $\mathfrak{A}_{i-1}(\rho')$ Teil von $\mathfrak{A}_{i-1}(\rho'')$ ist:

$$r'^{(i)}(a) \geqq r''^{(i)}(a). \tag{15}$$

Und da nun im Punkte a:

$$g(a, \rho') = c_i - \frac{c_i - c_{i+1}}{\rho'} r'^{(i)}(a)$$

$$g(a, \rho'') = c_i - \frac{c_i - c_{i+1}}{\rho''} r''^{(i)}(a)$$

ist, so folgt aus $\rho' < \rho''$ wegen (15) wieder (14). Es ist also in allen Fällen bewiesen, daß $g(a, \rho)$ mit ρ monoton abnimmt.

Endlich beweisen wir, daß in jedem Punkte von $\mathfrak{A}$ die Beziehung besteht:

$$\lim_{\rho=+0} g(a, \rho) = g(a). \tag{16}$$

Dies ist offenbar richtig in den Punkten von $\mathfrak{A}_1$, in denen sowohl $g(a) = c_1$ als auch (für alle $\rho > 0$): $g(a, \rho) = c_1$ ist.

Gehört der Punkt a nicht zu $\mathfrak{A}_1$, so gehört er zu einer und nur einer der Mengen $\mathfrak{A}_i - \mathfrak{A}_{i-1}$ $(i = 2, 3, \ldots, k)$, und zwar ist, wenn er zu $\mathfrak{A}_i - \mathfrak{A}_{i-1}$ gehört:

$$g(a) = c_i. \tag{17}$$

Offenbar gehört er dann auch zu $\mathfrak{A}_i(\rho)$, und zwar ist:

$$r^{(i)}(a) = 0. \tag{18}$$

Da nun aber a nicht zu $\mathfrak{A}_{i-1}$ gehört und $\mathfrak{A}_{i-1}$ in $\mathfrak{A}$ abgeschlossen ist, so ist:[1]

$$r(a, \mathfrak{A}_{i-1}) > 0,$$

und somit auch:

$$r(a, \mathfrak{A}_1) > 0,\ r(a, \mathfrak{A}_2) > 0, \ldots,\ r(a, \mathfrak{A}_{i-1}) > 0.$$

Nun ist für alle Punkte von $\mathfrak{A}_1(\rho)$ der Abstand von $\mathfrak{A}_1 : \leqq \rho$, für alle Punkte von $\mathfrak{A}_2(\rho)$ ist der Abstand von $V(\mathfrak{A}_1(\rho), \mathfrak{A}_2) \leqq \rho$ und mithin, wegen der Dreiecksungleichung, der Abstand von $V(\mathfrak{A}_1, \mathfrak{A}_2) = \mathfrak{A}_2 : \leqq 2\rho$, und indem man so weiter schließt, sieht man: der Abstand eines Punktes der Menge $\mathfrak{A}_{i-1}(\rho)$ von $\mathfrak{A}_{i-1}$ ist $\leqq (i-1).\rho$. Sobald also:

$$\rho < \frac{1}{i-1} r(a, \mathfrak{A}_{i-1})$$

geworden ist, gehört a nicht zu $\mathfrak{A}_{i-1}(\rho)$ und mithin zu $\mathfrak{A}_i(\rho) - \mathfrak{A}_{i-1}(\rho)$. Im Hinblick auf (8) und (18) ist also für alle hinlänglich kleinen $\rho > 0$:

$$g(a, \rho) = c_i$$

[1] In der Tat, wäre $r(a, \mathfrak{A}_{i-1}) = 0$, so gäbe es in $\mathfrak{A}_{i-1}$ eine Punktfolge $\{a_n\}$, so daß $\lim_{n=\infty} r(a, a_n) = 0$, d. h. $\lim_{n=\infty} a_n = a$ wäre; und da $\mathfrak{A}_{i-1}$ n $\mathfrak{A}$ abgeschlossen ist, so wäre a Punkt von $\mathfrak{A}_{i-1}$.

und somit, wegen (17), ist (16) wieder bewiesen. Damit ist der Beweis für (16) allgemein erbracht.

Wir haben nun nur mehr zu setzen:

$$g_\nu(a) = g\left(a, \frac{1}{\nu}\right)$$

und unser Hilfssatz ist bewiesen.

Nun hat es keinerlei Schwierigkeit mehr, den allgemeinen Satz zu beweisen:

Ist die Funktion f oberhalb stetig auf $\mathfrak{A}$, so gibt es eine monoton abnehmende Folge auf $\mathfrak{A}$ stetiger Funktionen f_ν, so daß:

$$f = \lim_{\nu=\infty} f_\nu.$$

Wir nehmen beim Beweise zunächst an, f sei geschränkt; etwa

$$A < f < B.$$

Wir teilen das Intervall $< A, B >$ in 2^ν gleiche Teile durch Einschalten der Teilpunkte:

$$B = c_1^{(\nu)} > c_2^{(\nu)} > \ldots > c_{2^\nu}^{(\nu)} > c_{2^\nu+1}^{(\nu)} = A.$$

Nun setzen wir:

$$g_\nu = c_i^{(\nu)}, \text{ wo } c_i^{(\nu)} > f \geqq c_{i+1}^{(\nu)} \qquad (i = 1, 2, \ldots, 2^\nu).$$

Dann hat g_ν nur 2^ν verschiedene, durchweg endliche Werte und ist oberhalb stetig auf $\mathfrak{A}$, denn da f oberhalb stetig ist, so ist die Menge aller Punkte von $\mathfrak{A}$, in denen:

$$f \geqq c_i^{(\nu)},$$

für jedes i abgeschlossen in $\mathfrak{A}$; es ist daher für jedes k die Menge aller Punkte, in denen $g_\nu \geqq k$ ist, abgeschlossen in $\mathfrak{A}$ und somit g_ν oberhalb stetig auf $\mathfrak{A}$, wie behauptet.

Auf Grund des Hilfssatzes gibt es daher eine monoton abnehmende Folge $\{g_{\nu,\mu}\}$ auf $\mathfrak{A}$ stetiger Funktionen, so daß:

$$g_\nu = \lim_{\mu=\infty} g_{\nu,\mu}. \qquad (19)$$

Bemerken wir endlich noch, daß die g_ν selbst eine monoton abnehmende Folge bilden mit:

$$\lim_{\nu=\infty} g_\nu = f. \tag{20}$$

Wir verstehen nun unter $h_{\nu,\mu}$ den kleinsten unter den ν Funktionswerten $g_{1,\mu}, g_{2,\mu}, \ldots, g_{\nu,\mu}$. Dann ist, weil die $g_{\nu,\mu}$ stetig sind, offenbar auch $h_{\nu,\mu}$ stetig und es ist:

$$h_{\nu,\mu} \leqq g_{\nu,\mu}. \tag{21}$$

Da die $g_{\nu,\mu}$ mit wachsendem μ monoton abnehmen, so ist:

$$g_\nu \leqq g_{\nu,\mu}$$

und da die g_ν mit wachsendem ν monoton abnehmen, ist auch:

$$g_\nu \leqq g_{\bar{\nu},\mu} \quad \text{für} \quad \bar{\nu} \leqq \nu.$$

Da aber $h_{\nu,\mu}$ gleich einem der ν Funktionswerte $g_{1,\mu}$, $g_{2,\mu}, \ldots, g_{\nu,\mu}$ ist, so haben wir:

$$g_\nu \leqq h_{\nu,\mu}. \tag{22}$$

Dies, zusammen mit (21) und (19), ergibt sofort:

$$g_\nu = \lim_{\mu=\infty} h_{\nu,\mu}. \tag{23}$$

Aus der Definition der $h_{\nu,\mu}$ folgt unmittelbar:

$$h_{\bar{\nu},\mu} \leqq h_{\nu,\mu} \quad \text{für} \quad \bar{\nu} > \nu. \tag{24}$$

Aus der Tatsache, daß $g_{\nu,\mu}$ mit wachsendem μ monoton abnimmt, folgt ferner:

$$h_{\nu,\bar{\mu}} \leqq h_{\nu,\mu} \quad \text{für} \quad \bar{\mu} > \mu. \tag{25}$$

Die Ungleichungen (24) und (25) lehren: die Folge $\{h_{\nu,\nu}\}$ nimmt mit wachsendem ν monoton ab.

Wegen des monotonen Abnehmens der g_ν und wegen (20) haben wir für alle ν:

$$f \leqq g_\nu,$$

und somit wegen (22) für alle ν und μ:

$$f \leqq h_{\nu,\mu}. \tag{26}$$

Wegen (20) gibt es zu jedem Punkte a von $\mathfrak{A}$ ein ν^*, so daß in diesem Punkte:

$$g_{\nu^*} < f + \frac{\varepsilon}{2}.$$

Wegen (23) gibt es sodann zu diesem ν^* ein μ^* (das ohne weiteres $> \nu^*$ angenommen werden kann), so daß:

$$h_{\nu^*, \mu^*} < g_{\nu^*} + \frac{\varepsilon}{2} < f + \varepsilon.$$

Wegen (26) und (24) haben wir dann:

$$f \leqq h_{\mu^*, \mu^*} < f + \varepsilon$$

und da die Folge $\{h_{\nu,\nu}\}$ monoton abnimmt, ist also

$$f \leqq h_{\nu,\nu} < f + \varepsilon \quad \text{für} \quad \nu \geqq \mu^*,$$

das heißt, es ist:

$$\lim_{\nu=\infty} h_{\nu,\nu} = f.$$

Es ist also $\{h_{\nu,\nu}\}$ eine monoton abnehmende Folge auf $\mathfrak{A}$ stetiger Funktionen mit der Grenzfunktion f; und damit ist, unter der Voraussetzung, f sei geschränkt, unsere Behauptung bewiesen.

Sei sodann f nicht geschränkt. Wir bilden aus f eine Funktion f^* durch die Vorschrift:[1]

$$f^* = \frac{f}{1+f}, \quad \text{wo} \quad f \geqq 0; \quad f^* = \frac{f}{1-f}, \quad \text{wo} \quad f \leqq 0.$$

Dann ist f^* geschränkt:[2]

$$-1 \leqq f^* \leqq 1$$

und gleichzeitig mit f ist auch f^* oberhalb stetig auf $\mathfrak{A}$. Nach dem eben Bewiesenen gibt es also eine monoton abnehmende Folge auf $\mathfrak{A}$ stetiger Funktionen $\{f_\nu^*\}$, so daß:

$$f^* = \lim_{\nu=\infty} f_\nu^*.$$

---

[1] Dies ist ein von R. Baire wiederholt benutzter Kunstgriff.

[2] Die Werte $+\infty$ und $-\infty$ von f gehen über in die Werte 1 und -1 von f^*.

Ersetzen wir überall, wo $f_\nu^* > 1$ ist, den Funktionswert durch 1 und bezeichnen die so entstehende Funktion mit f_ν^{**}, so ist auch $\{f_\nu^{**}\}$ eine monoton abnehmende Folge auf $\mathfrak{A}$ stetiger Funktionen mit:

$$\lim_{\nu=\infty} f_\nu^{**} = f^*.$$

Setzen wir endlich noch:

$$f_\nu = \frac{f_\nu^*}{1-f_\nu^*}, \quad \text{wo } f_\nu^* \geqq 0; \qquad f_\nu = \frac{f_\nu^*}{1+f_\nu^*}, \quad \text{wo } f_\nu^* \leqq 0,$$

so ist nun $\{f_\nu\}$ eine monoton abnehmende Folge auf $\mathfrak{A}$ stetiger Funktionen mit:

$$\lim_{\nu=\infty} f_\nu = f,$$

und unsere Behauptung ist allgemein bewiesen.

Ebenso beweist man:

Ist die Funktion f unterhalb stetig auf $\mathfrak{A}$, so gibt es eine monoton zunehmende Folge auf $\mathfrak{A}$ stetiger Funktionen f_ν, so daß:

$$f = \lim_{\nu=\infty} f_\nu.$$

Wir kommen nun zum Beweis des Satzes:

Ist g unterhalb stetig auf $\mathfrak{A}$ und h oberhalb stetig auf $\mathfrak{A}$ und ist überall auf $\mathfrak{A}$:

$$g \geqq h,$$

so gibt es eine auf $\mathfrak{A}$ stetige Funktion f, so daß überall auf $\mathfrak{A}$:

$$g \geqq f \geqq h. \tag{27}$$

Wir können beim Beweise wieder ohne weiteres annehmen, es seien g und h geschränkt (und somit endlich), da der Übergang von geschränkten zu ungeschränkten Funktionen durch den bereits oben verwendeten Kunstgriff von R. Baire ohne jede Schwierigkeit vollzogen wird.

Wir denken uns g dargestellt durch eine monoton zunehmende, h durch eine monoton abnehmende Folge auf $\mathfrak{A}$ stetiger Funktionen:

$$\left.\begin{array}{l} g = \lim\limits_{\nu=\infty} g_\nu; \quad g_{\nu+1} \geqq g_\nu; \\ h = \lim\limits_{\nu=\infty} h_\nu; \quad h_{\nu+1} \leqq h_\nu. \end{array}\right\} \tag{28}$$

Wir definieren nun f durch die Vorschrift: in jedem Punkte a von $\mathfrak{A}$, in dem:

$$g(a) = h(a),$$

sei auch:

$$f(a) = g(a) = h(a); \tag{29}$$

in einem Punkte a von $\mathfrak{A}$, in dem:

$$g(a) > h(a),$$

hingegen gehen wir zur Definition von $f(a)$ so vor:

Wegen (28) ist in einem solchen Punkte für fast alle ν:

$$g_\nu > h_\nu$$

und erst recht:

$$h_\nu < g_{\nu+1}.$$

In der Folge der Werte:

$$g_1(a), h_1(a), g_2(a), h_2(a), \ldots, g_\nu(a), h_\nu(a), \ldots$$

muß es daher, wenn man sie von links nach rechts durchwandert, einen ersten geben, der mit dem nächstfolgenden durch die entsprechende der Ungleichungen:

$$g_\nu(a) \geqq h_\nu(a); \quad h_\nu(a) \leqq g_{\nu+1}(a)$$

verbunden ist. Wir setzen $f(a)$ gleich diesem Werte. Es ist also:

$$f(a) = g_{\nu_0}(a), \tag{30}$$

wenn:

$$g_\nu(a) < h_\nu(a); \quad h_\nu(a) > g_{\nu+1}(a) \quad (\nu = 1, 2, \ldots, \nu_0 - 1); \tag{31}$$

$$g_{\nu_0}(a) \geqq h_{\nu_0}(a); \tag{32}$$

es ist:

$$f(a) = h_{\nu_0}(a), \tag{33}$$

wenn:

$$\left.\begin{aligned} g_\nu(a) &< h_\nu(a) \qquad (\nu = 1, 2, \ldots, \nu_0); \\ h_\nu(a) &> g_{\nu+1}(a) \qquad (\nu = 1, 2, \ldots, \nu_0 - 1); \end{aligned}\right\} \tag{34}$$

$$h_{\nu_0}(a) \leqq g_{\nu_0+1}(a). \tag{35}$$

Wir entnehmen aus dieser Definition von f unmittelbar: Für alle ν gilt die entsprechende der beiden Ungleichungen:

$$g_\nu \leqq f \leqq h_\nu; \quad h_\nu \leqq f \leqq g_\nu \tag{36}$$

(je nachdem $g_\nu \leqq h_\nu$ oder $h_\nu \leqq g_\nu$ ist).

In der Tat, dies ist evident in den Punkten, in denen f gegeben ist durch (29), da dort, zufolge (28) für alle ν:

$$g_\nu(a) \leqq g(a) = f(a) = h(a) \leqq h_\nu(a).$$

Ist hingegen $f(a)$ gegeben durch (30), so liegt zufolge (31) und (28) in der Reihe:

$$g_1(a), h_1(a), g_2(a), h_2(a), \ldots, h_{\nu_0-1}(a), g_{\nu_0}(a) = f(a)$$

jeder Wert zwischen den beiden nächst vorhergehenden, woraus sofort folgt:

$$g_\nu(a) < f(a) < h_\nu(a) \qquad (\nu = 1, 2, \ldots, \nu_0 - 1)$$

Für $\nu = \nu_0$ haben wir zunächst aus (30) und (32)

$$g_{\nu_0}(a) = f(a) \geqq h_{\nu_0}(a)$$

und da die g_ν mit ν monoton zunehmen, die h_ν aber monoton abnehmen, so haben wir auch für $\nu > \nu_0$:

$$g_\nu(a) \geqq f(a) \geqq h_\nu(a),$$

und (36) ist wieder für alle ν bestätigt.

Ganz ähnlich schließt man, wenn $f(a)$ gegeben ist durch (33), so daß (36) nun in allen Fällen bewiesen ist.

Ganz ebenso beweist man, daß für alle ν die entsprechende der beiden Ungleichungen gilt:

$$g_{\nu+1}(a) \leqq f(a) \leqq h_\nu(a); \quad g_{\nu+1}(a) \geqq f(a) \geqq h_\nu(a). \quad (37)$$

Aus (36) und (28) folgt nun aber:

$$g(a) \geqq f(a) \geqq h(a),$$

so daß (27) bewiesen ist.

Wir haben nun nur noch zu beweisen, daß f stetig ist auf $\mathfrak{A}$, d. h. daß für jeden Punkt a aus $\mathfrak{A}$ und jede Punktfolge $\{a_n\}$ aus $\mathfrak{A}$ mit $\lim\limits_{n=\infty} a_n = a$ die Beziehung besteht:

$$\lim_{n=\infty} f(a_n) = f(a). \quad (38)$$

Sei zunächst $f(a)$ gegeben durch (29). Wegen (28) gibt es zu jedem $\varepsilon > 0$ ein ν_0, so daß:

$$g(a) - \varepsilon < g_{\nu_0}(a) \leqq g(a)$$
$$h(a) \leqq h_{\nu_0}(a) < h_{\nu_0}(a) + \varepsilon.$$

Wegen der Stetigkeit von g_{ν_0} und h_{ν_0} ist daher für fast alle n:

$$g(a) - \varepsilon < g_{\nu_0}(a_n) < g(a) + \varepsilon; \quad h(a) - \varepsilon < h_{\nu_0}(a_n) < h(a) + \varepsilon,$$

also auch für fast alle n wegen (29) und (36):

$$f(a) - \varepsilon < f(a_n) < f(a) + \varepsilon,$$

womit in diesem Falle (38) bewiesen ist.

Sei sodann $f(a)$ gegeben durch (30). Wegen (31) und der Stetigkeit der g_ν und h_ν gelten dann für fast alle n die Ungleichungen:

$$g_\nu(a_n) < h_\nu(a_n); \ h_\nu(a_n) > g_{\nu+1}(a_n) \quad (\nu = 1, 2, \ldots, \nu_0 - 1). \quad (39)$$

Da nun ferner gewiß $g(a) > h(a)$ ist, so folgt, weil g unterhalb, h oberhalb stetig ist, daß auch für fast alle n:

$$g(a_n) > h(a_n)$$

und mithin, daß (für fast alle n) $f(a_n)$ nicht durch (29) gegeben ist. Aus den Ungleichungen (39) folgt sodann weiter, daß für fast alle n eine der beiden Beziehungen besteht:

$$f(a_n) = g_{\nu_n}(a_n), \quad f(a_n) = h_{\nu_n}(a_n) \qquad (\nu_n \geqq \nu_0),$$

und zwar ist, wenn:

$$h_{\nu_0}(a_n) \leqq g_{\nu_0}(a_n)$$

ist, $f(a_n)$ gegeben durch:

$$f(a_n) = g_{\nu_0}(a_n); \tag{40}$$

wenn jedoch:

$$h_{\nu_0}(a_n) > g_{\nu_0}(a_n),$$

so haben wir wegen (36):

$$g_{\nu_0}(a_n) \leqq f(a_n) \leqq h_{\nu_0}(a_n). \tag{41}$$

Nun ist, wenn $\varepsilon > 0$ beliebig gegeben, wegen der Stetigkeit von g_{ν_0}, für fast alle n:

$$g_{\nu_0}(a) - \varepsilon < g_{\nu_0}(a_n) < g_{\nu_0}(a) + \varepsilon$$

und wegen (32) und der Stetigkeit von h_{ν_0}, für fast alle n:

$$h_{\nu_0}(a_n) < g_{\nu_0}(a) + \varepsilon,$$

wegen $f(a) = g_{\nu_0}(a)$, wegen (40) und (41), haben wir also für fast alle n:

$$f(a) - \varepsilon < f(a_n) < f(a) + \varepsilon$$

und damit ist (38) auch in diesem Falle bewiesen.

Ganz analog verlauft der Beweis, wenn $f(a)$ gegeben ist durch (33). Dann hat (für fast alle n) $f(a_n)$ einen der Werte $h_{\nu_0}(a_n)$, $g_{\nu_0+1}(a_n)$, $h_{\nu_0+1}(a_n)$, ... $g_{\nu_0+k}(a_n)$, $h_{\nu_0+k}(a_n)$, ... Und zwar ist

$$f(a_n) = h_{\nu_0}(a_n),$$

wenn:

$$g_{\nu_0+1}(a_n) \geqq h_{\nu_0}(a_n),$$

während, wenn:

$$g_{\nu_0+1}(a_n) < h_{\nu_0}(a_n)$$

ist, $f(a_n)$ wegen (37) der Ungleichung genügt:

$$g_{\nu_0+1}(a_n) \leqq f(a_n) \leqq h_{\nu_0}(a_n),$$

woraus unter Berufung auf die Stetigkeit von g_{ν_0+1} und h_{ν_0} sowie auf Ungleichung (35) wieder (38) erschlossen wird. Damit ist unsere Behauptung völlig bewiesen.

Wir kommen nun zu dem Gegenstande, um dessentwillen wir diese Untersuchungen angestellt haben.

Ist f gegeben auf $\mathfrak{A}$, so bezeichnet man bekanntlich als obere Schranke von f auf $\mathfrak{A}$ im Punkte a (in Zeichen $G(a; f, \mathfrak{A})$) die größte Zahl[1] B derart, daß es in $\mathfrak{A}$ eine Folge $\{a_n\}$ mit $\lim\limits_{n=\infty} a_n = a$ gibt, für die:

$$\lim_{n=\infty} f(a_n) = B.$$

Ebenso bezeichnet man als untere Schranke von f auf $\mathfrak{A}$ im Punkte a (in Zeichen $g(a; f, \mathfrak{A})$) die kleinste Zahl b derart, daß es in $\mathfrak{A}$ eine Folge $\{a_n\}$ mit $\lim\limits_{n=\infty} a_n = a$ gibt, für die:

$$\lim_{n=\infty} f(a_n) = b.$$

Die Differenz:

$$\omega(a; f, \mathfrak{A}) = G(a; f, \mathfrak{A}) - g(a; f, \mathfrak{A})$$

bezeichnet man als die Schwankung (den Unstetigkeitsgrad) von f auf $\mathfrak{A}$ im Punkte a. Dabei werde, wenn $G(a; f, \mathfrak{A})$ und $g(a; f, \mathfrak{A})$ denselben unendlichen Wert haben:

$$\omega(a; f, \mathfrak{A}) = 0$$

gesetzt. Dann ist, damit f im Punkte a stetig sei auf $\mathfrak{A}$, notwendig und hinreichend, daß $\omega(a; f, \mathfrak{A}) = 0$ sei.

Bekanntlich ist $G(a; f, \mathfrak{A})$ als Funktion von a (die »obere Schrankenfunktion von f auf $\mathfrak{A}$«) oberhalb stetig auf $\mathfrak{A}$, ebenso $g(a; f, \mathfrak{A})$ (die »untere Schrankenfunktion von f auf $\mathfrak{A}$«) unterhalb stetig auf $\mathfrak{A}$. Ferner ist offenbar:

$$g(a; f, \mathfrak{A}) \leqq f(a) \leqq G(a; f, \mathfrak{A}). \tag{42}$$

[1] Sie kann auch den Wert $+\infty$ oder $-\infty$ haben.

Wir beweisen nun den Satz:
Ist in allen Punkten von $\mathfrak{A}$:

$$\omega(a; f, \mathfrak{A}) \leqq k, \tag{43}$$

so kann f zerspalten werden in zwei Summanden:

$$f = f_1 + f_2,$$

deren einer, f_1, stetig ist auf $\mathfrak{A}$, während der andere der Ungleichung genügt:

$$|f_2| \leqq \frac{k}{2}.$$

Zum Beweise bilden wir die beiden Funktionen:

$$G(a; f, \mathfrak{A}) - \frac{k}{2}; \quad g(a; f, \mathfrak{A}) + \frac{k}{2}.$$

Die erste ist oberhalb, die zweite unterhalb stetig auf $\mathfrak{A}$ und wegen (43) ist:

$$G(a; f, \mathfrak{A}) - \frac{k}{2} \leqq g(a; f, \mathfrak{A}) + \frac{k}{2}.$$

Nach dem vorher bewiesenen Satze gibt es also eine auf $\mathfrak{A}$ stetige Funktion f_1, die der Ungleichung genügt:

$$G(a; f, \mathfrak{A}) - \frac{k}{2} \leqq f_1(a) \leqq g(a; f, \mathfrak{A}) + \frac{k}{2}. \tag{44}$$

Man setze nun:

$$f_2(a) = f(a) - f_1(a)$$

(wobei unter dieser Differenz der Wert 0 verstanden werde, wenn $f(a)$ und $f_1(a)$ denselben unendlichen Wert haben). Aus (44) folgt:

$$f_1(a) + \frac{k}{2} \geqq G(a; f, \mathfrak{A}); \quad f_1(a) - \frac{k}{2} \leqq g(a; f, \mathfrak{A}).$$

Folglich ist, wegen (42):

$$f_1(a) - \frac{k}{2} \leqq f(a) \leqq f_1(a) + \frac{k}{2}$$

und somit:

$$|f_2(a)| = |f(a) - f_1(a)| \leqq \frac{k}{2},$$

wie behauptet.

Damit ist der Beweis unseres Satzes erbracht.

Über stetige Funktionen ohne Ableitung.

Von HANS HAHN in Bonn.

In seinem Buche[1]) „Veränderliche und Funktion“ hat M. Pasch zwei Fragen über stetige Funktionen ohne Ableitung formuliert, die kurz darauf beide durch W. Sierpinski beantwortet wurden[2]). Während die Antwort auf die zweite dieser Fragen sich auf Grund eines Satzes von J. König[3]) in wenigen Zeilen erteilen ließ, fiel die Antwort auf die erste Frage recht umständlich aus. Ich will deshalb im folgenden zeigen, daß auch diese Frage einer sehr einfachen und kurzen Beantwortung fähig ist, wenn man an die schönen Untersuchungen von E. Steinitz[4]) „Stetigkeit und Differentialquotient“ anknüpft. Die zu behandelnde Frage lautet: Ist es möglich, daß der Differentialquotient einer reellen, endlichen und stetigen Funktion $f(x)$ an keiner Stelle eines Intervalles einen endlichen oder unendlichen Grenzwert hat, auch dann nicht, wenn man das unbestimmte Unendlich zuläßt?

Wir erinnern an das von E. Steinitz zur Konstruktion stetiger Funktionen ohne Ableitung verwendete „periodische Teilungsverfahren“. Sei e eine natürliche Zahl $\geqq 2$, und seien $d_1, d_2, \ldots, d_e$ beliebige reelle Zahlen, doch so daß:

$$s = d_1 + d_2 + \cdots + d_e \neq 0.$$

Es wird dann eine Folge im Intervalle $<0, 1>$ stetiger Funktionen $f_\nu(x)$ definiert durch die Festsetzungen:[5])

1) $$f_\nu(0) = 0 \qquad (\nu = 1, 2, \ldots)$$

2) in jedem Intervalle $<\frac{i-1}{e^\nu}, \frac{i}{e^\nu}>$ $(i = 1, 2, \ldots, e^\nu)$ ist $f_\nu(x)$ linear

3) $$f_1\left(\frac{i}{e}\right) - f_1\left(\frac{i-1}{e}\right) = d_i \qquad (i = 1, 2, \ldots, e).$$

4) $$f_{\nu+1}\left(\frac{(k-1)e+i}{e^{\nu+1}}\right) - f_{\nu+1}\left(\frac{(k-1)e+i-1}{e^{\nu+1}}\right) : f_\nu\left(\frac{k}{e^\nu}\right) - f_\nu\left(\frac{k-1}{e^\nu}\right) = d_i : s$$

$$(k = 1, 2, \ldots, e^\nu;\ i = 1, 2, \ldots, e).$$

---

1) Leipzig u. Berlin, B. G. Teubner 1914. (S. 128, 129.)

2) Bull. Crac. 1914, 162.

3) Monatsh. f. Math. 1 (1890), 8.

4) Math. Ann. 52 (1899), 58.

5) Vgl. die Figur, die für die Annahme (1) den Verlauf von $f_1(x)$ veranschaulicht und gleichzeitig zeigt, wie bei Übergang von $f_\nu(x)$ zu $f_{\nu+1}(x)$ jede Strecke AB des Streckenzuges $y = f_\nu(x)$ abzuändern ist.

Wir werden von diesem allgemeinen Verfahren nur den speziellen Fall näher zu erörtern haben:

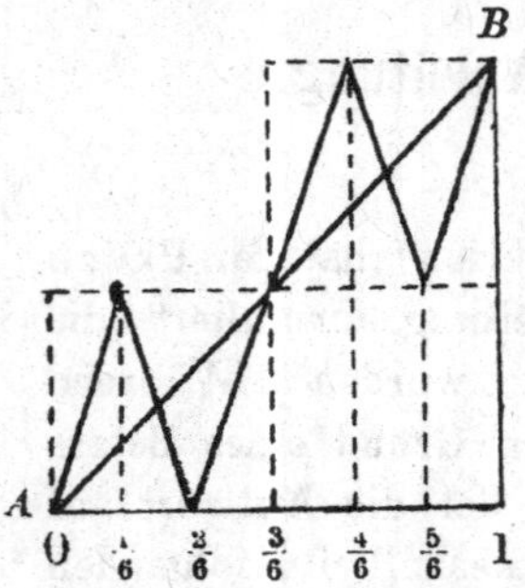

(1) $e=6;\quad d_1=1,\quad d_2=-1,\quad d_3=1,$
$d_4=1,\quad d_5=-1,\quad d_6=1.$

Wir könnten aus den Untersuchungen von Steinitz entnehmen, daß:

(2) $$f(x)=\lim_{\nu=\infty} f_\nu(x)$$

in jedem Punkte von $<0, 1>$ existiert und eine stetige Funktion ohne Ableitung darstellt. Da aber im betrachteten Spezialfalle der Beweis besonders einfach ausfällt, möge er hier durchgeführt werden. Wir schicken einige unmittelbar aus den Festsetzungen 1 bis 4 und (1) folgende Bemerkungen voraus.

Bezeichnet $\mathfrak{A}_n$ die Menge der Punkte $\frac{i}{6^n}$ $(i=0, 1, 2, \ldots, 6^n)$, so ist in jedem Punkte von $\mathfrak{A}_n$:

$$f_\nu(x)=f_n(x) \quad \text{für} \quad \nu \geqq n;$$

in allen Punkten von $\mathfrak{A}_n$ existiert also der Grenzwert (2), und zwar ist:

(3) $$f(x)=f_n(x) \quad \text{auf} \quad \mathfrak{A}_n.$$

Für zwei aufeinanderfolgende Punkte von $\mathfrak{A}_\nu$ ist:

(4) $$\left|f_\nu\left(\frac{i}{6^\nu}\right)-f_\nu\left(\frac{i-1}{6^\nu}\right)\right|=\frac{1}{2^{\nu-1}} \qquad (i=1,2,\ldots,6^\nu)$$

und es ist in $<\frac{i-1}{6^\nu}, \frac{i}{6^\nu}>$:

(5) $$f_\nu\left(\frac{i-1}{6^\nu}\right)\leqq f_{\nu+1}(x)\leqq f_\nu\left(\frac{i}{6^\nu}\right) \quad \text{oder} \quad f_\nu\left(\frac{i-1}{6^\nu}\right)\geqq f_{\nu+1}(x)\geqq f_\nu\left(\frac{i}{6^\nu}\right),$$

daher auch für alle $\nu' \geqq \nu$:

(6) $$f_\nu\left(\frac{i-1}{6^\nu}\right)\leqq f_{\nu'}(x)\leqq f_\nu\left(\frac{i}{6^\nu}\right) \quad \text{oder} \quad f_\nu\left(\frac{i-1}{6^\nu}\right)\geqq f_{\nu'}(x)\geqq f_\nu\left(\frac{i}{6^\nu}\right).$$

Wir sehen nun leicht leicht: *in allen Punkten von* $<0, 1>$ *existiert der Grenzwert* (2) *und stellt eine stetige Funktion von* x *dar.*

In der Tat, aus (4) und (5) folgt, da $f_\nu(x)$ in $<\frac{i-1}{6^\nu}, \frac{i}{6^\nu}>$ linear ist, mithin zwischen $f_\nu\left(\frac{i-1}{6^\nu}\right)$ und $f_\nu\left(\frac{i}{6^\nu}\right)$ liegt:

$$|f_{\nu+1}(x)-f_\nu(x)|\leqq\frac{1}{2^{\nu-1}},$$

es ist also die unendliche Reihe:

$$f_1(x) + \sum_{\nu=1}^{\infty}(f_{\nu+1}(x) - f_\nu(x))$$

gleichmäßig konvergent, d. h. die Funktionen $f_\nu(x)$ konvergieren gleichmäßig gegen eine stetige Grenzfunktion $f(x)$.

Ebenso leicht erkennen wir: *die Funktion $f(x)$ kann in keinem Punkte von* $(0, 1)$ *eine endliche Ableitung besitzen.*[1])

In der Tat, gilt für x die Entwicklung:

$$x = \sum_{\nu=1}^{\infty} \frac{c_\nu}{6^\nu} \qquad (c_\nu = 0, 1, \ldots, 5), \tag{7}$$

und setzen wir:

$$x_n = \sum_{\nu=1}^{n} \frac{c_\nu}{6^\nu}; \quad x'_n = x_n + \frac{1}{6^n}, \tag{8}$$

so gehört x zu allen Intervallen $< x_n, x'_n >$, und x_n und x'_n sind aufeinanderfolgende Punkte von $\mathfrak{A}_n$. Nach (4) und (3) ist daher:

$$\left|\frac{f(x_n) - f(x'_n)}{x_n - x'_n}\right| = 2 \cdot 3^n,$$

woraus die Behauptung folgt.

Endlich sehen wir: *in keinem Punkte von* $(0, 1)$ *können sowohl rechtsseitige als linksseitige Abteitung von $f(x)$ unendliche Werte haben.*

Sei in der Tat wieder x gegeben durch (7), x_n und x'_n durch (8). Nehmen wir, um einen bestimmten Fall vor Augen zu haben, an, es sei:[2])

$$f(x_n) < f(x'_n).$$

Nach Definition von $f_n(x)$ und wegen (3) ist[3]):

$$\begin{cases} f(x_n) = f\left(x_n + \frac{2}{6^{n+1}}\right); \quad f\left(x_n + \frac{4}{6^{n+1}}\right) = f(x'_n); \\ f\left(x_n + \frac{1}{6^{n+1}}\right) = f\left(x_n + \frac{3}{6^{n+1}}\right) = f\left(x_n + \frac{5}{6^{n+1}}\right) = \frac{1}{2}(f(x_n) + f(x'_n)). \end{cases} \tag{9}$$

Ferner ist wegen (6) und (9):

$$\begin{cases} f(x_n) \leqq f(x) \leqq \frac{1}{2}(f(x_n) + f(x'_n)) \quad \text{in} \quad < x_n, x_n + \frac{3}{6^{n+1}} > \\ \frac{1}{2}(f(x_n) + f(x'_n)) \leqq f(x) \leqq f(x'_n) \quad \text{in} \quad < x_n + \frac{3}{6^{n+1}}, x'_n >. \end{cases} \tag{10}$$

---

1) Und im Punkte 0 gibt es keine rechtseitige, im Punkte 1 keine linksseitige endliche Ableitung.

2) Andernfalls sind nur im folgenden die Zeichen $<$ in $>$ zu verwandeln.

3) Vgl. zum folgenden die Figur.

Aus (9) und (10) zusammen mit der Stetigkeit von f aber folgern wir sofort: jeder Wert y, den die Funktion f überhaupt in $< x_n, x'_n >$ annimmt, wird von ihr, sei es in $< x_n, x_n + \frac{3}{6^{n+1}} >$, sei es in $< x_n + \frac{3}{6^{n+1}}, x'_n >$ mindestens zweimal angenommen, je nachdem welcher der beiden Ungleichungen:

$$f(x_n) \leqq y \leqq \tfrac{1}{2}(f(x_n) + f(x'_n)); \quad \tfrac{1}{2}(f(x_n) + f(x'_n)) \leqq y \leqq f(x'_n)$$

er genügt. Daher:

Zu jedem Punkte x von $< 0, 1 >$ gibt es eine Punktfolge $\{\xi_n\}$, so daß:

$$0 < |\xi_n - x| \leqq \frac{1}{6^n}; \quad f(\xi_n) = f(x).$$

Auf mindestens einer der beiden Seiten von x müssen sich Punkte ξ_n häufen, und auf dieser Seite kann es keine einseitige Ableitung von f mit unendlichem Werte geben. Damit ist die Behauptung bewiesen.

Wir haben also in $f(x)$ ein Beispiel einer in $< 0, 1 >$ stetigen Funktion, die in keinem Punkte von $< 0, 1 >$ eine Ableitung, aber auch in keinem dieser Punkte zwei unendliche einseitige Ableitungen entgegengesetzten Zeichens besitzt. Es ist übrigens nicht schwierig, von dieser durch das periodische Teilungsverfahren von Steinitz erzeugten Funktion zu der von Sierpinski aus der Funktionalgleichung[1]):

$$f(x) = \tfrac{1}{2}(-1)^{Ex} + \tfrac{1}{2} f(6x + 1 + \tfrac{1}{2}(-1)^{Ex})$$

gewonnenen überzugehen.

Es sei zum Schlusse noch die eingangs zitierte Fragestellung von M. Pasch durch die folgende ersetzt, die meines Wissens bisher keine Beantwortung gefunden hat: *Gibt es eine in einem Intervalle $< a, b >$ stetige Funktion, die an keiner Stelle des Intervalles $< a, b)$ eine (endliche oder unendliche) rechtsseitige Ableitung besitzt?*

Über das Interpolationsproblem.

Von

Hans Hahn in Bonn.

Das Lagrangesche Interpolationsverfahren ordnet einer Funktion $f(x)$, deren Werte in den k Punkten $x_1, x_2, \ldots, x_k$ gegeben sind, als Näherungsfunktion das Polynom zu:

$$(1) \qquad P(x) = \sum_{i=1}^{k} f(x_i)\, \varphi_i(x),$$

wo $\varphi_i(x)$ gegeben ist durch:

$$\varphi_i(x) = \frac{(x - x_1) \ldots (x - x_{i-1})(x - x_{i+1}) \ldots (x - x_n)}{(x_i - x_1) \ldots (x_i - x_{i-1})(x_i - x_{i+1}) \ldots (x_i - x_n)}.$$

Wir wollen uns im folgenden allgemein mit Interpolationsverfahren beschäftigen, die der Funktion $f(x)$ eine Näherungsfunktion der Gestalt (1) zuordnen, wo nun die $\varphi_i(x)$ irgendwelche Funktionen bedeuten. Von besonderer Wichtigkeit ist hier die Frage der Konvergenz: Lassen wir die Menge $x_1, x_2, \ldots, x_k$ eine ganze Folge von Mengen $\mathfrak{M}^{(n)}$ durchlaufen, deren Vereinigung in einem Intervall[1]) $<a, b>$ dicht liege; unter welchen Umständen können wir behaupten, daß die zugehörigen Näherungsfunktionen $P^{(n)}(x)$ in diesem Intervall gegen $f(x)$ konvergieren? Noch ein zweites Problem ist zu stellen, auf dessen Wichtigkeit von Ch. J. de la Vallée Poussin[2]) und von H. Tietze[3]) aufmerksam gemacht wurde, und das insbesondere dann von praktischer Bedeutung wird, wenn die Werte $f(x_i)$ der zu interpolierenden Funktion nicht exakt gegeben, sondern mit Fehlern behaftet sind: unter welchen Umständen können wir behaupten, daß bei geringfügiger Änderung der Werte von $f(x)$ in den Punkten der Mengen $\mathfrak{M}^{(n)}$ auch die Näherungs-

[1]) Nach dem Vorgange von G. Kowalewski bezeichnen wir ein abgeschlossenes Intervall mit $<a, b>$, ein offenes mit (a, b), ein halboffenes mit $<a, b)$, bzw. $(a, b>$.

[2]) Acad. de Belgique Bull. Classe des Sciences (1908), S. 321.

[3]) Zeitschr. f. Math. u. Phys. 64 (1916), S. 74.

8*

funktionen $P^{(n)}(x)$ nur geringfügige Änderungen erleiden? Diese beiden Fragen lassen sich in sehr befriedigender Weise beantworten. Insbesondere enthält unsere Antwort auch die von C. Runge[4]) und É. Borel[5]) gefundene Tatsache, daß, wenn unter $\mathfrak{M}^{(n)}$ die Menge der $n+1$ Punkte verstanden wird, die das Intervall $\langle a, b\rangle$ in n gleiche Teile teilen, die durch das Lagrangesche Interpolationsverfahren gelieferten Polynome $P^{(n)}(x)$ nicht für jedes stetige $f(x)$ gegen $f(x)$ konvergieren, und die von de la Vallée Poussin und Tietze hervorgehobene Tatsache, daß bei noch so kleiner Abänderung von $f(x)$ die Änderung dieser Näherungspolynome $P^{(n)}(x)$ über alle Grenzen wachsen kann. Was die im folgenden verwendete Methode anlangt, so sei folgendes bemerkt. Bezeichnen wir die Punkte der Menge $\mathfrak{M}^{(n)}$ mit $x_1^{(n)}, x_2^{(n)}, \ldots, x_{k_n}^{(n)}$, so können wir die n-te Näherungsfunktion $P^{(n)}(x)$ so schreiben:

$$P^{(n)}(x) = \sum_{i=1}^{k_n} f(x_i^{(n)})\, \varphi_i^{(n)}(x).$$

Das zu behandelnde Konvergenzproblem ist also nichts anderes als die Frage nach der Gültigkeit einer Beziehung der Form:

$$f(x) = \lim_{n=\infty} \sum_{i=1}^{k_n} f(x_i^{(n)})\, \varphi_i^{(n)}(x). \tag{2}$$

Es liegt also eine große Ähnlichkeit mit der in der Theorie der singulären Integrale behandelten Frage nach der Gültigkeit einer Beziehung der Form:

$$f(x) = \lim_{n=\infty} \int_a^b f(\xi)\, \varphi_n(\xi, x)\, d\xi \tag{3}$$

vor. Demgemäß werden auch die im folgenden benutzten Methoden den Methoden nachgebildet, die sich in der Theorie der singulären Integrale als erfolgreich bewährt haben[6]). In anderer Weise wurde die Theorie der singulären Integrale für das Interpolationsproblem nutzbar gemacht von H. Lebesgue[7]).

---

[4]) Zeitschr. f. Math. u. Phys. 46 (1901), S. 229.

[5]) Verh. des 3. Math. Kongr. in Heidelberg, 1905, S. 229; Leçons sur les fonctions de variables réelles, Paris 1905, S. 74.

[6]) H. Lebesgue, Annales de Toulouse (3) 1 (1909), S. 25. — H. Hahn, Wiener Denkschriften 93 (1916), 585—655; 657—692. Es ließen sich wohl noch manche andere Fragestellungen, die in diesen ausführlichen Arbeiten für singuläre Integrale behandelt werden, nun auch für das Interpolationsproblem behandeln. Es möge zunächst dieser Hinweis genügen.

[7]) loc. cit. [6]). S. 108.

Es bedarf wohl kaum des Hinweises, daß die beiden Fragestellungen (2) und (3), auf deren Verwandtschaft wir eben hingewiesen haben, nur verschiedene Spezialfälle einer allgemeineren Fragestellung sind, nämlich der Frage nach der Gültigkeit einer Beziehung:

$$f(x) = \lim_{n=\infty} \int_a^b f(\xi)\, d\varphi_n(\xi, x).$$

Doch wollen wir auf die Theorie solcher singulärer Stieltjesscher Integrale für diesmal nicht eingehen.

§ 1.

Sei $\langle a, b \rangle$ ein Intervall der Veränderlichen x und $\mathfrak{M}$ eine Menge endlich vieler Punkte dieses Intervalles, etwa:

$$x_1, x_2, \ldots, x_k.$$

Ein Verfahren, das jeder in $\langle a, b \rangle$ definierten und endlichen Funktion $f(x)$ eine in $\langle a, b \rangle$ definierte und endliche Funktion $P(x; f, \mathfrak{M})$ zuordnet, die nur abhängt von den Werten von $f(x)$ in den Punkten $x_1, x_2, \ldots, x_k$ der Menge $\mathfrak{M}$, wollen wir ein *gewöhnliches Interpolationsverfahren* nennen; die Funktion $P(x; f, \mathfrak{M})$ bezeichnen wir als (zu $\mathfrak{M}$ gehörige) *Näherungsfunktion von* $f(x)$. Ein gewöhnliches Interpolationsverfahren ordnet also zwei Funktionen $f(x)$ und $g(x)$, die in allen Punkten von $\mathfrak{M}$ übereinstimmen:

$$f(x_i) = g(x_i) \qquad (i = 1, 2, \ldots, k)$$

dieselbe Näherungsfunktion zu:

$$P(x; f, \mathfrak{M}) = P(x; g, \mathfrak{M}).$$

Mit anderen Worten: setzen wir:

$$f(x_i) = y_i \qquad (i = 1, 2, \ldots, k),$$

so können wir schreiben:

$$(4) \qquad P(x; f, \mathfrak{M}) = F(x; y_1, y_2, \ldots, y_k).$$

Wir wollen das Interpolationsverfahren *stetig* nennen, wenn $P(x; f, \mathfrak{M})$ mit jedem der Werte $f(x_1), f(x_2), \ldots, f(x_k)$ sich stetig ändert, d. h. wenn für jedes x aus $\langle a, b \rangle$ die Funktion $F(x; y_1, y_2, \ldots, y_k)$ eine stetige Funktion jeder einzelnen der Veränderlichen $y_1, y_2, \ldots, y_k$ ist.

Wir wollen weiter das Interpolationsverfahren *distributiv* nennen, wenn für jedes Paar von Funktionen f_1 und f_2:

$$(5) \qquad P(x; f_1 + f_2, \mathfrak{M}) = P(x; f_1, \mathfrak{M}) + P(x; f_2, \mathfrak{M}),$$

d. h. wenn Näherungsfunktion einer Summe gleich Summe der Näherungsfunktionen der Summanden ist. Wir setzen zur Abkürzung

$$f_1(x_i) = y'_i, \ f_2(x_i) = y_i'' \qquad (i = 1, 2, \dots, k);$$

dann schreibt sich (5) wegen (4):

$$(6) \quad F(x; y_1' + y_1'', y_2' + y_2'', \dots, y_k' + y_k'') = F(x; y_1', y_2', \dots, y_k') \\ + F(x; y_1'', y_2'', \dots, y_k'').$$

Daraus folgt sofort:

$$(7) \quad F(x; y_1, y_2, \dots, y_k) = F(x; y_1, 0, \dots, 0) + F(x; 0, y_2, 0, \dots, 0) \\ + \dots + F(x; 0, \dots, 0, y_k).$$

Ferner folgt aus (6):

$$F(x; y_1' + y_1'', 0, \dots, 0) = F(x; y_1', 0, \dots, 0) + F(x; y_1'', 0, \dots, 0).$$

Ist also das Interpolationsproblem stetig, so ist $F(x; y_1, 0, \dots, 0)$ als Funktion von y_1 eine stetige Lösung der Funktionalgleichung:

$$h(y_1' + y_1'') = h(y_1') + h(y_1''),$$

hängt also, nach einem bekannten Satze, linear homogen von y_1 ab. Analoges gilt für $F(x; 0, y_2, 0, \dots, 0), \dots, F(x; 0, \dots, 0, y_k)$, so daß wir haben:

$$F(x; y_1, 0, \dots, 0) = y_1 \varphi_1(x), \ F(x; 0, y_2, 0, \dots, 0) = y_2 \varphi_2(x), \dots, \\ F(x; 0, \dots, 0, y_k) = y_k \varphi_k(x).$$

Durch Einsetzen in (7) erhalten wir also:

$$F(x; y_1, y_2, \dots, y_k) = y_1 \varphi_1(x) + y_2 \varphi_2(x) + \dots + y_k \varphi_k(x),$$

und zufolge (4) ist die allgemeinste Form eines stetigen distributiven Interpolationsverfahrens gegeben durch:

$$P(x; f, \mathfrak{M}) = \sum_{i=1}^{k} f(x_i) \varphi_i(x).$$

§ 2.

Sei nun in $\langle a, b \rangle$ eine Folge endlicher Mengen $\mathfrak{M}^{(n)}$ $(n = 1, 2, \dots)$ gegeben; die Punkte von $\mathfrak{M}^{(n)}$ seien:

$$x_1^{(n)}, x_2^{(n)}, \dots, x_{k_n}^{(n)}.$$

Ein stetiges, distributives Interpolationsverfahren ordne der Funktion $f(x)$ die zu $\mathfrak{M}^{(n)}$ gehörige Näherungsfunktion zu:

$$(8) \quad P(x; f, \mathfrak{M}^{(n)}) = \sum_{i=1}^{k_n} f(x_i^{(n)}) \varphi_i^{(n)}(x).$$

Wir setzen abkürzend:

$$P^{(n)}(x; f) = P(x; f, \mathfrak{M}^{(n)}), \tag{8a}$$

und fragen nach Bedingungen, unter denen die Beziehung besteht:

$$\lim_{n=\infty} P^{(n)}(x; f) = f(x). \tag{9}$$

Wir schränken sogleich die in Betracht zu ziehenden Funktionen $f(x)$ ein, indem wir weiterhin nur solche Funktionen $f(x)$ betrachten, die in $< a, b >$ *geschränkt* sind und nur *Unstetigkeiten erster Art* besitzen[8]). Ferner wollen wir das Bestehen von (9) nur an *Stetigkeitsstellen* von $f(x)$ untersuchen.

Wir führen noch die Ausdrücke ein:

$$\sum_{<\alpha, \beta>} \varphi_i^{(n)}(x), \quad \sum_{(\alpha, \beta)} \varphi_i^{(n)}(x), \tag{10}$$

in denen die Summation über alle nach $< \alpha, \beta >$, bzw. (α, β) fallenden Punkte $x_i^{(n)}$ von $\mathfrak{M}^{(n)}$ zu erstrecken ist. Fällt kein Punkt von $\mathfrak{M}^{(n)}$ nach $< \alpha, \beta >$ bzw. nach (α, β), so ist unter dem betreffenden Ausdrucke (10) der Wert 0 zu verstehen.

Wir erhalten nun sofort eine erste *notwendige* Bedingung, der die $\varphi_i^{(n)}(x)$ genügen müssen.

Damit für jede im Punkte $\bar{x}$ von $< a, b >$ stetige, in $< a, b >$ geschränkte und nur von erster Art unstetige Funktion $f(x)$ die Beziehung gelte:

$$\lim_{n=\infty} P^{(n)}(\bar{x}; f) = f(\bar{x}), \tag{11}$$

ist notwendig, daß die Funktion $\varphi_i^{(n)}(x)$ für jedes den Punkt $\bar{x}$ enthaltende Intervall (α, β) den Bedingungen genügen:

$$\lim_{n=\infty} \sum_{<\alpha, \beta>} \varphi_i^{(n)}(\bar{x}) = 1, \quad \lim_{n=\infty} \sum_{(\alpha, \beta)} \varphi_i^{(n)}(\bar{x}) = 1. \tag{12}$$

In der Tat, die Funktion, die in $< \alpha, \beta >$ gleich 1, sonst gleich 0 ist, ist, wenn $\bar{x}$ zu (α, β) gehört, stetig in $\bar{x}$, geschränkt und nur von erster Art unstetig in $< a, b >$. Wählen wir sie für $f(x)$, so geht (11) in die erste Bedingung (12) über; ebenso erhalten wir die zweite Bedingung (12), wenn wir unter $f(x)$ die Funktion verstehen, die in (α, β) gleich 1, sonst gleich 0 ist.

Aus dem Bestehen der Bedingungen (12) können noch einige für

---

[8]) Die Funktion $f(x)$ hat in $< a, b >$ nur Unstetigkeiten erster Art, wenn sie in jedem Punkte von (a, b) einen rechtsseitigen und einen linksseitigen, im Punkte a einen rechtsseitigen, im Punkte b einen linksseitigen Grenzwert besitzt.

das Folgende wichtige Folgerungen gezogen werden. Wir nehmen diese Bedingungen als erfüllt an; dann gilt auch folgendes.

Sei $\xi \neq \bar{x}$ irgendein Punkt von $<a, b>$, der unendlich vielen Mengen $\mathfrak{M}^{(n)}$ angehöre, etwa der Menge $\mathfrak{M}^{(n_\nu)}$ als Punkt $x_{i_\nu}^{(n_\nu)}$. Dann ist:

$$\lim_{\nu = \infty} \varphi_{i_\nu}^{(n_\nu)}(\bar{x}) = 0. \tag{13}$$

In der Tat, sei etwa $\xi < \bar{x}$. (Im Falle $\xi > \bar{x}$ ist der Beweis ganz analog.) Wir wählen ein $\beta > \bar{x}$, das keiner Menge $\mathfrak{M}^{(n)}$ angehört. Wegen (12) ist:

$$\lim_{\nu = \infty} \left\{ \sum_{<\xi, \beta>} \varphi_i^{(n_\nu)}(\bar{x}) - \sum_{(\xi, \beta)} \varphi_i^{(n_\nu)}(\bar{x}) \right\} = 0.$$

Nun ist aber:

$$\sum_{<\xi, \beta>} \varphi_i^{(n_\nu)}(\bar{x}) - \sum_{(\xi, \beta)} \varphi_i^{(n_\nu)}(\bar{x}) = \varphi_{i_\nu}^{(n_\nu)}(\bar{x}),$$

womit (13) bewiesen ist.

Für jedes den Punkt $\bar{x}$ nicht enthaltende Intervall $<\alpha, \beta>$ gilt:

$$\lim_{n = \infty} \sum_{<\alpha, \beta>} \varphi_i^{(n)}(\bar{x}) = 0, \qquad \lim_{n = \infty} \sum_{(\alpha, \beta)} \varphi_i^{(n)}(\bar{x}) = 0. \tag{14}$$

In der Tat, sei etwa $\alpha < \beta < \bar{x}$. (Im Falle $\bar{x} < \alpha < \beta$ ist der Beweis ganz analog.) Sei $\gamma > \bar{x}$ ein zu keiner Menge $\mathfrak{M}^{(n)}$ gehöriger Punkt. Wegen (12) ist dann:

$$\lim_{n = \infty} \left\{ \sum_{<\alpha, \gamma>} \varphi_i^{(n)}(\bar{x}) - \sum_{(\beta, \gamma)} \varphi_i^{(n)}(\bar{x}) \right\} = 0.$$

Nun ist aber:

$$\sum_{<\alpha, \gamma>} \varphi_i^{(n)}(\bar{x}) - \sum_{(\beta, \gamma)} \varphi_i^{(n)}(\bar{x}) = \sum_{<\alpha, \beta>} \varphi_i^{(n)}(\bar{x}),$$

womit die erste Beziehung (14) bewiesen ist. Ebenso folgt aus:

$$\sum_{(\alpha, \gamma)} \varphi_i^{(n)}(\bar{x}) - \sum_{<\beta, \gamma>} \varphi_i^{(n)}(\bar{x}) = \sum_{(\alpha, \beta)} \varphi_i^{(n)}(\bar{x})$$

die zweite Beziehung (14).

Endlich bemerken wir noch, daß die Bedingungen (12) nur dann für alle $\bar{x}$ von (a, b) erfüllt sein können, *wenn die Vereinigung aller* $\mathfrak{M}^{(n)}$:

$$\mathfrak{V} = V(\mathfrak{M}^{(1)}, \mathfrak{M}^{(2)}, \ldots, \mathfrak{M}^{(n)}, \ldots) \tag{15}$$

in $<a, b>$ dicht ist. Angenommen nämlich, es gäbe ein von Punkten von $\mathfrak{V}$ freies Teilintervall (α, β) von $<a, b>$. Für einen in (α, β) liegenden Punkt $\bar{x}$ haben wir dann:

$$\sum_{(\alpha, \beta)} \varphi_i^{(n)}(\bar{x}) = 0 \qquad \text{für alle } n,$$

im Widerspruche mit (12).

§ 3.

Um eine zweite notwendige Bedingung zu erhalten, beweisen wir den Hilfssatz:

Ist jedem Punkte $x_i^{(n)}$ *der Menge* $\mathfrak{M}^{(n)}$ $(n = 1, 2, \ldots)$ *eine Zahl* $a_i^{(n)}$ *so zugeordnet, daß die Folge der Zahlen:*

(16) $$L_n = \sum_{i=1}^{k_n} |a_i^{(n)}| \qquad (n = 1, 2, \ldots)$$

nicht geschränkt ist, so gibt es eine in $< a, b >$ *stetige Funktion* $g(x)$, *für die die Zahlenfolge:*

(17) $$A^{(n)}(g) = \sum_{i=1}^{k_n} a_i^{(n)} g(x_i^{(n)}) \qquad (n = 1, 2, \ldots)$$

gleichfalls nicht geschränkt ist.

In der Tat, nach Voraussetzung ist:

(18) $$\overline{\lim_{n=\infty}} L_n = +\infty.$$

Wir bezeichnen mit $g_n(x)$ eine in $< a, b >$ stetige und der Ungleichung:

(19) $$|g_n(x)| \leqq 1$$

genügende Funktion, die in jedem der Punkte $x_i^{(n)}$ $(i = 1, 2, \ldots, k_n)$ den Wert 1 oder -1 hat, je nachdem:

$$a_i^{(n)} \geqq 0 \quad \text{oder} \quad < 0.$$

Dann ist, wenn wir von der Schreibweise (17) und (16) Gebrauch machen:

(20) $$A^{(n)}(g_n) = L_n,$$

und somit wegen (18):

(21) $$\overline{\lim_{n=\infty}} A^{(n)}(g_n) = +\infty.$$

Wäre nun für eine dieser Funktionen $g_1(x), g_2(x), \ldots, g_\nu(x), \ldots$ die Zahlenfolge $A^{(n)}(g_\nu)$ $(n = 1, 2, \ldots)$ nicht geschränkt, so wäre die Behauptung bereits bewiesen. Wir nehmen also an, es gebe zu jeder dieser Funktionen $g_\nu(x)$ eine Konstante γ_ν, so daß:

(22) $$|A^{(n)}(g_\nu)| < \gamma_\nu \text{ für alle } n.$$

Wir greifen nun aus der Folge der Indizes $1, 2, \ldots, n, \ldots$, mit $n_1 = 1$ beginnend, eine Teilfolge $n_1, n_2, \ldots, n_i, \ldots$ heraus nach folgender Regel:

Ist n_i gefunden und bezeichnet Γ_i eine [nach (22) sicher vorhandene] Zahl, so daß:

(23) $$\left| A^{(n)}\left(g_{n_1} + \frac{1}{2 L_{n_1}} g_{n_2} + \ldots + \frac{1}{2^{i-1} L_{n_{i-1}}} g_{n_i}\right)\right| < \Gamma_i \quad \text{für alle } n,$$

so werde $n_{i+1}\ (> n_i)$ so gewählt, daß:

$$A^{(n_{i+1})}(g_{n_{i+1}}) > (\Gamma_i + i + 1)\, 2^i A^{(n_i)}(g_{n_i}). \tag{24}$$

Wegen (21) ist das sicher möglich. Beachtet man (20), so hat man die Ungleichung:

$$L_{n_{i+1}} > L_{n_i}. \tag{25}$$

Wir setzen nun:

$$g(x) = g_{n_1}(x) + \frac{1}{2 L_{n_1}} g_{n_2}(x) + \ldots + \frac{1}{2^{i-1} L_{n_{i-1}}} g_{n_i}(x) + \ldots \tag{26}$$

Diese unendliche Reihe ist, wie aus (19) und (25) folgt, gleichmäßig konvergent in $< a, b >$, stellt also eine in $< a, b >$ *stetige* Funktion dar.

Nach (17) ist nun:

$$A^{(n)}(g) = A^{(n)}(g_{n_1}) + \frac{1}{2 L_{n_1}} A^{(n)}(g_{n_2}) + \ldots + \frac{1}{2^{i-1} L_{n_{i-1}}} A^{(n)}(g_{n_i}) + \ldots,$$

und somit:

$$A^{(n_i)}(g) \geq \frac{1}{2^{i-1} L_{n_{i-1}}} A^{(n_i)}(g_{n_i}) - \left| A^{(n_i)}\left(g_{n_1} + \frac{1}{2 L_{n_1}} g_{n_2} + \ldots + \frac{1}{2^{i-2} L_{n_{i-2}}} g_{n_{i-1}}\right)\right| - \sum_{j=i+1}^{\infty} \frac{1}{2^{j-1} L_{n_{j-1}}} \left| A^{(n_i)}(g_{n_j})\right|. \tag{27}$$

Hierin ist wegen (24) und (20):

$$\frac{1}{2^{i-1} L_{n_{i-1}}} A^{(n_i)}(g_{n_i}) > \Gamma_{i-1} + i, \tag{28}$$

und wegen (23):

$$\left| A^{(n_i)}\left(g_{n_1} + \frac{1}{2 L_{n_1}} g_{n_2} + \ldots + \frac{1}{2^{i-2} L_{n_{i-2}}} g_{n_{i-1}}\right)\right| < \Gamma_{i-1}. \tag{29}$$

Ferner ist wegen (19) und (16):

$$| A^{(n_i)}(g_{n_j}) | \leq L_{n_i},$$

also bei Berücksichtigung von (25):

$$\sum_{j=i+1}^{\infty} \frac{1}{2^{j-1} L_{n_{j-1}}} | A^{(n_i)}(g_{n_j}) | < \sum_{j=i+1}^{\infty} \frac{1}{2^{j-1}} \leq 1. \tag{30}$$

Aus (27), (28), (29), (30) aber ergibt sich:

$$A^{(n_i)}(g) > i - 1. \tag{31}$$

Die Folge der $A^{(n)}(g)$ $(n = 1, 2, \ldots)$ ist also nicht geschränkt, und unser Hilfssatz ist bewiesen.

Wir können nun sofort eine zweite notwendige Bedingung aufstellen: *Damit für jede in $< a, b >$ stetige Funktion $f(x)$ im Punkte $\bar{x}$ von $< a, b >$ die Beziehung gelte:*

(32) $$\lim_{n=\infty} P^{(n)}(\bar{x}; f) = f(\bar{x}),$$

ist notwendig, daß es eine Zahl A gebe, so daß:

(33) $$\sum_{i=1}^{k_n} |\varphi_i^{(n)}(\bar{x})| < A \quad \text{für alle } n.$$

Angenommen in der Tat, es gäbe keine Zahl A, für die (33) gilt. Der eben bewiesene Hilfssatz lehrt dann [für $a_i^{(n)} = \varphi_i^{(n)}(\bar{x})$] die Existenz einer in $< a, b >$ stetigen Funktion $g(x)$, für die die Zahlenfolge:

$$\sum_{i=1}^{k_n} \varphi_i^{(n)}(\bar{x})\, g(x_i^{(n)}) = P^{(n)}(\bar{x}; g)$$

nicht geschränkt ist; verstehen wir unter f diese Funktion g, so kann also (32) unmöglich erfüllt sein.

§ 4.

Wir kommen nun zum Nachweise, daß die beiden in § 2 und 3 aufgestellten notwendigen Bedingungen auch *hinreichend* sind.

Sind im Punkte $\bar{x}$ von $< a, b >$ die Bedingungen (12) *und* (33) *erfüllt, so gilt für jede im Punkte $\bar{x}$ stetige, in $< a, b >$ geschränkte und nur von erster Art unstetige Funktion $f(x)$ die Beziehung:*

(34) $$\lim_{n=\infty} P^{(n)}(\bar{x}; f) = f(\bar{x}).$$

Sei $\varepsilon > 0$ beliebig gegeben. Da die Funktion $f(x)$ in $< a, b >$ geschränkt ist und nur Unstetigkeiten erster Art besitzt, kann es in $< a, b >$ nur endlich viele Punkte geben, in denen ihre Schwankung $\omega(x) \geqq \varepsilon$ ist. Angenommen in der Tat, es gäbe unendlich viele Punkte x_ν ($\nu = 1, 2, \ldots$) von $< a, b >$, in denen:

$$\omega(x_\nu) \geqq \varepsilon.$$

Diese Punkte x_ν hätten in $< a, b >$ mindestens einen Häufungspunkt x_0. Entweder in $(x_0, x_0 + h)$ oder in $(x_0 - h, x_0)$ liegen dann für jedes $h > 0$ unendlich viele x_ν. Im ersten Falle aber kann es in x_0 keinen endlichen rechtsseitigen, im zweiten Falle keinen endlichen linksseitigen Grenzwert von f geben, entgegen der Annahme, die *geschränkte* Funktion f könne in x_0 nur eine Unstetigkeit *erster Art* haben.

Seien $\xi_1, \xi_2, \ldots, \xi_e$ die endlich vielen[9]) Punkte von $< a, b >$, in denen:

$$\omega(x) \geqq \varepsilon.$$

[9]) Es kann natürlich auch $e = 0$ sein.

Zu jedem von den ξ_i $(i = 1, 2, \ldots, e)$ verschiedenen Punkt x' gibt es nun ein Intervall $(x' - h_{x'}, x' + h_{x'})$, in dem für alle zu $< a, b >$ gehörigen x:

$$|f(x) - f(x')| < \varepsilon.$$

In jedem Punkte ξ_i aber gibt es nach Voraussetzung endliche einseitige Grenzwerte von $f(x)$, die wir mit $f(\xi_i + 0)$ und $f(\xi_i - 0)$ bezeichnen[10]; es gibt daher zu jedem dieser Punkte ξ_i ein $h_i > 0$, so daß für alle nach $(\xi_i, \xi_i + h_i)$ fallenden Punkte von $< a, b >$:

$$|f(x) - f(\xi_i + 0)| < \varepsilon,$$

und für alle nach $(\xi_i - h_i, \xi_i)$ fallenden Punkte von $< a, b >$:

$$|f(x) - f(\xi_i - 0)| < \varepsilon.$$

Nach dem bekannten Borelschen Theorem gibt es nun unter den Intervallen $(x' - h_{x'}, x' + h_{x'})$ und $(\xi_i - h_i, \xi_i + h_i)$ *endlich viele*, in deren Vereinigung das ganze Intervall $< a, b >$ enthalten ist. Es gibt daher unter den Intervallen $(x' - h_{x'}, x' + h_{x'})$, $(\xi_i, \xi_i + h_i)$, $(\xi_i - h_i, \xi_i)$ endlich viele, in deren Vereinigung ganz $< a, b >$, mit Ausnahme höchstens der Punkte ξ_i $(i = 1, 2, \ldots, e)$ enthalten ist. Zufolge der Definition dieser Intervalle gibt es nun aber zu jedem von ihnen eine Konstante, von der sich $f(x)$ in dem ganzen betreffenden Intervalle um weniger als ε unterscheidet. Wir schließen daraus:

Es gibt in $< a, b >$ endlich viele Punkte:

(35) $$a = a_0 < a_1 < \ldots < a_{m-1} < a_m = b,$$

und eine in jedem Intervalle (a_{j-1}, a_j) $(j = 1, 2, \ldots m)$ konstante Funktion $f^*(x)$, die in ganz $< a, b >$ der Ungleichung genügt:

(36) $$|f^*(x) - f(x)| < \varepsilon.$$

Dabei können wir noch ohne weiteres annehmen, es sei:

(37) $$a_j \neq \bar{x} \qquad (j = 1, 2, \ldots, m - 1).$$

Denn wäre $\bar{x} = a_j$ $(1 \leq j \leq m - 1)$, so ersetze man a_j durch einen Punkt a_j' von (a_j, a_{j+1}), und ersetze $f^*(x)$ durch diejenige Funktion $f^{**}(x)$, die überall gleich $f^*(x)$ ist, nur daß sie den konstanten Wert, den $f^*(x)$ in (a_{j-1}, a_j) hat, in ganz (a_{j-1}, a_j') beibehält. Ist c dieser konstante Wert, so ist nach (36) in (a_{j-1}, a_j):

$$|f(x) - c| < \varepsilon,$$

[10]) Ist ξ_i einer der Punkte a, b, so kommt nur einer dieser beiden Grenzwerte in Betracht.

daher im Punkte $\bar{x} = a_j$, weil $\bar{x}$ als Stetigkeitspunkt von $f(x)$ vorausgesetzt war:

$$|f(a_j) - c| \leqq \varepsilon,$$

daher, wenn a_j' hinlänglich nahe an a_j gewählt wird, in (a_j, a_j'):

$$|f(x) - c| < 2\varepsilon,$$

so daß $f^{**}(x)$ in ganz $< a, b >$ der Ungleichung genügt:

$$|f^{**}(x) - f(x)| < 2\varepsilon.$$

Da $\varepsilon > 0$ beliebig war, sehen wir, daß die Einteilung (35) und die Funktion $f^*(x)$ ersetzt werden können durch die Einteilung $a_0, a_1, \ldots, a_{j-1}, a_j', a_{j+1}, \ldots, a_m$ und die Funktion $f^{**}(x)$. Wir können also von vornherein (37) als erfüllt annehmen.

Sei nun $\bar{x}$ zunächst ein Punkt von (a, b): er liegt dann notwendig in einem der Intervalle (a_{j-1}, a_j) $(j = 1, 2, \ldots, m)$, etwa in (a_{j_0-1}, a_{j_0}). Nach (12) ist dann:

$$\lim_{n=\infty} \sum_{(a_{j_0-1}, a_{j_0})} \varphi_i^{(n)}(\bar{x}) = 1,$$

und, da in (a_{j_0-1}, a_{j_0}) die Funktion $f^*(x)$ konstant ist, auch:

$$\lim_{n=\infty} \sum_{(a_{j_0-1}, a_{j_0})} f^*(x_i'^{(n)}) \varphi_i'^{(n)}(\bar{x}) = f^*(\bar{x}).$$

Für $j \neq j_0$ erhalten wir ebenso aus (14):

$$\lim_{n=\infty} \sum_{(a_{j-1}, a_j)} f^*(x_i'^{(n)}) \varphi_i'^{(n)}(\bar{x}) = 0. \tag{38}$$

Wenden wir endlich noch auf jeden der Punkte $a_0, a_1, \ldots, a_m$ die Beziehung (13) an, so erhalten wir:

$$\lim_{n=\infty} \sum_{<a, b>} f^*(x_i'^{(n)}) \varphi_i'^{(n)}(\bar{x}) = f^*(\bar{x}),$$

oder, was dasselbe heißt:

$$\lim_{n=\infty} P^{(n)}(\bar{x}; f^*) = f^*(\bar{x}). \tag{39}$$

Die hierdurch für den Fall, daß $\bar{x}$ Punkt von (a, b) ist, bewiesene Formel (39) gilt ebenso, wenn $\bar{x}$ einer der Punkte a, b ist; sei etwa: $\bar{x} = a$. Aus Gleichung (12) haben wir dann (indem wir in ihr $\alpha < a_0$, $\beta = a_1$ wählen):

$$\lim_{n=\infty} \sum_{<a_0, a_1>} f^*(x_i^{(n)}) \varphi_i^{(n)}(\bar{x}) = f^*(\bar{x}),$$

während für jedes Intervall (a_{j-1}, a_j) $(1 < j \leqq m)$ Formel (38) gilt. Wenden wir noch auf jeden der Punkte $a_1, a_2, \ldots, a_m$ Beziehung (13) an, so erhalten wir auch in diesem Falle Formel (39), die somit allgemein bewiesen ist.

Wegen (33) und (36) ist nun aber weiter:

(40) $$|P^{(n)}(\bar{x}; f^*) - P^{(n)}(\bar{x}; f)| < \varepsilon A \qquad \text{für alle } n.$$

Nun ist:

(41) $$|P^{(n)}(\bar{x}; f) - f(\bar{x})| \leqq |P^{(n)}(\bar{x}; f) - P^{(n)}(\bar{x}; f^*)| + |P^{(n)}(\bar{x}, f^*) - f^*(\bar{x})| + |f^*(\bar{x}) - f(\bar{x})|.$$

Wegen (39) ist hierin:

(42) $$|P^{(n)}(\bar{x}; f^*) - f^*(\bar{x})| < \varepsilon \qquad \text{für fast alle } n.$$

Zusammen mit (40), (42), (36) aber ergibt (41):

$$|P^{(n)}(\bar{x}; f) - f(\bar{x})| < (A + 2)\,\varepsilon \qquad \text{für fast alle } n.$$

Und da hierin $\varepsilon > 0$ beliebig war, ist (34) bewiesen.

Zusammenfassend können wir den Satz aussprechen:

Damit für jede im Punkte $\bar{x}$ von $< a, b >$ stetige, in $< a, b >$ geschränkte und nur von erster Art unstetige Funktion $f(x)$ die Beziehung gelte:

$$\lim_{n=\infty} P^{(n)}(\bar{x}; f) = f(\bar{x}),$$

ist notwendig und hinreichend, daß folgende Bedingungen erfüllt seien:

1. *Für jedes den Punkt $\bar{x}$ enthaltende Intervall (α, β) ist:*

(43) $$\lim_{n=\infty} \sum_{<\alpha, \beta>} \varphi_i^{(n)}(\bar{x}) = 1, \qquad \lim_{n=\infty} \sum_{(\alpha, \beta)} \varphi_i^{(n)}(\bar{x}) = 1.$$

2. *Es gibt eine Zahl A, so daß:*

(44) $$\sum_{i=1}^{k_n} |\varphi_i^{(n)}(\bar{x})| < A \qquad \text{für alle } n.$$

Wir werden demgemäß weiterhin ein diesen beiden Bedingungen genügendes, stetiges, distributives Interpolationsverfahren *konvergent im Punkte* $\bar{x}$ nennen.

§ 5.

Es habe nun das durch die Formel:

(45) $$P^{(n)}(x; f) = \sum_{i=1}^{k_n} f(x_i^{(n)})\, \varphi_i^{(n)}(x)$$

gegebene stetige, distributive Interpolationsverfahren folgende Eigenschaft: es gebe eine Zahl B, so daß für je zwei in $< a, b >$ der Ungleichung:

(46) $$|f^*(x) - f(x)| \leqq \varrho$$

genügende Funktionen die Ungleichung bestehe:

(47) $$|P^{(n)}(\bar{x}; f^*) - P^{(n)}(\bar{x}; f)| \leq B\varrho \quad \text{für alle } n.$$

Wir wollen dann sagen, das Interpolationsverfahren habe an der Stelle $\bar{x}$ *endliche Empfindlichkeit.* Wir erkennen nun, daß für endliche Empfindlichkeit an der Stelle $\bar{x}$ das Bestehen unserer obigen Bedingung 2. notwendig und hinreichend ist:

Damit das stetige, distributive Interpolationsverfahren (45) *im Punkte* $\bar{x}$ *von* $< a, b >$ *endliche Empfindlichkeit habe, ist notwendig und hinreichend die Existenz einer Zahl* A, *so daß:*

(48) $$\sum_{i=1}^{k_n} |\varphi_i^{(n)}(\bar{x})| < A \quad \text{für alle } n.$$

Die Bedingung ist *notwendig*[11]). Angenommen in der Tat, sie sei nicht erfüllt. Der Hilfssatz von § 3 lehrt dann die Existenz einer in $< a, b >$ stetigen Funktion $g(x)$, für die:

(49) $$\overline{\lim_{n=\infty}}\, P^{(n)}(\bar{x}; g) = +\infty.$$

Ist ϱ die obere Schranke von $|g(x)|$ in $< a, b >$, $f(x)$ eine beliebige (etwa in $< a, b >$ stetige) Funktion, und setzen wir:

$$f^*(x) = f(x) + g(x),$$

so ist (46) erfüllt, und wegen:

$$P^{(n)}(x; f^*) - P^{(n)}(x; f) = P^{(n)}(x; g)$$

kann zufolge (49) Ungleichung (47) für kein B erfüllt sein.

Die Bedingung ist *hinreichend;* denn ist (48) erfüllt, so ist für jedes der Ungleichung (46) genügende Funktionenpaar:

$$|P^{(n)}(\bar{x}; f^*) - P^{(n)}(\bar{x}; f)| < A\cdot\varrho.$$

Damit ist auch der Satz bewiesen:

Jedes an der Stelle $\bar{x}$ *konvergente, stetige, distributive Interpolationsverfahren, ist an der Stelle* $\bar{x}$ *auch von endlicher Empfindlichkeit.*

Die Eigenschaft der endlichen Empfindlichkeit kann noch etwas anders formuliert werden. Die oben gegebene Definition der endlichen Empfindlichkeit an der Stelle $\bar{x}$ ist völlig äquivalent der folgenden: *Zu jeder Funktion* $f(x)$ *und jedem* $\varepsilon > 0$ *gibt es ein* $\eta > 0$, *so daß für jede in* $< a, b >$ *der Ungleichung:*

---

[11]) Sie ist, wie der folgende Beweis zeigt, sogar notwendig dafür, daß für alle der Ungleichung (46) genügenden Paare *stetiger* Funktionen eine Ungleichung der Form (47) erfüllt sei.

$$(50) \qquad |f^*(x) - f(x)| < \eta$$

genügende Funktion $f^*(x)$ *die Ungleichung gilt:*

$$(51) \qquad |P^{(n)}(\bar{x}; f^*) - P^{(n)}(\bar{x}; f)| < \varepsilon \qquad \text{für alle } n.$$

Sei in der Tat das Interpolationsverfahren von endlicher Empfindlichkeit an der Stelle $\bar{x}$, d. h. für jedes der Ungleichung (46) genügende Funktionenpaar bestehe die Ungleichung (47). Es wird also, bei gegebenem $f(x)$, für jedes der Ungleichung (50) genügende $f^*(x)$ die Ungleichung (51) bestehen, wenn wir wählen:

$$\eta < \frac{\varepsilon}{B}.$$

Ist hingegen das Interpolationsverfahren nicht von endlicher Empfindlichkeit, so ist für kein A Ungleichung (48) erfüllt, und es gibt daher eine in $< a, b >$ stetige Funktion $g(x)$, für die (49) gilt. Ist:

$$|g(x)| < \gamma$$

in $< a, b >$, so genügt für jedes $\eta > 0$ die Funktion

$$f^*(x) = f(x) + \frac{\eta}{\gamma} g(x)$$

der Ungleichung (50), aber gewiß nicht der Ungleichung (51). Es kann also nicht zu jedem $\varepsilon > 0$ ein $\eta > 0$ gehören, so daß (50) und (51) gelten.

§ 6.

Wir wenden uns nun Fragen *gleichmäßiger Konvergenz* zu. Hier haben wir zunächst den Satz:

Damit für jede in $< a, b >$ *stetige Funktion* $f(x)$ *die Beziehung:*

$$\lim_{n=\infty} P^{(n)}(x; f) = f(x)$$

gleichmäßig gelte im Teilintervalle $< a', b' >$ *von* $< a, b >$, *ist notwendig, daß es eine Zahl* A *gebe, so daß:*

$$\sum_{i=1}^{k_n} |\varphi_i^{(n)}(x)| < A \qquad \text{für fast alle } n \text{ und alle } x \text{ von } < a', b' >.$$

Angenommen in der Tat, diese Bedingung wäre nicht erfüllt. Dann gibt es eine Folge von wachsenden Indizes $\{n_\nu\}$ und von Punkten $\{x_\nu\}$ aus $< a', b' >$, so daß:

$$\lim_{\nu=\infty} \sum_{i=1}^{k_{n_\nu}} |\varphi_i^{(n_\nu)}(x_\nu)| = +\infty.$$

Der Hilfssatz von § 3 lehrt [für $a_i^{(\nu)} = \varphi_i^{(n_\nu)}(x_\nu)$] die Existenz einer in $< a, b >$ stetigen Funktion $g(x)$, für die die Folge $P^{(n_\nu)}(x_\nu; g)$ nicht geschränkt ist, und für die daher unmöglich die Beziehung:

$$\lim_{n=\infty} P^{(n)}(x; g) = g(x)$$

gleichmäßig in $< a', b' >$ gelten kann.

Wir stellen nun *hinreichende* Bedingungen für gleichmäßige Konvergenz auf.

Es genüge das stetige distributive Interpolationsverfahren:

$$P^{(n)}(x; f) = \sum_{i=1}^{k_n} f(x_i^{(n)})\, \varphi_i^{(n)}(x)$$

folgenden Bedingungen:

1. *Bezeichnet* $\psi_i^{(n)}(x, h)$ *den Wert* 0 *oder den Wert* $\varphi_i^{(n)}(x)$, *je nachdem* $x_i^{(n)}$ *ins Intervall* $(x - h, x + h)$ *fällt oder nicht, so gelten für jedes* $h > 0$ *und jedes Intervall* $< \alpha, \beta >$ *die beiden Beziehungen:*

$$(52) \qquad \lim_{n=\infty} \sum_{<\alpha,\beta>} \psi_i^{(n)}(x; h) = 0, \qquad \lim_{n=\infty} \sum_{(\alpha,\beta)} \psi_i^{(n)}(x, h) = 0$$

gleichmäßig in $< a', b' >$.

2. *Für jedes* $h > 0$ *gilt die Beziehung:*

$$(53) \qquad \lim_{n=\infty} \sum_{(x-h,\, x+h)} \varphi_i^{(n)}(x) = 1$$

gleichmäßig in $< a', b' >$.

3. *Es gibt eine Zahl* A, *so daß:*

$$(54) \qquad \sum_{i=1}^{k_n} |\varphi_i^{(n)}(x)| < A \qquad \text{für fast alle } n \text{ und alle } x \text{ von } < a', b' >.$$

Dann gilt für jede in $< a, b >$ *geschränkte, und nur von erster Art unstetige Funktion* $f(x)$, *die in allen Punkten von* $< a', b' >$ *stetig ist*[12]), *die Beziehung:*

$$(55) \qquad \lim_{n=\infty} P^{(n)}(x; f) = f(x)$$

gleichmäßig in $< a', b' >$.

In der Tat, für jedes $h > 0$ ist:

$$(56) \qquad P^{(n)}(x; f) = \sum_{i=1}^{k_n} f(x_i^{(n)})\, \psi_i^{(n)}(x, h) + \sum_{(x-h,\, x+h)} f(x_i^{(n)})\, \varphi_i^{(n)}(x).$$

Sei nun $f(x)$ stetig in jedem Punkte von $< a', b' >$, und sei $\varepsilon > 0$ beliebig

---

[12]) Es muß, wenn $a \neq a'$ ist, volle Stetigkeit (nicht nur rechtsseitige Stetigkeit) von $f(x)$ in a' vorausgesetzt werden, und Analoges gilt für b'.

gegeben. Bekanntlich gibt es dann ein $h > 0$, so daß für alle x' aus $< a', b' >$ und alle (zu $< a, b >$ gehörigen) x aus $(x' - h, x' + h)$:

$$| f(x) - f(x') | < \varepsilon.$$

Wegen (54) ist dann:

$$(57) \qquad \left| \sum_{(x'-h,\, x'+h)} f(x_i^{(n)}) \varphi_i^{(n)}(x') - \sum_{(x'-h,\, x'+h)} f(x') \varphi_i^{(n)}(x') \right| < \varepsilon A$$

für fast alle n und alle x' aus $< a', b' >$.

Bezeichnen wir mit F die obere Schranke von $f(x)$ in $< a', b' >$, so ist weiter, wegen des gleichmäßigen Bestehens von (53) in $< a', b' >$:

$$(58) \qquad \left| f(x') \sum_{(x'-h,\, x'+h)} \varphi_i^{(n)}(x') - f(x') \right| < \varepsilon F$$

für fast alle n und alle x' aus $< a', b' >$.

Ferner gibt es, wie wir in § 4 ausführlich begründet haben, in $< a, b >$ endlich viele Punkte:

$$a = a_0 < a_1 < \ldots < a_{m-1} < a_m = b,$$

und eine in jedem Intervalle (a_{j-1}, a_j) $(j = 1, 2, \ldots, m)$ konstante Funktion $f^*(x)$, die in ganz $< a, b >$ der Ungleichung genügt:

$$| f^*(x) - f(x) | < \varepsilon.$$

Aus (54) folgt sofort:

$$(59) \qquad \left| \sum_{i=1}^{k_n} f^*(x_i^{(n)}) \psi_i^{(n)}(x'; h) - \sum_{i=1}^{k_n} f(x_i^{(n)}) \psi_i^{(n)}(x'; h) \right| < \varepsilon A$$

für fast alle n und alle x' aus $< a', b' >$.

Da in jedem Intervalle (a_{j-1}, a_j) $(j = 1, 2, \ldots, m)$ $f^*(x)$ konstant ist, entnehmen wir aus (52) das gleichmäßige Bestehen von:

$$(60) \qquad \lim_{n=\infty} \sum_{(a_{j-1},\, a_j)} f^*(x_i^{(n)}) \psi_i^{(n)}(x', h) = 0$$

für alle x' von $< a', b' >$.

Gehört der Punkt a_j zu unendlich vielen Mengen $\mathfrak{M}^{(n)}$, etwa zur Menge $\mathfrak{M}^{(n_\nu)}$ als Punkt $x_{i_\nu}^{(n_\nu)}$, so ist, wenn $\alpha < a$ gewählt wird:

$$\psi_{i_\nu}^{(n_\nu)}(x; h) = \sum_{< \alpha,\, a_j >} \psi_i^{(n_\nu)}(x; h) - \sum_{(\alpha,\, a_j)} \psi_i^{(n_\nu)}(x; h).$$

Wegen (52) gilt daher die Beziehung:

$$(61) \qquad \lim_{\nu=\infty} \psi_{i_\nu}^{(n_\nu)}(x; h) = 0$$

gleichmäßig in $< a', b' >$ Aus (60) und (61) aber folgern wir: Es gilt die Beziehung:

$$\lim_{n=\infty} \sum_{i=1}^{k_n} f^*(x_i^{(n)})\,\psi_i^{(n)}(x,h) = 0$$

gleichmäßig in $< a', b' >$. Mit anderen Worten, es ist:

$$(62) \qquad \Big| \sum_{i=1}^{k_n} f^*(x_i^{(n)})\,\psi_i^{(n)}(x',h) \Big| < \varepsilon$$

für fast alle n und alle x' von $< a', b' >$.

Schreiben wir nun auf Grund von (56):

$$P^{(n)}(x; f) - f(x) = \sum_{i=1}^{k_n} f^*(x_i^{(n)})\,\psi_i^{(n)}(x,h)$$
$$+ \Big\{ \sum_{i=1}^{k_n} f(x_i^{(n)})\,\psi_i^{(n)}(x,h) - \sum_{i=1}^{k_n} f^*(x_i^{(n)})\,\psi_i^{(n)}(x,h) \Big\}$$
$$+ \Big\{ \sum_{(x-h,\,x+h)} f(x_i^{(n)})\,\varphi_i^{(n)}(x) - \sum_{(x-h,\,x+h)} f(x)\,\varphi_i^{(n)}(x) \Big\}$$
$$+ \Big\{ f(x) \sum_{(x-h,\,x+h)} \varphi_i^{(n)}(x) - f(x) \Big\},$$

so ergeben die Ungleichungen (62), (59), (57), (58):

$$| P^{(n)}(x'; f) - f(x') | < (2A + F + 1)\,\varepsilon$$

für fast alle n und alle x' von $< a', b' >$, und da hierin $\varepsilon > 0$ beliebig war, ist hierdurch das gleichmäßige Bestehen von (55) in $< a', b' >$ nachgewiesen.

Wir werden weiterhin ein stetiges distributives Interpolationsverfahren, für das die Beziehung (55) gleichmäßig in $< a', b' >$ gilt, für jede in allen Punkten von $< a', b' >$ stetige, in $< a, b >$ geschränkte und von erster Art unstetige Funktion $f(x)$, als ein *in* $< a', b' >$ *gleichmäßig konvergentes* Interpolationsverfahren bezeichnen.

§ 7.

Wir sagen, es sei ein stetiges, distributives Interpolationsverfahren *von geschränkter Empfindlichkeit in* $< a', b' >$, wenn es eine Zahl B gibt, so daß für je zwei in $< a, b >$ der Ungleichung:

$$(63) \qquad | f^*(x) - f(x) | \leqq \varrho$$

genügende Funktionen, in ganz $< a', b' >$ die Ungleichung besteht:

$$(64) \qquad | P^{(n)}(x; f^*) - P^{(n)}(x; f) | \leqq B\varrho \quad \text{für fast alle } n.$$

Dann erkennen wir, daß für geschränkte Empfindlichkeit in $< a', b' >$

9*

notwendig und hinreichend ist das Bestehen von Bedingung 3. des Satzes in § 6.

Damit ein stetiges, distributives Interpolationsverfahren geschränkte Empfindlichkeit habe im Teilintervalle $< a', b' >$ *von* $< a, b >$, *ist notwendig und hinreichend die Existenz einer Zahl* A, *so daß:*

$$(65) \qquad \sum_{i=1}^{k_n} |\varphi_i^{(n)}(x)| < A \qquad \text{für fast alle } n \text{ und alle } x \text{ von } < a', b' >.$$

Die Bedingung ist notwendig. In der Tat, wir haben schon in § 6 gesehen: Gibt es kein A, für das (65) erfüllt wäre, so gibt es eine Punktfolge $\{x_\nu\}$ aus $< a', b' >$, eine wachsende Indizesfolge $\{n_\nu\}$ und eine in $< a, b >$ stetige Funktion $g(x)$, so daß die Zahlenfolge:

$$P^{(n_\nu)}(x_\nu; g) \qquad (\nu = 1, 2, \ldots)$$

nicht geschränkt ist. Sei γ die obere Schranke von $|g(x)|$ in $< a, b >$. Ist nun $f(x)$ irgendeine (etwa in $< a, b >$ stetige) Funktion und setzen wir:

$$f^*(x) = f(x) + \frac{\varrho}{\gamma} g(x),$$

so ist (63) erfüllt, während wegen:

$$P^{(n)}(x; f^*) - P^{(n)}(x; f) = \frac{\varrho}{\gamma} P^{(n)}(x; g)$$

Ungleichung (64) für kein B erfüllt sein kann.

Die Bedingung ist *hinreichend*; denn ist sie erfüllt, so folgt aus (63), daß in ganz $< a', b' >$ die Ungleichung gilt:

$$|P^{(n)}(x; f^*) - P^{(n)}(x; f)| = |P^{(n)}(x; f^* - f)| < A\varrho \qquad \text{für fast alle } n.$$

Da die durch Ungleichung (65) ausgedrückte Bedingung, wie wir in § 6 sahen, notwendig dafür ist, daß das Interpolationsverfahren in $< a', b' >$ gleichmäßig konvergent sei, können wir den Satz aussprechen:

Jedes stetige, distributive, im Teilintervalle $< a', b' >$ *von* $< a, b >$ *gleichmäßig konvergente Interpolationsverfahren ist in* $< a', b' >$ *auch von geschränkter Empfindlichkeit.*

§ 8.

Wir beweisen nun folgende Verschärfung des Hilfssatzes von § 3, wobei wir festsetzen wollen, die Werte $x_i^{(n)}$ $(i = 1, 2, \ldots, k_n)$ seien der Größe nach geordnet:

$$x_1^{(n)} < x_2^{(n)} < \ldots < x_{k_n}^{(n)}.$$

Ist jedem Punkte $x_i^{(n)}$ *der Menge* $\mathfrak{M}^{(n)}$ $(n = 1, 2, \ldots)$ *eine Zahl* $a_i^{(n)}$ *so zugeordnet, daß die Menge der Zahlen:*

$$M_{l,n} = \sum_{i=1}^{l} a_i^{(n)} \qquad (l = 1, 2, \ldots, k_n;\ n = 1, 2, \ldots)$$

nicht geschränkt ist, so gibt es eine in $< a, b >$ absolut-stetige Funktion $g(x)$, für die die Zahlenfolge:

$$A^{(n)}(g) = \sum_{i=1}^{k_n} a_i^{(n)} g(x_i^{(n)}) \qquad (n = 1, 2, \ldots)$$

gleichfalls nicht geschränkt ist.

Wir beschränken nicht die Allgemeinheit, wenn wir annehmen, die $M_{l,n}$ seien *nach oben* nicht geschränkt[13]). Es gibt dann eine Indizesfolge $\{n_i\}$ und eine zugehörige Folge natürlicher Zahlen $l_i \leqq k_{n_i}$, so daß:

$$\lim_{i=\infty} M_{l_i,\, n_i} = +\infty.$$

Wir können der Einfachheit halber annehmen, es sei:

$$(66) \qquad \lim_{n=\infty} M_{l_n,\, n} = +\infty \qquad (1 \leqq l_n \leqq k_n),$$

was offenbar auch keinerlei Beschränkung der Allgemeinheit bedeutet. Weiter können wir annehmen, unter allen Indizes l $(1 \leqq l \leqq k_n)$ sei l_n derjenige, für welchen $M_{l,n}$ *den größten Wert* annimmt.

Wir bezeichnen nun mit ξ_{l_n} den ersten auf x_{l_n} folgenden Punkt der Vereinigungsmenge von $\mathfrak{M}_1, \mathfrak{M}_2, \ldots, \mathfrak{M}_n$, und mit $g_n(x)$ die folgendermaßen definierte stetige Funktion[14]):

$$g_n(x) \begin{cases} = 1 \text{ für } a \leqq x \leqq x_{l_n}, \\ \text{ist linear für } x_{l_n} \leqq x \leqq \xi_{l_n}, \\ = 0 \text{ für } \xi_{l_n} \leqq x \leqq b. \end{cases}$$

Die Funktion $g_n(x)$ ist dann auch *absolut stetig* in $< a, b >$; sie ist ferner monoton abnehmend, und zwar ist in $< a, b >$:

$$(67) \qquad 0 \leqq g_n(x) \leqq 1 \qquad (n = 1, 2, \ldots).$$

Es ist nun:

$$A^{(n)}(g_n) = M_{l_n,\, n},$$

und somit wegen (66):

$$\lim_{n=\infty} A^{(n)}(g_n) = +\infty.$$

Setzen wir noch zur Abkürzung:

$$L_n = A^{(n)}(g_n) = M_{l_n,\, n},$$

---

[13]) Denn andernfalls könnten wir die $a_i^{(n)}$ durch die $-a_i^{(n)}$ ersetzen.

[14]) Im Falle $x_{l_n} = b$ fallen die zweite und dritte der beiden folgenden Festsetzungen fort.

so kann der Beweis des Hilfssatzes von § 3 wörtlich wiederholt werden (wobei wir nur die Folge $n_1, n_2, \ldots, n_i \ldots$ diesmal nicht mit $n_1 = 1$ beginnen, sondern n_1 so groß wählen, daß $L_{n_1} > 0$ wird). Wir erhalten also: Entweder ist für eine der Funktionen $g_\nu(x)$ $(\nu = 1, 2, \ldots)$ die Folge der $A^{(n)}(g_\nu)$ $(n = 1, 2, \ldots)$ nicht geschränkt, oder es gibt eine wachsende Indizesfolge $\{n_i\}$, so daß für die Funktion:

$$(68)\qquad g(x) = g_{n_1}(x) + \frac{1}{2L_{n_1}} g_{n_2}(x) + \ldots + \frac{1}{2^{i-1}L_{n_{i-1}}} g_{n_i}(x) + \ldots$$

die Folge der $A^{(n)}(g)$ $(n = 1, 2, \ldots)$ nicht geschränkt ist. Unsere Behauptung wird somit bewiesen sein, wenn wir zeigen, *daß die durch* (68) *gegebene Funktion* $g(x)$ *absolut-stetig ist in* $< a, b >$.

Wir haben also zu zeigen: ist $\varepsilon > 0$ beliebig gegeben, so gibt es ein $\eta > 0$, so daß für jede Menge zu je zweien fremder Teilintervalle (x'_ν, x''_ν) $(\nu = 1, 2, \ldots)$ von $< a, b >$, für die:

$$(69)\qquad \sum_\nu (x''_\nu - x'_\nu) < \eta$$

ist, die Ungleichung besteht:

$$(70)\qquad \sum_\nu |g(x''_\nu) - g(x'_\nu)| < \varepsilon.$$

Wegen der Konvergenz der Reihe in (68) gibt es nun einen Index j, so daß:

$$(71)\qquad \left| \sum_{i=j+1}^{\infty} \frac{1}{2^{i-1}L_{n_{i-1}}} g_{n_i}(a) \right| < \frac{\varepsilon}{2}.$$

Wegen der absoluten Stetigkeit der $g_n(x)$ kann sodann $\eta > 0$ so gewählt werden, daß für jede Menge zu je zweien fremder, der Ungleichung (69) genügender Teilintervalle (x'_ν, x''_ν) aus $< a, b >$:

$$(72)\qquad \sum_\nu \left| \left(g_{n_1}(x''_\nu) + \frac{1}{2L_{n_1}} g_{n_2}(x''_\nu) + \ldots + \frac{1}{2^{j-1}L_{n_{j-1}}} g_{n_j}(x''_\nu)\right) - \left(g_{n_1}(x'_\nu) + \frac{1}{2L_{n_1}} g_{n_2}(x'_\nu) + \ldots + \frac{1}{2^{j-1}L_{n_{j-1}}} g_{n_j}(x'_\nu)\right) \right| < \frac{\varepsilon}{2}.$$

Wegen des monotonen Abnehmens der $g_n(x)$ und wegen (67) folgt aus (71):

$$(73)\qquad \sum_\nu \left| \sum_{i=j+1}^{\infty} \frac{1}{2^{i-1}L_{n_{i-1}}} g_{n_i}(x''_\nu) - \sum_{i=j+1}^{\infty} \frac{1}{2^{i-1}L_{n_{i-1}}} g_{n_i}(x'_\nu) \right| < \frac{\varepsilon}{2}.$$

Aus (72) und (73) aber folgt (70), womit die absolute Stetigkeit von $g(x)$ nachgewiesen ist. Unsere Behauptung ist also bewiesen.

Wir schließen daraus:

Damit für jede in $< a, b >$ *absolut-stetige Funktion* $f(x)$ *im Punkte* $\bar{x}$ *von* $< a, b >$ *die Beziehung gelte:*

$$\lim_{n=\infty} P^{(n)}(\bar{x}; f) = f(\bar{x}),$$

ist notwendig, daß es eine Zahl A gebe, so daß:

(74) $$\left|\sum_{i=1}^{l} \varphi_i^{(n)}(\bar{x})\right| \leqq A \qquad (l = 1, 2, \ldots, k_n;\; n = 1, 2, \ldots).$$

§ 9.

Wir können nun wieder nachweisen, daß die eben aufgestellte notwendige Bedingung, zusammen mit der notwendigen Bedingung von § 2 hinreichend ist, damit unser Interpolationsverfahren im Punkte $\bar{x}$ konvergent sei für jede dort stetige Funktion, die in $< a, b >$ von endlicher Variation ist:

Sind im Punkte $\bar{x}$ von $< a, b >$ die Bedingungen (12) *und* (74) *erfüllt, so gilt für jede im Punkte $\bar{x}$ stetige Funktion $f(x)$, die in $< a, b >$ von endlicher Variation ist, die Beziehung:*

(75) $$\lim_{n=\infty} P^{(n)}(\bar{x}, f) = f(\bar{x}).$$

Ist die Funktion $f(x)$ in $< a, b >$ von endlicher Variation und stetig in $\bar{x}$, so ist sie Differenz zweier in $< a, b >$ geschränkter, monoton abnehmender Funktionen, die gleichfalls in $\bar{x}$ stetig sind. Es genügt also die Behauptung nachzuweisen für alle in $< a, b >$ geschränkten, monoton abnehmenden Funktionen, die im Punkte $\bar{x}$ stetig sind.

Da eine solche Funktion nur Unstetigkeiten erster Art hat, so gibt es, wie wir in § 4 sahen, zu einem beliebig vorgegebenen $\varepsilon > 0$ in $< a, b >$ endlich viele von $\bar{x}$ verschiedene Punkte:

$$a = a_0 < a_1 < \ldots < a_{m-1} < a_m = b,$$

und eine in jedem Intervalle (a_{j-1}, a_j) $(j = 1, 2, \ldots, m)$ konstante Funktion $f^*(x)$, die in ganz $< a, b >$ der Ungleichung genügt:

$$|f^*(x) - f(x)| < \frac{\varepsilon}{2}.$$

Insbesondere ist also auch, wenn c_j den konstanten Wert von $f^*(x)$ in (a_{j-1}, a_j) bedeutet:

$$\left| c_j - \lim_{x=a_j-0} f(x) \right| \leqq \frac{\varepsilon}{2} \qquad (j = 1, 2, \ldots, m).$$

Bezeichnen wir also mit $f^{**}(x)$ die Funktion, die aus $f^*(x)$ entsteht, indem wir in jedem Intervalle (a_{j-1}, a_j) den konstanten Wert c_j durch $\lim\limits_{x=a_j-0} f(x)$ ersetzen, so ist nun auch in ganz $< a, b >$:

(76) $$|f^{**}(x) - f(x)| < \varepsilon.$$

Ferner ist in jedem einzelnen Intervall (a_{j-1}, a_j) die Funktion $f(x) - f^{**}(x)$ monoton abnehmend und $\geqq 0$.

Wie in § 4 aber erkennen wir, daß:

$$\lim_{n=\infty} P^{(n)}(\bar{x}, f^{**}) = f^{**}(\bar{x})$$

ist. Um nun weiter die Differenz $P^{(n)}(\bar{x}; f^{**}) - P^{(n)}(\bar{x}; f)$ abzuschätzen, bemerken wir zunächst, daß wegen (74) für alle Teilintervalle (α, β) von $< a, b >$ die Ungleichung gilt:

$$\left| \sum_{(\alpha, \beta)} \varphi_i^{(n)}(\bar{x}) \right| \leqq 2A \qquad \text{für alle } n; \tag{77}$$

in der Tat sind $x_1^{(n)}, x_2^{(n)}, \ldots, x_k^{(n)}$ die nach $< a, \beta)$ fallenden Punkte von $\mathfrak{M}^{(n)}$, und $x_1^{(n)}, x_2^{(n)}, \ldots, x_l^{(n)}$ die nach $< a, \alpha >$ fallenden, so ist:

$$\sum_{(\alpha, \beta)} \varphi_i^{(n)}(\bar{x}) = \sum_{i=1}^{k} \varphi_i^{(n)}(\bar{x}) - \sum_{i=1}^{l} \varphi_i^{(n)}(\bar{x}).$$

Ebenso folgern wir aus (74): Ist ξ ein Punkt von $< a, b >$, der unendlich vielen Mengen $\mathfrak{M}^{(n)}$ angehört, etwa der Menge $\mathfrak{M}^{(n_\nu)}$ als Punkt $x_{l_\nu}^{(n_\nu)}$, so ist:

$$| \varphi_{l_\nu}^{(n_\nu)}(\bar{x}) | \leqq 2A. \tag{78}$$

In der Tat, es ist:

$$\varphi_{l_\nu}^{(n_\nu)}(\bar{x}) = \sum_{i=1}^{l_\nu} \varphi_i^{(n_\nu)}(\bar{x}) - \sum_{i=1}^{l_\nu - 1} \varphi_i^{(n_\nu)}(\bar{x}).$$

Da nun $f(x) - f^{**}(x)$ in jedem Intervalle (a_{j-1}, a_j) monoton abnimmt, und der Ungleichung genügt:

$$0 \leqq f(x) - f^{**}(x) < \varepsilon,$$

lehrt bei Berücksichtigung von (77) der zweite Mittelwertsatz für endliche Summen:

$$\left| \sum_{(a_{j-1}, a_j)} f(x_i^{(n)}) \varphi_i^{(n)}(\bar{x}) - \sum_{(a_{j-1}, a_j)} f^{**}(x_i^{(n)}) \varphi_i^{(n)}(\bar{x}) \right| < 2A\varepsilon \quad (j = 1, 2, \ldots, m). \tag{79}$$

Gehört ferner der Punkt a_j $(j = 0, 1, \ldots, m)$ unendlich vielen Mengen $\mathfrak{M}^{(n)}$ an, etwa der Menge $\mathfrak{M}^{(n_\nu)}$ als Punkt $x_{l_\nu}^{(n_\nu)}$, so lehrt (78), zusammen mit (76):

$$| f(a_j) \varphi_{l_\nu}^{(n_\nu)}(\bar{x}) - f^{**}(a_j) \varphi_{l_\nu}^{(n_\nu)}(\bar{x}) | < 2A\varepsilon \qquad (j = 0, 1, \ldots, m). \tag{80}$$

Aus (79) und (80) aber folgt:

$$| P^{(n)}(\bar{x}; f^{**}) - P^{(n)}(\bar{x}; f) | < (2m+1)\, 2A\varepsilon. \tag{81}$$

Indem wir nun (81) an Stelle von (40) treten lassen, schließen wir weiter wie in § 4 auf das Bestehen von (75).

Zusammenfassend können wir unsere letzten Ergebnisse auch so ausdrücken:

Damit für jede im Punkte $\bar{x}$ von $< a, b >$ stetige Funktion $f(x)$, die in $< a, b >$ von endlicher Variation ist, die Beziehung gelte:

$$\lim_{n=\infty} P^{(n)}(\bar{x}; f) = f(\bar{x}),$$

ist notwendig und hinreichend, daß folgende Bedingungen erfüllt seien:

1. *Für jedes den Punkt $\bar{x}$ enthaltende Intervall (α, β) ist:*

$$\lim_{n=\infty} \sum_{<\alpha, \beta>} \varphi_i^{(n)}(\bar{x}) = 1; \qquad \lim_{n=\infty} \sum_{(\alpha, \beta)} \varphi_i^{(n)}(\bar{x}) = 1.$$

2. *Es gibt eine Zahl A, so daß für alle Intervalle (α, β) und alle n:*

$$\left| \sum_{<\alpha, \beta>} \varphi_i^{(n)}(\bar{x}) \right| < A.$$

§ 10.

Die Lagrangesche Interpolationsformel liefert ein stetiges distributives Interpolationsverfahren, und zwar ist:

$$\varphi_i^{(n)}(x) = \frac{(x - x_1^{(n)}) \ldots (x - x_{i-1}^{(n)})(x - x_{i+1}^{(n)}) \ldots (x - x_{k_n}^{(n)})}{(x_i^{(n)} - x_1^{(n)}) \ldots (x_i^{(n)} - x_{i-1}^{(n)})(x_i^{(n)} - x_{i+1}^{(n)}) \ldots (x_i^{(n)} - x_{k_n}^{(n)})}.$$

Wir wählen nun die Mengen $\mathfrak{M}^{(n)}$ so, daß die Punkte $x_i^{(n)}$ $(i = 1, 2, \ldots, k_n)$ *äquidistant* werden, d. h. wir setzen:

(82) $$x_i^{(n)} = a + i \cdot \frac{b-a}{n} \qquad (i = 0, 1, \ldots, n).$$

Wir wollen nun unsere Sätze benutzen, um zu zeigen, daß unter dieser Annahme das Lagrangesche Interpolationsverfahren in einem beliebigen Punkte $\bar{x}$ von (a, b) weder konvergent, noch von endlicher Empfindlichkeit ist.

Sei zunächst:

$$\bar{x} \neq \frac{a+b}{2};$$

und zwar wollen wir, um einen bestimmten Fall vor Augen zu haben, annehmen[15]):

(83) $$a < \bar{x} < \frac{a+b}{2}.$$

[15]) Im Falle $\frac{a+b}{2} < \bar{x} < b$ verläuft der Beweis ganz analog.

Es gibt, zufolge der Wahl (82) der Punkte $x_i^{(n)}$, unendlich viele Werte des Index n, so daß $\bar{x}$ nicht zu $\mathfrak{M}^{(n)}$ gehört; sei im folgenden n ein solcher Index.

Zufolge (83) gibt es ein ε, so daß:

$$0 < \varepsilon < \frac{a+b}{2} - \bar{x}. \tag{84}$$

Ist ε so gewählt, so gibt es bei hinlänglich großem n einen Punkt ξ_n von $\mathfrak{M}^{(n)}$, so daß:

$$\frac{a+b}{2} < \xi_n < a + b - \bar{x} - \varepsilon. \tag{85}$$

Sei ξ_n etwa der Punkt $x_{i_n}^{(n)}$. Wir wollen das zugehörige Polynom $\varphi_{i_n}^{(n)}(x)$ näher untersuchen.

Zu dem Zwecke zerlegen wir das Intervall $< a, b >$ in die Teilintervalle $< a, \bar{x} >$, $< \bar{x}, \xi_n >$, $< \xi_n, \xi_n + \bar{x} - a >$[16]), $< \xi_n + \bar{x} - a, b >$. Die ins Intervall $< a, \bar{x} >$ fallenden Punkte $x_i^{(n)}$, *in der Richtung von $\bar{x}$ gegen a* gezählt, bezeichnen wir mit $a_1^{(n)}, a_2^{(n)}, \ldots, a_{e_n}^{(n)} (= a)$. Die ins Intervall $< \xi_n, \xi_n + \bar{x} - a >$ fallenden Punkte $x_i^{(n)}$, deren Anzahl offenbar mit der Anzahl der ins Intervall $< a, \bar{x} >$ fallenden übereinstimmt, bezeichnen wir, *in der Richtung von ξ_n gegen $\xi_n + \bar{x} - a$ gezählt,* mit $b_1^{(n)} (= \xi_n), b_2^{(n)}, \ldots, b_{e_n}^{(n)}$. Die ins Intervall $< \bar{x}, \xi_n)$ fallenden Punkte $x_i^{(n)}$ seien, in der Richtung von $\bar{x}$ gegen ξ_n gezählt: $c_1^{(n)}, c_2^{(n)}, \ldots, c_{f_n}^{(n)}$; die ins Intervall $< \xi_n + \bar{x} - a, b >$ fallenden Punkte $x_i^{(n)}$ seien (in beliebiger Reihenfolge) $d_1^{(n)}, d_2^{(n)}, \ldots, d_{g_n}^{(n)}$. Dann ist:

$$|\varphi_{i_n}^{(n)}(\bar{x})| = P_1 P_2 P_3 P_4 \tag{86}$$

$$P_1 = |\bar{x} - a_1^{(n)}| \prod_{\nu=2}^{e_n} \left| \frac{\bar{x} - a_\nu^{(n)}}{\xi_n - b_\nu^{(n)}} \right|, \qquad P_2 = \frac{1}{|\xi_n - a_{e_n}^{(n)}|} \prod_{\nu=2}^{e_n} \left| \frac{\bar{x} - b_\nu^{(n)}}{\xi_n - a_{\nu-1}^{(n)}} \right|,$$

$$P_3 = \left| \frac{\bar{x} - c_1^{(n)}}{\xi_n - c_1^{(n)}} \right| \prod_{\nu=2}^{f_n} \left| \frac{\bar{x} - c_\nu^{(n)}}{\xi_n - c_{f_n-\nu+2}} \right|, \qquad P_4 = \prod_{\nu=1}^{g_n} \left| \frac{\bar{x} - d_\nu^{(n)}}{\xi_n - d_\nu^{(n)}} \right|.$$

Man bestätigt nun leicht die Ungleichungen:

$$\left| \frac{\bar{x} - a_\nu^{(n)}}{\xi_n - b_\nu^{(n)}} \right| > 1 \ (\nu = 2, 3, \ldots, e_n), \left| \frac{\bar{x} - b_\nu^{(n)}}{\xi_n - a_{\nu-1}^{(n)}} \right| > 1 \ (\nu = 2, 3, \ldots, e_n), \tag{87}$$

$$\left| \frac{\bar{x} - c_\nu^{(n)}}{\xi_n - c_{f_n-\nu+2}^{(n)}} \right| > 1 \ (\nu = 2, 3, \ldots, f_n).$$

---

[16]) Wegen (85) ist $\xi_n + \bar{x} - a < b$.

Wegen:

$$d_\nu^{(n)} - \bar{x} = (d_\nu^{(n)} - \xi_n) + (\xi_n - \bar{x})$$

ist ferner, bei Berücksichtigung von (85) und (84):

$$\text{(88)} \qquad \left|\frac{\bar{x} - d_\nu^{(n)}}{\xi_n - d_\nu^{(n)}}\right| = 1 + \frac{\xi_n - \bar{x}}{d_\nu^{(n)} - \xi_n} > 1 + \frac{\frac{a+b}{2} - \bar{x}}{b-a} > 1 + \frac{\varepsilon}{b-a}.$$

Was endlich die Anzahl g_n der ins Intervall $< \xi_n + \bar{x} - a, b >$ fallenden Punkte $x_i^{(n)}$ anlangt, so ist wegen (85):

$$\text{(89)} \qquad g_n \geqq (b - \xi_n - \bar{x} + a) \cdot \frac{n}{b-a} > \frac{\varepsilon}{b-a} \cdot n.$$

Wir haben also aus (86) bei Berücksichtigung von (87) (88) (89) schließlich:

$$\text{(90)} \qquad |\varphi_{i_n}^{(n)}(\bar{x})| > \frac{1}{(b-a)^2}(\bar{x} - a_1^{(n)})(c_1^{(n)} - \bar{x})\left(1 + \frac{\varepsilon}{b-a}\right)^{\frac{\varepsilon}{b-a}\cdot n}.$$

Nehmen wir nun zunächst an, es werde $< a, b >$ durch $\bar{x}$ in *rationalem* Verhältnisse geteilt, d. h. es sei:

$$\bar{x} = a + \frac{p}{q}(b-a) \qquad (p,\ q \text{ natürliche Zahlen; } p < q).$$

Ist dann n teilerfremd zu q, so ist $\bar{x}$ nicht Punkt von $\mathfrak{M}^{(n)}$, wir können also im vorstehenden unter n jede (hinlänglich große) zu q teilerfremde Zahl verstehen. Dann ist:

$$\bar{x} - a_1^{(n)} \geqq \frac{b-a}{q \cdot n}, \qquad c_1^{(n)} - \bar{x} \geqq \frac{b-a}{q \cdot n},$$

also nach (90) für alle zu q teilerfremden, hinlänglich großen n:

$$\text{(91)} \qquad |\varphi_{i_n}^{(n)}(\bar{x})| > \frac{1}{q^2 n^2}\left(1 + \frac{\varepsilon}{b-a}\right)^{\frac{\varepsilon}{b-a}\cdot n}.$$

Nehmen wir sodann an, es werde $< a, b >$ durch $\bar{x}$ in *irrationalem* Verhältnisse geteilt:

$$\bar{x} = a + \lambda(b-a) \qquad (0 < \lambda < 1,\ \lambda \text{ irrational}).$$

Wir entwickeln λ in einen unendlichen Dualbruch:

$$\lambda = \sum_{\nu=1}^{\infty} \frac{e_\nu}{2^\nu} \qquad (e_\nu = 0, 1).$$

Da λ irrational ist, muß es unendlich viele Indizes ν geben, so daß:

$$\text{(92)} \qquad e_\nu = 0, \qquad e_{\nu+1} = 1.$$

Sei ν ein solcher Index. Wir setzen:

(93) $$n = 2^{\nu-1}.$$

Die oben mit $a_1^{(n)}$ und $c_1^{(n)}$ bezeichneten Punkte sind hier:

$$a_1^{(n)} = a + \sum_{\mu=1}^{\nu-1} \frac{e_\mu}{2^\mu}\cdot(b-a), \qquad c_1^{(n)} = a_1^{(n)} + \frac{b-a}{2^{\nu-1}}.$$

Und da wegen (92):

$$a_1^{(n)} + \frac{b-a}{2^{\nu+1}} < \bar{x} < a_1^{(n)} + \frac{b-a}{2^\nu},$$

so ist, bei Berücksichtigung von (93):

$$\bar{x} - a_1^{(n)} > \frac{b-a}{2^{\nu+1}} = \frac{b-a}{4n}, \qquad c_1^{(n)} - \bar{x} > \frac{b-a}{2^\nu} = \frac{b-a}{2n},$$

so daß wir diesmal aus (90) für unendlich viele n die Ungleichung erhalten:

(94) $$|\varphi_{i_n}^{(n)}(\bar{x})| > \frac{1}{8n^2}\left(1 + \frac{\varepsilon}{b-a}\right)^{\frac{\varepsilon n}{b-a}}.$$

Die Ungleichungen (91) und (94) zusammenfassend, können wir sagen:

Ist $\bar{x}$ irgendein von $\frac{a+b}{2}$ verschiedener Punkt aus (a, b), so gibt es eine Zahl $c > 1$, sowie zwei Folgen natürlicher Zahlen $\{n_\nu\}$ und $\{j_\nu\}$, so daß:

(95) $$|\varphi_{j_\nu}^{(n_\nu)}(\bar{x})| > c^{n_\nu}.$$

§ 11.

Wir haben nun noch den bisher ausgeschlossenen Fall:

$$\bar{x} = \frac{a+b}{2}$$

zu betrachten. Ist n ungerade, so ist dann $\bar{x}$ nicht Punkt von $\mathfrak{M}^{(n)}$. Bezeichnen wir die $2n$ Punkte von $\mathfrak{M}^{(2n-1)}$, von a gegen b gerechnet, mit $x_1^{(2n-1)}, x_2^{(2n-1)}, \ldots, x_{2n}^{(2n-1)}$, so ist $x_n^{(2n-1)}$ der letzte dem Punkte $\bar{x}$ vorausgehende Punkt von $\mathfrak{M}^{(2n-1)}$. Man erhält für den Wert des zu $x_n^{(2n-1)}$ gehörigen Polynoms in $\bar{x}$:

$$\varphi_n^{(2n-1)}(\bar{x}) = \frac{1.\,3.\,\ldots\,2n-1}{2.\,4.\,\ldots\,2n} \cdot \frac{3.\,5.\,\ldots\,2n-1}{2.\,4.\,\ldots\,2n-2},$$

und mithin nach der Wallisschen Formel:

(96) $$\lim_{n=\infty} \varphi_n^{(2n-1)}(\bar{x}) = \frac{2}{\pi}.$$

Ferner ist für jede natürliche Zahl $m < n$:

$$\varphi_{n-m}^{(2n-1)}(\bar{x}) = -\frac{2m-1}{2m+1} \cdot \frac{n-m}{n+m} \varphi_{n-(m-1)}^{(2n-1)}(\bar{x}),$$

und somit:

$$\varphi_{n-m}^{(2n-1)}(\bar{x}) = (-1)^m \cdot \frac{1}{2m+1} \frac{(n-1)(n-2)\ldots(n-m)}{(n+1)(n+2)\ldots(n+m)} \varphi_n^{(2n-1)}(\bar{x}).$$

Wegen (96) haben wir also für jedes feste m:

$$\lim_{n=\infty} \varphi_{n-m}^{(2n-1)}(\bar{x}) = (-1)^m \frac{1}{2m+1} \cdot \frac{2}{\pi}. \tag{97}$$

Nun können wir sofort die Behauptung beweisen:

Für jedes $\bar{x}$ aus (a, b) ist:

$$\overline{\lim_{n=\infty}} \sum_{i=1}^{n+1} |\varphi_i^{(n)}(\bar{x})| = +\infty. \tag{98}$$

In der Tat, ist zunächst $\bar{x} \neq \frac{a+b}{2}$, so folgt dies aus (95), da für jeden der unendlich vielen Indizes n_ν, für die (95) gilt:

$$\sum_{i=1}^{n_\nu+1} |\varphi_i^{(n_\nu)}(\bar{x})| > c^{n_\nu}$$

ist, wo $c > 1$ ist. Für $\bar{x} = \frac{a+b}{2}$ hingegen folgt die Behauptung aus (97). Denn sei A beliebig groß vorgegeben. Es kann dann m_0 so groß gewählt werden, daß:

$$\frac{2}{\pi} \sum_{m=0}^{m_0} \frac{1}{2m+1} > A.$$

Wegen (97) ist dann für fast alle n:

$$\sum_{m=0}^{m_0} |\varphi_{n-m}^{(2n-1)}(\bar{x})| > A,$$

und somit erst recht:

$$\sum_{i=1}^{2n} |\varphi_i^{(2n-1)}(\bar{x})| > A,$$

womit (98) bewiesen ist.

Durch Berufung auf die Sätze von § 3 und § 5 ersehen wir nun:

Bedeutet $\mathfrak{M}^{(n)}$ die Menge der $(n+1)$ Punkte, durch die $\langle a, b \rangle$ in n gleiche Teile geteilt wird, so ist für keinen Punkt $\bar{x}$ aus (a, b) das Lagrangesche Interpolationsverfahren konvergent und auch für keinen dieser Punkte von endlicher Empfindlichkeit.

Wir können dies Resultat noch etwas verschärfen durch Berufung auf den Satz von § 8. Aus (95) erkennen wir nämlich sofort, daß im Falle $\bar{x} \neq \frac{a+b}{2}$ auch die durch Ungleichung (74) gegebene notwendige Bedingung dieses Satzes nicht erfüllt ist. Wäre nämlich diese Bedingung erfüllt, so müßte wegen:

$$\varphi_{j_\nu}^{(n_\nu)}(\bar{x}) = \sum_{i=1}^{j_\nu} \varphi_i^{(n_\nu)}(\bar{x}) - \sum_{i=1}^{j_\nu - 1} \varphi_i^{(n_\nu)}(\bar{x})$$

auch die Ungleichung gelten:

$$|\varphi_{j_\nu}^{(n_\nu)}(\bar{x})| \leqq 2A,$$

im Widerspruche mit (95). Während also unser zuletzt ausgesprochener Satz nur lehrt, daß es zu jedem $\bar{x}$ von (a, b) eine *stetige* Funktion $f(x)$ gibt, derart, daß die durch das genannte Lagrangesche Interpolationsverfahren gelieferten Polynome $P^{(n)}(x; f)$ im Punkte $\bar{x}$ nicht gegen $f(\bar{x})$ konvergieren, sehen wir nun, *daß für* $\bar{x} \neq \frac{a+b}{2}$ *diese Funktion* $f(x)$ *auch absolut-stetig (also auch von endlicher Variation) gewählt werden kann.*

(Eingegangen am 24. Oktober 1917.)

Über die Menge der Konvergenzpunkte einer Funktionenfolge.

Von Hans HAHN in Bonn.

Die Menge aller Punkte, in denen eine Folge stetiger Funktionen konvergiert, ist — wie eine einfache und wohlbekannte Überlegung zeigt — stets der Durchschnitt abzählbar vieler Mengen, deren jede die Vereinigung abzählbar vieler abgeschlossener Mengen ist. Ob hiervon auch die Umkehrung gilt, d. h., ob jede Menge der eben genannten Bauart die Menge aller Konvergenzpunkte einer Folge stetiger Funktionen ist, scheint bisher nicht bekannt zu sein.[1]) Im folgenden soll nun gezeigt werden, daß dies tatsächlich der Fall ist. Und zwar ist das Beweisverfahren so eingerichtet, daß es auch den Beweis eines allgemeineren Theorems gestattet: des Satzes nämlich, daß nicht nur die Menge aller Konvergenzpunkte einer Folge Bairescher Funktionen von geringerer als α-ter Klasse stets eine Menge höchstens $(\alpha+1)$-ter Klasse ist, sondern auch umgekehrt jede Menge höchstens $(\alpha+1)$-ter Klasse die Menge aller Konvergenzpunkte einer Folge von Funktionen geringerer als α-ter Klasse ist. Das zuerst genannte Resultat über Folgen stetiger Funktionen ist nichts anderes als der Spezialfall $\alpha = 1$ dieses allgemeineren Satzes.

1. Folgen stetiger Funktionen.

Sei $f_1(x), f_2(x), \ldots, f_n(x), \ldots$ eine Folge stetiger Funktionen der reellen Veränderlichen x. Damit diese Folge im Punkte x_0 konvergiere, ist notwendig und hinreichend, daß zu jeder natürlichen Zahl m ein Wert n des Index gehört, so daß:

$$(1) \qquad |f_{n'}(x_0) - f_n(x_0)| \leqq \frac{1}{m} \qquad \text{für alle } n' > n.$$

Weil die Funktionen unserer Folge stetig sind, ist die Menge $\mathfrak{M}_{m,n,n'}$ aller Punkte, in denen

$$|f_{n'}(x) - f_n(x)| \leqq \frac{1}{m}$$

ist, *abgeschlossen*. Das gleiche gilt daher vom Durchschnitte[2]):

$$\mathfrak{M}_{m,n} = D(\mathfrak{M}_{m,n,n+1}, \mathfrak{M}_{m,n,n+2}, \ldots, \mathfrak{M}_{m,n,n+k}, \ldots).$$

1) Ich entnehme dies einer Bemerkung von F. Hausdorff: Grundzüge der Mengenlehre, S. 397, 398.

2) Hier wie im folgenden wird der Durchschnitt von Mengen mit D, die Vereinigung mit V bezeichnet.

Da in jedem Konvergenzpunkte x_0 unserer Folge die Ungleichung (1) entweder für $n = 1$, oder für $n = 2$, oder für $n = 3$ usw. gilt, so gehört jeder Konvergenzpunkt zur Vereinigung:

$$\mathfrak{M}_m = V(\mathfrak{M}_{m,1}, \mathfrak{M}_{m,2}, \ldots, \mathfrak{M}_{m,n}, \ldots),$$

und da dies sowohl für $m = 1$, als für $m = 2$, als für $m = 3$ usw. gelten muß, gehört jeder Konvergenzpunkt auch zum Durchschnitte:

$$\mathfrak{M} = D(\mathfrak{M}_1, \mathfrak{M}_2, \ldots, \mathfrak{M}_m, \ldots).$$

Und umgekehrt ist offenbar jeder Punkt dieser Menge $\mathfrak{M}$ auch ein Konvergenzpunkt unserer Folge. Es ist demnach $\mathfrak{M}$ die Menge aller Konvergenzpunkte unserer Folge, und wir sehen:

Die Menge $\mathfrak{M}$ aller Konvergenzpunkte einer Folge stetiger Funktionen ist der Durchschnitt abzählbar vieler Mengen $\mathfrak{M}_1, \mathfrak{M}_2, \ldots, \mathfrak{M}_m, \ldots$, deren jede Vereinigung abzählbar vieler abgeschlossener Mengen $\mathfrak{M}_{m,1}$, $\mathfrak{M}_{m,2}, \ldots, \mathfrak{M}_{m,n}, \ldots$ ist.

Wir wollen nun von diesem Satze die folgende Umkehrung beweisen:

Ist die Menge $\mathfrak{M}$ der Durchschnitt abzählbar vieler Mengen $\mathfrak{M}_1$, $\mathfrak{M}_2, \ldots, \mathfrak{M}_m, \ldots$, deren jede Vereinigung abzählbar vieler abgeschlossener Mengen $\mathfrak{M}_{m,1}, \mathfrak{M}_{m,2}, \ldots, \mathfrak{M}_{m,n}, \ldots$ ist, so gibt es eine Folge stetiger Funktionen $f_1, f_2, \ldots, f_\nu, \ldots$, die in allen Punkten von $\mathfrak{M}$ konvergiert, in allen anderen Punkten divergiert.

Wir beginnen mit dem Beweise des folgenden

Hilfsatzes: „Ist die Menge $\mathfrak{N}$ Vereinigung der abgeschlossenen Mengen $\mathfrak{N}_1, \mathfrak{N}_2, \ldots, \mathfrak{N}_n, \ldots$, so gibt es eine Folge stetiger Funktionen, die in allen Punkten von $\mathfrak{N}$ konvergiert, in allen anderen Punkten divergiert."

Beim Beweise können wir immer annehmen, es sei $\mathfrak{N}_n$ Teil von $\mathfrak{N}_{n+1}$. Andernfalls hätte man nur die Mengen $\mathfrak{N}_n$ zu ersetzen durch die Mengen: $\overline{\mathfrak{N}}_n = V(\mathfrak{N}_1, \mathfrak{N}_2, \ldots, \mathfrak{N}_n)$; in der Tat sind auch die Mengen $\overline{\mathfrak{N}}_n$ abgeschlossen, es ist $\mathfrak{N}$ auch Vereinigung der Mengen $\overline{\mathfrak{N}}_n$, und es ist $\overline{\mathfrak{N}}_n$ Teil von $\overline{\mathfrak{N}}_{n+1}$.

Wir definieren nun eine Funktion $g(x)$ durch die Vorschrift:

$$g(x) = 1 \text{ auf } \mathfrak{N}_1; \quad g(x) = \frac{1}{n} \text{ auf } \mathfrak{N}_n - \mathfrak{N}_{n-1} \quad (\mathfrak{N} = 2, 3, \ldots);$$
$$g(x) = 0 \text{ außerhalb } \mathfrak{N}.$$

Diese Funktion ist oberhalb stetig; es gibt daher[1]) eine *monoton abnehmende* Folge stetiger Funktionen $g_\nu(x)$ $(\nu = 1, 2, \ldots)$, so daß:

(1) $$g(x) = \lim_{\nu=\infty} g_\nu(x).$$

1) R. Baire, Bull. soc. math. **32** (1904), S. 125.

3*

Dabei können wir immer annehmen, es sei:

$$\frac{1}{\nu} \leqq g_\nu(x) \leqq 1 \quad (\nu = 1, 2, \ldots), \tag{2}$$

da wir andernfalls $g_\nu(x)$ ersetzen könnten durch die Funktion $\bar{g}_\nu(x)$, die entsteht, indem man alle Werte von $g_\nu(x)$, die $\geqq 1$ sind, durch 1 ersetzt, und alle Werte, die $\leqq \frac{1}{\nu}$ sind, durch $\frac{1}{\nu}$. In der Tat ist zugleich mit $g_\nu(x)$ auch $\bar{g}_\nu(x)$ stetig; zugleich mit der Folge der $g_\nu(x)$ ist auch die der $\bar{g}_\nu(x)$ monoton abnehmend, und zugleich mit (1) gilt auch:

$$g(x) = \lim_{\nu=\infty} \bar{g}_\nu(x).$$

Aus der Folge der $g_\nu(x)$ leiten wir nun (für $0 < y \leqq 1$) eine Funktion $g(x, y)$ her durch die Vorschrift: für $y = \frac{1}{\nu}$ ist: $g\left(x, \frac{1}{\nu}\right) = g_\nu(x)$; für jedes feste x variiert $g(x, y)$ im Intervalle $\frac{1}{\nu+1} \leqq y \leqq \frac{1}{\nu}$ linear. Es ist also $g(x,y)$ für jedes x als Funktion von y stetig und monoton zunehmend in $0 < y \leqq 1$. Alle Funktionswerte von $g(x, y)$ genügen der Ungleichung:

$$0 < g(x,y) \leqq 1.$$

Aus $g(x, y)$ leiten wir nun eine Funktion $G(x,y)$ her durch die Vorschrift: ist im Punkte (x, y):

$$\frac{1}{\nu} \leqq g(x,y) \leqq \frac{1}{\nu-1},$$

so ist:

$$G(x, y) = (-1)^\nu \left\{1 - 2\nu(\nu-1)\left(g(x,y) - \frac{1}{\nu}\right)\right\}. \tag{3}$$

Sei nun x_0 ein Punkt von $\mathfrak{N}_1$. Dann ist nach (1):

$$\lim_{\nu=\infty} g_\nu(x_0) = 1,$$

und da die Folge der $g_\nu(x)$ monoton abnimmt, so ist zufolge (2) für alle ν:

$$g_\nu(x_0) = 1,$$

und somit nach (3) für $0 < y \leqq 1$:

$$G(x_0, y) = -1,$$

und also endlich auch: $\lim\limits_{y=+0} G(x_0, y) = -1.$

Sei sodann x_0 ein Punkt von $\mathfrak{N}_n - \mathfrak{N}_{n-1}$. Dann ist:

$$\lim_{\nu=\infty} g_\nu(x_0) = \frac{1}{n},$$

und zwar ist die Folge der $g_\nu(x_0)$ monoton abnehmend. Es ist also bei beliebig gegebenem $\varepsilon > 0$ für fast alle ν:

$$\frac{1}{n} \leqq g_\nu(x_0) \leqq \frac{1}{n} + \varepsilon,$$

und somit liegt $G(x, y)$, wenn $\eta > 0$ hinlänglich klein ist, für $0 < y < \eta$ zwischen $(-1)^n$ und $(-1)^n\{1 - 2n(n-1)\varepsilon\}$, das heißt, es ist:

$$\lim_{y=+0} G(x_0, y) = (-1)^n.$$

Sei endlich x_0 ein nicht zu $\mathfrak{N}$ gehöriger Punkt. Dann ist:

$$\lim_{\nu=\infty} g_\nu(x_0) = 0,$$

und die Folge der $g_\nu(x_0)$ ist monoton abnehmend. Die Funktion $g(x_0, y)$ nimmt also, wenn y abnehmend das Intervall $1 \geqq y > 0$ durchläuft, monoton von 1 bis 0 ab, und da sie stetig ist, gibt es in diesem Intervalle eine Folge von Werten $y_1, y_2, \ldots, y_n, \ldots$, so daß:

$$g(x_0, y_n) = \frac{1}{n},$$

und dabei ist offenbar, wenn (2) berücksichtigt wird:

$$\lim_{n=\infty} y_n = 0.$$

Nach (3) ist nun aber: $G(x_0, y_n) = (-1)^n$,

so daß also der Grenzwert: $\lim\limits_{y=+0} G(x_0, y)$

nicht vorhanden ist.

Fassen wir zusammen, so hat die von uns konstruierte Funktion $G(x, y)$ folgende Eigenschaften:

1. Es ist (für alle x und alle y des Intervalles $0 < y \leqq 1$):

$$-1 \leqq G(x, y) \leqq 1.$$

2. Gehört x_0 zur Menge $\mathfrak{N}$, so existiert ein Grenzwert: $\lim\limits_{y=+0} G(x_0, y)$.

3. Gehört x_0 nicht zu $\mathfrak{N}$, so existiert dieser Grenzwert nicht, vielmehr gibt es eine Folge y_n' und eine Folge y_n'', so daß:

$$(4)\quad \begin{cases} y_n' > 0, \quad y_n'' > 0 \quad (n = 1, 2, \ldots); \\ \lim\limits_{n=\infty} y_n' = 0, \quad \lim\limits_{n=\infty} y_n'' = 0; \\ G(x_0, y_n') = 1, \quad G(x_0, y_n'') = -1 \quad (n = 1, 2, \ldots). \end{cases}$$

Aus dieser Funktion $G(x, y)$ können wir nun unschwer eine Folge stetiger Funktionen herleiten, wie sie in unserem Hilfsatze verlangt wird.

In der Tat, ist x_0 ein ganz beliebiger Wert von x und durchläuft y abnehmend das Intervall $\frac{1}{n-1} \geqq y \geqq \frac{1}{n}$, so durchläuft $g(x_0, y)$ monoton abnehmend ein Intervall, daß wegen (2) ganz enthalten ist im Intervalle $1 \geqq g(x_0, y) \geqq \frac{1}{n}$. Es zerfällt demnach (wenn man (3) berücksichtigt) das Intervall $\frac{1}{n-1} \geqq y \geqq \frac{1}{n}$ in eine endliche Anzahl (nämlich höchstens $n-1$) Teilintervalle, in deren jedem $G(x_0, y)$ eine lineare Funktion ist, für deren Ableitung die Ungleichung gilt:

$$\left|\frac{\partial G(x_0, y)}{\partial y}\right| = \left|\frac{\partial G(x_0, y)}{\partial g}\right| \cdot \left|\frac{\partial g(x_0, y)}{\partial y}\right| \leqq 2n(n-1)^3.$$

Teilen wir also das Intervall $\frac{1}{n-1} \geqq y \geqq \frac{1}{n}$ durch Einschalten von Teilpunkten in $4(n-1)^2$ gleiche Teile, so gilt nun offenbar für irgend zwei demselben dieser Teilintervalle angehörige Werte y', y'' von y;

$$(5) \qquad |G(x_0, y') - G(x_0, y'')| \leqq \tfrac{1}{2}.$$

Wir denken uns diese Teilung durchgeführt für jedes der Intervalle:

$$(6) \qquad 1 \geqq y \geqq \tfrac{1}{2}; \quad \tfrac{1}{2} \geqq y \geqq \tfrac{1}{3}; \quad \ldots; \quad \frac{1}{n-1} \geqq y \geqq \frac{1}{n}, \ldots$$

und bezeichnen die dabei auftretenden Teilpunkte (einschließlich der Endpunkte der Intervalle (6)), vom Punkte 1 angefangen absteigend geordnet mit:

$$y^{(1)}, y^{(2)}, \ldots, y^{(\nu)}, \ldots$$

Setzen wir dann $G_\nu(x) = G(x, y^{(\nu)})$, so erfüllt die Folge der $G_\nu(x)$ die Forderungen des Hilfsatzes: sie konvergiert für alle x von $\mathfrak{N}$, sie divergiert für alle übrigen x.

In der Tat, daß die Folge der $G_\nu(x)$ für alle x von $\mathfrak{N}$ konvergiert, folgt, wegen:

$$\lim_{\nu=\infty} y^{(\nu)} = 0, \qquad (y^{(\nu)} > 0)$$

unmittelbar aus Eigenschaft 2. von $G(x, y)$.

Um einzusehen, daß die Folge von $G_\nu(x)$ in jedem nicht zu $\mathfrak{N}$ gehörigen Punkte x_0 divergiert, gehen wir aus von den in (4) auftretenden Folgen y_n' und y_n''. Fällt y_n' ins Intervall $y^{(\nu-1)} \geqq y \geqq y^{(\nu)}$, so folgt aus:

$$G(x_0, y_n') = 1 \quad \text{und} \quad G(x_0, y^{(\nu)}) = G_\nu(x_0),$$

zusammen mit (5) sofort: $G_\nu(x_0) \geqq \frac{1}{2}$.

Ebenso sieht man, daß, wenn y_n'' ins Intervall $y^{(\nu-1)} \geqq y \geqq y^{(\nu)}$ fällt:

$$G_\nu(x_0) \leqq -\tfrac{1}{2}$$

ist. Es ist daher:

$$(7) \qquad \overline{\lim_{\nu=\infty}}\, G_\nu(x_0) \geqq \tfrac{1}{2}; \qquad \underline{\lim_{\nu=\infty}}\, G_\nu(x_0) \leqq -\tfrac{1}{2};$$

und damit die Divergenz der Folge der $G_\nu(x)$ im Punkt x_0 nachgewiesen.

Damit ist der Beweis unseres Hilfsatzes erbracht. Nun handelt es sich noch darum, aus dem Hilfsatze unsre ursprüngliche Behauptung herzuleiten.

Sei also: $\mathfrak{M} = V(\mathfrak{M}_{m,1}, \mathfrak{M}_{m,2}, \ldots, \mathfrak{M}_{m,n}, \ldots)$, wo jede der Mengen $\mathfrak{M}_{m,n}$ abgeschlossen ist, und sei:

$$\mathfrak{M} = D(\mathfrak{M}_1, \mathfrak{M}_2, \ldots, \mathfrak{M}_m, \ldots).$$

Auf Grund unsres Hilfsatzes gibt es zu jeder Menge $\mathfrak{M}_m$ eine Folge stetiger Funktionen $G_1^{(m)}(x)$, $G_2^{(m)}(x)$, ..., $G_\nu^{(m)}(x)$, ..., die in jedem Punkte von $\mathfrak{M}_m$ konvergiert, während (zufolge (7)) in jedem andern Punkte:

$$\overline{\lim_{\nu=\infty}}\, G_\nu^{(m)}(x) - \underline{\lim_{\nu=\infty}}\, G_\nu^{(m)}(x) \geqq 1 \tag{8}$$

ist. Ferner kann (wegen Eigenschaft 1. der Funktion $G(x, y)$) auch angenommen werden:

$$|\, G_\nu^{(m)}(x) \,| \leqq 1 \qquad \text{(für alle } m \text{ und } \nu). \tag{9}$$

Es konvergiert also die unendliche Reihe:

$$f_\nu(x) = \sum_{m=1}^{\infty} \frac{1}{4^{m-1}}\, G_\nu^{(m)}(x)$$

gleichmäßig für alle x und alle ν. Es ist daher zunächst jede der Funktionen $f_\nu(x)$ stetig. Andrerseits aber folgt aus der gleichmäßigen Konvergenz für alle ν, daß, wenn im Punkte x_0 alle Grenzwerte: $\lim\limits_{\nu=\infty} G_\nu^{(m)}(x_0)$ $(m = 1, 2, \ldots)$ existieren, auch:

$$\lim_{\nu=\infty} f_\nu(x_0) = \sum_{m=1}^{\infty} \frac{1}{4^{m-1}} \lim_{\nu=\infty} G_\nu^{(m)}(x_0)$$

existiert. Wir entnehmen daraus: die Folge der Funktionen ist konvergent in jedem Punkte von $\mathfrak{M}$.

Sei nun x_0 ein nicht zu $\mathfrak{M}$ gehöriger Punkt. Unter den Mengen $\mathfrak{M}_m$ gibt es dann eine erste, der x_0 nicht angehört, etwa $\mathfrak{M}_{m_0}$. Wir setzen:

$$\bar{f}_\nu(x) = \sum_{m=1}^{m_0-1} \frac{1}{4^{m-1}}\, G_\nu^{(m)}(x); \qquad \bar{\bar{f}}_\nu(x) = \sum_{m=m_0+1}^{\infty} \frac{1}{4^{m-1}}\, G_\nu^{(m)}(x)$$

und haben:

$$f_\nu(x) = \frac{1}{4^{m_0-1}}\, G_\nu^{(m_0)}(x) + \bar{f}_\nu(x) + \bar{\bar{f}}_\nu(x). \tag{10}$$

Wegen (8) ist:

$$\overline{\lim_{\nu=\infty}}\, \frac{1}{4^{m_0-1}}\, G_\nu^{(m_0)}(x_0) - \underline{\lim_{\nu=\infty}}\, \frac{1}{4^{m_0-1}}\, G_\nu^{(m_0)}(x_0) \geqq \frac{1}{4^{m_0-1}}. \tag{11}$$

Weil x_0 zu $\mathfrak{M}_1, \mathfrak{M}_2, \ldots, \mathfrak{M}_{m_0-1}$ gehört, existiert der Grenzwert $\lim\limits_{\nu=\infty} \bar{f}_\nu(x_0)$, d. h. es ist:

$$\overline{\lim_{\nu=\infty}}\, \bar{f}_\nu(x_0) - \underline{\lim_{\nu=\infty}}\, \bar{f}_\nu(x_0) = 0. \tag{12}$$

Wegen (9) ist: $|\overline{\overline{f}}_\nu(x)| \leqq \sum_{m=m_0+1}^{\infty} \frac{1}{4^{m-1}} = \frac{1}{3} \cdot \frac{1}{4^{m_0-1}}$

(13) und mithin: $\overline{\lim_{\nu=\infty}} \overline{\overline{f}}_\nu(x_0) - \underline{\lim_{\nu=\infty}} \overline{\overline{f}}_\nu(x_0) \leqq \frac{2}{3} \frac{1}{4^{m_0-1}}.$

Aus (10), (11), (12), (13) folgt nun:

$$\overline{\lim_{\nu=\infty}} f_\nu(x_0) - \underline{\lim_{\nu=\infty}} f_\nu(x_0) \geqq \frac{1}{3} \frac{1}{4^{m_0-1}},$$

d. h. die Folge der $f_\nu(x)$ kann im Punkte x_0 nicht konvergieren.

Die Folge der $f_\nu(x)$ ist also konvergent in jedem Punkte von $\mathfrak{M}$, divergent in jedem nicht zu $\mathfrak{M}$ gehörigen Punkte, womit unsere Behauptung erwiesen ist.

2. Folgen Bairescher Funktionen.

Nach dem Vorgange von R. Baire definiert man für jede endliche oder transfinite Ordinalzahl α der Zahlklasse $Z(\aleph_0)$ Funktionen α-ter Klasse durch die Festsetzungen:

1. Die Funktionen nullter Klasse sind die stetigen Funktionen.
2. Gehört $f(x)$ zu keiner Klasse $\alpha' < \alpha$, ist aber:

$$f(x) = \lim_{n=\infty} f_n(x),$$

wo jedes $f_n(x)$ von einer Klasse $\alpha_n < \alpha$ ist, so gehört $f(x)$ zur α-ten Klasse.

Jede irgendeiner dieser Klassen angehörende Funktion wollen wir als eine *Bairesche Funktion* bezeichnen. Wir sagen, eine Funktion ist von geringerer als α-ter Klasse, wenn sie einer Klasse $\alpha' < \alpha$ angehört, wir sagen, sie ist von höchstens α-ter Klasse, wenn sie von α-ter oder geringerer Klasse ist.

Ist nun irgendeine Folge $f_1(x), f_2(x), \ldots, f_n(x), \ldots$ von Baireschen Funktionen gegeben, so gibt es bekanntlich in $Z(\aleph_0)$ ein α, so daß alle Funktionen der Folge von geringerer als α-ter Klasse sind. Die Aufgabe, für irgendeine Folge Bairescher Funktionen die Menge aller Konvergenzpunkte zu charakterisieren, ist also identisch mit derselben Aufgabe für Folgen Bairescher Funktionen von geringerer als α-ter Klasse. Der in § 1 für Folgen stetiger Funktionen entwickelte Gedankengang reicht auch für dieses Problem völlig aus, wie wir nun zeigen wollen.

Wir werden uns dabei folgender Terminologie bedienen, die von H. Lebesgue eingeführt wurde.[1])

1) Journ. de math. (6), 1 (1905), S. 156 ff.

Eine Punktmenge $\mathfrak{M}$ heißt *von α-ter Klasse*[1]), wenn es zwei Zahlen a und b und eine Funktion f von α-ter (aber keine von geringerer) Klasse gibt, so daß $\mathfrak{M}$ identisch ist mit der Menge aller Punkte, in denen $a \leqq f \leqq b$ ist. Eine Menge heißt *vom Range α*[2]), wenn sie Durchschnitt von Mengen geringerer als α-ter Klasse ist, während dies für kein $\alpha' < \alpha$ der Fall ist.

Sei nun $f_1(x), f_2(x), \ldots, f_n(x), \ldots$ eine Folge von Funktionen geringerer als α-ter Klasse. Dann ist auch $f_{n'} - f_n$ und auch $|f_{n'} - f_n|$ von geringerer als α-ter Klasse[3]). Daher ist (wenn die zu Beginn von § 1 benützten Bezeichnungen beibehalten werden) auch die Menge $\mathfrak{M}_{m,n,n'}$ von geringerer als α-ter Klasse und mithin die Menge $\mathfrak{M}_{m,n}$ von höchstens α-tem Range. Die Menge $\mathfrak{M}_m$ ist also Vereinigung abzählbar vieler Mengen höchstens α-ten Ranges, und mithin das Komplement einer Menge höchstens α-ter Klasse[4]), und daher weiter von höchstens $(\alpha + 1)$-ter Klasse.[5]) Die Menge $\mathfrak{M}$ ist also als Durchschnitt abzählbar vieler Mengen höchstens $(\alpha + 1)$-ter Klasse selbst von höchstens $(\alpha+1)$-ter Klasse.[6]) Wir haben also den Satz:

Die Menge aller Konvergenzpunkte einer Folge von Funktionen geringerer als α-ter Klasse ist eine Menge höchstens $(\alpha + 1)$-ter Klasse.

Auch hier gilt die Umkehrung: *Ist $\mathfrak{M}$ eine Menge höchstens $(\alpha + 1)$-ter Klasse, so gibt es eine Folge von Funktionen $f_1, f_2, \ldots, f_\nu, \ldots$ von geringerer als α-ter Klasse, die in allen Punkten von $\mathfrak{M}$ konvergiert, in allen anderen Punkten divergiert.*

Wir bemerken zunächst, daß jede Menge $\mathfrak{M}$ höchstens $(\alpha + 1)$-ter Klasse in folgender Weise aufgebaut ist[7]): sie ist der Durchschnitt abzählbar vieler Mengen $\mathfrak{M}_m$, deren jede das Komplement einer Menge höchstens α-ter Klasse ist. Es ist also weiter jede Menge $\mathfrak{M}_m$ Vereinigung abzählbar vieler Mengen $\mathfrak{M}_{m,n}$ höchstens α-ten Ranges.

Wir beweisen wieder zunächst folgenden Hilfsatz:

Hilfsatz I. „Ist die Menge $\mathfrak{N}$ Vereinigung der Mengen $\mathfrak{N}_1, \mathfrak{N}_2, \ldots, \mathfrak{N}_n, \ldots$, deren jede von höchstens α-tem Range ist, so gibt es eine Folge von Funktionen, deren jede von geringerer als α-ter Klasse ist, und die in allen Punkten von $\mathfrak{N}$ konvergiert, in allen anderen Punkten divergiert."

---

1) „Ensemble F de classe α". 2) A. a. O. S. 161.

3) A. a. O. S. 153. Daß auch $|f_{n'} - f_n|$ von geringerer als α-ter Klasse ist, folgt daraus, daß $|u|$ eine stetige Funktion von u ist, und eine stetige Funktion einer Funktion geringerer als α-ter Klasse selbst von geringerer als α-ter Klasse ist.

4) A. a. O. S. 163. Das Komplement einer Menge α-ter Klasse heißt dort: „ensemble O de classe α".

5) A. a. O. S. 160. 6) A. a. O. S. 159. 7) A. a. O. S. 163, 164.

Gleichzeitig mit den Mengen $\mathfrak{N}_n$ sind auch die Mengen:

$$\overline{\mathfrak{N}}_n = V(\mathfrak{N}_1, \mathfrak{N}_2, \ldots, \mathfrak{N}_n)$$

von höchstens α-tem Range.[1]) Ersetzt man nötigenfalls die Mengen $\mathfrak{N}_n$ durch die Mengen $\overline{\mathfrak{N}}_n$, so kann also ohne weiteres angenommen werden, es sei $\mathfrak{N}_n$ Teil von $\mathfrak{N}_{n+1}$.

Wir definieren nun wieder die Funktion $g(x)$ durch die Vorschrift:

$$(1) \quad \begin{cases} g(x) = 1 \text{ auf } \mathfrak{N}_1; \quad g(x) = \frac{1}{n} \text{ auf } \mathfrak{N}_n - \mathfrak{N}_{n-1} \quad (\mathfrak{N} = 2, 3, \ldots) \\ g(x) = 0 \text{ außerhalb } \mathfrak{N}. \end{cases}$$

Wir wollen beweisen:

Hilfsatz II. *Es gibt eine monoton abnehmende Folge von Funktionen $g_\nu(x)$ ($\nu = 1, 2, \ldots$) geringerer als α-ter Klasse, so daß:*

$$(2) \qquad g(x) = \lim_{\nu=\infty} g_\nu(x).$$

Zu dem Zwecke zeigen wir zunächst:

Hilfsatz III. *Ist die Menge $\mathfrak{A}$ von höchstens α-tem Range und hat die Funktion $\gamma(x)$ auf $\mathfrak{A}$ den Wert a, außerhalb $\mathfrak{A}$ einen Wert $b < a$, so gibt es eine monoton abnehmende Folge von Funktionen $\gamma_\nu(x)$ ($\nu = 1, 2, \ldots$) geringerer als α-ter Klasse, so daß:*

$$(3) \qquad \gamma(x) = \lim_{\nu=\infty} \gamma_\nu(x).$$

Sei, um dies einzusehen, zunächst α *eine Grenzzahl.* Die Menge $\mathfrak{A}$ ist gegeben durch:

$$\mathfrak{A} = D(\mathfrak{A}_1, \mathfrak{A}_2, \ldots, \mathfrak{A}_\nu, \ldots),$$

wo jede Menge $\mathfrak{A}_\nu$ von einer Klasse $\alpha_\nu < \alpha$ ist, und ohne weiteres angenommen werden kann, es sei $\mathfrak{A}_{\nu+1}$ Teil von $\mathfrak{A}_\nu$[2]).

Bezeichnen wir mit $\gamma_\nu(x)$ die Funktion, die auf $\mathfrak{A}_\nu$ den Wert a, außerhalb $\mathfrak{A}_\nu$ den Wert b hat, so gilt (3), und die Folge der $\gamma_\nu(x)$ ist monoton abnehmend. Da ferner $\mathfrak{A}_\nu$ von der Klasse α_ν und daher das Komplement von $\mathfrak{A}_\nu$ höchstens von der Klasse $\alpha_\nu + 1$ ist, folgern wir aus einem von H. Lebesgue bewiesenen Satze[3]) sofort, daß γ_ν höchstens von der Klasse $\alpha_\nu + 1$ ist. Da aber α Grenzzahl ist, folgt aus $\alpha_\nu < \alpha$ auch $\alpha_\nu + 1 < \alpha$, es ist somit γ_ν von geringerer als α-ter Klasse und damit in diesem Falle Hilfsatz III bewiesen.

Sei sodann α *keine Grenzzahl,* dann ist die Menge $\mathfrak{A}$, weil höchstens vom Range α, höchstens von der Klasse $\alpha - 1$. Wir müssen wieder unterscheiden, ob $\alpha - 1$ Grenzzahl ist oder nicht.

1) A. a. O. S. 162.

2) Ist dies nämlich nicht von vornherein der Fall, so hat man nur $\mathfrak{A}_\nu$ zu ersetzen durch $\overline{\mathfrak{A}}_\nu = D(\mathfrak{A}_1, \mathfrak{A}_2, \ldots, \mathfrak{A}_\nu)$, wo auch $\overline{\mathfrak{A}}_\nu$ von geringerer als α-ter Klasse ist.

3) A. a. O. S. 167 (Satz IV).

Ist $\alpha - 1$ *nicht Grenzzahl*, so ist nun $\mathfrak{A}$, als Menge höchstens $(\alpha - 1)$-ter Klasse, Durchschnitt abzählbar vieler Mengen $\mathfrak{A}_\nu$, deren jede das Komplement einer Menge von höchstens $(\alpha - 2)$-ter Klasse ist. Ist $\gamma_\nu(x) = a$ auf $\mathfrak{A}_\nu$ sonst $= b$, so ist daher $\gamma_\nu(x)$ von höchstens $(\alpha - 1)$-ter Klasse und die Behauptung bewiesen.

Ist hingegen $\alpha - 1$ *Grenzzahl*, so ist $\mathfrak{A}$ als Menge höchstens $(\alpha - 1)$-ter Klasse, Durchschnitt von Mengen $\mathfrak{A}_\nu$, wobei $\mathfrak{A}_\nu$ Vereinigung von Mengen $\mathfrak{A}_{\nu,\mu}$ ist, die Komplemente von Mengen geringerer als $(\alpha - 1)$-ter Klasse sind. Sei etwa $\mathfrak{A}_{\nu,\mu}$ von der Klasse $\alpha_{\nu,\mu}$. Dann ist die Funktion $\gamma_{\nu,\mu}(x)$, die $= a$ ist auf $\mathfrak{A}_{\nu,\mu}$, sonst $= b$ höchstens von der Klasse $\alpha_{\nu,\mu} + 1$, und somit von geringerer als $(\alpha - 1)$-ter Klasse. Da ohne weiteres angenommen werden kann, es sei $\mathfrak{A}_{\nu,\mu}$ Teil von $\mathfrak{A}_{\nu,\mu+1}$, ist die Funktion $\gamma_\nu(x)$ die $= a$ ist auf $\mathfrak{A}_\nu$ und $= b$ außerhalb $\mathfrak{A}_\nu$, gegeben durch

$$\gamma_\nu(x) = \lim_{\mu = \infty} \gamma_{\nu,\mu}(x),$$

so daß $\gamma_\nu(x)$ von höchstens $(\alpha - 1)$-ter Klasse ist, womit Hilfsatz III nun in allen Fällen bewiesen ist.

Um von hier aus Hilfsatz II zu beweisen, bemerken wir, daß wenn mit $\Gamma_\nu(x)$ die Funktion bezeichnet wird, die definiert ist durch:

$$\Gamma_\nu(x) = 1 \text{ auf } \mathfrak{N}_1; \qquad \Gamma_\nu(x) = \frac{1}{n} \text{ auf } (\mathfrak{N}_n - \mathfrak{N}_{n-1}) \qquad (\mathfrak{N} = 2, 3, \ldots, \nu)$$

$$\Gamma_\nu(x) = \frac{1}{\nu + 1} \text{ außerhalb } V\mathfrak{N}(_1, \mathfrak{N}_2, \ldots, \mathfrak{N}_\nu),$$

die Folge der $\Gamma_\nu(x)$ monoton abnimmt, und

$$g(x) = \lim_{\nu = \infty} \Gamma_\nu(x) \tag{4}$$

ist. Definieren wir ferner:

$$h_\mu(x) = \frac{1}{\mu \cdot (\mu + 1)} \text{ auf } \mathfrak{N}_\mu; \quad h_\mu(x) = 0 \text{ außerhalb } \mathfrak{N}_\mu,$$

so ist nach Hilfsatz III $h_\mu(x)$ Grenze einer monoton abnehmenden Folge von Funktionen geringerer als α-ter Klasse. Und da:

$$\Gamma_\nu(x) = h_1(x) + h_2(x) + \ldots + h_\nu(x) + \frac{1}{\nu + 1}$$

ist, so gibt es also auch eine Darstellung:

$$\Gamma_\nu(x) = \lim_{\mu = \infty} \Gamma_{\nu,\mu}(x), \tag{5}$$

wo $\Gamma_{\nu,1}(x), \Gamma_{\nu,2}(x), \ldots, \Gamma_{\nu,\mu}(x), \ldots$ eine monoton abnehmende Folge von Funktionen geringerer als α-ter Klasse ist.

Dabei können wir immer annehmen:

$$\Gamma_{\nu+1,\mu}(x) \leqq \Gamma_{\nu,\mu}(x). \tag{6}$$

In der Tat, sei $\Gamma^*_{\nu,\mu}(x)$ der kleinste unter den ν Funktionswerten $\Gamma_{1,\mu}(x), \Gamma_{2,\mu}(x), \ldots, \Gamma_{\nu,\mu}(x)$ Dann ist offenbar:

$$\Gamma^*_{\nu+1,\mu}(x) \leqq \Gamma^*_{\nu,\mu}(x).$$

Ferner ist, wie aus dem monotonen Abnehmen der Folgen in (4) und (5) ohne weiteres folgt:

$$\Gamma_\nu(x) \leqq \Gamma^*_{\nu,\mu}(x) \leqq \Gamma_{\nu,\mu}(x),$$

so daß wegen (5) auch:

$$\Gamma_\nu(x) = \lim_{\mu=\infty} \Gamma^*_{\nu,\mu}(x)$$

ist. Endlich ist auch $\Gamma^*_{\nu,\mu}(x)$ von geringerer als α-ter Klasse. Denn bezeichnet man mit $F(x_1, x_2, \ldots, x_n)$ die Funktion, die gleich ist dem kleinsten der n Werte $x_1, x_2, \ldots, x_n$, so ist F eine stetige Funktion von $x_1, x_2, \ldots, x_n$, und daher

$$\Gamma^*_{\nu,\mu}(x) = F(\Gamma_{\nu,1}(x), \Gamma_{\nu,2}(x), \ldots, \Gamma_{\nu,\mu}(x))$$

zugleich mit $\Gamma_{\nu,1}(x), \Gamma_{\nu,2}(x), \ldots, \Gamma_{\nu,\mu}(x)$ von geringerer als α-ter Klasse.[1]) Indem wir also nötigenfalls die $\Gamma_{\nu,\mu}(x)$ durch die $\Gamma^*_{\nu,\mu}(x)$ ersetzen, können wir immer annehmen, es sei (6) erfüllt.

Dann aber ist:

$$g(x) = \lim_{\nu=\infty} \Gamma_{\nu,\nu}(x). \tag{7}$$

In der Tat, es gibt, wenn x gegeben ist, wegen (4) zu jedem $\varepsilon > 0$ ein ν_0, so daß:

$$\Gamma_{\nu_0}(x) - g(x) < \frac{\varepsilon}{2},$$

und sodann wegen (5) ein μ_0, so daß

$$\Gamma_{\nu_0,\mu_0}(x) - \Gamma_{\nu_0}(x) < \frac{\varepsilon}{2}.$$

Es ist also:

$$\Gamma_{\nu_0,\mu_0}(x) - g(x) < \varepsilon$$

und wenn mit ν^* der größere der beiden Werte ν_0 und μ_0 bezeichnet wird, so ist, wegen des monotonen Abnehmens der Folge (5) und wegen (6):

$$\Gamma_{\nu,\nu}(x) - g(x) < \varepsilon \qquad \text{für } \nu \geqq \nu^*,$$

womit (7) bewiesen ist. Durch (7) ist uns nun aber tatsächlich wie behauptet eine Darstellung von $g(x)$ durch eine monoton abnehmende Folge von Funktionen geringerer als α-ter Klasse gegeben und somit Hilfsatz II bewiesen.

Von hier aus wird der Beweis von Hilfsatz I zu Ende geführt wie in § 1, indem der Reihe nach die Funktionen $g(x, y)$, $G(x, y)$ $G_\nu(x)$ eingeführt werden, wobei offenbar jede Funktion $G_\nu(x)$ von geringerer als α-ter Klasse ist.

1) A. a. O. S. 153.

Um nun von Hilfsatz I zur ursprünglichen Behauptung überzugehen, bildet man wie in § 1 die unendliche Reihe:

(8) $$f_\nu(x) = \sum_{m=1}^{\infty} \frac{1}{4^{m-1}} G_\nu^{(m)}(x);$$

das einzige was gegenüber § 1 neu hinzukommt, ist der Nachweis, daß $f_\nu(x)$ von geringerer als α-ter Klasse ist.

Das ist evident, wenn α keine Grenzzahl ist; denn dann sind alle $G_\nu^{(m)}(x)$ höchstens von $(\alpha - 1)$-ter Klasse, und daher auch $f_\nu(x)$, als Summe einer gleichmäßig konvergenten Reihe von Funktionen höchstens $(\alpha - 1)$-ter Klasse.[1])

Ist hingegen α eine Grenzzahl, so sei $\alpha_1, \alpha_2, \ldots, \alpha_\nu, \ldots$ eine wachsende Folge von Ordinalzahlen mit

$$\lim_{\nu=\infty} \alpha_\nu = \alpha.$$

Indem man nötigenfalls der Folge $G_1^{(m)}(x), G_2^{(m)}(x), \ldots, G_\nu^{(m)}(x), \ldots$ eine endliche Anzahl von stetigen Funktionen voransetzt und jede Funktion $G_\nu^{(m)}(x)$ genügend oft aufschreibt, kann man sie in eine Folge verwandeln, in der die ν-te Funktion von höchstens α_ν-ter Klasse ist. Dann aber ist auch die durch (8) definierte Funktion f_ν von höchstens α_ν-ter Klasse, und somit von geringerer als α-ter Klasse.

Im übrigen ist der Beweis unserer Behauptung ganz derselbe wie in Nr. 1.

Über die Vertauschbarkeit der Differentiationsfolge.

Von Hans Hahn in Bonn.

Vor kurzem wurde von P. Martinotti eine neue Bedingung für die Gleichheit der beiden gemischten partiellen Ableitungen zweiter Ordnung einer Funktion $f(x, y)$ angegeben.[1]) Da dieser Gegenstand von einer gewissen Wichtigkeit ist und die Verhältnisse wohl nicht

1) Rendiconti Palermo 37 (1914), S. 17ff.

ganz leicht zu durchblicken sind, so möchte ich den Hinweis nicht unterlassen, daß die erwähnte Bedingung unzutreffend ist. Es sei mir gestattet, in den folgenden wenigen Zeilen zuerst am Beweise von P. Martinotti Kritik zu üben, sodann ein seinem Resultate widersprechendes Beispiel anzugeben.

Die zugrunde gelegte Definition der gemischten partiellen Ableitungen zweiter Ordnung ist die übliche; es bedeute $f''_{xy}(x, y)$ die partielle Ableitung nach y der partiellen Ableitung $f'_x(x, y)$ von f nach x, und ebenso $f''_{yx}(x, y)$ die partielle Ableitung nach x von $f'_y(x, y)$.

Es mögen für die Funktion $f(x, y)$ in einer Umgebung des Punktes (x_0, y_0) die partiellen Ableitungen $f'_x(x, y)$, $f'_y(x, y)$, $f''_{xy}(x, y)$ existieren (die Existenz von $f''_{xy}(x, y)$ im Punkte (x_0, y_0) selbst muß nicht vorausgesetzt werden) und endlich sein. Der von P. Martinotti aufgestellte Satz lautet dann[1]):

„Gibt es zu jedem $\sigma > 0$ ein $\alpha > 0$, so daß zu jedem x aus $(x_0 - \alpha, x_0 + \alpha)$ ein $\beta_x > 0$ gehört, derart, daß für alle y $(\neq y_0)$ aus $(y_0 - \beta_x, y_0 + \beta_x)$ die Ungleichung besteht:

$$(0) \qquad |f''_{xy}(x, y) - f''_{xy}(x_0, y)| < \sigma,$$

so existiert im Punkte (x_0, y_0) sowohl f''_{xy} als auch f''_{yx}, und diese beiden gemischten partiellen Ableitungen sind einander gleich."

Der Beweisgang ist der folgende. Es werde gesetzt (für $x \neq x_0$, $y \neq y_0$):

$$F(x, y) = \frac{1}{y - y_0}\left\{\frac{f(x, y) - f(x_0, y)}{x - x_0} - \frac{f(x, y_0) - f(x_0, y_0)}{x - x_0}\right\}$$

$$= \frac{1}{x - x_0}\left\{\frac{f(x, y) - f(x, y_0)}{y - y_0} - \frac{f(x_0, y) - f(x_0, y_0)}{y - y_0}\right\}.$$

Es ist also:

$$(1) \qquad \lim_{x = x_0} F(x, y) = \frac{f'_x(x_0, y) - f'_x(x_0, y_0)}{y - y_0}.$$

Ferner unter Anwendung des Mittelwertsatzes der Differentialrechnung:

$$(2) \qquad F(x, y) = \frac{f'_x(x', y) - f'_x(x', y_0)}{y - y_0} \quad (x' = x_0 + \vartheta(x - x_0),\ 0 < \vartheta < 1).$$

Eine nochmalige Anwendung dieses Satzes ergibt:

$$(3) \qquad F(x, y) - \frac{f'_x(x_0, y) - f'_x(x_0, y_0)}{y - y_0} = f''_{xy}(x', y') - f''_{xy}(x_0, y')$$
$$(y' = y_0 + \vartheta_1(y - y_0),\ 0 < \vartheta_1 < 1).$$

Und nun beruft sich der Beweis auf folgenden Satz von Hobson[2]): „Existiert für alle $y \neq y_0$ einer Umgebung von y_0 der Grenzwert $\lim_{x = x_0} g(x, y)$ und für alle $x \neq x_0$ einer Umgebung von x_0 der Grenzwert

1) A. a. O. S. 22. 2) E. W. Hobson, Lond. Proc. (2) 5 (1907), S. 225.

$\lim\limits_{y=y_0} g(x, y)$, so ist, damit die beiden iterierten Grenzwerte $\lim\limits_{x=x_0}(\lim\limits_{y=y_0} g(x, y))$ und $\lim\limits_{y=y_0}(\lim\limits_{x=x_0} g(x, y))$ existieren und gleich seien, notwendig und hinreichend, daß zu jedem $\sigma > 0$ ein $\alpha > 0$ von folgender Eigenschaft gehöre: zu jedem $x \neq x_0$ aus $(x_0 - \alpha, x_0 + \alpha)$ gibt es ein $\beta_x > 0$, so daß für alle $y \neq y_0$ aus $(y_0 - \beta_x, y_0 + \beta_x)$ die Ungleichung besteht:

$$|g(x, y) - \lim_{x=x_0} g(x, y)| < \sigma.\text{“}$$

Wegen (1) und (3), so wird geschlossen, erfüllt die Funktion $F(x, y)$, der über f''_{xy} gemachten Voraussetzung (0) zufolge, die Bedingung des Hobsonschen Satzes. Und da ihre iterierten Grenzwerte im Punkte (x_0, y_0) eben die partiellen Ableitungen $f''_{xy}(x_0, y_0)$ und $f''_{yx}(x_0, y_0)$ sind, so ist die Behauptung bewiesen.

Der Irrtum dieses Schlusses liegt darin, daß die in (2) auftretende Größe x' nicht nur (wie Martinotti richtig bemerkt) von x, sondern auch von y abhängt; durchläuft der Punkt (x, y) eine zur y-Achse parallele Strecke, so wird also in (3) der Punkt (x', y') sich nicht auf einer zur y-Achse Parallelen bewegen; es kann also daraus, daß f''_{xy} der Voraussetzung (0) der Martinottischen Behauptung genügt, nicht gefolgert werden, daß $F(x, y)$ der Voraussetzung des Hobsonschen Satzes genügt.

Nachdem wir so den Beweis als nicht bindend erkannt haben, geben wir ein Beispiel an, das die Behauptung als unrichtig erweist.

Wir betrachten in der xy-Ebene den durch die Ungleichungen:

$$(4) \qquad y < \frac{1}{2^\nu}; \quad y > x - \frac{3}{2^\nu}; \quad y > -x + \frac{3}{2^\nu}$$

gegebenen Bereich, den wir zusammen mit dem durch Spiegelung an der x-Achse entstehenden Bereiche kurz als das Doppeldreieck $\mathfrak{D}_\nu$ bezeichnen. Diese Doppeldreiecke haben zu je zweien keinen Punkt gemein und konvergieren gegen den Nullpunkt.

Nunmehr definieren wir eine Funktion $f(x, y)$ durch die Vorschrift; außerhalb der Doppeldreiecke $\mathfrak{D}_\nu$ (und auf deren Rande) ist $f(x, y) = 0$: im Doppeldreiecke $\mathfrak{D}_\nu$ werde gesetzt:

$$(5) \qquad f(x, y) = c_\nu y(1 - 4^\nu y^2)^3 \left(\cos \frac{x - \frac{3}{2^\nu}}{y} \cdot \frac{\pi}{2}\right)^3,$$

worin c_ν eine noch zur Verfügung bleibende Konstante bedeutet. Wählt man insbesondere die Folge der Konstanten c_ν geschränkt, so erkennt man ohne weiteres, daß $f(x, y)$ überall stetig ist; insbesondere auch in allen Punkten der x-Achse, denn aus den Ungleichungen (4) folgert man, daß in $\mathfrak{D}_\nu$:

$$|f(x, y)| < |c_\nu \cdot y|.$$

Die partiellen Ableitungen erster Ordnung von $f(x, y)$ sind überall vorhanden und haben die folgenden Werte: außerhalb der Doppeldreiecke $\mathfrak{D}_\nu$ ist:

$$f'_x(x, y) = 0; \quad f'_y(x, y) = 0.$$

Die erste dieser Gleichungen gilt auch überall am Rande der Doppeldreiecke $\mathfrak{D}_\nu$, die zweite ebenfalls, aber mit Ausnahme der auf der x-Achse liegenden Randpunkte. Im Doppeldreieck $\mathfrak{D}_\nu$ aber ist:

$$(6) \quad f'_x(x, y) = -c_\nu \frac{3\pi}{2} (1 - 4^\nu y^2)^2 \sin \frac{x - \frac{3}{2^\nu}}{y} \frac{\pi}{2} \cdot \left(\cos \frac{x - \frac{3}{2^\nu}}{y} \cdot \frac{\pi}{2} \right)^2.$$

Man ersieht daraus, daß es auf jeder Geraden $x =$ konst. ein Intervall $-\beta_x < y < \beta_x$ gibt, in dem

$$(7) \quad f'_x(x, y) = 0$$

ist; in der Tat, ist $x \neq \frac{3}{2^\nu}$ $(\nu = 1, 2, \ldots)$, so gibt es auf der betreffenden Geraden ein Intervall $(-\beta_x, \beta_x)$, das ganz außerhalb der Doppeldreiecke $\mathfrak{D}_\nu$ verläuft; für $x = \frac{3}{2^\nu}$ aber folgt die Behauptung aus (6).

Ebenso sieht man: es ist

$$(8) \quad f'_y(x, 0) = 0 \text{ für } x \neq \frac{3}{2^\nu}; \quad f'_y(x, 0) = c_\nu \text{ für } x = \frac{3}{2^\nu};$$

letzteres entnimmt man daraus, daß auf dem im Doppeldreiecke $\mathfrak{D}_\nu$ verlaufenden Stück der Geraden $x = \frac{3}{2^\nu}$:

$$f(x, y) = c_\nu y (1 - 4^\nu y^2)^2$$

ist. Die Existenz von $f''_{xy}(x, y)$ kann nur fraglich sein im Nullpunkte und in den Randpunkten der Doppeldreiecke $\mathfrak{D}_\nu$. Da aber, wie wir sahen, auf jeder Geraden $x =$ konst. ein Intervall $(-\beta_x, \beta_x)$ vorhanden ist, in dem (7) gilt, so ist in diesem Intervalle auch:

$$(9) \quad f''_{xy}(x, y) = 0,$$

insbesondere ist also für alle x:

$$f''_{xy}(x, 0) = 0.$$

Da ferner in allen nicht auf der x-Achse gelegenen Punkten einer der Geraden

$$y = x - \frac{3}{2^\nu}, \quad y = -x + \frac{3}{2^\nu}, \quad y = \frac{1}{2^\nu}, \quad y = -\frac{1}{2^\nu},$$

für die in (5) auftretende Funktion:

$$\frac{\partial^2}{\partial x\,\partial y}\left\{y(1-4^\nu y^2)^2\left(\cos\frac{x-\frac{3}{2^\nu}}{y}\cdot\frac{\pi}{2}\right)^3\right\}=0$$

ist, so erkennt man, daß auch in allen nicht auf der x-Achse gelegenen Randpunkten der Doppeldreiecke $\mathfrak{D}_\nu$:

$$f''_{xy}(x, y) = 0$$

ist. — Da ferner für alle y:

$$f''_{xy}(0, y) = 0,$$

und da auf jeder Geraden x = konst. ein Intervall $(-\beta_x, \beta_x)$ existiert, in dem (9) gilt, so ist für f''_{xy} die Bedingung (0) des Martinottischen Satzes sicher erfüllt.

Nun haben wir aber noch die Konstanten c_ν zur Verfügung, wodurch wir, was die partielle Ableitung f''_{yx} im Nullpunkte anlangt, verschiedenes Verhalten von f erzielen können. Wählen wir für die c_ν eine geschränkte Zahlenfolge, die aber nicht den Grenzwert 0 hat (z. B. $c_\nu = 1$), so wird wegen (8) $f'_y(x, 0)$ *unstetig* im Nullpunkte, so daß also von der Existenz von $f''_{yx}(0, 0)$ keine Rede sein kann. Wählen wir die Folge der c_ν so, daß:

$$\lim_{\nu=\infty} c_\nu = 0; \quad \lim_{\nu=\infty} c_\nu \cdot 2^\nu \neq 0$$

(z. B. $c_\nu = \frac{1}{2^\nu}$), so wird $f'_y(x, 0)$ eine im Nullpunkte stetige Funktion von x, ohne daß $f''_{yx}(0, 0)$ existieren würde. Wählen wir endlich die c_ν so, daß:

$$\lim_{\nu=\infty} c_\nu \cdot 2^\nu = 0,$$

so existiert $f''_{yx}(0, 0)$, und es ist:

$$f''_{yx}(0, 0) = f''_{xy}(0, 0) = 0.$$

Es ist also durch die Bedingung (0) des von Martinotti ausgesprochenen Satzes nicht einmal die Stetigkeit von $f'_y(x, 0)$ im Nullpunkte gewährleistet, und selbst wenn diese Stetigkeit eigens vorausgesetzt wird, so folgt auch dann noch nicht die Existenz von $f''_{yx}(0, 0)$. Die Bedingung (0) ist also gewiß nicht hinreichend für Vertauschbarkeit der Differentiationsordnung.

Über Funktionen mehrerer Veränderlicher, die nach jeder einzelnen Veränderlichen stetig sind.

Von

Hans Hahn in Bonn.

Ist die Funktion $f(x_1, x_2, \ldots, x_n)$ stetig nach jeder einzelnen ihrer Veränderlichen bei Festhaltung aller übrigen, so ist sie, wie H. Lebesgue gezeigt hat, von höchstens $(n-1)$-ter Klasse, und zwar kann sie wirklich von $(n-1)$-ter Klasse sein[1]). Insbesondere ist also jede Funktion $f(x_1, x_2)$, die stetig ist nach x_1 bei festgehaltenem x_2 und stetig nach x_2 bei festgehaltenem x_1 von höchstens erster Klasse, und mithin nach dem bekannten Satze von R. Baire nur punktweise unstetig. Es läßt sich aber noch mehr behaupten[2]): Auf jeder Geraden $x_2 = \text{const.}$ (ebenso auf jeder Geraden $x_1 = \text{const.}$) liegen überall dicht Stetigkeitspunkte von $f(x_1, x_2)$, d. h. Punkte, in denen $f(x_1, x_2)$ stetig ist als Funktion des Punktes (x_1, x_2).

Obwohl nun eine Funktion zweiter Klasse im allgemeinen nicht mehr punktweise unstetig ist, gilt dies doch noch, wie R. Baire gezeigt hat[3]), für Funktionen $f(x_1, x_2, x_3)$, die nach jeder der drei Veränderlichen stetig sind; auch hier liegen die Stetigkeitspunkte sogar dicht auf jeder Ebene $x_i = \text{const.}$ $(i = 1, 2, 3)$. Doch kann es zu den Koordinatenachsen parallele Gerade geben, deren sämtliche Punkte Unstetigkeitspunkte von $f(x_1, x_2, x_3)$ sind.

Der Beweis, den Herr Baire für diese Behauptungen gibt, ist wohl auf den Fall $n > 3$ nicht anwendbar. Im folgenden soll aber gezeigt werden, daß analoge Tatsachen allgemein gelten, was bei der mit wachsendem n wachsenden Klasse von f zunächst vielleicht nicht zu erwarten schien: ist die Funktion $f(x_1, x_2, \ldots, x_n)$ stetig nach jeder ihrer n Veränderlichen, so ist sie nur punktweise unstetig, und ihre Stetigkeitspunkte

---

[1]) H. Lebesgue, Journ. de math. (6) 1 (1905), S. 201.

[2]) R. Baire, Ann. di mat. (3) 3 (1899), S. 27; E. B. Van Vleck, Am. Trans. 8 (1907), S. 198.

[3]) R. Baire, a. a. O. [2]), S. 95.

liegen sogar auf jeder Mannigfaltigkeit $x_i = \text{const.}$ $(i = 1, 2, \ldots, n)$ dicht. Doch kann es zu den Koordinatenachsen parallele Mannigfaltigkeiten von $n-2$ Dimensionen geben, deren sämtliche Punkte Unstetigkeitspunkte von $f(x_1, x_2, \ldots, x_n)$ sind.

Wir bezeichnen die Menge aller Punkte $(x_1, x_2, \ldots, x_n)$ als den $\mathfrak{R}_n$, die Menge aller Punkte $(x_1, x_2, \ldots, x_{n-1})$ als den $\mathfrak{R}_{n-1}$. Dabei heißt der Punkt $(x_1, x_2, \ldots, x_{n-1})$ die Projektion des Punktes $(x_1, x_2, \ldots, x_n)$ in den $\mathfrak{R}_{n-1}$.

In bekannter Weise nennen wir eine Punktmenge des $\mathfrak{R}_n$ (des $\mathfrak{R}_{n-1}$) *offen* im $\mathfrak{R}_n$ (im $\mathfrak{R}_{n-1}$), wenn ihr Komplement zum $\mathfrak{R}_n$ (zum $\mathfrak{R}_{n-1}$) abgeschlossen ist. Unter einer Umgebung des Punktes a verstehen wir eine offene, a enthaltende Punktmenge. Nach dem Vorgange von R. Baire nennen wir eine Menge *von erster Kategorie* im $\mathfrak{R}_n$ (im $\mathfrak{R}_{n-1}$), wenn sie Vereinigung abzählbar vieler im $\mathfrak{R}_n$ (im $\mathfrak{R}_{n-1}$) nirgends dichter Mengen ist. Eine Menge, die nicht von erster Kategorie ist, heißt *von zweiter Kategorie*. Jede offene Punktmenge ist von zweiter Kategorie.

In bekannter Weise definieren wir die *Borelschen Mengen* durch die Festsetzung: Borelsche Mengen erster Ordnung sind die abgeschlossenen und offenen Punktmengen. Ist α eine Ordinalzahl der ersten oder zweiten Zahlklasse, so sind die Borelschen Mengen α-ter Ordnung die Vereinigungen und Durchschnitte Borelscher Mengen geringerer als α-ter Ordnung, sofern sie nicht selbst von geringerer als α-ter Ordnung sind.

Ebenso definieren wir die *Baireschen Funktionen* durch die Festsetzung: Bairesche Funktionen nullter Klasse sind die stetigen Funktionen. Ist α eine Ordinalzahl der ersten oder zweiten Zahlklasse, so sind die Baireschen Funktionen α-ter Klasse die Grenzfunktionen konvergenter Folgen von Baireschen Funktionen geringerer als α-ter Klasse, sofern diese Grenzfunktionen nicht selbst von geringerer als α-ter Klasse sind.

Es gilt der Satz[4]): *Ist $\mathfrak{B}$ eine Borelsche Menge zweiter Kategorie, so gibt es eine offene Menge $\mathfrak{A}$, derart, daß die Menge aller nicht zu $\mathfrak{B}$ gehörigen Punkte von $\mathfrak{A}$ von erster Kategorie ist.*

In der Tat, ist $\mathfrak{B}$ eine Borelsche Menge, so ist die Funktion f, die gleich 1 ist auf $\mathfrak{B}$, sonst gleich 0 eine Bairesche Funktion[5]), und mithin[6]) punktweise unstetig bei Vernachlässigung von Mengen erster Kategorie. Es gibt also eine punktweise unstetige Funktion f^*, die sich von f nur in den Punkten einer Menge $\mathfrak{K}'$ erster Kategorie unterscheidet. Weil f^* punkt-

[4]) H. Lebesgue, Journ. de math. (6) 1 (1905), S. 187.

[5]) H. Lebesgue, a. a. O.[4]), S. 168.

[6]) R. Baire, Acta math. 30 (1906), S. 27.

weise unstetig, ist auch die Menge $\mathfrak{K}''$ aller Unstetigkeitspunkte von f^* von erster Kategorie, und mithin auch die Vereinigung:

$$\mathfrak{K} = \mathfrak{K}' \dot{+} \mathfrak{K}''.$$

Da $\mathfrak{B}$ von zweiter Kategorie, gibt es Punkte von $\mathfrak{B}$, die nicht zu $\mathfrak{K}$ gehören. Jeder solche Punkt a ist ein Stetigkeitspunkt von f^* und es ist dort:

$$f^*(a) = f(a) = 1.$$

Also gibt es eine Umgebung $\mathfrak{A}$ von a, in der:

$$f^* \neq 0.$$

Da sich f und f^* nur in einer Menge erster Kategorie unterscheiden, bildet die Menge aller Punkte von $\mathfrak{A}$, in denen $f = 0$, d. h. die nicht zu $\mathfrak{B}$ gehören, eine Menge erster Kategorie, und die Behauptung ist bewiesen.

Satz I: *Ist die Funktion $f(x_1, x_2, \ldots, x_n)$ stetig nach jeder einzelnen ihrer Veränderlichen, ist $\bar{x}_n$ irgendein fester Wert von x_n und sind ε und ϱ positive Zahlen, so ist die Menge aller Punkte des $\Re_{n-1}$, in denen:*

(1) $|f(x_1, x_2, \ldots, x_{n-1}, x_n) - f(x_1, x_2, \ldots, x_{n-1}, \bar{x}_n)| \leqq \varepsilon$ für $|x_n - \bar{x}_n| < \varrho$,

eine Borelsche Menge.

In der Tat, seien:

$$r_1, r_2, \ldots, r_\nu, \ldots$$

die rationalen Zahlen des Intervalles $|x_n - \bar{x}_n| < \varrho$, und sei $\mathfrak{M}_\nu$ die Menge aller Punkte des $\Re_{n-1}$, in denen:

(2) $$|f(x_1, x_2, \ldots, x_{n-1}, r_\nu) - f(x_1, x_2, \ldots, x_{n-1}, \bar{x}_n)| \leqq \varepsilon.$$

Da f und mithin auch $f(x_1, x_2, \ldots, x_{n-1}, r_\nu) - f(x_1, x_2, \ldots, x_{n-1}, \bar{x}_n)$ von höchstens $(n-1)$-ter Klasse, ist $\mathfrak{M}_\nu$ gewiß eine Borelsche Menge. Daher ist auch der Durchschnitt:

$$\mathfrak{M} = \mathfrak{M}_1 . \mathfrak{M}_2 . \ldots . \mathfrak{M}_\nu . \ldots$$

eine Borelsche Menge.

Dieser Durchschnitt $\mathfrak{M}$ aber ist gerade die Menge aller Punkte des $\Re_{n-1}$, in denen (1) gilt. In der Tat, jeder solche Punkt gehört offenbar zu $\mathfrak{M}$. Umgekehrt, gehört der Punkt $(x_1, x_2, \ldots, x_{n-1})$ zu $\mathfrak{M}$, so besteht (2) für alle ν; und da die r_ν im Intervalle $|x_n - \bar{x}_n|$ dicht sind, gilt wegen der Stetigkeit von f nach x_n auch (1). Damit ist Satz I bewiesen.

Satz II: *Ist die Funktion $f(x_1, x_2, \ldots, x_n)$ stetig nach jeder einzelnen ihrer Veränderlichen, so gibt es zu jedem $\varepsilon > 0$ in jeder Umgebung jedes Punktes $(\bar{x}_1, \bar{x}_2, \ldots, \bar{x}_n)$ eine (im $\Re_n$) offene Menge, in der überall, abgesehen von einer Menge erster Kategorie, die Ungleichung gilt:*

(3) $$|f(x_1, x_2, \ldots, x_n) - f(\bar{x}_1, \bar{x}_2, \ldots, \bar{x}_n)| \leqq \varepsilon.$$

Wir führen den Beweis durch vollständige Induktion. Die Behauptung ist richtig für $n = 1$; denn dann ist $f(x_1)$ eine stetige Funktion von x_1 und es gibt daher zu jedem $\bar{x}_1$ und zu jedem $\varepsilon > 0$ eine Umgebung von $\bar{x}_1$, in der *überall*:

$$|f(x_1) - f(\bar{x}_1)| \leqq \varepsilon.$$

Angenommen, die Behauptung sei richtig für Funktionen von $n-1$ Veränderlichen. Die Funktion $f(x_1, x_2, \ldots, x_{n-1}, \bar{x}_n)$ ist eine solche. Bedeutet also $\mathfrak{U}_{n-1}$ eine beliebig vorgegebene Umgebung von $(\bar{x}_1, \bar{x}_2, \ldots, \bar{x}_{n-1})$ im $\mathfrak{R}_{n-1}$, so gibt es nach Annahme in $\mathfrak{U}_{n-1}$ eine (im $\mathfrak{R}_{n-1}$) offene Punktmenge $\mathfrak{A}_{n-1}$, in der, abgesehen von einer Punktmenge $\mathfrak{B}_{n-1}$, die im $\mathfrak{R}_{n-1}$ von erster Kategorie ist, die Ungleichung besteht:

$$(4) \qquad |f(x_1, x_2, \ldots, x_{n-1}, \bar{x}_n) - f(\bar{x}_1, \bar{x}_2, \ldots, \bar{x}_{n-1}, \bar{x}_n)| \leqq \frac{\varepsilon}{2}.$$

Zu jedem Punkte $(x_1, x_2, \ldots, x_{n-1})$ gibt es nun, weil f als Funktion von x_n stetig ist, ein $\sigma > 0$, so daß:

$$(5) \qquad |f(x_1, x_2, \ldots, x_{n-1}, x_n) - f(x_1, x_2, \ldots, x_{n-1}, \bar{x}_n)| \leqq \frac{\varepsilon}{2} \text{ für } |x_n - \bar{x}_n| < \sigma.$$

Sei nun $\mathfrak{C}^{(\nu)}$ die Menge aller Punkte von $\mathfrak{A}_{n-1}$, für die dieses $\sigma \geqq \frac{1}{\nu}$ gewählt werden kann. Dann ist $\mathfrak{A}_{n-1}$ die Vereinigung aller $\mathfrak{C}^{(\nu)}$:

$$\mathfrak{A}_{n-1} = \mathfrak{C}^{(1)} \dotplus \mathfrak{C}^{(2)} \dotplus \cdots \dotplus \mathfrak{C}^{(\nu)} \dotplus \cdots$$

Infolgedessen können nicht alle $\mathfrak{C}^{(\nu)}$ von erster Kategorie (im $\mathfrak{R}_{n-1}$) sein; denn sonst wäre es auch ihre Vereinigung $\mathfrak{A}_{n-1}$, im Widerspruche zur Tatsache, daß eine offene Menge niemals von erster Kategorie ist.

Sei also $\mathfrak{C}^{(\nu)}$ nicht von erster, und mithin von zweiter Kategorie. Nach Satz I ist $\mathfrak{C}^{(\nu)}$ eine **Borelsche** Menge. Daher gibt es einen offenen Teil $\mathfrak{A}'_{n-1}$ von $\mathfrak{A}_{n-1}$, so daß die Menge

$$\mathfrak{K}^{(\nu)} = \mathfrak{A}'_{n-1} - \mathfrak{A}'_{n-1} \cdot \mathfrak{C}^{(\nu)}$$

aller nicht zu $\mathfrak{C}^{(\nu)}$ gehörigen Punkte von $\mathfrak{A}'_{n-1}$, von erster Kategorie (im $\mathfrak{R}_{n-1}$) ist. Daher ist auch die Vereinigung:

$$\mathfrak{M}_{n-1} = \mathfrak{B}_{n-1} \cdot \mathfrak{A}'_{n-1} \dotplus \mathfrak{K}^{(\nu)}$$

von erster Kategorie im $\mathfrak{R}_{n-1}$. Infolgedessen ist auch die Menge $\mathfrak{M}_n$ aller Punkte des $\mathfrak{R}_n$, deren Projektion in den $\mathfrak{R}_{n-1}$ zu $\mathfrak{M}_{n-1}$ gehört, von erster Kategorie im $\mathfrak{R}_n$.

Wir bezeichnen nun mit $\mathfrak{G}_n$ die offene Menge aller jener Punkte des $\mathfrak{R}_n$, deren Projektion in den $\mathfrak{R}_{n-1}$ zu $\mathfrak{A}'_{n-1}$ gehört und deren n-te Koordinate x_n der Ungleichung genügt:

$$|x_n - \bar{x}_n| < \frac{1}{\nu}.$$

21*

In jedem nicht zu $\mathfrak{M}_n$ gehörigen Punkte von $\mathfrak{G}_n$ ist dann wegen (4) und (5):

$$|f(x_1, x_2, \ldots, x_n) - f(\bar{x}_1, \bar{x}_2, \ldots, \bar{x}_n)| \leqq \varepsilon,$$

und da $\mathfrak{M}_n$ von erster Kategorie, ist Satz II bewiesen.

Satz III. *Ist die Funktion $f(x_1, x_2, \ldots, x_n)$ stetig nach jeder einzelnen ihrer Veränderlichen und punktweise unstetig als Funktion von $(x_1, x_2, \ldots, x_n)$, so gibt es zu jedem $\varepsilon > 0$ in jeder Umgebung jedes Punktes $(\bar{x}_1, \bar{x}_2, \ldots, \bar{x}_n)$ eine (im $\mathfrak{R}_n$) offene Menge, in der überall Ungleichung (3) gilt.*

Sei in der Tat $\mathfrak{U}_n$ eine beliebige Umgebung von $(\bar{x}_1, \bar{x}_2, \ldots, \bar{x}_n)$ im $\mathfrak{R}_n$. Nach Satz II gibt es in $\mathfrak{U}_n$ einen offenen Teil $\mathfrak{A}_n$, in dem abgesehen von einer Menge $\mathfrak{K}'$ erster Kategorie:

$$|f(x_1, x_2, \ldots, x_n) - f(\bar{x}_1, \bar{x}_2, \ldots, \bar{x}_n)| \leqq \frac{\varepsilon}{2}.$$

Da f punktweise unstetig, ist auch die Menge $\mathfrak{K}''$ aller Unstetigkeitspunkte von f von erster Kategorie. Also ist auch die Vereinigung $\mathfrak{K}' + \mathfrak{K}''$ von erster Kategorie. Und da $\mathfrak{A}$ offen, gibt es in $\mathfrak{A}$ Punkte, die nicht zu $\mathfrak{K}' + \mathfrak{K}''$ gehören, d. h. Stetigkeitspunkte $(x'_1, x'_2, \ldots, x'_n)$ von f, in denen:

$$(6) \qquad |f(x'_1, x'_2, \ldots, x'_n) - f(\bar{x}_1, \bar{x}_2, \ldots, \bar{x}_n)| \leqq \frac{\varepsilon}{2}.$$

Da f stetig im Punkte $(x'_1, x'_2, \ldots, x'_n)$, gibt es eine Umgebung dieses Punktes, in der:

$$(7) \qquad |f(x_1, x_2, \ldots, x_n) - f(x'_1, x'_2, \ldots, x'_n)| \leqq \frac{\varepsilon}{2}.$$

Aus (6) und (7) aber folgt (3), und Satz III ist bewiesen.

Nun gelangen wir zum eigentlichen Ziele dieser Untersuchung:

Satz IV. *Ist die Funktion $f(x_1, x_2, \ldots, x_n)$ stetig nach jeder einzelnen ihrer Veränderlichen, so ist sie punktweise unstetig als Funktion von $(x_1, x_2, \ldots, x_n)$; und zwar gibt es zu jedem $\bar{x}_n$ eine im $\mathfrak{R}_{n-1}$ dichte Menge von Punkten $(x_1, x_2, \ldots, x_{n-1})$ derart, daß f stetig ist im Punkte $(x_1, x_2, \ldots, x_{n-1}, \bar{x}_n)$.*

Wir führen den Beweis durch vollständige Induktion. Die Behauptung ist richtig für $n = 2$, wie zuerst von R. Baire bewiesen wurde. Wir nehmen sie als bewiesen an für Funktionen von $n - 1$ Veränderlichen. Mit $\omega(x_1, x_2, \ldots, x_n)$ bezeichnen wir die Schwankung (den Unstetigkeitsgrad) von f im Punkte $(x_1, x_2, \ldots, x_n)$. Die Unstetigkeitspunkte von f sind dann diejenigen, in denen:

$$\omega(x_1, x_2, \ldots, x_n) > 0.$$

Wir bezeichnen mit $\mathfrak{A}^{(\nu)}$ die Menge aller derjenigen Punkte des $\mathfrak{R}_{n-1}$, in denen:

$$\omega(x_1, x_2, \ldots, x_{n-1}, \bar{x}_n) \geqq \frac{1}{\nu}.$$

Offenbar ist $\mathfrak{A}^{(\nu)}$ *abgeschlossen.*

Angenommen nun, die Behauptung von Satz IV wäre nicht richtig. Dann gibt es eine im $\mathfrak{R}_{n-1}$ offene Menge $\mathfrak{B}$, so daß für alle $(x_1, x_2, \ldots, x_{n-1})$ von $\mathfrak{B}$:

$$(8) \qquad \omega(x_1, x_2, \ldots, x_{n-1}, \bar{x}_n) > 0.$$

Daraus schließen wir: es können nicht alle $\mathfrak{A}^{(\nu)}$ nirgends dicht im $\mathfrak{R}_{n-1}$ sein. Denn die Menge $\mathfrak{A}_{n-1}$ aller Punkte $(x_1, x_2, \ldots, x_{n-1})$ des $\mathfrak{R}_{n-1}$, für die (8) gilt, ist die Vereinigung aller $\mathfrak{A}^{(\nu)}$:

$$\mathfrak{A}_{n-1} = \mathfrak{A}^{(1)} \dotplus \mathfrak{A}^{(2)} \dotplus \ldots \dotplus \mathfrak{A}^{(\nu)} \dotplus \ldots.$$

Wären alle $\mathfrak{A}^{(\nu)}$ nirgends dicht, so wäre $\mathfrak{A}_{n-1}$ von erster Kategorie im $\mathfrak{R}_{n-1}$, könnte also — entgegen unserer Annahme — nicht den offenen Teil $\mathfrak{B}$ enthalten.

Es gibt also ein $\mathfrak{A}^{(\nu)}$, das nicht nirgends dicht im $\mathfrak{R}_{n-1}$ ist; mindestens ein $\mathfrak{A}^{(\nu)}$ ist also dicht in einer (im $\mathfrak{R}_{n-1}$) offenen Menge $\mathfrak{C}_{n-1}$, und enthält dann, weil abgeschlossen, alle Punkte von $\mathfrak{C}_{n-1}$; mit anderen Worten: *es gibt ein $\delta > 0$ und eine im $\mathfrak{R}_{n-1}$ offene Menge $\mathfrak{C}_{n-1}$, so daß für alle $(x_1, x_2, \ldots, x_{n-1})$ von $\mathfrak{C}_{n-1}$:*

$$(9) \qquad \omega(x_1, x_2, \ldots, x_{n-1}, \bar{x}_n) \geqq 2\delta.$$

Nun ist nach Annahme $f(x_1, x_2, \ldots, x_{n-1}, \bar{x}_n)$ als Funktion von $(x_1, x_2, \ldots, x_{n-1})$ punktweise unstetig. Es gibt also gewiß in $\mathfrak{C}_{n-1}$ einen Punkt $(\bar{x}_1, \bar{x}_2, \ldots, \bar{x}_{n-1})$, in dem $f(x_1, x_2, \ldots, x_{n-1}, \bar{x}_n)$ stetig ist als Funktion von $(x_1, x_2, \ldots, x_{n-1})$. Dann aber gibt es auch eine Umgebung $\mathfrak{U}_{n-1}$ von $(\bar{x}_1, \bar{x}_2, \ldots, \bar{x}_{n-1})$ im $\mathfrak{R}_{n-1}$, so daß für alle $(x_1, x_2, \ldots, x_{n-1})$ von $\mathfrak{U}_{n-1}$:

$$(10) \qquad |f(x_1, x_2, \ldots, x_{n-1}, \bar{x}_n) - f(\bar{x}_1, \bar{x}_2, \ldots, \bar{x}_{n-1}, \bar{x}_n)| < \frac{\delta}{5}.$$

Wir nehmen die Umgebung $\mathfrak{U}_{n-1}$ so klein an, daß sie ganz in $\mathfrak{C}_{n-1}$ liegt.

Sei nun $\mathfrak{D}_{n-1}$ irgendein offener Teil von $\mathfrak{U}_{n-1}$, und sei $\varrho > 0$ beliebig gegeben. Wir bezeichnen mit $\mathfrak{D}_n$ die Menge aller Punkte $(x_1, x_2, \ldots, x_n)$ des $\mathfrak{R}_n$, deren Projektion in den $\mathfrak{R}_{n-1}$ zu $\mathfrak{D}_{n-1}$ gehört, und für die

$$|x_n - \bar{x}_n| < \varrho.$$

Ist nun $(x'_1, x'_2, \ldots, x'_{n-1})$ ein beliebiger Punkt von $\mathfrak{D}_{n-1}$, so gilt zunächst wegen (10):

$$(11) \qquad |f(x'_1, x'_2, \ldots, x'_{n-1}, \bar{x}_n) - f(\bar{x}_1, \bar{x}_2, \ldots, \bar{x}_{n-1}, \bar{x}_n)| < \frac{\delta}{5}.$$

Da ferner $\mathfrak{D}_{n-1}$ ganz in $\mathfrak{U}_{n-1}$ und $\mathfrak{U}_{n-1}$ ganz in $\mathfrak{C}_{n-1}$ liegt, gilt im Punkte $(x_1', x_2', \ldots, x_{n-1}')$ Ungleichung (9), und es gibt daher in $\mathfrak{D}_n$ einen Punkt $(x_1'', x_2'', \ldots, x_n'')$, so daß

$$(12) \qquad |f(x_1'', x_2'', \ldots, x_n'') - f(x_1', x_2', \ldots, x_{n-1}', \bar{x}_n)| > \tfrac{4}{5}\,\delta.$$

Nach Annahme ist $f(x_1, x_2, \ldots, x_{n-1}, x_n'')$ als Funktion von $(x_1, x_2, \ldots, x_{n-1})$ punktweise unstetig. Nach Satz III gibt es also in $\mathfrak{D}_{n-1}$ eine (im $\mathfrak{R}_{n-1}$) offene Menge $\mathfrak{E}_{n-1}$, so daß für alle $(x_1, x_2, \ldots, x_{n-1})$ aus $\mathfrak{E}_{n-1}$:

$$(13) \qquad |f(x_1, x_2, \ldots, x_{n-1}, x_n'') - f(x_1'', x_2'', \ldots, x_{n-1}'', x_n'')| \leqq \frac{\delta}{5}.$$

Aus (11), (12), (13) nun folgt für alle $(x_1, x_2, \ldots, x_{n-1})$ aus $\mathfrak{E}_{n-1}$:

$$|f(x_1, x_2, \ldots, x_{n-1}, x_n'') - f(\bar{x}_1, \bar{x}_2, \ldots, \bar{x}_{n-1}, \bar{x}_n)| > \frac{2\delta}{5}.$$

Und da in allen Punkten $(x_1, x_2, \ldots, x_{n-1})$ von $\mathfrak{E}_{n-1}$ (10) gilt, so ist weiter:

$$(14) \qquad |f(x_1, x_2, \ldots, x_{n-1}, x_n'') - f(x_1, x_2, \ldots, x_{n-1}, \bar{x}_n)| > \frac{\delta}{5}.$$

Wir sehen also: ist $\varrho > 0$ beliebig gegeben, so gibt es in jedem offenen Teile $\mathfrak{D}_{n-1}$ von $\mathfrak{U}_{n-1}$ einen offenen Teil $\mathfrak{E}_{n-1}$, in dessen sämtlichen Punkten für ein der Ungleichung:

$$|x_n'' - \bar{x}_n| < \varrho$$

genügendes x_n'' Ungleichung (14) erfüllt ist.

Da nun f stetig nach x_n ist, gibt es zu jedem Punkt $(x_1, x_2, \ldots, x_{n-1})$ aus $\mathfrak{U}_{n-1}$ ein $\sigma > 0$, so daß

$$(15) \qquad |f(x_1, x_2, \ldots, x_{n-1}, x_n) - f(x_1, x_2, \ldots, x_{n-1}, \bar{x}_n)| < \frac{\delta}{5} \quad \text{für } |x_n - \bar{x}_n| < \sigma.$$

Sei $\mathfrak{U}_{n-1,\varrho}$ die Menge aller jener Punkte von $\mathfrak{U}_{n-1}$, in denen dieses $\sigma \geqq \varrho$ gewählt werden kann, in denen also (15) für $|x_n - \bar{x}_n| < \varrho$ gilt. Nach dem eben Bewiesenen ist dann (für jedes $\varrho > 0$) $\mathfrak{U}_{n-1,\varrho}$ nirgends dicht in $\mathfrak{U}_{n-1}$. Das aber ist unmöglich, denn da:

$$\mathfrak{U}_{n-1} = \mathfrak{U}_{n-1,1} + \mathfrak{U}_{n-1,\frac{1}{2}} + \cdots + \mathfrak{U}_{n-1,\frac{1}{\nu}} + \cdots$$

ist, so wäre $\mathfrak{U}_{n-1}$ von erster Kategorie (im $\mathfrak{R}_{n-1}$), was nicht der Fall ist, da $\mathfrak{U}_{n-1}$ offen (im $\mathfrak{R}_{n-1}$) ist. Damit ist Satz IV bewiesen.

Ist damit gezeigt, daß eine Funktion $f(x_1, x_2, \ldots, x_n)$, die nach jeder ihrer Veränderlichsn stetig ist, auf jeder $(n-1)$-dimensionalen Mannigfaltigkeit $x_i = \text{const.}$ $(i = 1, 2, \ldots n)$ Stetigkeitspunkte besitzt, so erkennt man augenblicklich, daß sämtliche Punkte einer $(n-2)$-dimensionalen

Mannigfaltigkeit $x_i = \text{const.}$, $x_j = \text{const.}$ $(i, j = 1, 2, \ldots, n)$ Unstetigkeitspunkte von f sein können: in der Tat, sei $g(x_1, x_2)$ stetig nach x_1 und stetig nach x_2, aber unstetig als Funktion von (x_1, x_2) im Punkte $(0, 0)$. Wir setzen:

$$f(x_1, x_2, \ldots, x_n) = g(x_1, x_2) \quad \text{für alle } x_3, \ldots, x_n.$$

Dann ist f stetig nach jeder seiner Veränderlichen, aber unstetig als Funktion von $(x_1, x_2, \ldots, x_n)$ in allen Punkten der $(n-2)$-dimensionalen Mannigfaltigkeit $x_1 = 0$, $x_2 = 0$.

(Eingegangen am 1. März 1919.)

4. **Hans Hahn: Über die Darstellung willkürlicher Funktionen durch bestimmte Integrale.** (Bericht.)

Zahlreiche Probleme der Analysis führen auf die Frage nach der Gültigkeit einer Formel:

$$(1)\qquad f(x) = \lim_{n=\infty} \int_a^b f(\xi)\,\varphi_n(\xi, x)\,d\xi,$$

wo $\varphi_n(\xi, x)$ eine gegebene Funktionenfolge bedeutet, während $f(x)$ (innerhalb einer entsprechend gewählten Funktionenklasse) willkürlich bleibt. Das zu behandelnde Problem ist dieses: Welche Eigenschaften muß die Funktionenfolge $\varphi_n(\xi, x)$ haben, damit (1) für alle Funktionen f einer gegebenen Funktionenklasse gelte? Bevor dieses Problem behandelt wird, empfiehlt es sich, die beiden folgenden einfacheren Vorfragen zu behandeln:

Welche Eigenschaften muß die Funktionenfolge $\varphi_n(\xi)$ haben, damit für jedes f einer gegebenen Funktionenklasse a) die Zahlenfolge $\int_a^b f\varphi_n\,d\xi$ beschränkt ausfalle, bzw. b) die Formel gelte:

$$\lim_{n=\infty} \int_a^b f\varphi_n\,d\xi = 0.$$

Sei $\mathfrak{F}$ die gegebene Funktionenklasse, von der wir zunächst nur voraussetzen, daß sie *linear* sei (d. h. neben f enthalte sie λf, neben f_1 und f_2 auch $f_1 + f_2$). Wir deuten jede Funktion f von $\mathfrak{F}$ als Punkt eines Funktionalraumes, den wir gleichfalls mit $\mathfrak{F}$ bezeichnen. Jedem Punkte f von $\mathfrak{F}$ sei eine Zahl $D(f)$ zugeordnet, so daß:

1. $D(f) \geqq 0$; 2. $D(\lambda f) = |\lambda|\,D(f)$; 3. $D(f_1 + f_2) \leqq D(f_1) + D(f_2)$.

Durch die Abstandsdefinition:

$$r(f_1, f_2) = D(f_1 - f_2)$$

wird dann $\mathfrak{F}$ zu einem *metrischen* Raume, in dem die Begriffe der Theorie der Punktmengen angewendet werden können.[1])

Sei ein zweiter Funktionalraum Φ gegeben, so daß für jedes φ von Φ und jedes f von $\mathfrak{F}$ das Integral $\int_\alpha^\beta f\varphi\,d\xi$ existiere und endlich sei. Bei gegebenem φ bezeichnen wir die obere Schranke dieses Integrales für alle der Bedingung $D(f) = 1$ genügenden f von $\mathfrak{F}$ mit $\Delta(\varphi)$. Wir setzen voraus, für alle φ von Φ

1) Vgl. H. Hahn, Theorie der reellen Funktionen I, S. 52.

sei $\Delta(\varphi)$ endlich; dann heißt Φ ein zu $\mathfrak{F}$ *polarer Raum* und $\Delta\varphi$ die zu $D(f)$ *polare* Maßfunktion. Es gilt dann die fundamentale Ungleichung[2]):

$$\left|\int_\alpha^\beta f\varphi\, d\xi\right| \leqq D(f)\cdot\Delta(\varphi),$$

in der z. B. die Schwarzsche, die Cesàro-Höldersche Ungleichung, die aus erstem und zweitem Mittelwertsatz der Integralrechnung folgenden Ungleichungen als Spezialfälle enthalten sind.

Nun lautet die Antwort auf die beiden vorhin aufgeworfenen Vorfragen so[3]): *Ist der Raum $\mathfrak{F}$ vollständig*[4]), *so ist, damit für jedes f aus $\mathfrak{F}$ die Folge der Zahlen $\int_\alpha^\beta f\varphi_n\, d\xi$ beschränkt sei, notwendig und hinreichend, daß die Folge der Zahlen $\Delta(\varphi_n)$ beschränkt sei. Ist ferner die Menge der streckenweise konstanten Funktionen dicht*[5]) *in $\mathfrak{F}$, so ist, damit für jedes f aus $\mathfrak{F}$ die Beziehung $\lim_{n=\infty}\int_\alpha^\beta f\varphi_n\, d\xi = 0$ gelte, notwendig und hinreichend, daß außerdem für jedes Teilintervall $[\alpha', \beta']$ von $[\alpha, \beta]$ die Beziehung gelte:* $\lim_{n=\infty}\int_{\alpha'}^{\beta'}\varphi_n\, d\xi = 0.$

Nun kann auch die Lösung des anfangs formulierten Problems gegeben werden[6]): *Damit für jede im Punkte x von (a, b) stetige Funktion f aus $\mathfrak{F}$ Formel* (1) *gelte, ist notwendig und hinreichend, daß folgende Bedingungen erfüllt seien:*

1. *Für jedes (hinlänglich kleine, positive) h erfüllt die Funktionenfolge $\varphi_n(\xi, x)$ im Intervalle $[a, x-h]$ und $[x+h, b]$ die oben formulierten, notwendigen und hinreichenden Bedingungen für das Bestehen von:*

$$\int_a^{x-h} f(\xi)\,\varphi_n(\xi, x)\, d\xi = 0; \quad \int_{x+h}^{b} f(\xi)\,\varphi_n(\xi, x)\, d\xi = 0.$$

2. $$\lim_{n=\infty}\int_a^b \varphi_n(\xi, x)\, d\xi = 1.$$

3. *Die Folge der Zahlen* $\int_a^b |\varphi_n(\xi, x)|\, d\xi$ *ist beschränkt.*

Wird das Bestehen von (1) nur für diejenigen, im Punkte x stetigen Funktionen aus $\mathfrak{F}$ verlangt, die in einer Umgebung dieses Punktes von endlicher Variation sind, so ermäßigt sich Bedingung 3. zu:

3a. *Es gibt ein μ, so daß:* $\left|\int_a^\xi \varphi_n(\xi, x)\, d\xi\right| < \mu$ *für alle ξ von $[a, b]$ und alle n.*

2) E. Helly, Monatsh. f. Math. u. Phys. 31 (1921), S. 61ff.
3) Die folgenden Sätze fassen eine Reihe von H. Lebesgue (Ann. Toul. (3) 1 (1909) S. 51ff.) gefundener Resultate zusammen.
4) L. c. 1) S. 99. 5) L. c. 1) S. 77.
6) H. Lebesgue l. c. 3) S. 69ff.

Aus 1. und 2. folgt, daß $\varphi_n(\xi, x)$ die folgende Eigenschaft hat: Es ist, wenn $[\alpha, \beta]$ Teilintervall von $[a, b]$:

$$\lim_{n=\infty} \int_a^\gamma \varphi_n(\xi, x)\, d\xi = \begin{cases} 0, \text{ wenn } x \text{ nicht in } [\alpha, \beta] \\ 1, \text{ wenn } x \text{ in } [\alpha, \beta]. \end{cases}$$

Hat $\varphi_n(\xi, x)$ diese Eigenschaft, so heißt das Integral $\int_a^b f(\xi)\, \varphi_n(\xi, x)\, d\xi$ ein *singuläres Integral.*

Wichtige Typen solcher singulärer Integrale sind[7]):

1. Der *Stieltjessche Typus*[8]):

$$\varphi_n(\xi, x) = c_n(\varphi(\xi - x))^n,$$

wo c_n eine geeignete Konstante und $\varphi(u)$ eine in einem Intervalle $(-e, e)$ stetige Funktion, für die:

$$\varphi(0) = 1; \quad |\varphi(u)| < 1 \quad \text{für} \quad 0 < |u| < e.$$

Wichtige Spezialfälle sind: $\varphi(u) = e^{-u^2}$ (Weierstraß), $\varphi(u) = 1 - u^2$ (Landau, de la Vallée-Poussin), $\varphi(u) = \left(\cos \frac{u}{2}\right)^2$ (de la Vallée-Poussin).

2. Der *Poissonsche Typus:*

$$\varphi_n(\xi, x) = \frac{c_n}{1 + n\,\varphi(\xi - x)},$$

wo c_n eine geeignete Konstante und $\varphi(u)$ eine in einem Intervalle $(-e, e)$ stetige Funktion, für die:

$$\varphi(0) = 0; \quad \varphi(u) > 0 \quad \text{für} \quad 0 < |u| < e.$$

Wichtige Spezialfälle sind: $\varphi(u) = 1 - \cos u$ (das Poissonsche Integral der Potentialtheorie), $\varphi(u) = u^2$ (Poisson).

3. Der *Weierstraßsche Typus:*

$$\varphi_n(\xi, x) = c_n\, \varphi(n(\xi - x)),$$

wo c_n eine geeignete Konstante und $\varphi(u)$ eine Funktion, für die $\int_{-\infty}^{+\infty} \varphi(u)\, du$ existiert und $\neq 0$ ist.

Wichtige Spezialfälle sind: $\varphi(u) = e^{-u^2}$ (Weierstraß), $\varphi(u) = \frac{\sin u}{u}$ (Dirichlet), $\varphi(u) = \frac{\sin^2 u}{u^2}$ (Fejer).

Man kann auch feststellen, unter welchen Umständen eine Formel:

$$f(x) = \lim_{n=\infty} \int_a^b f(\xi)\, \varphi_n(\xi, x)\, d\xi$$

7) Vgl. hierzu H. Hahn Wien. Denkschr. 93 (1916), S. 623 ff.

8) Der Name rührt daher, daß Stieltjes den besonders wichtigen Fall behandelt hat, daß die Funktion $\varphi(u)$ die Gestalt hat:

$$\varphi(u) = 1 - \alpha u^2 + u^2 w(u) \qquad (\alpha > 0, \quad \lim_{n=0} w(u) = 0).$$

Vgl. hierzu H. Lebesgue, l. c. 3) S. 119 ff.

gilt für jede Funktion f der Klasse $\mathfrak{F}$, die an der Stelle x von (α, β) eine endliche erste Ableitung $f'(x)$ besitzt. Es gilt diesbezüglich ein ganz ähnlicher Satz wie der oben für die Gültigkeit von (1) aufgestellte.[9]) Nur treten an Stelle der Bedingungen 2. und 3. hier die Bedingungen:

$$2.\quad \lim_{n=\infty} \int_a^b \varphi_n(\xi, x)\, d\xi = 0; \qquad \lim_{n=\infty} \int_a^b (\xi - x)\, \varphi_n(\xi, x)\, d\xi = 1.$$

3. Die Folge der Zahlen $\int_a^b |\xi - x|\, |\varphi_n(\xi, x)|\, d\xi$ ist beschränkt.

Aus diesem Resultate kann man (durch partielle Integration) Bedingungen herleiten, unter denen die Beziehung (1) auch an solchen *Unstetigkeitsstellen* von f gilt, wo f Ableitung seines unbestimmten Integrales ist, ferner Bedingungen, unter denen es gestattet ist, Gleichung (1) unter Limes- und Integralzeichen zu differentiieren.

Alle näheren Ausführungen und zahlreiche Anwendungen findet man in der für diese Theorie grundlegenden Abhandlung von H. Lebesgue[10]) und den sich daran schließenden Arbeiten des Referenten.[11])

Gedruckt mit Unterstützung der Universität Wien

Über Reihen mit monoton abnehmenden Gliedern

Von

Hans Hahn in Wien

Die folgenden Zeilen schließen sich an meine in Bd. 32 dieser Zeitschrift erschienene Abhandlung »Über Folgen linearer Operationen«.[1] Man erhält interessante Beispiele zu der dort entwickelten Theorie, wenn man beachtet, daß (im Sinne der dortigen Terminologie) der Raum der Folgen $a = \{u_k\}$ bei der Maßbestimmung: $D(a) =$ obere Schranke der absoluten Beträge der r-ten Cesàroschen Mittel aus den u_k und der Raum der Folgen $b = \{v_k\}$ mit $\lim_{k=\infty} k^r v_k = 0$ bei der Maßbestimmung:

$$\Delta(b) = \sum_{k=1}^{\infty} \binom{k+r-1}{r} \left| v_k - \binom{r}{1} v_{k+1} + \binom{r}{2} v_{k+2} + \ldots + (-1)^r \binom{r}{r} v_{k+r} \right|$$

wechselseitig zueinander polar sind. Hier wird nur der Fall $r = 1$ näher behandelt (§ 1), der insbesondere einige Sätze über Reihen mit monoton abnehmenden Gliedern liefert (§ 2), darunter den Satz von Pringsheim: zu jeder Folge von Zahlen v_n, für die $\overline{\lim_{n=\infty}} \frac{v_n}{n} = +\infty$ ist, gibt es eine konvergente Reihe $\sum_{n=1}^{\infty} u_n$ mit monoton abnehmenden Gliedern, für die $\overline{\lim_{n=\infty}} v_n u_n = +\infty$ ist. Daran anschließend wird gezeigt (§ 3), daß in diesem Satze die Reihe $\sum_{n=1}^{\infty} u_n$ sogar so gewählt werden kann, daß ihre Glieder eine voll-

[1] Diese Abhandlung wird im folgenden kurz mit F. l. O. zitiert.

monotone Folge bilden. Endlich wird noch in § 4 gezeigt, wie sich ein zweiter Satz von Pringsheim über Reihen mit monoton abnehmenden Gliedern auf Reihen mit vollmonoton abnehmenden Gliedern überträgt.

§ 1.

Es bestehe der Raum $\mathfrak{A}$ aus allen Zahlenfolgen $a = \{u_k\}$, für die

$$\lim_{k=\infty} u_k = 0 \tag{1}$$

ist und die Reihe

$$D(a) = \sum_{k=1}^{\infty} k\,|u_k - u_{k+1}| \tag{2}$$

konvergent ausfällt. Wir zeigen zunächst:

I. Aus der Konvergenz der Reihe (2) folgt:

$$\lim_{k=\infty} k \,.\, u_k = 0. \tag{3}$$

Sei in der Tat $\varepsilon > 0$ beliebig gegeben. Wegen der Konvergenz der Reihe (2) gilt

$$\sum_{\nu=k}^{\infty} \nu\,|u_\nu - u_{\nu+1}| < \varepsilon$$

für fast alle k. Für diese k gilt dann erst recht

$$k\left|\sum_{\nu=k}^{\infty} (u_\nu - u_{\nu+1})\right| < \varepsilon.$$

Wegen (1) aber besagt dies

$$k\,|u_k| < \varepsilon$$

für fast alle k, womit (3) bewiesen ist.

Benutzen wir den Ausdruck (2) als Maßbestimmung,[2] so wird $\mathfrak{A}$ ein metrischer Raum, und man erkennt ohne Schwierigkeit, daß er vollständig ist.

Mit $\mathfrak{B}$ bezeichnen wir den Raum, der aus allen Zahlenfolgen $\{v_k\}$ besteht, für die die arithmetischen Mittel aus den Anfangsgliedern

$$V_k = \frac{v_1 + v_2 + \ldots + v_k}{k}$$

beschränkt sind:

$$|V_k| \leqq A \quad \text{für alle } k. \tag{4}$$

[2] Vgl. zum folgenden F. l. O., § 1.

II. Gehört $a = \{u_k\}$ zu $\mathfrak{A}$ und $b = \{v_k\}$ zu $\mathfrak{B}$, so ist die Reihe

$$U(a, b) = \sum_{k=1}^{\infty} u_k v_k \tag{5}$$

konvergent, und es ist

$$U(a, b) = \sum_{k=1}^{\infty} V_k . k (u_k - u_{k+1}). \tag{6}$$

In der Tat, setzen wir

$$s_k = v_1 + v_2 + \ldots + v_k,$$

so ist

$$\sum_{k=1}^{n} u_k v_k = \sum_{k=1}^{n-1} s_k (u_k - u_{k+1}) + s_n u_n = \sum_{k=1}^{n-1} V_k . k (u_k - u_{k+1}) + V_n . n u_n. \tag{7}$$

Wegen (3) und (4) ist hierin

$$\lim_{n=\infty} V_n . n u_n = 0, \tag{8}$$

so daß die Frage nach der Konvergenz von (5) gleichbedeutend ist mit der Frage nach der Konvergenz der Reihe (6). Die Konvergenz dieser Reihe aber folgt aus der Konvergenz der Reihe (2), da nach (4) die V_k beschränkt sind. Gleichzeitig folgt aus (7) wegen (8) die Gleichheit der Ausdrücke (5) und (6) durch Grenzübergang.

Wir setzen nun:

$$\Delta(b) = \text{obere Schranke von } |V_k| \quad (k = 1, 2 \ldots). \tag{9}$$

Dann folgt aus (6):

$$|U(a, b)| \leqq D(a) . \Delta(b). \tag{10}$$

Nun sehen wir: betrachten wir $U(a, b)$ als Fundamentaloperation, so ist der Raum $\mathfrak{B}$ mit der Maßbestimmung (9) ein zu $\mathfrak{A}$ polarer Raum und (10) ist die fundamentale Ungleichung. Wir haben nur zu zeigen, daß $\Delta(b)$ die obere Schranke von $|U(a, b)|$ unter der Nebenbedingung $D(a) = 1$ ist. Wegen (10) ist nun diese obere Schranke gewiß nicht größer als $\Delta(b)$. Und wählen wir für $a = \{u_k\}$ die Folge

$$u_k = \frac{1}{n} \quad (k = 1, 2, \ldots, n); \quad u_k = 0 \quad (k > n),$$

so wird

$$D(a) = 1; \quad U(a, b) = V_n,$$

womit alles bewiesen ist.

Eine Grundmenge[3] $\mathfrak{G}$ im Raume $\mathfrak{A}$ wird gebildet von nachstehenden Folgen $\{u_k\}$:

$$u_k = 1 \text{ für } k = 1, 2, \ldots, n; \quad u_k = 0 \text{ für } k > n \quad (n = 1, 2, \ldots).$$

Um dies einzusehen, haben wir zu zeigen, daß die Menge $\mathfrak{G}'$ aller aus den Punkten von $\mathfrak{G}$ durch Linearkombination entstehenden Punkte in $\mathfrak{A}$ dicht liegt. Diese Menge $\mathfrak{G}'$ besteht aber aus allen denjenigen Folgen $\{u_k'\}$, in denen $u_k' = 0$ für fast alle k. Sei nun $a = \{u_k\}$ irgend eine Folge aus $\mathfrak{A}$. Sei $a_n = \{u_k^{(n)}\}$ die Folge

$$u_k^{(n)} = u_k \quad (k=1, 2, \ldots, n); \qquad u_k^{(n)} = 0 \quad (k > n).$$

Dann gehört a_n zu $\mathfrak{G}'$ und es ist

$$D(a-a_n) = n|u_{n+1}| + \sum_{k=n+1}^{\infty} k|u_k - u_{k+1}|.$$

Wegen (3) und der Konvergenz von (2) ist also

$$\lim_{n=\infty} D(a-a_n) = 0,$$

d. h. $\mathfrak{G}'$ ist dicht in $\mathfrak{A}$.

Die Sätze I, III, IV (F. l. O.) ergeben nun:

III. Sei $v_{n,1}, v_{n,2}, \ldots, v_{n,k}, \ldots$ für jedes n eine Zahlenfolge mit beschränkten arithmetischen Mitteln $\frac{v_{n,1}+v_{n,2}+\ldots+v_{n,k}}{k}$. Damit für jede Zahlenfolge $\{u_k\}$ mit $\lim_{k=\infty} u_k = 0$, für die die Reihe $\sum_{k=1}^{\infty} k|u_k - u_{k+1}|$ konvergiert, die Folge der Zahlen

$$u_n' = \sum_{k=1}^{\infty} v_{n,k} u_k \quad (n = 1, 2, \ldots) \tag{11}$$

beschränkt ausfalle, ist notwendig und hinreichend, daß es eine Zahl M gebe, sodaß

$$\left|\frac{v_{n,1}+v_{n,2}+\ldots+v_{n,k}}{k}\right| \leq M \text{ für alle } n \text{ und } k. \tag{12}$$

Damit die Folge (11) obendrein konvergent ausfalle, ist weiter notwendig und hinreichend, daß für jedes k ein

[3] F. l. O., § 3.

endlicher Grenzwert $\lim_{n=\infty} v_{n,k}$ vorhanden sei. Und damit insbesondere

$$\lim_{n=\infty} u'_n = \sum_{k=1}^{\infty} v_k u_k \tag{13}$$

sei (wo die v_k eine Zahlenfolge mit beschränkten arithmetischen Mitteln bedeuten), ist weiter notwendig und hinreichend das Bestehen der Gleichungen

$$\lim_{n=\infty} v_{n,k} = v_k \quad \text{für alle } k. \tag{14}$$

Setzen wir

$$v_{n,k} = v_k \quad (k = 1, 2, \ldots, n); \qquad v_{n,k} = 0 \quad (k > n),$$

so erhalten wir insbesondere folgende Ergänzung zu Satz II:

IV. Damit die Reihe $\sum_{k=1}^{\infty} u_k v_k$ konvergent sei für alle $\{u_k\}$ mit $\lim_{k=\infty} u_k = 0$, für die die Reihe $\sum_{k=1}^{\infty} k\,|u_k - u_{k+1}|$ konvergiert, ist notwendig und hinreichend, daß die arithmetischen Mittel $\frac{v_1 + v_2 + \ldots + v_k}{k}$ beschränkt seien.

§ 2.

Zu den in § 1 behandelten Folgen $\{u_k\}$ mit $\lim_{k=\infty} u_k = 0$ für die $\sum_{k=1}^{\infty} k\,|u_k - u_{k+1}|$ konvergiert, gehören insbesondere die monoton abnehmenden Folgen mit konvergenter Summe $\sum_{k=1}^{\infty} u_k$. In der Tat, aus $u_k \geqq u_{k+1} \geqq 0$ folgt

$$|u_k - u_{k+1}| = u_k - u_{k+1},$$

und daher weiter

$$\sum_{k=1}^{n} k\,|u_k - u_{k+1}| = \sum_{k=1}^{n} u_k - n\,u_{n+1} \leqq \sum_{k=1}^{\infty} u_k, \tag{15}$$

so daß die Reihe (2) konvergiert. Es gilt also (3), und (15) ergibt durch Grenzübergang

$$\sum_{k=1}^{\infty} k\,|u_k - u_{k+1}| = \sum_{k=1}^{\infty} u_k. \tag{16}$$

V. Satz III bleibt richtig, wenn man darin unter $\{u_k\}$ monoton abnehmende Zahlenfolgen mit konvergenter Summe $\sum_{k=1}^{\infty} u_k$ versteht.

Daß die Bedingungen von Satz III nach wie vor hinreichend sind, ist selbstverständlich. Es muß nur gezeigt werden, daß sie auch jetzt noch notwendig sind. Für (13) und (14) ist dies evident; man hat nur für $\{u_k\}$ die Folgen

$$u_k = 1 \quad (k = 1, 2, \ldots, n) \qquad u_k = 0 \quad (k > n)$$

einzusetzen. Es bleibt Bedingung (12) als notwendig zu erweisen. Zu dem Zwecke bemerken wir, daß Satz III lediglich derjenige Spezialfall von Satz I (F. I. O.) ist, der entsteht, indem man unter $\mathfrak{A}$ den zu Beginn von § 1 eingeführten Raum versteht, unter $D(a)$ den Ausdruck (2), unter $\Delta(b)$ den Ausdruck (9). Gehen wir auf den Beweis von Satz I (F. I. O.) zurück, so sehen wir, daß für die dort mit a_ν bezeichneten Punkte von $\mathfrak{A}$ hier Folgen $\{u_k\}$ der Gestalt

$$u_k = \frac{1}{n_\nu} \quad (k = 1, 2, \ldots, n_\nu), \qquad u_k = 0 \quad (k > n_\nu)$$

gewählt werden können. Jeder solche Punkt a_ν bedeutet also eine monoton abnehmende Folge $\{u_k\}$ mit konvergenter Summe. Dasselbe gilt dann auch für die in F. I. O. mit h_i bezeichneten Punkte und — wie man leicht erkennt — auch für den Punkt $h = \lim_{i=\infty} h_i$, für den die Folge $U(h, b_\nu)$ nicht beschränkt ist. Damit ist Satz V bewiesen.

Wir heben das spezielle Resultat hervor, das entsteht, indem man setzt:

$$v_{n,k} = 0 \quad \text{für } k \neq n, \quad v_{n,n} = v_n.$$

Mann erhält so:[4]

VI. Damit für alle konvergenten Reihen $\sum_{k=1}^{\infty} u_k$ mit monoton abnehmenden Gliedern die Folge $\{v_k u_k\}$ beschränkt sei, ist notwendig, daß die Folge $\left\{\frac{v_k}{k}\right\}$ beschränkt sei. Ist

[4] A. Pringsheim, Math. Ann., *35* (1890), p. 347.

diese Bedingung erfüllt, so ist

$$\lim_{k=\infty} v_k u_k = 0.$$

Ferner erhalten wir an Stelle von Satz IV:

VII. Damit für alle konvergenten Reihen $\sum_{k=1}^{\infty} u_k$ mit monoton abnehmenden Gliedern die Reihe $\sum_{k=1}^{\infty} v_k u_k$ konvergent sei, ist notwendig und hinreichend, daß die Folge der arithmetischen Mittel der v_k beschränkt sei

$$\left|\frac{v_1+v_2+\ldots+v_k}{k}\right| \leqq M \quad \text{für alle } k.$$

Ist dies der Fall, so ist

$$\left|\sum_{k=1}^{\infty} v_k u_k\right| \leqq M \,.\, \sum_{k=1}^{\infty} u_k. \tag{17}$$

Ungleichung (17) ist nichts anderes als die fundamentale Ungleichung (10), wie man erkennt, wenn man (2), (9) und (16) berücksichtigt.

Als Spezialfall ist darin der Satz enthalten:[5]

VIII. Damit für alle konvergenten Reihen $\sum_{k=1}^{\infty} u_k$ mit monoton abnehmenden Gliedern die Reihe $\sum_{\nu=1}^{\infty} (k_{\nu+1}-k_\nu)\, u_{k_\nu}$ konvergent ausfalle ($k_{\nu+1} > k_\nu$), ist notwendig und hinreichend, daß es ein A gebe, so daß

$$\frac{k_{\nu+1}}{k_\nu} \leqq A \quad \text{für alle } \nu.$$

In der Tat ist nun für $k_\nu \leqq k < k_{\nu+1}$

$$v_1+v_2+\ldots+v_k = (k_2-k_1)+(k_3-k_2)+\ldots+(k_{\nu+1}-k_\nu) = k_{\nu+1}-k_1.$$

Es werden also die arithmetischen Mittel der v_k dann und nur

---

[5] K. Knopp, Theorie und Anwendung der unendlichen Reihen, p. 116.

dann beschränkt sein, wenn die $\frac{k_{\nu+1}-k_1}{k_\nu}$, oder was dasselbe heißt, die $\frac{k_{\nu+1}}{k_\nu}$ beschränkt sind.

Ein anderer Spezialfall von Satz VII besagt, daß, wenn $\sum_{k=1}^{\infty} u_k$ eine konvergente Reihe mit monoton abnehmenden Gliedern ist, auch die folgenden Reihen konvergieren:[6]

$$\sum_{k=1}^{\infty} k^{n-1} u_{k^n}, \qquad \sum_{k=1}^{\infty} (-1)^n k^n u_{kn}.$$

§ 3.

In Satz VI ist die von Pringsheim gefundene Tatsache enthalten: Ist $\overline{\lim_{k=\infty}} \frac{v_k}{k} = +\infty$, so gibt es eine konvergente Reihe mit monoton abnehmenden Gliedern: $\sum_{k=1}^{\infty} u_k$, für die $\overline{\lim_{k=\infty}}\, v_k u_k = +\infty$ ist. Es ist naheliegend zu fragen,[7] ob dies auch noch gilt, wenn man von den Gliedern der konvergenten Reihe $\sum_{k=1}^{\infty} u_k$ nicht nur verlangt, daß sie eine monoton abnehmende Zahlenfolge bilden, sondern daß diese Zahlenfolge vollmonoton[8] sei. Wir wollen zeigen, daß dies der Fall ist, indem wir den Satz beweisen:

IX. Ist $\overline{\lim_{k=\infty}} \frac{v_k}{k} = +\infty$, so gibt es eine konvergente Reihe $\sum_{k=1}^{\infty} u_k$, deren Glieder eine vollmonoton abnehmende Folge bilden, für die $\overline{\lim_{k=\infty}}\, v_k u_k = +\infty$ ist.

Wir setzen zu dem Zwecke

$$u_{n,k} = \frac{1}{n} \left(\frac{n}{n+1}\right)^k \quad (n, k = 1, 2, \ldots). \tag{18}$$

---

[6] Vgl. O. Schlömilch, Zeitschrift f. Math. und Phys., *18* (1873), p. 425.

[7] K. Knopp, a. a. O., p. 297.

[8] Dabei heißt die Folge $\{u_k\}$ vollmonoton abnehmend, wenn nicht nur die ersten Differenzen $u_k - u_{k+1}$, sondern auch noch (für jedes r) die r-ten Differenzen $D^{(r)} u_k$ nicht negativ sind.

Dann ist für jedes n

$$\sum_{k=1}^{\infty} u_{n,k} = 1, \tag{19}$$

und für jedes n ist die Folge $u_{n,1}, u_{n,2}, \ldots, u_{n,k}, \ldots$ vollmonoton. Ferner ist

$$\overline{\lim_{n=\infty}}\, v_n . u_{n,n} = \overline{\lim_{n=\infty}}\, \frac{v_n}{n} \lim_{n=\infty} \left(\frac{n}{n+1}\right)^n =$$

$$= e^{-1} \overline{\lim_{n=\infty}}\, \frac{v_n}{n} = +\infty. \tag{20}$$

Falls für eine der Reihen $\sum_{k=1}^{\infty} u_{n,k}$ $(n = 1, 2, \ldots)$ die gewünschte Beziehung $\overline{\lim_{k=\infty}}\, v_k u_{n,k} = +\infty$ gelten sollte, so ist nichts mehr zu beweisen. Wir nehmen also an, für jedes einzelne n sei die Folge $\{v_k u_{n,k}\}$ beschränkt.

Wegen $\overline{\lim_{k=\infty}}\, \frac{v_k}{k} = +\infty$ und wegen (20) gibt es nun eine Folge von Indizes $\{\nu_i\}$, die den beiden Forderungen genügt:

1. $$v_{\nu_{i+1}} \geqq v_{\nu_i} \quad (> 1).$$

2. Ist N_i so gewählt, daß[9]

$$\left| v_k \left(u_{\nu_1,k} + \frac{1}{2} \frac{1}{v_{\nu_1}} u_{\nu_2,k} + \ldots + \frac{1}{2^{i-1}} \frac{1}{v_{\nu_{i-1}}} u_{\nu_i,k} \right) \right| < N_i \text{ für alle } k, \tag{21}$$

so sei

$$v_{\nu_{i+1}} . u_{\nu_{i+1}, \nu_{i+1}} > (N_i + i + 1)\, 2^i . v_{\nu_i} . \tag{22}$$

Wir setzen nun:

$$u_k = u_{\nu_1,k} + \frac{1}{2} \frac{1}{v_{\nu_1}} u_{\nu_2,k} + \ldots + \frac{1}{2^{i-1}} \frac{1}{v_{\nu_{i-1}}} u_{\nu_i,k} + \ldots$$

---

[9] Da nach Annahme für jedes n die Folge $\{v_k u_{n,k}\}$ beschränkt ist, kann N_i tatsächlich so gewählt werden.

Diese Reihe ist konvergent, da wegen (18) und Forderung 1

$$u_{\nu_i, k} \leqq 1 \qquad \frac{1}{v_{\nu_{i-1}}} \leqq 1 \tag{23}$$

Die Folge $\{u_k\}$ ist vollmonoton abnehmend. In der Tat, es ist

$$D^{(r)} u_k = D^{(r)} u_{\nu_1, k} + \ldots + \frac{1}{2^{i-1}} \frac{1}{v_{\nu_{i-1}}} D^{(r)} u_{\nu_i, k} + \ldots$$

und da jede Folge $\{u_{\nu_i, k}\}$ vollmonoton ist, sind alle $D^{(r)} u_{\nu_i, k} \geqq 0$, mithin auch $D^{(r)} u_k \geqq 0$.

Ferner ist die Reihe $\sum_{k=1}^{\infty} u_k$ konvergent, denn es ist wegen (19) und der zweiten Ungleichung (23) die Reihe

$$\sum_{k=1}^{\infty} u_{\nu_1, k} + \frac{1}{2} \frac{1}{v_{\nu_1}} \sum_{k=1}^{\infty} u_{\nu_2, k} + \ldots + \frac{1}{2^{i-1}} \frac{1}{v_{\nu_{i-1}}} \sum_{k=1}^{\infty} u_{\nu_i, k} + \ldots$$

konvergent, und da alle auftretenden Glieder nicht negativ sind, ist hierin Vertauschung der Summationsordnung gestattet.

Wir bilden nun $v_{\nu_i} u_{\nu_i}$. Es ist

$$\begin{aligned} |v_{\nu_i} u_{\nu_i}| \geqq \frac{1}{2^{i-1}} \frac{1}{v_{\nu_{i-1}}} v_{\nu_i} u_{\nu_i, \nu_i} - \\ - v_{\nu_i} \left(u_{\nu_1, \nu_i} + \frac{1}{2} \frac{1}{v_{\nu_1}} u_{\nu_2, \nu_i} + \ldots + \frac{1}{2^{i-2}} \frac{1}{v_{\nu_{i-2}}} u_{\nu_{i-1}, \nu_i} \right) - \\ - v_{\nu_i} \left(\frac{1}{2^i} \frac{1}{v_{\nu_i}} u_{\nu_{i+1}, \nu_i} + \frac{1}{2^{i+1}} \frac{1}{v_{\nu_{i+1}}} u_{\nu_{i+2}, \nu_i} + \ldots \right). \end{aligned} \tag{24}$$

Hierin ist wegen (22)

$$\frac{1}{2^{i-1}} \frac{1}{v_{\nu_{i-1}}} v_{\nu_i} \cdot u_{\nu_i, \nu_i} > N_{i-1} + i, \tag{25}$$

wegen (21)

$$v_{\nu_i} \left(u_{\nu_1, \nu_i} + \frac{1}{2} \frac{1}{v_{\nu_1}} u_{\nu_2, \nu_i} + \ldots + \frac{1}{2^{i-2}} \frac{1}{v_{\nu_{i-2}}} u_{\nu_{i-1}, \nu_i} \right) < N_{i-1}; \tag{26}$$

ferner wegen Forderung 1 und (18)

$$\left(\frac{1}{2^i}\,\frac{1}{v_{\nu_i}}\,u_{\nu_{i+1},\nu_i}+\frac{1}{2^{i+1}}\,\frac{1}{v_{\nu_{i+1}}}\,u_{\nu_{i+2},\nu_i}+\ldots\right)\leqq$$

$$\leqq\frac{1}{v_{\nu_i}}\left(\frac{1}{2^i}\,u_{\nu_{i+1},\nu_i}+\frac{1}{2^{i+1}}\,u_{\nu_{i+2},\nu_i}+\ldots\right)<$$

$$<\frac{1}{v_{\nu_i}}\left(\frac{1}{2^i}+\frac{1}{2^{i+1}}+\ldots\right)=\frac{1}{v_{\nu_i}}\cdot\frac{1}{2^{i-1}}. \qquad (27)$$

Nun ergibt (24) unter Berücksichtigung von (25), (26) und (27)

$$v_{\nu_i}u_{\nu_i}>i-\frac{1}{2^{i-1}},$$

damit aber ist gezeigt, daß die Folge $v_k u_k$ nicht beschränkt ist, und Satz IX ist bewiesen.

§ 4.

Von A. Pringsheim stammt auch folgender Satz über Reihen mit monoton abnehmenden Gliedern[10]: Sei $\sum_{\nu=1}^{\infty} c_\nu$ eine konvergente Reihe mit positiven Gliedern. Dann gibt es eine monoton abnehmende Folge positiver Zahlen $\{d_\nu\}$, so daß:

$$\lim_{\nu=\infty}\frac{d_\nu}{c_\nu}=0$$

und die Reihe $\sum_{\nu=1}^{\infty} d_\nu$ divergiert.

Auch hier entsteht die Frage, ob dabei die Folge $\{d_\nu\}$ auch vollmonoton gewählt werden kann.[11] Es zeigt sich, daß dies dann und nur dann der Fall ist, wenn die Reihe der c_ν in gewissem Sinne schwächer konvergiert als jede geometrische Reihe; genauer gesprochen:

X. Sei $\sum_{\nu=1}^{\infty} c_\nu$ eine konvergente Reihe mit positiven

---

[10] Math. Ann. *35* (1890), p. 347, 356; *37* (1890), p. 600; Münch. Ber. *26* (1890), p. 609.

[11] K. Knopp, a. a. O.

Gliedern. Es gibt dann und nur dann eine vollmonoton abnehmende Folge positiver Zahlen $\{d_\nu\}$, so daß:

$$\lim_{\nu=\infty} \frac{d_\nu}{c_\nu} = 0 \tag{28}$$

und $\sum\limits_{\nu=1}^{\infty} d_\nu$ divergiert, wenn für jedes positive $q < 1$:

$$\overline{\lim_{\nu=\infty}} \frac{c_\nu}{q^\nu} = +\infty \tag{29}$$

Sei zunächst (29) nicht für alle positiven $q < 1$ erfüllt; d. h. es gibt ein positives $q < 1$ und ein A, so daß:

$$c_\nu < A \,.\, q^\nu \quad \text{für alle } \nu.$$

Dann ist für $q < \bar{q} < 1$:

$$\lim_{\nu=\infty} \frac{c_\nu}{\bar{q}^\nu} = 0 \tag{30}$$

Soll nun die Folge $\{d_\nu\}$ vollmonoton sein, so muß sie sich in der Form darstellen lassen[12]:

$$d_\nu = \int_0^1 u^\nu \, d\chi(u), \tag{31}$$

wo $\chi(u)$ in $0 \leqq u \leqq 1$ monoton wächst.

Aus (31) aber folgt:

$$d_\nu \geqq \bar{q}^\nu (\chi(1) - \chi(\bar{q})).$$

Aus (28) und (30) folgt daher:

$$\chi(1) - \chi(\bar{q}) = 0,$$

d. h. es ist $\chi(u)$ konstant für $\bar{q} \leqq u \leqq 1$, und aus (31) wird:

$$d_\nu = \int_0^{\bar{q}} u^\nu \, d\chi(u).$$

Daraus folgt weiter

$$d_\nu \leqq (\chi(\bar{q}) - \chi[o])\, \bar{q}^\nu.$$

[12] F. Hausdorff, Math. Zeitschr. *9* (1921), p. 98 ff.; *16* (1923), p. 220 ff.

Dann aber ist die Reihe $\sum_{\nu=1}^{\infty} d_\nu$ konvergent. Gilt also (29) nicht für alle positiven $q < 1$, so fällt für jede vollmonotone Folge positiver Zahlen $\{d_\nu\}$, für die (28) gilt, die Reihe $\sum_{\nu=1}^{\infty} d_\nu$ konvergent aus. Damit ist die eine Hälfte unserer Behauptung bewiesen.

Um auch die zweite Hälfte zu beweisen, bestimmen wir zwei Folgen von Zahlen $\{q_n\}$ und $\{\lambda_n\}$ durch folgende Vorschriften.

1. Für alle n sei:

$$0 < q_n < 1 \qquad 0 < \lambda_n \leqq \frac{1}{n^2}. \tag{32}$$

2. Es sei $\lambda_1 = 1$ und q_1 kann (der Ungleichung (32) genügend) beliebig gewählt werden.

3. Es seien $q_1, q_2, \ldots, q_{n-1}$ und $\lambda_1, \lambda_2, \ldots, \lambda_{n-1}$ bereits gewählt, und zwar sei $q_1 < q_2 < \ldots < q_{n-1}$, und es gebe (für $c = 1, 2, \ldots, n-1$) einen Index $\nu_i > i$, so daß:

$$c_{\nu_i} > i\,(\lambda_1\, q_1^{\nu_i-1} + \lambda_2\, q_2^{\nu_i-1} + \ldots + \lambda_{n-1}\, q_{n-1}^{\nu_i-1}). \tag{33}$$

Dann gibt es zunächst einen Index $\nu_n > n$, so daß:

$$c_{\nu_n} > n\,(\lambda_1\, q_1^{\nu_n-1} + \lambda_2\, q_2^{\nu_n-1} + \ldots + \lambda_{n-1}\, q_{n-1}^{\nu_n-1}), \tag{34}$$

denn wenn (29) für alle positiven $q < 1$ gilt, ist:

$$\overline{\lim_{\nu=\infty}}\, \frac{c_\nu}{\lambda_1\, q_1^{\nu-1} + \lambda_2\, q_2^{\nu-1} + \ldots + \lambda_{n-1}\, q_{n-1}^{\nu-1}} = +\infty.$$

Nun kann wegen (33) und (34) ein positives λ_n so klein gewählt werden, daß:

$$c_{\nu_i} > i\,(\lambda_1\, q_1^{\nu_i-1} + \lambda_2\, q_2^{\nu_i-1} + \ldots + \lambda_{n-1}\, q_{n-1}^{\nu_i-1} + \lambda_n) \qquad (i = 1, 2, \ldots, n). \tag{35}$$

Sodann kann $q_n > q_{n-1}$ und < 1 so gewählt werden, daß:

$$\lambda_n \frac{1}{1-q_n} > 1. \tag{36}$$

Aus (35) folgt dann:

$$c_{\nu_i} > i\,(\lambda_1\, q_1^{\nu_i-1} + \lambda_2\, q_2^{\nu_i-1} + \ldots + \lambda_n\, q_n^{\nu_i-1}) \quad (i = 1, 2, \ldots, n). \tag{37}$$

Es kann also in der Bildung der Folgen $\{q_n\}$ und $\{\lambda_n\}$ immer fortgefahren werden.

Nun setzen wir:

$$d_\nu = \sum_{n=1}^{\infty} \lambda_n \, q_n^{\nu-1}.$$

Wegen $\lambda_n \leqq \frac{1}{n^2}$ und $0 < q_n < 1$ ist diese Reihe konvergent. Offenbar ist die Folge $\{d_\nu\}$ vollmonoton.

Die Reihe $\sum_{\nu=1}^{\infty} d_\nu$ ist divergent. Denn wäre sie konvergent, so wäre:

$$\sum_{\nu=1}^{\infty} d_\nu = \sum_{\nu=1}^{\infty} \left(\sum_{n=1}^{\infty} \lambda_n \, q_n^{\nu-1} \right) = \sum_{n=1}^{\infty} \lambda_n \sum_{\nu=1}^{\infty} q_n^{\nu-1} = \sum_{n=1}^{\infty} \frac{\lambda_n}{1-q_n},$$

was wegen (36) unmöglich ist.

Endlich folgt uns (37):

$$c_{\nu_i} \geqq i \, d_{\nu_i},$$

und da $\nu_i > i$ war, folgt daraus:

$$\lim_{\nu=\infty} \frac{d_\nu}{c_\nu} = 0.$$

Damit ist Satz X bewiesen.

Gedruckt mit Unterstützung der Universität Wien

Die Äquivalenz der Cesàro'schen und Hölder'schen Mittel

Von

Hans Hahn in Wien

Anläßlich der vorstehenden Untersuchungen über Reihen mit monoton abnehmenden Gliedern ergab sich mir ein ganz einfacher Beweis für die Äquivalenz der Cesàro'schen und Hölder'schen Mittel, der nur von den allerelementarsten Hilfsmitteln Gebrauch macht, und ganz direkt, ohne jeden Kunstgriff zum Ziele gelangt. Da er, wie mir scheint, noch leichter zugänglich ist als der bekannte Beweis von J. Schur,[1] so gestatte ich mir, ihn im folgenden mitzuteilen.

Wir werden uns auf den folgenden bekannten Grenzwertsatz stützen:[2]

1. Es entstehe die Folge $\{x'_n\}$ aus der Folge $\{x_k\}$ durch die lineare Transformation:

$$x'_n = \sum_{k=1}^{n} a_{n,k} x_k \qquad (n = 1, 2 \ldots).$$

Gelten dann für die Koeffizienten $a_{n,k}$ dieser Transformation die Bedingungen:

1. $$\sum_{k=1}^{n} |a_{n,k}| \leqq M \qquad \text{für alle } n;$$

2. $$\lim_{n=\infty} a_{n,k} = 0 \qquad \text{für alle } k;$$

[1] Math. Ann., *74* (1913), p. 447.

[2] O. Toeplitz, Prace mat. fiz. *22* (1911), p. 113.

3. $$\lim_{n=\infty} \sum_{k=1}^{n} a_{n,k} = 1,$$

so folgt aus der Konvergenz der Folge $\{x_k\}$ auch die Konvergenz der Folge $\{x'_n\}$ und es ist:

$$\lim_{n=\infty} x'_n = \lim_{k=\infty} x_k.$$

Sei in der Tat:

$$\lim_{k=\infty} x_k = l;$$

ist $\varepsilon > 0$ beliebig gegeben, so gibt es ein k_0, so daß:

$$|x_k - l| < \varepsilon \text{ für } k > k_0. \tag{1}$$

Wegen Bedingung 3. ist:

$$\lim_{n=\infty} \sum_{k=1}^{n} a_{n,k} . l = l.$$

Es genügt also zu zeigen, daß:

$$\lim_{n=\infty} \left(x'_n - \sum_{k=1}^{n} a_{n,k}\, l \right) = 0 \tag{2}$$

ist. Nun ist aber (sobald $n > k_0$):

$$x'_n - \sum_{k=1}^{n} a_{n,k}\, l = \sum_{k=1}^{n} a_{n,k} (x_k - l) = \sum_{k=1}^{k_0} a_{n,k} (x_k - l) + \tag{3}$$

$$+ \sum_{k=k_0}^{n} a_{n,k} (x_k - l).$$

Wegen Bedingung 2. ist:

$$\lim_{n=\infty} \sum_{k=1}^{k_0} a_{n,k} (x_k - l) = 0,$$

also:

$$\left| \sum_{k=1}^{k_0} a_{n,k} (x_k - l) \right| < \varepsilon \text{ für fast alle } n. \tag{4}$$

Wegen Bedingung 1. und (1) ist:

$$\left| \sum_{k=k_0}^{n} a_{n,k}(x_k - l) \right| < \varepsilon M \text{ für alle } n. \tag{5}$$

Aus (4) und (5) folgt für (3):

$$\left| x'_n - \sum_{k=1}^{n} a_{n,k} \cdot l \right| < \varepsilon (M+1) \text{ für fast alle } n.$$

Damit aber ist (2) und somit der Grenzwertsatz bewiesen.

2. Sei $\{u_k\}$ eine beliebige Zahlenfolge. Wir setzen in bekannter Weise:

$$S_k^0 = u_k; \quad S_k^{(r+1)} = S_1^{(r)} + S_2^{(r)} + \ldots + S_k^{(r)}.$$

Dann sind die r-ten Cesàro'schen Mittel aus den u_k definiert durch:

$$C_k^{(r)} = \frac{S_k^{(r)}}{\binom{k+r-1}{r}}$$

Es entstehen also die $C_k^{(r)}$ aus den u_k durch eine lineare Transformation der Gestalt:

$$C_n^{(r)} = \sum_{k=1}^{n} b_{n,k} u_k \quad (b_{n,n} \neq 0);$$

es kann also auch umgekehrt u_n linear ausgedrückt werden durch $C_1^{(r)}, \ldots, C_n^{(r)}$, und somit ist jede Linearform $\sum_{k=1}^{n} v_k u_k$ in $u_1, \ldots, u_n$ auch (auf eine und nur eine Weise) darstellbar als Linearform in $C_1^{(r)}, \ldots, C_n^{(r)}$, und zwar kann diese Linearform sofort explizit aufgeschrieben werden. Zu dem Zwecke ergänzen wir die endliche Folge $v_1, \ldots, v_n$ zu einer unendlichen Folge $\{v_k\}$, indem wir für $k > n$ setzen $v_k = 0$, und definieren die r-ten Differenzen der Folge $\{v_k\}$ durch:

$$D^0 v_k = v_k; \quad D^{(r+1)} v_k = D^{(r)} v_k - D^{(r)} v_{k+1}.$$

Dann ist:

$$D^{(r)} v_k = 0 \text{ für } k > n. \tag{6}$$

Eine bekannte Umformung ergibt unter Beachtung von (6):

$$\sum_{k=1}^{n} S_k^{(r)} D^{(r)} v_k = S_1^{(r+1)} D^{(r)} v_1 + (S_2^{(r+1)} - S_1^{(r+1)}) D^{(r)} v_2 + \ldots + (S_n^{(r+1)} -$$
$$- S_{n-1}^{(r+1)}) D^{(r)} v_n = S_1^{(r+1)} (D^{(r)} v_1 - D^{(r)} v_2) + S_2^{(r+1)} (D^{(r)} v_2 - D^{(r)} v_3) +$$
$$+ \ldots + S_n^{(r+1)} (D^{(r)} v_n - D^{(r)} v_{n+1}),$$

d. h. es ist:

$$\sum_{k=1}^{n} S_k^{(r)} D^{(r)} v_k = \sum_{k=1}^{n} S_k^{(r+1)} D^{(r+1)} v_k,$$

und da für $r = 0$ die linke Seite in $\sum_{k=1}^{n} v_k u_k$ übergeht, haben wir die gewünschte Darstellung:

$$\sum_{k=1}^{n} v_k u_k = \sum_{k=1}^{n} \binom{k+r-1}{r} D^{(r)} v_k \, . \, C_k^{(r)}. \tag{7}$$

Für die in der Linearform rechts auftretenden Koeffizienten $\binom{k+r-1}{r} D^{(r)} v_k$ gilt: Für $s < r$ ist

$$\sum_{k=1}^{n} \binom{k+s-1}{s} \, | D^{(s)} v_k | \leqq \sum_{k=1}^{n} \binom{k+r-1}{r} \, | D^{(r)} v_k |. \tag{8}$$

In der Tat, es ist:

$$\sum_{k=1}^{n} \binom{k+s-1}{s} | D^{(s)} v_k | \geqq \sum_{k=1}^{n} \binom{k+s-1}{s} (| D^{(s-1)} v_k | - | D^{(s-1)} v_{k+1} |) =$$
$$= | D^{(s-1)} v_1 | + \sum_{k=2}^{n} \left\{ \binom{k+s-1}{s} - \binom{k+s-2}{s} \right\} | D^{(s-1)} v_k | =$$
$$= \sum_{k=1}^{n} \binom{k+s-2}{s-1} | D^{(s-1)} v_k |.$$

3. Sei wieder $\{u_k\}$ eine beliebige Zahlenfolge, Wir setzen:

$$H_k^{(0)} = u_k; \quad H_k^{(r+1)} = \frac{1}{k} (H_1^{(r)} + H_2^{(r)} + \ldots + H_k^{(r)});$$

dann sind die $H_k^{(r)}$ die r-ten Hölder'schen Mittel aus den u_k. Auch sie entstehen aus den u_k durch eine lineare Transformation der Gestalt:

$$H_n^{(r)} = \sum_{k=1}^{n} c_{n,k} u_k \quad (c_{n,n} \neq 0),$$

sodaß jede Linearform $\sum_{k=1}^{n} v_k u_k$ in $u_1, \ldots, u_n$ gleichzeitig (auf eine und nur eine Weise) als Linearform in $H_1^{(r)}, \ldots, H_k^{(r)}$ geschrieben werden kann. Man erhält diese Linearform in folgender Weise. Wie in § 2 ergänzen wir $v_1, \ldots, v_n$ zu einer unendlichen Zahlenfolge $\{v_k\}$, indem wir $v_k = 0$ setzen für $k > n$. Aus dieser Folge $\{v_k\}$ bilden wir Zahlen $E^{(r)} v_k$ nach der Regel:

$$E^{(0)} v_k = v_k; \; E^{(r+1)} v_k = k\,(E^{(r)} v_k - E^{(r)} v_{k+1}). \tag{9}$$

Dann ist:

$$E^{(r)} v_k = 0 \text{ für } k > n, \tag{10}$$

und eine schon in § 2 benutzte Umformung ergibt:

$$\sum_{k=1}^{n} E^{(r)} v_k H_k^{(r)} = \sum_{k=1}^{n} (E^{(r)} v_k - E^{(r)} v_{k+1}) \, (H_1^{(r)} + H_2^{(r)} + \ldots + H_k^{(r)}) =$$

$$= \sum_{k=1}^{n} k\,(E^{(r)} v_k - E^{(r)} v_{k+1}) \, H_k^{(r+1)},$$

d. h. es ist:

$$\sum_{k=1}^{n} E^{(r)} v_k H_k^{(r)} = \sum_{k=1}^{n} E^{(r+1)} v_k H_k^{(r+1)}.$$

Daraus folgern wir:

$$\sum_{k=1}^{n} v_k u_k = \sum_{k=1}^{n} E^{(r)} v_k H_k^{(r)}. \tag{11}$$

Für die rechts auftretenden Koeffizienten $E^{(r)} v_k$ gilt auch hier: Für $s < r$ ist

$$\sum_{k=1}^{n} | E^{(s)} v_k | \leqq \sum_{k=1}^{n} | E^{(r)} v_k |. \tag{12}$$

In der Tat, unter Berücksichtigung von (9) und (10) hat man:

$$\sum_{k=1}^{n} | E^{(s)} v_k | \geqq \sum_{k=1}^{n} k (| E^{(s-1)} v_k | - | E^{(s-1)} v_{k+1} |) = \sum_{k=1}^{n} | E^{(s-1)} v_k |.$$

4. Durch vollständige Induktion bestätigt man ohneweiters, daß (für $r \geqq 1$) zwischen den $E^{(r)} v_k$ und den $D^{(r)} v_k$ eine Relation der folgenden Gestalt besteht:

$$E^{(r)} v_k = k^r D^{(r)} v_k + P^{(r)}_{r-1}(k) D^{(r-1)} v_{k+1} + \ldots + P^{(r)}_1(k) D^{(1)} v_{k+r-1}, \quad (13)$$

wo $P^{(r)}_i(k)$ ein (von der Folge $\{v_k\}$ unabhängiges) Polynom i-ten Grades in k bedeutet.

In der Tat, nehmen wir (13) als erwiesen an, so ist:

$$E^{(r+1)} v_k = k \{k^r D^{(r)} v_k + P^{(r)}_{r-1}(k) D^{(r-1)} v_{k+1} + \ldots + P^{(r)}_1(k) D^{(1)} v_{k+r-1} - \\ -(k+1)^r D^{(r)} v_{k+1} - P^{(r)}_{r-1}(k+1) D^{(r-1)} v_{k+2} - \ldots - P^{(r)}_1(k+1) D^{(1)} v_{k+r}\};$$

das aber kann, wenn $Q_i(k)$ ein Polynom i-ten Grades in k bedeutet, auch so geschrieben werden:

$$E^{(r+1)} v_k = k\{k^r(D^{(r)} v_k - D^{(r)} v_{k+1}) + Q_{r-1}(k) D^{(r)} v_{k+1} + P^{(r)}_{r-1}(k)(D^{(r-1)} v_{k+1} - \\ - D^{(r-1)} v_{k+2}) + Q_{r-2}(k) D^{(r-1)} v_{k+2} + \ldots + P^{(r)}_1(k)(D^{(1)} v_{k+r-1} - \\ - D^{(1)} v_{k+r}) + Q_0(k) D^{(1)} v_{k+r}\}$$

und das hat tatsächlich die Gestalt:

$$E^{(r+1)} v_k = k^{r+1} D^{(r+1)} v_k + P^{(r+1)}_r(k) D^{(r)} v_{k+1} + \ldots + P^{(r+1)}_2(k) D^{(2)} v_{k+r-1} + \\ + P^{(r+1)}_1(k) D^{(1)} v_{k+r}.$$

Sei nun eine lineare Transformation gegeben:

$$u'_n = \sum_{k=1}^{n} v_{n,k} u_k \quad (n = 1, 2, \ldots).$$

Wir bilden für jede Zeile die beiden Ausdrücke:

$$D^{(r)}_n = \sum_{k=1}^{n} \binom{k+r-1}{r} | D^{(r)} v_{n,k} |; \quad E^{(r)}_n = \sum_{k=1}^{n} | E^{(r)} v_{n,k} |$$

und behaupten: Die beiden Folgen $D^{(r)}_1, D^{(r)}_2, \ldots, D^{(r)}_n, \ldots$ und $E^{(r)}_1, E^{(r)}_2, \ldots, E^{(r)}_n, \ldots$ sind stets gleichzeitig beschränkt.[3]

---

[3] Es genügt, dies für $r \geqq 1$ nachzuweisen, denn für $r = 0$ sind die beiden Folgen identisch.

Sei zunächst die Folge der $D_n^{(r)}$ beschränkt:

$$D_n^{(r)} \leqq M \text{ für alle } n.$$

Nach (8) ist dann auch:

$$D_n^{(s)} \leqq M \text{ für } s = 0, 1, 2, \ldots, r \text{ und alle } n.$$

Da $k^s \leqq s! \binom{k+s-1}{s}$, so folgt daraus, daß für ein geeignetes M' auch:

$$\sum_{k=1}^{n} k^s \mid D^{(s)} v_{n,k} \mid \leqq M' \text{ für } s = 0, 1, 2, \ldots, r \text{ und alle } n,$$

mithin erst recht:

$$\sum_{k=1}^{n} k^s \mid D^{(s)} v_{n,k+r-s} \mid \leqq M' \text{ für } s = 0, 1, 2, \ldots, r \text{ und alle } n,$$

daher auch:

$$\sum_{k=1}^{n} k^i \mid D^{(s)} v_{n,k+r-s} \mid \leqq M' \text{ für } 0 \leqq i \leqq s \leqq r \text{ und alle } n.$$

Aus (13) ergibt sich sodann, daß auch die Folge $E_1^{(r)}, E_2^{(r)}, \ldots, E_n^{(r)}, \ldots$ beschränkt ist.

Wir haben noch die Umkehrung zu beweisen: ist die Folge der $E_n^{(r)}$ beschränkt, so auch die der $D_n^{(r)}$. Dies beweisen wir durch vollständige Induktion. Die Behauptung ist richtig für $r = 1$; denn es ist:

$$E^{(1)} v_k = \binom{k}{1} D^{(1)} v_k.$$

Angenommen, die Behauptung sei richtig für $s = 1, 2, \ldots, r-1$. Ist nun die Folge der $E_n^{(r)}$ beschränkt, so nach (12) auch jede der Folgen $E_n^{(s)}$ $(s = 1, 2, \ldots, r-1)$, daher nach Annahme auch jede der Folgen $D_n^{(s)}$ $(s = 1, 2, \ldots, r-1)$, mithin, wie wir eben sahen auch jede der Folgen $\sum\limits_{k=1}^{n} k^i \mid D^{(s)} v_{n,k+r-s} \mid$ $(0 \leqq i \leqq s \leqq r-1)$ mithin in (13) jede der Folgen $\sum\limits_{k=1}^{n} \mid P_{r-i}^{(r)}(k)\, D^{(r-i)} v_{n,k+i} \mid$, mithin zufolge (13) auch die Folge $\sum\limits_{k=1}^{n} k^r \mid D^{(r)} v_{n,k} \mid$, mithin, da $\binom{k+r-1}{r} \leqq \frac{(1+r)^r}{r!} k^r$, auch die Folge der $D_n^{(r)}$.

5. Die Hölder'schen Mittel aus den $\{u_k\}$ drücken sich, wie wir in § 3 sahen, durch die u_k aus vermöge von Formeln:

$$H_n^{(r)} = \sum_{k=1}^{n} c_{n,k} u_k. \tag{14}$$

Nach (7) können wir statt dessen schreiben:

$$H_n^{(r)} = \sum_{k=1}^{n} c_{n,k}^{(r)} C_k^{(r)}, \tag{15}$$

wo

$$c_{n,k}^{(r)} = \binom{k+r-1}{r} D^{(r)} c_{n,k}. \tag{16}$$

Wir zeigen, daß die $c_{n,k}^{(r)}$ den Bedingungen 1., 2., 3. des Grenzwertsatzes von § 1 genügen.

Um zu beweisen, daß Bedingung 1. erfüllt ist, genügt es nach § 4, zu zeigen, daß die Folge der Zahlen:

$$E_n^{(r)} = \sum_{k=1}^{n} | E^{(r)} c_{n,k} | \quad (n = 1, 2, \ldots)$$

beschränkt ist. Nach (11) ist aber:

$$\sum_{k=1}^{n} E^{(r)} c_{n,k} H_k^{(r)} = \sum_{k=1}^{n} c_{n,k} u_k = H_n^{(r)};$$

es ist also:

$$E^{(r)} c_{n,k} = \begin{cases} 0 \text{ für } k < n \\ 1 \text{ für } k = n, \end{cases}$$

womit die Behauptung bewiesen ist.

Um zu zeigen, daß Bedingung 2. erfüllt ist, bemerke man, daß wenn in der Folge $\{u_k\}$ ein Glied $= 1$, alle anderen $= 0$ sind, die zugehörigen $H_n^{(r)}$ gegen 0 konvergieren. Daraus folgt, daß in (14):

$$\lim_{n=\infty} c_{n,k} = 0 \text{ für alle } k;$$

daher ist auch:

$$\lim_{n=\infty} D^{(r)} c_{n,k} = 0 \text{ für alle } k,$$

und somit nach (16) auch:

$$\lim_{n=\infty} c_{n,k}^{(r)} = 0,$$

womit die Behauptung bewiesen.

Um endlich zu zeigen, daß Bedingung 3. erfüllt ist, setze man $u_k = 1$ für alle k. Dann ist auch $H_n^{(r)} = 1$ für alle n und $C_k^{(r)} = 1$ für alle k und aus (15) folgt:

$$\sum_{k=1}^{n} c_{n,k}^{(r)} = 1 \text{ für alle } n.$$

Also ist auch Bedingung 3. erfüllt.

Der Grenzwertsatz von § 1 ergibt also:

Immer, wenn die Folge der $C_n^{(r)}$ konvergiert, so konvergiert auch die Folge der $H_n^{(r)}$ gegen denselben Grenzwert. Und genau so beweist man die Umkehrung.

Das korr. Mitglied Hans Hahn übersendet folgende von ihm verfaßte Mitteilung:

»Über separable Mengen.«

In meinem Buche »Reelle Funktionen« (Leipzig, 1932) habe ich (unter Nr. **13·1·71**) den Satz ausgesprochen: Ist A separabel und $a \varepsilon A^1$, so gibt es ein $B \subseteqq A$, so daß $B^1 = \{a\}$. Herr V. Jarník hat mich aufmerksam gemacht, daß der von mir angegebene Beweis diesen Satz nur deckt, wenn nicht nur A, sondern auch die abgeschlossene Hülle A^0 als separabel vorausgesetzt wird, und daran die Frage geknüpft, ob der Satz ohne die Voraussetzung, A^0 sei separabel, richtig ist oder nicht. Im folgenden will ich zeigen, daß diese von Herrn Jarník aufgeworfene Frage mit nein zu beantworten ist.

Die Menge der reellen Zahlen mit der üblichen Metrik $ab = |a-b|$ bezeichnen wir als den R_1. Wir machen nun die Menge der reellen Zahlen auf eine zweite Art zu einem topologischen Raum E (im Sinne von § 9, 1 des zitierten Buches) durch die Festsetzung: eine Menge M von reellen Zahlen heiße offen, wenn es zu jedem irrationalen $x \varepsilon M$ ein x enthaltendes offenes Intervall I des R_1 gibt, so daß $I-M$ eine separierte Menge des R_1 ist. Ist a rational, so ist dann $\{a\}$ eine offene Menge von E. Die Menge A aller rationalen Zahlen ist eine separable Menge von E, denn sind $a_1, a_2, \ldots, a_n, \ldots$ die sämtlichen rationalen Zahlen, so ist $\{a_1\}, \{a_2\}, \ldots, \{a_n\}, \ldots$ ein abzählbares ausgezeichnetes System in A offener Mengen. Offenbar gelten in E die Beziehungen: $A^0 = E$, $A^1 = E-A$. Sei nun $a \varepsilon A^1$ (d. h. a sei irrational), sei $B \subseteqq A$ und $a \varepsilon B^1$. Wir werden zeigen, daß nicht $B^1 = \{a\}$ sein kann, d. h. daß es einen von a verschiedenen Punkt $b \varepsilon B^1$ gibt.

Sei I ein a enthaltendes offenes Intervall des R_1. Da a in E Häufungspunkt von B ist, so ist IB eine nicht separierte Menge des R_1, d. h. IB enthält eine insichdichte Menge $C \supset \Lambda$ des R_1. Die abgeschlossene Hülle von C im R_1 ist perfekt, enthält also, da

B abzählbar, eine von a verschiedene irrationale Zahl b. Sei U eine Umgebung von b in E; dann gibt es ein b enthaltendes offenes Intervall I' des R_1 und eine separierte Menge S des R_1, so daß $I'-S \subseteqq U$. Da $I'C$, ebenso wie C, eine insichdichte Menge des R_1 ist, besteht $I'C-S$ aus unendlich vielen Punkten, und mithin auch UB; d. h. b ist in E Häufungspunkt von B, wie zu beweisen war.

Da ich im zitierten Buche den Beweis des (mit **15·2·21** numerierten) Satzes, daß jede separable, in sich kompakte Menge A abgeschlossen ist, auf Satz **13·1·71** stützte, bedarf dieser Satz eines anderen Beweises. Er kann so bewiesen werden: Sei $b \sim \varepsilon A$; dann gibt es zu jedem $a \varepsilon A$ eine Umgebung U_a von a und eine Umgebung $U_b^{(a)}$ von b, so daß $U_a U_b^{(a)} = \Lambda$; nach dem Borel'schen Überdeckungssatze (Satz **15·5·11**) gibt es unter den U_a endlich viele: $U_{a_1}, U_{a_2}, \ldots, U_{a_n}$, so daß $A \subseteqq U_{a_1} + U_{a_2} + \ldots + U_{a_n}$; dann ist $U_b^{(a_1)} U_b^{(a_2)} \ldots U_b^{(a_n)}$ eine Umgebung U_b von b, für die $A U_b = \Lambda$ ist; also ist $b \sim \varepsilon A^1$; aus $b \sim \varepsilon A$ folgt also $b \sim \varepsilon A^1$, d. h. A ist abgeschlossen.

Comments on the paper ‚On the flow of water through ducts and channels' by H. Hahn, G. Herglotz and K. Schwarzschild

Alfred Kluwick
Technical University Vienna

To elucidate the routes leading from laminar to turbulent flow and to describe the properties of fully turbulent flows certainly represent two important goals of fluid dynamics. Today the basic mechanisms causing laminar flows to become unstable seem to be known, and highly sophisticated methods are available to do quantitative analysis. In contrast, the understanding of turbulent flows has progressed much more slowly even if the considerations are restricted to incompressible fluids and relatively simple geometries as in the paper by Hahn, Herglotz and Schwarzschild. The aim stated very clearly in the introduction ‚that the differential equations for the mean motion must be a strict consequence of the differential equations governing the instantaneous velocities of individual fluid particles' has not been achieved yet. In order to obtain a closed set of equations for the mean field quantities it is still necessary in general to adopt a number of supplementary hypotheses derived from (more or less) plausible arguments about the nature of the turbulent fluctuations referred to as turbulence modeling.

At the beginning of the century only one promising turbulence model proposed by Boussinesq (1897) was available. According to Boussinesq's theory the mean motion of an incompressible turbulent flow is governed by equations of exactly the same form as holding for laminar flows. The effect of irregular fluctuations superimposed on the mean velocities enters the description only insofar as the kinematic viscosity ν characterizing the role of internal friction forces in laminar flows is replaced by a typically much larger quantity, the eddy viscosity ε. The essential difference between laminar and turbulent flows then reduces to the fact that ν is completely determined by the thermodynamic state of the fluid while ε depends on the flow geometry as well. As a consequence, further information not contained in Boussinesq's theory is required to calculate ε.

In this situation the paper by Hahn, Herglotz and Schwarzschild has three objectives (i) to indicate how a consistent closed set for the mean motion can possibly be derived starting from the exact form of the continuity and momentum equations e.g. the full Navier-Stokes equations (ii) to analyze the spatial variation of the eddy viscosity ε on the basis of experimental data and (iii) to derive an additional equation from which this variation may be predicted.

In their treatment of the first problem the decomposition of the field variables into mean values and fluctuations is taken as the starting point. In contrast to the time averaging process usually carried out today but similar to (although seemingly independent of) the earlier study by Reynolds (1894) mean values are obtained using a spatial averaging procedure. Owing to the nonlinearity of the Navier-Stokes equations averaging of these equations does not only yield terms which can be identified as mean values of field quantities but also additional terms which represent mean values of products of turbulent velocity fluctuations, socalled Reynolds-stress terms. The averaged Navier-Stokes equations thus contain a larger number of unknowns than can be determined by means of them. As indicated by the authors a similar situation arises in the derivation of the Navier-Stokes equations on the basis of kinetic gas theory. In this case the resulting closure problem is solved through the investigation of collision processes between molecules from which it can be inferred that the terms accounting for the momentum flux associated with the velocity fluctuations are (approximately) proportional to spatial derivatives of the mean velocities.

In contrast, the solution of the turbulent closure problem is hampered considerably by the fact that the continuum model on which the analysis is based does not distinguish elements which – similar to the molecules of a gas – keep their identity for all time. In order to surmount this difficulty the authors propose to take advantage of the longevity of vortices and to describe the properties of turbulent flows by studying their motion and collisions.

The importance of vortex structures for the understanding of turbulent flows is well recognized today and their dynamical properties are presently subject to detailed investigations, e.g. Roshko (1976). Owing to the enormous complexity of the phenomena revealed in these studies it is still an open question, however, whether a significant step towards the solution of the turbulent closure problem will be possible in this way.

Concepts having their origin in the kinetic theory of gases have, without doubt, also strongly influenced the area of turbulence modeling. Here the mixing length introduced by Prandtl (1926) ‚which has an analogous meaning as the mean free path of kinetic gas theory' (Betz 1931) has to be mentioned in the first place. By means of this quantity it was possible for the first time to bridge the gap between the Reynolds stress terms which enter the governing equations for the mean flow as derived from first principles e.g. by averaging the full Navier-Stokes equations, and the purely phenomenological Ansatz of Boussinesq (Prandtl 1942).

In the second main part of the paper the authors show how the distribution of the eddy viscosity entering this Ansatz can be analyzed in open channel flow and duct flow on the basis of available experimental data to gain further insight into the nature of turbulent streaming. These efforts must also be considered as a surprisingly modern undertaking. Indeed, experiments specially designed to determine the spatial variation of the eddy viscosity and the Reynolds-stresses have been carried out much later only (Nikuradse 1933, Reichardt 1938).

Evaluation of the mean profiles in wide open channels measured by Bazin (1902) yielded the important result that the eddy viscosity is approximately constant over the whole cross-section except for a thin layer adjacent to the walls. It is known today that a similar behaviour of ε is found also in various other types of flows. In support of Boussinesq's hypothesis, further investigation of Bazin's data indicated that the force exerted on the channel walls is proportional to the square of the velocity averaged over the area of cross-section and that the constant of proportionality increases with increasing roughness. In modern terms this finding corresponds to the friction law in the fully rough flow regime.

Based on these observations and additional analysis of more complex flow geometries the authors conclude that the scheme of equations proposed by Boussinesq allows a rather natural interpretation of the experimental evidence. They also stress, however, that this scheme can be used as a predictive tool only if it is supplemented with (at least) one further equation which allows to determine the required eddy viscosity distribution simultaneously with the mean velocity distribution. The derivation of such an equation represents the third aim of the paper.

To this end the authors formulate an energy balance for steady fully developed flows assuming that the production of turbulent kinetic energy is approximately balanced by the diffusion of this quantity. Guided by ideas derived from kinetic gas theory the diffusion term is modeled similar to the conduction term entering the heat conduction equation. Unfortunately, however, the resulting equation is incomplete for two reasons. First, the turbulent kinetic energy is taken to be proportional to the eddy viscosity but as pointed out by Prandtl (1945) it is rather the product of a characteristic length scale and the square root of the eddy viscosity. Second, the proposed energy balance does not include the viscous dissipation of the turbulent kinetic energy which is now known to be important. Nevertheless, the fact remains that the basic idea put forward by the authors, namely to close the continuity and momentum equations for the mean motion by means of an additional transport equation inferred from energy considerations, has proved to be a very successful strategy in turbulence modeling. Indeed, almost all single-equation closure models use the equation for the turbulent kinetic energy as the starting point (Gersten and Herwig 1992).

Summarizing, it can be said that the paper by Hahn, Herglotz and Schwarzschild contains a number of interesting and even surprisingly modern ideas which might have been stimulating on subsequent research. Unfortunately, however, the study seems to have received very little recognition only. This is surprising also since it is known that one of the authors, K. Schwarzschild, was a close friend of Prandtl, the founder of modern fluid mechanics whose seminal ideas have significantly influenced many areas of turbulent flow research (Vogel-Prandtl 1993).

References

Bazin (1865) Mémoires présentés par divers savants à l'Acad d Sciences, Tome 19, Paris

Bazin (1902) Mémoires présentés par divers savants à l'Acad d Sciences, Tome 32, Paris

Betz A (1931) Die v. Kármánsche Ähnlichkeitsüberlegung für turbulente Vorgänge in physikalischer Auffassung. ZAMM 11: 397

Boussinesq J (1877) Essai sur la théorie des eaux courantes. Mémoires présentés par divers savants à l'Acad d Sciences, Tome 23, Paris

Gersten K, Herwig H (1992) Strömungsmechanik. Vieweg, Braunschweig

Nicuradse J (1933) Strömungsgesetze in rauhen Röhren. VDI Forsch Heft 361. VDI-Verlag

Prandtl L (1926) Bericht über neue Turbulenzforschung. Hydraulische Probleme. VDI-Verlag, S 1–13

Prandtl L (1942) Bemerkungen zur Theorie der freien Turbulenz. ZAMM 22: 241–243

Prandtl L (1945) Über ein neues Formelsystem für die ausgebildete Turbulenz. Nachrichten der Akademie der Wissenschaften zu Göttingen, Mathematisch-physikalische Klasse, S 6–19

Reichardt H (1938) Naturwissenschaften 26: 404; results also published in: Prandtl (1945) Über ein neues Formelsystem für die ausgebildete Turbulenz. Zusatz von Wieghardt K. Nachrichten der Akademie der Wissenschaften zu Göttingen, Mathematisch-physikalische Klasse, S 6–19

Reynolds O (1894) On the dynamical theory of incompressible viscous fluids and the determination of the criterion. Phil Trans Roy Soc London A 186: 123–164

Roshko A (1976) Structure of turbulent shear flows: a new look. AIAA J 14: 1349–1357

Vogel-Prandtl J (1993) Ludwig Prandtl. Ein Lebensbild, Erinnerungen, Dokumente. Mitteilungen aus dem Max-Planck-Institut für Strömungsforschung, Nr 107

Hahn's Work in Hydrodynamics
Hahns Arbeit zur Hydrodynamik

Über das Strömen des Wassers in Röhren und Kanälen.

Von H. HAHN, G. HERGLOTZ und K. SCHWARZSCHILD.

In einem während des letzten Winters unter der Leitung von F. Klein abgehaltenen Seminar über Hydraulik haben wir über das Strömen des Wassers in Röhren und Kanälen berichtet. Es ist das ein Gegenstand von weitgehender praktischer Bedeutung und zugleich von großem theoretischem Interesse, der aber von den Technikern wesentlich nur nach der praktischen Seite hin erforscht und von Physikern und Mathematikern wohl nicht nach Gebühr gewürdigt ist. Wir glauben daher in der Absicht der Vermittlung und Anregung die folgende Darstellung trotz ihres zum Teil referierenden, zum Teil vorläufigen Charakters veröffentlichen zu sollen.

1. Allgemeines. — Wenn ein sehr breiter Strom von der Tiefe h in einem gleichförmigen Bett unter der Neigung i zu Tale fließt, so wird man diese Wasserbewegung im Sinne der klassischen Hydrodynamik reibender Flüssigkeiten behandeln, indem man ein Strömen der Flüssigkeit in parallelen Fäden mit einer der Stromrichtung parallelen Geschwindigkeit u voraussetzt und u von der Tiefe y unter der Oberfläche abhängen läßt. Die Grundgleichungen von Stokes liefern dann die Bedingung stationären Strömens:

$$\frac{du}{dt} = \mu \frac{d^2u}{dy^2} + g \sin i = 0,$$

wo μ den Reibungskoeffizienten des Wassers und g die Schwere bedeutet. Fügt man als Randbedingungen hinzu, daß am Boden die Flüssigkeit ruht ($u = 0$ für $y = h$) und daß an der Oberfläche keine Reibung stattfindet $\left(\frac{\partial u}{\partial n} = 0 \text{ für } y = 0\right)$, so erhält man sofort das Gesetz der Geschwindigkeitsverteilung in dem Strome:

$$u = \frac{g \sin i}{\mu} \frac{(h^2 - y^2)}{2}.$$

Setzt man in diese Formel den Reibungskoeffizienten des Wassers ($\mu = 0.018$ im c. g. s. System) ein, die Neigung $\sin i = 0.0001$ und die Tiefe $h = 400$ cm entsprechend den Verhältnissen im Mittellauf unsrer Ströme, so folgt für die Geschwindigkeit u an der Oberfläche der kolossale Betrag von 436 m/sec. Da die wirkliche Oberflächengeschwindigkeit unter diesen Umständen rund 1 m/sec. beträgt, so erhellt, daß in einem natürlichen Stromlauf eine Reibungskraft von ganz anderer Größenordnung, als die gewöhnliche molekulare Reibung des Wassers, wirksam sein muß. Man kann diese Reibung auf nichts anderes zurückführen, als auf das Durcheinanderströmen aller Flüssigkeitsfäden, die sogen. *Turbulenz der Wasserbewegung.*

Es ist neben anderen von Reynolds[1]) durch Beobachtung von Farbenbändern in fließendem Wasser, von Couette[2]) durch Beobachtung der Dämpfung schwingender Flüssigkeitsbehälter festgestellt worden, daß die Laminarbewegung, das Strömen in parallelen Fäden, instabil wird, sobald die Geschwindigkeit der Strömung einen gewissen, mit wachsenden Dimensionen des Gefäßes abnehmenden Betrag überschreitet. Von der mathematischen Seite ist die Frage der Stabilität der Laminarbewegung von Lord Rayleigh und Lord Kelvin angegriffen worden. Rayleigh[3]) untersucht wesentlich reibungslose Flüssigkeiten, welche leider keine Kontinuitätsschlüsse auf das Verhalten reibender Flüssigkeiten gestatten, da die reibende Flüssigkeit an der Wand haftet, die reibungslose an ihr mit endlicher Geschwindigkeit gleitet. Lord Kelvin[4]) behandelt zwar direkt reibende Flüssigkeiten und kommt zu dem Schluß, daß es sich bei der Instabilität der Laminarbewegung um den merkwürdigen Fall handle, wo die unendlich kleinen Schwingungen um die Ausgangsbewegung stabil sind und erst Größen zweiter Ordnung, endliche Schwingungen die Instabilität herbeiführen. Doch kann sein Beweis keineswegs als zwingend angesehen werden, und so ist die ganze Frage von der mathematischen Seite aus als eine noch völlig offene zu bezeichnen.

Verzichtet man aber auf eine Erklärung des Entstehens der Turbulenz und sucht die Erscheinungen voll ausgebildeter Turbulenz, wie sie beim wirklichen Strömen in Röhren, Kanälen und Flüssen auftreten, zu erfassen und zu beschreiben, so sind es *die Untersuchungen von* Boussinesq, die hier am weitesten vordringen. (Essai sur la théorie des eaux courantes. Mémoires présentés par divers savants à l'Acad. d. Sciences. Tome 23. Paris 1877 und Théorie de l'Écoulement tourbillonant et tumultueux des liquides. Gauthier-Villars. Paris 1897.) Daß dieselben so wenig gekannt sind und z. B. in dem neuesten schönen Treatise on Hydraulics von Bovey (2. Auflage. Newyork 1902) nicht einmal zitiert werden, mag daran liegen, daß Herr Boussinesq sich einer aprioristisch-deduktiven Darstellungsweise bedient, für die das Gebiet noch nicht reif erscheint. Wir sind im folgenden bemüht, dieselbe durch eine möglichst induktive zu ersetzen.

---

1) London. Philos. Transactions. 174. (1883.)

2) Annales de Physique et de Chimie. (6.) 21. 1890.

3) Scientific papers. Vol. I, pag. 474. Vol. III, pag. 17, 575. Vol. IV, pag. 78, 210.

4) Philos. Mag. (5) 24. (1887) und Brit. Associat. Report. (1880).

Boussinesq zerlegt die wirklichen Geschwindigkeiten der Wasserteilchen U, V, W in mittlere Geschwindigkeiten u, v, w plus unregelmäßigen und rasch veränderlichen „turbulenten" Zusatzgeschwindigkeiten u', v', w'. *Die Wirkung dieser turbulenten Zusatzgeschwindigkeiten besteht nach Boussinesq darin, daß für die mittleren Geschwindigkeiten Differentialgleichungen gelten, welche mit den klassischen Differentialgleichungen für reibende Flüssigkeiten genau übereinstimmen, nur daß statt der Reibungskonstanten μ eine viel größere und je nach Art und Größe der turbulenten Zusatzgeschwindigkeiten von Fall zu Fall und von Ort zu Ort veränderliche Reibungskonstante ε eintritt.* Man hätte also z. B. für einen in der x-Richtung gleichförmig und stationär durch ein Bett von unveränderlichem Querschnitt fließenden Strom — ein Fall, auf den wir uns durchweg beschränken — die Differentialgleichung:

$$(2) \qquad 0 = \sin i \cdot g + \frac{\partial}{\partial y}\left(\varepsilon \frac{\partial u}{\partial y}\right) + \frac{\partial}{\partial z}\left(\varepsilon \frac{\partial u}{\partial z}\right),$$

wobei ε mit der Stelle im Querschnitt, mit y und z veränderlich wäre.

Die Differentialgleichungen für die mittleren Geschwindigkeiten einer turbulenten Strömung müssen eine reine Konsequenz der ursprünglichen hydrodynamischen Gleichungen für die Invidivualgeschwindigkeiten der einzelnen Wasserteilchen sein. Boussinesq sucht eine solche Ableitung wirklich durchzuführen und scheint die Ursache der vermehrten scheinbaren Reibung bei Turbulenz in der eigentlichen Reibung der Turbulenz selbst, in der stärkeren Verwandlung von Strömungsenergie in Wärme infolge der vielen raschen Geschwindigkeitswechsel zu suchen. H. A. Lorentz hat gezeigt[1]), daß diese Art der Ableitung nicht richtig sein kann und daß die vermehrte scheinbare Reibung durch den Transport und Austausch von Bewegungsgröße bedingt wird, der zwischen den einzelnen Stellen des Stromquerschnitts bei turbulenter Bewegung stattfindet. Man kann die Schwierigkeit des hier vorliegenden noch ungelösten Problems durch einen Vergleich mit der Gastheorie verdeutlichen und schärfer isolieren. Man spalte den Druck analog den Geschwindigkeiten in einen mittleren Teil p und einen turbulenten Teil p', nenne ferner E' die mittlere Energie der turbulenten Zusatzbewegung und bezeichne allgemein durch einen Querstrich den Mittelwert einer räumlich rasch wechselnden Größe über ein geeignet kleines Gebiet. Dann kann man aus den hydrodynamischen Grundgleichungen durch einfache Mittelwertbildungen folgende Sätze ableiten unter der alleinigen Voraussetzung, daß die mittleren Geschwindigkeiten u, v, w und die Mittelwerte über die Produkte und Quadrate der turbulenten

1) Verslagen der Akad. van Wetenschapen. Amsterdam 6 (1897).

Geschwindigkeiten $\overline{u'v'}$, $\overline{u'^2}$ usw. räumlich und zeitlich hinreichend langsam veränderlich sind:

$$\text{(3)} \qquad \frac{du}{dt} + \frac{\partial \overline{u'^2}}{\partial x} + \frac{\partial \overline{u'v'}}{\partial y} + \frac{\partial \overline{u'w'}}{\partial z} = -\frac{\partial p}{\partial x}$$

$$\text{(4)} \qquad \tfrac{2}{3} E' \left(\frac{\partial u}{\partial y} + \frac{\partial v}{\partial x}\right) = -\overline{\left(u' \frac{\partial p'}{\partial y} + v' \frac{\partial p'}{\partial x}\right)}$$

$$\text{(5)} \qquad \tfrac{4}{3} E' \frac{\partial u}{\partial x} = -\overline{u' \frac{\partial p'}{\partial x}}.$$

In der Gastheorie[1]) gelangt man zu völlig analogen Gleichungen, wobei an Stelle der Terme $\overline{u' \frac{\partial p'}{\partial y} + v' \frac{\partial p'}{\partial x}}$ und $\overline{u' \frac{\partial p'}{\partial x}}$ die durch die Zusammenstöße der Moleküle erfolgenden zeitlichen Änderungen der Werte von $\overline{u'v'}$ und $\overline{u'^2}$ stehen, welche wir durch $\frac{D\overline{u'v'}}{Dt}$ und $\frac{D\overline{u'^2}}{Dt}$ bezeichnen wollen. Aus einer eingehenden Diskussion des Mechanismus der Zusammenstöße läßt sich dort der Nachweis erbringen, daß die Beziehungen gelten:

$$\frac{D\overline{u'v'}}{Dt} = -\varkappa \overline{u'v'}$$

$$\frac{D\overline{u'^2}}{Dt} = -\varkappa(\overline{u'^2} - \tfrac{2}{3} E'),$$

und damit folgen dann unmittelbar durch Einsetzen in (3), (4), (5) die bekannten Gleichungen für eine reibende Flüssigkeit, wobei der Reibungskoeffizient der Energie E' der unregelmäßigen Bewegung der Moleküle, d. i. der Temperatur proportional wird. In unserem Falle würde also die Aufgabe bleiben, die Relationen:

$$\overline{\left(u' \frac{\partial p'}{\partial y} + v' \frac{\partial p'}{\partial x}\right)} = \varkappa \overline{u'v'}$$

und

$$\overline{u' \frac{\partial p'}{\partial x}} = \varkappa(\overline{u'^2} - \tfrac{2}{3} E')$$

nachzuweisen. Es läßt sich denken, daß dies in Analogie zur Gastheorie geschehen könnte, indem man sich die Turbulenz in Gestalt von zahlreichen die Flüssigkeiten durchziehenden Wirbelkugeln vorstellte, deren Bewegungen und Zusammenstöße zu studieren wären.

Im folgenden nehmen wir jedenfalls mit Boussinesq für die turbulente Bewegung die Gültigkeit der hydrodynamischen Gleichungen bei variablem Reibungskoeffizienten ε als gegeben an. Unter ε haben wir

1) Vgl. Kirchhoff, Vorlesungen über Wärme. S. 173 ff.

dabei eine der Energie der turbulenten Bewegung proportionale Größe zu verstehen und wollen uns daher erlauben, ε kurz als „Turbulenz" zu bezeichnen. Wir sehen unsere weitere Aufgabe darin, aus den vorhandenen Beobachtungen auf Grund der Differentialgleichung (2) die Werte von ε abzuleiten und auf diese Weise Aufklärung über das Verhalten der Turbulenz zu gewinnen.

Worüber wir zugleich Orientierung suchen, ist die Randbedingung, der die Flüssigkeit an den Wänden unterworfen ist. Zwar kann kein Zweifel bestehen, daß die letzten Flüssigkeitsteilchen an der Wand ruhen, auf der andern Seite zeigen aber schon rohe Beobachtungen, daß der Absturz der Geschwindigkeit in Röhren und Kanälen von Werten, die in bezug auf die Größenordnung der Mittelgeschwindigkeit entsprechen, auf Null erst in unmittelbarster Nachbarschaft der Wand erfolgt (auf Strecken von 1—2 cm bei Leitungen von 50—100 cm Durchmesser). Es empfiehlt sich daher, mit Herrn Boussinesq auf die Analyse dieses letzten Absturzes zu verzichten und der Flüssigkeit eine Randgeschwindigkeit u_0 zuzuschreiben. Die Wirkung der Wand kommt dann zum Ausdruck in der reibenden Kraft $\varepsilon \frac{\partial u}{\partial n}$, welche sie auf die Flüssigkeit ausübt, und welche wesentlich nur eine Funktion von u_0 und der Rauhigkeit der Wand sein kann. Bezeichnet n die äußere Normale der Wand, so hat man daher eine Grenzbedingung der Form vorauszusetzen:

$$\varepsilon \frac{\partial u}{\partial n} + \varphi(u_0) = 0. \tag{2a}$$

Es sind im ganzen die beiden Funktionen ε und φ, die wir aus den Beobachtungen zu bestimmen haben.

2. Das verfügbare Beobachtungsmaterial ist von zweierlei Art. Einmal liegen zahlreiche Experimente über die Ergiebigkeit oder — was dasselbe ist — die *mittlere Geschwindigkeit* in Röhren, Kanälen und Flüssen vor. Es scheint, daß die beste Zusammenfassung der Ergebnisse solcher Versuche durch die Potenzenformel:

$$\bar{u} = c \cdot h^{\lambda} i^{\mu} \tag{6}$$

gegeben wird, wobei i (nahe genug $= \sin i$) das Gefälle, h der „hydraulische Radius" (Querschnitt dividiert durch benetzten Umfang) ist und c einen mit der Rauhigkeit der Wandung abnehmenden Koeffizienten bedeutet. Als Einheiten benutzen wir Meter und Sekunde. Für offene Kanäle hat man nahe: $\lambda = {}^2/_3$, $\mu = {}^1/_2$ und $c = 100$ (für Zementbekleidung) bis $c = 30$ (für bewachsene Erddurchstiche). Für Röhren hat man $\lambda = 0{,}59$—$0{,}66$, $\mu = 0{,}51$—$0{,}58$ und $c = 30$ bis 60. (S. Bovey,

l. c. pag. 153 u. 253.) Die ältere *Chézysche Formel*, welche $\lambda = \mu = 1/2$ setzte, gibt für engere Intervalle eine erträgliche Annäherung.

Zweitens findet sich ein sehr wertvolles Beobachtungsmaterial in den Versuchen von Bazin über die *Verteilung der Strömungsgeschwindigkeiten* auf die einzelnen Punkte des Querschnitts verschieden geformter Wasserleitungen.[1])

3. Eindimensionale Probleme. a) Der unendlich breite offene Kanal. — In einem Kanal, dessen Breite groß gegen die Tiefe ist, wird die Geschwindigkeit u nur abhängig von der Tiefe unter der Oberfläche. Zählen wir die y-Koordinate vertikal nach unten, so vereinfacht sich die Differentialgleichung (2) hier zu:

$$0 = ig + \frac{\partial}{\partial y}\left(\varepsilon \frac{\partial u}{\partial y}\right). \tag{7}$$

Integriert man von einer Stelle y_0 aus, für welche $\frac{\partial u}{\partial y}$ verschwindet, so erhält man:

$$\varepsilon = \frac{ig(y_0 - y)}{\frac{\partial u}{\partial y}}, \tag{8}$$

woraus man bei beobachteter Geschwindigkeitsverteilung u sofort die Turbulenz ε berechnen kann. Nun hat Bazin die Geschwindigkeit u in Kanälen von 0,08 bis 0,38 m Tiefe bei Neigungen von 0,0015 bis 0,009 von der Oberfläche weg bis wenige cm über dem Boden messend verfolgt und festgestellt, daß die Geschwindigkeit u mit der Tiefe y unter der Oberfläche von dem maximalen Oberflächenwert u_m an abnimmt nach der parabolischen Formel:

$$u = u_m - 20\sqrt{ih} \cdot \frac{y^2}{h^2}. \tag{9}$$

Hieraus folgt: $y_0 = 0$ und durch Einsetzen in (8):

$$\varepsilon = \frac{g}{40} \cdot h \cdot \sqrt{hi}, \tag{10}$$

woraus vor allem die Tatsache zu entnehmen ist: *Im breiten Kanal ist die Turbulenz konstant über den ganzen Querschnitt.*

Für die Randgeschwindigkeit folgt:

$$u_0 = u_m - 20\sqrt{ih}.$$

1) Mémoires présentés par divers savants à l'Acad d. Sc. Tome 19. Paris (1865) und Tome 32 (1902). Diese beiden Publikationen werden weiterhin als B_1 nnd B_2 bezeichnet. Der ersteren ist ein Atlas beigegeben, auf den sich die Zitate Planche Nr. ... beziehen.

Wir bilden weiter die mittlere Geschwindigkeit $\bar{u}$. Es ist:

$$\bar{u} = \frac{1}{h}\int_0^h u\,dy = u_m - \frac{20}{3}\sqrt{hi} = u_0 + \frac{40}{3}\cdot\sqrt{hi}.$$

Dieses Resultat ist anzuschließen an die Beobachtungen über die mittlere Geschwindigkeit in Kanälen. Adoptiert man hier zunächst die Chézysche Formel:

$$\bar{u} = c\sqrt{hi},$$

so folgt:

$$u_0 = \sqrt{B}\cdot\sqrt{hi}, \quad \sqrt{B} = c - \frac{40}{3}. \tag{11}$$

Setzt man dieses Ergebnis in die Randbedingung (2a) ein, so findet man:

$$\varphi(u_0) = \frac{g}{B}u_0^2. \tag{12}$$

Damit sind die beiden gesuchten Funktionen ε und φ aus den Beobachtungen bestimmt. Den Wert von ε kann man noch in der Form schreiben:

$$\varepsilon = \frac{g}{40}\cdot\frac{h\cdot u_0}{\sqrt{B}}. \tag{13}$$

So folgen die anschaulichen Resultate: *Der Widerstand der Wand ist gleich dem Quadrat der Randgeschwindigkeit, multipliziert mit einer bei wachsender Rauhigkeit der Wand wachsenden Konstanten (c nimmt mit wachsender Rauhigkeit ab). Die Turbulenz ist proportional der Wurzel aus dieser Konstanten, der Randgeschwindigkeit und der Tiefe des Kanals.* Es sind gerade diese Sätze, welche Herr Boussinesq als an sich plausible Hypothesen an die Spitze seiner Theorie stellt, was manchen Leser stutzig gemacht haben mag. Wir sehen hier, wie diese Sätze direkt aus den Beobachtungen folgen und wie die vorhandenen Beobachtungen gerade genügen und nur genügen, um sie abzuleiten und damit das, was in dem allgemeinen Ansatz noch willkürlich blieb, festzulegen.

Die Verhältnisse komplizieren sich, wenn man statt der Chézyschen Formel die allgemeine Formel: $\bar{u} = ch^\lambda i^\mu$ für die mittlere Geschwindigkeit einführt. Es zeigt sich dann sogar, daß ein Widerspruch mit Bazins Resultaten über die Geschwindigkeitsverteilung eintritt, der sich in Strenge nur aufheben ließe, wenn man den Widerstand der Wand außer von u_0 noch von ε abhängig machte. Doch wird eine Vermittlung gebildet durch den Ansatz:

$$\varphi(u_0) = \frac{g}{B}u_0^{1/\mu}$$

$$\varepsilon = \frac{g}{3B}h u_0^{\frac{1-\mu}{\mu}}\frac{1}{cB^{-\mu}h^{\lambda-\mu} - 1},$$

aus welchem einerseits die Formel $\bar{u} = ch^\lambda i^\mu$, andererseits die Formel für die Verteilung der Geschwindigkeiten:

$$u = u_m - \tfrac{3}{2}(ip)^\mu (ch^{\lambda-\mu} - B^\mu)\frac{y^2}{h^2}$$

hervorgeht, welch letztere für einen Wert von μ sehr nahe gleich $\frac{1}{2}$ und $\lambda - \mu = \frac{1}{6}$ bei der geringen Variation von h, die bei Bazins Beobachtungen (B_1 pag. 229) erfolgte, durch geeignete Wahl von B in praktisch völlig genügende Übereinstimmung mit dessen Resultaten zu bringen ist.

b) **Die kreisförmige Röhre.** — Hängt die Geschwindigkeit nur vom Abstand r von der Röhrenmitte ab, so geht die Differentialgleichung (2) über in:

(14) $$0 = ig + \frac{1}{r}\frac{\partial}{\partial r}\left(\varepsilon r \frac{\partial u}{\partial r}\right).$$

Da für $r = 0$ aus Symmetriegründen $\frac{\partial u}{\partial r}$ verschwinden muß, so folgt durch Integration:

(15) $$\varepsilon = -\frac{igr}{2\frac{\partial u}{\partial r}},$$

woraus bei bekannter Geschwindigkeitsverteilung wiederum ε abzulesen ist.

Bazin hat seine Versuche über die Geschwindigkeitsverteilung in Röhren sehr nahe durch die Formel (B_1 pag. 242)

(16) $$u = u_m - 20\sqrt{R \cdot i}\left(\frac{r}{R}\right)^3$$

darstellen können (R Röhrenradius). Es folgt daraus:

$$\varepsilon = \frac{g}{120} i^{1/2} R^{3/2} \cdot \frac{R}{r}.$$

Ein zuverlässiges Resultat ist dieser Formel zu entnehmen: *Die Turbulenz nimmt gegen die Wand einer Kreisröhre hin stark ab.* Hingegen ist nach der Mitte der Röhre zu ε als Quotient der beiden abnehmenden Größen r und $\frac{\partial u}{\partial r}$ immer schlechter bestimmbar, und man wird für kleine r in der obigen Formel nur eine bedeutungslose Extrapolation zu sehen haben.

In der Tat ergibt sich ein plausibleres Resultat für die Röhrenmitte, wenn man statt auf die Bazinsche Formel (16) auf dessen Beobachtungen selbst zurückgeht. Herr Bazin findet (vergl. B_2) für eine Röhre von 0,4 m Radius die folgenden Geschwindigkeiten:

$\frac{r}{R} =$	0,000	0,125	0,250	0,375	0,500	0,625	0,750	0,875	0,9375,
$\frac{u}{\bar{u}} =$	1,1675	1,1605	1,1475	1,1258	1,0923	1,0473	1,0008	0,9220	0,8465.

Trägt man diese Werte graphisch auf, verbindet sie durch eine glatte Kurve und entnimmt dieser den Differentialquotienten $\frac{\partial u}{\partial r}$, so erhält man aus (15) die folgenden Werte von ε (in einer willkürlichen Einheit)

$\frac{r}{R}$	0,2	0,4	0,6	0,8	0,9	0,93,
ε	1,7	1,5	1,6	1,2	0,7	0,5.

Wie man sieht, *bleibt die Turbulenz über etwa* $^2/_3$ *des Röhrenradius von der Mitte aus konstant, um erst an der Wand rapide abzusinken.*

Bildet man nach Formel (16) die mittlere Geschwindigkeit und zieht für letztere die Chézysche Formel heran, so findet man analog wie oben einen dem Quadrat der Randgeschwindigkeit proportionalen Reibungswiderstand, was in diesem zweiten Falle nicht näher ausgeführt werden soll. (Vgl. Boussinesq, Théorie de l'écoulement I § 14, 15).

4. Zweidimensionale Probleme. — Ist der Querschnitt des Wasserlaufs so beschaffen, daß u nicht als Funktion einer Variabeln betrachtet werden kann, so wird es etwas schwieriger, aus der Verteilung von u die Verteilung von ε abzuleiten. Es handelt sich dann um die Bestimmung von ε aus der (für ε linearen) Differentialgleichung:

$$(17)\qquad 0 = ig + \frac{\partial}{\partial y}\left(\varepsilon\frac{\partial u}{\partial y}\right) + \frac{\partial}{\partial z}\left(\varepsilon\frac{\partial u}{\partial z}\right)$$

oder:

$$0 = ig + \varepsilon\left(\frac{\partial^2 u}{\partial y^2} + \frac{\partial^2 u}{\partial z^2}\right) + \frac{\partial \varepsilon}{\partial y}\frac{\partial u}{\partial y} + \frac{\partial \varepsilon}{\partial z}\frac{\partial u}{\partial z}.$$

Zeichnet man die Linien $u = \text{const.}$ für in gleichen Intervallen fortschreitende Werte der Konstanten auf, bildet die orthogonalen Trajektorien derselben und führt ein krummliniges Koordinatensystem ein, dessen eine Koordinate u selbst ist, während die andere t auf jeder orthogonalen Trajektorie konstant ist, so hat man für das Linienelement:

$$ds^2 = p^2 du^2 + q^2 dt^2,$$

wobei p dem Abstand zweier Linien $u = \text{const.}$, q dem Abstand zweier benachbarter orthogonaler Trajektorien proportional ist. In diesem Koordinatensystem nimmt die Differentialgleichung für ε die einfache Form an:

$$0 = ig + \frac{1}{pq}\frac{\partial}{\partial u}\left(\varepsilon\frac{q}{p}\right),$$

deren Integral ist:

$$(18)\qquad \varepsilon = -ig\frac{p}{q}\int pq\,du.$$

Will man die Abstände der Linien $u = \text{const.}$ und ihrer orthogonalen Trajektorien nicht zeichnerisch bestimmen, so kann man sich statt dessen der Formeln bedienen:

$$(19)\quad p = \frac{1}{\sqrt{\left(\frac{\partial u}{\partial x}\right)^2 + \left(\frac{\partial u}{\partial y}\right)^2}}, \qquad q = p \cdot \sigma, \quad \log \sigma = \int du \frac{\frac{\partial^2 u}{\partial x^2} + \frac{\partial^2 u}{\partial y^2}}{\left(\frac{\partial u}{\partial x}\right)^2 + \left(\frac{\partial u}{\partial y}\right)^2}.$$

Die Willkürlichkeit der Integrationskonstante auf jeder einzelnen Trajektorie $t = \text{const.}$, welche im allgemeinen der Lösung der Differentialgleichung (17) anhaftet, wird in Praxi dadurch behoben, daß jedes Mal ein Punkt maximaler Geschwindigkeit im Querschnitt vorhanden ist, für welchen $\frac{\partial u}{\partial y} = \frac{\partial u}{\partial z}$ ist und für welchen man ε aus:

$$0 = ig + \varepsilon\left(\frac{\partial^2 u}{\partial y^2} + \frac{\partial^2 u}{\partial z^2}\right)$$

bestimmen muß, wenn man keine Unstetigkeiten für $\frac{\partial \varepsilon}{\partial y}$ oder $\frac{\partial \varepsilon}{\partial z}$ erhalten will. Mit anderen Worten: Die Unbestimmtheit der Lösung der Differentialgleichung wird in Praxis durch die Forderung, daß die Lösung im Punkte maximaler Geschwindigkeit stetig sein soll, beseitigt.

So einfach es im Prinzip scheint, für eine Reihe von Werten von x oder y die beobachteten Werte von u aufzutragen, aus einer durch sie gelegten Kurve $\frac{\partial u}{\partial x}, \frac{\partial^2 u}{\partial x^2}, \frac{\partial u}{\partial y}, \frac{\partial^2 u}{\partial y^2}$ abzulesen und dann die beiden Integrationen (19) und (18) mechanisch etwa mit 2stelliger Genauigkeit auszuführen, so hat diese Aufgabe doch in Praxi ihre Schwierigkeiten, da namentlich gegen den Rand des Querschnitts zu die Interpolation und Extrapolation der beobachteten Werte u sehr willkürlich wird, weil die Beobachtungen stets einige *cm* von der Wand aufhören.

a) **Gedeckte Kanäle.** Bazin hat von zweidimensionalen Problemen nur einen Fall untersucht, bei welchem das Wasser ohne freie Oberfläche und von allen Seiten durch feste Wände eingeschlossen war, er hat die Geschwindigkeitsverteilung in *geschlossenen rechteckigen Kanälen* gemessen (B_1, pag. 168. Séries Nr. 51 u. 52). Wir haben auf die Mittelwerte seiner Versuche für einen Kanal von 0,8 *m* Breite und 0,5 *m* Höhe, die auf Planche XVIII in Fig. 7 graphisch dargestellt sind, das obige Verfahren anzuwenden begonnen und zunächst gesehen, daß sich die Beobachtungen ungezwungen so interpolieren ließen, daß $\frac{\partial^2 u}{\partial y^2} + \frac{\partial^2 u}{\partial z^2}$ konstant über den ganzen Querschnitt wurde. Die brauchbare Lösung der Differentialgleichung (17) ist dann: $\frac{1}{\varepsilon} = -\frac{1}{ig}\left(\frac{\partial^2 u}{\partial y^2} + \frac{\partial^2 u}{\partial z^2}\right)$,

d. h. auch die Turbulenz wird über den ganzen Querschnitt konstant. Zur Kontrolle haben wir die Beobachtungsresultate noch durch den allgemeinsten zu den Koordinatenachsen symmetrischen Ausdruck vierten Grades, der für $\frac{\partial^2 u}{\partial y^2} + \frac{\partial^2 u}{\partial z^2}$ einen konstanten Wert liefert, nämlich:

$$u = D - Ay^2 - Bz^2 - C(y^4 - 6y^2z^2 + z^4)$$

interpoliert, indem der Mittelpunkt des Rechtecks zum Nullpunkt des Koordinatensystems genommen und die y-Achse parallel der Längseite gelegt wurde. Die gefundene Formel:

$$(20) \qquad u = 1{,}176 - 1{,}50y^2 - 5{,}63z^2 - 0{,}0653(y^4 - 6y^2z^2 + z^4)$$

läßt zwar noch merkliche systematische Unterschiede gegen die Beobachtungen, genügt aber für den gleich zu erwähnenden Zweck:

Wir wollen nämlich jetzt nach der Randbedingung fragen, welche von dieser Geschwindigkeitsverteilung erfüllt wird. Man findet für die Normalderivierte von u auf der Längsseite:

$$\frac{\partial u}{\partial n} = 0{,}347 - 1{,}78y^2$$

und auf der Schmalseite:

$$\frac{\partial u}{\partial n} = 0{,}284 - 2{,}85z^2.$$

Daraus folgt für die Ecke des Rechtecks ($y = 0{,}4$, $z = 0{,}25$) $\frac{\partial u}{\partial n} = 0{,}072$ resp. 0,106. Es nimmt also $\frac{\partial u}{\partial n}$ von der Mitte der Seiten nach den Ecken zu auf den 3. bis 5. Teil seines Wertes ab. Auf der andern Seite folgt aus (20) für die Geschwindigkeit in der Mitte der Seiten 0,803 resp. 0,798 und für die Geschwindigkeit in der Ecke 0,748, also nur eine Abnahme um 6—7 %.

Nun muß die Randbedingung die Form haben:

$$\varepsilon \frac{\partial u}{\partial n} = \varphi(u_0).$$

Da ε konstant vorausgesetzt ist, sieht man, daß $\varphi(u_0)$ mindestens der sechsten Potenz von u_0 proportional sein müßte, um diese Gleichung zu erfüllen.

Das erscheint nicht akzeptabel. Man muß daher die Konstanz von ε aufgeben und die Willkürlichkeit der Extrapolation der **Bazinschen** Werte bis an den Rand des Rechtecks so ausnützen, daß der Wert von $\varepsilon \frac{\partial u}{\partial n}$ in den Ecken vergrößert wird. Es läßt sich einsehen, daß man dies nur erreichen kann, indem man ε an den Ecken abnehmen läßt, wodurch sich $\frac{\partial u}{\partial n}$ in einem stärkeren Verhältnis vergrößert, sodaß das Produkt $\varepsilon \frac{\partial u}{\partial n}$ wächst. Das qualitative Resultat, mit dem wir uns begnügen wollen, ist dieses: *Im geschlossenen rechteckigen Kanal ist die Turbulenz über den größten Teil des Querschnittes konstant und nimmt nur nach den Ecken zu ab.*

b) **Offene Kanäle.** Ein auffälliges Merkmal der Geschwindigkeitsverteilung in Flüssen, wie in offenen Kanälen, deren Breite nicht sehr groß gegen die Tiefe ist, besteht darin, daß die Maximalgeschwindigkeit sich nicht in der Mitte an der Oberfläche, sondern in einer gewissen Tiefe unter der Oberfläche vorfindet, die bis zu $\frac{1}{3}$ der ganzen Tiefe ausmachen kann. Man sieht den Diagrammen der Geschwindigkeitsverteilung, die Bazin in seinem Atlas für die verschiedensten oben offenen Kanalformen auf Planche 20—22 gezeichnet hat, an, daß man diese Ergebnisse darstellen könnte durch Annahme eines Widerstandes der Luft, welcher etwa ein Viertel des Widerstands der Wände wäre. Indessen wird die Annahme eines merklichen Einflusses der Luft durch die einfache Beobachtung widerlegt, daß bei talwärts wehendem Wind von gleicher oder größerer Geschwindigkeit, als der Strom besitzt, die Maximalgeschwindigkeit keineswegs an die Oberfläche verlegt und überhaupt nichts Merkliches an dem Geschwindigkeitsbild geändert wird. Ist kein Luftwiderstand vorhanden, so muß übrigens, wie gleich hinzugefügt sei, an der Oberfläche die Grenzbedingung $\frac{\partial u}{\partial n} = 0$ gelten.

Wie soll aber ohne Luftwiderstand das Herabsinken der Maximalgeschwindigkeit erklärt werden? Die Erklärung ergibt sich von selbst, wenn man etwa die von Bazin beobachtete Geschwindigkeitsverteilung in einem offenen Kanal von 2 *m* Breite und 0,66 *m* Tiefe (Planche XX, Fig. 8.) vornimmt, so extrapoliert, daß an der Oberfläche $\frac{\partial u}{\partial n} = 0$ wird, und auf die durch die vertikale Mittellinie gegebene Orthogonaltrajektorie die obige Methode anwendet. Es folgt dann, daß ε nach der Oberfläche hin zunimmt. *Man kommt also zu dem Schluß, daß die freie Oberfläche eine Schicht größerer Turbulenz bildet*, und es läßt sich dann leicht vorstellen, daß dieselbe durch ihre größere effektive Zähigkeit eine ähnliche Wirkung wie der vermeintliche Luftwiderstand ausübt.

Beobachtet man das Herabsinken des Geschwindigkeitsmaximums auf den verschiedenen Diagrammen Bazins und nimmt seinen Betrag als ein Maß der Turbulenz der Oberfläche, so erhält man den Eindruck, daß die Turbulenz der Oberfläche wächst mit der größeren Rauheit der Kanalwände und daß sie sich umso fühlbarer macht, je schmäler der Kanal im Vergleich zu seiner Tiefe ist. Die verstärkte Oberflächenturbulenz scheint also eine Wirkung der Zersplitterung der Wellen an der unregelmäßigen Uferwand zu sein. Wir werden gleich zu bemerken haben, daß sich die unter dem Wasserspiegel liegenden Teile der Wand ganz anders verhalten.

5. Versuch über die Leitung der Turbulenz. — Die Boussinesqsche Theorie ist ein Schema, in welchem sich die Beobachtungstatsachen, wie aus dem vorgehenden erhellt, durch geeignete Wahl von ε in durchsichtiger Weise unterbringen lassen. Eine Voraussage der Erscheinungen würde sie aber erst dann gestatten, wenn neben die Gleichungen (2) für die mittlere Bewegung allgemeine Gleichungen für die Bestimmung der Größe der Turbulenz träten — genau so, wie die Gastheorie erst vollständig ist, wenn neben die hydrodynamischen Gleichungen für die Molarbewegung des Gases die Gleichung für seine Molekularbewegung, die Wärmeleitungsgleichung tritt. Die Analogie der Gastheorie soll uns bei einem Versuch zu einer solchen Ergänzung des Boussinesqschen Ansatzes leiten.

Sobald man einmal mit Herrn Boussinesq für die turbulente Strömung die Gleichungen reibender Flüssigkeiten mit veränderlichem Reibungskoeffizienten ε angenommen hat, ist damit gesagt, wieviel Turbulenz jeder Zeit an jedem Ort auf Kosten der Energie der mittleren Bewegung u, v, w entsteht, nämlich ebensoviel, als bei einer gewöhnlichen nicht turbulenten Flüssigkeit vom Reibungskoeffizienten ε in Wärme übergeführt würde, und dieser Betrag wird durch die bekannte Dissipationsfunktion gegeben (der Ausdruck werde gleich auf den Fall der Strömung in einem Kanal von gleichförmigem Querschnitt reduziert):

$$F = \frac{\varepsilon}{2}\left\{\left(\frac{\partial u}{\partial y}\right)^2 + \left(\frac{\partial u}{\partial z}\right)^2\right\}.$$

Es ist das eine direkte Folgerung aus dem Energieprinzip. Weiß man damit also, wieviel Turbulenz entsteht, so ist nur zu überlegen, wie diese Turbulenzenergie wieder verschwindet, da der Gesamtbetrag der Turbulenz bei stationärer Strömung konstant bleiben muß. Ein Teil derselben wird sich gewiß infolge der eigentlichen Molekularreibung der Flüssigkeit in Wärme verwandeln, man wird diesen Betrag aber wohl bei der Kleinheit der inneren Reibung des Wassers vernachlässigen dürfen, und so wird man zu der Annahme geführt, die durch das Absinken von ε nach der Wand zu in den obigen Beispielen fast unumgänglich wird, *daß die Turbulenz durch Leitung über die ganze Flüssigkeit hin transportiert und an den Wänden durch Reibung verzehrt wird.*

Die Turbulenzmenge, welche der Volumeneinheit pro Zeiteinheit

28*

durch Leitung zugeführt wird, wollen wir in vollständiger Analogie zur Wärmeleitung durch ein Gas gleich:

$$-\frac{k}{2}\left(\frac{\partial^2 \varepsilon^2}{\partial y^2} + \frac{\partial^2 \varepsilon^2}{\partial z^2}\right), \quad k \text{ konstant,}$$

setzen, wobei die Leitfähigkeit gleich $k\varepsilon$ — wie beim Gas mit der Temperatur, so hier mit der Turbulenz wachsend — angesetzt ist. Für den stationären Zustand muß dann gelten:

$$(20) \qquad 0 = \varepsilon\left\{\left(\frac{\partial u}{\partial y}\right)^2 + \left(\frac{\partial u}{\partial z}\right)^2\right\} + k\left\{\frac{\partial^2 \varepsilon^2}{\partial y^2} + \frac{\partial^2 \varepsilon^2}{\partial z^2}\right\}.$$

Die an die Wand abfließende Turbulenzmenge wird unter denselben Voraussetzungen durch $\frac{k}{2}\frac{\partial \varepsilon^2}{\partial y}$ gegeben, und man wird passend versuchen, diese Abgabe als Funktion der Randgeschwindigkeit darzustellen, sodaß man die Randbedingung hat:

$$(20\text{a}) \qquad \frac{k}{2}\frac{\partial \varepsilon^2}{\partial p} = \psi(u_0).$$

An einer freien Oberfläche, auf der sich der Einfluß der Wände nicht bemerkbar macht, wird entsprechend gelten:

$$(20\text{b}) \qquad \frac{k}{2}\frac{\partial \varepsilon^2}{\partial n} = 0.$$

Wenden wir dies an auf den offenen Kanal von unendlicher Breite, so haben wir das vollständige Gleichungssystem:

$$0 = ig + \frac{\partial}{\partial y}\left(\varepsilon \frac{\partial u}{\partial y}\right), \quad 0 = \varepsilon\left(\frac{\partial u}{\partial y}\right)^2 + k\frac{\partial^2 \varepsilon^2}{\partial y^2}$$

mit den Randbedingungen für $y = 0$:

$$\frac{\partial u}{\partial y} = k\frac{\partial \varepsilon^2}{\partial y} = 0$$

und für $y = h$:

$$\varepsilon\frac{\partial u}{\partial y} = -\frac{g}{B}u_0^2, \quad \frac{k}{2}\frac{\partial \varepsilon^2}{\partial y} = \psi(u_0).$$

Die erste Differentialgleichung gibt integriert:

$$\varepsilon\frac{\partial u}{\partial y} = -igy.$$

Dies liefert in die zweite eingesetzt:

$$0 = \frac{i^2 g^2}{k}y^2 + \varepsilon\frac{\partial^2 \varepsilon^2}{\partial y^2}.$$

Beginnt man hier ε nach Potenzen von y in Rücksicht auf die Randbedingung für $y = 0$ zu entwickeln, so ergibt sich für die ersten Glieder:

$$\varepsilon = \varepsilon_m\left[1 - \frac{i^2 g^2}{24 k \varepsilon_m^3}y^4 - \cdots\right]$$

wobei ε_m eine Integrationskonstante ist. Wählt man die Leitungskonstante k groß genug, so genügt diese Annäherung, und es wird ε sehr nahe konstant gleich dem Werte ε_m. Es folgt damit:

$$u = u_m - \frac{i g y^2}{2 \varepsilon_m}\left[1 + \frac{1}{72} \frac{i^2 g^2}{k \varepsilon_m^3} y^4\right],$$

was man für großes k auch auf: $u = u_m - \frac{i g y^2}{2 \varepsilon_m}$ beschränken darf. Es erübrigt die beiden Grenzbedingungen für $y = h$ zu erfüllen. Dieselben werden:

$$B i h = u_0^2, \quad \left(u_0 = u_m - \frac{i g h^2}{2 \varepsilon_m}\right)$$

$$\frac{1}{6} \frac{i^2 g^2}{\varepsilon_m} h^3 = \psi(u_0).$$

Die Beobachtungen lieferten für ε_m den Wert (vgl. (10)): $\varepsilon_m = \frac{g}{40} h \sqrt{h i}$. Man erhält denselben aus der letzten Gleichung, wenn man

$$\frac{k}{2} \frac{\partial \varepsilon^2}{\partial n} = \psi(u_0) = \frac{40}{6} \frac{g}{B^{3/2}} u_0^3 \tag{21}$$

setzt.

Das Ergebnis läßt sich dahin zusammenfassen: *Man erhält aus dem der Gastheorie nachgebildeten Ansatz für die Leitung der Turbulenz im Falle des unendlich breiten Kanals das Beobachtungsresultat, wenn man die Leitungskonstante der Turbulenz sehr groß annimmt und die Verzehrung der Turbulenz durch die Wände proportional der dritten Potenz der Randgeschwindigkeit und einer mit der Rauhigkeit der Wand wachsenden Konstanten setzt.*

Man darf deswegen nicht glauben, daß die Differentialgleichung (20) mit der Randbedingung (21) nun bereits der abgeschlossene Ausdruck der Gesetze der Turbulenzleitung sei. Denn schon bei der Anwendung auf die Kreisröhre ist er mit den Beobachtungen nicht völlig zur Deckung zu bringen. Hier lauten die Differentialgleichungen:

$$0 = i g + \frac{1}{r} \frac{\partial}{\partial r}\left(\varepsilon r \frac{\partial u}{\partial r}\right), \quad 0 = \varepsilon\left(\frac{\partial u}{\partial r}\right)^2 + \frac{k}{r} \frac{\partial}{\partial r}\left(r \frac{\partial \varepsilon^2}{\partial r}\right)$$

mit der Randbedingung für $r = 0$: $\frac{\partial u}{\partial r} = \frac{\partial \varepsilon^2}{\partial r} = 0$. Die Integration der ersten Gleichung und Einsetzung in die zweite gibt:

$$0 = \frac{i^2 g^2 r^2}{4 k} + \frac{\varepsilon}{r} \frac{\partial}{\partial r}\left(r \frac{\partial \varepsilon^2}{\partial r}\right).$$

Da in der Kreisröhre ε nach den Beobachtungen seinen Wert beträchtlich ändert, bedarf man eines vollen Überblicks über das Integral dieser Gleichung. Durch das Studium der Singularität von ε im Punkte

$\varepsilon = 0$ wurde es nahe gelegt, ε und r als Funktionen eines Parameters z darzustellen, der durch:

$$r\frac{\partial \varepsilon^2}{\partial r} = -\alpha z^4 \quad \text{mit} \quad \alpha = \left(\frac{i^2 g^2}{32 k}\right)^{2/3}$$

definiert war. Es sind dann r und ε in ihrer Abhängigkeit von z bestimmt durch die Differentialgleichungen:

$$\frac{dr}{dz} = \frac{\varepsilon}{2\sqrt{\alpha}}\frac{z^3}{r^3}, \quad \frac{d\varepsilon}{dz} = -\frac{\sqrt{\alpha}}{4}\frac{z^7}{r^4}.$$

Aus beiden Gleichungen zusammen findet man die in dem allein in Frage kommenden Bereich positiven ε's sehr konvergenten Reihendarstellungen:

$$r = z\left\{1 - \frac{1}{2^3}\left(\frac{z^4}{32}\right) - \frac{17}{3\cdot 2^7}\left(\frac{z^4}{32}\right)^2 - \frac{199}{3^2\cdot 2^{10}}\left(\frac{z^4}{32}\right)^3 - \frac{18809}{3^2\cdot 5\cdot 2^{15}}\left(\frac{z^4}{32}\right)^4 - \cdots\right\}$$

$$\varepsilon = 2\sqrt{\alpha}\left\{1 - \left(\frac{z^4}{32}\right) - \frac{1}{2^2}\left(\frac{z^4}{32}\right)^2 - \frac{1}{3^2}\left(\frac{z^4}{32}\right)^3 - \frac{43}{3^2\cdot 2^6}\left(\frac{z^4}{32}\right)^4 - \cdots\right\}$$

aus denen dann folgt:

$$u = u_m - \frac{ig}{8\sqrt{\alpha}}z^2\left\{1 + \frac{1}{12}\left(\frac{z^4}{32}\right) + \frac{13}{480}\left(\frac{z^4}{32}\right)^2 + \frac{97}{8064}\left(\frac{z^4}{32}\right)^3 + \frac{4013}{829440}\left(\frac{z^4}{32}\right)^4 + \cdots\right\}.$$

Als hiernach die Kurve für u als Funktion von r konstruiert wurde, ergab sich, daß der aus den Beobachtungen folgende starke Abfall nach dem Rande zu durch keine Wahl der verfügbaren Konstanten ausreichend dargestellt werden konnte.

Immerhin lassen die vorhin gewonnenen Resultate darauf schließen, daß hier eine Vorstellung über die Turbulenzleitung gewonnen ist, die als erster Anhalt bei weiteren Untersuchungen dienen kann. Nach einer präziseren Formulierung wird man wohl aber erst dann zu suchen haben, wenn die vermehrte Beobachtung der Bewegung kleiner im Wasser suspendierter Teilchen einen direkteren Einblick in die Natur der Turbulenz eröffnet hat.

Göttingen, im März 1904.

Schriftenverzeichnis / List of Publications
Hans Hahn

[1] (1903) Zur Theorie der zweiten Variation einfacher Integrale, *Monatshefte f. Mathematik u. Physik,* **14**, 3–57.

[2] (1903) Über die Lagrangesche Multiplikationsmethode in der Variationsrechnung, *Monatshefte f. Mathematik u. Physik,* **14**, 325–342.

[3] (1904) Bemerkungen zur Variationsrechnung, *Mathematische Annalen,* **58**, 148–168.

[4] (1904) Über das Strömen des Wassers in Röhren und Kanälen (gemeinsam mit G. Herglotz und K. Schwarzschild), *Zeitschr. f. Mathem. u. Physik,* **51**, 411–426.

[5] (1904) Über den Fundamentalsatz der Integralrechnung, *Monatshefte f. Mathematik u. Physik,* **16**, 161–166.

[6] (1904) Über punktweise unstetige Funktionen, *Monatshefte f. Mathematik u. Physik,* **16**, 312–320.

[7] (1904) Weiterentwicklung der Variationsrechnung in den letzten Jahren (gemeinsam mit E. Zermelo), *Enzyklopädie der mathemat. Wissensch.*, Teubner, Leipzig, **II A**, 8a, 627–641.

[8] (1905) Über Funktionen zweier komplexer Veränderlichen, *Monatshefte f. Mathematik u. Physik,* **16**, 29–44.

[9] (1906) Über einen Satz von Osgood in der Variationsrechnung, *Monatshefte f. Mathematik u. Physik,* **17**, 63–77.

[10] (1906) Über das allgemeine Problem der Variationsrechnung, *Monatshefte f. Mathematik u. Physik,* **17**, 295–304.

[11] (1907) Über die nicht-archimedischen Größensysteme, *Sitzungsber. d. Akademie d. Wiss. Wien, math.-naturw. Klasse,* **116**, 601–655.

[12] (1907) Über die Herleitung der Differentialgleichungen der Variationsrechnung, *Math. Annalen,* **63**, 253–272.

[13] (1908) Bemerkungen zu den Untersuchungen des Herrn M. Fréchet: Sur quelques points du calcul fonctionnel, *Monatshefte f. Mathematik u. Physik,* **19**, 247–257.

[14] (1908) Über die Anordnungssätze der Geometrie, *Monatshefte f. Mathematik u. Physik,* **19**, 289–303.

[15] (1909) Über Bolzas fünfte notwendige Bedingung in der Variationsrechnung, *Monatshefte f. Mathematik u. Physik,* **20**, 279–284.

[16] (1909) Über Extremalenbogen, deren Endpunkt zum Anfangspunkt konjugiert ist, *Sitzungsber. d. Akademie d. Wissenschaften Wien, math.-naturw. Klasse,* **118**, 99–116.

[17] (1910) Über den Zusammenhang zwischen den Theorien der zweiten Variation und der Weierstraßschen Theorie der Variationsrechnung, *Rendiconti del Circolo Matematico di Palermo,* **29**, 49–78.

*[18] (1910) Arithmetik, Mengenlehre, Grundbegriffe der Funktionenlehre, in E. Pascal, *Repertorium der höheren Mathematik,* Teubner, Leipzig, **Bd. I, 1,** Kap. I, 1–42.

[19] (1911) Bericht über die Theorie der linearen Integralgleichungen, *Jahresbericht der D. M. V.*, **20**, 69–117.

[20] (1911) Über räumliche Variationsprobleme, *Math. Annalen,* **70**, 110–142.

[21] (1911) Über Variationsprobleme mit variablen Endpunkten, *Monatshefte f. Mathematik u. Physik,* **22**, 127–136.

[22] (1912) Über die Integrale des Herrn Hellinger und die Orthogonalinvarianten der quadratischen Formen von unendlich vielen Veränderlichen, *Monatshefte f. Mathematik u. Physik,* **23**, 161–224.

[23] (1912) Allgemeiner Beweis des Osgoodschen Satzes der Variationsrechnung für einfache Integrale, *H. Weber-Festschrift,* 95–110.

[24] (1913) Ergänzende Bemerkungen zu meiner Arbeit über den Osgoodschen Satz in Band 17 dieser Zeitschrift, *Monatshefte f. Mathematik u. Physik,* **24**, 27–33.

[25] (1913) Über einfach geordnete Mengen, *Sitzungsber. d. Akademie d. Wissenschaften Wien, math.-naturw. Klasse,* **122**, 945–967.

[26] (1913) Über die Abbildung einer Strecke auf ein Quadrat, *Annali di Matematica,* **21**, 33–55.

[27] (1913) Über die hinreichenden Bedingungen für ein starkes Extremum beim einfachsten Probleme der Variationsrechnung, *Rendiconti del Circolo Matematica di Palermo,* **36**, 379–385.

[28] (1914) Über die allgemeinste ebene Punktmenge, die stetiges Bild einer Strecke ist, *Jahresbericht der D. M. V.,* **23**, 318–322.

[29] (1914) Über Annäherung an Lebesguesche Integrale durch Riemannsche Summen, *Sitzungsber. d. Akademie d. Wiss. Wien, math.-naturw. Klasse,* **123**, 713–743.

[30] (1914) Mengentheoretische Charakterisierung der stetigen Kurve, *Sitzungsber. d. Akademie d. Wiss. Wien, math.-naturw. Klasse,* **123**, 2433–2490.

[31] (1915) Über eine Verallgemeinerung der Riemannschen Integraldefinition, *Monatshefte f. Mathematik u. Physik,* **26**, 3–18.

[32] (1916) Über die Darstellung gegebener Funktionen durch singuläre Integrale I und II, *Denkschriften d. Akademie d. Wiss. Wien, math.-naturw. Kl.,* **93**, 585–692.

[33] (1916) Über Fejérs Summierung der Fourierschen Reihe, *Jahresbericht der D. M. V.,* **25**, 359–366.

[34] (1917) Über halbstetige und unstetige Funktionen, *Sitzungsber. d. Akademie d. Wiss. Wien, math.-naturw. Klasse,* **126**, 91–110.

[35] (1918) Über stetige Funktionen ohne Ableitung, *Jahresbericht der D. M. V.,* **26**, 281–284.

[36] (1918) Über das Interpolationsproblem, *Mathem. Zeitschrift,* **1**, 115–142.

[37] (1918) Einige Anwendungen der Theorie der singulären Integrale, *Sitzungsber. d. Akademie d. Wiss. Wien, math.-naturw. Klasse,* **127**, 1763–1785.

[38] (1919) Über die Menge der Konvergenzpunkte einer Funktionenfolge, *Archiv d. Math. u. Physik,* **28**, 34–45.

[39] (1919) Über die Vertauschbarkeit der Differentiationsfolge, *Jahresbericht der D. M. V.,* **27**, 184–188.

[40] (1919) Über Funktionen mehrerer Veränderlicher, die nach jeder einzelnen Veränderlichen stetig sind, *Mathem. Zeitschrift,* **4**, 307–313.

[41] (1919) Besprechung von Alfred Pringsheim: Vorlesungen über Zahlen- und Funktionenlehre, *Göttingische gelehrte Anzeigen,* **9–10**, 321–347.

*[42] (1920) Bernhard Bolzano, Paradoxien des Unendlichen (mit Anmerkungen versehen von H. Hahn), Leipzig.

[43] (1921) Über die Komponenten offener Mengen, *Fundamenta mathematicae,* **2**, 189–192.

[44] (1921) Arithmetische Bemerkungen (Entgegnung auf Bemerkungen des

Herrn J. A. Gmeiner), *Jahresbericht der D. M. V.*, **30**, 170–175.

[45] (1921) Schlußbemerkungen hiezu, *Jahresbericht der D. M. V.*, **30**, 178–179.

[46] (1921) Über die stetigen Kurven der Ebene, *Mathem. Zeitschrift*, **9**, 66–73.

[47] (1921) Über irreduzible Kontinua, *Sitzungsber. d. Akademie d. Wiss. Wien, math.-naturw. Klasse*, **130**, 217–250.

[48] (1921) Über die Darstellung willkürlicher Funktionen durch bestimmte Integrale (Bericht), *Jahresbericht der D. M. V.*, **30**, 94–97.

*[49] (1921) Theorie der reellen Funktionen I, Berlin, Springer Verlag.

[50] (1922) Über Folgen linearer Operationen, *Monatshefte f. Mathematik u. Physik*, **32**, 3–88.

[51] (1922) Über die Lagrangesche Multiplikatorenmethode, *Sitzungsber. d. Akademie d. Wiss. Wien, math.-naturw. Klasse*, **131**, 531–550.

[52] (1923) Über Reihen mit monoton abnehmenden Gliedern, *Monatshefte f. Mathematik u. Physik*, **33**, 121–134.

[53] (1923) Die Äquivalenz der Cesàroschen und Hölderschen Mittel, *Monatshefte f. Mathematik u. Physik*, **33**, 135–143.

[54] (1924) Über Fouriersche Reihen und Integrale, *Jahresbericht der D. M. V.*, **33**, 107.

[55] (1925) Über ein Existenztheorem der Variationsrechnung, *Anzeiger d. Akad. d. W. in Wien*, **62**, 233.

[56] (1925) Über die Methode der arithmetischen Mittel, *Anzeiger d. Akad. d. W. in Wien*, **62**, 233–234.

[57] (1925) Über ein Existenztheorem der Variationsrechnung, *Sitzungsber. d. Akademie d. Wiss. Wien, math.-naturw. Klasse*, **134**, 437–447.

[58] (1925) Über die Methode der arithmetischen Mittel in der Theorie der verallgemeinerten Fourierschen Integrale, *Sitzungsber. d. Akademie d. Wiss. Wien, math.-naturw. Klasse*, **134**, 449–470.

*[59] (1925) Einführung in die Elemente der höheren Mathematik, (gemeinsam mit H. Tietze), Leipzig, 12 + 330 S.

[60] (1926) Über eine Verallgemeinerung der Fourierschen Integralformel, *Acta mathematica*, **49**, 301–353.

[61] (1927) Über lineare Gleichungssysteme in linearen Räumen, *Journal f. d. reine u. angew. Mathematik*, **157**, 214–229.

*[62] (1927) Variationsrechnung, in *Repertorium der höheren Mathematik*, E. Pascal, Teubner, Leipzig, **Bd. I, 2**, Kap. XIV, 626–684.

[63] (1928) Über additive Mengenfunktionen, *Anzeiger d. Akad. d. W. in Wien*, **65**, 65–66.

[64] (1928) Über unendliche Reihen und totaladditive Mengenfunktionen, *Anzeiger d. Akad. d. W. in Wien*, **65**, 161–163.

[65] (1928) Über stetige Streckenbilder, *Anzeiger d. Akad. d. W. in Wien*, **65**, 281–282.

[66] (1928) Über stetige Streckenbilder, *Atti del Congresso Internazionale dei Matematici*, Bologna, Band 2, 217–220.

[67] (1929) Über den Integralbegriff, *Anzeiger d. Akad. d. W. in Wien*, **66**, 19–23.

[68] (1929) Über den Integralbegriff, *Festschrift der 57. Versammlung Deutscher Philologen und Schulmänner in Salzburg vom 25. bis 29. September 1929*, 193–202.

[69] (1929) Empirismus, Mathematik, Logik, *Forschungen und Fortschritte*, **5**, 409–410.

[70] (1929) Mengentheoretische Geometrie, *Die Naturwissenschaften*, **17**, 916–919.

*[71] (1929) Die Theorie der Integralgleichungen und Funktionen unendlich vieler Variablen und ihre Anwendung auf die Randwertaufgaben bei gewöhnlichen und partiellen Differentialgleichungen (gemeinsam mit L. Lichtenstein und J. Lense), in E. Pas-

cal, *Repertorium der höheren Mathematik,* Teubner, Leipzig, **Bd. I, 3**, Kap. XXIV, 1250–1324.

[72] (1930) Über unendliche Reihen und absolut-additive Mengenfunktionen, *Bulletin of the Calcutta Mathem. Society,* **20**, 227–238.

[73] (1930) Die Bedeutung der wissenschaftlichen Weltauffassung, insbesondere für Mathematik und Physik, *Erkenntnis,* **1**, 96–105.

[74] (1930) Überflüssige Wesenheiten (Occams Rasiermesser) (Veröff. Ver. Ernst Mach), Wien, 24 S.

[75] (1931) Diskussion zur Grundlegung der Mathematik, *Erkenntnis,* **2**, 135–141.

*[76] (1932) Reelle Funktionen, Teil 1: Punktfunktion, *Math. und ihre Anwendung in Monogr. u. Lehrb.,* **13**, Leipzig, 11 + 415 S.

[77] (1933) Über separable Mengen, *Anzeiger d. Akad. d. W. in Wien,* **70**, 58–59.

[78] (1933) Über die Multiplikation total additiver Mengenfunktionen, *Annali di Pisa,* **2**, 429–452.

[79] (1933) Logik, Mathematik und Naturerkennen, *Einheitswissenschaft,* Heft **2**, Wien, 33 S.

[80] (1933) Die Krise der Anschauung, in Krise und Neuaufbau in den exakten Wissenschaften, 5 Wiener Vorträge, 1. Zyklus, Leipzig, Wien, 41–64.

[81] (1934) Gibt es Unendliches?, in Alte Probleme – Neue Lösungen in den exakten Wissenschaften, 5 Wiener Vorträge, 2. Zyklus, Leipzig, Wien, 93–116.

*[82] (1948) Set functions, hrsg. v. A. Rosenthal, University of New Mexico Press, 9 + 324 S.

Inhaltsverzeichnis, Band 1
Table of Contents, Volume 1

Hahn's Work on Curve Theory / Hahns Arbeiten zur Kurventheorie

Hahn's Work in Algebra / Hahns Arbeit zur Algebra

Inhaltsverzeichnis, Band 3
Table of Contents, Volume 3

Printed in the United States
By Bookmasters